신·재생에너지공학

(사)일본화학공학회 SCE · Net 편

김봉석 | 오태선 | 이병호 | 이석구 | 장태익 | 정영관 | 채명석 공역

북스힐

역자 머리말

오늘날 석유자원의 고갈, 지구온난화, 산유국들의 정세불안, 세계적인 유류수급 불균형, 세계 경제 침체로 인한 유가 급상승 등의 문제가 급부상하였다. 이제 에너지는 예전처럼 '당연하게 거기에 있으며, 자유로이 사용할 수 있다' 가 아닌 시대가 되고 있다. 차세대의 유력한 에너지로 주목받던 원자력 에너지마저 안전성 때문에 선진 각국에서 억제하는 경향을 보이고 있으며, 한국 또한 안전성과 님비 현상으로 확대가 어려워지고 있는 형편이다.

이러한 원인들 때문에 에너지 수급 균형이 매우 불안정한 상황에 직면해 있다. 석유를 대체할 에너지로 천연가스, 석탄, 원자력 등이 있으나, 에너지 소비 억제의 관점에서 볼 때 에너지절약이 가장 효과적인 수단이다. 최근 정부에서도 에너지절약 정책을 펴고 있다. 하지만 산업계의 에너지 소비는 거의 변동이 없거나 오히려 커지는 실정이며, 생활, 운송 부문에 있어서의 증가 또한 매우 크다. 지구온난화 억제의 관점에서는 온실가스인 이산화탄소의 배출을 억제하기 위해 화석연료의 소비를 줄이고 신에너지 확대가 요구된다. 세계의 에너지 소비량도 계속 늘고 있다. 세계의 에너지 소비의 절반 정도는 북미와 유럽이 차지하지만 이들 국가들의 에너지 증가량은 비교적 낮은 반면, 중국과 기타 아시아와 중동 각국 등은 계속적인 인구 증가와 공업화의 진전으로 대폭 증가하고 있다. 일시적으로 세계적인 경기 침체의 영향을 받았다고 해도 에너지 소비 증대의 경향은 앞으로도 계속될 것으로 전망된다.

따라서 에너지절약과 함께 최근 기술개발에 따른 신 · 재생에너지의 이용이 앞으로 크게 증가될 것으로 예상된다. 자연에너지를 중심으로 환경부하가 적고 친환경적인 신 · 재생에너지는 우리나라의 중앙 정부나 지방자치체, 기업들이 도입과 기술개발을 적극적으로 하고 있다. 앞으로 신에너지가 환경과 에너지 문제를 동시에 해결해줄 것으로 예상된다. 그러나 실제로 우리에게 '즉시 밝은 미래를 약속해준다' 는 보장은 어려운 면이 있다. 따라서 새로운 기술을 잘 살리는 것이 무엇보다 중요하다.

이 책은 일본의 (사)화학공학회 SCE · Net가 2004년 펴낸 『신 · 재생에너지공학』을 새로운 기술 발전으로서 폭넓게 전개된 바이오매스를 비롯하여 히트펌프와 축열, 해외의 신에너지 상황 등을 추가하여 2009년 새롭게 펴낸 그야말로 신 · 재생에너지에 관한 모든 것을 망라한 책이다. 전반부에서는 신 · 재생에너지로 정의되는 태양과 풍력, 지열과 해양 등의 자연에너지와 바이오매스(biomass), 폐기물에너지를 소개하였으며, 후반부에서는 화석연료의 새로운 이용 형태와 연료전지로 대표되는 신에너지 이용의 새로운 기술을 소개한다. 실용화 가능성이 높은 대체연료에 대한 내용도 상세하게 기록되어 있다. 또 신 · 재생에너지의 종류 및 개발 · 활용 가능성을 설명하고 있으며, 에너지의 활용에 필수적인 설비 시스템의 개발과 적용 가능성에 대해서도 고찰한다.

신 · 재생에너지에 관한 모든 것을 객관성과 포괄성을 바탕으로, 각종 관련 자료와 그림 등을 이용하여 이해하기 쉽게 기술하고 있어서 전문가는 물론 에너지에 관심이 있는 모든 사람에게 실용적인 도움이 되리라 확신한다.

2012년 6월 역자 씀

머리말

변동과 혼란의 2008년이 끝났다. 이 1년간 세계 경제와 정세의 변화는 너무나도 광범위하고, 또 상상할 수 없을 만큼 급격하였다. 원유 가격 변동은 모든 물품의 가격 상승과 하락이라는 혼란을 초래하였고, 그 도착점은 아직 예측이 되지 않는다. 그러나 이 현상으로부터 말할 수 있는 것은, 언제라도 원유 가격이 150달러/bbl, 아니 200달러/bbl로도 폭등할 가능성이 있다는 것이다. 쾌적성과 편리성만을 추구해 온 우리의 생활태도도 이 사건을 계기로 겨우 절약이라는 것을 알아차리게 되었다. 에너지를 윤택하게 사용하고, 안이하게 차를 쓰고, 물건에 둘러싸인 생활은, 역시 반성해야만 한다. 이것을 잊지 않고 근본적인 조치를 취하지 않으면, 정말로 지구의 미래는 없어질 것이다.

이번 시장 혼란에서 경험한 것처럼 변화의 물결이 너무도 빨라 원유 가격이 오르면 차례가 올 예정인 대체에너지도, 그 실현 시점이 제대로 맞지 않는 사태가 일어나고 있다. 또 원유 가격 상승으로 모든 물건 값이 오르는 현실을 직면할 때, 정상 시의 원유 가격을 적용하기는 곤란하다는 것도 알려지가 시작하였다. 새로운 기술은 역시 준비되어 있지 않으면 늦는다는 것이다. 후발국이라 일컫던 중국이나 인도의 현저한 경제발전, 그에 따른 경제 선진국과의 경제권역 다툼 등의 방향을 살피는 것은 어려운 문제이다. 지구온난화의 뚜렷한 징후도 위협이다. 이러한 변동이 어디에서 진정되어 세계 전체의 유통 사이클이 정상으로 유지될지 아직 모른다.

본서는 2004년도에 펴낸 『신 · 재생에너지공학』을 새롭게 수정하고 보완하여 "신에너지의 모든 것"을 구체적이고 쉽게 망라하였다. 전반부는 태양과 풍력 등 자연에너지와 바이오매스(biomass), 폐기물에너지를 소개하였고, 후반부는 화석연료의 새로운 이용 형태와 연료전지로 대표되는 신에너지 이용의 새로운 기술을 소개하였다. 2004년으로부터 5년 사이에 신에너지에 관한 기술과 사회정세는 급격하게 변화하였다. 풍력발전은 5년 전보다 훨씬 대규모가 되었으며, 태양광발전 또한 효율이 향상되었다. 따라서 전체적인 데이터 갱신에 주력하였으며, 새로운 기술 발전으로서 바이오매스가 5년간 크게 전개되었기에, 항목과 페이지 수를 늘렸다. 또 우리와 가까운 에너지 이용방법으로써 중요한 히트펌프와 축열에 관한 장을 마련하였다. 총괄적으로 전체상을 알고픈 독자의 요구에 응하기 위하여, 총론을 확충하고 해외의 신에너지 상황을 추가하였다. 일본의 에너지에 대해서는 공급과 소비를 종합적으로 생각하여 원자력발전을 포함한 고찰을 추가하였다. 따라서 현재의 기술과 배경을 모두 망라하였다고 확신한다. 현재의 에너지 문제를 개선하고 지속 가능한 세계를 만들기 위하여 실행 면에서 본서가 참고서로 이용될 것을 기대한다.

2009년 5월 SCE · Net 대표간사 이와무라 다카오

CONTENTS

신 · 재생에너지

총론편
에너지의 현황과 전망

최근 세계의 에너지 정세는 매우 불안정한 상황에 직면하고 있다. 원유는 뉴욕 선물 거래에서 WTI(West Texas Intermediate) 가격이 1배럴당 150달러를 넘었다고 생각하였더니, 세계적인 경기 침체를 반영해 2008년 12월 19일 한때 32.4달러의 헐값이 매겨졌다. 그런데 2009년 들어, 이번에는 이스라엘의 가자 침공에 의한 중동의 원유 공급 불안으로 단번에 50달러에 접근하였다. 일본에서는 석유의 거의 100%를 수입에 의존하고 있고, 그중 85% 이상이 중동으로부터의 수입이기에 그 영향은 헤아릴 수 없을 정도이다. 석유는 유한한 자원이다. 1970년대의 석유위기 이후, 석유를 대신할 에너지로서 석탄 액화나 가스화, 오일셰일(유혈암)의 건류 등 신기술 개발이 왕성하게 이루어졌다. 그러나 석유의 가격이 상승하지 않으면 채산이 맞지 않기 때문에 대부분 좌절되고 말았다. 석유 가격 상승으로 요즘 다시 검토되고 있으나, 원유 가격 변동이 심하기 때문에 어떻게 전개될지는 예측하기 어렵다.

에너지 소비 억제의 관점에서 보면, 에너지 절약은 수급 균형을 안정화시키는 가장 유효한 수단이라 할 수 있을 것이다. 정부의 에너지 절약 정책 등으로 산업계의 에너지 소비는 거의 보합 상태를 유지하고 있다. 그러나 민생 부문과 운수 부문에서의 에너지 소비가 증대되고 있으므로, 현재 이 두 부문에 대한 대책이 진행되고 있다. 지구온난화 억제의 관점에서 보면, 온실가스인 이산화탄소의 배출을 억제하기 위하여, 화석연료의 소비를 적극적으로 줄일 필요가 생겼다. 이 때문에 에너지 절약과 더불어 신에너지 확대가 크게 채택되기 시작하였다. 일본에서 신에너지로서 정의되고 있는 범위에는 자연에너지 외에 재생에너지, 수요측의 에너지 신이용 형태가 포함된다. 모두 최근의 기술 진보와 더불어 이후의 이용 증가가 크게 기대되고 있다. 세계로 눈을 돌리면, 세계 전체의 에너지 소비량은 계속 늘고 있다. 에너지 소비량의 거의 절반을 차지하는 곳은 북미와 유럽인데, 이들 국가의 에너지 증가량은 비교적 낮다. 한편, 중국, 아시아의 여러 나라와 중동 국가들은 인구 증가와 공업화의 진전으로 에너지 소비량이 대폭 증가하고 있다. 일시적으로 세계적인 경기 침체의 영향을 받았다고 해도 에너지 소비 증대의 경향은 앞으로도 계속될 것이다. 따라서 총론편에서는 세계의 에너지 사정, 일본의 에너지 수급, 지구온난화와의 관계, 신에너지에 관한 전반적인 내용을 소개한다.

신에너지를 생각한다

-우리는 신에너지를 어떻게 대처해 나갈 것인가-

21세기를 맞이한 오늘날, 예전부터 예상되던 「석유자원의 고갈」, 「지구의 온난화」, 「산유국의 정치 불안」, 「세계적인 석유수급 불균형」 등의 문제가 떠오르고 있다. 에너지는 과거와 같이 「당연히 거기에 있으며, 자유로이 사용할 수 있는」 시대가 아닌 것이 되어가고 있다.

차세대의 유력한 에너지로 주목받던 원자력발전도 그 안전성 때문에 선진 각국에서 억제하는 경향이 나타나고 있으며, 일본도 1995년의 고속증식로인 「몬주(文珠)」의 나트륨 누출 사고, 1999년 9월 이바라키(茨城)현 도카이(東海) 마을의 핵연료 가공시설에서 일어난 일본 최초의 임계(臨界)사고를 거쳐서 축소가 불가피하게 되었다. 그 후에도 불상사 등에 의해 원자력발전이 정지되는 경우가 있었지만, 예년과 같이 시원한 여름을 보내기 위해 전력 수요가 최고치에 달하는 여름철에도 공급이 중단되는 일은 없었다. 그러나 전력을 중단해야 하는 상황이 눈앞에 다가와서 「정말로 괜찮은가?」라는 불안을 가진 사람도 적지 않았을 것이다.

그래서 종래의 한 곳에만 집중하기 때문에 재생산이 불가능한 에너지에 지나치게 의지하고 있었던 것에 대한 반성으로부터 「신에너지」라고 불리는 에너지군이 새로운 주목을 모으기 시작하였다. 자연에너지를 중심으로 한 신에너지 환경부하가 작다는 것으로부터 큰 기대된 정부나 지방자치체, 기업도 이의 도입이나 기술개발에 적극적이다. 각종 보도 또한 그 성과를 크게 들어올려 신에너지가 그리 멀지 않은 미래에 환경과 에너지 양쪽의 문제를 해결해 주는 구세주가 될 수 있을 것이다. 그러나 실제로 그러할까. 신에너지는 특성 상의 문제도 있지만 신에너지가 우리에게 "즉시 밝은 미래를 약속해 준다"는 것은 아닐 것이다. 미래의 에너지 사정을 생각하는 데 필수적이라는 것은 틀림없다. 하지만 정서적이며 과도한 기대에만 매달린다면 기술을 살리지 못하고 끝나 버릴지도 모른다.

지금부터 신에너지의 각 기술을 소개할 전단계로서 신에너지의 특성이나 과제는 어디에 있으며, 사람들이 신에너지와 어떻게 대처해 나가야 하는가에 대해서 우리 나름의 생각하는 방법을 기술하여 하나의 문제제기를 하고자 한다.

「신에너지」란 무엇인가?

그러면 「신에너지」란 무엇일까? 일반적으로 「신에너지」라는 말이 갖는 이미지를 생각할 때

① 새로운 시대의 주역이 될 에너지

② 지금까지 없었던 새로운 에너지

의 어느 쪽인가 라고 생각한다. 그러나 어쩐지 이 말로부터 우리가 직접 받는 이미지와 공식적인 장면에서 이 말이 가리키는 내용과의 사이에는 적잖은 차이가 있는 것 같은 기분이 든다. 결론부터 먼저 말하면 법률로 정의되는 신에너지는 우리가 생각하는 에너지의 모습을 반드시 표현하고 있는 것은 아닌 것 같다.

예를 들면, 이제부터 에너지로서 유력시되고 있는「핵융합」은 신에너지에 포함될까? 답은「No」이다. 그러면 한때 신문 등에서도 보도되었던「수소에너지」는 연료전지 등의 에너지 수소매체(energy carrier)로서「자리 매김」[*1]되고 있지만 답은「?」이다. 한편 유사한 단어로「차세대에너지」라는 것이 있는데, 이는「핵융합」,「수소에너지」를 함께 포함하는 것으로 알려져 있다. 마찬가지로 천연가스를 액화하여, 이로부터의 에너지원으로서 기대되는 LNG나 DME 등도 신에너지에는 포함되지 않으나 차세대에너지에는 포함되는 것으로 해석되고 있다.

그러면「차세대에너지」란 무엇일까? 차세대에너지는 신에너지와 같이 법률에 의한 정의는 없지만, 일반적으로「시대의 주류가 될 수 있다고 기대할 수 있는 에너지의 총칭」이다. 또한 차세대에 우리가 의지할 수 있는 기준으로 보면, 화석연료의 대체 에너지로서 부존량(賦存量)의 많음, 경제성, 실현 가능성의 높이 등이 중요시될 것이다. 우리가「신에너지」라는 말로부터 받는 위 ①의 이미지는 오히려 이 "차세대에너지"의 개념에 가까운 것이라고 생각한다.

「신에너지」란 도대체 무엇일까…

그러면「신에너지」란 무엇일까? 일본의 신에너지 사업을 관할하는 NEDO(신에너지 · 산업기술 종합개발기구)는 신에너지의 정의를「자연의 힘을 이용한다든지, 지금까지 사용하지 않고 버린 에너지를 유효하게 사용한다든지 하는 지구에 친밀한 에너지」로 하고, 또 그 장점은「석유나 천연가스 등의 화석연료 소비의 경감」,「그것에 수반하는 이산화탄소의 배출량 삭감」이라고 말하고 있다. 신에너지에는 태양광이나 풍력, 폐기물, 바이오매스(biomass) 등의 새로운 에너지원인「공급 측면의 신에너지」와 에너지원은 종래의 것이지만 그 이용형태가 새로운「수요 측면의 신에너지」가 있다. 여기서도「지금까지 없는 새로운 에너지」라는 일반적인 이미지에 대하여,「화석연료의 새로운 사용법도 신에너지에 포함시킨다」라는 약간의 엇갈림이 생겨, 신에너지의 정의를 다소 알기 힘들게 만들고 있다.

---

*1) 수소는 연료전지의 에너지 매체로서 표에는 나와 있지 않으나 몇 년 후 에너지의 새 수송매체로 신에너지에 짜 넣어질 가능성이 있다. 신에너지는 그 시대에 맞추어 대상이 증가한다.

신에너지의 종류와 자리매김

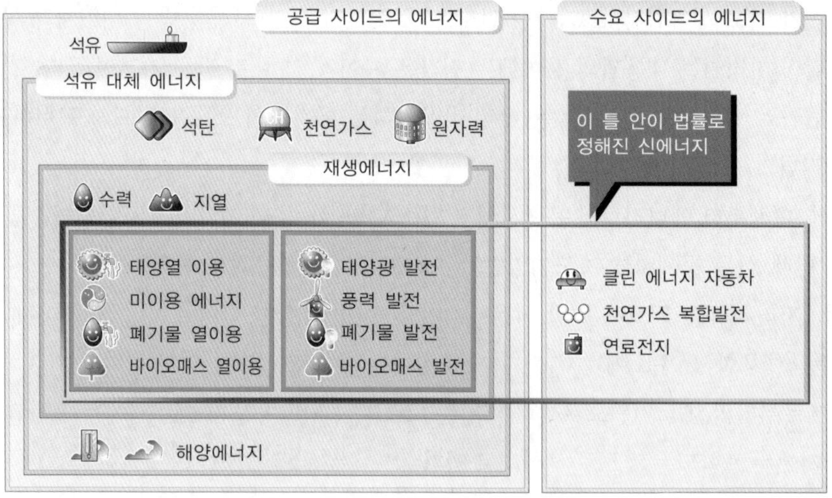

* 바이오매스에는 흑액, 폐재를 포함한다
* 미이용 에너지에는, 눈, 얼음, 냉열을 포함하며 폐기물 에너지는 제외한다.

실은 「신에너지」란 환경이나 에너지 문제에는 유익하지만, 일반적으로는 사용하기 어려운 것을 하나로 묶어서 알기 쉽게 호칭을 붙인 것이라고 생각하면 된다. 1997년 제정된 「신에너지법」에 의하면 「이미 기술적으로 실용 단계에 있지만, 경제성의 면에서 보급이 충분하지 않은」 10개 항목을 신에너지로서 들고 있으며, 이들을 국가 차원에서 정책적으로 지원하면서 육성해 간다는 것이 신에너지의 골자이다. 말하자면 신에너지란 "나라의 지원육성 정책"에 근거한 명칭이라고 이해할 수 있다.

이와 관련하여 해외에서는 신에너지 중 자연에너지에 해당하는 것을 「재생에너지」라고 호칭하고 화석연료의 새로운 사용방법을 특별히 별도로 분류하고 있다. 해외의 경우에는 명칭과 실태가 연결되고 있지만, 일본에서는 정책적 지원이라는 사정 때문에 명칭의 이미지와 내용 사이에 부득이한 괴리(乖離)가 발생하고 있다.

결론으로, 발상의 원점이 "온난화와 CO_2 삭감"에서 비롯된 것이 「신에너지」, "에너지원으로서의 부존량(賦存量)과 의존할 수 있는 포텐셜의 높이"의 시점에서 비롯된 것이 「차세대에너지」라고 말할 수 있을 것이다. 초기의 접근방법은 다르지만 경제성은 에너지 문제의 숙명적이고 환경부하의 저감(低減)은 오늘이라는 시점에서 바라보면 필수사항이고, 이제부터의 에너지에는 양쪽을 모두 만족시킬 수 있는 것이 요구되므로 신에너지 및 차세대에너지가 지향하는 바는 같다.

지금 왜 「신에너지」인가

「환경이나 에너지 문제에는 유익하지만 경제성이라는 면에서 보급이 충분하지 않은 것」을 정부가 지원하고 육성해간다. 이것이 신에너지라는 것을 알았다.

경제성에 문제가 있다고 말하면 다소 불안하게 되지만, 이 밖에도 한 가지 더 걱정이 되는 데이터가 있으므로 소개한다. 그것은 「정부는 2010년도에 일본 전체에서 소비되는 에너지의 약 3%*2를 신에너지로 마련하는 것을 목표로 하고 있다.」*3는 것이다. 사실 장래의 목표를 봐도 신에너지의 점유율은 총 에너지 소비량의 약 5~7% 정도로 추측되고 있으며*4, 신에너지가 그대로 석유자원으로 대체되는 것은 현상황으로는 어려울 것 같다. 그러면 정책적으로 신에너지가 중요시되고, 또 기업 등도 적극적으로 몰두하고 있는 현재의 상황을 어떻게 생각하면 좋을까?

신에너지 이용 기술개발의 추진력에는 크게 두 가지가 있는데, 그 하나는 정책적 과제인 「교토의정서(京都議定書)」의 문제이다.

이것은 총론편에 상세하게 기술되어 있는 것과 같이 1997년 「기후변동에 관한 국제연합 제정조약」의 제3회 체약국회의(COP3)에서 채택된 것이다. 그 주요 요지는 심각해지는 지구 온난화 문제에 대응하기 위하여, 1990년을 기준으로 하여서 온실가스 효과의 총 배출량을 이산화탄소 환산으로 적어도 기준년의 수준보다 6% 삭감을 가맹국이 약속한다는 것이다(대상이 되는 온실가스는 CO_2, CH_4, N_2O, HFCs, PFCs, SF_6의 6종류이며, 2008~2012년의 5년 동안이 제1약속기간으로 되어 있다.)

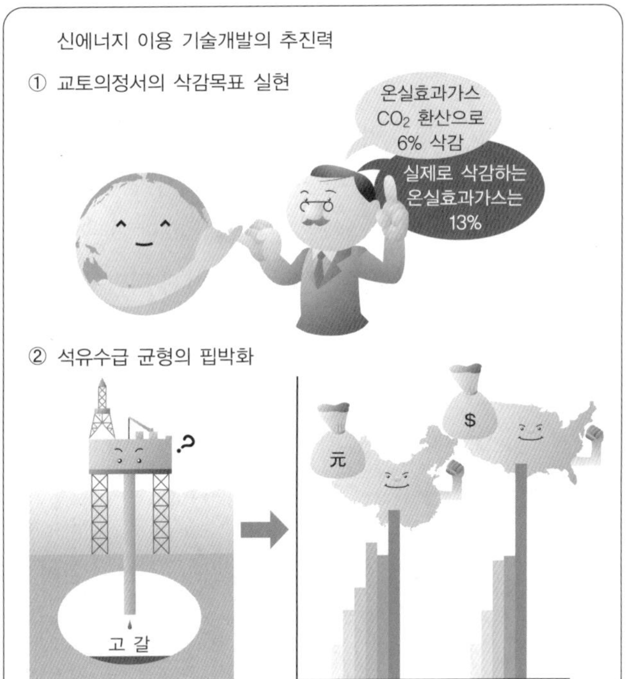

이를 받아들여 일본이 6% 삭감을 세계에 약속한 것은 여러분도 잘 아는 바이다. 이것을 준수할 수 없다는 것은 국제적인 신의에 어긋나는 것이 되지만, 90년부터 지금까지 온실효과 가스의 배출은 계속 증가하고 있다. 따라서 90년 수준인 6% 삭

*2) 종합 에너지 조사회의 「장기수요 전망」에 의한다.

*3) 2010년도의 대책 실례가 약 3%. 기준 실례에서는 약 1.5%에 멈추었다.

*4) 일본의 신에너지의 도입목표는 교토(京都)의정서에 정해진 목표 년인 2010년까지로 고정되어 있으며, 그 후의 2020년, 2030년을 시야에 넣은 장기전망, 장기전략이 없는 점이 큰 문제이다. 이 5~7%라는 것은 2001년이 1%이고 2010년이 목표 3%로 하면 10년 동안에 2% 증가한다고 해서 2020년, 2030년에의 단순한 외삽치(外插値)라고 생각된다. 그렇더라도 수치 10%를 목표로 하고 있는 유럽 여러 나라와 비교해서 저조한 목표치이다.

감을 실현하기 위해서는 2012년까지 13% 정도의 삭감을 해야 하는데 이를 국제적으로 약속해버린 것이며, 이의 실현은 쉽지는 않다.

더욱이 도카이(東海)마을의 임계사고로 일본의 원자력정책 추진이 어려운 상황에 빠져 있기 때문에 교토의정서의 6% 삭감은 더욱더 높은 장애물로서 눈앞에 다가오고 있다. 그래서 자연에너지를 중심으로 하는 신에너지 기술을 육성하여 온실가스 삭감을 위한 핵심기술로 개발하려는 것이 제1의 추진력이라고 생각된다.

또 하나의 추진력이라고 생각되는 것은 "원유를 중심으로 한 화석자원의 확보가 앞으로 어려워져 갈 것"이라는 전망이다.

최근 얼마 동안의 원유가격의 추이를 살펴보면 1배럴(barrel)당 40달러 전후라는 높은 가격으로 추이하는 등, 이라크전쟁 이후부터 상승을 계속해온 원유가격이 세계경제의 불안정한 요인이 되어 가고 있다. 이것은 중장기적으로 보아서 석유의 증산을 기대할 수 없는 하나의 원인이지만, 고에너지 소비국인 미국과 높은 경제성장을 계속하는 중국이 석유수요를 크게 끌어 올리고 있는 것도 큰 이유 중 하나이다. 특히 중국의 급격한 경제성장은 예상보다 빠르게 「석유자원의 고갈」이라는 문제 이상으로 「석유수급 균형의 어려움」이 눈앞의 문제로 심각성을 더하고 있다.

최근과 같이 석유가격의 폭등이라는 사태가 현실화된다면, 자연히 에너지에 대한 의식도 바뀌게 된다. 현재상태에서는 비용적으로 맞지 않다고 말하는 신에너지이지만, 원유가격의 상승이나 공급불안의 한 현상인 공급중단과 같은 것을 상회하게 되면, 경제성 측면으로도 신에너지에 관심을 갖고 이용하여 가는 방향으로 바뀌어 갈 것이다.

게다가 외국의 한정된 특정한 국가로부터 에너지의 대부분을 수입하는 일본의 「국외의존, 지역편중」 등 에너지 공급 구조가 위험성 측면에서 취약하다는 지적이 이전부터 있었다. 확실히 신에너지는 전체적인 에너지의 소비로부터 말한다면 일부를 대신하는 데에 지나지 않는다. 그러나 신에너지가 도입되어 에너지의 다양화·분산화가 진행하는 것은 결과적으로 공급구조의 강화로 이어진다.

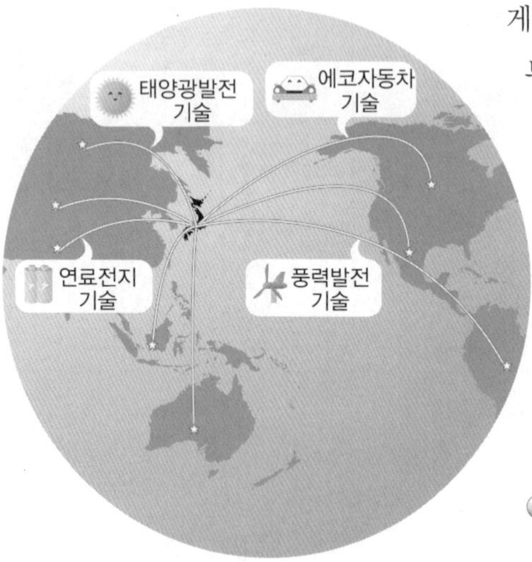

세계 전체를 글로벌한 네트워크라고 생각하여, 자원이 있는 곳에 대해서 일본의 "지혜와 기술"로 국제공헌

「신에너지 기술」은 어떻게 활용하는가

신에너지는 그 중심이 자연에너지이므로, 「입지조건에 의존하는 부분이 크다」는 특성이 있다. 예를 들면 태양광의 경우도 장소와 계절에 따라서 일

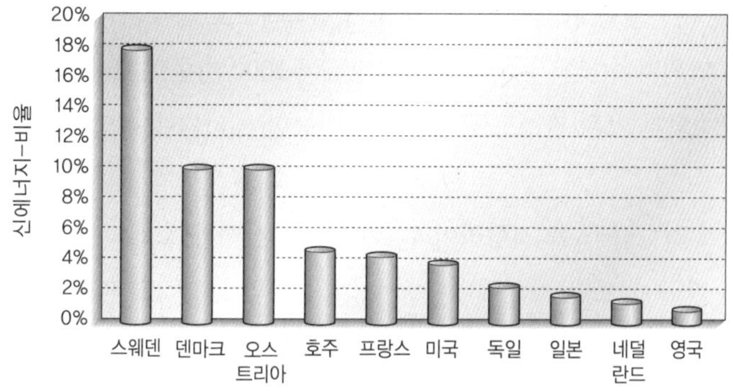

출처 : 2002년 IEA(국제에너지기구) 조사.
주 : 1차 에너지에 차지하는 비율. 숫자에는 지열 발전을 포함한다.

사량에 큰 차이가 있으므로, 항상 안정적으로 공급할 수 있는 것은 아니다. 풍력발전에 있어서도 1년 동안 똑같은 바람이 불고 있는 장소는 그렇게 많지 않다.

에너지는 경제성과 동시에 「언제나 안정적으로 공급할 수 있다」는 것이 중요하므로, 날씨나 계절에 따라서 변동하는 자연에너지에 크게 의존하는 것은 바람직하지가 않다. 또한 바이오매스(biomass)는 부존량과 공급 안정성에서 자연에너지 자원이 부족한 일본 안에서는 유망하다. 그러나 「일본은 인건비가 높다」, 「농업 · 임업이 쇠퇴하고 있다」는 다른 문제가 있기 때문에 반드시 전망이 밝다고 말할 수만은 없다.

이와 같은 상황으로부터 일본에서 신에너지가 조달되는 것은 중장기적으로 보아도 총 에너지 소비량의 약 5~7% 정도에 지나지 않으며, 신에너지가 석유나 천연가스의 대체에너지가 될 가능성은 유감스럽게도 높다고 말할 수 없다[*5].

그러나 실제로 일본은 부족한 자연에너지 자원과는 정반대로 신에너지 개발에 있어서 세계 최고수준의 기술력을 가지고 있는 것을 아는가? 이를 근거로 세계에 눈을 돌리면 전혀 다른 신에너지의 세계가 보이게 된다.

예를 들면 EU는 2010년까지 풍력발전의 발전 기여율을 5.6%로 한다는 전망으로, 이것은 매우 높은 수준이다[*6]. 또 2020년에는 총 에너지의 20%를 재생가능한 에너지로 대신한다고 하므로, 상당한 노력을 해야 할 것 같다[*7]. 이 전망의 배경으로서 세계에는 "자연에너지 자원이 풍부한 나라"가 적잖이 존재하는 실정이다. 예를 들면 덴마크나 캘리포니아 남부에는 일정한 풍속의 바람이 1년 내내 불고 있는

*5) 양적인 측면에서 자연에너지의 공급가능성을 보면, 반드시 일본은 자연에너지가 부족하다고는 말할 수 없다는 어림계산도 있다.

*6) 유럽 풍력에너지협회(EWEA)는 EU 15개국의 전력생산 기여율로서 2010년에 5.6%, 2020년에 12.9%를 목표로 설정하고 있다.

지역이 있으며, 아프리카나 유럽의 일부에는 1년 내내 태양광이 풍부한 지역이 있다.

또 다른 경우로, 독일처럼 반드시 자연에너지에 적극적으로 몰두하지 않으면 안 되는 나라도 있다. 독일은 2000년에 탈원자력(脫原子力)정책을 결정하여 2000년에 법제화했지만*8, 대체에너지가 자연으로부터 많이 발견되지 않은 관계로 금후는 재생가능한 에너지에 상당한 투자를 해 갈 것으로 예상된다.

칼럼 「『신에너지 기술입국』을 지향하여라」(56쪽)에 상세하게 소개되어 있지만 "일본 내에서만" 파악하면 큰 기대를 가질 수 없는 자연에너지도, 세계 전체의 문제라고 파악하면 자연에너지 이용의 여지와 시장은 크게 확대되고 있는 것이다.

일본은 우수한 기술개발을 하고 있으므로, 차라리 이 기술을 신장시켜 나가는 방향을 생각하면 어떨까? 세계 전체를 "글로벌한 에너지의 네트워크"로 생각하여, 자원이 있는 곳에 대해서 일본의 "지혜와 기술"을 활용한 국제공헌*9 및 시장 창출을 해나가고, 또한 국내에서는 해외시장을 경제적인 후원자로 하면서 한정된 자원 안에서 효율적인 분산형 에너지 구조를 모색해 나간다는 선택이 바람직하다고 생각된다.

향후의 신에너지를 어떻게 하면 좋을까

해외의 신에너지 사정을 살펴보았지만, 현 상황에서는 아직 개발 단계이므로 어느 나라도 정책적인 지원 없이는 상용화(商用化)가 어려운 것 같다. 예를 들면 스웨덴의 바이오매스에 관한 사업을 보면, 바이오매스(biomass)로 발전한 전력에 대해서는 지정받은 지원기업이 우선적으로 사들이기로 되어 있다. 독일의 바이오매스 정책도 장기적인 비전을 가지고 있으며, 거기에는 「결국은 국민의 재산이 되도록」 이라는 강한 의지가 느껴진다. 역으로 미국은 장기적인 비전이라기보다 경제성을 중심으로 한 단기적인 정책이다. 그래도 가솔린에 바이오에탄올(bioethanol)을 10% 혼합하여 사용하도록 하는 규제완화나 풍력발전기의 대량으로 나열된 캘리포니아의 풍력발전단지(wind farm) 등은 확실히 정

---

*7) http://www.erec—renewables.org/Bonn/first.htm에 의하면, 2004년 6월 독일 본(Bonn)에서의 유럽 재생가능에너지회의에서 2020년까지에 재생가능한 에너지의 비율을 20%로 높인다는 목표가 표시되어 있다.

*8) 독일에서는 1970년대부터 1980년대에 걸쳐서, SPD(사회민주당) 정권 하에 적극적인 원자력발전소 개발을 하였는데, 1986년 · 우크라이나의 체르노빌(Chernobyl) 원자력발전소 사고를 계기로 SPD가 원자력의 사용 반대로 바뀌는 등, 원자력발전소 개발은 어려워졌다. 1998년에 발족한 SPD와 녹색당(환경보호, 탈원전(脫原電)을 제창)의 연합정부는 가능한 한 빨리 원자력발전을 철회하기로 결정, 산업계와 서로 이야기한 끝에 2002년 4월에는 원자력 에너지 이용을 폐지하는 개정 원자력법을 시행하고 있다. 이 법률에 의하여 신규의 원자력발전소 건설 · 조업(操業)허가가 금지된 것 외에, 이미 존재하는 원자로는 독일 전국의 총발전규제지(規制地)(2623TWh)를 달성한 후, 조업허가가 소멸하는 것, 원자로는 발전개시로부터 32년을 기본적인 운전기간으로 하고, 그 후는 폐지된다는 것, 사업자의 원자력사고 배상액은 25억 유로(Euro)(약 3,000억 엔)로 증액된다는 것 등이 결정되었다.

*9) 지구온난화 방지를 위한 교토 기구의 하나이고, CDM(Clean Development Mechanism)에 의하면, 선진국이 특정한 개발도상국에서 온난화대책의 프로젝트를 수행하며, 그 배출 삭감량에 대해서 CER(Credit)가 발행되어, 이것을 배출삭감목표 달성에 사용할 수 있다.

책적이라는 것을 느끼게 한다.

일본은 태양광발전 분야에서 10년 전부터 정책적인 지원을 하여 상당한 성과를 얻고 있다. 다른 신에너지 분야도 정책적으로 프로젝트를 시작하고 있지만, 이렇다할 자연에너지 자원을 갖고 있지 않아서인지 아직은 이제부터라는 인상을 받는다. 그러면 앞으로의 비전을 어떻게 구축해가면 좋을까?

에너지 문제에 대한 앞으로의 비전을 생각하는 데에 있어서 중요한 점을 시사해주는 2가지 예를 소개하겠다.

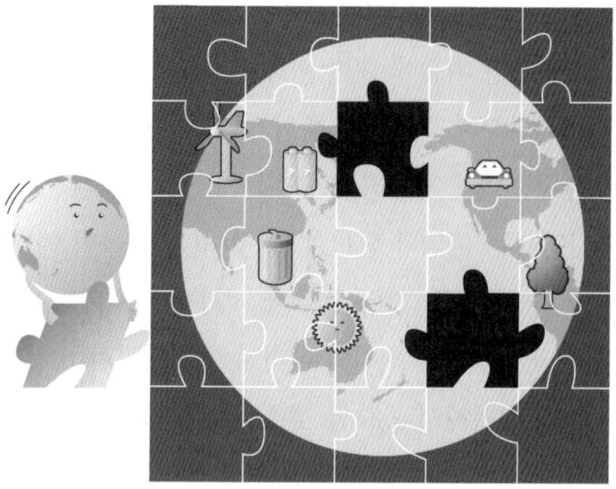

평소 우리는 걸핏하면 첨단적인 개개의 요소(要素)기술개발에만 눈을 돌리기 쉽지만, 에너지 이용은 「시스템으로서 최저화」되어서 비로소 효과를 발휘한다. 에너지의 분산화·다양화가 시작되려고 하는 현재는 지금까지 이상으로 「최적의 장소에 최적의 에너지원을 배치하여 간다」는 것이 중요한 주제가 될 것이다.

【예 1】

독일의 프랑크푸르트에는 그다지 크지는 않지만 석탄을 때는 화력발전소가 마을 안에 두 군데 있다. 환경대책이 잘 된 화력발전소를 마을 안에 둠으로써 마을 전체의 열 공급이 쉬워지며, 종합에너지 효율은 75%에 달한다는 완전한 열병합발전시스템(cogeneration system)이 구축되고 있다. 「아직까지 석탄?」이라고 말할지 모르나, 확실한 사고에 의거해서 효율 좋게 운영하면 오래된 석탄을 때는 화력발전소라도 CO_2 배출량 삭감에 공헌할 수 있다.

【예 2】

최근 일본에서도 자가발전한 전기를 판매하고 있다. 이것은 다양한 에너지원을 이용해서 발전을 하여 기업 등에게 사달라는 것이며, 자치체나 몇몇 기업, 벤처 등이 중심이 되어 자가발전에 몰두하고 있다. 그러나 전력회사가 소유하고 있는 전선을 이용해서 송전을 하기 위해서 전력회사에 1kw당 2엔 이상의 "배송요금"을 지불할 필요가 있다. 일반으로 판매시 전기요금의 시세는 1kw 당 8~10엔이지만, 그중 2엔 이상이 배송요금으로 공제되면 어떻게 될까?

언뜻 보아서 다른 내용을 말하고 있는 것 같은 두 가지의 예이지만, 어느 쪽도 「에너지는 시스템으로서 최적화되어 있지 않으면 생존 할 수 없다」는 것이 공통점이다. 시스템 내에는 에너지원의 채굴이나 제조, 수송, 전환, 소비, 부생(副生)에너지의 재이용, 배출물의 무해화(無害化)라는 일련의 절차와 경제성 때문의 비용 삭감이나 효율 향상, 에너지 절약성, 또 에너지를 둘러싼 수많은 규제라는 요소가 있다. 이들을 종합적으로 판단할 필요가 있지만 평소에 우리는 자칫하면 첨단적인 개개의 부품

기술의 개발에만 관심을 가지는 경향이 있다.

개별적인 기술에 대한 이해도 중요하지만, 그것이 현실감을 보이기 시작한 지금이야 말로 처음부터 마지막까지를 포함한 종합적인 동시에 시스템적인 평가가 중요하다. 예를 들면「전력과 가스는 어떻게 구분해서 사용하면 좋겠는가?」,「수소자동차, 연료전지자동차의 수소나 에탄올은 어떻게 할 것인가?」라는 논의가 되어야 할 것이다. 하물며 에너지의 분산화, 다양화가 시작되려는 현재,「이 에너지나 기술은 어느 요구 조건에 적합하고, 어느 요구 조건에는 적합하지 않은가」를 올바르게 판별하여서 최적의 장소에 최적의 에너지원을 배치하여 간다는 것이 가장 중요한 주제가 되리라고 생각한다.

그러기 위해서 필요한 것은 무엇일까? 그것은「평가 · 분석과 그 수법의 확립」이다. 특히 신에너지에 관해서 말하면, 개별적인 부품기술의「종합효율 ○○ %」라는 수치가 혼자서만 노력하고 있는 느낌은 부정할 수 없다. 그러나 참으로 중요한 것은 정량적인 동시에 객관적인 평가 방법을 확립하여「이와 같은 조건으로 평가해보았더니 ○○였다. 그리고 이것은 ○○에 적합하며, ××에는 적합하지 않다」는 것을 시스템으로서 평가 · 분석하는 것이다.

정부 주도의 신에너지 평가 · 실증 실험 등도 서서히 시작하려 하고 있다. 석유와 천연가스에 의존하고 있으면 좋았던「지역집중형 에너지」의 시대로부터 여러 가지의 에너지원이 섞여 있는「분산형 에너지」 시대로 전환이 시작되고 있다. 그러므로 우리도「객관성이 있는 에너지의 시스템 평가」에 유의하여 최적한 에너지의「최적혼합」을 모색해 갈 필요가 있다고 생각한다.

(저자 좌담회를 기초로 편집자가 작성. 2002년에 게재한 것에서 일부를 수정하여 게재)

「장르별 인디케이터」에 대해서

이 책은 이제부터 에너지 이용은 각각의 기술이 「어느 필요에 적합하며, 어느 필요에 부적합한가」를 올바로 확인하기 위하여 각 기술에 대해서 항상 정량적인 동시에 객관적인 평가 · 분석을 해가는 것이 가장 중요한 점이라는 관점에 입각하여 편집되었다. 그렇게 하기 위한 한 가지 시험으로서 각 페이지에는 아래와 같은 「장르별 지시선도」를 표시하여 각각의 기술 · 에너지원이 어떠한 자리 매김에 있는가를 간단하게 이미지로 파악될 수 있도록 되어 있다.

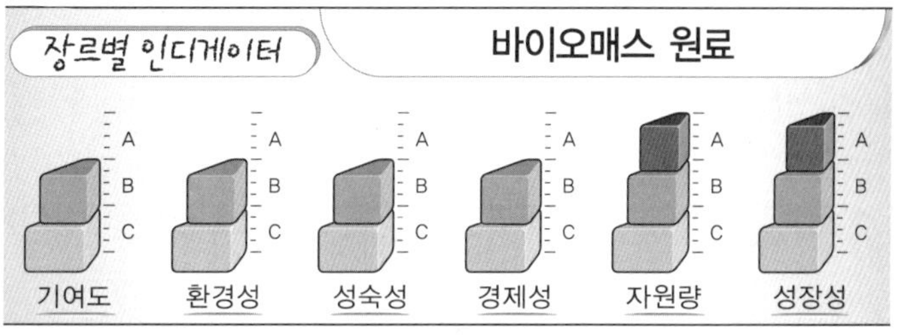

본문에도 있는 것과 같이 객관성이 있는 에너지의 평가수법은 아직 확립되어 있다고는 말하기 어렵고, 또 그 평가에 있어서 처음부터 끝까지 다양한 요소를 가미하지 않으면 안 된다. 때문에 이 책에서 채택한 각 기술 또한 이 지시선도와 같이 간단히 분류할 수 있는 것은 아니지만, 분산형 에너지를 생각하는 데에 하나의 기준으로 이용하는 동시에 이러한 시도로 앞으로의 에너지 평가수법 확립에 대한 관심이 높아지기를 바란다.

지시선도의 평가항목은 아래와 같이 가정되어 있다.

평가항목	내 용
기여도	에너지 수요에 대한 기여도가 큰가?
환경성	탄산가스나 오염물질 등의 관점에서 환경영향이 작은가?
성숙성	신뢰성이 높은가? 성숙도가 높은가? 실용 수준은?
경제성	다른 에너지에 비해서 가격 경쟁력이 높은가?
자원량	채취 가능성이나 편재성도 포함해서 에너지 자원으로서 풍부한가?
성장성	앞으로 실용화가 진행하여, 설치/적용 사례가 확대될까?

세계의 에너지 상황

최근의 급격한 에너지 가격 변동으로 상징되듯이, 개발도상국의 경제성장이 계기가 되어 「자원과 에너지 부족」과 「지구온난화」가 가까운 장래에 세계의 위협이 될지도 모른다는 것이 명확해졌다. 세계 각국의 지도자는 대책 추진에 많은 노력을 거듭하고 있으나, 해결의 합의 형성은 간단하지 않아 세계의 에너지 상황과 전망은 혼돈되어 있다. 장래 예측조차도 많은 시나리오를 전제로 방향을 모색하고 있는 단계이다.

키워드 IEA(국제에너지 기구)

제1차 석유위기 후인 1974년, OECD 내에 설립된 기관이며, 현재 30개국이 가맹되어 있다. 에너지 안정보장 확보를 위한 정보 수집 분석이나 에너지 절약, 신에너지 개발 등을 추진한다. 매년 발표하는 세계 에너지 연차보고(WEO)는 유명하다.

「WEO-2008」보고서에는 『오늘날 세계 에너지 공급 · 소비 트렌드는 환경 · 경제 · 사회적으로 「지속 불능」이며, 바꾸어야만 하고 바꿀 수 있다. 시간은 아직 있다』고 기술되어, 세계 에너지 시스템이 지금 일대 전환기에 있다는 것을 강조하고 있다. IEA의 세계 에너지 연차보고서 등으로부터 세계 에너지 상황을 해설하겠다.

세계의 에너지 수급

IEA 레포트의 「세계 지역별 에너지 수요 전망(2004년)」을 그림 1에 「세계 에너지 자원 채굴가능 연수」를 그림 2에 나타내었다. 2008년판의 IEA 레포트에 의하면 세계의 에너지 수요는 연율 1.2% 상승하고, 2030년에는 현재보다 45% 증가하리라 추산되고 있으나 그 증가분의 대부분은 OECD 이외의 신흥국, 특히 중국 · 인도 · 중동의 여러 국가가 차지한다고 할 수 있다. 에너지 자원 내역에서는 석탄 소비량이 현재의 약 2배가 되리라 예측하고 있다. 원유 수요는 현재의 8,400만 bpd(배럴/day)에서 12,000만 bpd를 넘으리라 예상되는데, 생산면은 신규 개발 유전이나 LNG를 더하여도 고작 10,800만 bpd라 상정되어 원유 부족이 우려되고 있다. 화석연료 자원은 매년 개발이 계속되고 있으나 그림 2와 같이 대부분이 수십 년의 수명이라고 추정되고 있다. 그렇다고는 해도 석유도 천연가스

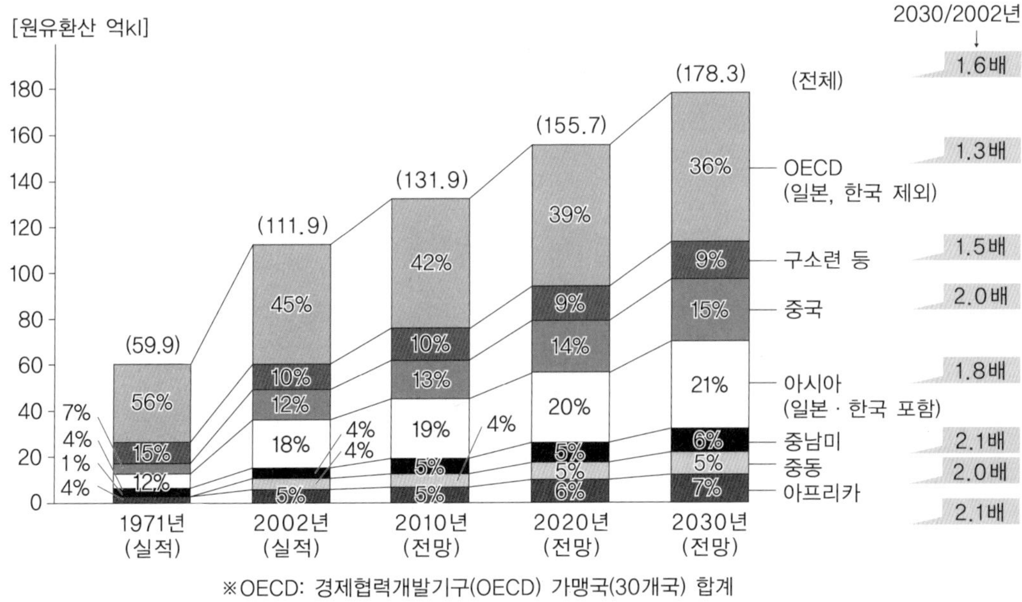

그림 1 세계 지역별 에너지 수요 전망

(출처: IEA: World Energy Outlook 2004, 자원에너지청: 일본의 에너지를 둘러싼 상황 2006)

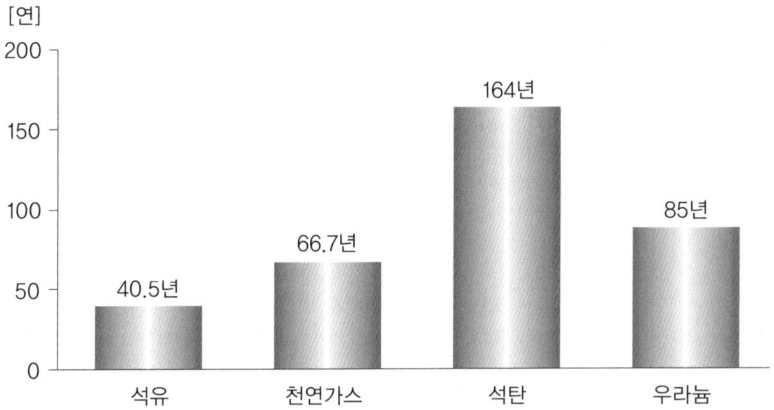

(출처: BP통계2005(석유, 천연가스, 석탄: 2004년) OECD/NEA-IAEA URANIUM2003(우라늄: 2003년) 자원에너지청: 일본의 에너지를 둘러싼 상황 2006)

그림 2 세계 주요자원 채굴가능 연수

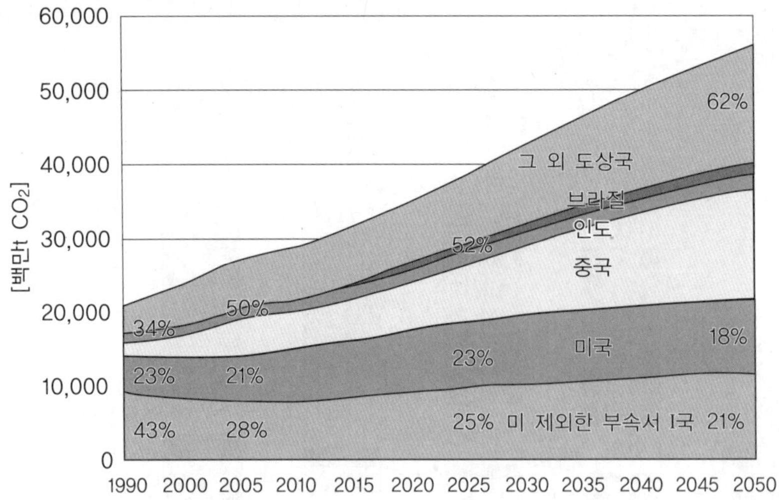

(출처: 에너지백서 2008년)

그림 3 각국별 탄산가스 배출량 추정

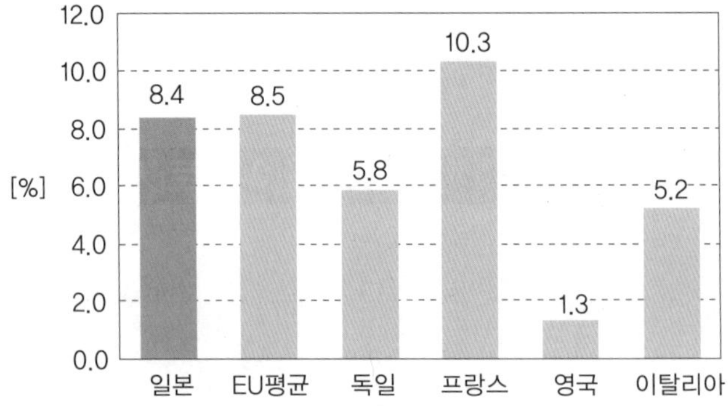

주) 최종 에너지 소비에서 차지하는 비율로 비교. 일본의 수치에 대해서는, 일정 가정하에서의 시산.
자료) EUROSTAT에서 IEA로의 제출자료 등을 바탕으로, (독)경제산업연구소 · 오사카대학 가이노 연구원이 작성한 자료 등으로 편집.

그림 4 재생에너지 비율
(출처: 경제산업성: 종합자원에너지 조사회 신에너지부회(제26회)—배부자료 08.06.24)

도 미발견 자원이나 기술진보 등 비재래형이 아닌 유사 자원개발로 약 2배 정도의 연명을 기대할 수 있을 것이다. 다만 필요한 에너지 자원 획득에는 신규개발 이외에도 방대한 투자가 필요하다. 기존 유전 산출량의 감소가 가속되리라 예측되기 때문에 2030년까지 신규로 6,400만 bpd의 개발이 필요하게 되어 원유 관련에 26조 달러, 전력 관계에 13.5조 달러의 투자를 해야만 한다. 이 투자의 가부가 당면한 에너지 수급 안정화에 큰 영향을 끼치리라 추측된다.

지구온난화

또 하나의 더욱 큰 문제는 에너지의 사용 증가에 따른 이산화탄소 축적이고 지구온난화에 의한 기후 변동이 예상된다. WEO 보고서에 의하면, 배출 이산화탄소의 양은 현재 상태의 연장선상 기준 시나리오에서는 2006년 280억 톤에서 2030년에는 410억 톤으로 증가하고, 세계 평균 기온이 6°C 상승하리라 예상된다. 이후의 국제 협력과 삭감 노력에 의해, 2030년에 대기 중 이산화탄소 농도를 450 ppm으로 유지하는 시나리오에서는 기온 상승은 2°C로 억제할 수 있으나, 550 ppm의 시나리오에서는 3°C 상승이 된다. 세계 각국의 합의하에 큰 정책 전환을 진행하여 막대한 투자를 하지 않는 한 이 목표는 달성할 수 없다. 에너지 사용 절대량을 줄이는 것과 동시에 화석연료 사용량의 대폭 삭감과 새로운 에너지원으로의 이행이 요구된다. 2030년까지의 증가분 대부분이 신흥국 수요이기에, 무엇보다도 우선 세계 각국의 「국제합의와 협력」이 정책 추진의 요점이 될 것이다.

재생에너지에의 기대

화석계 연료의 소비를 줄이기 위해서는 고효율의 에너지 이용기기의 개발과 함께 원자력이나 재생 가능 에너지의 이용 추진이 필요하다. 그림 4에 2005년 각 선진국의 재생에너지 도입비율 실적치를 나타내었다. 이 그림은 풍력, 수력, 바이오매스, 태양, 해양, 기타의 통계를 최종 에너지 소비에 대한 비율로 표시한 것이다. 이산화탄소 농도를 450 ppm으로 유지하려는 시나리오를 실현하기 위해서는, 재생 가능 에너지 이용을 2030년에 세계 총발전량의 40%를 차지할 때까지 급속히 신장시켜야만 한다. 한층 더 나아가 OECD 국가들은 이산화탄소 발생량을 2030년까지 현재보다 40% 삭감하며 다른 주요국도 20% 이상의 삭감이 요구된다. 또 10조 달러를 넘는 대책설비 투자와 매년 세계 GDP의 0.55%에 해당하는 막대한 비용 부담이 필요하다.

이후 세계가 지속 가능한 발전(Sustainable Development)을 유지하고 계속할 에너지 시책을 실현하는 것은 용이하지 않다. 엄한 환경 속에서 곤란한 국제 협조를 확보하면서, 화석에너지 사용량의 대폭 삭감과 재생에너지의 이용 확대를 진행하는 것이 강하게 요구될 것이다.

일본의 에너지 공급

일본은 천연자원이 부족하고, 그중에서도 화석연료는 거의 해외로부터의 수입에 의존하고 있다. 따라서 1차에너지원은 그 80%가 수입되고 있다. 이 비율은 주요 국가 중에서도 매우 높은 수치라고 말할 수 있겠다. 수입원도 상당히 치우친 지역이다. 또 일본의 에너지 공급의 추이를 보면, 공급량 전체가 증가하고 있는 것과 그 구성의 변화를 읽어낼 수 있다. 따라서 이러한 에너지 구성과 수입의존도를 국제적으로 비교함으로써 일본의 에너지 사정을 이해할 수 있다.

키워드 1차에너지

에너지는 원유, 천연가스, 원자력 등으로부터 사용하기 쉬운 전력, 가솔린, 도시가스로 바뀌어서 소비자에게 공급된다. 이 변환을 전환이라고 말하며, 전환 전을 1차에너지, 전환 후를 2차에너지라고 말한다.

우리가 평소 사용하고 있는 에너지는 원유, 우라늄 등에서 사용하기 쉬운 에너지의 형태로 전환시키고 있다. 이것을 에너지의 「전환」이라고 말하며 전환 전의 에너지를 1차에너지, 전환 후의 에너지를 2차에너지라고 한다.

1차에너지는 석유(원유), 석탄, 천연가스, 원자력, 수력, 지열 등이 있으며, 2차에너지에는 전력, 가솔린, 등유, 경유, 도시가스 등이 있다.

그림 1은 주요 국가의 에너지 수입 의존도를 나타낸 것으로, 일본은 천연자원이 부족하므로 1차에너지의 수입 의존도가 80%에 달하고 있다. 원자력도 포함하면 96%까지가 수입이다. 이탈리아, 독일, 프랑스도 일본과 마찬가지로 에너지의 상당한 비율을 수입에 의존하고 있다.

일본이 수입하는 화석연료의 수입원을 그림 2에 표시하였다. 수입하는 에너지는 석유가 가장 많고 또한 그중의 89%를 정세가 불안정한 중동으로부터 수입하고 있다.

석탄은 오스트레일리아의 한 나라에서 60%를 수입하며, 천연가스는 동남아시아와 오스트레일리아에서 약 75%를 수입한다. 에너지 보안의 관점에서 말하면, 수입원이 한 나라 또는 어떤 특정한 지역에 치우쳐 있는 것은 문제이다.

다음으로 일본의 에너지 공급 추이를 살펴보자. 그림 3은 교토의정서에서 이산화탄소 배출의 기준이 되는 1990년 이후의 추이이지만, 1차에너지 총공급량이 명확하게 증가하고 있다.

표 1 1차에너지 국내공급(공급량과 실수의 단위: 원유환산 백만kℓ)

	2005년도		2020년도						2030년도					
			현상고정 케이스		노력계속 케이스		최대도입 케이스		현상고정 케이스		노력계속 케이스		최대도입 케이스	
공급량	587		651		601		561		685		601		526	
에너지별 구분	실수	구성비	실수	구성비	실수	구성비	실수	구성비	실수	구성비	실수	구성비	실수	구성비
석유	255	43%	248	38%	232	39%	209	37%	245	36%	220	37%	183	35%
LPG	18	3%	19	3%	18	3%	18	3%	19	3%	19	3%	18	3%
석탄	123	21%	136	21%	121	20%	110	20%	146	21%	123	20%	95	18%
천연가스	88	15%	107	16%	87	14%	79	14%	129	19%	94	16%	73	14%
원자력	69	12%	99	15%	99	17%	99	18%	99	15%	99	17%	99	19%
수력	17	3%	19	3%	19	3%	19	3%	19	3%	19	3%	19	4%
지열	1	0%	1	0%	1	0%	1	0%	1	0%	1	0%	1	0%
신에너지 등	16	3%	22	3%	22	4%	26	5%	26	4%	26	4%	38	7%

(출처: 자원에너지조사회 수급부회 「장기 에너지 수급전망」)

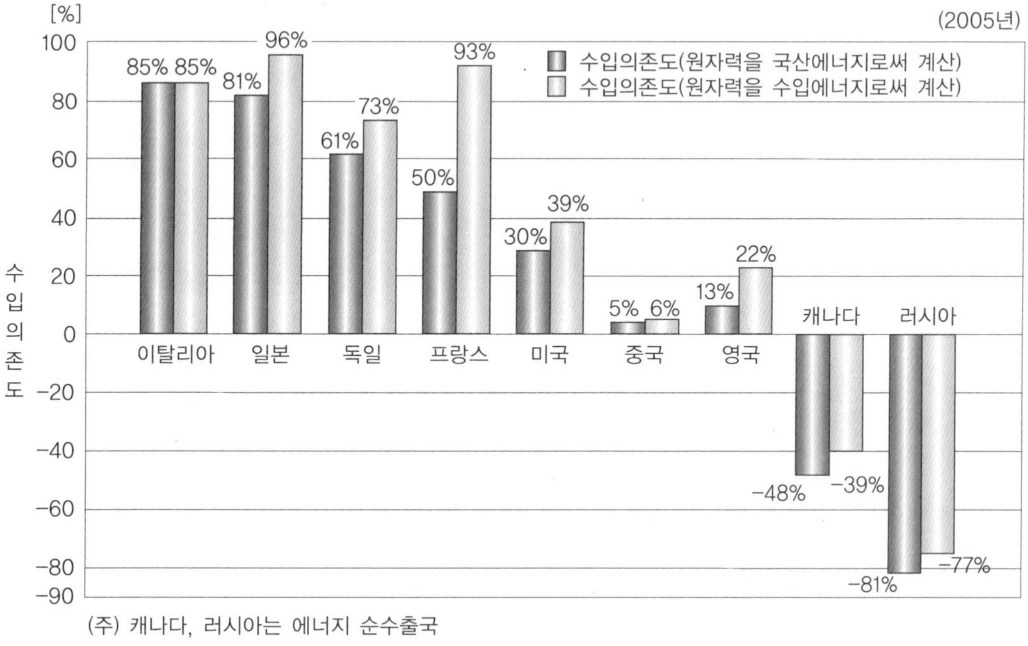

(출처: ENERGY BALANCES OF OECD COUNTRIES 2004-2005,
ENERGY BALANCES OF NON-OECD COUNTIRES 2004-2005)

그림 1 주요국의 에너지수입 의존도

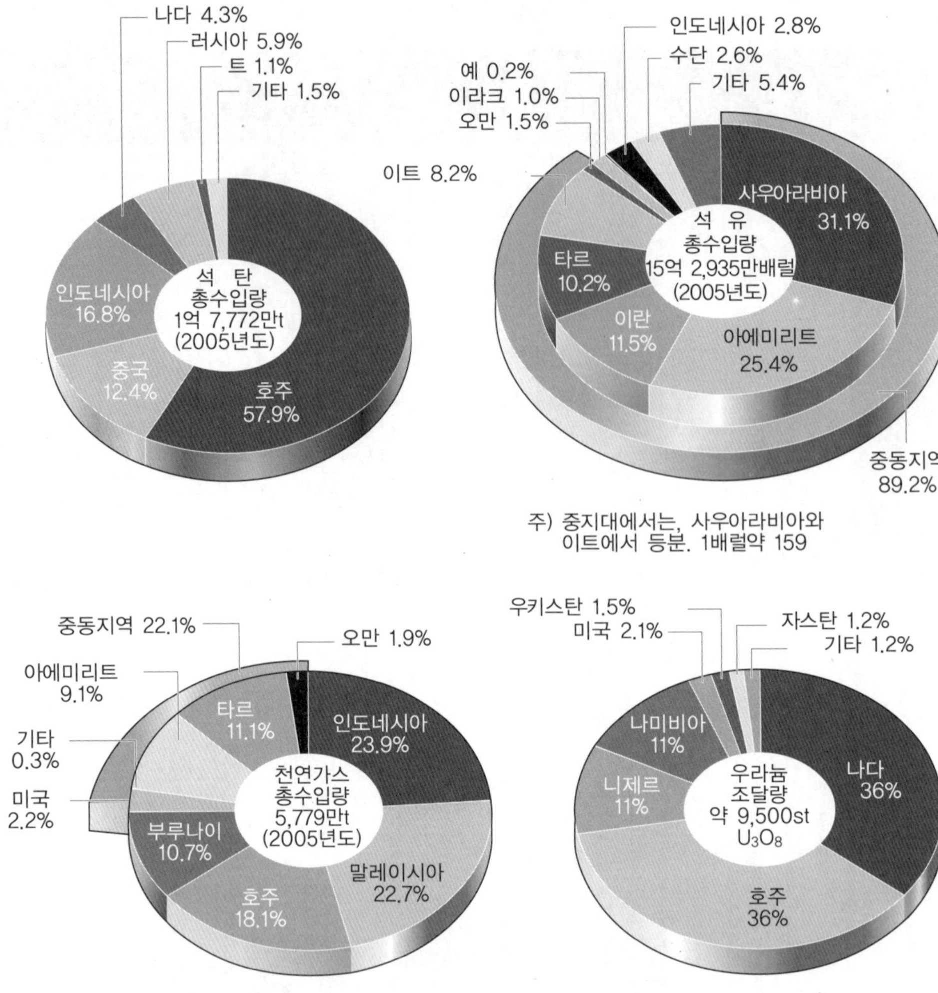

주) 중지대에서는, 사우아라비아와 이트에서 등분. 1배럴약 159

※st(트)은 주로 미국에서 사용되고 있는 중량 단위. 1st약 907kg

(출처: 경제산업성「자원에너지 통계」, 재무성「일본무역월보」, 전기사업연합회 2005년도판)

그림 2 일본의 에너지 수입원

일본에 있어서의 수력, 지열과 함께 이제부터의 개발이 기대되는 신에너지를 포함한 자연에너지의 비율은 현상황에서는 아직은 미약하지만, 지구온난화 대책의 관점에서 보면 온실가스를 발생시키지 않는 이 자연에너지의 활용은 매우 중요하다.

표 1에 일본의 1차에너지 공급 추이를 자원에너지 조사회 수급부회「장기 에너지 수급 전망」보고서(2008년 5월)로부터, 2030년을 예측한 전망을 포함하여 나타내었다. 여기에서는 현상 고정 케이스, 노력 계속 케이스, 최대 도입 케이스에 대하여 검토하고 있으나 각각의 내용은 그림 4의 이미지에서 설명되고 있다.

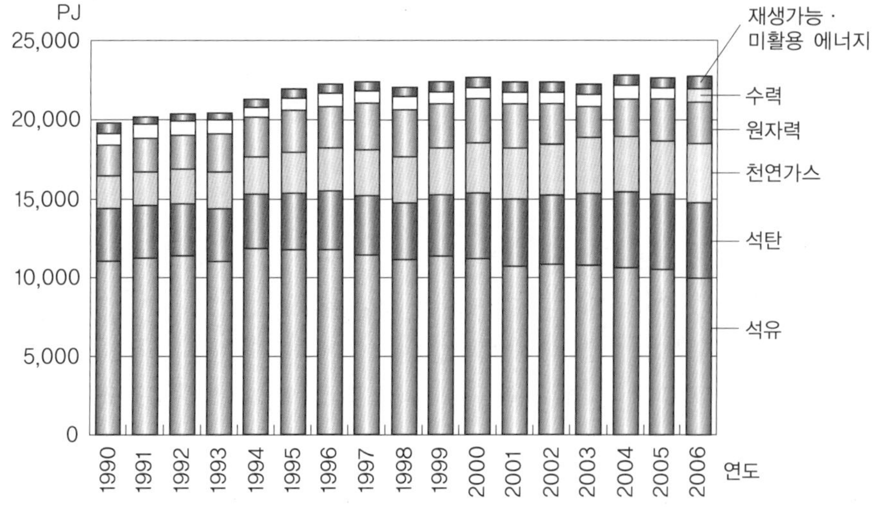

(출처: 자원에너지청, 종합에너지통계(2006년도))

그림 3 일본의 에너지공급 추이(국내 기준, 2006년도 속보)

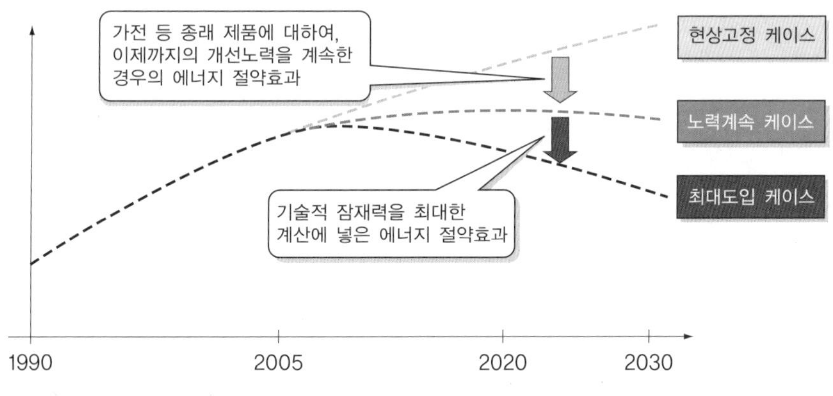

(출처: 자원에너지조사회 수급부회「장기 에너지 수급전망」)

그림 4 1차에너지 국내공급 케이스 설명도

일본의 에너지 소비

일본의 과거 30년간의 에너지 소비는 이 기간에 두 번의 석유위기를 거치면서 에너지 절약정신이 상당히 확산되었다. 특히 산업부문에서는 최근 30년간 거의 변동이 없다고 말해도 과언이 아니다. 증가하고 있는 것은 가정에서의 가전제품이나 사업용 빌딩 등의 민생부문과 항공, 선박과 자가용차를 포함하는 자동차 등의 운수 부문이다. 1차에너지의 구성도 세계 각국과 비교해 보면 이것 또한 흥미롭다.

키워드 **최종 에너지 소비**

1차에너지가 전환되어 2차에너지가 되고, 최종적으로는 소비자가 사용하므로, 최종에너지 소비가 된다. 공급에너지가 최종소비자에게 달하기까지는 발전 손실, 송전 손실 또는 수송 중의 손실 등이 있어, 최종 에너지 소비는 1차에너지의 69% 정도에 그친다.

일본의 에너지 소비는 석유위기 이후 크게 변화하였으며, 특히 산업부문에서 에너지 절약 대책이 이루어져, 그 이후의 산업부문에서의 에너지 소비는 거의 보합 상태라 할 수 있을 정도이다. 그러나 민생부문에서는 가전제품 보급이나 핵가족화, 나아가서는 대형시설 건설(조명, 동력, 냉난방)이나 업무의 OA화

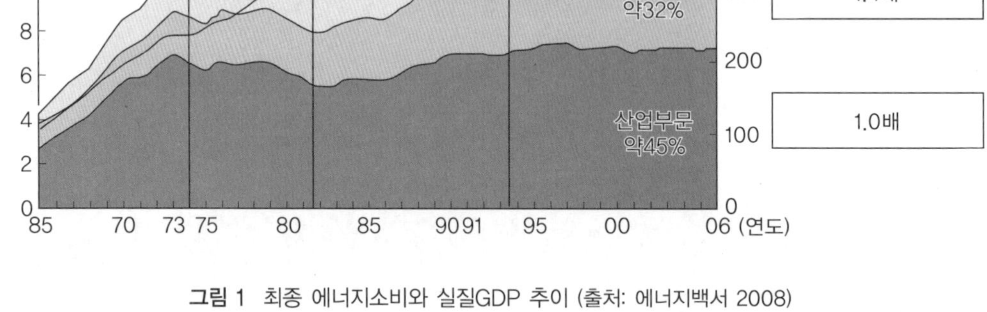

그림 1 최종 에너지소비와 실질GDP 추이 (출처: 에너지백서 2008)

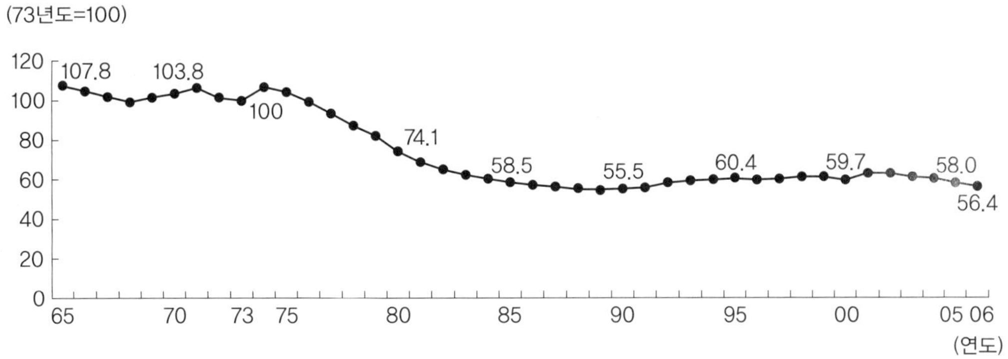

그림 2 제조업의 에너지소비원 단위 변화 (출처: 에너지백서 2008)

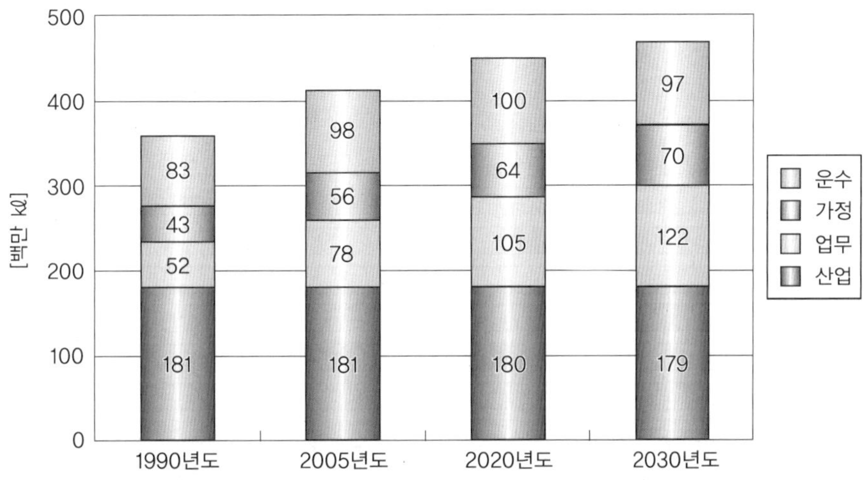

(출처: 종합자원에너지 조사회 수급부회「장기 에너지 수급전망」 2008년)

그림 3 일본의 에너지 수요전망

가 진행된 것 등으로 소비가 심하게 늘어나고 있다. 운수부문에 대해서는 자가용차 보급이나 도로망 정비에 의한 자동차에 의한 수송, 나아가서는 여객기의 이용이 늘어, 이 또한 크게 소비를 늘리고 있다.

그림 1에 나타냈듯이 1990년과 비교한 2006년의 증가는 산업부문은 그대로이고, 업무부문은 우등생이고, 민생부문은 1.4배, 운수부문은 1.2배이다.

산업계에서 에너지 소비가 적은 것은 그림 2와 같이 에너지 절약이 진행되어 에너지소비원 단위가 크게 낮아졌기 때문이다.

그림 3은 종합자원에너지 조사회 수급부회「장기 에너지 수급 전망」에 나타난, 현재상태 고정 베이스의 2030년까지의 일본의 에너지 수요 전망이다.

교토의정서에서 이산화탄소 배출량의 기준이 되는 1990년과 최근 상황을 비교하면, 전체 소비량

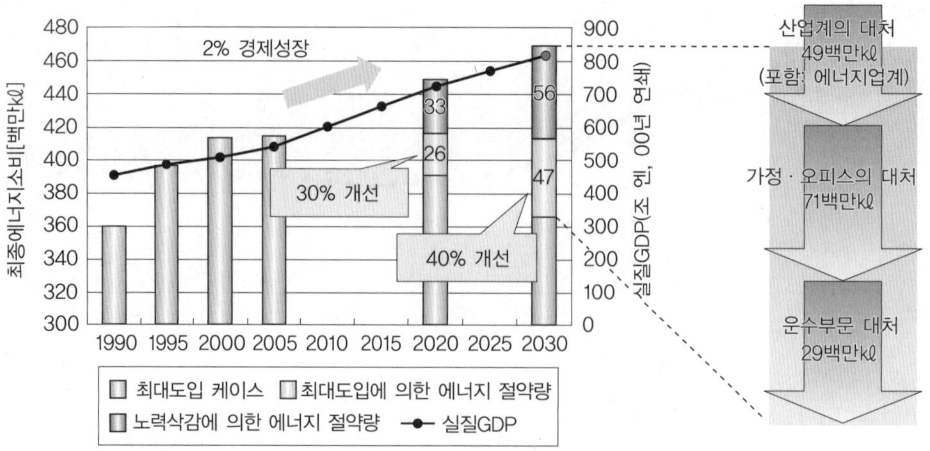

그림 4 일본 에너지 소비량 전망(에너지 절약 대처 성과의 반영)

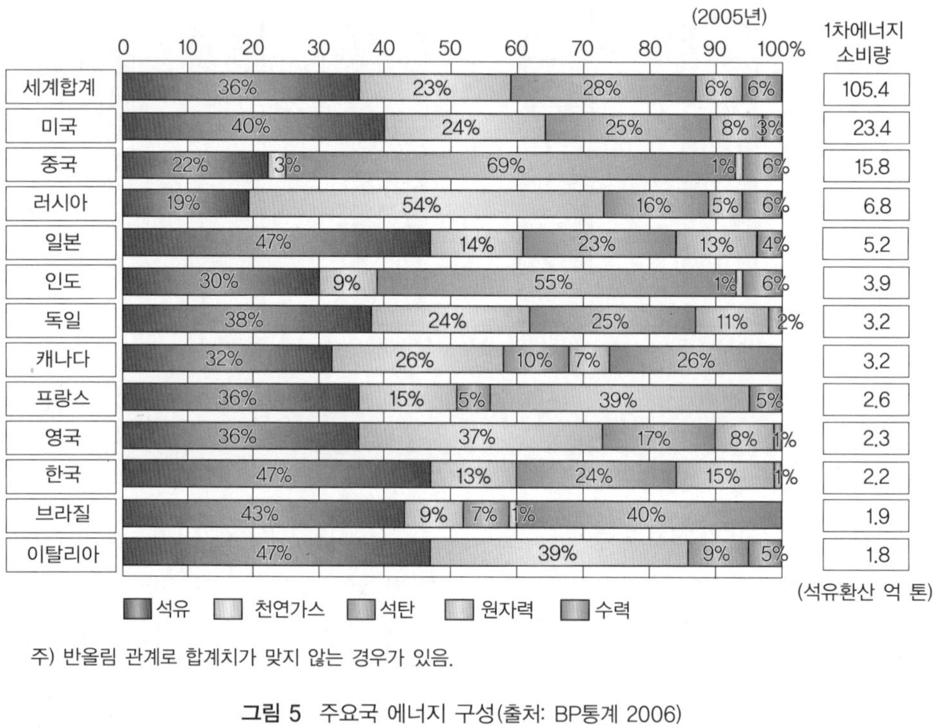

그림 5 주요국 에너지 구성(출처: BP통계 2006)

은 1990년이 원유 환산으로 349백만 kl였던 것이 2005년에는 413백만 kl로 증가되어 있다. 게다가 이 증가 경향은 대책이 현재 상태 고정 케이스라면 2020년부터 2030년이 되어도 계속되리라 예상된다. 현재상태 고정 케이스란 말하자면 "되는 대로 맡기는 것"이라고 말해도 좋을 것이다. 그러나 이

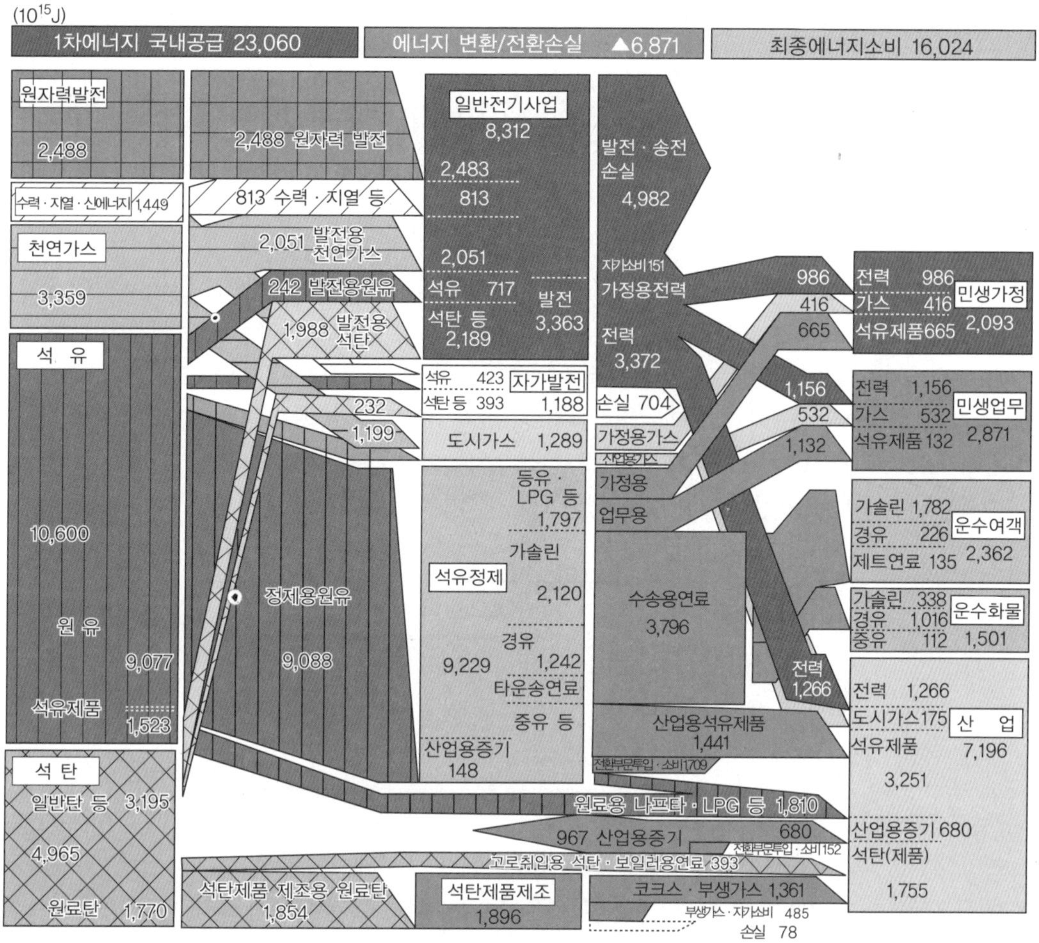

그림 6 일본의 에너지 밸런스 플로 개요(2004년도) (출처: 에너지백서 2006, 자원에너지청)

것으로는 온난화를 억제할 수 없기 때문에 분야별로 다양한 방법을 써서 에너지 절약에 힘쓴 경우의 전망이 그림 4에 나와 있다.

1차에너지의 구성비율을 다른 나라들과 비교한 것이 그림 5이다. 이 그림에서 보면 일본은 47%가 석유이고, 석탄이 23%, 원자력 13%, 천연가스 14%이다. 한국의 소비 구성은 일본과 매우 비슷하지만, 둘 다 비 산유국인 두 나라가 석유를 가장 많이 소비한다는 것도 흥미롭다. 한편 미국은 세계 전체의 1/4 소비량을 차지하고 있는 것을 보면 세계 전체의 소비 구성과 매우 비슷하다. 또 중국과 인도는 석탄, 러시아는 천연가스, 프랑스는 원자력이 차지하는 비가 높은 것도 특징적이다.

그림 6에 일본의 에너지 균형 흐름 개요(2004년도)를 나타내었다. 에너지 소비량을 줄이는 것이 소비측의 에너지 절약이지만 공급과 소비의 차인 에너지 전환 시의 차이 만큼의 삭감이 공급량을 줄여 큰 에너지 절약이 된다는 것을 이 그림으로부터 이해할 수 있다.

온실효과와 지구온난화의 상황

온실효과란 어떤 종류의 가스에 의해 대기권 밖으로 방출되는 열이 유지됨으로 인해, 지구의 열 균형이 무너져 지구가 따뜻해지는 현상이다. 온실효과를 일으키는 가스를 온실가스(GHS: Greenhouse Gas)라 부르는데, 그중에서 가장 영향이 큰 것은 이산화탄소이다. 현재 세계는 1차 에너지인 화석연료 자원에 크게 의존하여 유지되고 있어서, 과거에는 예가 없을 정도로 대량의 이산화탄소가 대기권으로 계속 배출되고 있다. 온실가스에 의해 지구온난화가 진행되고 있다는 것은 다양한 연구나 시뮬레이션 모델에 의해 확실하다고 간주되고 있다.

키워드 온실가스

태양광의 방사에너지를 통과시키지만, 지표로부터 적외선의 방사열을 흡수해서 지표의 온도를 상승시키는 가스(H_2O, CO_2, CH_4, N_2O) 등

온실가스는 태양에서 지구로의 입열을 통과시키는 한편, 지표에서 우주공간으로 나가는 방열을 방해하는 온실효과가 있다. 이 때문에 지구 표면에 보온층이 만들어진 형태가 되어 다른 별보다 높은 현재 온도가 유지되고 있었다. 그러나 최근 다양한 이상기후현상이 관찰되면서 지구온난화가 지적되게 되었다. 1988년에 설립된 「기후변동에 관한 정부 간 패널」(IPCC)의 제4차 보고서는 지구온난화는 이제 의심할 여지가 없다고 단언하고 있다. 지구 역사를 보면 과거에도 온난화와 한랭화가 반복되었으나, 이번과 같이 인위적인 화석에너지의 대량 소비에 의해 발생했다고 볼 수 있는 온난화는 이질적이다. 그림 1에 과거 160년간의 지구 전체의 평균기온, 평균해면 수위, 북반구의 설빙면적 변화를 나타내었다. 이 그림으로부터 평균기온과 평균해면 수위는 서서히 높아지고 있으며, 설빙면적은 서서히 감소하고 있다는 것을 알 수 있다.

온실효과의 메커니즘은 그림 2와 같이 생각되고 있다. 태양에서 도달하는 일사 에너지의 7할은 대기와 지표면에 흡수되어 열로 바뀐다. 지표면에서 방사된 적외선의 일부는 대기 중의 온실가스에 흡수되어 지표를 적절한 온도로 유지한다. 그런데 인간 활동에 의해 대기 중의 온실가스의 농도가 급격히 증가하고 있기 때문에, 적외선이 이제까지의 균형 이상으로 구름이나 온실가스에 흡수되어 지구 표면과 대기를 데운다. 온실가스에는 수증기, 이산화탄소, 메탄, 일산화이질소, 대체프레온을 포함한

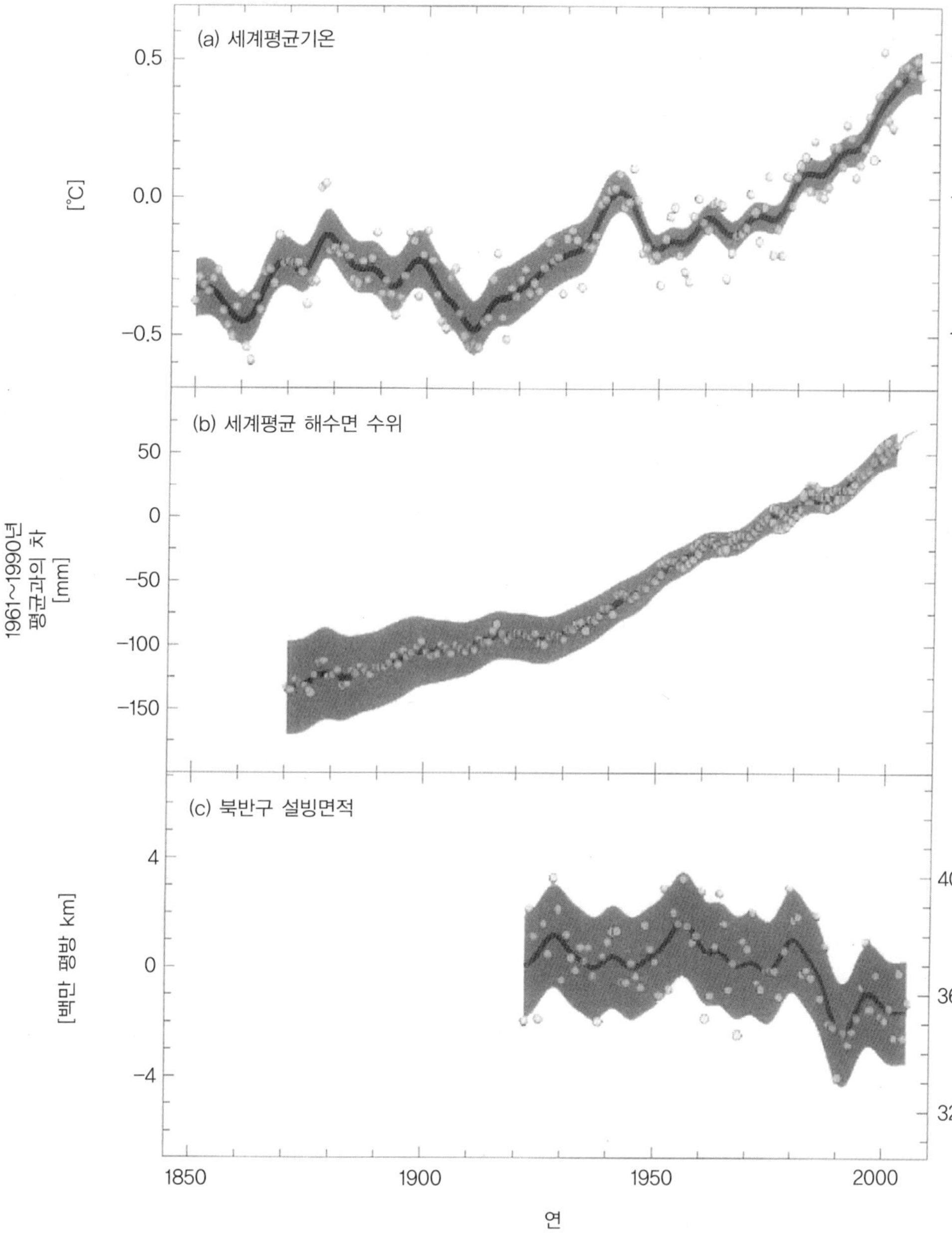

그림 1 지구 전체의 평균기온, 평균해면수위, 북반구 설빙면적 변화(출처: IPCC 제4차 평가보고서 SMP) 매끈한 곡선은, 10년 평균치, 동그라미는 각년의 값, 회색 부분은 불확실성의 폭을 나타낸다.

프레온류가 있으며, 그 온실효과는 가스 종류에 따라 다르다. 이 중에서 수증기는 대기 중에서 가장 활성이 풍부하며, 자연 온실효과의 75%를 담당하고 있다. 기후 시스템 중에서 수분은 중요한 역할을 지니고 있으나, 대기 중의 함유량은 기후조건으로 정해지기에 인위적으로 제어하는 것은 불가능하

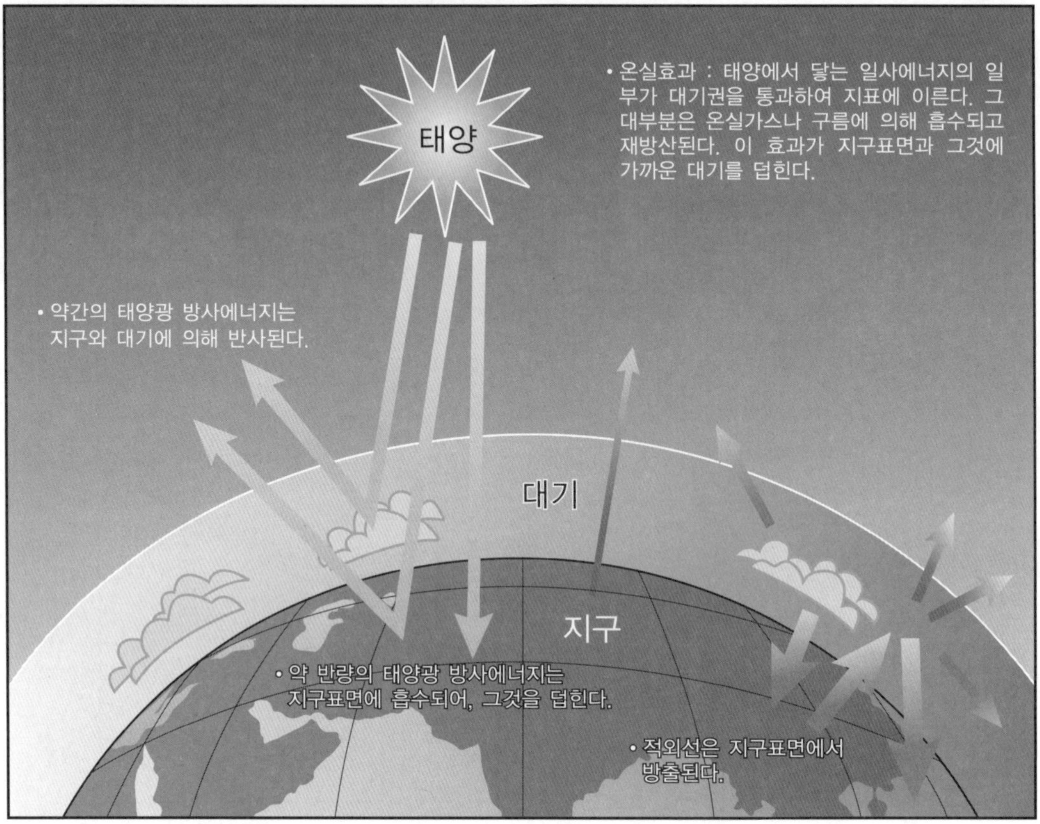

그림 2 이상적인 것으로 그린 온실효과 설명도(출처: IPCC 제4차 평가보고서 SMP)

다. 이 때문에 수증기는 온실가스로서의 삭감 대상에 포함되어 있지 않다. 그러나 온도가 올라가면 수증기압이 상승하여 증발량이 늘고, 온실효과가 커져 한층 더 온도가 높아진다는 문제가 있다.

수증기 이외의 온실가스의 강도(지구 온난화계수)는 이산화탄소 1에 대해서 메탄은 21, 일산화2질소는 310, 프레온류는 1,000배의 자릿수, 육불화황 23,900으로 되어 있다.

그림 3(a)는 온실가스의 인위적 배출량의 변화를 나타낸다. 1970년과 2004년을 비교하면, 온실가스 전체에서는 70%, 이산화탄소만으로는 80%의 증가를 보이고 있다.

그림 3(b)는 이산화탄소가 가장 영향도가 높은 온실가스인 것을 나타내고, 그림 3(c)는 2004년의 부문별 배출 비율을 나타낸다. 에너지 공급, 수송, 공장에서의 배출량이 많다는 것을 알 수 있다.

화석연료를 연소시켰을 때 발생하는 이산화탄소의 양은 연료의 종류에 따라서도 다르다. 지구온난화대책 추진법에서는 국가 및 지방공공단체의 온실가스(주로 이산화탄소) 발생량 파악과 삭감 대책을 위하여 매년 온실가스의 배출 계수를 정부령으로 공포하기로 되어 있다. 표 1에 몇 가지 예를 나타내었다.

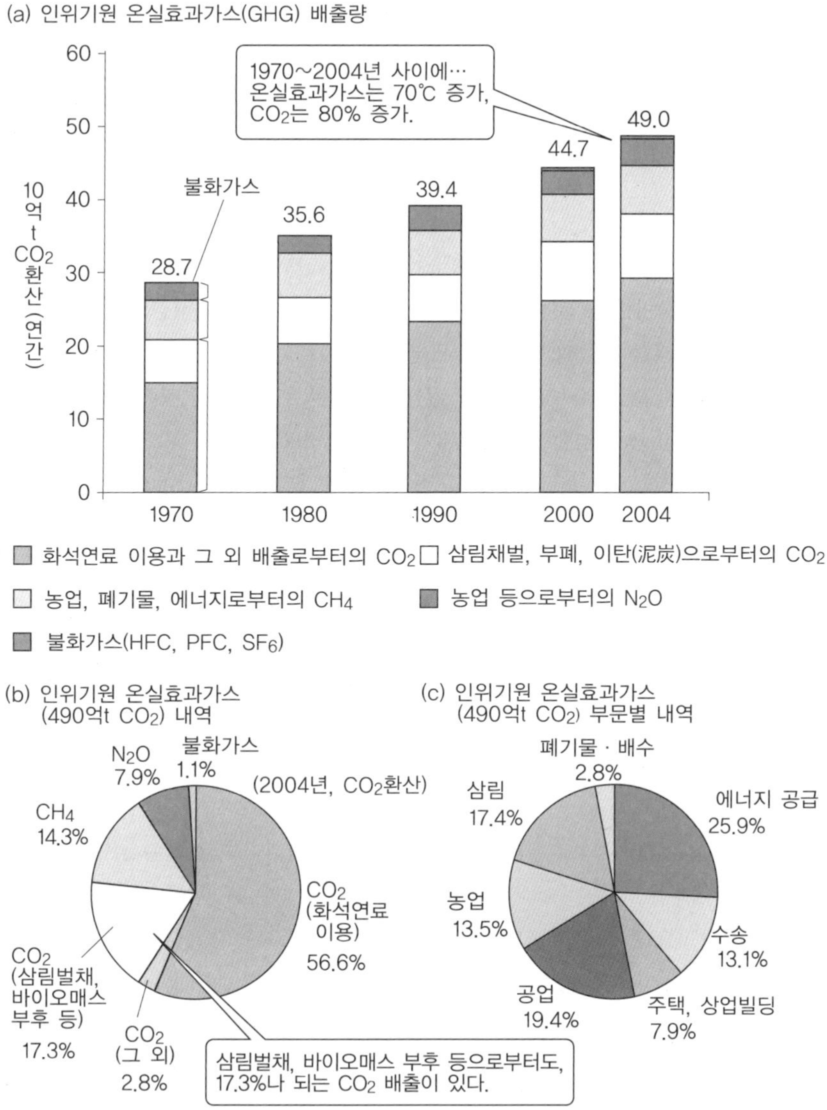

그림 3 인위적인 온실가스 배출량의 경년변화(출처: IPCC 제4차 평가보고서 SMP)

표 1 온실가스의 배출계수

석탄(수입 일반탄)	0.0906kg-CO_2/MJ	액화천연가스(LNG)	0.0494kg-CO_2/MJ
가솔린	0.0671kg-CO_2/MJ	도시가스	0.0513kg-CO_2/MJ
A-중유	0.0693kg-CO_2/MJ	전기(일반전기사업자)	0.378kg-CO_2/kWh

도쿄전력 홈페이지(http://www.tepco.co.jp/eco/kurashi/kakeibo/index-j.html)에는 가정에서의 에너지 소비를 입력하면, 발생하는 이산화탄소량을 알 수 있는 환경가계부가 게재되어 있다.

일본의 지구온난화 대책과 국제 협력

일본의 지구온난화 대책의 기본방침으로 1998년에 지구온난화 대책 추진의 규칙이 마련되었다. 그러나 교토의정서에서 약속한 목표 달성 기간이 되어도, 온실가스 저감이 달성되기는커녕 오히려 증가하고 있다. 이 때문에 조급한 저감책 수행이 필요하다.

교토의정서는 온실가스 배출의 나라별 약속을 달성하기 위한 조치로 타국에서의 배출 삭감 활동이나 타국 할당량의 일부를 이용 가능한 교토 메커니즘을 인정하고 있으나, 이 활동에는 국제 협력을 빼놓을 수 없다. 2008년 7월 도야호(洞爺湖) 정상회담 때, 일본 정부는 2050년에 세계 전체 온실가스 배출량을 반감한다는 성명(Cool Earth)을 발표하였다. 이 대책을 기존 기술만으로 달성하는 것은 어려워 새로운 기술개발을 포함시켜야만 하는데, 이 분야에서도 국제 협력이 필요하다.

키워드 저탄소 사회

저탄소 사회란, 궁극적으로는 온실가스 배출량을, 자연이 흡수 가능한 범위에 그치게 하는 사회를 목표한 것. 탄소는 온실효과에 가장 영향이 큰 이산화탄소를 대표.

일본 정부의 지구온난화대책 추진본부는 기후 변동에 관한 국제연합 한계조약 제3회 체약국회의에서 채택된 교토의정서에 따라, 지구온난화방지에 실효성이 있는 대책을 종합적으로 추진하기 위하여 1997년 12월 19일 내각에 설치되었다.

1998년 6월에는 지구온난화대책 추진강령이 발표되어 2010년을 대비한 지구온난화대책이 나왔다. 그 후 온실가스 효과의 배출 상황을 근거로 더욱 강력한 대책을 세워 그것을 중점적으로 추진하고자 2001년 7월에 발표된 것이 새로운 지구온난화대책 추진강령이다.

2002년 2월에는 교토의정서 실시를 향한 이후 방침이 발표되었다. 2006년 이후에는 매년, 교토의정서 목표달성 계획의 진척 상황이 보고되고 있으나, 배출 상황 개선에 만족스러운 진전은 보이지 않는다. 배출량은 반대로 증가하고 있는 것이 현재 상황이다.

교토 메커니즘

교토의정서에서 정해진 방법에 자국에서 온실가스를 삭감하는 대신에 교토 메커니즘을 활용하는 방법이 있다.

교토 메커니즘은 3개의 카테고리가 있으며 그 하나는 배출권거래(Emission Trading)이다. 이것은 선진국(부속서 I국) 간에 배출 한계를 거래에 의해서 이전하는 것이며, 선진국 전체 총배출의 한계는 변화하지 않는다.

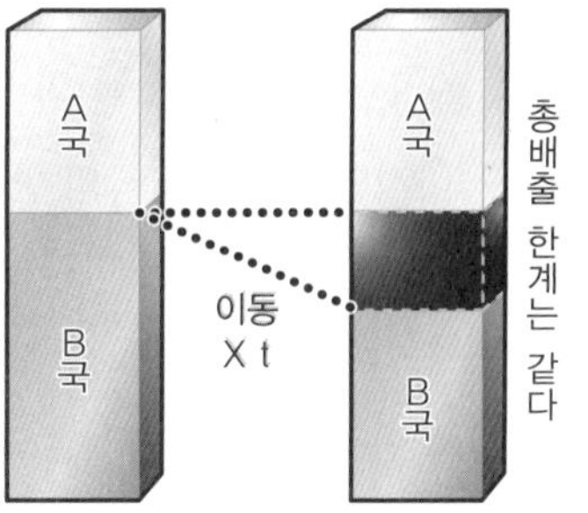

그림 1 배출권 거래

다음은 공동실시(Joint Implementation: JI)이다. 이것은 선진국간에 온실가스 삭감사업을 실시하여, 그 결과 생긴 삭감 단위를 호스트(host)국으로부터 투자국으로 이전하는 것이며 선진국 전체의 총배출 한계에 영향을 주지 않는다. 이 JI 크레딧(credit)은 ERU(Emission Reduction Unit)라고 부르며 2008년부터의 삭감분을 계산할 수 있다.

이에 더하여 청정개발기구(Clean Development Mechanism: CDM)가 있다. CDM은 선진국과 개발도상국(비부속서 I국)에서 실시된 온실가스효과의 배출 삭감사업으로부터 생긴 삭감분을 얻는 제도이며

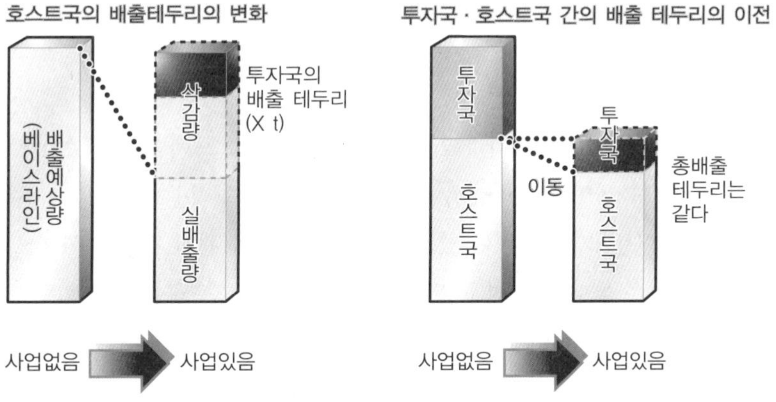

그림 2 공동실시(JI)

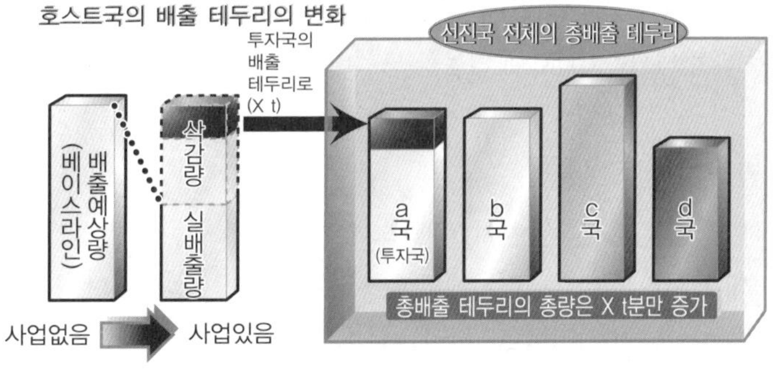

그림 3 청정개발 기구(CDM)

세계 전체의 총 배출 한계는 증가한다. 한편 이에 의해서 선진국은 삭감분을 목표달성에 포함할 수 있고, 또 개발도상국은 투자와 기술 이전의 기회가 증가할 수 있다. CDM은 2000년부터 크레딧의 활용이 가능하지만, 개발도상국의 반대도 있어서 ODA의 유용은 할 수 없게 되어 있다.

여기서 말하는 부속서 I국이란 변동 한계조약의 부속서 I국에 기재되어 있는 나라이고, 교토의정서 B에서 배출 삭감의 수량목표가 설정된 나라이다. 일본, 미국, EU 제국, 구 소련의 각국이 들어간다. 마찬가지로 비부속서 I국은 개발도상국이고, 배출 삭감의 수치목표가 없는 나라를 말한다. 거기에는 개발도상국에 더하여 중국, 한국 등도 포함된다.

일본 정부는 교토 메커니즘을 활용한 클린 개발 메커니즘이나 공동 실시에 의한 온실가스 배출권 취득에 적극적이며, 2008년 말 단계에서 일본 정부가 승인한 CDM/JI 프로젝트는 423건에 달하고 있다. 일본이 프로젝트에 투자하여 삭감되어야 할 온실가스 배출권을 구입하는 것이기에, 막대한 자금이 필요하다. 겉보기에는 국내에서 삭감하기보다는 주최국에서 프로젝트를 실시하여, 삭감하는 편이 용이할지도 모른다. 그러나 전부 진정한 의미에서의 국제 협력이 되어 있는 것일까? 예를 하나 들어보자.

몬트리올 의정서에 의한 규제 일정에서 일본은 2020년도까지 냉매에 사용되는 HCFC22(클로로디플루오르메탄: $CHClF_2$)의 생산이 인정되고 있으나, 소비는 2004년보다 35%의 삭감이 요구되고 있다. 그런데 개발도상국에서는 2040년까지 생산도 소비도 용인되고 있다.

HCFC22는 제조에 따라 온실효과가 큰 HFC23(트리플루오르메탄: CHF_3)이 부생(副生)된다. 이 HFC23을 고온에서 분해하여 무해화해서 플루오린화칼슘으로 회수하는 기술이 일본에서 개발되었다. 이 설비는 국내외에 몇 기나 실적이 있는데, 3기는 CDM에 관한 것이다. HFC23은 온난화계수가 11,700으로 굉장히 높은 물질이다. 참고로 온난화계수는 이산화탄소를 기준으로 그 기체의 100년간에 걸친 온실효과를 평가한 것이다(100년이라 하는 것은 그 기체가 자연히 분해되는 데에 장기간을 요하기 때문이다). 따라서 HFC23의 분해와 무해화에는 굉장히 큰 온실가스 삭감 효과가 있다. HFC23을 파괴하여서 성립되는 CDM에서는 주최국 회사에 대해 출자하고, 삭감 설비를 설치하고 나서, 온실가스 배출권에 대해 막대한 요금을 지불한다. 그러므로 상대 회사는 기뻐하며 HCFC22를 계속 제조할 것이다. 이러한 경우에 관해서는 CDM에 의문을 느낀다.

저탄소 사회 만들기 행동계획

정부는 2008년 7월 도야호 정상회담에서 「저탄소 사회 만들기 행동계획」을 정하여 발표하였다. 수상관저 지구온난화 대책 추진본부 홈페이지에서 인용하면 다음과 같다.

(1) 일본의 목표

장기 목표: 2050년까지 현재 상태에서 60~80%의 삭감을 한다.

중기 목표: 내년의 적합한 시기에 나라별 총량 목표를 발표한다.

정부는 나라별 총량 목표를 정하기 위해 이후에 기술하는 「영역별 적층(積層)방식」을 제창하고 있다.

세계 각국의 대처에 대한 지원: 5년간 누계 100억 달러 정도의 자금 공급을 가능하게 하는 쿨어스(Cool Earth) 파트너십을 추진

(2) 혁신적 기술개발

이 항목은 경제산업성이 정리한 「Cool Earth 에너지 혁신기술 계획」을 기본으로 하고 있다.

- 2050년의 대폭 삭감을 향하여 일본이 중점적으로 노력해야 할 혁신기술로서 「21」기술을 선정
- 장기에 걸친 기술개발 이정표로, 각 기술의 로드맵 작성
- 장기적 시점에서 기술개발을 착실히 진행하기 위한 로드맵을 축으로 한 국제 연계

「21」 기술로는, 아래의 조건을 만족시키는 것으로 하고 있다.

① 2050년 세계의 이산화탄소 대폭 삭감에 기여하는 기술
- 기술 보급에 요하는 시간을 고려하여 2030년까지는 실용화가 기대되는 기술
- 보급에 요하는 시간이 짧은 기술에 대해서는 2030년 이후 실용화가 기대되는 것도 대상

② 이하의 어느 것인가의 방법을 통해 비약적인 성능 향상, 저가격화, 보급 확대 등을 기대할 수 있는 혁신적인 기술
- 새로운 원리 활용, 기존 재료 신활용을 포함한 재료 혁신
- 제조 공정의 혁신
- 요소기술이 확립된 기술을 시스템으로 실증

③ 일본이 세계를 이끌 수 있는 기술

「21」기술은 그림 4에 나타낸 테마로 각각에 대하여 기술개발 로드맵이 나와 있다.

이 개발 추진을 위한 국제적인 연계에 대해서도 언급하고 있다.

(3) 기존 선진기술 보급

무배출 전원: 2020년을 목표로 「무배출 전원」의 비율을 50% 이상으로 한다. 이를 위해 2018년까지 전기사업자에 의한 신에너지 등의 이용에 관한 특별조치법(RPS법: Renewable Portfolio Standard)의 차기목표 검토를 2010년도 중까지 개시하여, 풍력발전, 수력발전, 지열발전, 폐기물발전, 소수력 활용 등을 꾀한다. 도매전력거래소에서의 이산화탄소 무배출 전기 등 실험적 거래를 늦어도 2009년 4월까지 개시한다.

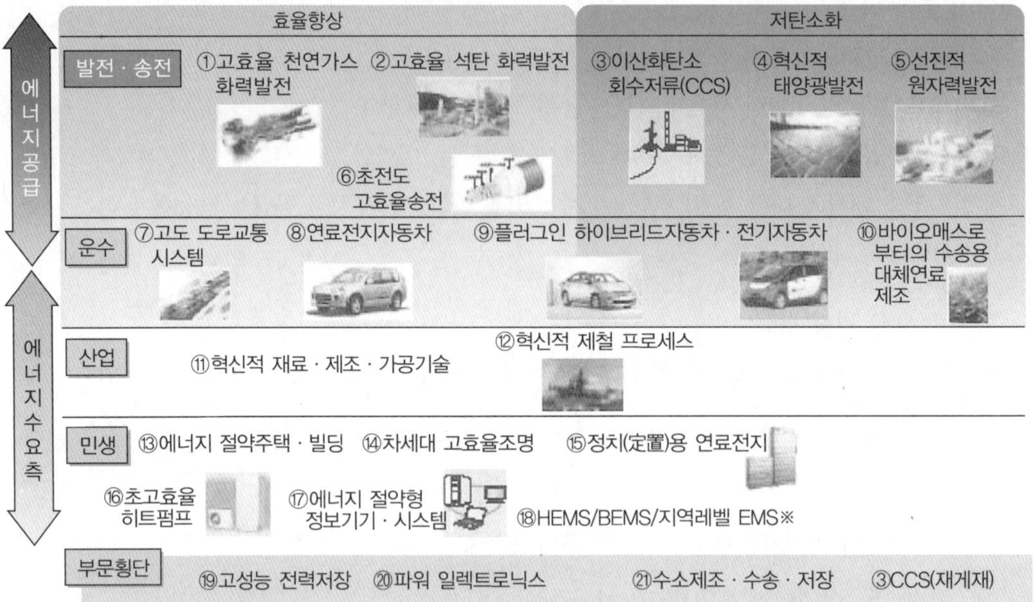

※ EMS: Energy Management System, HEMS: House Energy Management System, BEMS: Building Energy Management System

그림 4 중점적으로 대처해야 할 에너지 혁신기술 (출처: 자원에너지청 홈페이지)

태양광발전: 태양광발전 세계 1위의 자리를 다시 획득할 것을 목표로 태양광발전 도입량을 2020년에 10배, 2030년에 40배로 한다. 3~5년 후에 태양광발전시스템의 가격을 현재의 반액 정도로 저감한다.

차세대 자동차: 차세대 자동차가 2020년까지 신차 판매 중 2대에 1대의 비율을 차지하게 하기 위해, 도입 비용의 일부 보조 등 도입 지원책을 강구한다.

에너지 절약형 기기, 에너지 절약 램프: 초절전 기준을 달성한 텔레비전, 에어컨, 냉장고 등의 에너지 절약 기기나 고효율 급탕기의 가속적 보급. 2012년을 목표로, 백열전구의 전구형 형광램프 등으로의 원칙 전환을 실현

원자력 추진: 저탄소 에너지의 핵심으로써 원자력발전을 추진한다.

철저한 안전 확보를 절대적인 전제로 하여 주요 이용국급 설비 이용률을 목표로 하는 것과 함께 신규건설의 착실한 실현을 목표한다(2017년까지 9기의 신규 원자력발전소 건설을 계획). 2030년 전후까지 차세대 경수로를 개발. 고속증식로 사이클에 대하여 2025년의 실증 등 실현, 2050년경부터의 상업기준 도입을 목표하여 기술 개발. 원자력발전소 도입 · 확대국에 대한 기반 정비 등에의 지원

나라 스스로 솔선 실시: 정부가 스스로 선진적인 대책을 실시하여, 다른 공적부문 나아가서는 민간부문에도 넓혀 간다.

(4) 나라 전체를 저탄소화로 움직이는 계획

배출량 거래: 2008년, 배출량 거래 국내 통합시장의 시행적 실시를 개시한다.

세제의 그린화: 저탄소화 촉진 관점에서, 세제의 그린화를 진행한다.

배출량 등의 투명화: 대부분의 상품이나 식품, 서비스 등에서의 온실가스 배출량 등이 「투명화」되는 것을 목표한다.

환경 비즈니스 등에 자금이 잘 흐르게 하는 기준과 방법 정비: 일본의 자본시장이 국제적으로 매력 있게 되고 또 개인 투자가의 투자가 촉진될 만한 환경이 정비되는 데에 더하여, 금융 자본시장이 환경배려의 최고가 되는 것을 목표한다.

(5) 농산어촌의 활약, 도시나 지역 만들기, 환경교육

농림수산업의 역할을 살린 저탄소화: 농산어촌 지역이 바이오매스 자원 공급원이나 탄소흡수원으로서의 역할을 담당한다.

저탄소형 도시나 지역 만들기: 특색을 살린 모델 도시의 대처가 전국으로 퍼져간다.

환경교육: 생애에 걸쳐 다양한 기회에 저탄소 사회를 가르치고, 배우는 구조가 도입되고 있다.

(6) 국민운동

국민 한명 한명이 저탄소 사회의 의의와 중요성, 방법, 이점과 부담을 이해하고 행동한다.

중기 목표에서는 「영역별 적층방식」에 의해 나라별 총량 목표를 정하고 있다. 영역별 적층방식이란 산업 · 운수 · 가정 등의 부문별로 온실가스 삭감 가능량을 산출하고, 그 합계를 나라별 총량 목표로 한다는 것이다. 교토의정서와 같이 정치적으로 수치를 정한 방식에 비해 제법 이치에 합당한 방법으로 보인다. 그러나 온실가스 삭감 가능량은 에너지 절약기술 보급률 등을 조사하고, 가장 효율이 좋은 기술을 도입한 경우를 상정(想定)하여 산출한다. 이 때문에 세계적으로 가장 에너지 절약이 진행된 일본의 제철이나 화력발전 등의 영역은 삭감량이 적고, 중국이나 인도 등에 많은 부담을 강요하는 방법이 된다고도 전해지고 있어 각국에서의 찬의가 반드시 얻어진 것은 아니다.

한편, 현실의 온실가스 배출 상황은 2008년 8월의 시점에서 표 2와 그림 5와 같이 되어 있다.

「저탄소 사회 만들기 행동 계획」의 빠른 수행은 물론, 우선은 교토의정서에서 약속한 삭감 계획 달성이 당면한 최대 목표인 것은 틀림이 없다.

표 2 온실가스 배출상황에 대하여

[단위: 백만t-CO_2]

	기준년 (전체에서 차지하는 비율)	2006년도 실적 (기준년 증감)	2010년도 목표 (2006년도부터 필요한 삭감율)
에너지기원 이산화탄소	1,059 (84%)	1,186 (+12.0%)	1,076~1,089 (-8.2~-9.3%)
산업부문	482 (38%)	460 (-4.6%)	424~428 (-7.0~-7.9%)
업무 그 외 부문	164 (13%)	229 (+39.5%)	208~210 (-8.3~-9.3%)
가정부문	127 (10%)	166 (+30.0%)	138~141 (-14.7~-16.5)
운수부문	217 (17%)	254 (+16.7%)	240~243 (-4.1~-5.5%)
에너지 전환부문	67.9 (5%)	77.3 (+13.9%)	66 (-14.2~-14.3%)
비에너지기원 이산화탄소	85.1 (7%)	87.7 (+3.1%)	85 (-3.6%)
메탄	33.4 (3%)	23.6 (-29.2%)	23 (-4.3~-4.4%)
일산화이질소	32.6 (3%)	25.6 (-21.7%)	25 (-3.0~-3.2%)
대체프론 등 3가스	51.2 (4%)	17.3 (-66.2%)	31 (+79.2%)
합 계	1,261 (100%)	1,340 (+6.2%)	1,239~1,252 (-6.6~-7.6%)

※ 기준년 및 2006년도의 수치는 2006년 8월에 조약사무국에 제출한 할당량보고서의 계산방법에 의해 산출(2006년도 수치는 확정치).

※ 2010년도 목표치는 목표달성계획 책정 시의 계산방법에 의해 산정한 어림으로서의 목표.

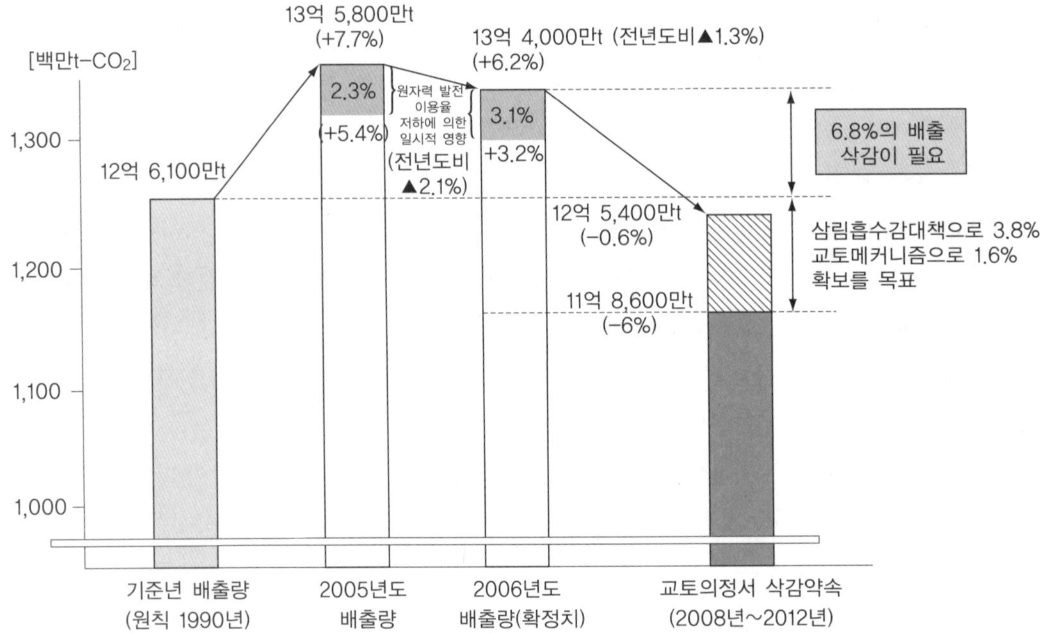

그림 5 일본의 온실가스 배출량 추이와 전망 (출처: 수상관저, 지구온난화 대책추진본부 홈페이지)

에너지의 효율(LCA)

태양광이나 풍력 등 자연에너지로부터의 발전, 바이오매스의 재생 가능한 에너지로부터의 연료생산에는 간접적으로 설비 건설단계까지의 자재 생산을 포함하여 많은 에너지 투입이 필요하다. 연료 생산설비나 발전설비 건설, 전력이나 연료 수송, 설비 해체 폐기까지 포함한 전 라이프사이클을 대상으로, 이산화탄소 배출이 종래 화력발전이나 화석연료에 비해 어느 정도 차이가 있는지 나타낸다.

또 자동차 주행의 에너지 효율과 이산화탄소 배출량을 동력 종류별로 비교한다.

키워드 LCA

「Life Cycle Assessment」의 약자이고, 제품이나 에너지 등에 대해서 그것들을 만들어내는 장치의 건설과 제조, 이용, 최종적인 폐기까지 모든 단계를 포함하며, 평생의 환경부하로 평가하려고 하는 사고방법.

화력, 태양광, 풍력발전의 LCA

태양광발전이나 풍력발전에서는 생산되는 전력은 에너지의 근원이 되는 1차에너지인 태양광이나 바람 그 자체는 CO_2를 발생하지 않지만, 2차에너지인 전기로 끄집어내기 위해서는 설비가 필요하며 그 설비를 만드는 데에는 철이나 화학재료를 사용하므로 이들 자재를 생산하는 단계까지 거슬러 올라가면 간접적으로 CO_2를 발생하고 있는 것이 된다. 또한 설비에는 내구연한이 있는데, 예를 들면 30년 동안 가동한 후에 해체 폐기하는 단계에서도 다시 간접적으로 CO_2가 발생한다. 석탄이나 천연가스를 사용하는 화력발전소의 경우는 연료의 연소에 수반하여 발생하는 CO_2와 산지에서 연료자원을 채굴하고, 가공하여 발전소까지 수송하기까지 발생하는 CO_2도 포함하여 평가한다. 이것을 라이프사이클 CO_2 배출

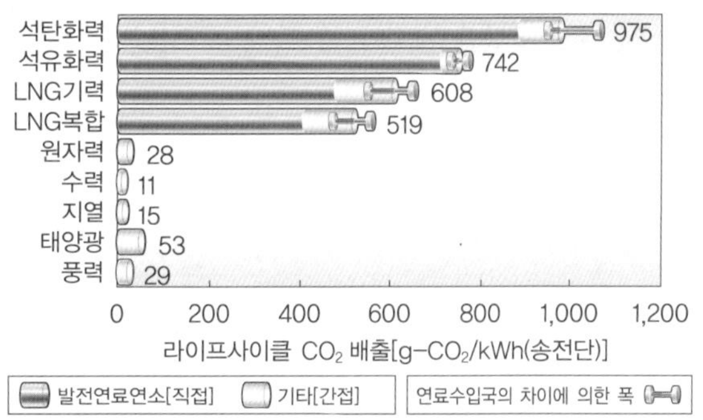

그림 1 발전기술의 라이프사이클 CO_2 배출
(출처 : 혼도 유키「라이프 사이클 CO_2 배출량에 의한 발전기술의 평가」"전기" Vol. 630, No. 2, (사)일본전기공업회)

량이라고 말한다.

그림 1은 표 1의 LCA 산정(算定)조건에서의 발전방식별 라이프사이클 CO_2 배출량(g-CO_2/kWh (송전측))이다.

화력발전에서는 연료 연소 시에 직접적으로 발생하는 CO_2 배출이 대부분을 차지하는 라이프사이클 CO_2 배출량은 석탄화력에서 약 1,000g-CO_2/kWh, LNG, 복합발전은 그 절반의 약 500g-CO_2/kWh이다. 이와 비교하여 신에너지 발전에서는 10g-CO_2/kWh의 수준으로 상당히 적어진다.

그림 2는 화력 이외의 발전 기술에 대해서 설비건설과 그 밖의 발생요소별로 나누어 라이프사이클 CO_2의 내용을 보다 상세하게 나타내고 있다. 그림 중에 태양광발전의 설비건설에 수반하는 라이프사이클 CO_2가 현상황에서는 다른 것에 비해 커져 있으나, 이것은 장기적으로는 기술 진보와 생산규모의 확대 효과, 발전효율 향상 등의 결과, 라이프사이클 이산화탄소는 대폭 내려가리라 예상되고 있다. 한편 라이프사이클 이산화탄소의 산정에는 입지조건과 이용형태에 따른 영향도 있다.

그림 3과 같이 자연의 에너지에 의존하는 태양광발전이나 풍력발전은 설비이용률이 라이프사이클 CO_2에 크게 영향을 미친다. 설비이용률이 올라가서 연간 발전량이 증가하면 kWh 당의 라이프사이

표 1 대상으로 한 발전기술과 LCA의 산정 조건

	출력 [MW]	설비 이용률	열효율 [발전단]	소내율 [%]	내용연수 [연]
석탄화력	1,000	70%	39.6%	6.9	30
석유화력	1,000	70%	38.4%	5.7	30
LNG화력	1,000	70%	38.9%	4.3	30
LNG복합	1,000	70%	44.6%	2.2	30
원자력[1]	1,000	70%	33.7%	4.3	30
수 력[2]	10	45%	–	0.7	30
지 열[3]	55	60%	–	7.0	30
태양광[4]	0.003	15%	–	0.0	30
풍 력	0.3	20%	–	10.0	30

[1] 핵연료는 원스스루(once through)이용, 핵연료의 농축은 가스확산분리법
[2] 중규모 댐 수로식
[3] 더블 플래시(double flash)방식
[4] 가정에너지 설치형, 다결정실리콘 태양광 전지

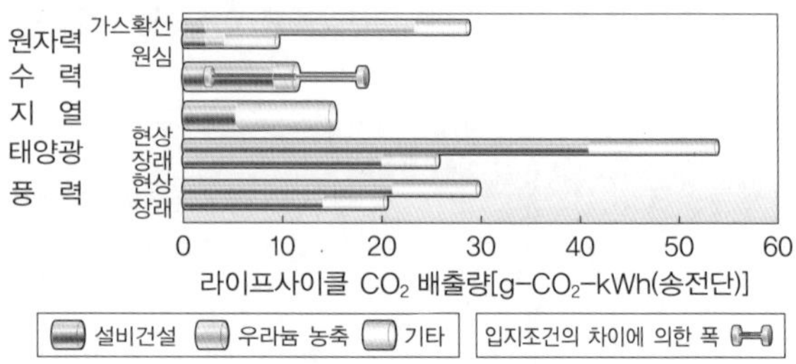

그림 2 화력 이외의 발전기술의 라이프사이클 CO_2 배출량
(출처 : 혼도 유키 「라이프 사이클 CO_2 배출량에 의한 발전기술의 평가」 "전기" Vol. 630, No. 2, (사)일본전기공업회)

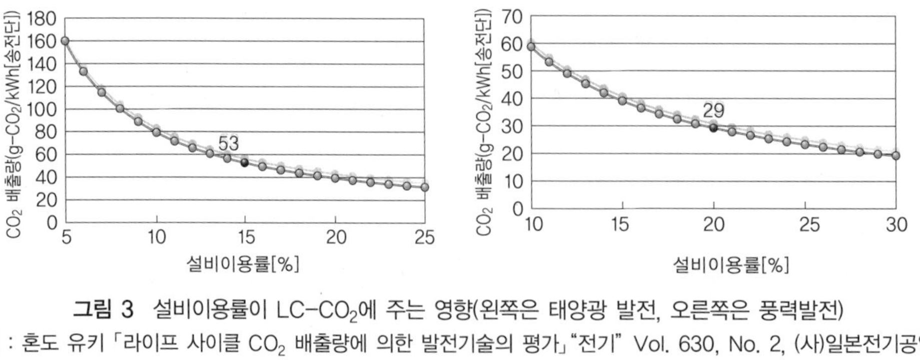

그림 3 설비이용률이 LC-CO_2에 주는 영향(왼쪽은 태양광 발전, 오른쪽은 풍력발전)
(출처 : 혼도 유키 「라이프 사이클 CO_2 배출량에 의한 발전기술의 평가」 "전기" Vol. 630, No. 2, (사)일본전기공업회)

클 CO_2는 상대적으로 낮아진다. 그림 2의 태양광발전과 풍력발전의 라이프사이클 CO_2의 산출에서는 설비이용률로서 각 15%와 20%를 가정하고 있지만, 설비이용률이 이것으로부터 5% 정도 변화하면 라이프사이클 CO_2의 값은 10g-CO_2/kWh로 가깝게 변화한다.

또한 Web에 공개되어 있는「태양광발전시스템의 수명 평가 소프트 "PV-LCA for Windows"」[1]를 다운로드하여 계산하면, 다결정실리콘 태양전지의 주택용 태양광발전시스템에 대해서 태양광발전시스템의 에너지수지(收支), 라이프사이클 CO_2, 발전 비용 등의 해석을 여러가지 조건들을 바꾸어 할 수 있다.

바이오매스(Biomass)의 라이프사이클 CO_2

사탕수수, 건축발생목재로부터의 에탄올, 팜유(palm oil), 폐식용유, 유채씨 생산으로부터의 BDF(Bio Diesel Fuel)에 대한 바이오매스의 라이프사이클 CO_2가『수송용 바이오매스 연료의 도입촉진 기초조사검토위원회』에서 다음과 같이 분석되고 있다. 그 보고서에 의하면,

1) 에탄올 관련

① 수입 에탄올(사탕수수)

· 브라질 · 예

· 인도 · 예

② 국산 에탄올(건축발생목재)

· NREL 프로세스

· NEDO 프로세스

2) BDF(Bio Diesel Fuel) 관련

① 수입 BDF(말레이시아 등으로부터의 팜야자 경유)

② 국산 BDF(국내의 폐식용유로부터)

③ 국산 BDF(국내의 유채씨 재배로부터)

에 대해서, 조건 1(평균적 조건)과 조건 2(악 조건)를 상정한 이산화탄소 배출량이 어림셈 되어 있다. 비교의 대상으로는 에탄올에 대해서는 가솔린, BDF에 대해서는 경유로 하고 있다. 분석 결과는 에탄올(그림 4)에, BDF(그림 5)로 되어 있다. 연소시의 CO_2 배출량을 포함하면 가솔린이나 경유의 CO_2 배출량을 초과하지만, 여기서 연소시의 CO_2 배출량은 원래 공기 중의 CO_2를 식물이 고정화한 것이므로 계산하지 않기로 한다. CO_2 배출량은 에탄올의 경우 가솔린의 15~45%, BDF의 경우는 30~60%로 되어 있다.

---

1) http://seimitsu.shinshu-u.ac.jp/prosys/PVLCA/PVLCA.html

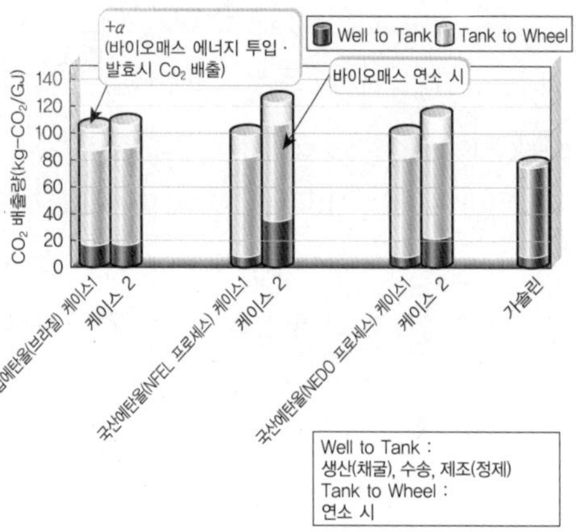

그림 4 가솔린과 에탄올의 LCA 비교

(출처: 경제산업성, 「수송용 바이오매스 연료의 도입촉진 기초조사 검토보고서」)

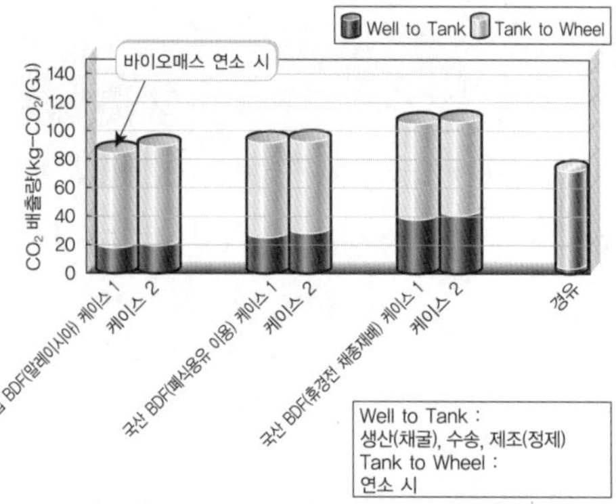

그림 5 경유와 BDF의 LCA 비교

(출처: 경제산업성, 「수송용 바이오매스 연료의 도입촉진 기초조사 검토보고서」)

분산형발전의 연료소비량과 CO_2 배출량

그림 6은 도시 가스 · 열병합발전, 연료전지 분산형발전 등에 대해서 연료소비량과 CO_2 배출량의 분석 결과를 나타낸다.

종래의 기술을 1로 했을 때 분산발전이나 연료전지 등의 기술이 상대적인 연료소비과 CO_2 배출성

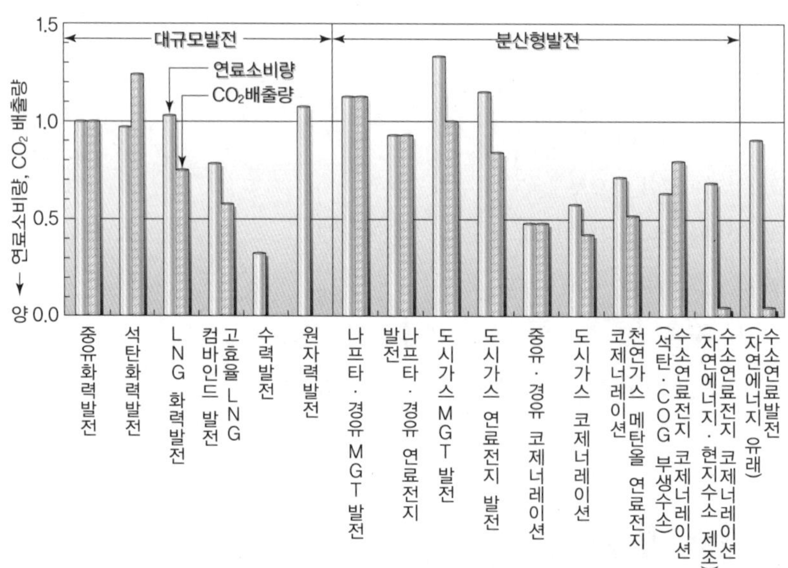

그림 6 분산형 발전의 대규모발전에 대한 상대 연료소비와 CO_2 배출량

(출처 : 엔지니어링진흥협회 홈페이지 http://www.enaa.or.jp/WE-NET/report/2000/japanese/images/img01212.gif)

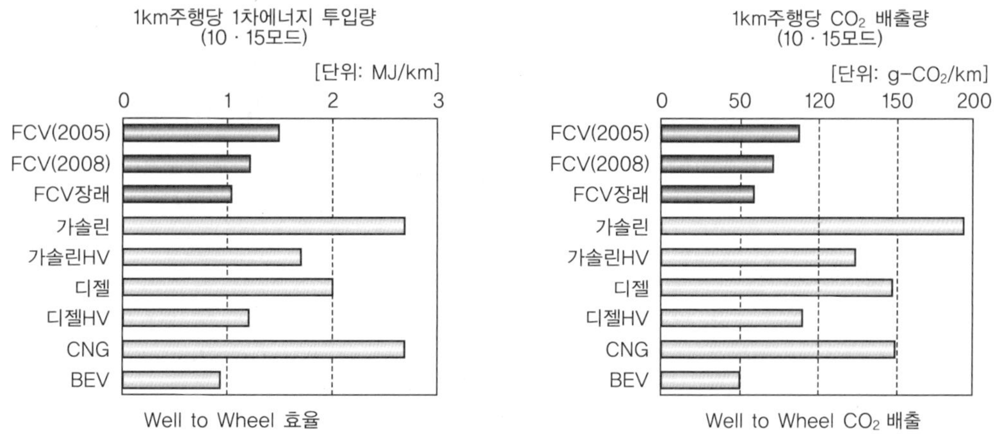

그림 7 주요한 자동차의 1 km 주행당 1차에너지 투입량과 CO_2 배출량
(출처: 2008년도 수소 · 연료전지 실증프로젝트 JHFC세미나 자료 p.107)

능이 어떻게 되는가를 도표화하고 있다. 기존의 1차에너지와 연료전지 등 분산형발전 열병합발전과의 조합으로 에너지 소비량이나 CO_2 배출량은 0.4~0.6 정도로 개선할 수 있다. 더욱이 자연에너지로 발전하여서 이것으로 물분해하여 수소를 제조하고 연료전지와 조합하면, 에너지 소비량의 개선은 없지만 CO_2 배출량은 대폭적으로 개선할 수 있다.

자동차 주행에 있어서의 CO_2 배출량

그림 7은 현행 가솔린자동차에 대한 하이브리드(hybrid)자동차나 연료전지자동차의 상대연료소비와 CO_2 배출량이다. 1차에너지 소비량과 이산화탄소 배출량은 현행 가솔린차에 비하여 하이브리드차는 60% 정도, 디젤 하이브리드는 50% 정도이다. 연료전지자동차(현재)는 앞으로 나올 디젤 하이브리드자동차에 가까운 수치이나 연료전지자동차(장래)는 디젤 하이브리드자동차보다 더욱 개선될 것이다. 여기에서 주목해야 할 것은 자동차 업계가 최근 실용화를 가속시키고 있는 2차전지 전기자동차(BEV)로, 일본의 평균 전원 구성에서의 전력을 사용하면 1차에너지 투입량은 가솔린차의 약 1/3, 이산화탄소 배출량은 약 1/4이 되어 연료전지자동차(장래)의 수치에 필적한다. 원자력발전의 비율이 높은 야간발전으로 충전하고 장래, 재생가능 에너지로부터의 전력을 쓰면, 2차전지 전기자동차의 이산화탄소 배출량은 현행 가솔린차의 1/5 정도로 경감할 가능성이 있다. 마찬가지로 하이브리드자동차에 상용전력으로부터의 충전기능을 넣은 플러그인 하이브리드자동차도 유망하다.

에너지의 법률

총무성(總務省) 홈페이지의 법령 검색에서 "에너지"라고 넣으면 "에너지 사용의 합리화에 관한 법률", "신에너지 이용 등의 촉진에 관한 특별 조치법", "에너지정책 기본법" 등 많은 법률을 골라 낼 수 있다. 특히 "지구온난화대책의 추진에 관한 법률" 등도 포함하여 시행된 연대순으로 배열해 보면 최초의 법률 제정은 석유 대체에너지로부터 시작되며, 그것이 지구환경을 보전하기 위한 방향으로 향하고 있다는 것을 알 수 있다.

키워드 **자연에너지 관련의 법률**

에너지 기본법, 지구온난화대책 추진법 외에, 에너지 사용의 합리화에 관한 법률(개정 에너지 절약법), 신에너지 이용 등의 촉진에 관한 특별조치법(신에너지법) 등, 지구온난화 대책을 염두에 두고서 제정된 법률.

에너지와 관련된 법률은 표 1에 나타낸 바와 같이 수없이 많다. 이에 더하여 법령, 규칙을 더 넣으면 매우 많은 것이 제정된다.

그중에서 특히 자연에너지에 관련한 법률은 다음과 같다.

① 에너지정책 기본법

② 지구온난화 대책의 추진에 관한 법률

③ 에너지 사용의 합리화에 관한 법률

④ 신에너지 이용 등의 촉진에 관한 특별조치법

⑤ 석유 대체에너지의 개발 및 도입의 촉진에 관한 법률

⑥ 전기사업자에 의한 신에너지 등의 이용에 관한 특별조치법

이들의 법률은 모두 COP3 이후에 제정되었거나 개정되어 있어서 결국 지구온난화 대책을 염두에 두고 제정되었다.

에너지정책 기본법은 에너지의 안전공급의 확보, 지구온난화의 방지와 지역환경의 보전, 시장 원리에 따른 규제완화를 추진하고 있다. 그 위에 일본의 에너지 기본계획, 국제협력의 추진, NPO 등을 활용한 에너지에 관한 지식의 보급과 조치를 강구하는 것을 규제하고 있다.

표 1 에너지관련의 법률

	법 률 명	제 정	최종개정	비고
1	소방법	1948년 7월 24일	2008년 5월 28일	
2	고압가스보안법	1951년 6월 7일	2006년 6월 2일	
3	석유 및 가연성 천연가스 자원 개발법	1952년 5월 31일	1999년 12월 22일	
4	가스사업법	1954년 3월 31일	2006년 6월 2일	
5	휘발유세법	1957년 4월 6일	2000년 3월 31일	
6	전기사업법	1964년 7월 11일	2006년 6월 2일	공단폐지
7	석유공단법	1967년 7월 29일	2002년 7월 26일	
8	액화천연가스의 보안의 확보 및 거래의 적정화에 따른 법규	1967년 12월 28일	2006년 6월 2일	
9	열공급사업법	1972년 6월 22일	2004년 6월 9일	
10	석유파이프라인 사업법	1972년 6월 26일	2003년 7월 18일	
11	석유수급적정화법	1973년 12월 22일	2004년 6월 9일	
12	석유콤비나트 등 재해 방지법	1975년 12월 17일	2006년 6월 7일	
13	에너지사용의 합리화에 관한 법률	1979년 6월 22일	2008년 5월 30일	에너지절약법
14	석유대체에너지의 개발 및 도입의 촉진에 관한 법률	1980년 5월 30일	2007년 6월 13일	대체에너지법
15	에너지 등의 사용의 합리화 및 재생자원의 이용에 관한 사업활동의 촉진에 관한 임시조치법	1993년 3월 31일	2007년 6월 13일	
16	환경기본법	1993년 11월 9일	2008년 6월 18일	
17	새 에너지 이용 등의 촉진에 관한 특별조치법	1997년 4월 18일	2008년 2월 1일	신에너지법
18	지구온난화 대책의 추진에 관한 법률	1998년 10월 9일	2008년 6월 13일	
19	전기사업자에 의한 새 에너지 등의 이용에 관한 특별조치법	2002년 6월 7일	2002년 6월 7일	
20	에너지 정책 기본법	2002년 6월 14일	2002년 6월 14일	
21	독립법인 새 에너지 · 산업기술 종합개발 기구법	2002년 12월 11일	2007년 5월 11일	NEDO

지구온난화 대책의 추진에 관한 법률, 이른바 지구온난화대책 추진법은 국가, 지방공공단체, 사업자, 국민이 일치 단결하여 지구온난화 대책에 몰두하는 틀을 정한 것이며, 세계에서 가장 앞서 제정된 법률이다.

최근 개정에는 사업자의 배출 억제 등에 관한 지침을 책정, 지방 공공단체 실행계획의 책정사항 추가, 식림산업에서 발생하는 인증된 배출 삭감량에 관계된 국제적 결정에 의해 요구되는 조치 의무화 등이 포함되어 있다.

에너지 사용 합리화에 관한 법률은 소위 「에너지 절약법」이라 불리며, 본래 에너지의 효율적 사용, 에너지 낭비를 없애기 위해 제정되었다. 에너지는 사용하면 이산화탄소 배출을 동반하므로 에너지 사용량을 적게 하는 것이 지구온난화 방지에 도움이 된다. 때문에 이 법률은 2008년에 전면적으로 재검토되어 「개정 에너지 절약법」으로서 공장뿐 아니라, 사업장(오피스 빌딩, 병원, 백화점, 학교, 호텔 등)도 에너지 대량 사용자는 사용 상황 신고가 의무화되었다. 에너지 관리 의무를 공장에서 사업자로 변경하여 주택 · 건축물 분야의 대책 강화를 강구하고 있다.

「신에너지이용 등의 촉진에 관한 특별조치법」은 이른바 「신에너지법」이라고 부르며 에너지의 안정적이고 적절한 공급의 확보에 이바지하기 때문에, 신에너지의 이용 등에 대한 국민의 노력과 그것을 원활하게 진행하기 위하여 필요한 조치를 강구하는 것이 목적이다. 신에너지를 둘러싼 경제적 ·

사회적 환경의 변화를 고려하여서, 대상으로 하는 신에너지로부터 폐기물 등 재생자원을 원료로 하는 연료제조를 삭제하고, 비등점이 낮은 액체를 매체로 이용하는 바이너리(binary) 방식의 지열발전 등을 추가하고 있다. 또 신에너지를 이용하는 사업자에 관한 지원 조치도 정해졌다.

「석유 대체에너지의 개발 및 도입의 촉진에 관한 법률」은 이른바 「대체에너지법」이라고 약칭되어, 에너지의 안정적이고 적절한 공급의 관점으로부터 석유 대체에너지의 개발 및 도입을 촉진하는 법적인 테두리로서 제정되고 있다.

경제산업성은 2008년 10월에, 지구온난화 원인이 되는 이산화탄소 배출이 적은 신에너지나 수력 등의 재생에너지와 원자력 등 비화석연료 이용을 전력 · 가스 · 석유의 각 회사에 의무화하는 방침을 발표하였다. 전기사업자에 의한 신에너지 등의 이용에 관한 특별조치법은 RPS법(Renewable Portfolio Standard)이라 불리며, 전력회사에 매년 그 판매 전력량에 따라 일정 비율의 재생에너지 도입을 의무화하여 신에너지 보급 촉진을 꾀하는 제도이다. 대상이 되는 것은 풍력, 태양광, 지열, 소수력발전, 바이오매스이다. 그러나 전력회사의 도입 의무량은 2008년에 64.2억 kWh이고, 연간 총발전량 약 1조 kWh에 대하여 0.6%에 지나지 않는다.

법령, 규칙을 포함한 법률의 전문을 법무성 행정관리국의 홈페이지 "법령 데이터 제공 시스템"에서 검색할 수 있다(http:/law.egov.go.jp/cgi-bin/idxsearch.cgi).

신에너지의 정의와 수급 전망

일본이 법에 정한 「신에너지」란, 1997년에 시행된 「신에너지 이용 등의 촉진에 관한 특별조치법」이고, 「신에너지 이용 등」으로서 규정한 범위이다.

신에너지에는 자연의 태양에너지를 기원으로 하는 자원에 제약이 없는 「재생에너지」와 폐기물, 폐열을 이용하는 「재활용에너지」 외에 종래의 에너지이용의 고효율화나 환경과의 조화를 도모하는 「종래형에너지의 새 이용형태」도 포함되고 있다.

키워드　신에너지

「신에너지 이용 등의 촉진에 관한 특별조치법」에 규정하는 신에너지란 ① 재생에너지, ② 재활용에너지, ③ 종래형에너지의 새 이용형태로 분류되며, 실용화 단계의 수력발전, 지열발전 및 개발단계의 해양온도차 발전은 포함하지 않는다.

신에너지의 정의

「신에너지」란, 1997년에 시행된 「신에너지 이용 등의 촉진에 관한 특별조치법」에 있어서 「신에너지 이용 등」으로 규정되어 있으며, 「기술적으로 실용화 단계에 도달하고자 하지만, 경제성의 제약으로부터 보급이 충분하지 않은 것으로, 석유 대체에너지의 도입을 도모하기 위하여 특히 필요한 것」이라고 정의하고 있다. 그렇기 때문에 실용화 단계인 수력발전이나 지열발전, 연구개발 단계에 있는 파력(波力)발전이나 해양온도차발전은 자연에너지여도 신에너지로는 지정되고 있지 않다.

구체적으로 신에너지를 분류하면 아래와 같이 정리된다.

① 재생에너지(자연에너지)

② 재활용에너지

③ 종래형에너지의 새 이용형태

이 신에너지와 화석연료 중심의 예전부터 있어 온 에너지의 관계를 그림 1에 나타내었다.

신에너지의 수급 전망

종합자원에너지조사회 수급부회의 보고서 「장기에너지 수급 전망」에 의하면 전체 1차에너지의 공

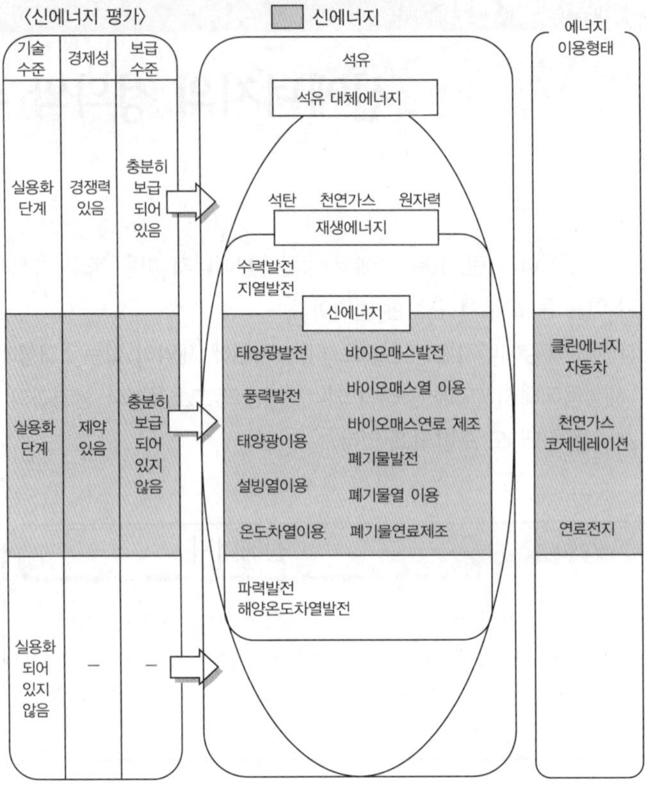

그림 1 신에너지 (출처: 자원에너지청 홈페이지)

표 1 1차에너지 공급 추이(출처: 종합자원에너지조사회 수급부회 「장기 에너지 수급전망」)

(원유환산 백만kℓ)

	2005년도		2020년도 현상고정케이스		2020년도 노력계속케이스		2020년도 최대도입케이스		2030년도 현상고정케이스		2030년도 노력계속케이스		2030년도 최대도입케이스	
일차에너지 국내공급	587		651		601		561		685		601		526	
에너지지별 구분	실수	구성비	실수	구성비	실수	구성비	실수	구성비	실수	구성비	실수	구성비	실수	구성비
석유	255	43%	248	38%	232	39%	209	37%	245	36%	220	37%	183	35%
LPG	18	3%	19	3%	18	3%	18	3%	19	3%	19	3%	18	3%
석탄	123	21%	136	21%	121	20%	110	20%	146	21%	123	20%	95	18%
천연자원	88	15%	107	16%	87	14%	79	14%	129	19%	94	16%	73	14%
원자력	69	12%	99	15%	99	17%	99	18%	99	15%	99	17%	99	19%
수력	17	3%	19	3%	19	3%	19	3%	19	3%	19	3%	19	4%
지열	1	0%	1	0%	1	0%	1	0%	1	0%	1	0%	1	0%
신에너지 등	16	3%	22	3%	22	4%	26	5%	26	4%	26	4%	38	7%

급량은 표 1과 같이 원유 환산으로 2005년도는 587백만 kl이다. 2030년도 예측은 지구온난화 대책이 현상 고정 케이스라면 685백만 kl, 노력 계속 케이스는 601백만 kl, 최대 도입 케이스는 526백만 kl이다. 이 중 신에너지 비율은 2005년이 16백만 kl로 2.7%이다. 2030년은 대책이 현상 고정 케이스라면 26백만 kl로 3.6%, 노력 계속 케이스라면 26백만 kl로 4.3%, 최대 도입 케이스라면 38백만 kl로 7.2%이다.

표 2 공급측 신에너지 도입전망

(원유환산 만kℓ)

	2005년도	2020년도		2030년도	
	실적	현상고정 케이스 · 노력계속 케이스	최대도입 케이스	현상고정 케이스 · 노력계속 케이스	최대도입 케이스
태양광발전	35	140	350	669	1,300
풍력발전	44	164	200	243	269
폐기물발전+바이오매스발전	252	476	393	338	494
바이오매스열 이용	142	290	330	300	423
기타	687	663	763	596	716
합계	1,160	1,733	2,036	2,146	3,202

※「기타」에는,「태양열 이용」,「폐기물열 이용」,「미이용 에너지」,「흑액, 폐재 등」이 포함된다.
「흑액, 폐재 등」의 도입량은, 기본적으로 에너지 수급모델의 종이펄프 생산수준에 의존하기 때문에, 모델에서 내생적으로 시산한다.

(출처: 종합자원에너지조사회 수급부회「장기 에너지 수급전망」)

최대 도입 케이스여도 구성비로 약 7% 정도밖에 안 된다. 공급 측에서의 신에너지 내역을 표 2에 나타내었다.

이 신에너지 중에는 풍력발전과 태양광발전 예에서 앞으로의 신장률을 크게 예측하고 있다. 또한, 자연에너지라는 의미에서 신에너지에 수력발전과 지열발전 등을 더하면, 2030년의 최대 도입 케이스에서 11.1%의 구성비라 예상된다.

신에너지의 경제성

신에너지를 채택할 때 가장 중요한 과제는 충분한 양을 확보 가능하냐는 것과 경제성이 있느냐는 것이다. 종합자원에너지조사회 수급부회 보고서 등에서 신에너지 공급 가능성과 경제성을 시험적으로 계산해본 예를 소개한다.

키워드 **보조금 제도**

신에너지를 보급시키기 위해, 정부 등이 설치에 보조금을 마련하는 경우가 있다. 본래는 경제적으로 성립하지 않는 신에너지 사업이 보조금으로 성립하는 경우도 있다. 일본에서 태양광발전 보조금이 중단된 때와 독일이 태양광발전에서 세계 1위의 보급국이 된 것은, 딱 시기가 일치한다. 보조금은 보급에 있어서 정신적인 뒷받침도 해주는 듯하다.

신에너지 공급량

일본에서는 자원의 재생산성이 높고 이산화탄소의 배출이 적은 태양광이나 풍력에너지 이용에 대하여 일정한 실적을 올려왔다. 신에너지는 다양한 문제점을 가지고 있으나, 이후는 산업으로서의 자립을 꾀하기 위하여 기술개발이나 정책적인 지원을 전개해 갈 필요가 있다.

그림 1에 주요한 신에너지의 일본 도입 실적을 나타내었다.

종합자원에너지조사회 에너지부회의 조사보고서(2008년 5월)에 의하면, 2020년과 2030년의 신에너지 공급량은 각각 현재의 약 2배와 약 3배에 달한다고 상정하고 있다. 그 결과 2030년 수력이나 지열발전을 더한 재생가능에너지는 지구온난화 대책 최대 도입 케이스에서 1차에너지의 약 11%를 차지한다는 전망을 전하고 있다. 그러나 이것은 어디까지나 어림셈이며, 일본의 도입 가능성 한계는 아직 보이고 있지 않다. 2008년 7월에 각의결정된 「저탄소 사회 만들기 행동 계획」에서는 태양광발전에 대하여 기술혁신과 수요창출에 의하여 가격을 대폭 저감시켜, 도입량 대폭 확대를 진행한다는 것이 포함되어 있다. 이 계획에 따른 성장 예측을 그림 2에 나타내었다.

신에너지의 경제성

신에너지의 경제성 시산(試算)을, 종합자원에너지부회 수급부회 보고서 안에 있는 참고자료를 이

태양광발전

- 도입량은 최근 착실히 늘고 있어, 2007년말 누계로 192만kW
- 도입 확대와 병행하여 코스트도 내려가고 있어, 2007년도에는 1kW당 시스템가격이 70만 엔
- 한편, 기후나 일조조건의 차 등에 의해 출력이 불안정한 것에 의한, 계통연계 대책이나 도입에 있어서의 코스트부담이 이후 과제

풍력발전

- 최근 착실히 도입이 진행되어 2007년말 현재 1409기, 약 168만 kW
- 풍력발전용기기의 대형화, 사업규모의 확대에 의해 설치코스트나 발전코스트도 대폭으로 저하(대규모라면 10~14엔/kWh)
- 한편, 대기 변화 등에 의한 출력의 불안정성이 과제

바이오매스 에너지

- 일본의 1차에너지 공급량의 10%를 차지한다.
- 발생분포가 넓고 얇은 데에다, 용적당 에너지 밀도가 낮기 때문에, 자원의 수집운반 코스트가 비싸지는 것이 과제
- 식료와 경합하지 않는 형태에서의 적극적 활용이 필요

태양광발전의 국내도입량과 시스템가격의 추이

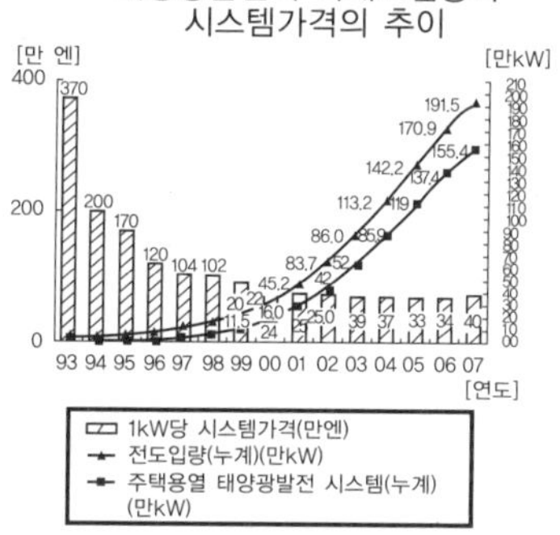

(출처: 자원에너지청)

일본의 풍력발전의 추이

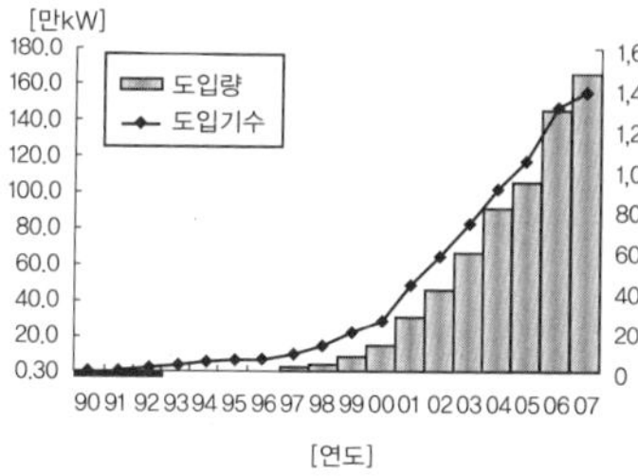

(출처: 자원에너지청)

일본의 바이오매스 에너지의 보급상황

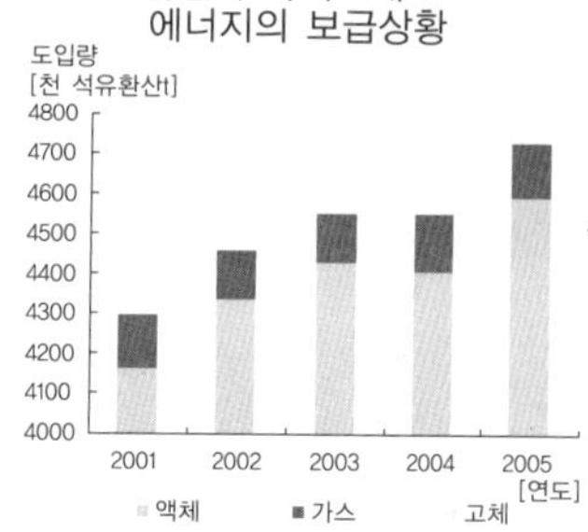

(출처: IEA Energy Balances of OECD Countries 2007)

그림 1 일본의 태양광발전, 풍력발전, 바이오매스에너지의 도입량 추이
(출처: 종합자원에너지조사회 에너지부회 자료로부터)

표 1 운전연수 발전원가 추산방법

$$\text{발전비용 또는 열이용비용} = \frac{\text{설비비용}\times\text{감가삼각비율}+\text{연간 연료비}+\text{연간 운전경비}}{\text{연간 발전전력량 또는 연간 열이용량}}$$

[주] 감가삼각비율 $= r/(1-(1+r)^{-n})$ 여기서, r는 이자율, n은 운전연수

용하여 설명한다. 설비비용은 조금 오래된 데이터이지만, 1999년에 도입된 설비 보조실적의 평균적인 수치를 사용하여 일정한 전제를 두고 시산하였다. 여기에서는 산출 사례로 나타내지만, 실제 도입에 있어서는 최신 성능과 가격 정보를 사용할 필요가 있다. 얻어지는 전력이나 열비용은 표 1에 나온 식으로 산출된다. 분자는 설비의 가동에 필요한 연료비, 인건비, 보수비 등의 운전비용에 연간 설비비를 가산한 연간 총비용이다. 연간 설비비는 초기 설치 비용에 연간 경비율을 곱한 것인데, 연간경비율은 설비의 감가삼각비율과 금리에서 산출된다. 분모는 연간 출력이기에 이 식으로 단위당 전력비나 열에너지 비용을 추산할 수 있다.

표 2 대표적인 신에너지의 경제적 시산 예(참고)

신에너지 종류	발전/열이용 코스트	설치 코스트	운전연수	연료비	운전경비	이용율
태양광발전						
주택용[평균치]	66엔/kWh	94만 엔/kWh	20년	—	—	12%
[최고치]	46엔/kWh	65만 엔/kWh	20년	—	—	12%
비주택용[평균치]	73엔/kWh	104만 엔/kWh	20년	—	—	12%
풍력발전						
대규모①	10엔/kWh	21만 엔/kWh	17년	—	0.3만 엔/kW · 년	22%
대규모②	14엔/kWh	24만 엔/kWh	17년	—	0.7만 엔/kW · 년	22%
중소규모	18~24엔/kWh	24~37만 엔/kWh	17년	—	1.2만 엔/kW · 년	20%
일반폐기물발전						
대규모	9~11엔/kWh	9~25만 엔/kWh	20년	—	4.5만 엔/kW · 년	65%
중소규모	11~12엔/kWh	26~30만 엔/kWh	20년	—	4.5만 엔/kW · 년	65%
연료전지[인산형]	22엔/kWh	70만 엔/kWh	15년	13엔/kWh	7엔/kW	8,000시간/년
솔라시스템	28엔/Mcal	90만 엔/kWh	15년	—	9,000엔/대 · 년	—
미이용에너지	10엔/MJ	—	—	—	—	—

(출처: 종합자원에너지조사회 신에너지부회(2001년))

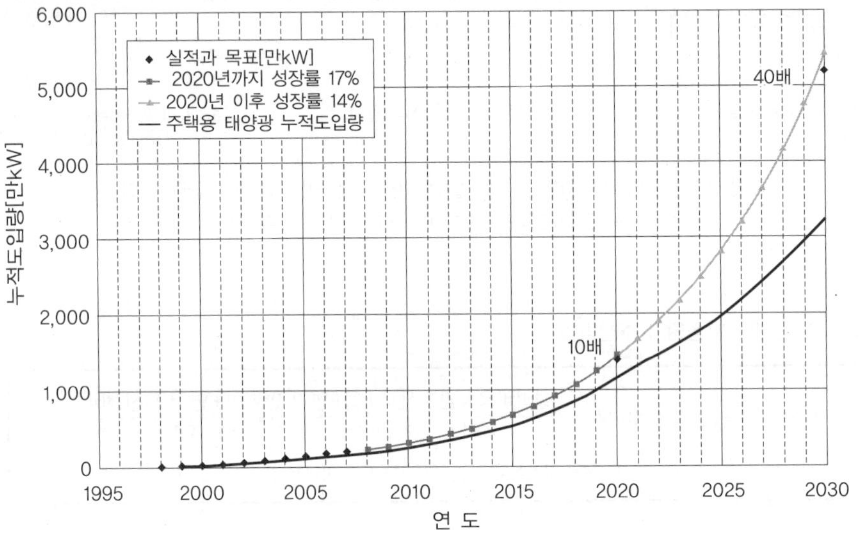

(출처: 태양광발전협회 등의 데이터)

그림 2 태양광발전 설치실적과 예측

종합자원에너지조사회 신에너지부회의 2001년 시산 예를 표 2에 나타내었다.

최근의 태양광발전과 풍력발전의 설치비용을 종합자원에너지조사회 신에너지부회의 자료로부터 그림 3과 그림 4에 소개한다.

그림 3은 설비 설치비용으로 발전 단가에 대해서는 표 1의 식에서 나타낸 방법으로 계산할 수 있하다.

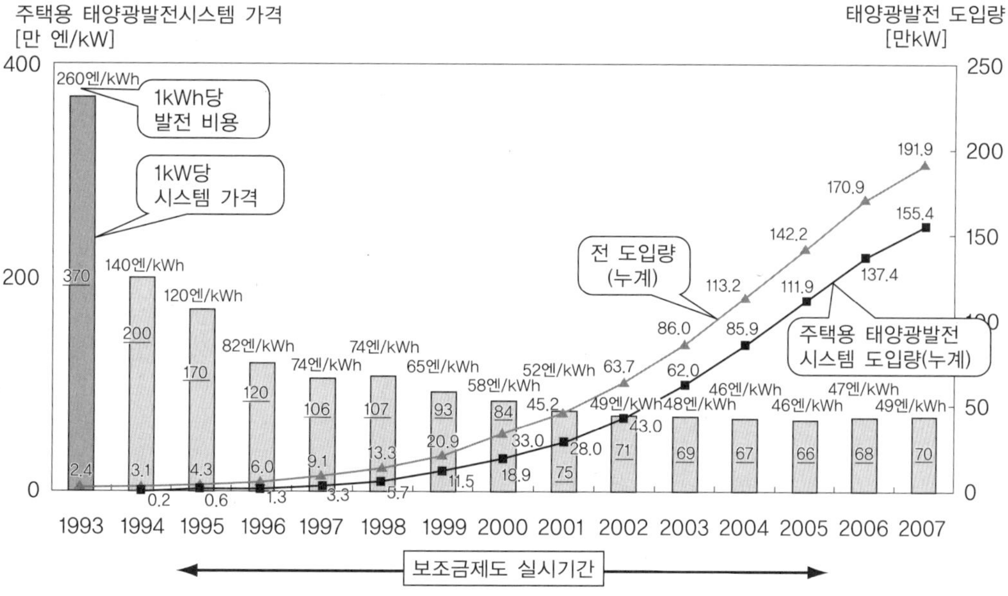

(출처: 태양광발전협회 등의 자료)

그림 3 태양광발전 설치비용 추이 (출처: 종합자원에너지조사회 신에너지부회 자료 2008년 11월)

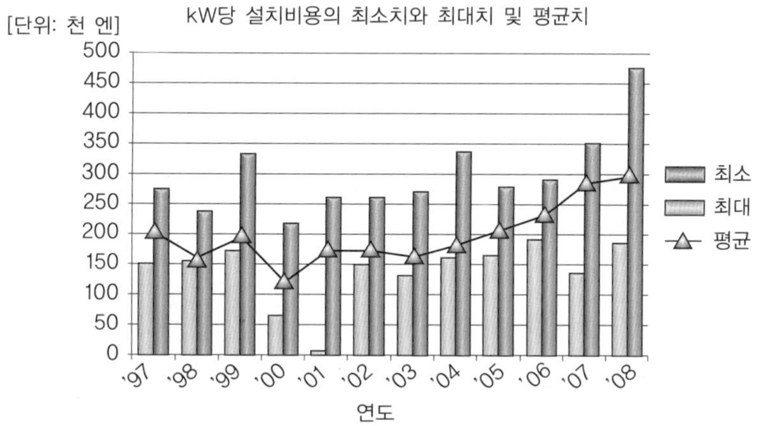

그림 4 풍력발전 설치비용 추이 (출처: 종합자원에너지조사회 신에너지부회 자료, 2008년 12월)

신에너지 보급의 애로점은 재래형의 에너지에 비하여 비용이 높다는 점이다. 이 때문에 비용부담을 경감시키려는 움직임이 나오고 있어 비용 저감의 노력이 계속되고 있다. 태양광발전에서는 전지 모듈의 비용 저감이 한계에 가까워지고 있다고는 전해지고 있으나, 실리콘의 박막화나 광증감형과 같은 새로운 기술을 사용한 저가격화도 기대되고 있다. 전지모듈과는 별개로 오히려 지붕과의 일체형화 등 전지 주변기기의 가격을 저감시키는 공법도 개발되고 있다. 풍력발전에서는 소형의 전방향성 풍차가 개발되고 있어, 태양광과의 하이브리드발전도 포함하여 가정용으로 보급시키려는 움직임이 있는 한편, 대형풍차의 건설이 전국에서 진행되고 있다. 또한 가정용으로 태양광발전 장치를 설치할 경우 초기 설비비가 1 kW당 약 70만 엔이고, 표준적인 규모는 3 kW이므로 약 210만 엔의 비용이 필요하다. 3 kW가 있으면 가정의 수요는 조달할 수 있고 발전량이 많으면 매전도 가능하다. 그러나 현재 상황에서는 나라로부터의 보조금 7만 엔/kW를 지방자치체 독자 보조금을 이용하여도 자금 회수에는 상당히 긴 기간이 필요하다. 이처럼 신에너지 보급에는 설치자에게 많은 비용 부담이 요구된다. 이 때문에 환경에 좋다는 분위기적인 측면만에 기대하는 것이 아니고, 획기적 신기술 출현이나 높은 가격으로의 전력 사들이기 등 정책적인 지원이 필요하다.

해외의 신에너지 상황

EU의 여러 나라는 온실가스의 삭감에 필사적으로 몰두하고 있으며, 이를 위한 신에너지의 도입에 적극적이다. 반면 미국은 오바마 대통령이 등장하여 부시 대통령과는 다르게 경기 부양 수단을 겸해 이후 3년 동안 재생에너지를 2배로 늘리는 동시에 고용확보도 한다고 선언하였다. 중국도 태양전지의 생산과 수출, 그리고 풍력발전의 생산과 설치가 급격한 기세로 늘고 있다. 이 장에서는 태양광발전, 풍력발전, 바이오매스 에너지에 대한 해외의 최근 움직임을 뒤쫓아 보았다.

키워드 재생에너지

재생에너지는 자연계에 존재하며, 영속적으로 이용할 수 있는 에너지를 가리킨다. 어법이 바르지 않고 말하기 어려운 단어이지만, 영어로는 「Renewable Energy」로 비교적 유연하게 사용되고 있다. 자연에너지도 이것과 거의 같은 의미로 쓰이지만, 일본 법률로 규정된 신에너지와는 다르다.

태양광발전

그림 1은 세계의 태양광발전의 설치 상황을 나타낸 도표이다. 최근에는 매년 큰 성장을 보이고 있으며, 특히 2007년도에는 40%나 되는 현저한 증가가 보인다. 태양광발전에 대해서는 EU 중에서도 표 1에 나타나는 것처럼 독일에서 가장 보급이 활발히 진행되고 있다. 세계의 선두를 달리고 있던 일본을 제치고 2005년에는 누적 설치 실적이 일본보다 많아졌다. 그림 2가 세계의 나라별 태양전지 제조 실적, 표 2가 제조사별 제조 실적과 설비 능력을 나타낸다.

제조사별 생산 규모에서는 표 2와 같이 동독일 지구에 생긴 벤처기업인 Q-Cells가 샤프를 누르고 수위에 나타났다. 중국의 Suntech Power는 2005년에 뉴욕 증권거래소에서 주식을 상장, 2006년에 일본의 태양전지 제조사인 MSK를 매수하여, 2007년의 제조 실적에서 세계 제3위가 되었다. 중국과 대만은 자국에는 태양광발전을 거의 설치하지 않고 태양전지의 수출 전문국이 되어 있다. 태양광발전은 이미 세계의 93%가 계통연계형이고, 이후 재생에너지의 큰 중심 중 하나가 될 것이다. 실제로 중국에서는 계통연계를, 태양광발전을 진행시키는 방향으로 하고 있다. 간쑤성 둔황에서 진행되고 있는 100 MW 계통연계형 태양광발전 프로젝트는 최대의 태양광발전 프로젝트이다.

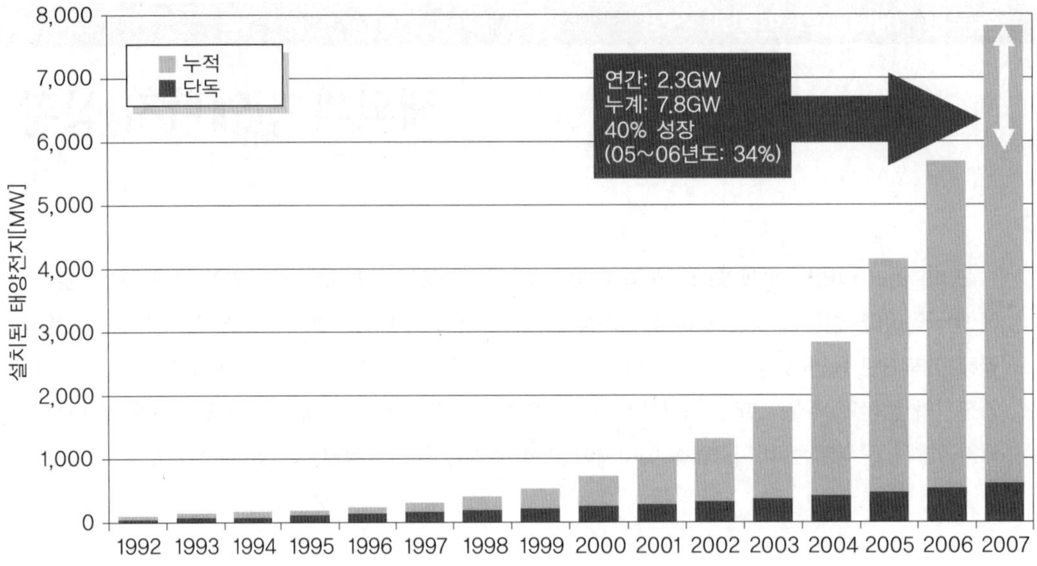

그림 1 세계의 태양광발전 설치상황 (출처: IEA Photovoltaic Power Systems Programme 홈페이지)

표 1 세계의 나라별 태양광발전 설치실적 (2007년말)

	누적설치 태양광 발전[kW]	2007년 설치분 [kW]
독일	3,862,000	1,135,000
일본	1,918,894	210,395
미국	830,500	206,500
스페인	655,000	512,000
이탈리아	120,200	70,200
오스트레일리아	82,491	12,190
한국	77,601	42,868
프랑스	75,232	31,299
네덜란드	53,300	1,606
스위스	36,200	6,500
오스트리아	27,701	2,116
캐나다	25,775	5,291
멕시코	20,750	1,019
영국	18,090	3,810
포르투갈	17,870	14,454
노르웨이	7,992	324
스웨덴	6,242	1,392
덴마크	3,075	175
이스라엘	1,819	500

(출처: IEA Photovoltaic Power Systems Programme 홈페이지)

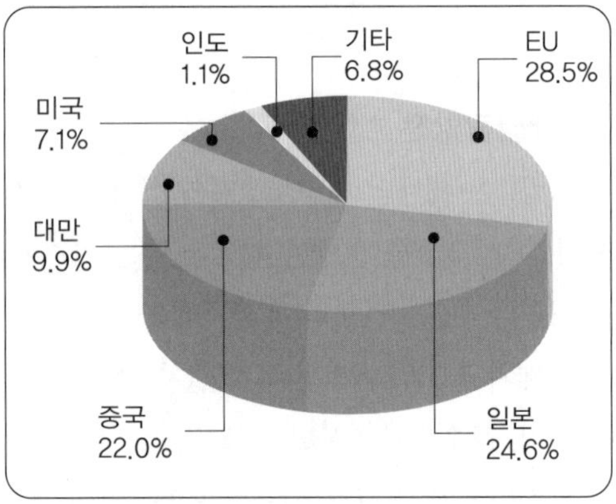

그림 2 2007년 나라별 태양전지 제조실적 (출처: EurObserv' ER Photovoltaic energy Barometer(2008))

표 2 세계의 태양전지 제조사 상위 15사(단위: XXX)

	회사명	나라명	제조		생산능력	
			2006	2007	2007	2008
1	Q-세일즈	독일	253	389	516	925
2	샤프	일본	434	363	710	710
3	선텍파워	중국	158	327	540	1,000
4	교세라	일본	180	207	240	300
5	퍼스트솔라	미국	60	207	308	323
6	모텍	대만	102	196	240	400
7	산요전기	일본	155	165	265	350
8	선파워	미국/필리핀	63	150	214	414
9	보오딩구 인구리	중국	35	143	200	400
10	솔라월드/도이치솔라	독일	86	130	205	260
11	미쓰비시전기	일본	111	121	150	150
12	BP솔라	미국/영국	86	102	130	130
13	JA솔라	중국	25	113	175	425
14	솔라팬	중국	25	88	240	360
15	이소퍼돈	스페인	61	85	135	180
	기타		640	948	1,908	3,922
	합계		2,474	3,734	6,176	10,249

(출처: EurObserv' ER Photovoltaic energy Barometer(2008))

출력 1,000 kW 이상의 규모를 가지는 태양광발전을 '메가솔라'라 하는데, 태양광발전소로서의 존재가 인정되고 있다. 일본에서도 몇 개의 메가솔라 프로젝트가 진행되고 있다. 지금까지 세계에서 도입된 메가솔라는 500건 이상, 합계 출력은 1,700 MW 이상이다. 태양광발전은 지금도 규모의 확대가 진행되고 있어, 출력 10 MW 이상의 메가솔라가 계속해서 건설되고 있다. 특히 스페인에는 약 270의 메가솔라가 있고(단독 최대 60 MW), 독일에는 약 170의 메가솔라가 있다.

세계적으로 메가솔라가 하나의 트랜드가 되어 갈 것이다.

풍력발전

그림 3에 세계의 풍력발전 건설 실적을 나타내었는데, 최근 수년 동안 현저히 증가한 것이 확인된다. 표 3은 나라별 풍력발전 설비의 능력이다. 나라별로 보면 그동안 압도적 우위였던 독일을 미국이 2008년 중반쯤부터 대대적인 건설을 통해 추월했다. 새로운 대통령이 3년 동안에 재생에너지를 2배로 한다고도 말했었기에, 풍력발전 사업 관계자는 경제와 고용 창출의 기폭제로 한다고 분발하고 있다. EU 나라들의 신설도 많으나, 특히 놀라운 것은 중국과 인도의 성장으로 중국은 미국과의 수위 경쟁에 나섰다.

유럽에서는 The European Wind Energy Association이 2008년 EU에 세워진 모든 발전 설비 중 가장 많은 것이 43%의 풍력발전이라 전하고 있다. 참고로 다른 발전은 천연가스화력: 6,932 MW(35%),

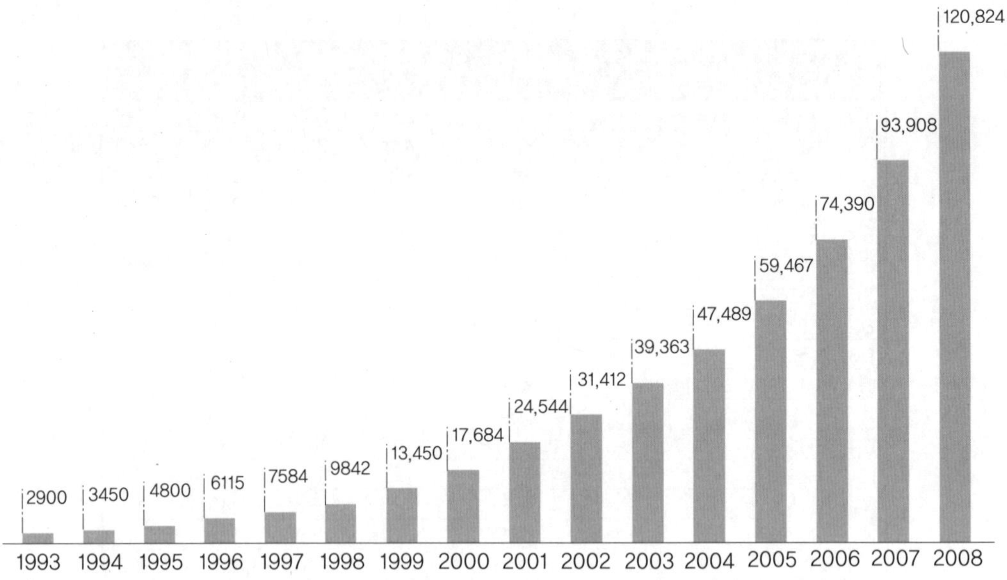

그림 3 풍력발전 설비능력 변화 (출처: EurObserv' ER Winpower Barometer(2009))

표 3 풍력발전 나라별 설비능력

	전체 설비능력 [MW]	2008년 설비용량 [MW]
미국	25,170	8,358
독일	23,903	1,665
스페인	16,754	1,609
중국	12,210	6,300
인도	9,645	1,800
이탈리아	3,736	1,010
프랑스	3,404	950
영국	3,241	836
덴마크	3,180	–
포르투갈	2,862	712
기타	16,686	3,293
합계	127,104	27,056

(출처: Global wind energy council 홈페이지)

표 4 EU의 해상풍력발전

	2007년 [MW]	2008년 [MW]
영국	403.8	565.8
덴마크	426.4	426.4
네덜란드	126.8	246.8
스웨덴	133.5	133.5
벨기에	0.0	30.0
아일랜드	25.0	25.0
핀란드	0.0	24.0
독일	7.0	12.0
이탈리아	0.0	0.1

(출처: EurObserv' ER Winpower Barometer(2009))

석유화력: 2,495 MW(13%), 석탄화력: 762 MW(4%), 수력발전: 473 MW(2%)이다. EU에는 표 4에 나타낸 것과 같이 해상 풍력발전이 많다. 해상 설치의 이점은 주로,

① 바람이 육상에 비해 강하고 연속해서 분다.

② 크기가 운반상의 제약을 받지 않는다.

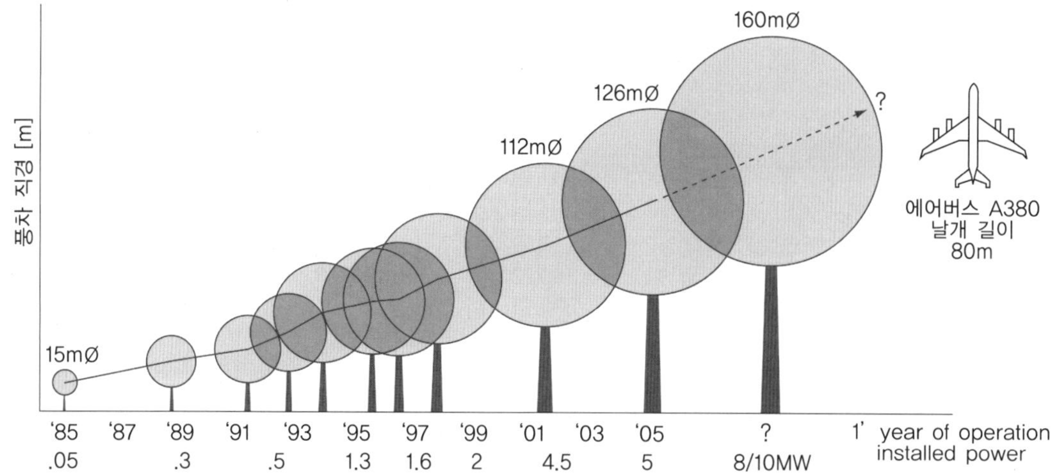

그림 5 시장에 도입되는 풍력터빈의 크기
(출처: Prioritising Wind Energy Research Strategic Research Agenda of the Wind Energy Sector)

③ 시각 및 소음공해를 피할 수 있다.

④ 주변의 토지 이용(자)에 영향을 주지 않는다.

의 4가지 항목이다.

반면, 결점으로는 주로,

① 많은 설비 투자가 필요하다.

② 운용과 보수의 높은 비용, 기계의 정지시간이 길다.

③ 파도나 해류에 의한 수력학적 부하에 견디는 강도가 필요하다.

의 3가지 항목이 있다.

그림 5에는 풍력발전의 출력 증대에 따라 로터의 지름이 커져가는 모습이 그려져 있다. 2005년에 만들어진 최대의 풍력 터빈은 지름 126 m, 5 MW의 발전 능력이었다. 풍력발전기는 어디까지 커져가는 것일까.

바이오매스

바이오매스는 세계 전체에서 1차에너지 공급의 약 10%로 큰 비율을 점하고 있다. OECD 국가 평균인 3.2%에 비해 표 6과 같이 개발도상국들의 평균은 16.6%로 훨씬 많이 이용되고 있다. 아프리카나 아시아 등 개발도상국에서의 이용법은 바이오매스 그 자체를 가공하지 않고 사용하는 종래의 사용 방법으로, OECD 국가들의 사용 방법과는 취지가 다르다. 최근에는 EU 국가들이나 아프리카 등 바이오매스 도입을 정책적으로 추진하는 나라도 많아지고 있다.

표 6 세계 각지역의 바이오매스 이용 상황(2005년)

		바이오매스 [Mtoe]	1차에너지 공급 [Mtoe]	바이오매스 점유율 [%]
OECD	유럽	77.21	1,875.72	4.1%
	북미	88.80	2,788.78	3.2%
	태평양	12.16	883.10	1.4%
	계	178.16	5,547.60	3.2%
비OECD	미국	286.77	605.37	47.4%
	라틴아메리카	89.52	500.43	17.9%
	아시아(중국 제외)	332.46	1,286.04	25.9%
	중국	223.62	1,735.23	12.9%
	구소련	8.43	980.14	0.9%
	비OECD유럽	6.09	105.02	5.8%
	중동	1.06	503.34	0.2%
	계	947.95	5,715.56	16.6%
세계 누계		1,126.11	11,433.92	9.8%
(일본)		5.44	530.46	1.0%

(출처: 에너지백서 2008)
자료: IEA 「Energy Balances of OECD Countries (2007년판)」
「Energy Balances of Non-OECD Countries (2007년판)」

EU에서는 2007년에 원유 가격이 올랐는데도 고형 바이오매스 유래 에너지의 소비는 66.3 Mtoe로 극적으로 증가하지는 않고, 2006년 대비로 겨우 1%의 증가(+660 ktoe)에 머물고 있다. 바이오매스 에너지의 주요한 생산국은 영토가 넓고 삼림 면적이 가장 넓은 북유럽의 나라들이다. 5개의 주요 생산국(프랑스, 스웨덴, 독일, 핀란드 및 폴란드)이 고형 바이오매스 유래 1차에너지 생산량의 58%를 차지하고 있다. 2007년에는 따뜻한 겨울으로 인해, 목질 에너지 소비가 지역난방에서도, 가정에서의 난방기구 사용에 있어서도 감소했다. 프랑스는 EU 제1위의 고형 바이오매스 생산국이나, 제2위인 독일과의 차가 줄고 있다.

EU의 바이오가스 생산은 이제까지 폐기물로부터의 회수에 한정되어 왔지만, 에너지 작물의 이용도 늘기 시작했다. 그 때문에, 2007년의 생산량은 EU 전체에서 5.9 Mtoe로 되어 전년의 4.9 Mtoe에 비해 20% 이상 증가했다. 독일에서는 바이오가스의 천연가스 파이프라인 이용에 우선권을 주어, 각지에서 분산적으로 생산되고 있는 바이오가스가 전국적으로 판매 가능하도록 법령을 제정했다. EU의 도시 쓰레기로부터의 에너지 생산은 2006년의 5.87 Mtoe에서 2007년의 6.14 Mtoe로 5% 정도의 증가를 보이고 있다. 도시 쓰레기로부터의 1차에너지 생산량은 상위 5개국이 프랑스, 독일, 이탈리아, 덴마크, 네덜란드이다. 이 에너지는 북유럽 나라들에서는 코제너레이션 시스템의 연료로 쓰여, 발전과 지역난방에 이용되고 있다. 반면 남유럽 나라들에서는 열의 수요가 적기 때문에, 주로 전기로서 회수하고 있다.

표 7 미국의 바이오매스 에너지

[단위: Mtoe]

연	2003	2004	2005	2006	2007
재생에너지 전체	154.978	157.775	162.387	174.432	172.114
바이오매스 합계	70.988	76.179	79.480	85.024	91.097
바이오연료	10.433	12.927	14.994	20.034	25.653
바이오디젤	0.050	0.101	0.302	0.806	1.588
바이오디젤 찌꺼기	*	*	*	*	0.025
에탄올	5.998	7.535	8.618	11.642	14.540
에탄올 찌꺼기	4.385	5.292	6.073	7.585	9.525
폐기물	10.105	9.803	10.155	10.256	10.861
매립지가스	3.553	3.629	3.730	3.780	4.385
도시쓰레기	4.158	4.133	4.234	4.309	4.385
기타 바이오매스	2.419	2.041	2.218	2.167	2.092
목질계 바이오매스	50.450	53.449	54.331	54.734	54.557

(출처: EIA Renewable & Alternative Fuels Renewable Energy Consumption and Electricity Preliminary 2007 Statistics)

미국에서는 1차에너지 중 재생에너지 비율이 7%이고, 이 중 바이오매스가 53%를 차지하고 있다. 가장 힘을 쏟고 있는 것은 표 7에 보이는 것과 같이 바이오연료이다. 미국 에탄올 업계의 전망으로는 수송부문에서의 석유 소비량의 10%를 에탄올로 조달한다는 2012년 목표를 2009년에 달성할 것 같다. 그러나 제1세대의 옥수수 유래 에탄올은 곤란에 직면하고 있다. 에너지 수지의 균형이나 식품 가격 고등의 책임 소재, 거기에 열대우림 쇠퇴에의 영향 등의 과제가 제기되고 있기 때문이다. 이 때문에 옥수수에서 벗어나, 차세대의 바이오연료인 셀룰로오스계, 해조나 식품 이외의 제품을 원료로 하는 연료, 재생 가능한 디젤, 환경 대응 가솔린, 바이오 부탄올 등을 대상으로 연구 개발에 몰두하고 있다. 환경 대응 가솔린에서는 E15나 E20의 영향을 조사하기 시작했으며, 화석연료를 대체할 비식품연료로부터 열분해 기름을 만드는 프로젝트 등이 진전되고 있다.

『신에너지 기술입국』을 지향하여라

일본의 1차에너지 총공급량은 원유 환산으로 약 60,000만 kℓ이다. 그중 2005년도의 신에너지 도입 실적은 발전 분야가 약 331만 kℓ(원유 환산; 1차에너지 총공급비율 약 0.6%), 열 이용 분야가 약 829만 kℓ(동일 약 1.4%)로, 합쳐서 1차에너지 총공급량의 약 2%이다. 또, 신에너지에 포함되지 않은 수력발전(원유 환산 2,000만 kℓ, 1차에너지 총공급비 약 3.3%)을 포함한 재생에너지의 1차에너지 총공급비율은 약 5.1%로, 독일 4.7%, 영국 1.7%, 프랑스 6.9%와 비교하여, 현재로서는 손색이 없다. 그러나 수력발전은 대폭 증설을 기대할 수 없기에 일본의 재생에너지 이용비율을 높이는 데에 있어서는 태양, 풍력, 바이오매스 등 신에너지 도입 확대가 열쇠가 된다.

세계를 바라보면 유럽위원회는 2008년 1월에 「에너지 · 기후변동 패키지」를 각국에 제안하고, 2020년 EU 각국별 최종 에너지소비에서 재생에너지 이용비율이 점하는 의무목표치를 설정(독일: 18%, 영국:15%, 프랑스: 23% 등)하였다. 2009년 1월, 미국 오바마 정권은 2012년까지 전력의 10%, 2020년까지 25%를 재생에너지로 조달할 계획을 발표하였다. 아시아에서는 중국과 인도가 거국적으로 재생에너지 도입을 진행하고 있다. 세계 각국은 재생에너지 도입을 진행함과 동시에 자국 에너지 기술을 육성하여, 세계 재생에너지 시장에 진출하려는 정책을 취하고 있다. 그 현저한 예는 풍력발전 분야의 덴마크, 독일, 인도, 태양광발전의 독일, 대만, 중국 등이다.

일본은 공급 측 신에너지 분야에서 풍력발전, 태양광발전, 바이오매스 에너지 등의 기술이 세계 최고수준이며, 이후 큰 성장이 기대된다. 게다가 일본의 강점은 수요 측 신에너지 기술에 있다. 하이브리드자동차를 세계에 앞장서서 실용화하고 저가격, 저연비를 달성하여 전 세계에 보급시키고 있다. 플러그인 하이브리드자동차, 전기자동차, 연료전지자동차의 개발과 실용화도 일본이 세계를 선도하는 위치에 있다. 히트펌프는 일본이 선도하는 에너지 절약의 핵심 기술로, 에너지 효율을 비약적으로 올려 세계에 공헌할 수 있다. 민생용이나 산업용 정치(定置)식 연료전지도 앞으로의 보급이 기대된다.

21세기의 일본은 지구환경과 차세대의 자원을 지키며, 세계의 많은 사람들이 공유할 수 있는 신에너지 기술의 개발 · 보급에 주력하는 『신에너지기술입국』을 지향해야 할 것이다. 자연에너지는 발전이 진행되는 과정이거나 석유자원이 빈약한 나라에도 풍부하므로 국제 공헌에도 통한다. 일본의 강점인 공급 측과 수요 측의 신에너지 기술을 세계에 보급시키는 『신에너지기술입국』으로서 2020년, 2030년, 2050년의 중장기 새시대를 열고 세계를 선도할 계획의 발신과 그 실행이 기대된다.

제 1 부 자연에너지

인류는 옛날부터 자연계에 존재하는 에너지를 여러 가지 형태로 교묘하게 이용해왔다. 21세기의 우리는 지구에 한정되어 있는 화석연료를 후세에 물려주기 위해 무한한 자연에너지를 전력, 수소, 열 등 효율이 좋은 형태로 바꾸는 기술을 개발하여 널리 이용하고자 하고 있다. 제1부 「자연에너지」에서는 태양, 풍력, 지열, 해양, 하천의 자연에너지 이용을 설명한다.

태양에너지는 태양전지를 사용하여 전력으로 변환시켜 이용하는 방법과 태양열온수기 등을 사용하여 열로 이용하는 방법이 있다. 일본의 태양광발전과 태양열이용은 도입 개수와 기술이 세계에서 최고의 수준이며, 발전량에서는 독일에게 뒤쳐졌으나 거국적으로 힘을 쏟아 역전을 꾀하고 있다. 특히 태양광발전은 화학, 기계, 전기, 유리, 건설, 주택 분야까지 넓게 관련되기에 하나의 큰 산업으로 성장하여 수입과 고용을 창출할 가능성이 있다. 일본의 자신있는 분야로서 이후의 큰 발전을 기대한다.

풍력발전에 대해서 당초에 일본은 풍력발전이 적합하지 않을 것이라고 여겨졌지만, 홋카이도, 도호쿠 지방을 중심으로 한 풍력발전단지(wind farm)가 많이 설치되었다. 그러나 내진강도 위장사건을 계기로 건축기준법이 개정되고, 초고층빌딩 수준의 엄격한 내진설계가 의무화되어 계획 재검토 또는 대폭적인 지연으로 신설 도입 성장이 줄고 있다. 한편, 세계의 풍력시장은 「재생에너지」의 이용 목표를 높게 내세워 미국, 유럽, 중국, 인도를 중심으로 높은 성장이 계속되고 있다.

지열에너지의 이용은 일본에 온천이 많다는 것으로 알 수 있는 바와 같이 자원이 많고, 지열발전의 설비용량의 경우 세계에서 6번째, 발전량의 경우 약 53만kW의 지열발전소가 있다. 그중에서 31만kW는 1989년 이후에 개발된 것으로 발전 비용을 절감하는 것이 과제이다.

해양 · 하천에너지의 이용은 물의 흐름이나 풍랑이 가진 「기계적 에너지」를 얻어내는 기술이다. 작은 수력에너지는 작은 발전시스템을 이용한다. 대형수력발전과 같이 대규모의 댐건설도 필요로 하지 않고 건설에 의한 생태계나 지역사회에의 영향이 적은 것이 특징이다. 또 해양 · 하천에너지의 이용으로 지역냉난방 열원의 「온도차 에너지」로의 이용이 있으며, 열섬현상 완화에도 도움이 된다. 이와 같이 제1부에서는 자연에너지를 이용하는 여러 가지의 기술을 소개한다.

태양에너지의 이용

인류가 출현한 이래로 태양의 은혜를 받고 있으며, 태양 없이는 인류의 출현도 발전도 없다고 말할 수 있다. 그러나 오랜 기간 자연의 은혜에 대한 소극적인 이용에 그치고 있었다. 태양에 인류의 지혜, 과학기술의 진보를 활용하여 태양을 인류가 이용하기 쉬운 형태로 이용하고자 하는 것이 태양(solar) 시스템이며, 태양광발전이며, 태양열발전이다. 이를 위해서라도 우리는 태양에 대해서 잘 알 필요가 있다.

키워드 태양에너지의 이용

태양에너지는 2가지 측면에서 이용되고 있다.
열로서: 태양열발전 · 난방, 간접적으로서: 수력 · 풍력 · 온도차발전 등
빛으로서: 조명, 광화학전지, 광합성으로서: 식물 · 바이오매스로 변환

태양은 지구에 비하면 직경이 110배인 140만 km로 훨씬 크고, 지구로부터 1.5억 km의 먼 곳에 위치하여 3.85×10^{23} kW의 에너지를 발산하고 있다. 대기권에 도달한 에너지 1.38 kW/m^2(태양에너지정수라고 말한다) 중 70%의 1 kW/m^{2}가 지표에 도달하며, 51%가 직사광으로 19%가 산란광으로서 열이 된다. 전 세계에서 사용하고 있는 에너지(연간 약 400 EJ)는 지구의 지표면이 받는 태양에너지의 0.01% 이하로 매우 작다.

태양은 광에너지로 지구 생명의 존속에 공헌하며, 조명원으로도 이용되고 열에너지로는 직적, 간접으로 여러 가지의 자연작용과 동식물의 활동에 사용되고 있다(그림 2).

태양에너지의 특징은 청정하고 무한한 자원으로, 간접적으로는 풍력과 수력에, 직접적으로는 열, 빛, 광합성, 바이오매스 등의 형태로 이용되고 있다.

지구상에 도달하는 태양에너지를 모두 이용할 수 있다면, 약 60분간의 태양에너지로 전 세계의 사용 에너지를 대체할 수 있다.

이것을 일본에 대하여 생각하면 한 가구 당의 부지면적을 137 m^2, 3명이 살고, 부지의 절반에 조사되는 에너지를 이용하여, 에너지의 이용 효율을 30%로 하고, 일본에서의 평균 일사량을 2,900 kcal/m^{2}day로 할 때 연간 한 가구당 2,100만 kcal의 태양에너지를 이용할 수 있다. 이것을 등유로 환산하면 열량 1 l = 6,300 kcal(효율 70%)로 하여서 3,300 l의 사용량에 상당한다. 따라서 내리쬐는 태양에너지

를 충분히 사용할 수 있다면, 1인당 1,100l(1인당 연간평균사용량의 약 30%)가 절약된다. 태양광은 그림 4와 같이 파장에 따라 에너지의 강도가 다르며, 또 직사광의 이용이 바람직하지만 일본에서는 직사광이 적으므로 태양광 이용에는 반드시 적합하지는 않다. 세계적으로 보면, 연안지대로부터 내륙에 가까운 사하라(Sahara) · 콜로라도(Colorado) 사막, 중앙 아시아, 오스트레일리아 내륙에서의 일조 시간, 일사량은 많고, 극지에서는 적어진다.

지구상의 태양광에너지의 분포를 그림 5에 나타냈으며, 일본의 일조 조건은 남유럽이나 캐나다 남부와 비슷하다.

그중에서 일본은 국토가 넓지는 않으나 4계절의 혜택을 받고 있으며, 남북도 좁고 길게 펼쳐져

표 1 태양광 파장분포

	파장(μm)	에너지 비율
자외선	<0.39	8%
가시광선	0.39~0.77	46%
적외선	>0.77	46%

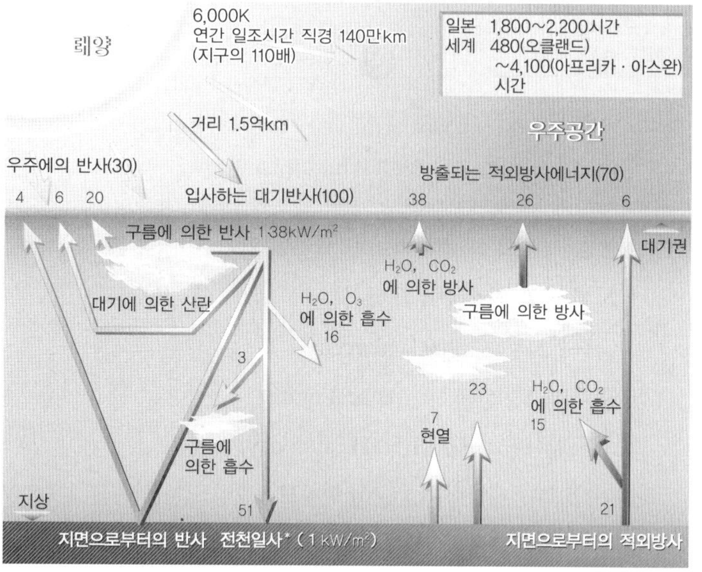

지구상의 수평면에 들어오는 산란일사와 직달일사

그림 1 태양에너지의 분포

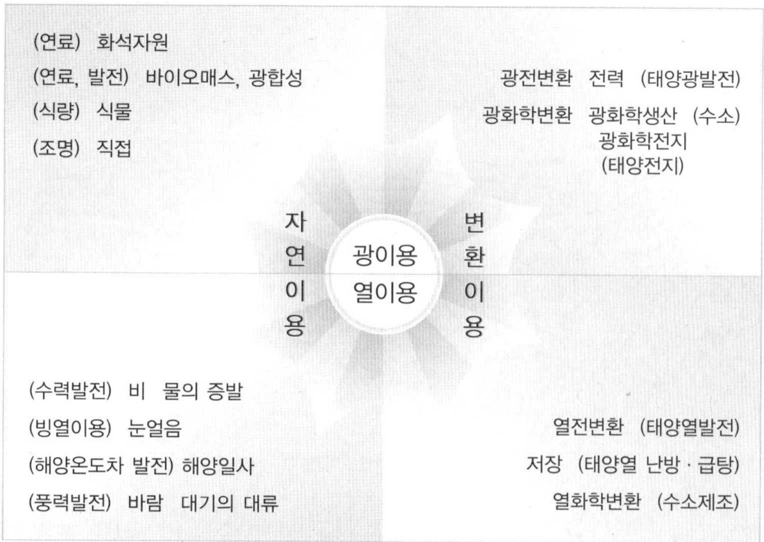

그림 2 태양에너지의 이용

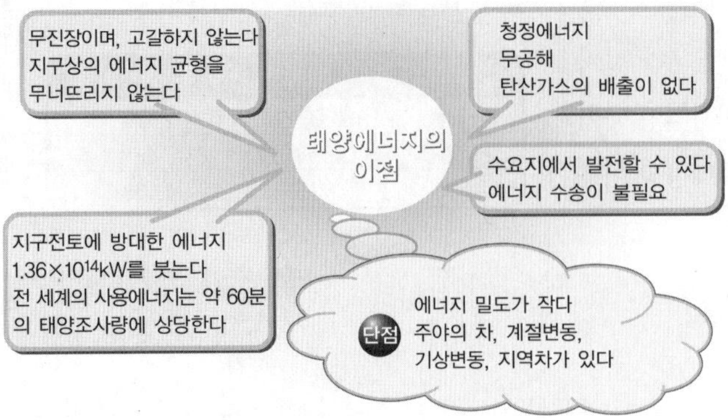

그림 3 태양에너지의 이점과 단점

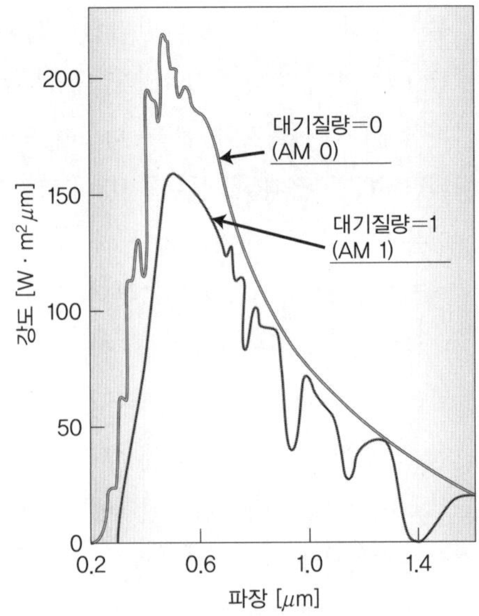

우주공간(AM0) 및 태양이 천정에 있을 때의 지표(AM1)에서의 태양광의 분광특성

그림 4 태양광의 광도 분포

(출처: "에너지과학대사전", 고단샤, p.468(1983))

있으므로, 장소와 계절에 따라 일사량의 차가 크다(표 2).

일본의 평균 일사량에 대해서는,

· 평균일사량 : 2,900 kcal/m^2day

· 최대일사량(5월) : 4,100 kcal/m^2day

· 최소일사량(12월) : 1,500 kcal/m^2day

로 되어 있으며, 태양정수(定數)의 변동도 3% 정도(겨울철에는 1.398 W/m^2, 하지(夏至)에는 1.308 W/m^2) 이다.

일사량은 태양에 대한 경사도에도 좌우되며, 동절기에는 수직에 가까운 면에서, 하절기에서는 수평에 가까운 면에서 큰 일사량을 얻을 수 있다. 태양에너지를 이용할 때에는 지역, 계절, 경사도 등을 고려할 필요가 있다(그림 6, 7).

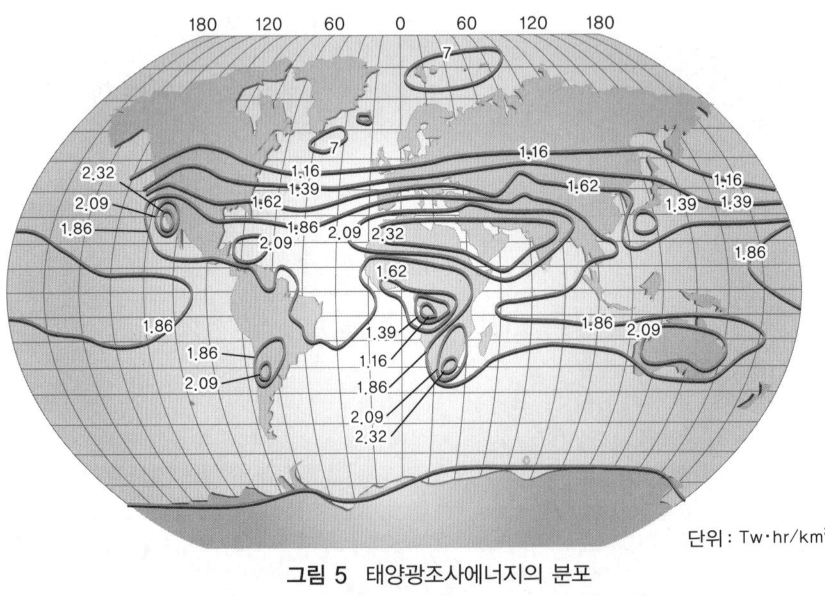

단위 : Tw·hr/km^2·년

그림 5 태양광조사에너지의 분포

(출처: "에너지과학대사전", 고단샤, p.468(1983))

표 2 총 일조량과 일조시간

	여름		가을		겨울	
	총 일사량 [kcal/m² 일]	일조시간 [h/월]	총 일사량 [kcal/m² 일]	일조시간 [h/월]	총 일사량 [kcal/m² 일]	일조시간 [h/월]
삿포로지방	3,390	160	2,400	160	1,600	80
도쿄지방	3,580	200	2,600	150	2,400	200
오사카지방	4,010	220	2,600	160	2,000	140
후쿠오카지방	4,010	220	3,010	190	2,000	120

(출처: 나카지마 야스타카, 가사기 가즈토시, "태양에너지의 이용", 옴(Ohm)사, p.75(1998))

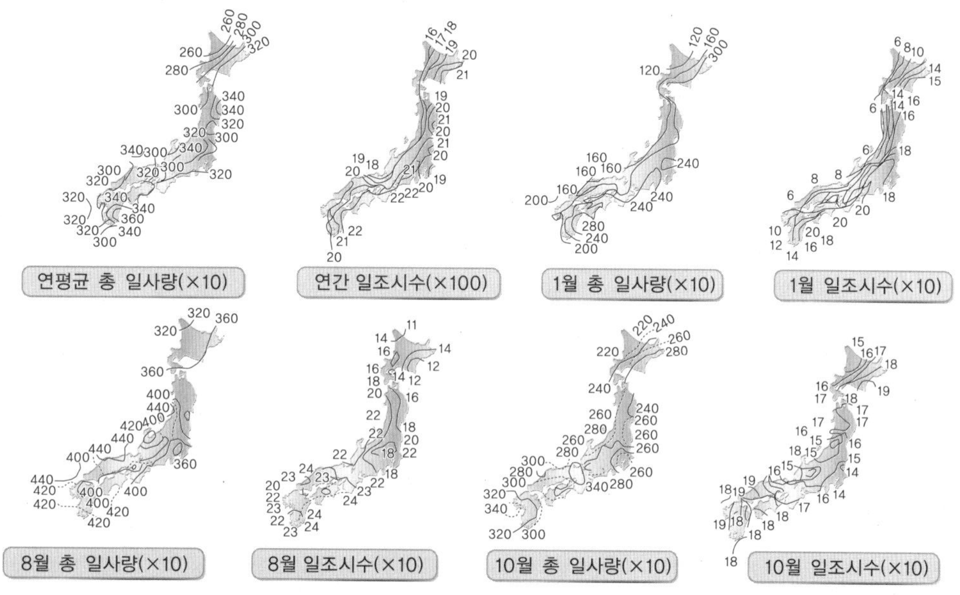

그림 6 일본의 총 일사량(kcal/m²월)과 일조시간(h)의 지역 분포
(출처: 나카지마 야스타카, 가사기 가즈토시, "태양에너지의 이용", 옴사, p.76(1998))

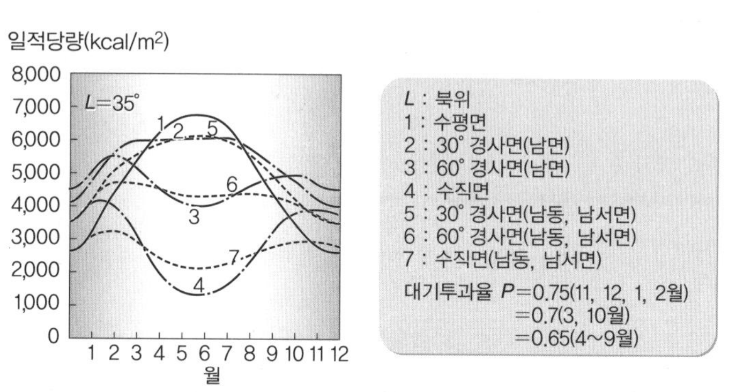

그림 7 총 일조량(쾌청일의 일적산량)(kcal/m², 북위 35°)
(출처: 나카지마 야스타카, 가사기 가즈토시, "태양에너지의 이용", 옴사, p.48(1998))

태양전지의 종류와 원리

태양전지는 반도체에 태양광을 비추었을 때 생기는 광전효과를 이용하여 전기를 발생시키는 것이다. 현재는 결정계의 실리콘 전지가 주체이지만, 비용절감이나 변환효율의 향상을 위하여 비결정(amorphous)계 실리콘(silicon)이나 갈륨(gallium), 인듐(indium) 등의 화합물의 색소증감형 개발도 추진되고 있다. 태양전지의 보급확대를 지향하려면 각각에 있어서의 재료의 품질 향상, 비용 절감, 변환효율 향상, 신뢰할 수 있는 시스템의 구축 등에 대한 기술개발이 필요하다.

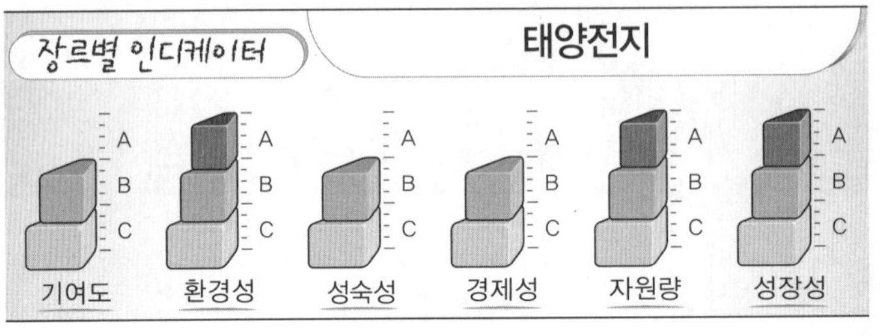

태양전지의 원리

태양전지의 기본 원리는 금속 표면에 파장이 짧은 빛을 비추면 전자가 튀어나오는 광전효과이다. 광전효과를 이용하여, 태양의 빛에너지를 직접 전기에너지로 변환한다. 태양전지는 n형 반도체와 p형 반도체를 맞붙인 구조이다. 실리콘 반도체를 예로 들면 전기적 성질이 다른 n형 반도체와 p형 반도체를 서로 이은 pn접합체가 태양전지의 기본 구조로 되어 있다. n형 반도체는 일부의 Si원자를 P(인)원자로 바꿔 놓은 것으로 전자가 1개 남는 형태를 하고 있으며, 반대로 p형 반도체는 일부의 Si 원자를 B(붕소)원자로 바꿔 놓은 것으로 전자가 1개 부족한 형태(정공(正孔))를 하고 있다. 반도체가 태양광을 흡수하면, n형과 p형 반도체의 접합부분에 정공과 전자가 발생한다. 전자(–)는 n형 쪽으로, 정공(+)은 p형 쪽으로 이동하여, n형의 음극에 전자가 p형의 양극에 정공이 모인다. 양 전극을 도선으로 접속시키면, n형 반도체의 전자가 도선을 따라 p형 반도체의 정공으로

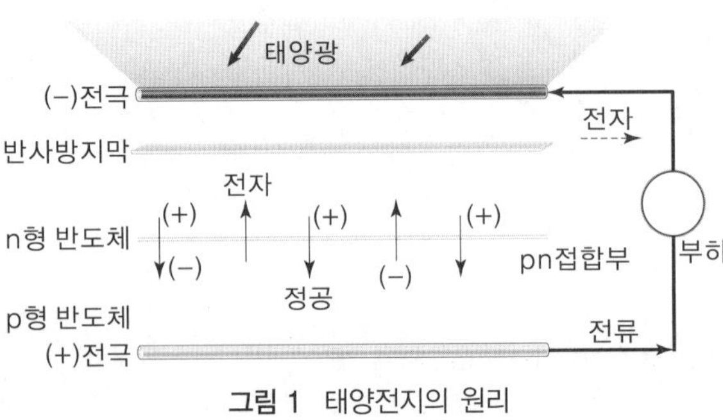

그림 1 태양전지의 원리

향해 이동하여 전류가 흐른다. 발생한 전류는 직류이며, 인버터로 교류전류로 변환한다(그림 1).

태양전지(반도체)의 밴드갭(E_g: 반도체의 물리정수로, 전자가 존재 가능한 2가지 상태「가전자 전도대」의 에너지 차)과 같은 크기의 에너지 $h\nu$(h: 플랑크 정수, ν: 진동수)의 빛을 비추면, 가전자대의 전자가 전도대로 여기(勵起)되어 전도대에 전자, 가전자대에 정공이 생성된다. 태양전지는 이 여기 상태의 전자를 꺼내어 전기에너지로 변환한다. 에너지 $h\nu$가 밴드갭보다 큰 경우는 전자 정공 쌍을 생성하고 남은 에너지는 열이 되어 방산되며, $h\nu$가 밴드갭보다 작은 경우는 흡수되지 않는다. 태양광의 방사에너지 스펙트럼에 가까운 E_g1.4~1.7 eV의 재료가 높은 변환 효율을 주기 때문에 전지 재료로 선택된다(표 1, 그림 2).

표 1 밴드갭

Eg[eV]	1.1	1.4	1.5	1.6	1.7	1.9
반도체	Si	GaAs	CdTe	a-SiGe	a-Si	a-SiC

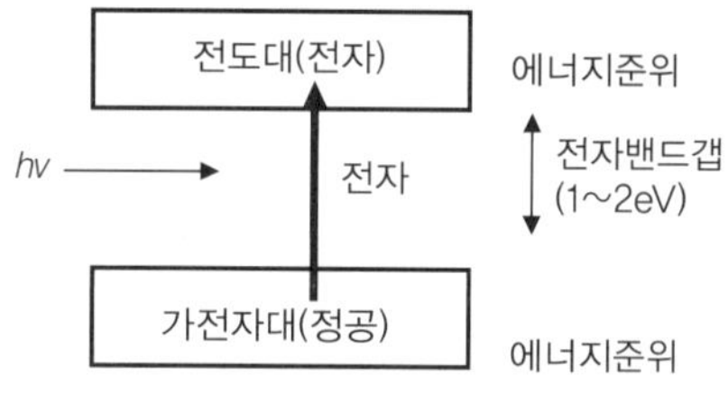

그림 2 밴드갭(반도체)

태양전지의 종류

실용적인 태양전지의 개발은 1953년에 단결정 실리콘을 사용한 전지를 발명한 것이 시작이다. 태양전지는 사용 원료면으로서, 실리콘(규소)계, 화합물계, 유기물계로 나눌 수 있다. 주력은 실리콘계로 전체의 90%를 차지하나, 비용이 높기 때문에 실리콘 사용량을 줄이거나, 저가의 제조법을 도입하고 있다. 화합물이나 유기물 등, 실리콘 이외의 독자적인 원료를 구한 개발도 진행되고 있다. 현재 대상이 되어 있는 태양전지를 원료로 분류하면 표 2와 같아진다. 변환효율이 낮은 것은 태양광의 일부

표 2 태양전지 종류

원료의 계통		내 용	셀변환효율*	특 징
실리콘계	결정계 (c-Si)	단결정	18~23	풍부한 사용실적
		다결정	13~18	대량생산으로 감
		HIT	15~22	저가격 고효율
		리본 모양	13~15	제조 손실이 적음
		공 모양	~15	원료의 유효이용
	박막계	아모르퍼스(a-Si)	5~11	저온제조 공정
		복층형	10~12	고효율 저가격
		삼층형	11~13	고효율 원료 절약
화합물계	Ⅲ—Ⅴ족	GaAs형, InP형	~25	고가, 고효율
	Ⅱ—Ⅵ족	CdTe형	13~16	원료가 적고 좋음
	황동석계	CI(G)S형	10~13	원료가 적고 좋음
유기물계	염료감응계		5~8	발전성이 있음
	유기화합물		~5	현재의 과제임

* 변환효율: 태양광에너지로부터 전기에너지로의 변환효율

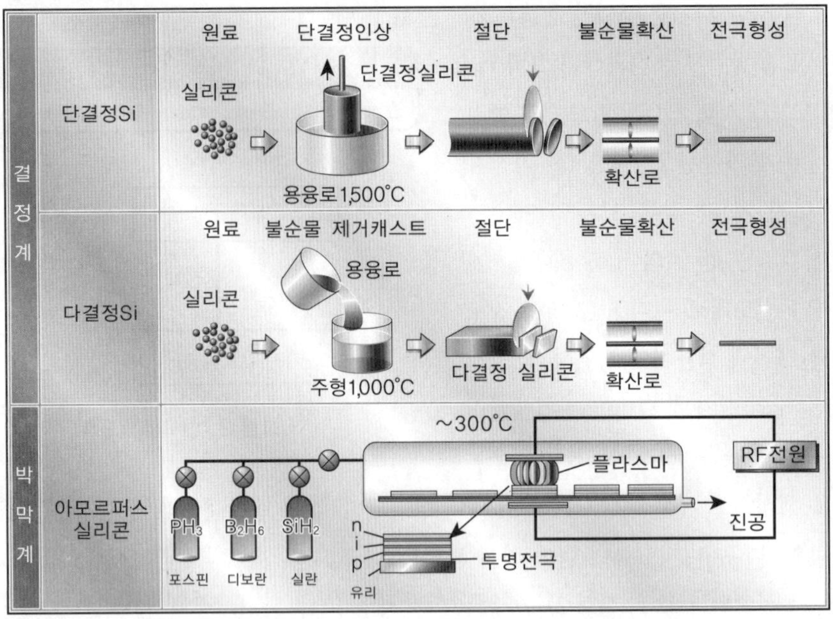

그림 3 태양전지용 실리콘의 제조방법(출처: 태양광발전협회 홈페이지, http://www.jpea.gr.jp/3/3-1-2-3.htm)

가 셀 표면에서 반사되어 손실되거나 셀 내부에서도 충분히 흡수되지 않는 것 등이 원인이다.

① 실리콘 단결정계

고순도 실리콘을 사용하여 변환 효율도 높으나, 비용도 높은 것이 단점이다. 실리콘을 융해시켜 단결정종결정을 접촉시켜, 원기둥 형태 단결정으로 만들고 나서 얇게 절단하여 웨이퍼를 만든다(그림 3). 6나인 정도(태양전지 급)의 순도면 충분하다. 실리카는 지구상에 풍부히 있으나 순도가 높은 실리콘을 얻는 데에는 고생하고 있다. 현재의 두께 200~180 μm를 얇게 하여, 실리콘 사용량을 줄이는 노력이 진행되고 있다.

② 실리콘 다결정계

실리콘 입자를 분쇄하여 1,400°C에서 용해시키고, 다시 고화시켜 잉곳을 만들어 블록으로 절단, 웨이퍼 톱으로 얇게 절단하여 웨이퍼를 만든다. 반도체 IC 제조 시의 단재가 원료로도 된다. 단결정계보다는 변환효율은 낮으나 비용이 싸기 때문에 현재 상태에서 재료의 주력을 차지하고 있다(그림 3).

③ HIT(Heterojunction with Intrinsic Thin-layer)

n형 결정 실리콘 기판의 양면에 수십 nm 두께의 아모르퍼스 실리콘을 적층하고, 한 면에 i형 반도체층과 p형 반도체층, 반대 면에 i형 반도체층과 n형 반도체 층을 플라즈마 화학기상성장법(CVD)으로 퇴적시켜 접합을 형성한다.

④ 리본 형태 실리콘

용해된 실리콘을 2개의 와이어를 사용하여 끌어올려, 그 가운데에 표면장력을 이용해서 얇은 리본 형태의 실리콘 박판을 만든다. 웨이퍼 절단 시에 실리콘 손실이 없다.

⑤ 구(球) 형태 실리콘

용해된 실리콘을 작은 노즐로부터 낙하시켜, 표면장력에 의해 지름 1 mm 이하의 구 형태로 냉각하여 고화시켜, 한 번에 대량의 실리콘 결정구를 형성시킨다. 이것을 기판에 늘어놓아 고정하고, 전기적으로 접속시켜 전지로 한다. 웨이퍼를 만드는 것과 달리 절단에 의한 손실이 없으나, 평면 형태로 배열하면 생기는 틈이 변환효율을 낮춘다.

⑥ 박막계 아모르퍼스(비정질) 실리콘

실리콘을 주성분으로 하는 실레인 가스(silane gas)를 200℃ 정도에서 CVD법에 의해 실리콘을 부착시켜 만든다. 막 두께 100～1μm를 목표로 하고 있다. 원료의 제약은 적으나 단파장 측에만 감도가 있기에, 결정계와 같이 변환효율을 올릴 수가 없다. 막 부착 조건에 의해 비정질이 되거나 미결정(微結晶)이 된다. 기판의 선택 범위가 넓고, 얇기 때문에 반투명 제품도 만들 수 있다.

⑦ 박막계 복층형

비정질형에 미결정 실리콘을 적층한 2층 구조이다. 비정질 실리콘이 태양광의 단파장 측을 흡수하고, 미결정 실리콘이 장파장 측을 흡수하여 양자를 합쳐 변환효율이 올라간다. 실리콘의 사용량도 결정계의 1/100(2μm)로도 상관없기에 저코스트가 된다.

⑧ 박막계 삼층(triple)형

아모르퍼스 실리콘 2층과 미결정 실리콘 1층의 3층 구조로 하여 변환효율을 높인 것이다. 실리콘의 사용량이 적어진다.

⑨ 화합물계 GaAs형

화합물계는 조성에 의해 밴드갭을 바꿀 수 있기에, 변환효율을 높일 수 있다는 이점이 있다. 굉장히 고가이나 40%의 고변환효율을 기대하여 개발 중이다. 내열성이나 방사선 내성이 뛰어나기에 우주용으로 이용되고 있다.

⑩ 화합물계 CdTe형

상압에서 제조되기에 저코스트의 과정으로 고변환효율을 기대할 수 있다. 원료에 Cd가 사용된다는 것이 우려되고 있다.

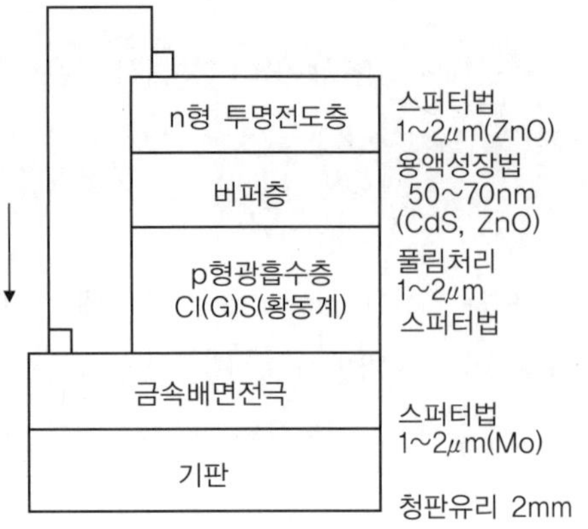

그림 4 CI(G)S 태양전지의 구성

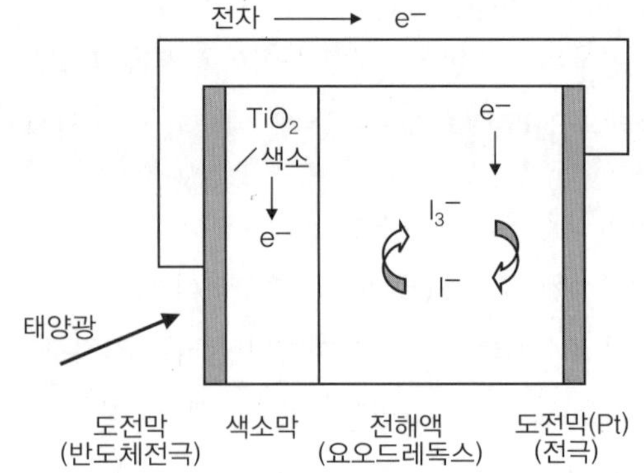

그림 5 염료감응형 태양전지의 구조

⑪ 화합물계 CI(G)S형

I–III–VI족 화합물로 빛 흡수 계수가 높은 흡수층을 만들어 수 μm의 박막적층구조를 만든다. Cu, In, Se(CIS)로는 *E*g가 낮기에 CuGaSe(CGS)와의 고용체(固溶体)를 만들어 *E*g1.4 eV 정도로 한다(CIGS). Ga조성으로 *E*g를 제어 가능하다는 것이 특징이다. 높은 변환효율이나 낮은 가격의 달성으로 실리콘계를 대체할 것이 기대되고 있다(그림 5).

⑫ 염료감응형

원리는 반도체계와는 다르다. 빛을 흡수하여 전자를 방출하는 유기색소(Ru착체(錯体) 등)를 표면에 흡착시킨 산화티타늄 나노입자를 한쪽의 전극으로 하고, 다른 쪽의 전극과의 사이에 요오드 레독스(I^-/I_3^-)를 포함한 전해액을 끼운 구조이다. 태양광에 의해 산화티타늄에 흡착된 색소 안의 전자가 여기되어, 산화티타늄을 중개해서 음극에서 전류를 빼낸다. 양극으로부터의 전자는 I_3^-를 I^-으로 환원시키고, I^-는 산화된 색소를 환원시키고, I_3^-로 되돌아가 양극 간을 전류가 흐른다. 색이나 형상이 변화되어 기판으로 유리판 외에 플라스틱판도 검토되고 있다. 아직 변환효율이 낮으므로 10% 이상을 목표로 개발이 진행되고 있다. 재료가 싸고 다양화에 의해 변환효율을 높일 수 있으며, 셀 구조도 제조과정도 간단하나 색소의 내구성이나 액체 전해질의 밀봉성이 검토 과제이다(그림 6).

⑬ 유기화합물형

도전성(導電性) 폴리머(p형, 프탈로사이아닌 등)와 풀러렌(n형) 등을 조합한 수십 nm의 유기박막반도체를 사용한다. 염료감응형보다도 한층 더 구조나 제법이 간편하고, 전해액을 사용하지 않으므로 유연하며 수명이 길다는 것이 특징이다. 변환효율이 3% 정도로 낮아 아직 개발 단계이다.

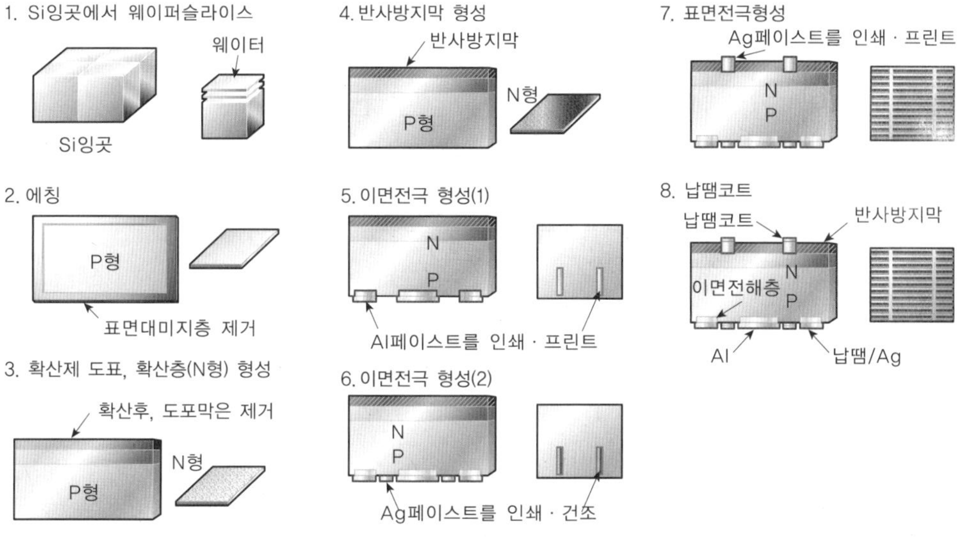

그림 6 태양전지 셀의 제조공정
(출처: 도미다 다카시, 「태양전지, 미래로 헤라릴 수 없는 역할」 에너지 리뷰, No.265, p.17, ERC출판(2003))

셀 구조(실리콘계)

태양전지셀은 10 cm, 12.5 cm, 15 cm의 사각 또는 원형의 얇은 판으로, 최소의 전지기능을 가지고 있다. 이 셀을 접속시켜 필요한 전압을 얻을 수 있도록 가공한 것이 태양전지 모듈로 설치할 경우의 최소 단위이다. 모듈에 내후성이나 기계 강도를 주기 위해 유리, 필름, 투명수지 등으로 감싸고, 대용량의 전력을 얻을 수 있도록 가대(架台)에 늘어놓은 것이 태양전지 어레이(array)이다. 가정용 어레이에는 평판 형태로 늘어놓은 지붕 설치형과 지붕의 형상으로 가공한 지붕재형(材型)이 있다. 제법을 아래에 나타낸다(그림 6).

① 웨이퍼를 화학엣칭(etching) 처리하여, 표면의 손상층을 제거한다(p형).
② 확산제를 도포하여(p형), 도포막 속의 인이 P기판으로 확산, 확산층(n형)을 형성한다. 확산 후 도포막은 제거한다(pn접합).
③ 반사방지막을 형성한다.
④ Al페이스트, Ag페이스트를 인쇄 소성(燒成)하여 배면전계층(전극)을 형성한다.
⑤ 반사방지막에 Ag페이스트를 인쇄 소성하여 표면전극을 형성한다.
⑥ 표면 이면의 은에 땜납 코팅을 한다.

모듈 제조

① 셀 간의 직렬병렬 접속을 한다.

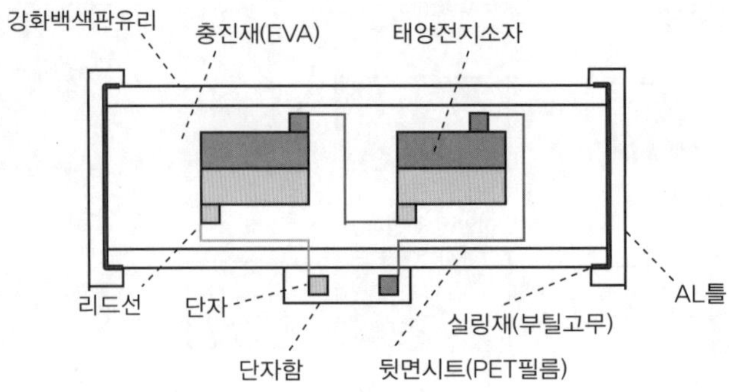

그림 7 태양전지모듈의 구조

② 모듈부재(部材)를 세트하여 적층한다(laminate).

③ 적층은 진공흡인 후, 가열하여 EVA(에틸렌비닐아세테이트)를 연화시키고 가압하여 EVA의 접착 강도를 향상시킨다.

④ 실링재(seal)를 충전한 Al틀을 단다.

⑤ 단자가 나온 부분에 단자함을 달아 모듈이 완성된다(그림 7, 그림 8).

⑥ 내후성, 반사성, 공핍성 등이 필요한 뒷면 자면에는 폴리에스테르 필름이 주로 쓰인다. 모듈을 서로 이어서 배열로 만들어 태양전지시스템으로 이용한다.

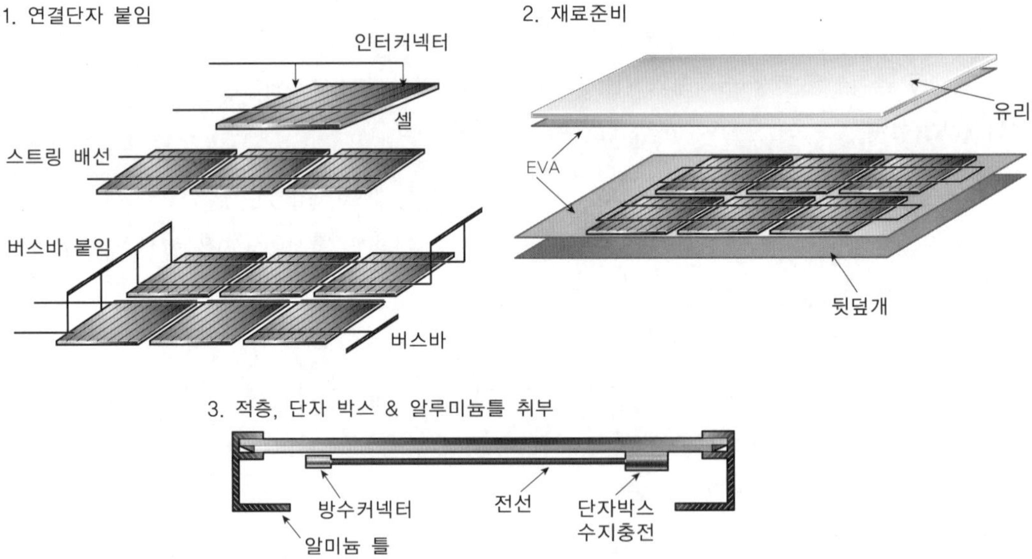

그림 8 태양전지 모듈의 제조공정

(출처: 도미다 다카시, 「태양전지, 미래로 헤라릴 수 없는 역할」 에너지 리뷰, No.265, p.17, ERC출판(2003))

태양전지의 설치 상황

실리콘 태양전지는 1954년에 벨(Bell)연구소의 Pearson, Fuler, Chapin 등 3명의 기술자에 의해 발명되었다. 그 후 인공위성, 무선중계소, 등대 등에서 이용되었지만, 비싼 가격 때문에 보급이 쉽지 않았다. 오일쇼크 이후 각국에서 이에 대한 재검토가 진행되고 있다. 일본은 개발을 진행하며 세계 1위의 생산량과 발전량을 달성했으나, 최근 독일에게 추월당했다. 이후의 보급에는 발전효율의 향상과 전지나 설치비의 가격 저하가 필요하다.

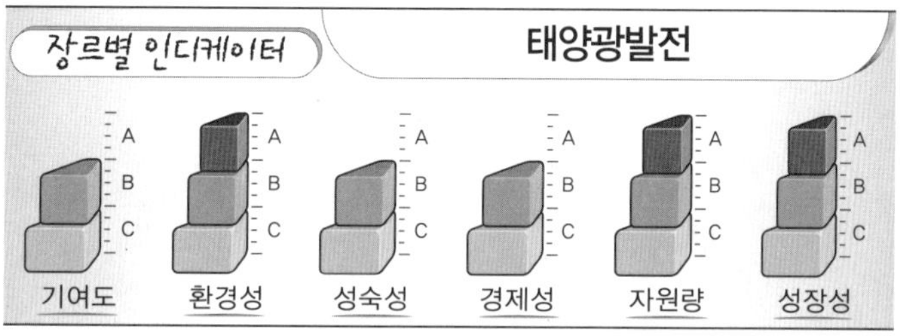

태양광발전 설비는 가동부가 없어 간단히 설치할 수 있다. 발전 시에 탄산가스가 나오지 않는 이점이 있어 신에너지로 기대되고 있다. 반면 에너지 밀도가 낮기에 설치 면적이 크고, 또 설비비가 높은 것이 단점이다(표 1). 1958년에 미국에서 인공위성 「뱅가드 I」에 태양전지가 탑재된 것이 처음 발전설비로 이용된 것이다. 일본에서는 1959년부터 태양전지의 개발이 시작되어, 1974년의 석유위기에 국가 프로젝트 「선샤인 계획」에 편성되어 개발이 진행되었다.

태양전지는 웨이퍼로부터 셀을 작성하고 모듈로 조립한 후, 어레이로 편성해서 발전 설비로 만든다. 가정용 어레이에는 모듈을 평판 형태로 배열하여 지붕에 놓는 지붕 설치형과 지붕 형상으로 가공해서 지붕재의 일부에 사용하는 지붕재형이 있다(표 2, 그림 1). 태양전지로 얻어지는 전기는 직류이기

표 1 태양광발전의 특징

장 점	단 점	보급 대책
· 직접 전기에너지를 생산 · 발전규모에 따라 효율이 불변 · 가동부가 없고 수명이 김 · 자유로운 규모의 설계가 용이함	· 기상조건과 입사량에 의존 · 대용량 발전에 광대한 면적이 필요	· 보급시책의 충실 · 확대, 원가절감 · 품질 · 안전 확보, 변환효율 향상 · 박막 · 고효율 신형 태양전지의 개발 · 모듈의 소형화 · 경량화

표 2 태양광발전의 구성

구성	내용
태양전지 어레이	태양광을 받아 태양광 에너지를 직류 전력으로 변환한다. 배열은 다만 지붕에 두기만 하는 지붕치형과 지붕재료의 일부로 하는 지붕재형이 있다. 지붕치형 3.33 kW(설치 25.5 m², 모듈 18매, 비용 239만 엔) 지붕재형 3.15 kW(설치 26.7 m², 모듈 42매, 비용 282만 엔)
접속상자	태양전지로부터의 직류 배선을 하나로 정리해서 동력(전력) 조절기(power conditioner)로 보낸다.
전력조절기	태양전지로 발전한 직류의 전기를 교류의 전기로 변환한다. 인버터와 연계보호장치로 되어 있다.
분전반	매전(賣電)과 매전(買電)의 절환을 한다.
매전(買電)용 미터	매전 · 매전 때의 전력량을 기록한다.
계통연계	태양광발전 시스템의 전기를 전력회사 전기와 연결하여, 양쪽 다 쓸 수 있게 한다.
역조류	태양광발전 시스템으로 발전한 전기를 전력회사로 보내는 것이다.

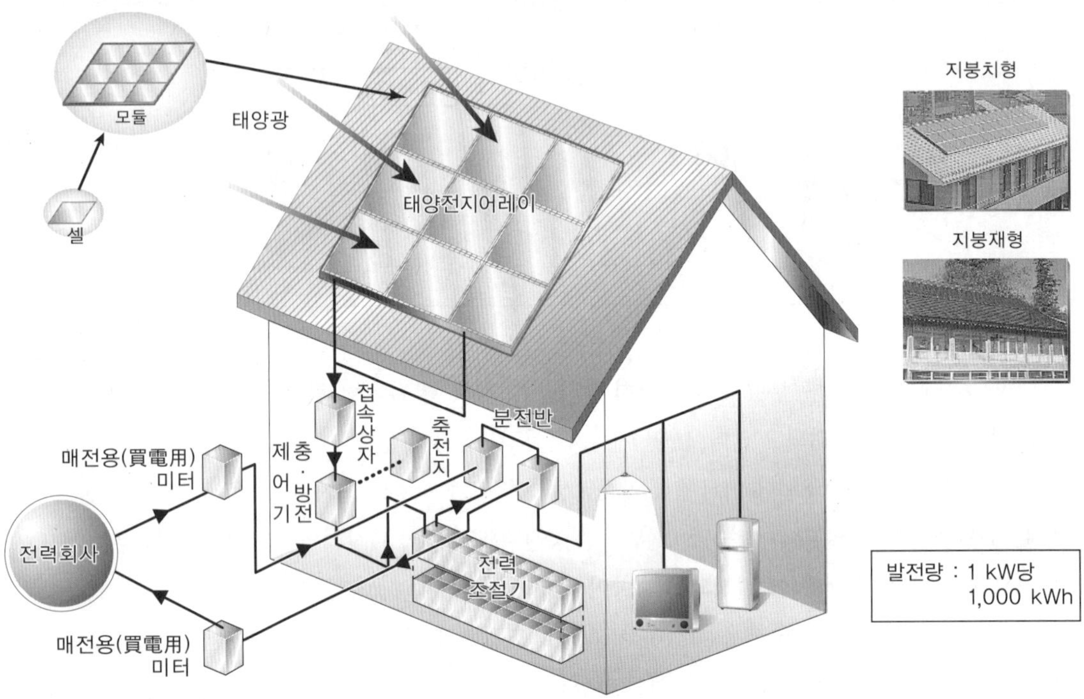

그림 1 태양전지발전의 기본적 시스템 (출처: 미쓰비시전기(주) 팸플릿(2008. 12))

에 교류로 만들고자 한다면 변환용 인버터가 필요하다. 또, 전력회사의 상용 전력망과 연계하는 기기로 분전판이나 접속함, 사용량을 알기 위해 적산 전력계나 모니터 등을 설치할 필요가 있다. 태양전지 시스템 비용의 약 1/4이 부속 설비이고 1/7 정도가 공사비이다.

태양전지 설치량 확대를 지지하고 있는 것이 일본의 태양전지 생산 능력이다. 1999년에 미국을 제치고 세계 제일의 생산량이 되었고, 현재에도 세계 생산량의 1/4의 점유율을 차지하고 있다(그림 2).

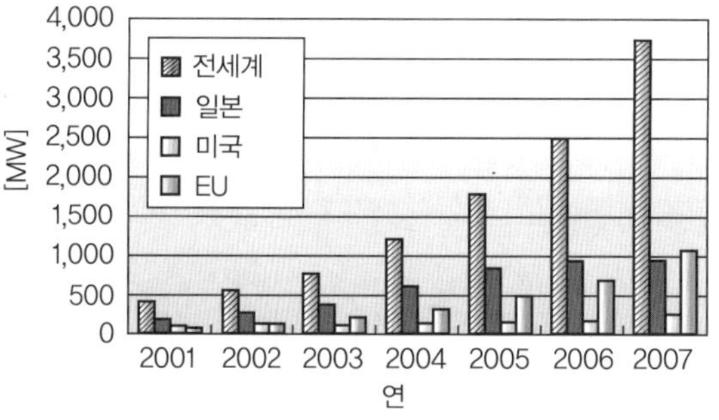

그림 2 태양전지 생산량
(출처: 솔라시스템 No.112(2008))

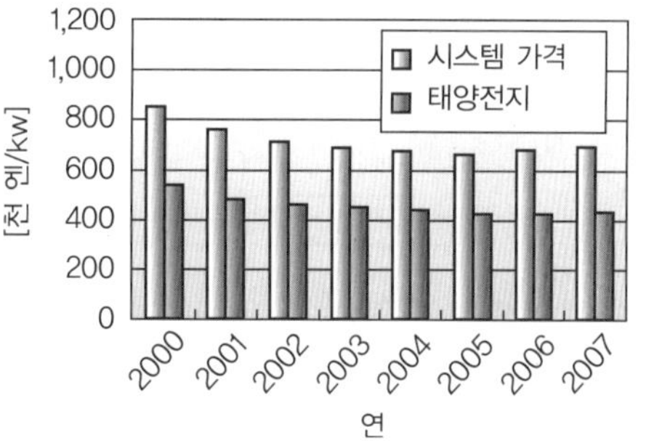

그림 3 태양광발전 시스템의 가격 추이
(출처: 신에너지재단: 「주택용 태양광발전 시스템 가격 및 발전전력량 등에 대하여」(2008))

설치기수의 증가에 따라 2007년에는 설비비가 가정용이 kW당 69만 엔까지 내려갔으나(그림 3) 아직 충분하지는 않다. 발전 단가는 45엔/kWh 정도이지만 2030년까지 화력발전급의 단가를 목표하고 있다.

태양광발전은 낮 동안의 발전량이 사용량보다 많으나 밤중에는 발전하지 않기에 사용량을 공급할 수 없다. 이 때문에 수요에 공급을 맞추는 시스템으로 해야 한다. 이 과부족을 전력회사와 매매하는가 안 하는가 축전하는가 안 하는가에 따라 태양광발전 시스템이 그림 4와 같이 나누어진다.

일본에서는 반도체 산업이 융성했기에 같은 실리콘 원료를 사용하는 태양전지의 기술 개발을 진행하기 쉽다는 이점이 있었다. 우선, 분산전원으로 외딴섬이나 등대에서의 이용이 시작되고, 인공위성 「우메(梅)」에의 탑재도 이루어졌다. 그러나 일반용 전원으로서의 보급은 진행되지 않아 전자계산기에 태양전지를 사용하는 것이 주목되는 정도였다. 태양전지를 가정이나 기업에 보급시키기 위해서는 실용상의 문제가 없어야 하는 것은 물론 도입의 메리트가 필요하다. 따라서 양산에 의한 원가절감이 요구되었다. 또, 가정에서도 간단히 설치 가능한 법률 개정이나 전력회사와의 전력 주고받기(세계에 앞장선 역조류방식)를 할 수 있는 제도의 정비가 진행되어 보급에의 장애가 줄었다. 국가에서도 설치에 보조금을 주어 초기 수요를 불러일으키고, 원가절감을 꾀하고 설비 설치자(모니터)로부터 운전 실적 데이터를 제공받아 소비자의 요망을 아는 보급 촉진에 나섰다. 이 때문에 1994년에 「주택용 태양광발전 시스템 모니터 사업」 제도를 시작했다. 이 제도로 3년간에 총계 3,590건, 13.3 MW의 태양광발전 시스템이 건설되고, 1 kW당 90만 엔~50만 엔(비용의 1/2)의 보조금이 지출되었다. 1997년부터는 「주택용 태양광발전 시스템 기반 정비사업」으로 바뀌어 보조율은 1/3로 낮아지고, 1999년부터는 대상을 10 kW 미만으로 한정하였으나 설치 건수는 증가하였다. 2000년부터는 정액보조가 되어, 1 kW당 27만 엔~15만 엔에서 시작되어 2005년에는 2만 엔이 되었으나, 설치 건수는 계속 증가하였다. 2006년에는 촉진 사업의 효과는 달성되었다 하여 나라의 보조제도는 없어지고, 설치 건수도 줄었다.

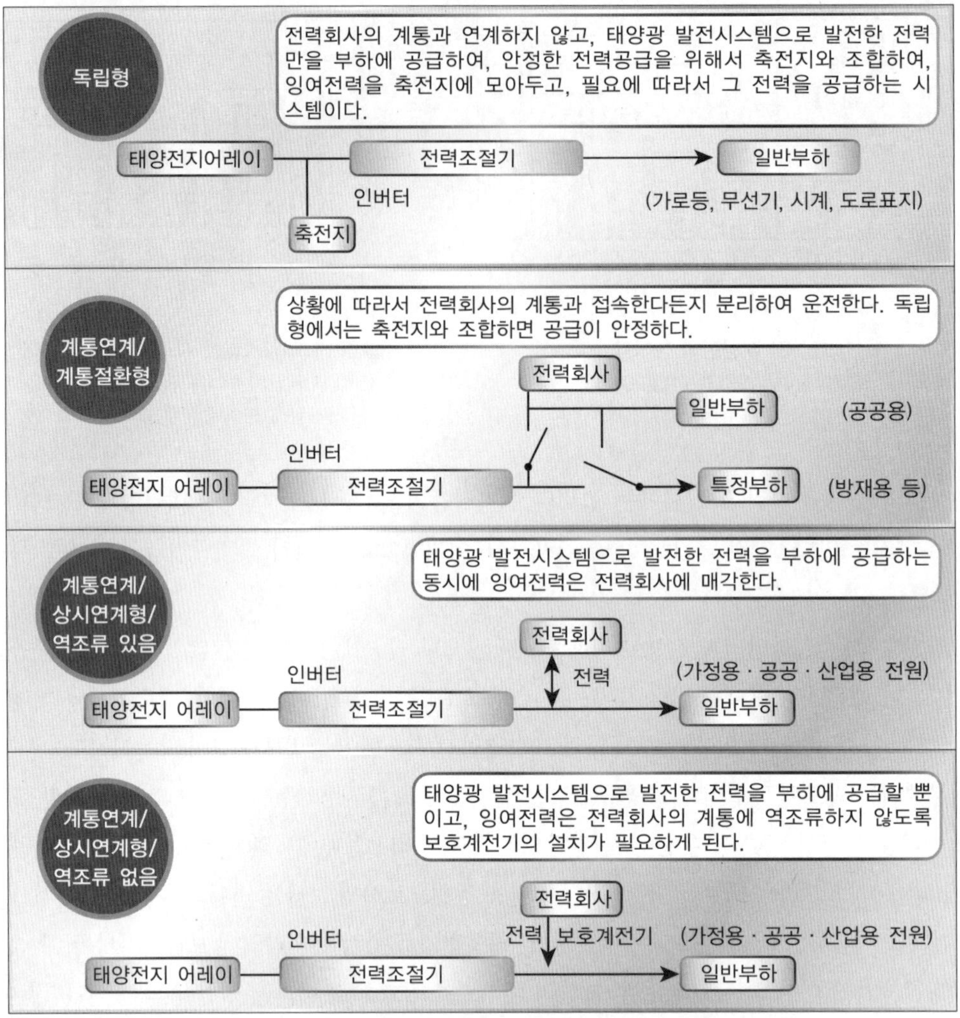

그림 4 태양전지연계 시스템

그러나 온실가스 삭감의 강한 움직임에 눌려 2009년부터 7만 엔/kW로 보조제도를 부활시키고, 전력을 고정 가격으로 사들이는 제도도 고려되고 있다. 한편, 지방공공체에서도 보조제도가 계속되고 있다(그림 5).

이 동안 독일 등 유럽 국가들에서는 보조제도를 강화하고, 통상 전력요금보다 높은 가격으로 사들이게 되어(Feed in Tariff, 기준가격지원제도) 2005년에 누적 설치량은 독일이 1위가 되었다(그림 6). 일본에서도 가정 등 소규모 발전의 확대 대책에 더하여, 2004년도부터 「메가와트 솔라 공동이용 모델 사업」으로서, 1 MW 규모의 대규모 태양광 발전 시설을 계획하고 있다. 또한 「대규모 전력 공급용 태양광 발전계통 안정화 실증 연구」에서 2 MW의 발전 시스템을 구축하여, 규모가 대형화되었을 때의

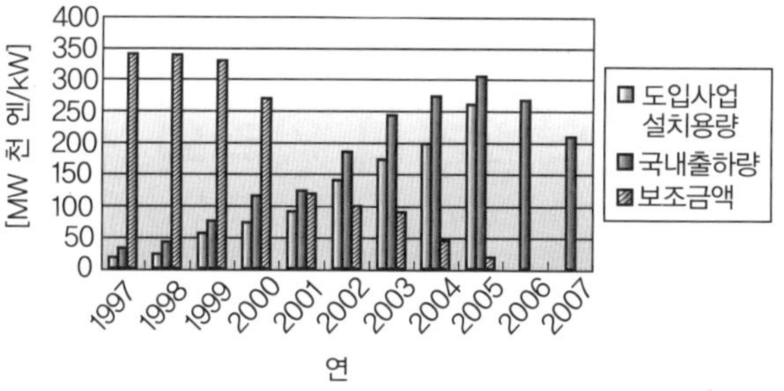

그림 5 태양전지 도입촉진비와 설치량
(출처: 신에너지재단: 연도별 주택용 태양광발전 시스템 도입상황(2008), 태양광발전협회: 일본의 태양전지 출하량 추이(2008))

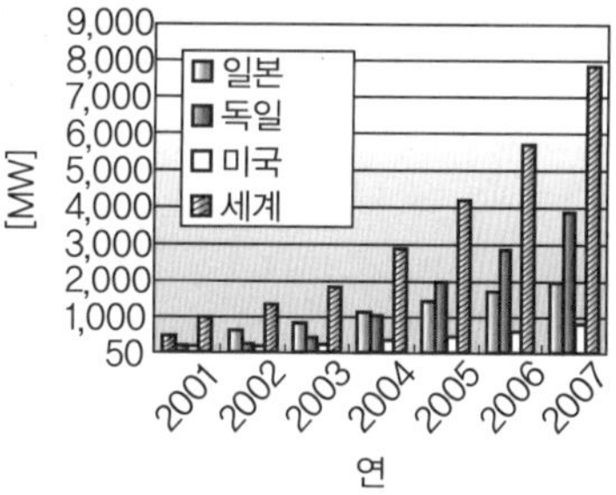

그림 6 태양광발전의 설치설비용량(누적)
(출처: 해외동향, 솔라시스템, No.110(2008))

계통 측에의 영향 분석을 시작하고 있다. 「신국가 에너지 전략」(경제산업성)의 「신에너지 이노베이션 계획」, RPS법(전기 사업자에 의한 신에너지 등의 이용에 관한 특별조치법) 등에 의한 시장 확대, 공공기관에 의한 태양광 설비의 솔선 도입을 추진하고 있다. 2008년의 정부계획에서는 2020년에 현재의 10배, 2030년에 40배의 태양광발전 설비 도입을 목표로 하고 있다.

태양열발전의 원리와 설비

태양광 중의 적외선을 집광하여 열로 변환한 후 증기를 발생시켜 발전하는 시스템을 말한다. 그러나 직달광(直達光)만 집광할 수 있고, 날씨가 흐리면 급격하게 효율이 나빠지며, 산란광이 많은 지역에서는 충분한 효율을 얻을 수 없다. 일본은 일찍이 태양열발전에 몰두하여 성과를 올렸지만, 일본의 경우 산란광이 많고 직달광이 적어 상용화 발전에는 적합하지 않다. 그러나 조건이 양호한 미국이나 유럽에서는 실용화가 진행되고 있다.

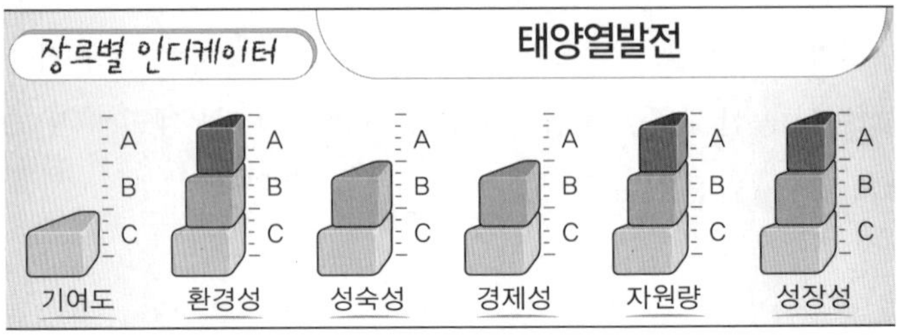

일본에서는 1981년 8월 6일에 가가와(香川)현 니오(仁尾)정의 발전소에서 세계 최초로 태양열에 의한 1,000 kW(1 MW)의 발전에 성공했지만, 일조량이 작아 실용화에 도달하지 못하고 1985년에 중지되었다. 현재는 빔다운(Beam Down) 방식[1]의 UAE에서의 실증 등, 국제 전개를 꾀하고 있다. 서양에서는 일찍부터 실용화를 목표로 개발이 진행되어, 미국 캘리포니아 주에서는 1985년에 분산형 상업 발전 플랜트를 가동시켰다(표 1).

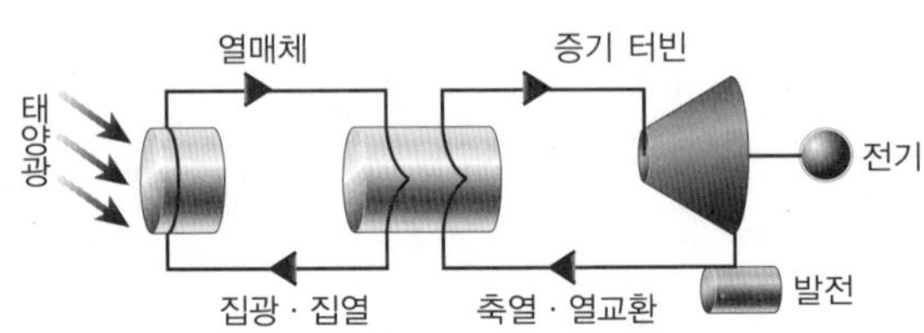

그림 1 태양열발전의 기본 시스템 구성

표 1 외국의 태양광발전 예

미 국	모하비사막	분산집광방식	354 MW	9시설
	네바다	집중형(타워방식)	64 MW	반사경 18만장(2007년)
	애리조나	포물면경 2,700개	280 MW	(건설계획)
스페인	세베리아 지역	집중형(타워방식)	11 MW	헬리오스타터 624장(2007년)
	그라나다	분산형(파라볼릭 트롭형)	50 MW	(2008년)
	안달루시아	집중형(타워방식)	15 MW	Solar Tres

1) 타워 선단에 집광된 태양광을 지상의 태양로에 재반사시키는, 코스모석유(주)/동경공업대학의 계획

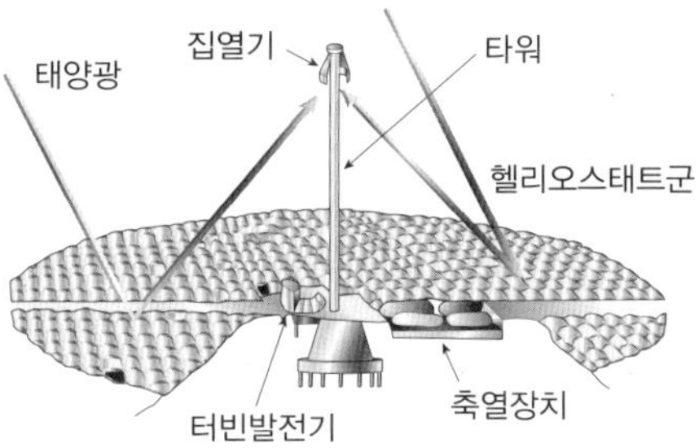

그림 2 집중 방식

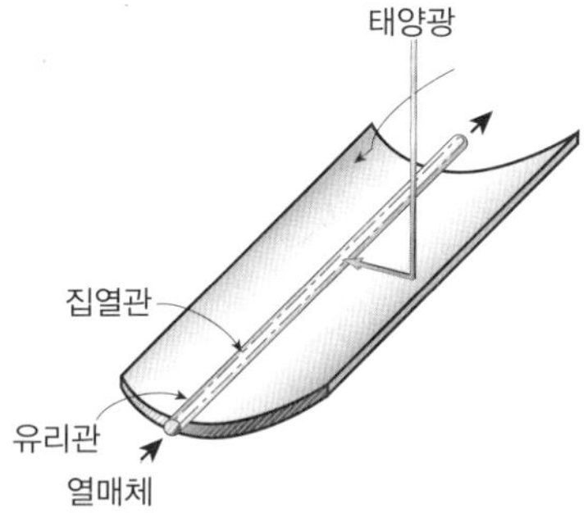

그림 3 분산 방식

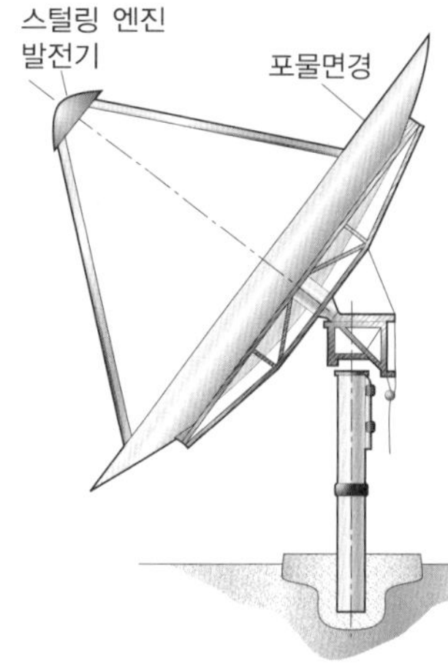

그림 4 스털링 엔진

(출처: 일본태양에너지학회편, "신태양에너지 이용 핸드북", 일본태양에너지학회(2001))

지상에서 태양에너지의 밀도는 1 kW/m^{2}으로 낮기 때문에 태양열발전과 같이 높은 온도를 필요로 할 경우에는 태양광을 집광할 필요가 있다.

발전 단가는 10US센트/kWh 정도이다. 집광형 태양열발전시스템(CSP, Concentrating Solar Power)은, 집광 집열 방식에 의해 집중형과 분산형, 디시(Dish)형이 있다. 또 태양의 위치는 시시각각 변화하기에, 일정량의 빛을 얻기 위해, 집광에 쓰이는 집열기나 헬리오스태트(평면경)는 태양을 추적하게 되어 있다. 발전 사이클은 화력발전과 마찬가지로 랭킨 사이클[2)]이 주류이다. 태양열발전의 기본적인 시스템 구성은 그림 1, 그림 5와 같다.

① 집중 방식(CRS: Central Receiver System)

다수의 평면경을 갖다 붙인 헬리오스태트이며 태양광을 반사시켜 빛을 중앙의 탑의 상부에 둔 집열기에 모아 증기 터빈을 돌린다(그림 2).

2) 비가역 열 사이클의 일종으로 증기원동기의 표준 사이클

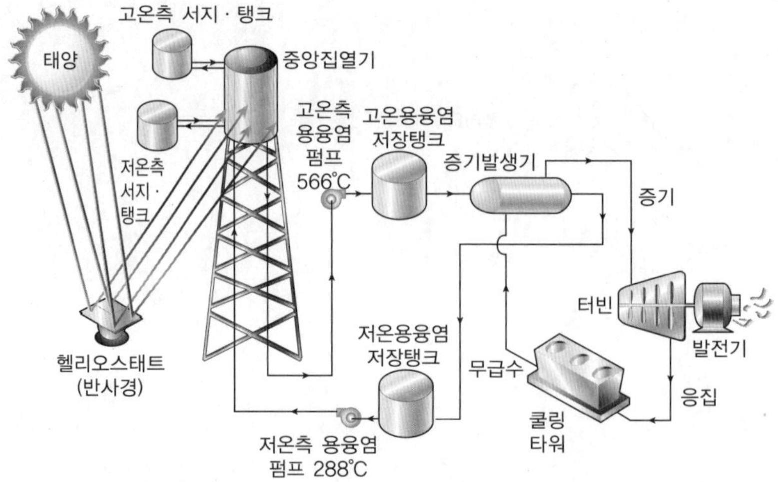

그림 5 솔라플랜트(미국 · 캘리포니아주 모하비(Mohave 또는 Mojave) 사막의 솔라 2 실용플랜트)
(출처: NEDO기술개발기구 "신에너지 해외정보"(1996))

② 분산 방식(DCS: Distributed Collector System)

얇은 금속판(스테인리스 · 알루미늄)으로 된 원통 포물면상(圓筒抛物面狀)의 거울이며 태양광을 중앙의 수광부(受光部)에 둔 원관의 집열관에 모아, 원관 내에 열매(熱媒)를 흘려 300℃로 가열하고 그 열로 고온의 수증기를 만들어 발전한다(그림 3).

③ 디시/스털링(dish/sterling)형

디시(접시)형의 회전 포물면경에 의해 태양광을 집광하고, 그 초점에 설치한 스털링엔진의 가열부를 가열한 후 그 동력을 이용해 곧바로 발전한다. 카르노(Carnot) 효율과 마찬가지로 높은 효율을 얻을 수 있다(그림 4).

태양열온수기와 태양열시스템

무한히 내리쬐는 태양광은 모든 에너지의 원천이다. 태양광의 에너지를 직접 이용하려면 전기로 변환하는 방법과 물을 데워서 열로 사용하는 방법이 있다. 일본에서는 1960년 경까지 여름철 낮에 태양으로 물을 데우고, 저녁에 「햇볕에 미적지근해진 물」을 목욕물로 사용해왔다. 지금은 「햇볕에 미적지근해진 물」의 기술이 향상되어 「미지근한 물」이 아니고 「상당히 뜨거운 물」을 얻을 수 있게 되었다. 태양열온수기의 이용은 경제성이 뛰어나고, 상당한 에너지절약 효과를 발휘한다.

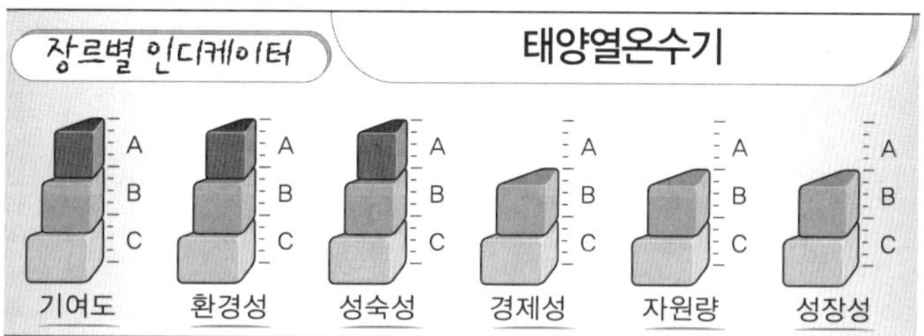

가정용 에너지에 적합한 태양열온수기

자원에너지청의 2008년도판 에너지 백서에 의하면 2006년도의 가정용 에너지 소비는 급탕용이 30%, 난방용이 22%로, 이 2가지 용도로 52%가 쓰이고 있다. 급탕의 대부분은 목욕과 취사용이니까 42℃ 전후, 난방용은 실온을 20℃로 유지할 수 있으면 충분하다. 따라서 50℃ 정도의 열원이 있으면 충분한데, 실제는 석유나 가스를 태워서 수백℃의 열을 사용하고 있다. 한편, 태양열온수기를 사용하면, 날씨가 좋은 여름에는 50~70℃, 겨울에도 35~45℃의 더운물을 얻을 수 있다. 이 온도는 일조 시간에 좌우되지만, 여름철이라면 목욕이나 샤워에는 너무 뜨거운 온도이며, 겨울철에도 조금만 추가로 가열해도 급탕이나 난방으로 사용할 수 있다. 따라서 효율이 좋은 태양열온수기를 급탕용으로 사용하면, 가정용 에너지의 20~30%는 절감할 수 있을 것이다.

태양열온수기의 구조

무더운 여름에 창문을 닫은 채로 자동차를 놓아두면 차내의 온도는 기온보다 훨씬 높아지고, 컵홀더(bottle holder)에 놓아 둔 깡통 커피는 뜨거운 커피가 된다. 그 이유는 태양의 빛에 의한 방사열이 자동차의 패널(panel)이나 시트(seat)를 따뜻하게 하고, 창문을 닫으면 밀폐 공간이 그 열을 외부에 도망

가지 않게 하기 때문이다. 열이 전달되는 방식에는 방사, 전열, 대류의 3가지 방식이 있으며, 방사는 적외선에 의하여 고온물체로부터 저온물체로 물질을 거치지 않고 직접 열이 전해지는 현상을 말한다. 외부의 기온이 낮아도 온실이 따뜻한 것은 실내가 태양으로부터 방사열로 데워지기 때문이다. 한편, 대류는 공기나 물이 이동해서 열을 운반하는 전열(傳熱)이다. 목욕탕이 균일하게 따뜻해지는 것은 더운물이 순환해서 열을 운반하기 때문이다. 공기나 물이 있는 곳에는 항상 대류가 있으므로, 통상은 같은 기온이라면 장소에 따라서 그다지 큰 온도차는 생기지 않는다. 무더운 여름의 자동차가 고온이 되는 것은 창문을 닫아서 공기의 대류를 차단하고 있기 때문이다. 태양열온수기의 구조도 무더운 여름의 자동차와 마찬가지로 인공적으로 물이나 열매체를 사용해서 태양의 방사열을 효율적으로 받아들여, 대류를 막아 모은 열을 도망가지 않게 한 것이다.

자연순환형 태양열온수기

자연순환형 태양열온수기의 구성은 태양의 방사열을 받는 집열기, 얻어진 온수를 모으는 축열조, 그 열을 실내로 끌어들이는 배관이 기본이다. 태양열온수기는 그림 1과 같은 집열기와 축열조가 일체형인 온수기를 말하며, 통상은 펌프가 없고 다른 열원기기와 연결시켜 사용하지도 않는다. 집열기는 그림 2에 나타내는 평판형이 많은데, 표면은 강화유리로 보호되어 있다. 방사열의 흡수 효율을 높이기 위해서, 집열판은 검은색에 가까운 선택흡수도막처리가 되어 있다. 집열기로 데워진 온수는 밀도가 작아지기 때문에 가벼워지며, 위쪽으로 이동해서 축열조 상부에 모인다. 한편, 저탕 탱크 하부에는 온도가 낮은 물이 있기 때문에, 집열기로 흘러내려가 태양열로 데워진다. 이 자연순환이 반복되어 서서히 온도가 상승하는데, 이 원리는 뒤섞지 않아도 목욕물이 데워지는 것과 같은 대류전열이다. 축열조의 온수는 그대로 방치하면 일몰과 함께 방열이 시작되어 온도가 내려가 버린다. 이 열 방출을 막기 위해 축열조 주위에는 보온재가 감겨 있다. 거리에서 가장 많이 보는 태양열온수기로 가격은 집

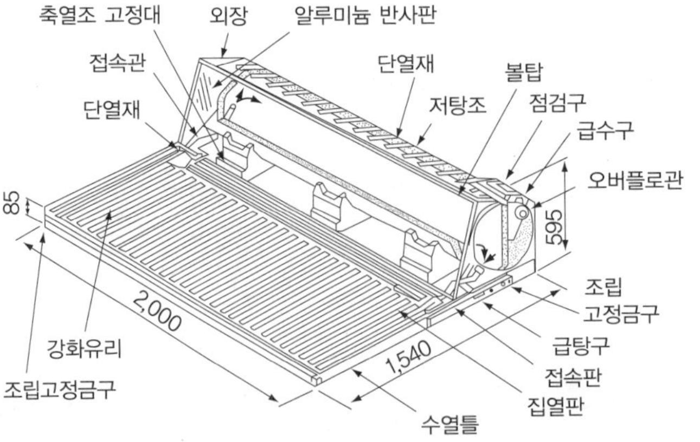

그림 1 자연순환형 태양열온수기(출처: "최신건설설비공학", 이노우에서원)

열 면적이 약 3 m^2인 가정용이 30만 엔 정도이다.

일반적인 사용방법은 지붕으로부터 배관으로 온수를 집 안에 끌어들여, 목욕물이나 세탁에 사용한다. 햇빛이 약하든지 겨울철 온도가 낮을 때는 식은 목욕물을 다시 데워야 한다. 수압이 낮아서 샤워를 한다면 펌프내장형이 좋다. 시판 중인 자연순환형의 태양열온수기는 집열 면적이 3~5m^2이고, 저탕탱크는 200~250l 정도가 많고, 총중량은 300 kg 정도가 된다. 이 무게가 지붕 위에 얹히므로 목조가옥인 경우는 대들보와 지붕을 보강하는 것이 좋다.

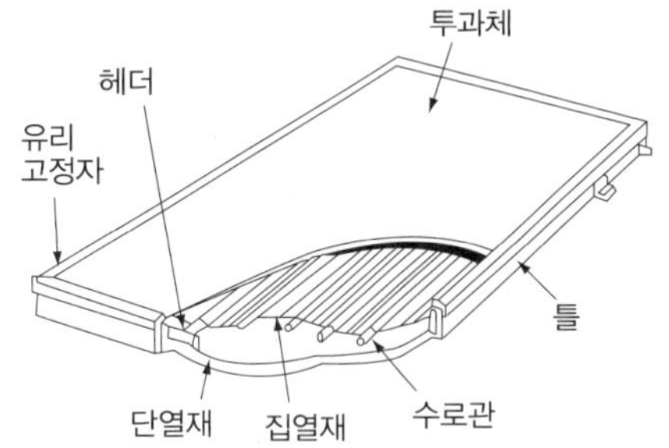

그림 2 평판형 집열열기
(출처: "최신건설설비공학", 이노우에서원)

진공저탕형 태양열온수기

진공저탕형 태양열온수기는 복수의 유리원통관과 상단의 헤더관(header管) 및 하부의 구조 부품으로 구성되어 있다. 기본 부품은 직경이 13 cm 정도의 유리관이며, 내부는 3중 관으로 되어 있다. 한가운데의 가느다란 관은 상부로부터의 급수관이고, 하단으로부터 외관으로 들어가 집열한다. 외관의 바깥쪽은 진공으로 되어 있어서 흡수한 열의 방산을 막는다. 집열부가 원통형이므로 아침 · 낮 · 저녁으로 변화하는 태양의 위치에 그다지 영향을 받지 않는 장점이 있다. 집열관의 표면은 빛을 잘 흡수하는 동시에 받아들인 열을 도망가지 못하게 하는 선택흡수막 처리가 되어 있다.

집열관은 저탕탱크를 겸하고 있으며, 하나가 2.5 m 정도의 길이이고 약 20l를 저탕한다. 시판품은 이 집열 겸 저탕관 몇 개를 세트로 하여 상부에는 급수와 온수의 헤더를 갖추고 있으며 유닛(unit) 단위로 설치한다. 온수의 하류에 보조열원이 있는데, 수압이 충분히 높던가 펌프를 달아 압력을 높게 하면, 열원기기와 접속시켜서 가온할 수도 있다. 집열효율은 메이커인 일본전기초자(주)의 자료에 의하면 약 76%이다. 이것은 빛을 받은 태양에너지 중 7%가 표면의 유리면에서 반사되며, 2%는 유리에 흡수된다. 또 집열면에 도달하는 91% 중 6.5%가 집열관에서 반사되어, 8.5%가 방사로 잃기 때문이다. 그래도 76%라는 집열효율은 다른 태양에너지의 이용방법에 비해서 상당히 높은 수준이다.

진공저탕형은 온수의 순환이 불필요하므로, 지붕이 아니라 벽면에 수직으로 설치할 수도 있다. 유닛(unit) 단위로 다수의 모듈을 접속할 수 있으므로 단독 주택뿐만 아니라 집합주택, 요양소(care house), 수영장, 온실에도 채용되고 있다. 가격은 4개의 집열 겸 저탕관을 갖춘 최소 단위로 60만 엔부터 70만 엔 정도로 자연순환형보다 비싸지만 효율이 좋아 고온을 얻을 수 있다. 누적출하 대수는 2005년 말에 태양열온수기가 약 652만대라고 추정되고 있다[(사단법인)솔라시스템진흥협회 조사)].

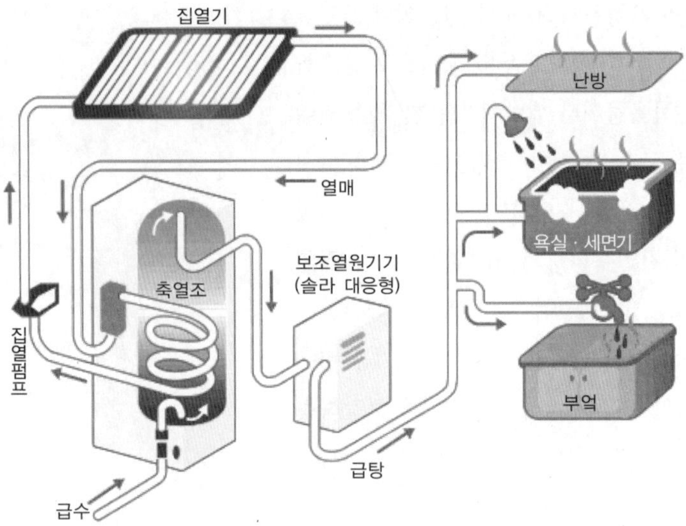

그림 3 강제순환형 태양열시스템
(출처: 솔라시스템진흥협회 홈페이지 게재자료 http://www.ssda.or.jp/)

태양열급탕(강제순환형) 시스템

태양열급탕 시스템의 일반적인 구성을 그림 3에 나타낸다. 자연순화형이나 진공저탕형과의 큰 차이점은, 한 덩어리가 아니고 집열기와 축열조(저탕탱크, 蓄熱槽)가 독립되어 있는 것과 실내에서 급탕하는 경우에 다른 열원기기와 접속하여 사용이 용이한 점이다. 집열기와 축열조 사이에는 자동차의 부동액과 마찬가지인 에틸렌글리콜(ethylene glycol)을 주성분으로 하는 열매체를 펌프로 강제 순환 시킨다. 물이 아니므로 겨울에 동결하여 집열기에 손상을 주는 일은 없다.

그림 3에는 쓰여있지 않으나 저장조(축열조)에서 실내로의 급탕에도 펌프를 사용하기에, 다른 열원기기와의 연결 사용이 용이하다.

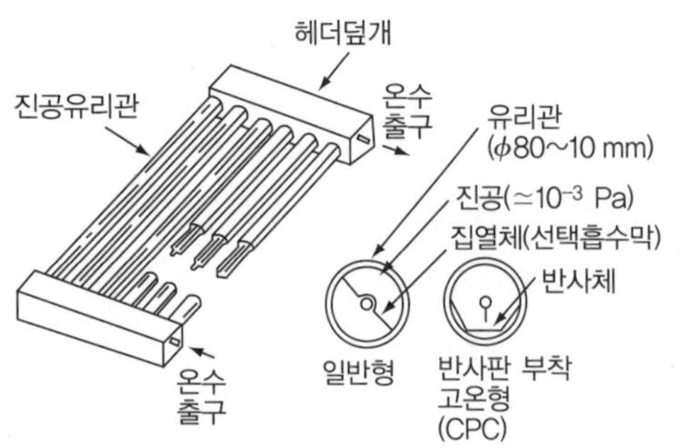

그림 4 진공유리관형 집열기
(출처: "최신건설설비공학", 이노우에서원)

축열조를 지상에 놓아두므로 집열기는 가정용이라면 100kg 정도이고, 지붕에 두어도 보강할 필요가 없다. 보기에도 평평한 느낌이 난다. 집열기는 그림 4에 나타내는 바와 같이 내부를 진공으로 한 유리관을 몇 개 접속시켜 만들었다. 유리관의 내부에는 휜상(fin 狀)의 집열체와 일체로 된 집열관이 짜 넣어져 있으며, 집열체에는 선택흡수막 처리가 되어 있다. 또한, 그림 4는 열 매체가 아닌 물을 사용한 예인데, 열 매체를 사용해도 기본적으로 같은 구조이다. 집열관에서 데워진 열 매체는 그림 3의 축열조에 보내져 하부에 설치된 열교환기에서 급수를 데우고, 스스로는 온도가 내려가 다시 집열기로 돌아간다. 데워진 온수는 축열조의 위쪽에 모이므로, 필요하다면 가스나 석유 등의 보조열원기기로 가온해서 급탕이나 난방에 사용한다. 태양열시스템은, 태양열온수기보다도 배관이 길어지고, 제어계나 열 교환 설비도 필요하다. 이 때문에 가격은 최소단위로도 100만 엔을 넘을 것이다. 이 때문에 가정보다도 하루 급탕 규모가 수 t 이상인 숙박 시설이나 학교, 자치 단체 청사 등에서 채용되고 있다.

태양열온수기의 보급 상황

그림 5에 태양열온수기와 태양열시스템의 설치 대수를 나타내었다. 태양열온수기는 석유 위기를 기회로 보급되기 시작하여, 제2차 석유 위기 직후인 1980년에는 80만 대나 설치되었다. 그러나 석유 위기가 진정되고 나서는 연간 십 수만 대에서 수만 대의 설치가 계속되고 있다. 한편, 태양열시스템은 기술의 진보도 있어서, 업무용을 중심으로 연간 수만 대의 견실한 설치 상황이다. 주요국의 태양열 집열기 면적은 중국이 가장 넓어, 2004년에 약 6,200만 m^2에 달하였다. 비가 적고 일조 시간이 긴 지역이 많기 때문일까. 거기에 국토가 넓어서 태양열온수기는 분산형 에너지로 바람직할 것이다. 일본의 가동 면적은 미국에 이어 제3위인 약 770만 m^2이지만, 독일을 시작으로 한 유럽 국가들이 도입에 열심이기에 추월당할 가능성이 있다. 태양열온수기와 태양열시스템은 이미 기술이 거의 확립되어 있는 분야이기에 이후의 이용 확대를 기대하고 싶다.

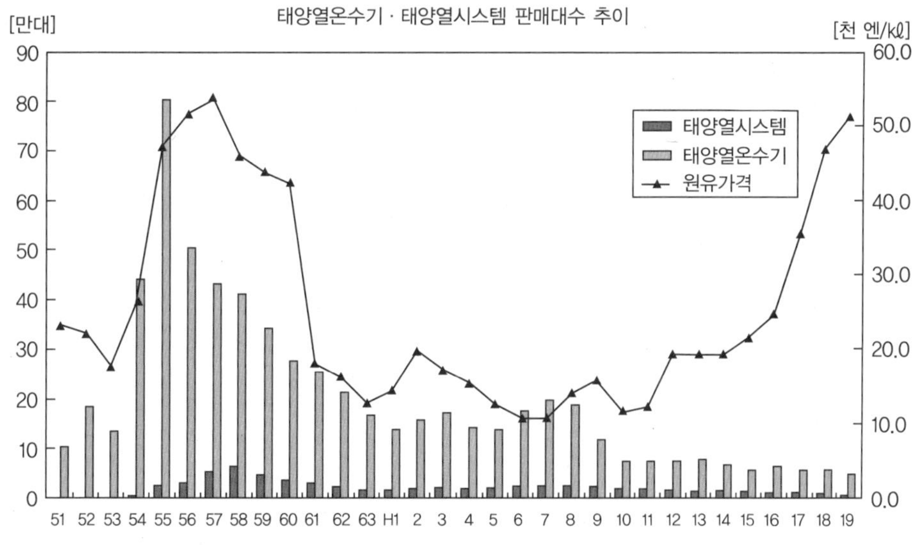

그림 5 태양열온수기와 태양열시스템 판매대수 추이
(자료제공: 태양열시스템진흥협회 http://www.ssda.or.jp/)

풍차의 종류와 발전 원리

옛날부터 인류는 여러 가지 형태로 바람의 에너지를 이용해왔지만, 현재 풍력발전의 기초를 만든 선구자는 19세기 말에 덴마크의 에디슨이라고 불리는 P. 라쿠르(Pour la Cour)교수이다. 그는 덴마크의 연구소에서 회전차(rotor)의 직경이 23 m나 되는 대형풍차를 사용하여 1세기 이상 전부터 직류발전기에 의한 발전, 축전기에 의한 충전, 게다가 물을 전기분해하여 수소를 발생시켜서 전력을 저장하였다. 이후 100년 동안 소형기에서 대형기까지 풍력발전의 기술은 대폭적인 진보를 이루고 있다.

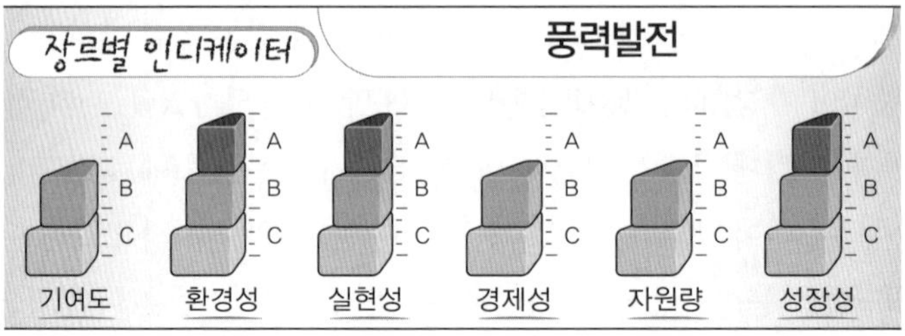

풍차의 종류

풍차에도 여러 가지의 형태가 있는데 로터의 회전축이 풍향에 거의 수직한 수직형, 풍차와 풍향에 거의 수평인 수평형 풍차로 크게 나눌 수 있다. 그림 1에서 상단은 로터의 축이 풍향에 수평한 수평형 풍차, 하단은 풍향에 수직한 수직형 풍차이다. 또 그림 1의 좌측 3종류의 풍차는 회전의 힘을 항력(抗力, 바람이 미는 힘)에 의해서 회전하는 타입이고, 우측 3종류의 풍차는 양력(揚力, 바람을 뜨게 하는 힘)에 의해서 회전하는 타입이다.

수평형 풍차는 비교적 친숙한 형태이지만, 수직형 풍차는 각각 개성적인 형태를 가지고 있다. 크로스플로(cross flow)형 풍차, 다리우스(Darius)형 풍차는 로터의 날개(blade)가 선 상태로 도는 형태이다. 다리우스형 풍차는 계란의 거품기(器)와 비슷한 모양으로, 바람의 양력을 이용하여 고속 회전한다. 양력을 이용하는 타입은 첨단속도(tip speed)가 풍속의 수배 이상을 취할 수 있고, 회전수가 많아 효율이 높기 때문에 발전에 적합하다.

풍력발전의 원리

운동하는 물체의 에너지는 물체의 질량을 M, 속도를 V라 하면 다음 식으로 표시된다.

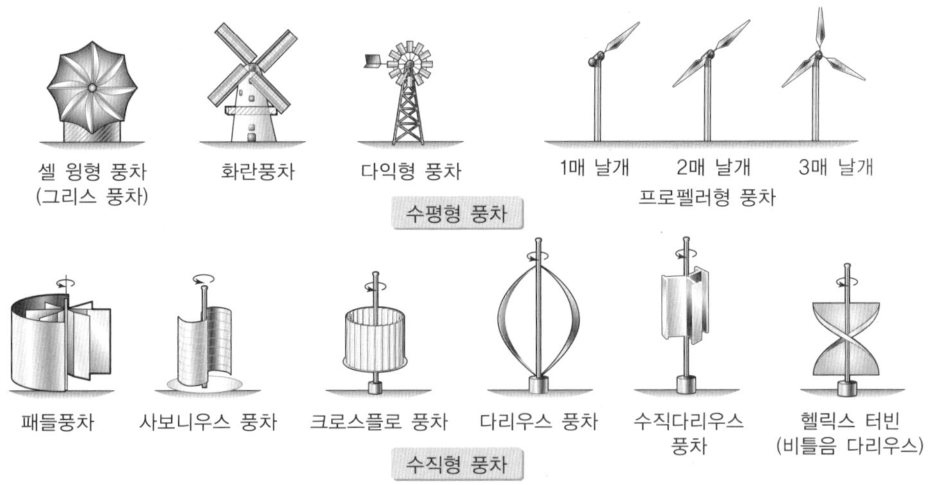

그림 1 주요한 풍차의 종류
(출처: 마쓰미야 대루, "여기까지 온 풍력발전, 개정판" p.54, 공업조사회(1998))

$$E = (1/2)MV^2$$

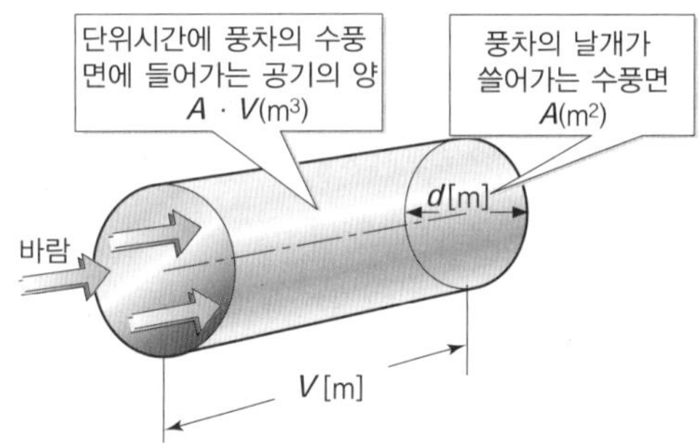

그림 2 단위시간에 수풍면을 통과하는 기류

그림 2와 같이 풍차의 수풍면(受風面)을 단위시간에 통과하는 바람의 체적은 풍속 V와 수풍면적 A를 서로 곱하여, $V \cdot A$로 표시되므로 이것에 공기의 밀도 ρ를 곱하면 질량 M은 $M = \rho VA$로 표시된다. 이것을 위의 식에 대입하면 $E = (1/2) \cdot (\rho VA)V^2 = (1/2) \cdot \rho AV^3$이 된다. 프로펠러(propeller)형 풍차의 경우에는 회전 날개의 직경을 d라 하면 수풍면적 A는, $A = \pi(d/2)^2$로 표시되므로 이것을 대입하면 $E = (\pi\rho/8) \cdot d^2 \cdot V^3$이 된다.

풍차의 수풍면(受風面)에서 바람의 에너지는 풍속의 3제곱에 비례하며, 회전 날개 직경의 2제곱에 비례한다. 회전 날개의 직경과 허브(hub)의 높이는 대부분의 경우 거의 같게 설계되므로, 회전 날개의 직경이 100m의 풍차는 허브의 높이도 거의 100m가 되어, 그만큼 받는 풍력이 강해진다. 이것으로부터도 풍황이 좋은 장소의 선정과 풍차의 크기가 바람의 에너지를 이용하는 데에서 매우 중요한 것을 알 수 있다. 단, 바람이 가지고 있는 에너지 전부를 이용할 수는 없다. 바람이 가지고 있는 에너지의 약 60%가 이론적으로 끄집어낼 수 있는 한계(베츠(Betz)의 이론)로 되어 있다.

실제로 바람이 가지고 있는 에너지를 얼마 만큼 풍차의 회전에너지로 바꿀 수 있는가가 파워계수이다. 그림 3의 그래프에서 풍차의 종류에 의한 파워계수의 차이를 알 수 있는데, 다리우스형과 프로

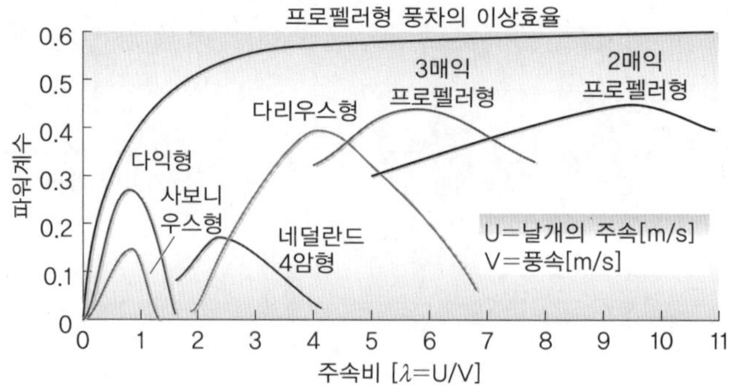

그림 3 각종 풍차의 파워계수
(출처: NEDO기술개발기구 "풍력발전도입 가이드북")

펠러형의 파워계수가 높아 40%를 넘고 있다. 이와 같이 바람의 에너지 변환율이 높고 고회전의 다리우스형과 프로펠러형이 발전에 적합하지만, 현재 풍력발전용으로 가장 많이 사용되고 있는 것은 수평형 풍차의 대표인 프로펠러형 풍차이다. 프로펠러형 풍차의 날개 형상은 항공기의 날개와 비슷하다. 그림 4와 같이 바람과 날개에 의한 맞바람의 속도를 합성한 기류속도가 날개에 닿는 상대적인 풍속이 된다. 합성기류가 있는 영각(迎角)에서 날개에 닿아 날개의 한쪽 면에서 기류가 빨라지면, 「유체의 속도 수두와 압력 수두의 합은 일정」하다는 베르누이(Bernoulli)의 법칙에 따라 기류가 빠른 면의 압력이 상대적으로 낮아져, 날개에 양력이 발생하여 그것이 회전력을 발생시킨다.

프로펠러형과 같이 양력으로 도는 풍차에서는 날개의 속력이 풍속의 3~10배나 되며, 풍속과 날개의 풍력을 합성한 기류속도가 날개에 닿는 상대적인 풍속이 된다. 프로펠러의 매수는 한 장이나 두

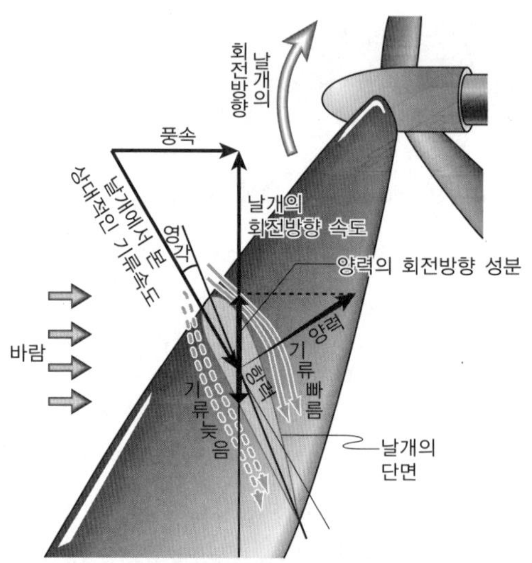

그림 4 풍차의 날개 위에서 발생하는 바람의 양력

장인 것도 있으며 3장의 날개에 비하여 날개의 풍력은 빠르게 취할 수 있지만, 풍력발전용으로는 회전의 안정성을 이유로 3장의 날개가 많이 사용되고 있다. 또 프로펠러가 타워(tower)의 풍상(風上)측에 위치하는 정풍(upwind) 방식과 풍하측에 위치하는 배풍(downwind) 방식이 있지만, 대형풍차의 경우는 날개 전방에서 바람의 흩어짐이 적은 정풍 방식이 많이 채용되고 있다.

풍력발전의 효율

그림 5와 같이 풍력에너지는 풍력터빈에서 축의 회전에너지로 바뀌어, 증속기를 가진 타입에서는 증속기에서 교류발전기가 필요로 하는 회전수까지 축회전을 올린 후 발전기로부터 전기에너지로 변환된다. 그 동안에 에너지의 변환손실(loss)이 있으며, 풍력에너지의 약 30% 정도를 전기에너지로 끄집어낼 수 있게 된다. 최근에 풍력터빈은 파워계수가 50% 가까운 것도 개발되고 있다. 또 증속기를 사용하지 않는 동기(同期)발전형의 타입이 저소음으로 에너지 효율이 높아 증가하고 있는 추세이다.

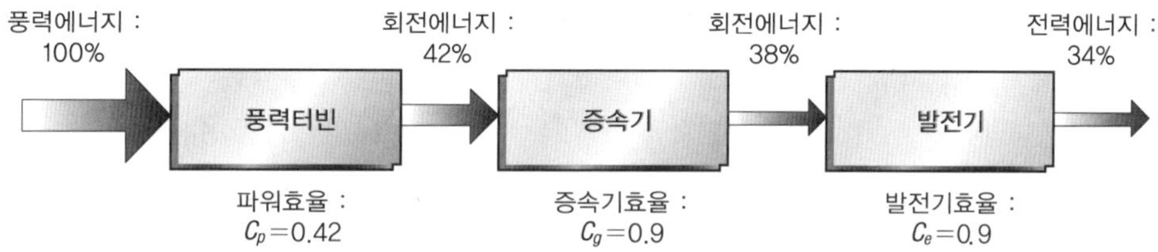

그림 5 전기에너지에의 변환손실의 예

풍차의 규모

풍차는 날개의 직경이 1m 정도의 마이크로(micro)풍차로부터 원격지에서 활용하는 소형 독립형, 또 상업적으로 사용되는 대형풍차까지 표 1과 같이 목적에 따라서 구분되어 사용되고 있다. 또한 미국 캘리포니아주는 미니풍차나 소형풍력발전의 도입에도 주력하고 있으며, 그림 6, 7과 같은 여러 가지 규모의 기종이 풍력발전과 관련하여 캘리포니아주의 연구보고서에 소개되어 있다.

표 1 풍차의 규모 분류와 용도 예

규 모	정격출력(대표)	날개 직경	용도 등
마이크로 풍차	0.4 kW	1.2 m	산막 등
소형 풍력	40 kW	15 m	외딴섬 등 상업용
중형 풍력	600 kW	45 m	사업용
대형 풍력	2,000 kW	75 m	사업용
초대형 풍력	6,000 kW	126 m	사업용

초대형 풍차의 사례

그림 8은 캐나다의 퀘벡(Quebec)에 건설된 계란을 휘젓는 기계 모양의 정격(定格)출력 4MW 초대형 다리우스형 풍차의 실기종이다. 높이 약 100m, 직경이 60m나 된다. 로터축은 플렉시블 커플링

출력 400W, 회전차 직경 1.2 m, 허브높이 14 m
그림 6 마이크로풍차의 예[1)]

출력 10kW, 회전차 직경 7 m, 허브높이 30 m
그림 7 소형풍차의 예[2)]

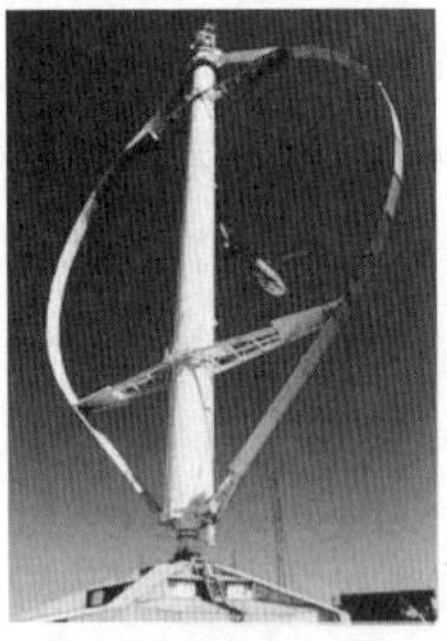

그림 8 2날개 다리우스 「ECOLE」[3)]
직경 60 m, 높이 100 m

그림 9 2날개 3 MW의 「Näsudden II」[4)]
직경 80 m, 허브높이 77 m

그림10 2날개 34.5 MW의 「Enercon」 기어리스풍차[5)]
회전차 직경 114 m, 허브높이 124 m

(flexible coupling)을 거쳐서 162극을 가진 동기발전기에 직결되어 있다. 1988년에 건설되어 현재는 긴 수명을 확인하기 위해서 회전수를 떨어뜨려 2.5 MW로 운전되고 있다.

그림 9는 스웨덴의 발틱(Baltic)해 고틀랜드(Gotland)섬에 있는 2장 날개의 프로펠러형으로 정격출력 3 MW의 Näsudden Ⅱ이다. 실기종으로 직경은 80 m, 허브의 높이는 77 m이고, 타워의 외측에 승강용의 엘리베이터가 붙어 있다.

그림 10은 독일 ENERCON사의 정격출력 4.5 MW, 3장 날개 플로펠러형의 다극형 동기발전기에 의한 기어리스(gearless)형의 상업용 초대형 풍차이다. 회전차의 직경은 114 m, 허브의 높이는 124 m로 거대하여 지상의 건물이 작게 보인다. 현재 건설되어있는 초대형 풍차는 스코틀랜드의 Beatrice에 설치된 REPower사의 5 MW(로터 지름 126 m)의 해상풍력발전 시험용, 벨기에의 Estinnes에 설치된 ENERCON사의 6 MW(로터 지름 126 m)의 프로토 타입이다.

---

1) Wind Power Performance Report Summary 2001～2002 (CALIFORNIA ENERGY COMMISSION) p.10
2) Wind Power Performance Report Summary 2001～2002 (CALIFORNIA ENERGY COMMISSION) p.11
3) http://windturbine-analysis.com/index.htm
4) http://www.afm.dtu.dk/wind/smep/nessy.htm
5) http://www.enercon.de/englisch/produkte/fs_e_112.html

풍력발전 설비의 구성

풍력발전 설비의 설계 · 건설에는 기상학, 유체역학, 유체기계공학, 항공학, 재료공학, 구조공학, 토목공학, 해양구조학, 전기공학, 제어공학, 환경공학 등의 폭넓은 전문 기술이 필요하다. 그 외에 계획 단계에서는 생물의 생태평가(assessment), 주변의 풍경과 아름답게 어울리는 풍경 디자인(landscape design) 등도 불가결하다. 그러면 풍력발전 설비는 구체적으로 어떠한 기기로 구성되어 있는 것일까.

키워드 **대형풍차 날개의 첨단속도**

대형풍차 날개의 첨단속도는 풍차에 향해서 부는 풍속의 5~10배로 된다. 대형풍차는 천천히 돌고 있는 것 같이 보이지만, 첨단속도는 80 m/s 정도의 고속에 달한다.

풍력발전 설비는 크게 나누면 ① 풍차로터계(系), ② 나셀내장기(nacelle 內藏機), ③ 전기계, ④ 운전 · 제어계, ⑤ 지지 · 구조계로 구성되어 있다.

① 풍차로터계

풍차용의 날개 익형(翼型)으로 이전에는 비행기용의 익형이 사용되고 있었다. 여러 가지 비행기 날개의 형상에 대해서는 어떠한 양력과 항력이 작용하는지가 옛날부터 실험으로 조사되어 있다. 익형은 개발한 사람의 이름이나 개발기관의 이름에 번호를 붙여 수백의 형상 자료가 등록되어 있다. 예를 들면 1903년의 라이트(Wright) 형제의 익형이나 1922년의 클라크(Clark) Y 등도 그중 하나이다. 세계적으로 이들의 데이터를 사용하기 위하여 데이터베이스화가 이루어지고 있다.

바람의 에너지를 기계적 에너지로 바꾸어서 표출해 내는 풍차전용의 성능이 높은 익형 개발이 활발하다. 해외에서는 리소(Riso)국립연구소(덴마크), NREL(미국), 델프트(Delft)공과대학(네덜란드), 일본에서는 산업기술종합연구소, 미에(三重)대학, 아시카가(足利) 공업대학의 연구 기관이나 풍력발전 메이커에서 이루어지고 있다.

그림 1은 리소국립연구소가 풍차용으로 개발한 Riso-A1익형 시리즈의 단면도이다. 비행기 날개의

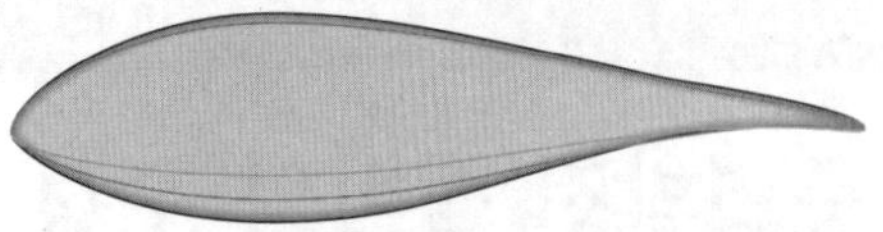

그림 1 풍차용으로 개발된 Riso-A1익형 시리즈 (출처: Dahl, K.S., et al., Experimental Varifications of the New RISO-AI Airfoil Family for Wind Turbines, Proc. of EWEC '99, pp.85~88.)

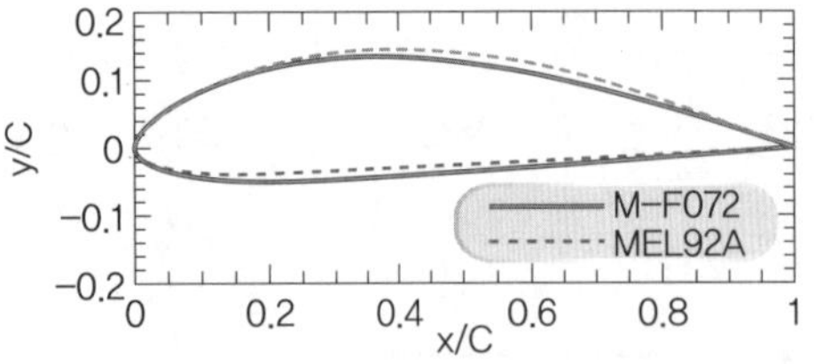

그림 2 풍차용으로 개발된 산업종합연구소 M-F072 (출처: 마쓰미야 히카루, 고가키 데스야, 마에다 다카오,「IEA R&D WIND와 국제연구협력의 현상」, "전기" Vol.636, No.7, p.16, (사)일본전기공업회(2001))

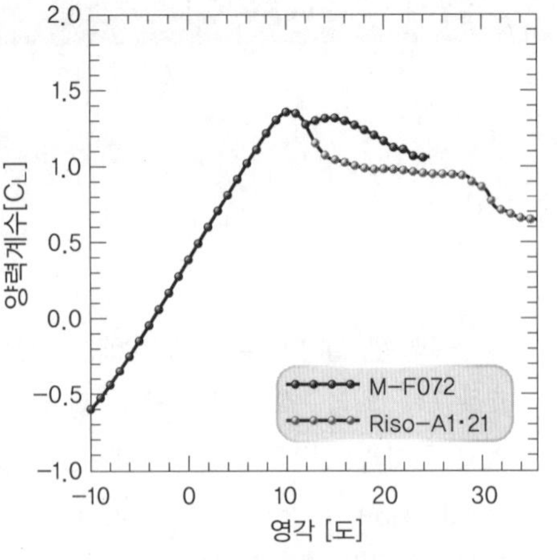

그림 3 Riso-A1과 M-F072와의 성능비교 (출처: 마쓰미야 히카루, 고가키 데스야, 마에다 다카오,「IEA R&D WIND와 국제연구협력의 현상」, "전기" Vol.636, No.7, p.16, (사)일본전기공업회(2001))

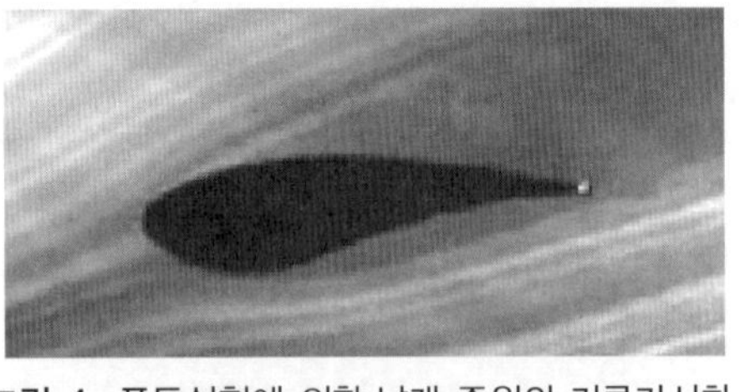

그림 4 풍동실험에 의한 날개 주위의 기류가시화 (출처: 미에대학 · 풍동실험장치 홈페이지, http://www.svbl.mie-u,ac,jp/)

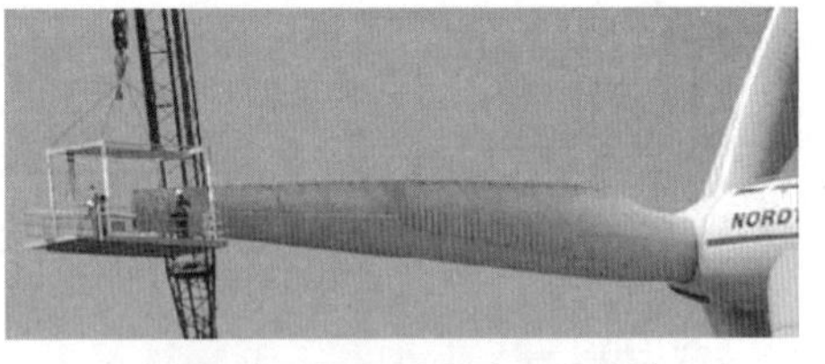

그림 5 32 m 날개의 보수작업 (출처: 덴마크풍력발전협회 홈페이지, http://www.windpower.org/en/tour/wtvb/size.htm)

단면 형상에 비하면 날개가 두껍다는 것을 알 수 있다. 그림 2는 산업기술종합연구소가 후지(富士) 중공업과 공동 개발한 M-F07익형 시리즈 중의 M-F072의 익형이다. 그림 3에서 M-F072와 Riso-A1익형의 성능 비교를 나타낸다. 그림 3의 횡축은 날개의 기류에 대한 영각(α), 종축은 양력계수(C_L)이다. M-F07익형은 Riso-A1익형보다도 양력계수의 최대치는 약간 떨어지지만, 영각이 10° 를 넘은 최대치의 우측 실속후(失速後)의 특성이 영각의 변동에 대해서 느슨하다. 이것으로부터 M-F07형 날개는 기류의 변화나 난류발생에 의해서 생기는 영각의 변동에 대해서 안정적이고 고성능을 유지할 수 있다고 생각되며 풍차전용 익형으로서 우수한 특성을 지닌 것을 알 수 있다. 그림 4는 풍동(風洞)실험에 의한 날개주위의 기류가시화의 예이고, 익형의 연구에는 이와 같은 풍동실험이나 시뮬레이션(simulation)이 유효하다. 또한 산업기술종합연구소에는 풍차용의 익형 데이터베이스 PEGASUS (PErformance and Geometry of Airfoils SUpply System)가 있으며 공개되어 있다.

프로펠러형 풍차의 실제 날개 형상은 날개 끝방향의 각 설계단면을 포함해서 최적화를 한다. 허브에 가까운 중심 부분은 양력에 거의 기여하지 않으므로, 단면은 원형에 가깝게 하여 강도를 증가하고, 끝으로 감에 따라서 합성기류에 대한 영각의 관계로 바꾸어서 익형에 각도상의 비틀림을 가하는 것으로 설계하여 날개 전체를 최적인 형상으로 한다. 풍차의 대형화에 있어서는 날개의 강도를 높임과 동시에 경량화하여 반복되는 하중에 대한 피로강도의 경감을 꾀하는 것이 중요하다. 날개의 재료는 유리섬유 강화형 플라스틱 또는 탄소섬유 강화형 플라스틱과 조합시킨 복합재가 사용된다. 또 대형풍차의 날개는 그 거대함 때문에 운반 · 거치에는 전문의 기술을 필요로 한다. 그림 5는 대형 날개(32m)의 보수(保守)작업을 하고 있는 장면이다.

② 나셀(nacelle) 내장기

그림 6은 로터, 허브, 나셀내장기의 전체구성을 나타낸다. 풍차의 로터 회전에너지를 전기에너지로 바꾸는 일련의 기계류가 나셀에 내장되어 있다. 중형이나 대형 풍차의 경우 풍차 로터의 회전수는 매분 수십 회전이지만 일반적인 4극식 교류발전기는 60 Hz가 매분 1,800회전, 50 Hz가 매분 1,500회전으로 회전수가 높으므로 회전수를 올리기 위해서 증속기를 거칠 필요가 있다. 한편, 증속기의 톱니

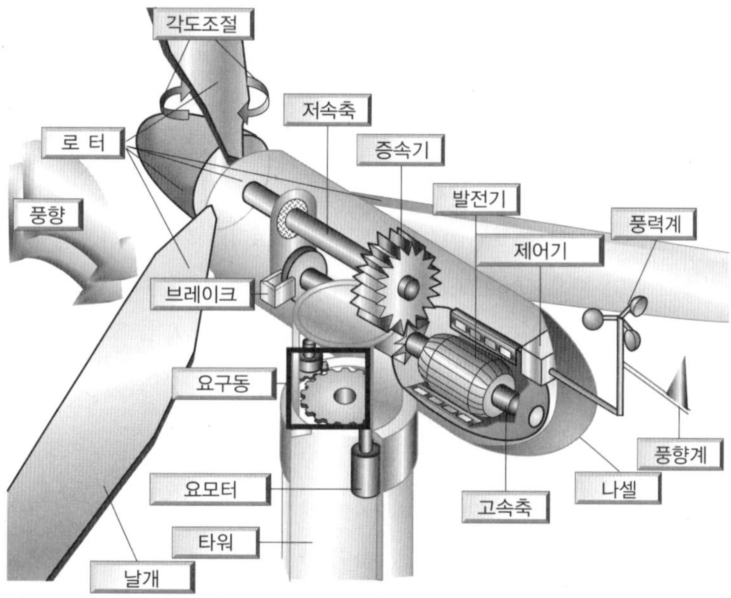

그림 6 풍력발전의 주요한 나셀 내장기, 발전기 (출처: 미국 · NREL의 홈페이지)

바퀴는 풍력발전의 주요한 기계소음원이 된다. 최근은 증속기를 사용하지 않고, 그 대신에 발전기의 극수(極數)를 증가한 다극형 동기발전기를 사용하는 방식이 실용화되어 증가하고 있다.

이 외에 풍속 · 풍향계, 프로펠러의 방향에 추종시키는 요(yaw)구동장치, 브레이크 저속회전축, 고속회전축, 냉각기, 제어기 등이 내장되어 있다.

③ 전기계

전기계는 발전기와 전력변환장치로 구성된다. 유도발전기는 수천 kW 이하의 발전에 많이 사용된다. 발전기는 유도발전기와 동기발전기로 크게 나눌 수 있다. 유도발전기에는 농형(籠型)과 권선형(捲線型)이 있다. 농형은 1,000 kW 이하의 중소형기에, 권선형은 2,000 kW를 넘는 대형기에 많이 쓰인다. 풍차와 발전기 사이에 증속기를 거쳐 회전수를 40배 정도 올려, 정격주파수 발전을 한다. 계통연계는 AC링크 방식이 일반적이다. 권선형 유도발전기로는 가변속 운전이 가능하다. 다극형 동기발전기를 사용할 경우는 그림 7과 같이 풍차의 로터와 직결시킨 40~100극에 의해, 증속기를 거치지 않고 낮은 회전수에서의 발전이 가능하다. 다만 직류여자(勵磁)형의 다극형 동기발전기는 지름이 1~4 m로 커진다. 현재 최대인 EnerconE-126/6MW의 발전기는 지름이 12 m나 된다. 계통에의 연계는 컨버터와 인버터를 거친 DC 링크방식으로 된다. 최근에는 점차로 DC링크 방식이 증가하고 있다.

그림 7 다극형 동기발전기의 구조
(출처: ENERCON사 홈페이지, http://www.enercon.de/englisch/technologie.fs-start-technologie.html)

④ 운전 · 제어계

풍차의 로터를 풍향에 추종시키는 요(yaw) 제어시스템과 로터의 회전수를 조정하여 출력을 제어하는 피치(pitch) 제어시스템이 중요하다. 또 강풍일 때에 풍차를 안전하게 정지하는 브레이크시스템이나 과회전을 방지하기 위해서 풍차 로터의 피치각에 양력이 발생하지 않는 각도로 바꾸어서 바람을 놓아주는 페더링(feathering) 제어도 중요하다.

⑤ 지지 · 구조계

대형기의 지지 · 구조계의 원통상 타워에는 단면이 균일한 것과 구배를 부여한 것이 있으며 타워의 내부를 지나 나셀까지 도달할 수 있다. 타워와 기초의 강도설계에 있어서는 폭풍 때(예상하는 최대풍속 때)에 타워에 작용하는 바람의 하중과 풍차 톱에 작용하는 바람의 하중을 설계 기초로 한다.

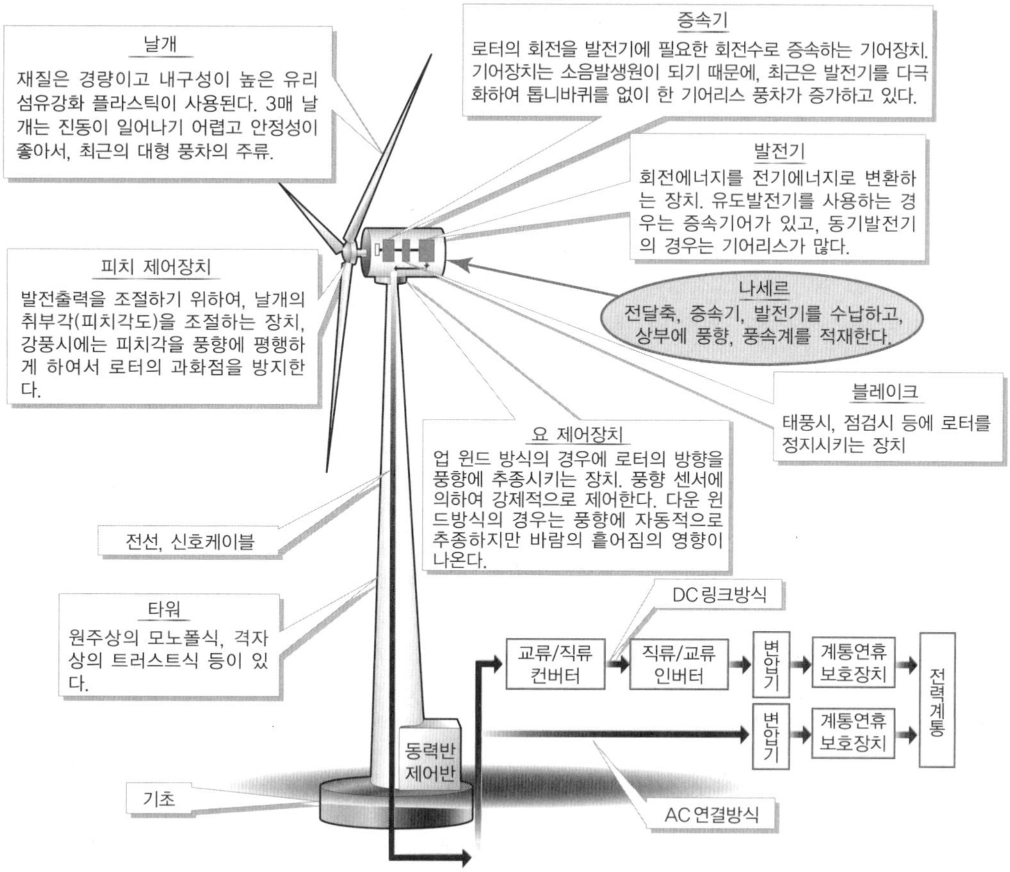

그림 8 풍력발전시스템의 전체구성

또한, 2007년 1월에 이와야(岩屋) 윈드팜에서 풍차가 넘어져서 파괴된 사고가 일어났다. 사고 조사에 의하면 페더링 상태에 있던 날개의 피치 고정 블록이 빠지고, 로터가 회전하여 과회전(38 rpm)으로 과대한 모멘트가 발생하여 파괴되었다는 것을 알았다*.

그림 8에서 풍력발전시스템의 전체의 설비 구성을 정리해서 나타낸다.

* (주)유러스 에너지 이와야「이와야 윈드팜 발전소 11A호 풍차파괴사고 보고」(http://www.eurus-energy.com/data/ 20070316d.pdf)

풍력발전 시설의 운전

미풍이 부는 날이 있으면 강풍이 부는 날도 있다. 시시각각, 풍속과 풍향을 끊임없이 바꾸는 자연에너지로부터 안정적인 전력에너지를 효율적으로 끄집어내려면 풍황에 맞춘 전용의 운전제어가 불가결하다. 풍력발전의 실 데이터를 최초로 소개하고, 풍력발전의 운전의 기초, 대표적인 운전제어방식의 타입에 대해서 설명한다.

키워드 컷인(cut in) 풍속과 컷아웃(cut out) 풍속

바람이 약한 상태로부터 풍차를 돌리기 시작하는 풍속을 컷인 풍속이라 부른다. 대형 풍력발전기에서는 매초 3 m 정도인데, 역으로 바람이 강하고 위험하기 때문에 풍차를 멈추는 풍속을 컷아웃 풍속이라고 부르며, 매초 25 m 정도이다.

운전사례

1998년 2월에 운전을 개시한 미국 위스콘신(Wisconsin) 주에 있는 글렌모어(Glenmore) 풍력발전소의 운전 데이터를 보자. 이 풍력발전 시설이 있는 장소의 연간 평균풍속은 6 m/s이고, 풍력발전 사이트(site)로서는 비교적 저풍속이라고 말할 수 있다. 풍력 터빈(turbine)은 600 kW가 2기(Gen1, Gen2)이고, 기종은 현재 GE의 계열사에 있는 TACKE TW 600a이다. 연간 발전량의 실적치는 3,261,126 kWh이고, 이것은 450세대분의 연간 소비전력량에 상당한다. 이 풍력발전소의 연간 설비이용률은, 연간 발전량을 연간 정격 총 출력으로 나누면 3,261,126 kWh ÷ (600 kW × 2기 × 8,760 h/년) = 0.31이 된다. 이와 관련하여, 일본에서의 연간 설비이용률의 실적치는 0.15로부터 0.4 정도로 되어 있다. 당 사이트의 발전실적이 1주간의 때에 따른 변화를 홈페이지 상에 그래프로 공개하고 있다. 더욱, 현재로부터 과거로 거슬러 올라가서 데이터를 입수할 수 있도록, 희망하는 대상기간을 Web 상에서 지정하면 풍력발전기 Gen1, Gen2의 각 발전량 움직임이 그래프로 표시된다.

여기서는, 과거의 Gen2의 하계와 동계의 각 1주간 발전량의 추이를 보기로 한다. 즉, 그림 1은 하계(2003년 8월) 및 동계(2003년 1월)에 각각 선정한 1주간의 발전 데이터이다. 정격출력은 600 kW이지만 실적치는 날마다 크게 변동하고 있다. 발전량이 정격출력(600 kW)을 달성했을 때를 100%로 하면, 대략 그래프상의 1주간의 설비이용률은 하계가 20% 정도, 동계가 40% 정도이다.

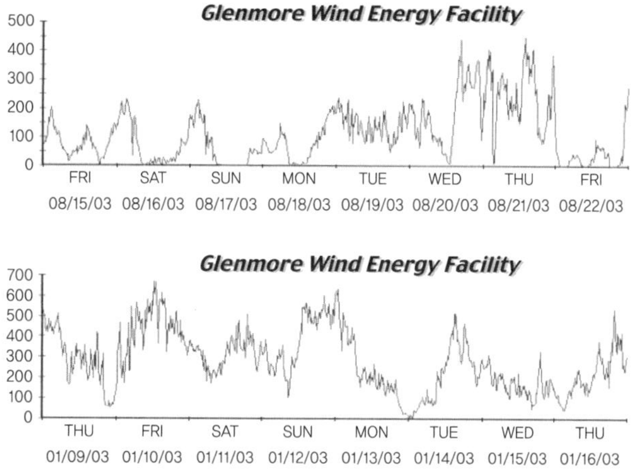

그림 1 발전실적 그래프(2003년 하계(상), 동계(하))
(출처: glenmorewind.com 홈페이지, http://www.glenmorewind.com/windmill/index.asp)

이 사이트에서는 하계의 발전량이 적고, 날마다의 출력변동이 동계에 비해서 커지고 있다. 또한, 1주일 동안에 몇 회는 발전량이 제로의 시간대가 있어서 발전을 할 수 있을 정도의 풍력이 없었다고 생각된다. 바람이라는 자연에너지원에 의존하는 풍력발전은 이와 같이 계절에 따라 날에 따라 시간대에 따라 발전량이 크게 변동하는 것이 특징이다.

운전 · 제어

그러면 이와 같이 변동하는 바람의 에너지로부터 효율 좋게 전기로 바꾸는 풍력발전의 운전 · 제어는 어떻게 하는 것일까. 그림 2는 풍속에 대한 발전출력을 나타내는 출력곡선이다. 무풍이나 미풍에서는 풍차가 돌지 않아 발전할 수도 있으나, 풍차를 돌리기 시작하여 실제로 발전을 개시하는 풍속을 「컷인(발전개시) 풍속」라고 말한다. 컷인 풍속을 낮게 잡으면 연간의 설비이용률이 올라가, 2～5 m/s 정도로 설정된다. 컷인 풍속으로부터 풍속이 올라가서 소정의 정격출력이 얻어지는 풍속이 정격풍속이다. 정격풍속은 8～16 m/s 정도로 설정된다. 정격풍속 이상으로 풍속이 올라가도 발전출력은 제어되어 일정치로 유지된다. 만약에 풍속이 올라가서 강풍으로부터 로터 등의 파손 방지 때문에 풍차가 멈추는 풍속을 「컷아웃(발전정지) 풍속」이라고 말한다. 컷아웃 풍속은 20～25 m/s 정도로 설정된다.

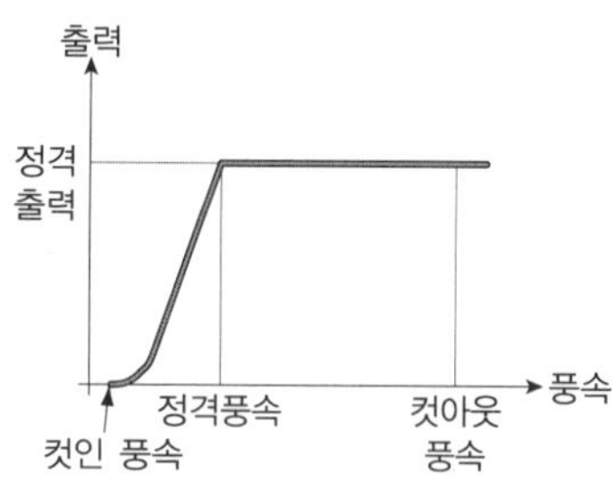

그림 2 출력곡선

바람은 그 풍속과 풍향이 끊임없이 변하고 있지만, 풍속의 출현빈도 분포는 대략 그림 3과 같은 레일리(Rayleigh)의 분포에 따른다고 말하고 있다. 예를 들면 연간 평균풍속 6m/s의 바람이 부는 장소에서는 장기간 풍속의 출현빈도는 4~5m/s의 바람이 많이 불고, 17m/s의 바람은 드물게 부는 것이 된다. 글렌모어 풍력발전소의 Gen2에서는 컷인 풍속이 3m/s, 정격풍속이 13.5m/s, 컷아웃 풍속이 20m/s로 설계되어 있다. 연간 평균풍속 6m/s에서는 그림 3의 레일리의 확률분포로부터 바람은 거의 대부분이 컷인 풍속과 정격풍속의 사이에 있다. 이 때문에 그림 2의 출력곡선의 구배가 급한 범위를 움직이는 것이 되며, 결과적으로 그림 1의 실적 데이터와 같이 발전출력의 변동이 커진다.

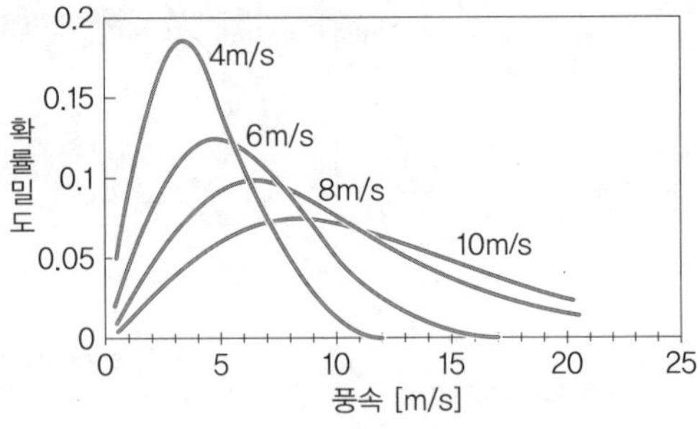

그림 3 풍속의 출현빈도 분포
(출처: 우시야마 이즈미, 「풍차공학입문」, p.39, 모리키타출판(2002))

고정속도 제어와 가변속도 제어

그림 4는 풍차의 회전수를 횡축으로, 출력을 종축으로, 컷인 풍속으로부터 정격풍속까지 사이의 몇 개 풍속단계를 인자로 하여서 특성을 그리고 있다. 어떤 풍속에서는 회전수와 출력의 관계를 그림과 같이 산형(山型) 곡선으로 표시된다. 바람을 받아서 프로펠러가 돌 때, 최대출력을 끄집어낼 수 있는 회전수는 풍속에 따라서 다르다. 회전수의 가변속(可變速) 제어에서는 컷인 풍속 이상으로 풍속에 맞추어서 회전수를 제어하며, 산의 정점의 궤적(軌跡)을 사용하여 효율을 올리는 것이 가능하다. 그림 4의 고정속도 제어에서는 저풍속과 중간풍속으로 회전수를 2단으로 절환(切換)하지만, 산의 우측 궤적을 사용하기 때문에 다소 효율이 떨어진다.

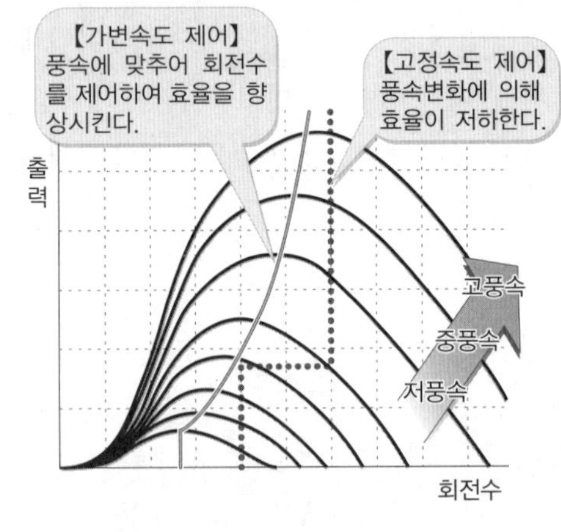

그림 4 고정속도 제어와 가변속도 제어
(출처: 우시야마 이즈미,「풍차공학입문」, p.154, 모리키타출판(2002))

최근에는 전자제어의 기술이 진보하여 중형이나 대형의 풍력발전에서는 그때 그때의 풍향에 따라서 효율 좋게 안정적으로 전력을 끄집어낼 수 있도록 제어되고 있다. 풍차의 기동, 정지, 방위 제어 등도 자동화되어 풍력발전설비의 대부분이 무인(無人)으로 운전되고 있다.

풍향의 변화에 대해서는 프로펠러형과 같은 수평축형의 풍차는 로터의 회전면을 바람이 부는 방향으로 향하지 않으면 돌지 않는다. 소형의 풍차에서는 그림 5와 같이 날개 꼬리부가 언제나 풍향에 오도록 설계된 「능동형 요(passive yaw)」라고 부르는 방식이 많이 채용되고 있다. 중형, 대형의 풍차에서는 나셀의 상부에 설치한 풍향계와 연동시켜서 모터를 이용해 기계적으로 방위를 제어하는 「수동형 요(active yaw)」라는 방식이 채용된다. 강풍일 때의 대책으로는, 바람에 평행하게 날개의 피치각을 바꾸고 바람을 놓아주어(페더링 상태) 회전을 떨어뜨린 후 기계적으로 브레이크를 건다.

(Westwind ϕ 7m) (Air303)

그림 5 미니 풍차의 출력제어
(자료제공: jet corporation)

한편 작은 풍차의 출력제어는 어떻게 하는 것일까. 그림 5는 미니풍차의 출력제어 예이다. 이들 풍차의 경우는, 회전으로 날개에 걸리는 원심력이나 날개가 받는 바람의 힘을 이용하면 그때 날개가 비틀어짐으로써 최적의 피치각을 얻어서 출력을 제어한다.

운전제어 방식의 형식

풍력발전의 운전제어에는 표 1과 같은 4가지의 형식이 있다.

형식 1에서는 로터의 날개는 고정각도로 허브에 부착된다. 로터의 회전수는 1속 또는 2속의 고정속제어이다. 로터의 회전수는 매분 수십회전하므로 교류발전기의 회전수인 매분 1,500 또는 1,800회전까지 기어로 증속할 필요가 있다. 대형풍차의 이 타입은 구조가 간단하고 신뢰성이 높으며 값이 싼 반면, 풍속변동에 의한 출력의 변동이 비교적 커진다. 발전기의 극수를 6극과 4극의 2단으로 바꿈으로써, 고효율과 저소음을 겨냥한 설계로 되어 있는 것도 있다. 강풍의 경우 실속(스톨, stall)제어라고 하여서 날개에 발생하는 공역학적(空力學的)인 실속현상을 이용하는 방식이 취해진다. 즉, 날개는 회전속도와 풍속을 합성한 기류를 받으므로 풍속이 일정속도 이상으로 증가하면 합성된 기류의 방향이 바뀐다. 그리고 날개의 영각이 변화하여 날개의 양력발생 면 쪽에서 공기의 흐름에서 벗어난다. 양력

표 1 풍력발전의 운전제어 형식

	타입 1	타입 2	타입 3	타입 4	
로터회전수	고정	고정	반가변, 가변	가변	
날개피치	고정	가변	가변	가변	
제어방식	실속 (스톨)	액티브 스톨	가변피치 방식	가변피치 방식	
증속	증속기	증속기	증속기	직접	
발전기	농형 유도발전기	농형 유도발전기	권선형 유도발전기	직류여자 동기발전기	영구자석 동기발전기
계통에의 연결 방식	AC	AC	AC	AC-DC-AC	

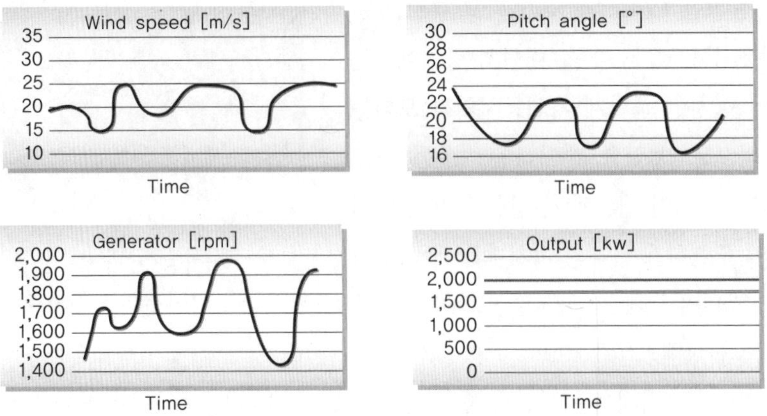

그림 6 베스타스의 출력제어(Opti Speed)
(출처: 베스타스사 홈페이지, http://www.vestech.co.jp)

이 꺾여 회전 속도가 늦어지게 되는 원리이다.

형식 2는, 스톨 방식에 가까운 형상의 날개를 사용하여 피치각을 풍속에 맞추어서 미세조정 하는 「수동형 스톨 방식」이라고 불린다. 이 방식은 스톨 방식과 피치 방식의 이점을 조합한 방식이라고 말할 수 있다. 먼저 소개한 글렌모어 발전소의 TACKE TW600a는 이 타입이다. 통상 운전 시는 스톨 제어를 하고 있으나, 풍속이 강할 때에는 피치 제어로 전환한다.

형식 3은 날개의 피치각을 풍속에 맞추어 제어하는 방식이다. 이 타입은 풍속변동에 의한 출력변동이 적어진다. 가변속도 제어에서는, 그림 4에서 볼 수 있는 바와 같이 컷인 풍속으로부터 정격출력을 발생하는 정격풍속까지 항상 최대출력이 얻어질 수 있도록 날개의 피치각을 제어한다. 정격풍속으로부터 컷아웃 풍속의 범위에 있어서도, 안정한 전력을 확보할 수 있도록 날개의 피치각을 제어한다. 이 타입의 대표적인 풍차 제조사에는 Vestas(덴마크)가 있다. 정격풍속 이상에서의 예이지만, 동사(同社)의 Opti Speed는 그림 6과 같이 풍속의 변화에 따라 로터와 발전기의 회전수를 60%의 범위로 변동시켜 출력을 안정화하는 제어 시스템이다.

형식 4는 날개의 피치각을 풍속에 맞추어서 제어하는 방식이며, 로터의 회전수도 가변이지만 가변주파수의 다극형 동기발전기로 발전하는 타입이다. 제어성이 좋고 고효율로 되지만 구조가 복잡하고 비용이 많이든다. 또한 이 타입은 소음원이 되는 증속기를 사용하지 않으므로 소음 레벨은 낮아지고 고장도 줄어든다. 대표적 메이커는 회전자의 여자(勵磁)를 권선으로 하는 Enercon(독일)이다. 이 타입의 국내 메이커에는 영구자석 동기발전기를 쓰고 있는 기어레스의 일본제강소 2MW 풍력발전, 후지(富士) 중공업의 스바루(昴) 소형풍력발전 시스템, 미쓰비시 중공업 S시리즈가 있다. Multibird(독일) 5MW는 영구자석 동기발전기와 증속기를 일체구조화한 유니크한 타입이다.

풍력발전 설비의 성능

풍력발전 설비는 기술 개량에 의해 발전터빈의 성능이 현저히 향상되었다. 대형화로 인한 발전 비용 절감에 맞추어, 최근 집합체로서 발전소 기능을 가진 대형 윈드팜이 차례로 건설되어, 설비 용량이 연 30% 가까운 성장을 계속하고 있다. 특히 해외에서는 풍황(風況)이 좋은 바다 위로 풍력발전이 활약의 장을 넓히고 있다. 본 항목에서는 풍력발전 제조사의 풍차 대형화의 변천을 더듬고, 내외의 윈드팜에 대해 소개한다.

키워드 **윈드팜**

복수의 대형풍차를 풍황이 좋은 지역에 건설하여, 풍력발전을 하는 풍력에너지 농장의 의미. 유럽에서는 해상 윈드팜의 건설이 적극적으로 진행되고 있다.

풍차의 대규모화

풍력발전에 쓰이는 로터의 지름과 정격출력의 관계는 어떻게 되는 것일까. 내외의 풍력발전 데이터를 토대로, 로터 지름과 정격출력의 관계를 그래프로 한 것이 그림 1이다. 로터경 d의 회전면을 풍속 V로 통과하는 바람의 에너지는

$$E = (\pi\rho/8) \cdot d^2 \cdot V^3 \,[\mathrm{W}]$$

라 나타내어지기에, 공기밀도 $\rho \fallingdotseq 1.2(\mathrm{kg/m^3})$, 정격풍속 $V \fallingdotseq 13(\mathrm{m/s})$를 대입하면, 정격풍속의 바람에너지는,

$$E \approx d^2 \,(\mathrm{kW})$$

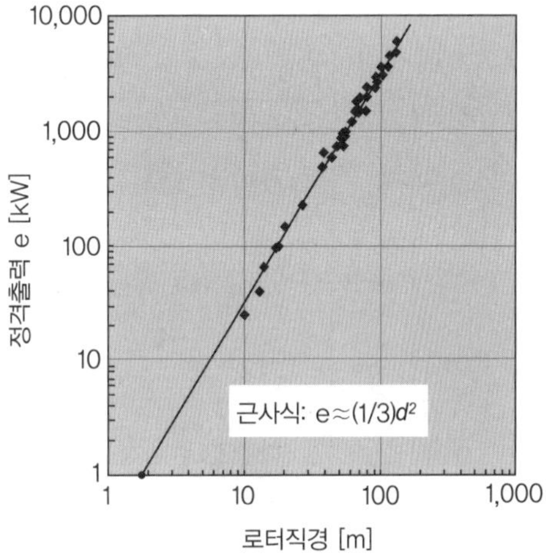

그림 1 로터직경(d)과 정격출력(e)의 관계

라 근사 가능하다. 풍력발전의 효율(p.80에서 설명)로서 약 1/3을 전력에너지로 추출할 수 있다고 하면, 정격출력의 근사식으로

$$e \approx (1/3)\, d^2 (\mathrm{kW})$$

가 얻어진다. 근사식에 나타낸 것과 같이 로터 지름과 정격출력의 관계는 로터 지름의 제곱에 거의 비례한다. 장래의 10MW 풍차의 로터 지름을 근사식으로부터 계산하면, 약 170 m가 된다. 그림 1에서 정격출력이 최대인 기종은 Enercon사의 E-126/6(로터 지름 126 m, 정격출력 6,000 kW)이고, 허브의 높이가 131 m로 거대하다. 그림 중 최소의 기종은 일본의 제퍼사의 Z-1000(로터 지름은 1.8 m, 정격출력 1 kW)이다. 오늘날에는 작은 마이크로 풍력부터, 큰 초대형 풍차까지 라인업이 갖추어져 있다. 이와 같은 대형화를 가능하게 한 것은, 날개나 나셀의 경량화에 의한 타워헤드 중량의 경감이 기여하고 있다. Vestas사 V90-3.0MW의 로터경 90 m 날개는 재질 개량에 의해 동사의 V80-2.0MW의 로터경 80 m의 날개와 같은 정도의 중량이 되었다. Enercon사는 1980년대에는 증속기가 부착된 풍차를 제조하고 있었지만, 증속기어에 고장이 다발했기 때문에 기어리스 다극동기발전기에 의한 가변속 풍차를 개발함과 동시에, 연간 발전량을 15% 증가시키는 신형 날개 형상의 날개를 개발하여 고성능화를 꾀하였다. 날개를 대형화하면 중량은 날개 길이의 세 제곱에 비례하기 때문에 그대로는 중량이 너무 늘어나는데, 얼마나 날개의 강도를 유지하면서 경량화하는가가 대형풍차 고성능화의 열쇠이다.

윈드팜의 성능

그림 2는 미국 버클리연구소가 편집한 풍력발전 프로젝트의 설비이용률 데이터이다. 예를 들면 건설 시기가 1998년 전기인 20발전소는 2006년 시점에서의 설비 이용률이 평균 23%이다. 건설 연도가 새로워지면 설비이용률이 좋아져, 2004년부터 2005년에 건설된 25발전소는 2006년 시점에서의 설비 이용률이 평균 36%로 향상되어 있다. 특히 최근 설치된 풍력발전소는 입지가 개선되어 있다. 또, 터

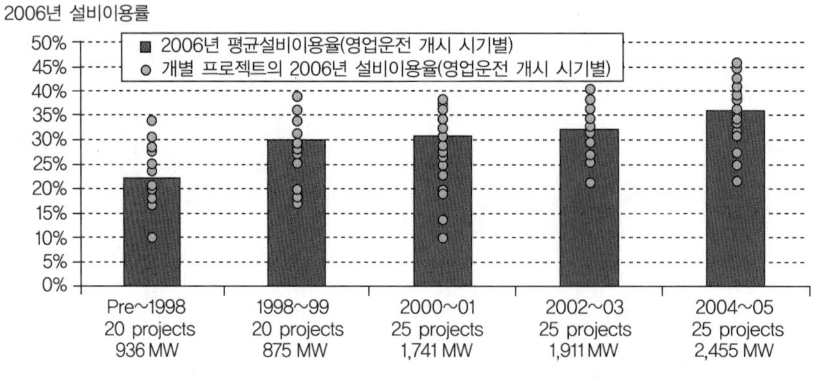

그림 2 풍력발전시설의 영업운전개시 시기별 설비이용율(2006년 시점)
(출처: NEDO 해외레포트 No.1006, 2007. 9. 5「미국 에너지성에 의한 풍력발전 연차보고(제4회: 최종회)」)

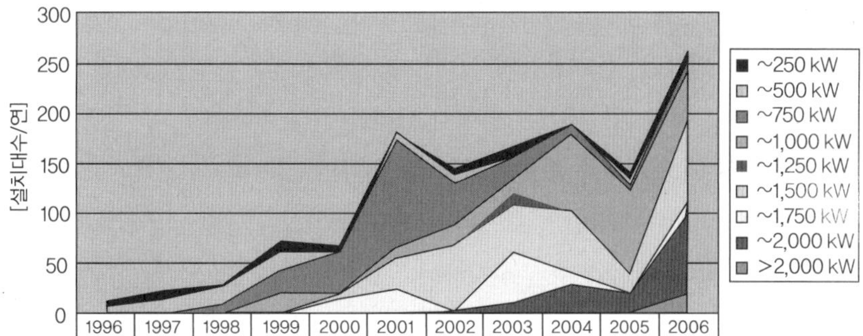

	1996	1997	1998	1999	2000	2001	2002	2003	2004	2005	2006
■ ~250 kW	5	8	1	10	5	2	7	12		6	6
□ ~500 kW	7	15	18	19	1	6	9	1		6	2
■ ~750 kW			10	22	40	108	41	23	9	6	11
□ ~1,000 kW				21	1	11	20	13	77	83	49
■ ~1,250 kW					1			12	1		
□ ~1,500 kW					5	31	67	48	62	19	82
□ ~1,750 kW					14	24		49	11		12
■ ~2,000 kW							2	12	29	20	77
■ >2,000 kW										1	22

그림 3 일본의 풍력터빈 대형화 추이(NEDO의 홈페이지 자료로부터 작성)

빈의 거대화에 따라 허브의 높이가 높아져 풍황이 좋아진 것과 제어기술이 진보되어 고장률이 개선된 것으로, 설비이용률이 한층 향상되었다고 생각된다.

일본의 윈드팜

최근 국내에서 건설되는 윈드팜 프로젝트는 1기당 정격출력이 1,000~2,000 kW로, 기수는 10~57기이다. 이 중에서 특히 규모가 큰 것은 2006년 12월에 운전을 개시한 그린파워 고오리야마 누노비키의 64MW(2,000 kW 32기)와 2005년 11월에 운전을 개시한 소야곶 윈드팜의 57MW(1,000 kW 57기)이다. 해외의 윈드팜에 비하면 기수가 적으나 서서히 대규모화가 진행되고 있다.

그림 3은 1996년부터 2006년의 일본에 있어서의 풍력터빈의 설치 대수를 규모로 분류한 그래프이다. 2001년 전후는 750kW 이하가 많고, 2003년은 1,000~1,500 kW 클래스가 주류가 되고, 2006년은 1,500~2,000 kW가 절반 가까이를 차지하여, 수년마다 풍력터빈 대형화가 진행되고 있다. 최근의 연간 설치 대수는 200~250기인데, 자치 단체에서 설치하는 경우 등 1군데에 1기인 곳이 많다는 특징이 있다. 2006년도에 대해 조사하면 46군데 중 1기 설치가 20군데인데, 전체의 40% 이상으로 많다. 자연에너지를 사용한다는 의미에서 자치 단체의 환경 중시 선전 효과는 있으나, 나라의 보조금을 절반 가까이 들여 1군데 1기 설치는 경제 효율이나 운영 효율 면에서는 문제가 있다.

풍력발전 설비의 신뢰성

고장이나 트러블의 발생은, 풍력발전의 설비 이용률을 낮추는 요인 중 하나이다. 이런 의미에서 고장이나 트러블이 적은 시스템은 풍력발전에 요구되는 중요한 성능 중 하나라고 말할 수 있다. 경제산업성 원자력 안전 보안원 북해도 산업보안 감독부는 2002년도부터 매년 조사를 실시하여, 「홋카이도 풍력발전의 현 상황과 과제~홋카이도의 풍력발전소 가동 상황과 트러블 상황」으로서 시간 경과에 따른 변화 경향도 분석하고 있다. 2005년도 말의 조사에 의하면 도내에 설치되어 있는 258기의 풍차 중 189기가 해외 메이커에 의한 것으로, 해외 메이커 비율이 73%로 높다는 것이 밝혀졌다. 설문조사 결과로부터는 회답이 있었던 162기의 풍차의 정기점검에 의한 정지 시간의 평균은 102시간, 고장 트러블에 의한 정지시간의 평균은 937시간으로, 고장 트러블에 의한 정지시간이 전년의 조사보다 1.5배나 늘어나고 있다는 것이 밝혀졌다. 1년간 트러블이 없었던 풍차가 23기(14%) 있었던 반면, 2개월 이상 정지한 풍차가 30기(19%) 나 있었다. 시간 경과에 의한 열화(劣化)라 보여지는 마모피로 비율이 증가 경향에 있어, 해외 메이커의 경우에는 교환 부품 주문에 시간이 걸린다는 문제도 지적되고 있다. 부위별 발생 건수 비율은 제어기기 27%, 구동계기기 19%, 전기설비 16%, 날개 9%, 발전기 7%, 운전 감시 시스템 6%, 나셀 4%, 계측기기 4%, 그 외 8%이다. 사고 발생 원인에 대해 보면, NEDO의 「풍력발전 시설 고장 · 사고 등 조사위원회 2005년도 보고서」에 의하면, 그림 4에 나타내는 것처럼, 사고 발생 원인의 첫째가 낙뢰이다. 특히 호쿠리쿠 지방과 일본해 연안부의 "동계낙뢰(冬季落雷)"는 IEC61400-24의 보호 레벨 I(300쿨롬)을 훨씬 넘는 고전하량(739쿨롬)이 계측되고 있어, 일본에서는 낙뢰에 의한 날개 손상이나 제어기기 피해 등의 위험이 크기에, 낙뢰 대책의 중요성이 지적되고 있다.

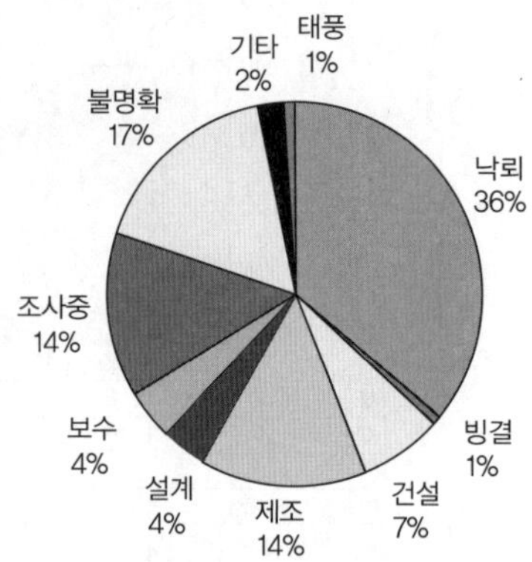

그림 4 풍력발전의 고장원인(경제산업성 원자력안전 · 보안원 「홋카이도의 풍력발전 현상과 과제(2006년도 조사)」 에너지 절약, Vol. 31, No. 2 (2007))

풍력발전 시스템 표준화의 움직임

풍력발전 시스템의 국제표준 제정은, 미국 캘리포니아에 대규모 윈드팜이 건설된 1980년대에 시작되었다. IEC/TC88 「풍력발전 시스템의 표준화에 관한 전문위원회」가 1988년에 설립되어, 국제표준 제정의 활동 성과가 순차적으로 IEC61400의 시리즈로 발행되어 왔다. 국내 규격은 JIS C1400 시리즈로 제정되어 있다. 풍력발전 국내 표준의 규격 체계를 표 1에 나타내었다. 풍력발전 시스템에 관한 국제규격은 IEC61400 시리즈에서 14건이 발행되어 있는 데 비해, 국내규격(JIS · TS · TR)은, 안전

표 1 풍력발전 국내기준 규격체계

분 류	제 목
용 어	JIS C 1400-0 : 풍력발전용어
안전요건	JIS C 1400-1 : 안전요건
	설계요건 (JIS C 1400-1 개정안)
	JIS C 1400- 2 : 소형 풍력발전시스템의 안전기준
	소형풍차 설계요건 (JIS C 1400-2 개정안)
	해상풍차 설계요건
	증속기 설계요건
	TS C 0041 : 낙뢰보호
성능 · 시험방법	JIS C 1400-11 : 소음측정방법
	JIS C 1400-12 : 성능계측방법
	발전용 풍력터빈의 성능계측방법
	발전용 풍력터빈의 성능계측방법의 검증
	윈드팜의 성능계측방법
	TS C 0039 : 기계적 하중 계측방법
	TS C 0040 : 실익구조 강도시험
	음향 출력단계 및 순음성 평가치의 표시
전력품질	JIS C 1400-21 : 계통연계풍차의 전력품질 특성의 측정 및 평가
통 신	풍력발전소의 원격제어 · 감시용 통신
도입 절차	TR C 0045 : 소형풍차를 안전히 도입하기 위한 절차

성이나 계통연계 등의 분야에서 10건 발행되어 있다. 그러나 이것들은 서양에서의 실적을 바탕으로 제정된 것이어서, 국내 특유의 험한 환경 조건(태풍, 동계뢰, 복잡지형에 기인하는 높은 난류(亂流) 성분 등)에 적용하면 적당하지 못한 경우가 있다. 2008년도는 이하의 6항목을 중점 항목으로 국내외의 표준화 원안 작성이 이루어지고 있다.

· IEC/TC88/PT61400-12-2(성능 계측 방법의 검증)의 국제 규격 원안
· IEC/TC88/PT61400-24(풍차의 벼락 보호)의 국제 규격 원안
· IEC/JIS C61400-3(해상풍차의 설계 요건)의 국제 규격 원안
· IEC/JIS C1400-21(계통연계풍차의 전력품질 특성의 측정 및 평가)의 국내 규격 원안
· IEC/JIS C1400-23(풍차의 실익(實翼)구조 강도 시험)의 국내 규격 원안
· IEC/JIS C1400-25시리즈(풍력발전소의 감시 제어용 통신)의 국내 규격 원안

풍력발전의 입지

풍력발전의 에너지원이 되는 「풍력자원」의 크기를 지도상에 등급별로 나눈 지도가 「풍황지도(map)」이다 지역에 따라서 계절별로 풍향이나 풍속이 크게 변화하는 경우는 계절별 풍황지도가 있으며, 그 지역의 풍력에너지 특성을 아는 데에 기초자료가 된다. 풍향지도는 세계 각국에서 만들어져, 인터넷의 홈페이지 상에도 공개되고 있다.

키워드 **풍황지도**

풍력발전에 적합한 장소를 지도상에 나타낸 것이 풍황지도이다. 연간 평균풍속이 6~7 m/s를 넘는 것이 사업화에 적합한 기준이다.

일본의 풍황지도

신에너지 · 산업기술종합개발기구(NEDO 기술개발기구)의 홈페이지에서 일본 전국을 8지역으로 나눈 풍황지도가 공개되고 있다(그림 1). 이 NEDO 기술개발기구의 공개 데이터베이스에서는 기상청으로부터 수집한 「풍황 자료」와 더불어 국소지역에 대한 풍황지도으로서 500 m 메시(mesh)로 해석한 「풍황지도(지상 높이 30 · 50 · 70 m, 연평균풍속)」이며, 「풍향과 풍속의 출현빈도」(그림 2 참조)를 볼 수 있다.

그림 2는 쓰가루반도 닷피곶 주변의, 고도 50 m에서의 풍배도와 풍속계급 출현 빈도 그래프이다. 풍력발전 성능은 바람에 의해 결정되기에 「풍력자원」이 풍부한 장소를 찾는 것부터 시작되는데, 실제 후보지에 대해 1년 정도 시간을 들여 풍황 측정을 한다.

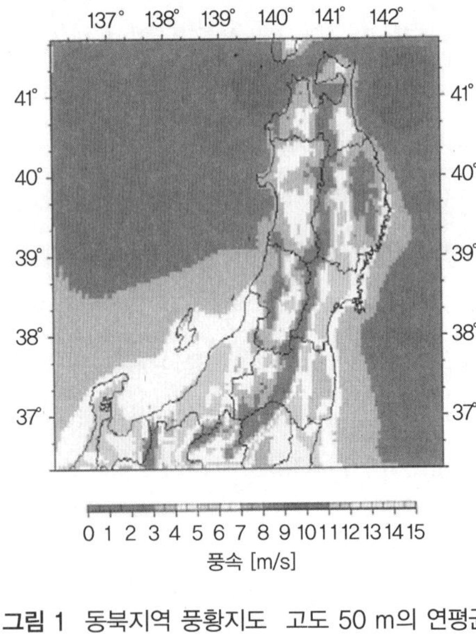

그림 1 동북지역 풍황지도 고도 50 m의 연평균풍속(NEDO의 홈페이지로부터)

그림 3은 히가시이즈 풍력발전소의 계획 단계에서의 풍황 측정 결과로 지상고 10 m와 20 m의 풍속

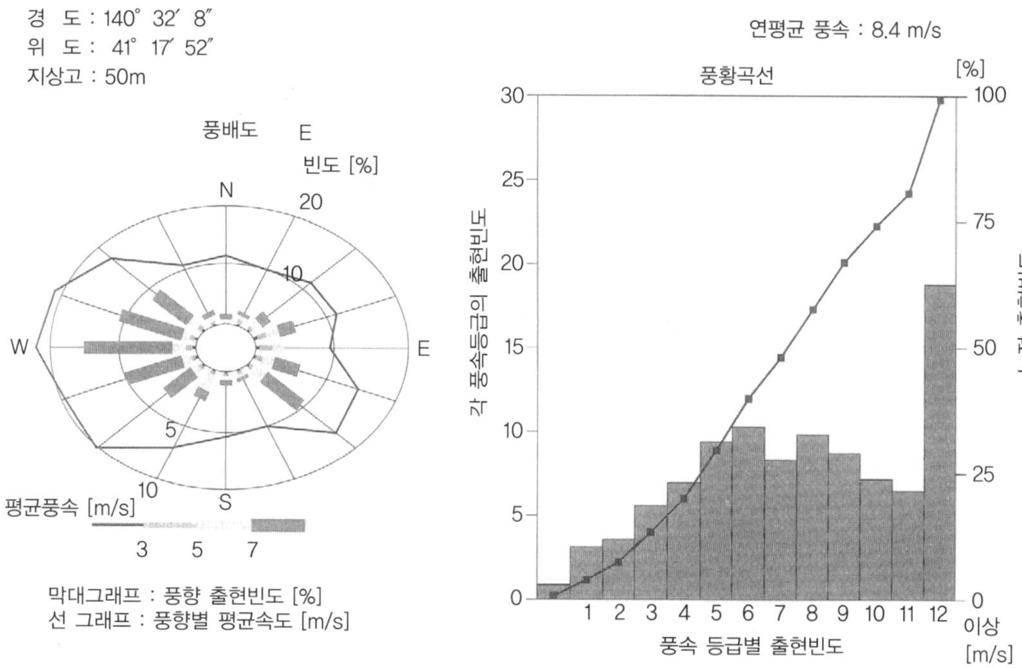

그림 2 풍배도와 풍황곡선 예 (닷피곶 주변: 고도 50 m, NEDO 신에너지기술 개발기구 홈페이지로부터)

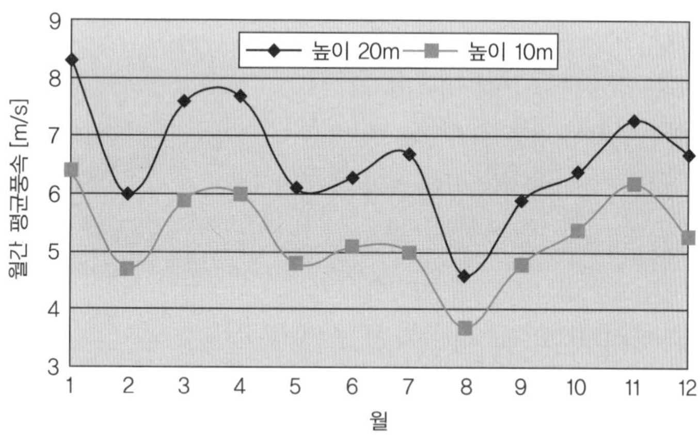

그림 3 풍황측정결과 예(히가시이즈풍력발전 홈페이지의 자료를 바탕으로 작성: http://www.town.higashiizu.shizuoka..jp/bg/furyoku/fukyo/)

이 1년간 관측되고 있다. 풍속은 시간이 지나면 변화하기에 근처의 기상관청 등이 관측한 장기 풍황 자료와 비교하여, 풍황 관측 자료를 사업기간을 통한 평균 풍속으로 환산해서 연간 발전량을 추정한다.

풍력발전에 적합한 입지조건은 연간 평균 풍속이 풍차의 허브(로터의 회전중심) 높이에서 6~7 m/s 이상 있을 것, 건설비용을 줄이는 데에서 전력을 나르는 송전선이 가까이에 있을 것, 대형 날개나 타

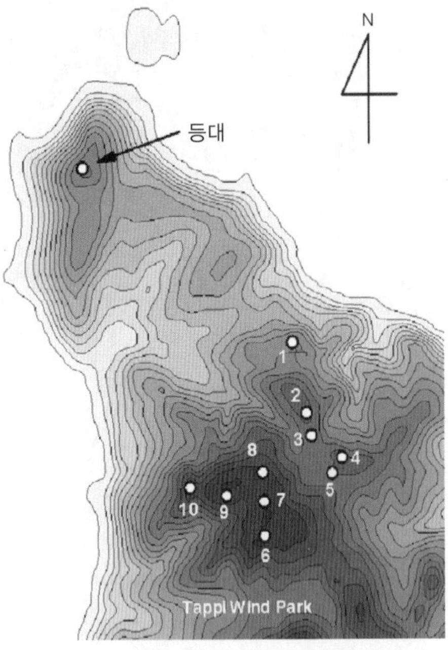

그림 4 닷피윈드파크 내의 풍차의 배치
(출처: 이시하라 다케시, 일산과학진흥재단 연구보고서(2003))

워를 운반하는 공사차량이 이용 가능한 도로가 있을 것 등이 후보지 선정의 중요한 조건이 된다. 또한 경관이나 소음 등 주변의 환경 영향에 대해 이해를 얻을 수 있는 것도 필요조건이다.

풍황수치 해석

일본에서는 연안부의 급사면에 솟아올라 있는 지형의 장소에 입지를 계획하는 경우가 많아, 기복이 있는 복잡한 지형의 경우에는 국소적으로 별로 바람이 불지 않는 장소가 생기거나, 지형의 기복 때문에 바람의 흐트러짐이 발생한다. 이러한 복잡한 지형의 장소를 선정할 경우에는 풍황 측정과 합쳐 먼저 나온 LAWEPS와 같은 국소풍황 예측 시스템을 이용한 수치 해석도 유효하다.

아오모리현의 닷피곶을 대상으로 한 수치 해석의 예를 소개하면 그림 4가 닷피 윈드파크 내의 풍차 배치이다. 풍차 1~10호기의 나셀 위에는 풍향풍속계가 장비되어 있어 풍속 풍향의 10분 평균치가 관측되고 있다. 복잡한 지형이 평균 풍속장에 주는 영향을 조사하기 위해 5호기와 10호기의 위치에서의 E-W 단면 내의 평균 풍속 벡터를 그림 5에 나타내었다. 5호기는 산 정상의 패인 지형에 위치하고 있기에 풍차 높이에서의 풍속이 크게 감소되어 있다. 실측치와 예측치 비교에서는 국소풍황 예측 시스템이 선형모델인 경우는 실측치보다 과대한 예측치가 되어, 복잡한 지형에서는 비선형모델에 의한 예측 쪽이 우수하다 할 수 있다. 풍차 간의 간섭에 의한 개개 배치의 영향도 해석 가능하다.

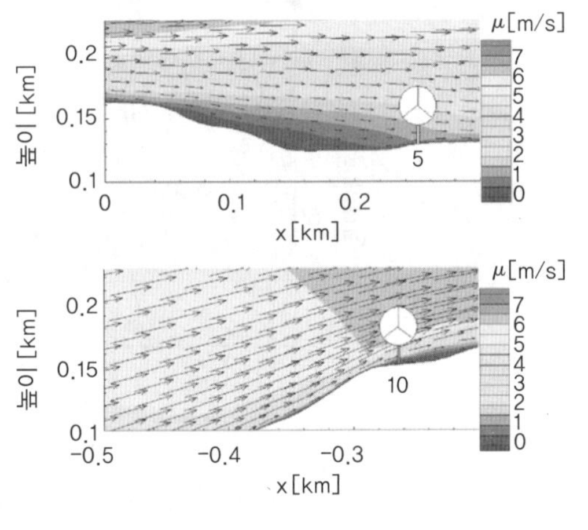

그림 5 E-W단면 내의 평균풍속 벡터(상: 5호기, 하 : 10호기) (출처: 이시하라 다케시, 일산과학진흥재단 연구보고서(2003))

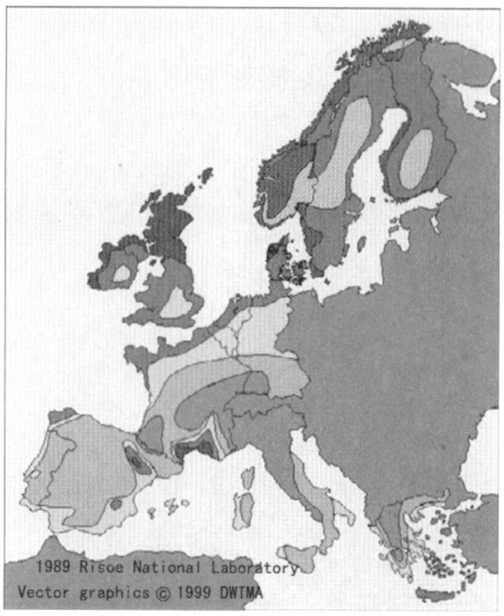

그림 6 유럽의 풍력자원 지도

표 1 그림 6의 풍력자원 등급

	장애물이 있는 지형 [m/s]	열린 평지 [m/s]	연안 [m/s]	해상 [m/s]	언덕이나 지붕 [m/s]
	>6.0	>7.5	>8.5	>9.0	>11.5
	5.0~6.0	6.5~7.5	7.0~8.5	8.0~9.0	10.0~11.5
	4.5~5.0	5.5~6.5	6.0~7.0	7.0~8.0	8.5~10.0
	3.5~4.5	4.5~5.5	5.0~6.0	5.5~7.0	7.0~8.5
	<3.5	<4.5	<5.0	<5.5	<7.0
		>7.5			
		5.5~7.5			
		<5.5			

지상 50m에서의 풍력 자원의 풍속 등급 구분
ⓒ1989 Risoe National Laboratory Vector graphics ⓒ1999 DWTMA

유럽의 풍황지도

풍력발전이 왕성한 유럽에서는 내륙부, 연안부, 근해부, 원해부 등의 풍황지도가 많이 작성되어 있다. 그림 6은 표 1의 풍력자원 등급에 의거한 유럽 광역의 풍향지도이다. 주로 북해연안과 지중해의 일부에 고도 50m에서는 연간 평균풍속이 8~9m/s와 9m/s 이상으로 풍력자원이 풍부한 지역으로 볼 수 있다. 독일, 덴마크를 비롯한 서유럽 제국은 연안부에 가까운 해상 윈드팜의 프로젝트를 2006년부터 많이 계획되고 있다.

해상풍력발전(천해(淺海), 중간(中間), 심해(深海))

그림 7은 유럽의 해상 풍황지도이다. 북해와 지중해의 일부에 고도 50m에서의 연간 평균풍속 9m/s 이상의 영역이 있다. 유럽에서는 북해유전의 기술 · 경험 대부분이 살아 있어 해상 풍력발전은

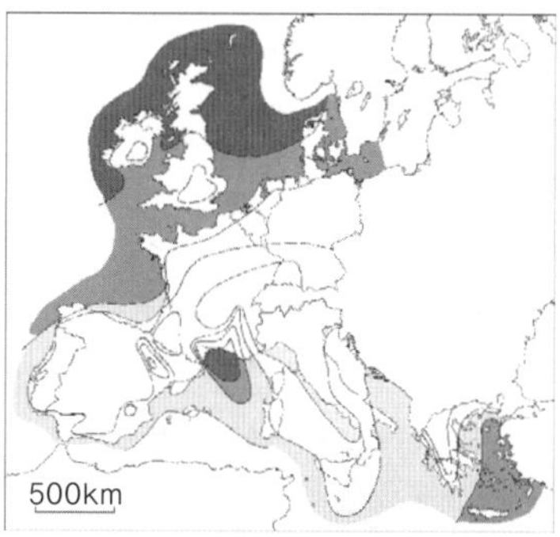

Wind resources over open sea
(more than 10km offshore)
for five standard heights

	50m [ms^{-1}]	100m [ms^{-1}]
	>9.0	>10.0
	8.0~9.0	8.5~10.0
	7.0~8.0	7.5~8.5
	5.5~7.0	6.0~7.5
	<5.5	<6.0

그림 7 해상의 풍황지도(독일 · 로이드사의 홈페이지로부터)

그림 8 해상풍력발전 형태와 수심의 관계
(출처: NREL 자료, Technical Report NREL/TP-500-41958 November 2007, p.3
(http://www.nrel.gov/docs/fy08osti/41958.pdf))

앞으로 발전이 기대된다. 해상은 육상과 비교하여 풍속이 강하고 발전량이 크다는 것, 풍향 및 풍속이 안정되어 있으므로 설비이용율이 높다는 이점이 있다. 현재는 수심 10~30 m의 바다 위에 설치되어 있으나 수심 30~60 m의 바다 위, 수심 60 m보다 한층 더 깊은 바다 위로 실증 연구가 이루어지고 있다. 설비상으로 어려운 해상환경과 기초공사에 의하여 건설비용이 높아지는 결점이 있지만, 영국, 덴마크나 네덜란드에서는 대규모의 해상 윈드팜이 건설되어 있으며, 독일에서도 대형 윈드팜 건설계획이 이행되고 있다. 그림 8에 나타나는 것처럼 육상에서 얕은 해상으로, 한층 더 중간적인 수심(10~30 m)의 장각(長脚)고정식 기초를 가지는 해상풍차로, 다음으로 계류(繫留)부유식의 해상풍차로 개발이 진행되리라 생각된다. 그를 위해 3각(脚)형 기초를 가진 해상풍차나, 수심이 깊은 장소용의 계류부상식 해상풍력을 건설하기 위한 타당성 조사가 이루어지고 있다.

중간적인 깊이의 해상풍력발전의 예로는 스코틀랜드에 가까운 북해의 베아트리스(Beatrice) 풍력팜 실증 프로젝트가 있다. 이 장소의 수심은 45 m로, REPower사의 5 MW 풍력터빈 2개가 재킷 구조물 위에 설치되어 있다.

그렇지만 중국, 미국, 일본, 노르웨이 등 많은 나라의 잠재적인 해상풍력자원은 30 m 이상의 수심지

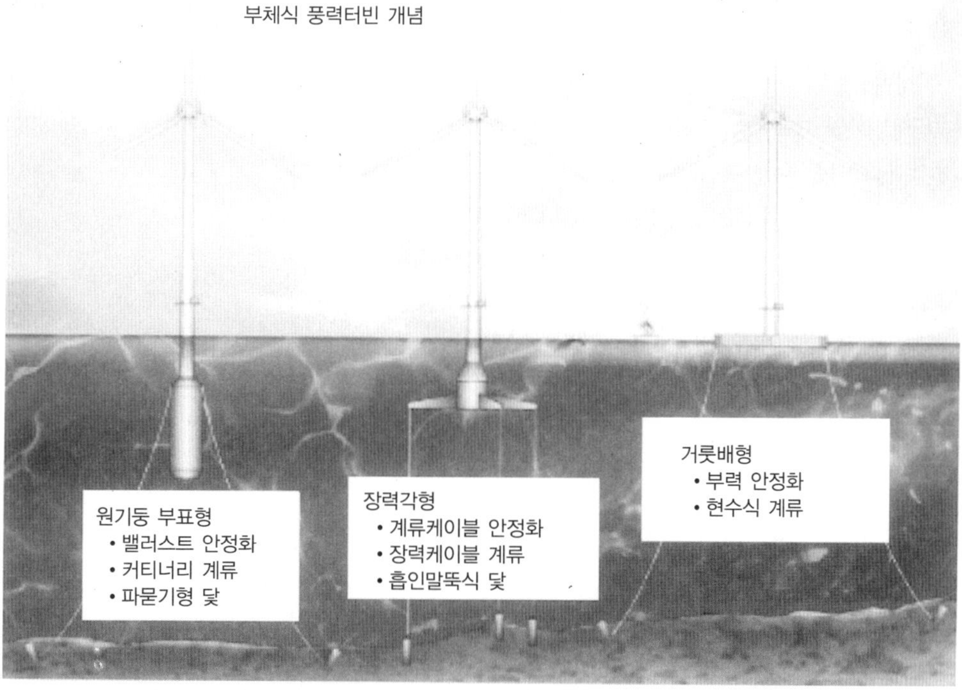

그림 9 해상풍력터빈의 다양한 부체지지구조
(출처: NREL 자료, Technical Report NREL/TP-500-41958 November 2007, p.4)

대에 있다. 어느 심도에 도달하면 부체식 지지구조가 가장 경제적인 선택지가 된다. 그림 9에 대표적인 부표 지지구조를 나타내었다. 이것들은 정적 안정도를 어떻게 유지하는가에 따라 분류된다.

원기둥 부표형은 현수식 케이블 또는 장력 케이블에 의해 원기둥 부표를 계류하는데, 이 경우의 안정도는, 부력의 중심보다도 안정화 장치를 사용해서 중심을 낮게 하여 실현된다(커티너리는 「현수곡선」이라 불리는데, 로프 등의 양 끝을 잡고 늘어뜨렸을 때 만들어지는 곡선을, 장력 케이블은 팽팽하게 잡아당긴 케이블을 의미한다).

장력각형은 탱크 안의 남는 부력에 의해 부여되는 계류 케이블의 장력을 이용해서 안정도를 실현한다.

거룻배형은 거룻배를 커티너리 케이블로 계류하여, 물과의 접촉면에 의해 안정도를 실현한다.

이상 3종의 특징을 활용한 복합형도 가능하다.

국내에서도, 부체식 풍력발전에 대해 연구가 이루어지고 있다. 예를 들면, 국립 환경 연구소의 세일링형은 길이가 약 2km인 초대형 반잠수식 부체 위에 5MW의 풍차 11기를 탑재하여, 앞뒤에 설치된 거대한 돛을 조정하여, 풍황과 파랑 조건이 최적인 해역을 골라 이동한다는 유니크한 발상에 기초를 둔 부표식 풍력발전이다. 얻어진 전력으로 해수를 전기분해하여 수소를 생산해서 저장한다.

또한, 「일본의 해안선의 풍황과 발전량」(1998)에 의하면, 일본은 풍차 설치 가능한 해안선이 길고 앞바다 3km 이내(수심 20m 이하)에 풍황이 좋은 장소가 많아, 육상에 비해 수십 배의 풍력 이용 가능성이 있다는 것이 분명해졌다. 일본의 해상풍력발전의 잠재적 가능성은 극히 높으므로, 해상풍력발전의 발전을 기대할 수 있다.

풍력발전 시설

GWEC(세계풍력에너지협의회)의 집계에서 2008년에 세계의 풍력발전의 총설비용량은 27% 증가하여, 마침내 1억 kW를 넘었다. 특히 미국과 중국이 경이적인 성장을 하고 있다. 기존 에너지에 비해 풍력발전은 설비용량으로서는 작으나, 주요국들은 장기목표를 걸고 높은 성장을 유지하고 있다. 일본은 세계의 움직임과 달리 현재 신규 도입이 정체되어 있다.

키워드 풍력발전의 설비용량과 실질발전량

세계의 풍력발전 설비의 총용량은 약 1억 kW인데, 이 용량은 정격풍속(약 13 m/s)의 바람이 불었을 때에 얻어지는 출력이다. 따라서 실제 발전량은 평균적으로 20~30%로, 실질 2,000만~3,000만 kW 상당이 된다.

세계 각국의 설비용량

그림 1은 나라별 풍력발전의 2008년 신규 도입량과 2008년 말의 발전설비용량이다. 2008년의 전세계 신규 도입량은 약 2,644만 kW, 2008년 말 세계의 총설비용량은 1억 1,700만 kW가 되어, 마침내 1억 kW를 넘었다. 설비용량의 선두 자리는 미국이 압도적인 신설량(836만 kW)으로 독일을 제치

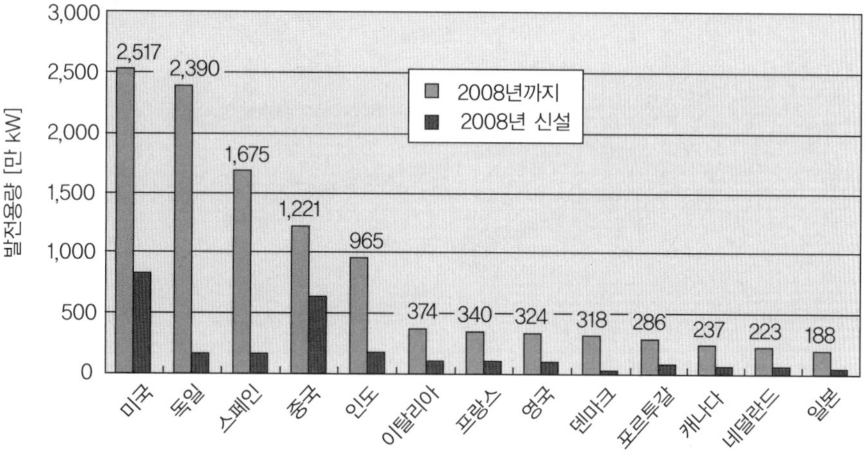

그림 1 2008년 신설과 2008년 말의 나라별 풍력발전 설비용량(GWEC의 자료를 바탕으로 작성)

고, 또 중국도 신설(630만 kW)로 4위로 급성장했다. 중국과 인도 양국의 대두가 현저한데, 그 배경에는 높은 경제성장에 의한 에너지 수요 급증과 핍박, 타국으로부터의 CDM(클린 개발 메커니즘) 등 기후 변동 대책으로의 투자가 확대되었다. 2008년 3월 시점의 풍력CDM 프로젝트는 중국이 171건(899만 kW), 인도가 168건(357만 kW)이다. 일본은 2003년 말에 영국이나 중국보다 상위인 8위로 건투하고 있었으나, 요즈음 급격히 순위가 내려가 2007년 말에 13위로 후퇴하였다.

미국의 송전 인프라 정비

미국 에너지성(DOE)은, 2030년까지 적어도 전력의 20%를 풍력발전으로 조달한다는 계획을 발표하였다. 목표로 하는 발전설비용량은 3억 kW로, 그를 위해 2018년까지는 2008년의 2배 용량인 연간 1,600만 kW로 발전설비용량을 늘려가고 있다.

최근 미국에서 풍력발전 시장을 확대시키는 데에 있어 가장 큰 영향을 준 것은, 생산세액공제(PTC: Production Tax Credit)와 투자세공제(ITC)의 적용이 계속된 것이다. 또, 주가 실시하는 다양한 세제상의 우대 조치에 더하여, 주의 재생에너지 자금에 의한 풍력 프로젝트로의 원조 제공이 있다. 2006년 텍사스 주에서는 「경쟁력 있는 재생에너지 영역」을 특정하여, 송전 인프라를 구축하는 제도가 시작되었다. 이것은 재생에너지 자원의 입수 가능성이 높고, 발전 설비의 설치에 선행하여 송전 인프라를 건설할 수 있는 지역이며, 든 비용은 송전요금에 의해 회수된다. 텍사스 주의 풍력발전 용량은 2008년 말에 700만 kW가 되어, 전미 풍력발전량의 28%에 달하였다.

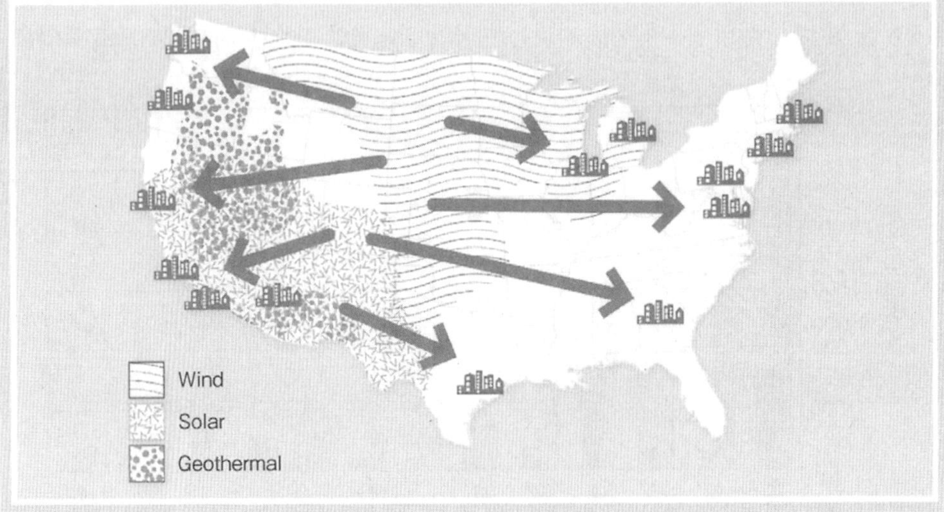

그림 2 미국의 「그린파워 수퍼 하이웨이」 구상
(AWEA와 SEIA의 공동발표자료(2009년 2월)로부터)

미국이 최근 힘을 쏟기 시작한 것이 풍력발전이나 태양광발전 등 청정에너지를 운반하는 송전망이다. 그림 2는 미국의 풍력에너지 협회와 태양에너지 산업협회가 공동으로 발표한 「그린파워 · 슈퍼하이웨이」[1]라 불리는 대송전망의 구상이다. 풍력, 태양광, 지열 자원이 풍부한 북미 대륙의 중앙부, 사막지대, 서쪽 지대로부터, 연안의 전력 수요지역으로 송전한다는 장대한 구상이다. 송전 형태는 대용량에 고압인 교류송전(765kV)과 송전 손실이 적은 직류송전(800kV)의 조합이 검토되고 있다.

유럽의 해상풍력발전

유럽에서는 덴마크의 서연안으로부터 약 15km 떨어진 수심 15m의 발트해에 2002년에 2MW 풍차 80기로 이루어진 대규모 해상풍력발전시설(Horns Rev1)이 건설되었다. 그 후에도 대규모의 해상풍력발전 시설이 건설되어, 유럽 풍력발전협회에 의하면 2009년 1월 시점에서 총용량 147만kW이다. 또, 2015년까지 설비용량 3,744만kW의 해상풍력발전의 건설이 계획되고 있다. 건설 중을 포함한 대규모 해상 윈드팜은, 표 1과 같으며, 영국과 독일이 특히 대규모 사이트를 건설하고 있다. 또 5MW 규모의 초대형 풍차를 사용하는 지역이나, 연안에서 상당히 떨어진 장소의 지역도 출현하고 있다. 제조사는 Vestas와 Siemens의 두 회사가 거의 독점하고 있다.

표 1 유럽의 해상 윈드팜(건설중 포함)

윈드팜명	건설연도	나라명	용량 [MW]	MW/기	기수	수심 [m]	연안거리 [km]	제조사
Middelgrunden	2001	덴마크	40	2	20	8	8	Bonus
Horns Rev 1	2002	덴마크	160	2	80	10	15	Vestas
Nysted Wind	2003	덴마크	166	2.3	72	8	8	Siemens
Kentish Flats	2005	영국	90	3	30	5	8	Vestas
Barrow Offshore	2006	영국	90	3	30	15	7	Vestas
Egmond aan	2006	네덜란드	108	3	36	20	10	Vestas
Burbo Bank	2007	영국	90	3.6	25	10	5	Siemens
Lillgrund	2007	스웨덴	110	2.3	48	7	10	Siemens
Lynn Inner Dowsing	2008	영국	194	3.6	54	10	5	Siemens
Princess Amalia	2008	네덜란드	120	2	60	22	23	Vestas
Thronton Bank 1	2008	벨기에	30	5	6	25	28	REPower
Rhyl Flats	2009	영국	90	3.6	25	8	8	Siemens
Robin Rigg	2009	영국	180	3	60	5	10	Vestas
Alpha Ventus	2009	독일	60	5	12	30	45	REPower
BARD Offshore 1	2009	독일	400	5	80	–	100	BARD
Horms Rev 2	2009	덴마크	209	2.3	91	13	35	Siemens
Thanet	2010	영국	300	3	100	23	8	Vestas

(유럽 풍력에너지협회(EWEA)의 2009년 1월 자료를 바탕으로 작성)

1) 출처: Green Power Superhighways(Building a Path to America' s Clean Energy Future) A joint publication of the American Wind Energy Association and the Solar Energy Industries Association(February 2009)
http://www.awea.org/GreenPowerSuperhighways.pdf

급성장하는 아시아의 풍력발전 제조사

중국과 인도 양국은 단순히 풍력발전의 도입을 꾀하는 것만이 아닌, 풍력발전을 자국의 산업으로 육성할 것을 노리고 있다. 풍차 본체, 발전기, 증속기 등 주요 부품의 국산화를 높이고, 세계의 풍력 발전 시장에 진출하여, 급속히 국제 시장에서의 실적을 올리고 있다. 중국은 그 때문에 풍력터빈의 56%가 국내 생산이며, 풍력발전 관련 제조 회사도 40개 사 이상을 헤아릴 정도까지 되었다. 그중에서 골드윈드(금풍과기(金風科技))는 중국에 있어서 풍력발전 메이커의 선두로 성장하였다. 중국 재생에너지 산업협회는 현재의 성장을 계속하면 2015년까지 중국의 풍력발전 총용량이 5,000만kW에 달할 것으로 보고 있다.

한편, 인도는 만성적으로 발생하고 있는 전력 부족을 보충할 만한 화력발전이나 원자력발전 능력이 부족하기 때문에, 풍력발전이나 수력발전 개발에 힘을 쏟고 있다. 현재로서는 풍력발전이 착실히 성장하고 있어, 이제는 발전용량이 1,000만kW에 달하고 있으나, 약 70%가 산업용 전력이다. 인도의 풍력발전 제조사 스즈론(Suzlon Energy Ltd.)은 1995년에 풍력발전 사업을 시작했는데, 현재 이미 아시아 최대의 풍력발전 제조사로 성장하여 미국의 풍력발전 시장에도 진출하고 있어, 세계 풍력발전 제조사 중 다섯 손가락에 꼽히고 있다.

일본의 풍력발전 용량

그림 3은 일본의 풍력발전 도입량의 추이이다. 2007년도 말에 총발전량은 167만 kW(기수로는 1,409기)에 달하였으나 연도별로 보면 신설 용량이 최근은 크게 변동하고 있어, 착실히 성장하고 있다고는 말하기 힘든 상황이다. 또 지역적으로는 홋카이도, 아오모리, 아키타(秋田)가 탑 3이고, 홋카이

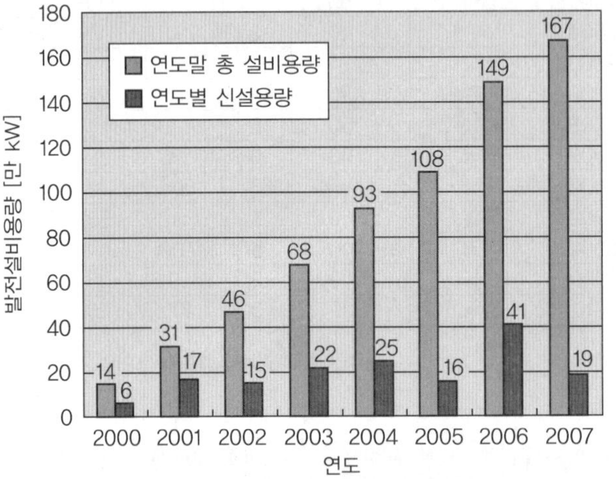

그림 3 일본의 풍력발전용량 추이(NEDO자료로부터 작성)

표 2 발전용량 20MW 이상의 주된 국내 윈드팜 (NEDO의 자료로부터 작성, 2008년 3월 현재)

명 칭	운전개시	장 소	발전용량 [MW]	MW/기	기	제조사
그린파워 고오리야마 누노비키	2006년 12월	후쿠시마현 고리야마시	64	2	32	Enercon
소야미사키 윈드팜	2005년 11월	홋카이도 왓카나이시	57	1	57	미쓰비시중공
노베지 윈드팜	2006년 10월	아오모리현 노베지정	50	2	25	Gamesa
(주)유러스에너지 노베지	2008년 2월	아오모리현 노베지정	50	2	25	Gamesa
가마이시광역 윈드팜	2004년 12월	이와테현 가마이시시	43	1	43	미쓰비시중공
CEF미나미아와지시 윈드팜	2006년 10월	효고현 미나미아와지시	38	2.5	15	GE Wind
무쓰 오가와하라	2003년 1월	아오모리현 롯카쇼촌	38	1.5	22	NEG미콘
이와야윈드팜	2001년 11월	아오모리현 히가시도리촌	33	1.3	25	BONUS
마토야마오시마 풍력발전소	2007년 2월	나가사키현 기타마쓰우라군	32	2	16	Vestas
롯카쇼무라 풍력발전	2003년 11월	아오모리현 롯카쇼촌	30	1.5	20	GE Wind
니시메 윈드팜	2004년 11월	아키타현 니시메정	30	2	15	Vestas
이와야 윈드파크	2003년 2월	아오모리현 히가시도리촌	27	1.5	18	NEG미콘
엠윈즈 하치류	2006년 10월	아키타현 미타네정	26	1.5	17	REpower

도와 도호쿠를 합친 발전용량이 일본 전체의 약 절반을 차지하고 있다. 잠재능력이 있는 풍력발전 사이트의 대부분은 전력수요 지역으로의 송전망 용량이 작은 원격지에 위치하고 있기 때문에, 송전망 인프라의 증강과 전력 공급의 안정성이 과제이다.

표 2에는 일본의 대표적인 윈드팜을 나타내었다. 2006년 12월에 운전을 개시한 고오리야마 누노비키 풍력발전소가 2 MW 풍차 32기로 이루어진 총발전용량 64 MW로 일본 최대의 윈드팜이다. 20 MW 이상의 사이트는 현재로서 27군데인데 이후의 발전이 기대된다.

풍력발전의 경제성

풍력발전은 20~40%의 설비 이용률을 기대할 수 있어, 태양광발전의 10~15%를 웃돈다. 그럼에도 발전 단가가 10엔/kWh를 넘는 경우가 많아, 일반전력의 발전 단가에 비해 가격 경쟁력이 조금 부족하였다. 하지만 풍황이 좋은 지역의 선택, 기술 진보에 의한 고효율화와 원가절감, 신뢰성의 향상, 수십 기의 대형풍차로 이루어진 윈드팜의 건설 등으로 발전 단가에 경쟁력이 생기기 시작하였다.

키워드 　발전비용의 중요인자

중요인자는 설비건설단가와 연간 설비이용률이다. 발전단가를 7엔/kWh로 하려면 건설비용을 20만 엔/kW 이하이고, 연간 설비이용률이 25~30% 정도, 연간 평균풍속 7 m/s 이상이 요망된다.

풍력발전의 비용 경쟁력

연간 설비이용률은 정격출력으로 1년 간(=8,760시간) 발전한 경우에 대한 실제의 연간 발전전력량의 비율이다.

$$\text{연간 설비이용률[\%]} \times \frac{\text{연간 발전전력량 [kWh]} \times 100[\%]}{\text{정격출력[kW]} \times \text{연간력(曆)시간(8,760h)}}$$

연간 평균풍속이 높은 장소는 연간 설비이용률도 높아진다. 실측의 예에서는 연간 평균풍속이 5 m/s, 6 m/s, 7 m/s 등으로 변화하면 연간 설비이용률은 11%, 20%, 28%로 되어 연간 평균풍속이 1 m 다르면 연간 설비이용률에 약 8%의 차가 붙는다(그림 1). 풍력발전에 적합한 장소로서는 허브의 높이에서 연간 평균풍속이 6 m/s를 넘는 것이 기준이고, 사업화에는 7 m/s를 넘는 것이 바람직하다고 되어 있다. 또한 뉴질랜드의 다라루아(Tararua) 풍력발전시설은 연간 설비이용률의 기록이 51.7% 정도를 수립하였다고 보고하고 있다.

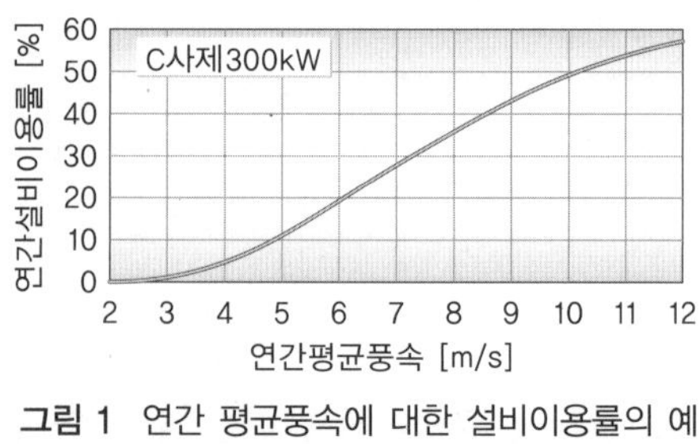

그림 1 연간 평균풍속에 대한 설비이용률의 예 (출처: NEDO기술개발기구 "풍력발전도입 가이드북" p.35)

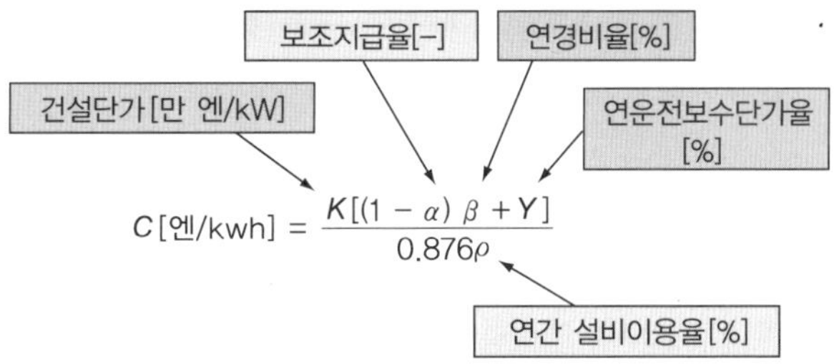

계산 예 : K=20만 엔/kW, α =0.3, β=7%(r=3.5%, n=20년)
Y=3%, ρ=20% → C=9[엔/kWh]

그림 2 발전단가 산출식과 계산 예

연간 설비이용률[%] 외에 발전 비용에 직접 영향주는 중요한 가격 인자는, 건설단가[만 엔/kW], 보조금 지급률[-], 금리 r과 내용(耐用) 연수 n으로부터 정해지는 연경비율[%], 연간 운전보수(保守)비의 건설비비율[%]이다.

이들 값이 정해지면 발전 비용은 간단히 어림셈이 가능하다. 그림 2 안에 건설단가 20만 엔/kW, 보조교부율 = 0.3, 연간 운전보수비의 건설비 비율 = 3%, 설비이용률 20%로 두고 계산한 발전 비용의 예를 나타내었는데, 이 경우는 9엔/kWh가 된다. 또한, 발전 비용의 산출 식은 태양광발전의 경우에도 이용 가능하다. 전형적인 태양광발전의 가격 인자로, K=70만 엔/kW, α=0.2, β=7%, γ=0%, ρ=13%를 대입하면, 발전 비용은 C=34엔/kWh가 된다.

K: 건설단가【만 엔/kW】

지역 신에너지 도입 촉진사업과 사업자 지원사업에 대하여, 풍력발전 시설의 건설단가[만 엔/kW]가 조사된 NEDO의 데이터를 표 1에 나타내었다. 건설 평균 단가를 보면, 자치체 등의 지역 신에너지 도입 촉진사업에서는 약 28만 엔/kW, 사업자 지원 사업에서는 약 18만 엔/kW로 20만 엔/kW를 밑돌고 있다. 지자체의 풍력발전 사업에서는 풍차의 개수나 규모도 작기 때문에 kW당 건설비는 높아져

표 1 풍력발전의 건설단가 추이(최대, 평균, 최소단가)

	항 목	1999년	2000년	2001년	2002년	2003년
지역 신에너지 도입 촉진사업 (단기~복수기)	평균 풍차 규모 [kW]	600	711	766	664	918
	건설단가 최대 [만 엔/kW]	30	28	33	33	44
	건설단가 평균 [만 엔/kW]	29	28	26	27	28
	건설단가 최소 [만 엔/kW]	28	27	20	20	23
사업자 지원사업 (단기~복수기)	평균 풍차 규모 [kW]	864	1,142	1,082	1,120	1,481
	건설단가 최대 [만 엔/kW]	33	27	22	26	27
	건설단가 평균 [만 엔/kW]	18	19	17	19	18
	건설단가 최소 [만 엔/kW]	16	18	16	16	14

(출처: NEDO의 웹사이트 자료로부터 작성)

있고, 사업자 지원사업의 윈드팜에서는 풍차의 규모도 크고 설치 대수도 많기 때문에 kW당 건설비가 내려갔다고 생각된다.

α: 보조지급율【–】

보조지급율은 자치체에 대한 지역 신에너지 도입 촉진사업이 최대 1/2, 발전사업자에 대한 사업자 지원사업은 최대 1/3이라 되어 있으나, 이것들은 최대이기에 실제로는 이것보다 낮아진다.

β: 연경비율【%】

연경비율은 금융기관에서 빌린 건설비를 갚을 때, 연간 반제액 비율을 나타낸다. 예를 들어, 내용 연수를 17년과 20년으로 할 경우, 금리 γ이 몇%인가에 의해 연경비율이 어떻게 되는가를 표 1에 나타내었다. 일본에서는 감가상각자산의 내용 연수가 17년(국세청에 의한 해설)이라 쳐지기에, 이것을 내용 연수로 써서 계산할 경우는 내용 연수 20년인 경우에 비해, 발전 비용을 결과적으로 8% 정도 높게 어림잡게 되므로 주의가 필요하다.

γ: 연운전보수단가율【%】

연운전보수단가율은 건설비에 대한 그 해의 운전보수비용의 비율로 정의된다. 통상은 2~4% 정도지만, 고장이나 낙뢰 등의 사고가 있으면 그 해는 커진다.

ρ: 연간 설비이용률【%】

통상은 20~30%. 허브 위치가 높은 대형 풍차이며 연간 풍황이 좋고 고장이 적은 해는 좋아진다. 그림 3은 도내 풍력발전소의 월간 설비 이용률인데 동계는 30%를 넘어 연간으로도 25% 가깝다는 것을 알 수 있다.

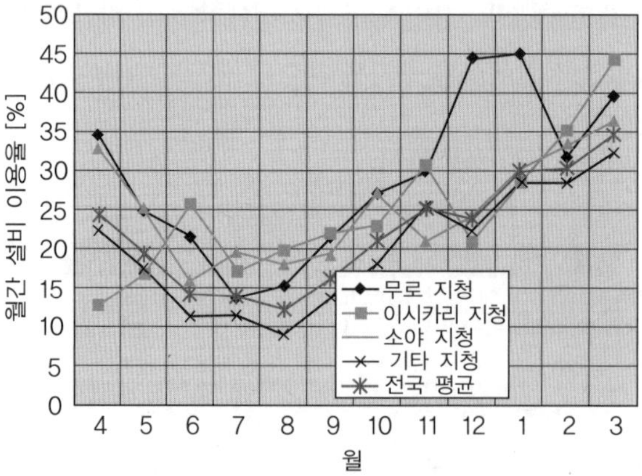

그림 3 홋카이도 내의 풍력발전소 월간 설비 이용율
(문헌 3의 자료를 바탕으로 작성)

표 2 금리 r과 연경비율 β의 관계

금리 r[%]	연경비율[%] 내용연수 n17	내용연수 n20
1.0	6.4	5.5
1.5	6.7	5.8
2.0	7.0	6.1
2.5	7.3	6.4
3.0	7.6	6.7
3.5	7.9	7.0
4.0	8.2	7.4

그림 4 히가시이즈 정 풍력발전

히가시이즈 정 풍력발전의 예

그림 4의 히가시이즈 정(東伊豆町)의 풍력발전은 정격출력 1,800 kW(600 kW/기 3기)로 2003년 12월에 운전 개시, 총공사비 4억 9,600만 엔으로, 그중 2억 2,300만 엔(보조지급율 0.45)의 보조지급을 NEDO의 지역 신에너지 도입 촉진사업으로 받아, 나머지는 전기사업채를 빌려 들이고 있다. 이것으로 계산하면, kW당 건설단가는 27.6[만 엔/kW]으로, 이 건설단가는 표 1의 지역 신에너지 도입 촉진사업의 평균적인 건설 단가이다.

표 2에 히가시이즈 정의 홈페이지에 공개되어 있는 데이터를 바탕으로 발전 비용을 산정하였다. 다만, 금리와 내용 연수는 가정하고 있다. 각 연도의 연운전보수단가율은 2004년도가 8.7%, 2005년도가 2.3%인데, 2004년도는 두 번의 낙뢰로 인해 손상된 풍차의 수선비(3,300만 엔) 때문에 연운전보수단가율이 높아져 그 영향이 발전 비용에 나타나 있다. 이처럼 소규모 발전소에서는 낙뢰 등의 사고에 의한 수선비로 발전 비용이 크게 변동된다. 또한, 동경전력으로의 매전(賣電) 단가는 11.2엔/kWh(세금 제외)이나 사고나 고장에 의한 운전보수비용의 상승에 의해 발전 비용이 매전 단가를 초과할 경우를 생각하면, 나라의 보조 지급은 4~5엔/kWh 발전 비용을 낮추고 있기에 효과가 크다 할 수 있다. 당 지역의 연간 평균풍속은, 표 2에 병기한 것과 같이 6 m/s 전후인데, 연간 설비이용률은 25% 이상으로 비교적 좋은 값을 유지하고 있다.

표 3 발전단가 시산 예

항 목	04년	05년	06년	07년	
건설단가 : K [만 엔/kW]	27.6	27.6	27.6	27.6	
보조교부율 : α [–]	0.45	0.45	0.45	0.45	
금리 : r [%]	1.5	1.5	1.5	1.5	가정
내용연수 : n [연]	17	17	17	17	가정
연경비율 : β [%]	6.7	6.7	6.7	6.7	
연운전보수단가율 : y [%]	8.7	2.3	4.1	3.7	
연간설비이용율 : ρ [%]	28.9	27.4	26.2	22.4	
발전코스트 : C [엔/kWh]	13.5	6.9	9.4	10.4	
연평균풍속 [m/s]	6.6	6.1	6.1	5.8	

풍력발전의 가격 경쟁력

그림 5는 미국에 있어서 장래의 다른 대용량 전력과의 가격 경쟁력을 나

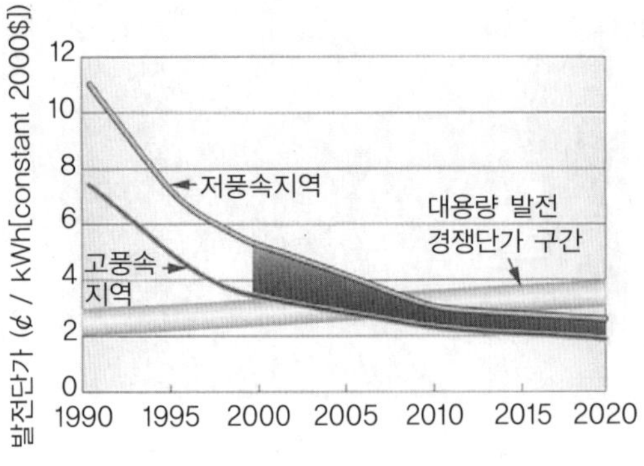

그림 5 미국에서의 풍력발전의 비용 경쟁력

타내고 있다. 화석연료 등 1차에너지원이 필요한 발전 비용은 서서히 증가하지만, 자연에너지를 사용하는 풍력발전의 발전 비용은 점차 내려가 2010년 이후는 전력 경쟁가격 구간에 비하여 풍력발전이 싸져서 가격 경쟁력을 가진다 하고 있다.

독일의 기준가격지원 제도

독일에서는 2000년에 재생에너지 자원법이 시행되어, 재생에너지 자원 유래의 발전 전력은 배전망 송전망으로의 접속이나 처리, 급전에 있어 높은 우선도가 부여되고 있다. 이 법률에서는 전력망에 공급되는 전력 1kWh당 고정 가격이 규정되어 있어, 운전 개시 후 최초 수년간(육상은 5년, 해상은 12년)은 보다 고액의 고정 가격을 얻을 수 있다.

「초기 가격(initial tariff)」은 적어도 5년간은 일정하게 유지되고, 그 후 지역의 풍력 상황을「표준 발전량(reference yield)」과 비교한 결과에 따라,「기본 가격(basic tariff)」으로 감액될 가능성이 있다. 표준 발전량의 150%의 발전량이 있는 굉장히 뛰어난 지역에 풍력 설비를 도입한 경우는 5년간 초기 가격을 수급만 하게 된다. 한편, 표준 발전량보다 발전량이 적은 지역에 도입된 윈드팜은 이 기간을 연장할 수 있다. 표준 발전량의 60% 미만의 지역에 대해서는 보장금이 지급되지 않는다. 이 규정은 풍력 조건이 나쁜 지역으로의 풍력터빈 도입을 억제하는 것을 목적으로 하고 있다.

표 4 풍력발전을 추진하기 위한 독일의 기준가격지원 제도(출처: EurObserv' ER2008)

나라명	제도		적용년수	육상풍력발전 (c€/kWh)			해상풍력발전 (c€/kWh)		
				2006	2007	2008	2006	2007	2008
독일	FIT (기준가격 지원)	초기 가격	5년(육상) 또는 12년(해상)	8.4	8.2	8.0	9.1	9.1	8.9
		기본 가격	최장 20년 (육상 · 해상)	5.3	5.2	5.1	6.2	6.2	6.1

(출처 : NEDO 해외리포트, No.1031, 2008.10.22)

지열발전의 원리와 설비

지열이란 빗물 등이 지하의 마그마(magma)에 의해서 가열되어, 고온의 열수로 지하에 저장된 것이다. 지열발전은 그 지열을 꺼내어 증기와 열수로 나누고, 증기를 사용하여 터빈을 돌려 발전하는 방식이다. 열수를 활용할 수 있는 바이너리(binary) 발전방식도 있으며, 증기가 없는 고온 암반에 강제적으로 물을 주입하고 증기 및 열수를 회수하여 발전하는 고온암반발전 방식도 연구 개발되고 있다.

키워드 **지열발전**

지열이란 지하에 증기나 열수의 형태로 저장된 열을 말하며, 지열발전은 그것을 이용해서 발전하는 설비를 뜻한다. 일본은 화산국이며 지열의 자원은 풍부하다고 말할 수 있다.

지열자원의 원리와 설비

지열자원부존 평가기준에서「지열은 깊이 1,000m에서 100℃ 이상, 조사지역 10km 이내에 60만년전 이후에 활동한 화산이나 열원이 있을 것」등의 기준이 있다. 따라서 지열자원은 화산 등의 주변에 존재하는 열원이 있는 장소에 한정되어 있다.

한편 온천이란 1948년에 제정된「온천법」에 의하여「땅속으로부터 용출(湧出)하는 온수, 광수 및 수증기 그 외의 가스(탄화수소를 주성분으로 하는 천연가스를 제외한다)이며, 별표와 같은 온도 또는 물질을 갖는 것」이라고 정해져 있다. 따라서 땅속으로부터 용출할 때의 온도가 25℃ 이상이라면 무조건 온천이며, 또 25℃ 미만이더라도 별표의 물질 조건을 만족하면 온천이다.

지열자원은 지하 심부(심도 3,000m 정도까지)로부터 상승하는 열수에 의해서 열이 운반되는「대류형 지열자원」과 열전도에 의해서 열이 운반되는「고온암반형 지열자원」의 두 종류로 크게 나눌 수 있다. 현재 상업 규모로 지열발전을 하고 있는 것은 전자의「대류형 지열자원」이다. 자원량으로는「고온암반형 지열자원」의

그림 1 지열 기액분리기(다키가미 지열)

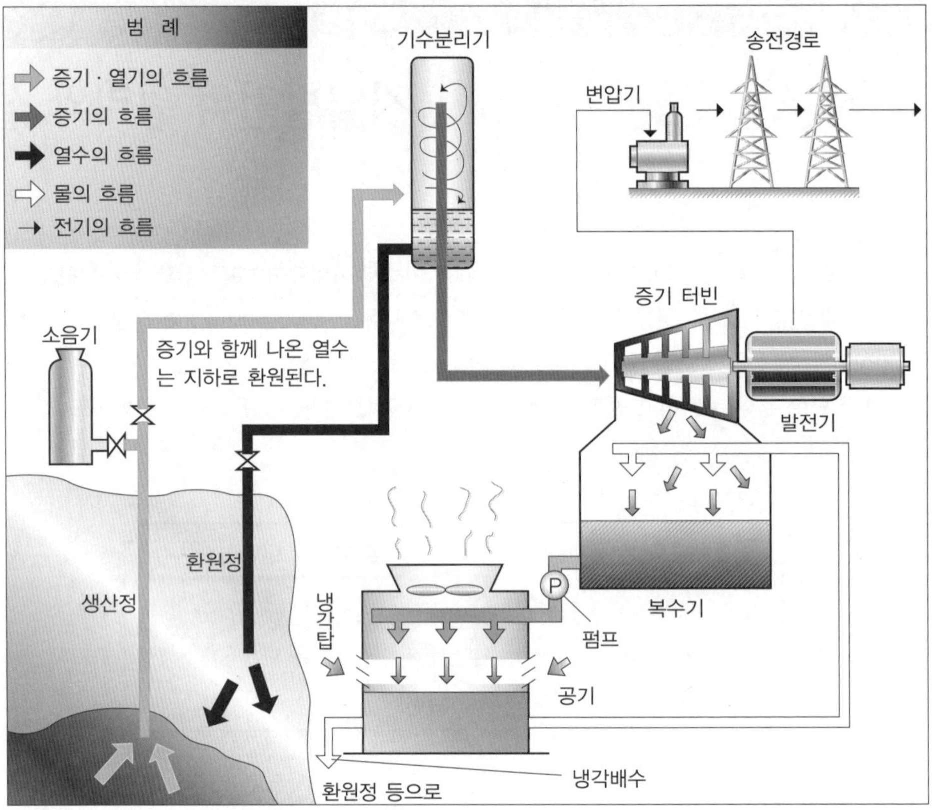

그림 2 지열발전의 구조
(출처: NEDO기술개발기구 팸플릿 「지역개발의 현상」)

편이 훨씬 많으므로 NEDO 기술개발기구를 중심으로 「고온암반 발전시스템」 등의 이용기술이 현재 왕성하게 연구 개발되고 있다. 대류형 지열자원에는 갱정(坑井)으로부터 증기만 분출하는 「증기탁월형 지열자원」과 열수가 섞인 증기가 분출하는 「열수형 지열자원」이 있다.

지열발전의 구조

대류형 지열자원은 그림 2에 나타내는 바와 같은 발전의 구조로 되어 있다. 그림 2의 생산정(生産井)으로부터 증기와 열수가 분출하여 나오는데, 그림 1과 같은 기액(氣液) 분리기에서 열수로 분리된 증기가 모여져 증기 터빈에 공급된다. 이때 증기 중에 포함되어 있는 불순물이 터빈에 스케일을 발생시켜 날개에 손상을 줄 염려가 있기 때문에, 표 1의 사양(仕樣)을 만족시킬 필요가 있다. 터빈을 나온 후의 증기는 복수기(復水器)에서 응축된다. 복수기에는 냉각탑을 지나서 냉각된 응축수가 순환되어, 그것에 증기가 접촉하여서

표 1 터빈 공급 증기 품질

전용해성증발잔유물	0.5(wt)ppm 이하
SiO_2	0.1(wt)ppm 이하
Cl	0.1(wt)ppm 이하

응축하는 구조로 되어 있다. 남은 응축수는 열수와 함께 모여져 환원정(還元井)으로 되돌아간다.

지열발전용의 증기터빈은 통상의 화력발전소에서 사용되고 있는 터빈에 비해 증기압력이 매우 낮기 때문에 발전능력과 비교해서 큰 변수가 될 수밖에 없다. 예로서 표 2에 규슈(九州)전력 다키가미발전소의 개요를 나타낸다.

표 2 다키가미발전소의 개요

운전개시	1996년 11월
출력	25,000kW
터빈형	단기통 · 단류충동-반동형 복수터빈
증기압력	0.12MPa
증기온도	126.8°C
기수분리기	종형원통사이클론 세퍼레이터
냉각탑	기계통풍향류 양흡입형

(출처: 규슈전력 홈페이지)

온천에 가면 황화수소 냄새가 느껴지는데, 지열도 많은 경우 분출한 증기 중에는 화산성의 가스가 동반되어 그 안에 황화수소를 포함한다. 때문에 터빈을 나와서 복수기로 보낸 증기가 대기로 방산되기 전에 가스 추출기를 이용해 황화수소를 포함하는 가스를 흡인시켜 황화수소를 제거한 후에 대기로 방산된다.

특히 열수 중에는 유해한 비소를 포함하고 있는 경우가 많아 취급에 주의를 요한다. 또 온도가 내려감으로써 열수 중에 포함되고 있는 실리카(silica)가 용출하여 관이 막혀버리는 일이 있다.

화산광상

열수는 이른바 초임계 또는 수열상태에 있으며, 그 중에 금속을 용해시키는 능력이 있다. 광상(鑛床)학자를 중심으로 한 연구에 의하면, 천열수성(淺熱水性, 온천형)의 금광상 형성은 화산성의 온천활동과 밀접한 인과 관계를 갖는 것이 명백하게 밝혀졌다. 특히 일본과 같이 많은 온천이나 활지열(活地熱)지대의 지질배경에서는 금광상이 존재할 확률이 높을 것으로 기대되고 있다. 가고시마현의 히시카리(菱刈)광산은 금의 매장량이 많고, 또 함유량이 높은 것으로 유명한 광산이지만 광산 내부에 들어가면 열수가 용출한다. 이 광산은 석영맥(石英脈)에 따른 열수광상이다.

그림 3 히시카리 광산의 금광석 고품위 (500 g/t)의 줄무늬모양의 광석
(출처: 규슈대학 홈페이지, http://www.museum.kyushu-u,ac.jp/MINE2001/04menu.html)

바이너리발전

규슈전력 핫초(八丁) 원자력발전소에서는 지열에너지를 더욱 유효하게 이용하기 위하여 바이너리(binary) 발전설비의 실증시험이 2004년 2월부터 시작되었다. 정격출력은 2,000 kW이다. 바이너리 발전시스템이란 열수, 증기 등에 의하여 저비점(低沸点)의 매체(펜탄 등)를 가열 · 비등시켜 발생한 증기로 터빈

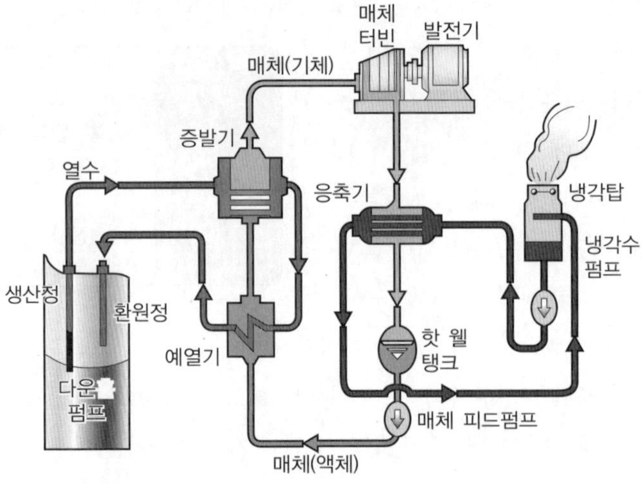

그림 4 바이너리사이클 발전플랜트의 흐름의 한 예
(출처: NNEDO기술개발기구 팸플릿「지열에서지의 기술개발을 담당하다」)

을 회전시켜 발전하는 시스템이다(그림 4).

지열 바이너리발전은,

① 종래형 지열발전에 부적합한 200℃ 이하의 지열자원의 이용

② 미이용 열수의 사용

③ 증기와 열수의 분리증기의 건조가 불필요

④ 터빈 설계가 쉽다.

⑤ 증기 중에 불순물을 포함하지 않고 터빈 내에 스케일 부착이 발생하지 않는다.

⑥ 밀폐(closed)시스템이고, 이산화탄소 등이 대기로 방출이 없어 환경에 영향이 적다.

⑦ 지열의 다단이용이 가능하다.

등의 이점이 있다.

지열발전에서는 우물이 오래되면 발전에 사용할 수 있는 고압의 수증기가 나오지 않게 되어, 새로운 우물을 팔 필요가 있다. 우물의 굴삭비는 한 개당 5~7억 엔이기 때문에 원가저하에도 연결될 가능성이 있다.

고온암반발전

「고온암반형 지열자원」을 이용한 발전방식인 고온암반발전이 있다. 고온암반발전 시스템의 연구는 1972년 미국에서 시작되어 증기나 물이 부족하고 미이용 되고 있는 고온의 암반으로부터 열을 회수하여 발전하는 기술이다.

고온암반발전은 우선, 고온의 암반에 갱정(坑井)을 굴삭하여 이 갱정에 지표로부터 물을 압입함으

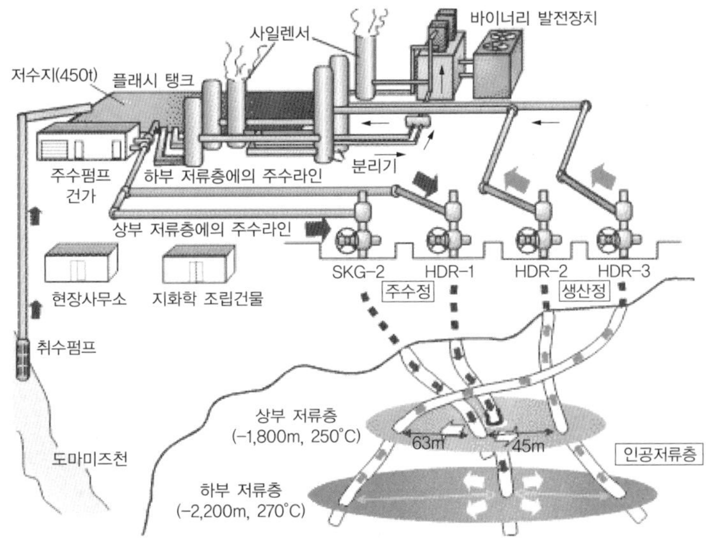

그림 5 히지오리 고온암반 실험장의 고온암반발전 시스템 개념도
(출처: NEDO기술개발기수 홈페이지)

로써 암반을 균열(龜裂)시켜 지하에 인공적으로 저류층을 형성시킨다. 그리고 「입구저류층(人口貯留層)」을 개발하여 두 개째 이후는 갱정을 굴삭해 지하와 지표간에서 물을 강제적으로 순환시키고 지하로부터 열수나 증기의 모양으로 열을 끄집어내어 발전하는 방식이다. 최초의 갱정을 주입정, 증기를 끄집어내는 데에 사용하는 갱정을 생산정이라고 말한다.

그림 5에 NEDO기술개발기구가 행한 고온암반발전의 개요를 나타낸다. 시험은 야마가타(山形)현 오쿠라(大藏)촌 히지오리(肘折)지구의 깊이 1,800～2,200 m에 존재하는 화강암의 암반(암반온도 250～270 ℃)에 두 층의 인공저류층을 조성하여, 주입정(SKG2, HDR1)→인공저류층→생산정(HDR2, HDR3)에서 물을 강제적으로 주입한 후, 열수나 증기의 모양으로 지하로부터 열에너지를 끄집어내는 소규모의 고온암반 시스템을 구축하였다.

2000년 11월부터는 이 시스템의 장기적인 추열(抽熱)성능을 명백하게 하기 위해서 순환추열실험(장기순환 시험)을 개시하여, 가동율 약 90%(460일 이상), 갱구온도 130 ℃ 이상, 생산유체의 회수율 약 60%(증기 2t/h, 열수 34t/h; 대기압 환산)를 기록하였다. 주입 압력은 4 MPa과 1 MPa, 회수 압력은 0.8 MPa이다. 더욱이 6월부터는 생산증기를 사용한 130 kW 바이너리발전장치에 의한 발전시험을 개시하여, 2002년 7월 상순에 평균출력 약 45 kWh를 기록하고 있다.

지열은 발전에 이용되는 것 외에 직접 이용함으로써 지역난방, 제설, 건조가공, 양식, 그린하우스 재배 등에 이용되고 있다.

지열발전 시설

일본은 세계 유수의 화산국으로, 지열에너지가 풍부하다. 지열은 자연에너지로서 매우 유망한 것이지만, 대부분이 국립공원 등에 존재하기 때문에 경관상 개발규제에 걸려 쉽게 개발할 수 없다. 일본에서 가동하고 있는 지열발전소는 19개소, 합계 약 53만kW이다. 에너지자원이 풍족하지 않은 일본에 있어서 지열은 귀중한 에너지자원이다.

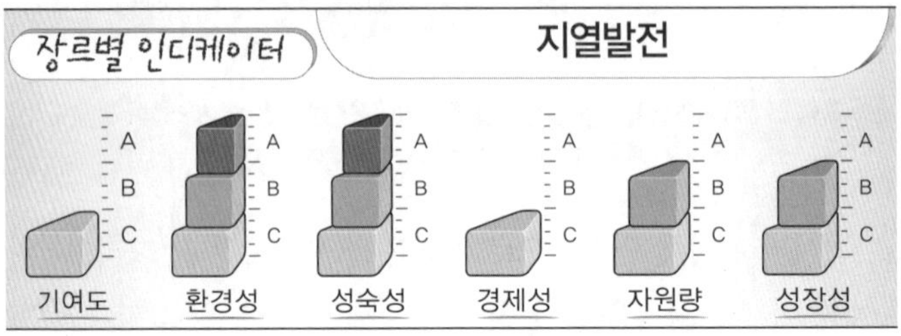

일본의 지열발전

일본의 지열발전의 역사는 비교적 최근으로, 1919년 해군중장 야마노우치 마스지씨가 미래의 석유, 석탄 고갈에 대비하는 대체에너지로 지열이용을 진행하고자 국내를 답사한 결과, 오이타(大分)현에서 굴삭에 성공하여 1925년에 지열발전소를 건설한 것이 최초이다. 그로부터 80년이 지난 현재, 전국에 18개소, 21기, 발전량 약 54만kW의 지열발전소가 있다. 그중 31만 kW는 1989년 이후에 개발된 것이다.

그림 1과 표 1은 일본에서 가동하고 있는 지열발전소와 지열에너지의 분포도를 나타낸다. 그림에서 명백하게 나타난 바와 같이 화산대에 따라서 지열이 분포하고 있는 것을 알 수 있다. 그림 2에는 지열발전량 상황을 나타내었는데, 1995년 이후의 개발이 정체되어 있다.

지열 개발

지열 개발에는 지열의 저류층을 찾아낼 필요가 있다. 지열저류층이 있는 지역에서는 열수 때문에 암석이 변질하기 쉽고, 암석의 전기저항이 낮으며 밀도가 작아 미소지진이 발생하기 쉽다는 등의 특징이 있다. 이들의 성질을 조사하는 방법이 「물리 탐사」이다. 더욱이 지열발전에 있어서는 열수의 온

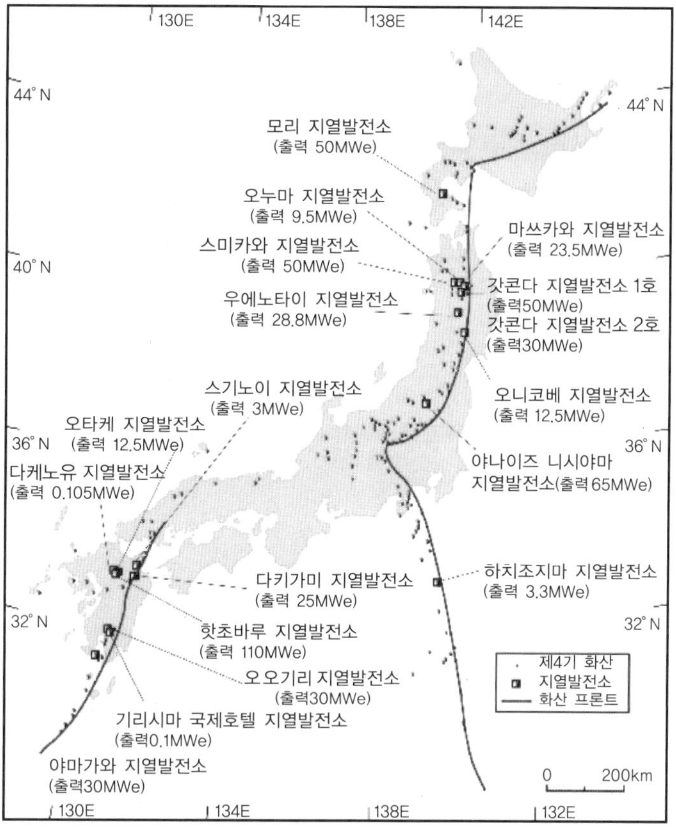

그림 1 일본의 지열 및 지열발전소 분포도
(출처: 지열엔지니어링(주) 홈페이지)

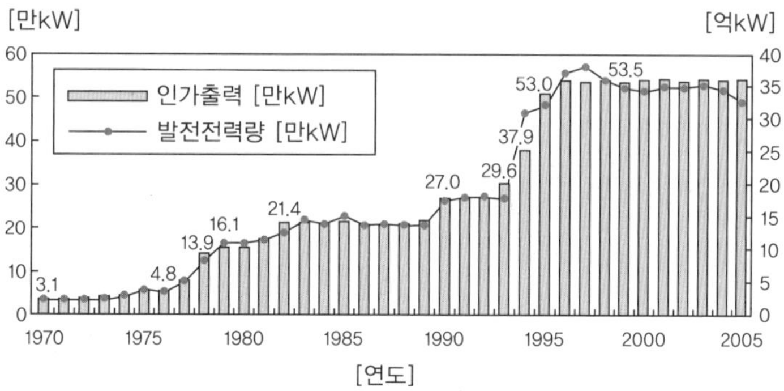

그림 2 일본 지열발전량 변화
(출처: (사)화력원자력발전기술협회「지열발전의 현상과 동향 2005년」)

그림 3 세계의 지열분포도(출처: 지열엔지니어링(주)홈페이지)

도나 화학성분 등을 조사하는 지화학 탐사가 필요하다.

일본에서는 지열에 관하여 아래와 같은 대처를 하고 있다.

① 국내의 지열 유망지역을 추출하여, 자원의 부존 상황을 파악하기 위한 조사
② 지열발전소의 건설을 목적으로 하는 조사정 굴삭 및 지열발전 시설의 설치 또는 개조를 행하는 지열 개발사업자 등에 대한 보조, 탐사방법의 개발
③ 굴삭 · 채취기술의 개발 및 지열자원의 이용 확대를 꾀하는 기술개발 등

NEDO기술개발기구의 조사에서는 증기온도 200℃ 이상의 유망한 지열이 34개소 발견되고 있다.

새로운 지열발전소 계획

2009년이 되어서, 20년 만에 일본 내에 새로운 지열발전소의 신설 계획이 생겨나고 있다. 아키타현 유자와 시의 미쓰비시 매터리얼과 J파워, 가고시마현 키리시마시의 닛테츠광업과 규슈전력이 계획을 진행하고 있으며, 이데미츠 오이타 지열도 본격적인 조사에 들어갈 계획이다. 한편, 세계로 눈을 돌려보면, 해외의 지열발전소는 세계에서 20개국, 약 800만kW가 가동되고 있다. 그림 3에 세계의 지열분포도, 표 2에는 국가별의 발전량을 나타낸다.

표 1 일본의 지열발전 시설

일본의 지열발전소 Geothermal power plants in Japan					
	발전소명 Name of power plant	발전부문 Power generator	증기공급부문 Steam supplier	인가출력 Approved output capacity(MT)	운전개시 Start of operation
전기전업용 For public use	마쓰카와 Matsukawa	도호쿠수력지열(주) Tohoku Hydropower&Geothermal Energy Co.Inc.	도호쿠수력지열(주) Tohoku Hydropower&Geothermal Energy Co.Inc.	23,500	1966.10.8
	오타케 Otake	규슈전력(주) Kyusyu Electric Power Co.Inc.	규슈전력(주) Kyusyu Electric Power Co.Inc.	12,500	1967.8.12
	오니코베 Onikobe	전원개발(주) Electric Power Development Co.Ltd.	전원개발(주) Electric Power Development Co.Ltd.	12,500	1975.3.19
	핫초바루1호, 2호 Hachobaru No1 No2	규슈전력(주) Kyusyu Electric Power Co.Inc.	규슈전력(주) Kyusyu Electric Power Co.Inc.	55,500 (1호) 55,000 (2호)	1977.6.24 1990.6.22
	갓콘다1호, 2호 katuneda No1 No2	도호쿠전력(주) Tohoku Electric Power Co.Inc.	도호쿠수력지열(주) Tohoku Hydropower&Geothermal Energy Co.Inc.	50,000 (1호) 30,000 (2호)	1978.5.26 1996.3.1
	모리 Mori	홋카이도전력(주) Hokkaido Electric Power Co.Inc.	홋카이도전력(주) Hokkaido Electric Power Co.Inc.	50,000	1982.11.26
	우에노타이 Uenotai	도호쿠전력(주) Tohoku Electric Power Co.Inc.	아키타 지열에너지(주) Akita Geothermal Energy Co.Ltd.	28,800	1994.3.4
	야마가와 Yanagawa	규슈전력(주) Kyusyu Electric Power Co.Inc.	규슈전력(주) Kyusyu Electric Power Co.Inc.	30,000	1995.3.1
	스미가와 Sumikawa	도호쿠전력(주) Tohoku Electric Power Co.Inc.	미쓰비시매터리얼(주) Mitsubishi Materials Corp.	50,000	1995.3.2
	야나이즈 니시야마 Yanaizu Nishiyama	도호쿠전력(주) Tohoku Electric Power Co.Inc.	오쿠아이즈지열(주) Okuaizu Geothermal Co.Ltd.	65,000	1995.5.25
	오기리 Ogiri	규슈전력(주) Kyusyu Electric Power Co.Inc.	닛테쓰 가고시마지열(주) Nittetsu kagosima Geothermal Co.Ltd.	30,000	1996.3.1
	다키가미 Takigami	규슈전력(주) Kyusyu Electric Power Co.Inc.	이데미쓰 오이타지열(주) Idemitsu Oita Geothermal Co.Ltd.	25,000	1996.11.1
	하치조섬 Hachijojima	도쿄전력(주) Tokyo Electric Power Co.Inc.	도쿄전력(주) Tokyo Electric Power Co.Inc.	3,300	1999.3.25
자가용 For private	하치조섬 Hachijojima	미쓰비시매터리얼(주) Mitsubishi Materials Corp.	미쓰비시매터리얼(주) Mitsubishi Materials Corp.	9,500	1974.6.17
	스기노이 Suginoi Hotel	(주)스기노이호텔 Suginoi Hotel Co.Ltd.	(주)스기노이호텔 Suginoi Hotel Co.Ltd.	3,000	1991.3.6
	기리시마 국제호텔 Kirishima kokusai Hotel	다이와보관광(주) Daiwabo Kanko Co.Ltd.	다이와보관광(주) Daiwabo Kanko Co.Ltd.	100	1991.2.23
	다케노유 지열 Takenoyu Chinetsu	히로세상사(주) Hirose Trading Co.Ltd.	히로세상사(주) Hirose Trading Co.Ltd.	50	1991.10.19
	구주관광호텔 Kuju kanko Hotel	구주관광호텔 Kuju kanko Hotel	구주관광호텔 Kuju kanko Hotel	990	2000.12.1
합계 Total				534,240	

(출처: NEDO 팜플렛 「지열개발의 현상」 2007)

표 2 세계의 지열발전 설비용량(2005년 현재)

나라명	설비용량 [MW]	운전용량 [MW]	에너지 생산량 [GWh/y]	유닛 수	국가 생산용량에 대한 점유율 [%]	국가 에너지 소비량에 대한 점유율 [%]
오스트레일리아	0.2	0.1	0.5	1	근소	근소
오스트리아	1	1	3.2	2	근소	근소
중국	28	19	95.7	13	30% 티벳	30% 티벳
코스타리카	163	163	1,145	5	8.4%	15%
엘살바도르	151	119	967	5	14%	24%
에티오피아	7	7	해당 없음	1	1%	해당 없음
프랑스	15	15	102	2	9% 과들루프 (Guadeloupe)섬	9% 과들루프 섬
독일	0.2	0.2	1.5	1	근소	근소
과테말라	33	29	212	8	1.7%	3%
아이슬랜드	202	202	1,406	19	13.7%	16.6%
인도네시아	797	838	6,085	15	2.2%	6.7%
이탈리아	790	699	5,340	32	1.0%	1.9%
일본	535	530	3,467	19	0.2%	0.3%
케냐	127	127	1,088	8	11.2%	19.2%
멕시코	953	953	6,282	36	2.2%	3.1%
뉴질랜드	435	403	2,774	33	5.5%	7.1%
니카라과	77	38	270.7	3	11.2%	9.8%
파푸아뉴기니	6	6	17	1	10.9% Lihir 섬	
필리핀	1,931	1,838	9,419	57	12.7%	19.1%
포르투갈	16	13	90	5	25% 산미겔 섬	
러시아	79	79	85	11	근소	근소
타이	0.3	0.3	1.8	1	근소	근소
터키	20	18	105	1	근소	근소
미국	2,544	1,914	17,840	189	0.3%	0.5%
총계	8,912	8,101	56,798	468		

(출처 : "World Geohermal Generation 2001~2005 : State of the Art", Ruggero Bertani, Proceedings World Geothermal Congress 2005 Antalya, Turkey 24-29 April 2005 NEDO해외리포트 No.977, 2006.4.26)

지중열과 설빙냉열 에너지

지하 20~100 m의 지중(地中) 온도는 지표의 온도 변화에 영향을 받지 않고, 연간 10~20 °C로 유지된다. 홋카이도 등에서는 이 지중열을 난방이나 눈을 녹이는 용도 등 효율적으로 이용하고 있다.

또 한랭지에서는 동절기에 모은 눈, 혹한기에 만든 얼음을 구조물 내에 보관해서 쌀, 야채, 과일의 냉장(保冷), 공동주택의 냉방에 이용하고 있다. 지중열이나 설빙에너지의 활용은 화석에너지의 소비를 억제하여, 온실효과가스 CO_2 억제에 큰 효과가 있다.

> **키워드** 히트펌프
>
> 액체가 기화할 때에는 주위의 열을 빼앗고, 기체가 액화할 때에는 열이 발생한다. 또 기체는 압축하면 온도가 올라가고 팽창하면 온도가 내려간다. 이 성질을 이용하여서 투입 에너지 이상으로 주위의 열을 이용하는 것이 히트 펌프이다.

지중열의 이용

지열은 석유의 대체에너지의 대상으로서 지구 내부에 있는 열원의 이용이 행해지고 있는데, 지하 1,000 m보다 깊은 곳에 있어서 300 ℃ 이상의 고온열 자원에 비하여, 지하 20 m로부터 100 m의 얕은 장소에서 10~20 ℃의 저온 열원을 이용하는 방법이 있다.

이것을「지중열이용」이라고 부르고 있다.

지표로부터 20 m 부근까지는 대지의 온도가 기온에 영향을 받아서 변화를 하지만, 그 깊이 이상에서는 연간을 통해서 거의 일정한 온도로 유지되며, 일본의 경우 지하 100 m에서는 12~20 ℃로 되어 있다. 그림 1은 지하 100 m에 있어서 지하수의 추정 온도치를 나타낸다.

그림 1 깊이 100 m에 있어서의 추정 지하수의 온도
(출처: 모리타 고지, "대지의 열적 기능과 그 이용방법", (독)산업기술종합연구소)

동절기에는 대기온보다 상당히 높고, 하절기에는 대기온보다 상당히 낮은 것으로부터 지상과 지중의 온도차를 이용하여 건물의 냉난방, 제설 등에 사용하고 또 축열체로도 이

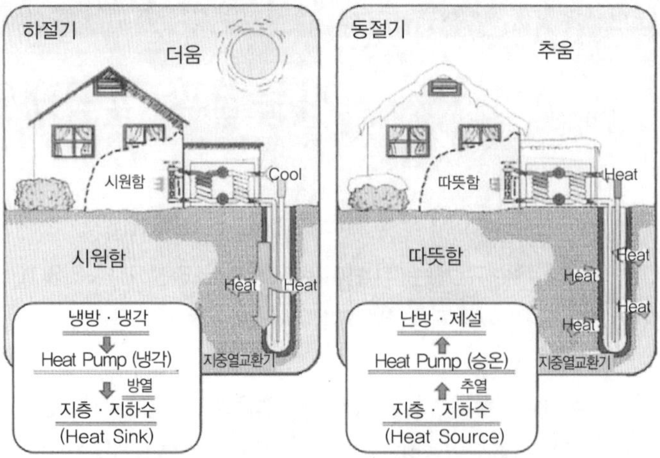

그림 2 지중열이용 냉난방시스템(간접방식) 개념도
(출처: NEDO 지구열이용시스템 자료)

용할 수 있다.

이와 같은 대지의 열원을 이용하는 방법에는 지하수를 퍼 올려서 이용하는 직접방식과 열교환기와 히트펌프를 조합한 간접방식이 있다. 간접방식에서는 지하수를 퍼 올림에 의한 지반침하 및 지하수위의 저하 등의 문제가 없다는 특징이 있다.

간접방식에는 일반적으로 지중에 직경 10 cm 정도, 깊이 50~100 m 정도의 갱정을 굴삭하고 그 안에 열교환기를 설치해서 물 또는 부동액을 통해 채열한 후 지상의 히트 펌프로부터 효율적으로 냉열 · 온열로 바꾸어 이용한다. 지중과의 온도차를 고려하면 60 ℃ 정도까지 열원에 적용할 수 있다고 생각된다. 그림 2는 건물의 냉난방용 지중열이용 시스템의 개념도를 나타낸다.

설빙냉열의 이용

한랭지에서 동절기에는 사회활동을 방해하는 눈이나 얼음을 저장하여 냉열원으로 이용함으로써 에너지절약, CO_2 삭감이 가능하다.

눈과 얼음 1톤은 원유로 환산해서 약 10*l*에 상당하는 냉열 에너지를 가지고 있으며, 저온에서 고습도의 열환경을 값싸고 용이하게 만들 수 있다. 볍씨, 감자, 야채, 사과 등 농산물의 저장, 공동주택의 냉방 등에 이용된다. 농산물의 저장은 온도 0～10℃, 습도 80～100%가 최적이기 때문에 설빙냉열을 가장 유효하게 이용할 수 있다. 감자는 당분 함유량이 저장 개시할 때보다 4～5배로 증가한다고 일컬어지고 있다. 저온저장은 출하조정, 열화방지, 발아억제, 부가가치의 증가 등의 이점이 있다.

설빙냉열의 이용 방식에는 다음의 3가지 방식이 있다.

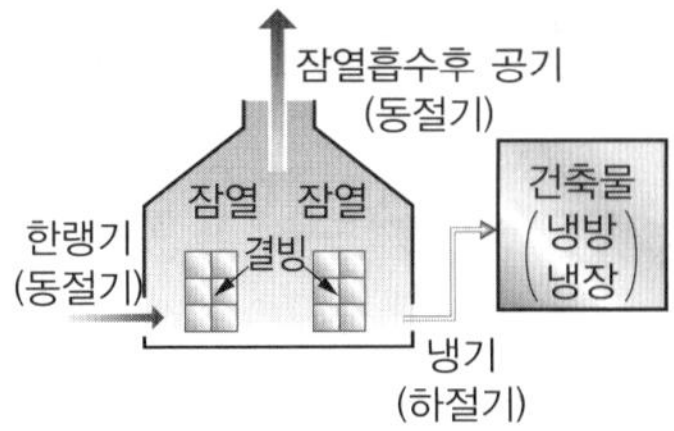

그림 3 얼음창고방식 개념도
(출처: NEDO기술개발기구, "설빙냉열에너지도입 가이드북")

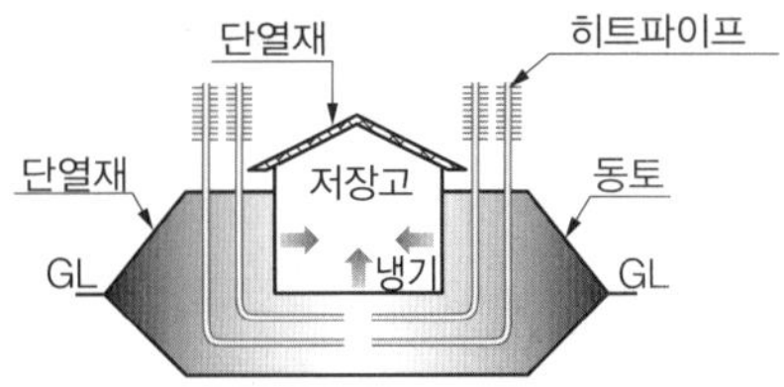

그림 4 인공동토(凍土)방식 개념도
(출처: NEDO기술개발기구, "설빙냉열에너지도입 가이드북")

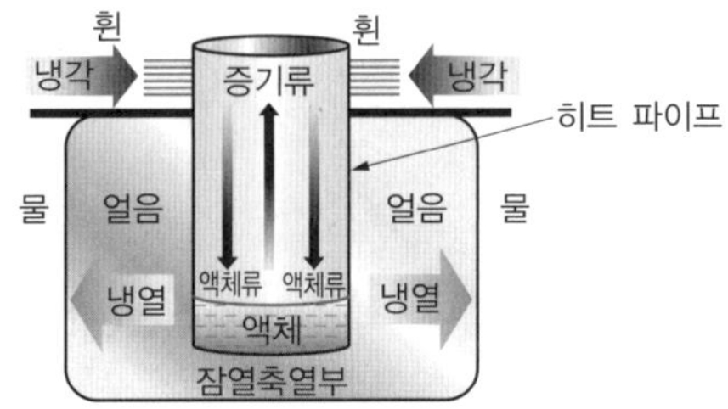

그림 5 히트파이프 작동 원리도
(출처: NEDO기술개발기구, "설빙냉열에너지도입 가이드북")

① **직접이용 방식** : 동절기에 창고 등에 모은 눈이나 얼음의 냉열을 직접 이용한다.

② **얼음창고(Ice shelter) 방식** : 얼음창고 내에 쌓아올린 컨테이너 내의 물을 동절기의 냉기로 얼려 이용한다(그림 3).

③ **히트파이프 방식** : 동절기에 지상의 냉기를 히트파이프로 지하로 보내어, 토양을 얼려 인공 동토를 만들거나, 흡수(吸水)성 폴리머를 얼려 그 냉열을 이용한다(그림 4).

히트파이프에 의한 동토나 빙결 흡수 폴리머를 만드는 방법을 그림 5에 나타내었다. 히트파이프 내에는 작동액이 봉입되어 있다. 바깥 공기에 노출되어 있는 상부의 온도가 내려가면, 상부의 봉입 가스가 냉각되어 응축해 하부로 낙하한다. 하부의 작동액은 지열로 증발하여 가스가 되어 상승한다. 이 작용의 반복으로 냉열이 지하로 운반되어 토양 내의 물이 얼어 인공 동토가 되거나 혹은 흡수 폴리머가 빙결된다.

동절기에 기온이 낮고 적설량이 많은 홋카이도에서는 50시설 이상에서 활용되고 있다. 설치비가 크다는 것이 과제이나 기술 개선과 보조정책에 의해 보급의 촉진을 기대하는 분야이다.

중소수력에너지 이용

이전에는 수력발전이 전력공급의 주력이었지만, 일본내 수자원의 한계 때문에 현재는 발전 전력량의 약 10%를 차지하는 데에 지나지 않는다. 그러나 계곡, 작은 하천, 배수로 등의 미이용 물의 흐름을 이용하여 작은 출력의 설비를 마련해 발전한다면 가능성은 아직 충분하며, 보조금제도 활용으로 상당한 에너지이용(발전)이 경제적으로 가능하게 된다. 특히 지역 주체의 분산형 전력의 이용 중 하나로 앞으로도 늘어갈 것이다.

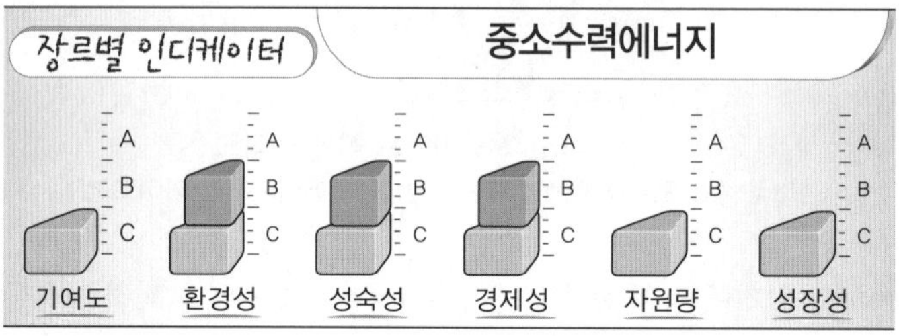

중소수력발전의 규모와 종류

일본의 대규모 수력발전의 개발은 거의 1960년대까지 종료됐다고 말하지만, 석유위기 이후에도 연간 20만kW 정도의 개발은 진행되었고, 또 최근에는「청정에너지 개발」의 일환으로 다시 주목받기 시작했다.

표 1은 일본의 수력발전 능력과 미개발의 잠재수력량을 나타낸다. 발전 능력에 여러 가지 제약요

표 1 일본의 수력발전

① 기수력발전시설 용량
1,843지점 : 2,201만kW(일반수력, 최대출력치)
② 포장수력
공사중 : 30지점, 22만kW
미개발지점 : 2,717지점
최대출력 1,212만kW
(기시설폐기감소 약 10%는 포함 안됨)
(3만kW 이하가 70%, 1000만kW 정도)

(출처: 자원에너지청, 일본의 수력에너지량 자료 (2005))

표 2 중소수력발전의 종류(예)

- 이산형 : 계류 등을 이용한 분산형 발전
- 농업용수형 : 관개용수 등을 이용하는 발전
- 상하수도형 : 생활관련용수의 낙차이용발전
- 하이드로팜 구상 : 지역적으로 수량이나 낙차에 적합한 환경조화형 발전방식을 복수집약하는 구상 어느 것이나 「자연환경보호」를 가장 먼저 진행시킨다.

(출처: 가야 요이치 가수 :신에너지대사전", 공업조사회 (2002))

표 3 수력발전의 능력 산출식

① 포장수력과 발전능력
[이론전력] = 9.8 × [유량] × [유효낙차]
또는 $P = 9.8 \cdot Q \cdot He$(kW)
P : 이론수력 [kW]　Q : 사용수량 [m^3/s]
He: 사용가능낙차 [m]
② 실출력과 발전출력
실출력 = 이론전력 × 수차효율 × 발전기효율
$= 9.8 \cdot \eta_1\eta_2 \cdot Q \cdot He$
[유효낙차] : 전낙차로부터 수차까지의 수관손실 등을 뺀 값이 실사용 가능한 낙차가 된다.

(출처: NEDO자료① 마이크로발전도입 가이드북)

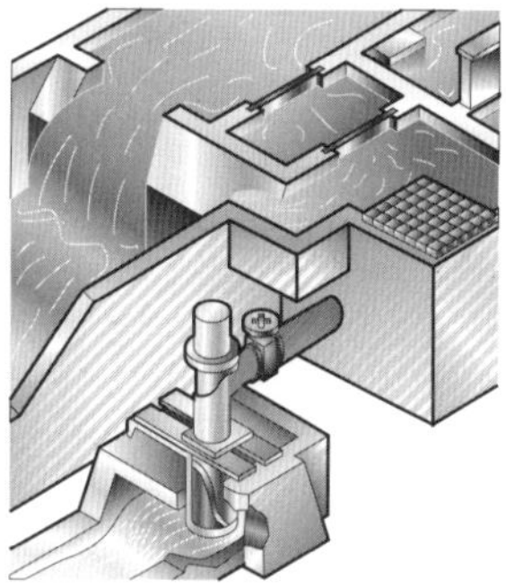

그림 1 중소수력발전의 개략도
(출처: NEDO기술개발기구, "신에너지 가이드북(입문편)(중소수력에너지)" (2003))

소가 있지만, 아직 1,200만 kW 정도의 가능성이 남겨져 있다.

중소수력발전은 3만 kW 이하의 「소형 마이크로 발전」을 말하고, 평균출력 4,500 kW 이하의 간단한 「유입(流入)방식」이 중심으로 되어 있다. 앞으로 수력개발에는 「자연환경보호」가 최대의 과제이며, 표 2에 나타내는 바와 같은 몇가지 종류의 발전 개발을 진행함에 있어서도 충분히 환경을 배려하지 않으면 안 된다.

표 3에 수력발전의 능력산출식을 나타냈다. 실제로 물레방아를 돌려 발전하기까지의 수로저항에 상당한 손실이 발생한다. 특히 계절에 의한 수량의 변동이 실제발전량을 크게 좌우하므로, 기준수량의 설정이 중요하다.

중소수력발전의 방식

그림 1에 중소 발전의 이미지를 나타냈다. 댐 설치와 같은 큰 공사 없이 흐름을 그대로 이용하지만, 최근에는 작은 유량 · 작은 낙차의 발전도 가능해져, 수 kW 정도의 설비까지도 실용화되어 있다.

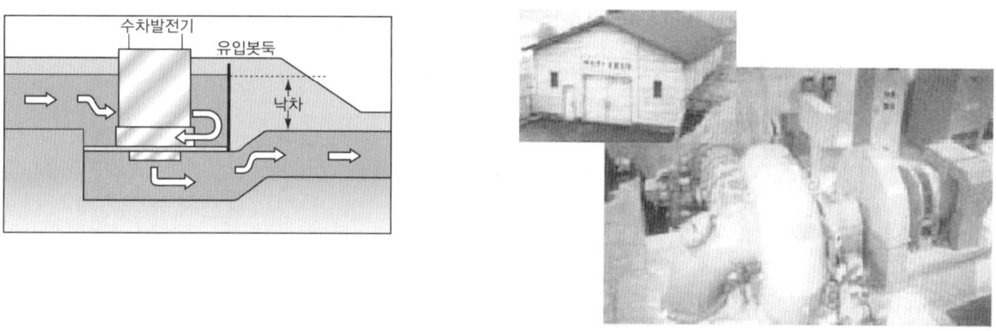

사례: 도치기현 나스노가하라의 농업용수를 이용한 중소수력발전설비 예. 능력 340kW로 1992년 완성
(출처: NEDO 신에너지 가이드북(2008))

그림 2 중소수력발전에 범용되는 물레방아형식

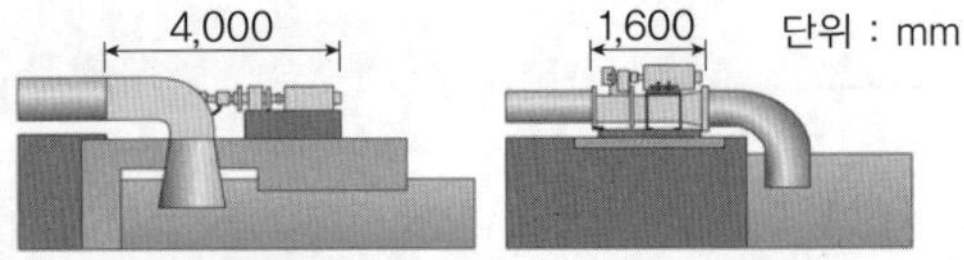

그림 3 신소형발전기의 한 예(도시바, 東芝)
(출처: 시노하라, 오다기리 외, 도시바 리뷰 Vol.58, No.7.(2003))

설비비가 상대적으로 비싸기 때문에 발전 비용이 신형 화력발전의 7.5엔/kWh 전후에 비해 2~3배가 되므로, 발전 설비비의 절감뿐만 아니라 지역 한정 이용 등의 배전 비용 절감 노력도 진행되고 있다. 장래 2,000만 *kl*/년 이상의 원유 절약을 목표로 나라도 3만 kW 이하의 설비에 각종 보조금 제도 등의 조성 조치를 하고 있다(예: 신기술 채용의 경우, 건설비의 최대 50% 보조 등). 관련 전기 설비나 발전용 수차 개발에도 많은 연구가 거듭되어, 사용 예정의 수로 유량이나 얻어지는 낙차에 따라 최적 형식의 선택이 가능해졌다.

수량이 10 m^3/초 이하, 낙차 10 m 이하의 초소형 발전설비에 적합한 물레방아 형식의 예를 그림 2에 나타냈다. 또 5~200 kW 정도의 마이크로 발전기(그림 3)나 저유속용 「연직형(鉛直型) 에너지 컬렉터」, 고유속 · 계류(溪流)용의 「직관형(直管型) 컬렉터」 등 개별 상품 개발도 진행되고 있다. 해외, 특히 유럽에서도 유수 에너지를 이용한 발전에의 관심이 높아지고 있어 자연환경과 경관 보호를 진행하면서, 수력발전 확대를 위한 착실한 노력이 거듭되어 갈 것이다.

해양에너지 이용의 개략

광대한「바다」가 지닌 거대한 에너지의 이용에 대해서는 옛날부터 수많은 연구를 해왔지만, 실용상의 여러 가지 어려움 때문에 아직 본격적이지는 않다. 그러나 많은 어려움은 있어도 파랑, 조석, 해류, 해수온도차 등의 에너지 이용은, "재생 가능한 청정에너지"로서 오늘날 세계 각국에서 실용화를 지향한 연구개발이 활발하게 진행되고 있다.

키워드 **재생에너지**

석유, 석탄과 같은 화석연료에 대하여 태양광, 풍력, 수력, 파력, 바이오매스 등 지구의 자연환경 중 되풀이해서 일어나는 현상을 이용해 얻어지는 에너지를 말한다. 절대량은 크지만 경제적인 면에서 과제이다.

일본은 4면이 바다로 둘러싸여 그 해안선 연장은 약 34,000 km 정도이며, 일본의 200해리(海里)경제 수역면적은 국토의 약 12배(451만 km^2)에 달하고 세계 제 6위의 지위에 있다. 이것은 미국의 경제수위면적(세계 제 1위: 762만 km^2)의 약 60%에 상당하며, 해양 이용에는 매우 많은 혜택을 가지고 있다고 말할 수 있다(육지면적은 일본의 약 25배).

"바다의 선물"로서 이용 가능한 파랑, 조석, 해류, 해수온도차 등 그 외의 에너지들은 모두가 태양의 활동이나 지구자전 활동에 의해서 발생하는「재생가능」,「청정」한 자연에너지이며, 그 수치는 전세계에서 이론상 50억 kW 이상으로 적어도 이것의 몇 %는 이용 가능하다고 말할 수 있다. 그러나 오랜 연구의 역사에도 불구하고 많은 기술적 곤란이나 경제적 문제가 남아 있기 때문에 오늘날 실용화 단계까지 도달한 예는 그다지 많지 않다.

이 장에서는「해양에너지」의 종류, 특징, 연구개발의 현상 등(주로 일본 국내)에 대해서 그 개략을 해설한다.

표 1에 오늘까지 널리 연구개발이 진행되어 온「해양에너지」의 종류와 형태 등에 대하여 간단히 정리하였다. 이 중에서 총체적으로 유망되는 것은 파랑, 해양온도차(약간 분야가 다른), 해양풍력발전이라고 말하고 있다.

이들 에너지는 실제 그 대부분이「전기」형태로 회수되지만, 본래 발생에너지 밀도가 높지 않으므

표 1 해양에너지의 종류와 형태

종류	에너지 형태	호적입지 등
파 랑	해수의 상하동, 흐름 (위치, 운동)	평균파고 : 높다 계절변동 : 작다
조 석	해면의 상하동(위치)	간만의 차 : 크다(7~8 m 이상)
해 류	해수의 유동(운동)	강한 흐름의 장소
해양온도차	해수온의 심도차(열)	표층 해수온이 높은 해역
기 타	· 해수양수발전 · 염분 농도차 이용 · 해상풍력발전	· 실증시험 · 기초 연구 · 부분 실용화

(출처: 곤도 히데오, 「해양에너지 이용과 파랑발전의 현상」, "손수만든 에너지 대전(大全)", 집의 빛 협회편을 일부 초약)

로 그 효율적 회수의 방법과 기술, 그리고 설비 입지의 선택이 가장 중요한 문제가 된다.

예를 들면 장대한 해안선에 밀어닥치는 파도의 에너지를 연간을 통해 어떻게 효율적으로 값싼 전기로 바꿔가는가 등은 상당히 어려운 문제이다. "해양에너지"의 이용도 마찬가지이며, "조석" "해양온도차" 에너지의 이용도 각각 좋은 조건의 입지는 한정되어, 「해국(海國)일본」이라고 말하지만 "실용화"는 여러 가지 어려운 문제가 존재한다.

표 2 해양에너지의 이점과 과제

【이점】 ① 총괄적으로 지역적 편재가 적다.
② 에너지의 변환효율이 비교적 좋다.
③ 풍력보다는 일반적으로 변동이 적다.
【과제】 ① 시간, 시기적 변동이 심하다.
② 해안, 앞바다 등 벽지에서 취득된다.
③ 대상범위가 광대하다.
④ 정점에서의 이용가능량이 작고 한계가 있다.
⑤ 건설비가 높다(풍우대책, 해중설비).
⑥ 해역 때문에 사기업이나 개인의 사업화가 곤란하다.

표 2에 해양에너지가 다른 자연에너지와 비교하여 어떠한 이점이 있으며, 또 어떠한 문제점이 있는가를 간단히 간추렸다. 후반의 과제부분이 해양에너지의 특징을 잘 나타내고 있다. 예를 들면, 파랑, 조석, 조류의 어느 것을 취해도 계절적 시간적으로 크게 변동한다. 이 때문에 풍력만큼은 없지만, 출력(=전력)의 대폭적인 변동을 피할 수 없다. 따라서 안정공급확보 때문의 투자나, 황천(荒天)·태풍·큰 파도 등에 대한 안전투자가 요구된다. 벽지에 입지하지 않을 수 없으므로, 전력집약·송전에 인프라 정비도 필요하며, 실용화에 있어서는 예상외로 큰 비용부담이 발생한다.

지세적(地勢的)인 조건도 크게 영향한다. 예를 들면 일본은 조석의 간만차가 작으므로, 조석에너지의 실용화는 곤란하다.

그림 1에 일본에서 해양에너지의 해역 실험을 행한 장소를 나타낸다. 비교적 대규모의 실험이 각 장소에서 행해지고 있으며, 현재도 일부는 시험이 계속되고 있다. 분야별로는 파력발전이 많고, 해양온도차 발전은 해외가 많은 상황이다. 해양에너지 이용을 실용화하려면, 표 2에 나타낸 많은 과제의 착실한 개발노력이 요구된다. 유망한 것은 파랑발전, 해양온도차발전 해상풍력발전이라고 하지만, 해외에서는 조석차발전에 몇 건의 실용화 사례와 장기의 운전실적이 있다.

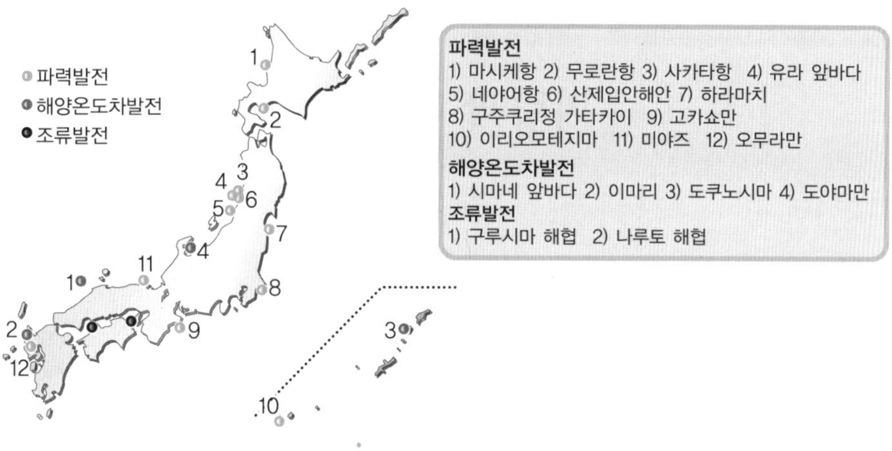

그림 1 해양에너지 이용 실험장소
(출처: 「바다와 여행」 홈페이지)

최근 유럽에서는 풍력에 계속하는 유망한 발전사업으로서 파랑발전과 초석발전이 주목되고 있다. 영국이나 노르웨이에서는 오랜동안 연구를 하고 있었지만, 산업규모의 소형파력 발전설비가 2000년에 스코틀랜드에서 가동한 계기로 전력 회사를 중심으로 투자기운이 생겨났다. 2020년 무렵에는 몇 백만 kW 정도의 실용설비 가동을 기대하고 있다.

파랑과 해양온도차에너지의 이용

해양에너지 개발에서 일본이 활발히 연구를 계속해온 것은 "파랑(波浪)"의 이용이다. 파도의 에너지를 공기의 움직임으로 변환하고, 기계적인 수단으로 전기로 변환한다. 이제까지 경제성 문제로 실용화에는 이르지 않았으나 최근 유럽에서 기업화 검토가 활발해졌다. 한편, 해양온도차에너지는 사가(佐賀)대학 해양에너지 연구센터를 중심으로, 활발한 연구 활용이 계속되고 있다. 해양자원이나 심층수 채취도 포함한 형태로 이용할 가능성이 크다.

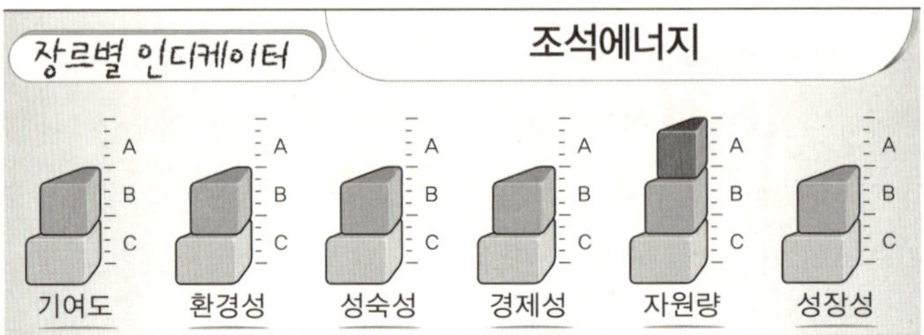

해양에너지의 이용방법에는 몇 가지 종류가 있으나, 실용화 가능성이 비교적 크다고 간주되는 것이 여기에서 소개하는 파랑과 해양온도차에너지이다.

파랑에너지의 이용

한마디로 「파도」라고 말해도 될 것이며, 실용상 여러 가지의 종류로 분류되어 있다. 형상으로 말하면 「규칙파(정현파, 正弦波)」「불규칙파」로 나누어지고, 또 그 주기에 따라서도 표면파, 중력파, 조석파 등으로 분류된다. 이 중 에너지원으로서의 이용은 「중력파(바람에 의한 파)」가 주체이다.

표 1 파랑에너지의 계산식

$W = 0.98H^2 \cdot T$ [kW/m](연간)

W : 에너지량 [kW/m]

H : 유의파고 [m]

T : 유의파랑주기 [초]

계산 예 :

파고 2.5M, 주기 6.5초일 때는 에너지 값은 약 40kW/m. 이용효율 등을 고려한 $W = 0.50H^2 \cdot T$의 예도 있다.

(출처: 다카하시, 「아다치(足立) 항만기술연구자료」(1989))

표 1에 파랑에너지의 계산방법을 간단하게 나타낸다. 「유의파고」란 해상의 한 점을 연속 통과하는 100파 이상의 파도 중 높은 쪽부터 1/3을 골라 평균한 파도의 높이이다. 표 1의 식에서 이론 파랑에너지를 구할 수 있으나, 에너지 변환 시나 발전효율 등에서 많은 손실이 발생하기

표 2 일본의 파랑에너지(기대치)
(출처: 후지 전기(주)자료로부터)

단위 : kW/km

지구별	봄	여름	가을	겨울	연평균
홋카이도	3.1	1.7	5.7	6.5	4.3
본주 태평양	7.1	5.3	9.8	6.4	7.2
본주 일본해	5.0	1.0	6.4	17.4	7.5
오키나와 아마미	4.0	4.3	6.9	7.3	5.6
전국평균	4.9	2.9	7.1	9.1	6.0

실제로는 이에 집파, 시간, 변환, 발전 등의 효율을 곱한 값이 발전가능량이 된다.

표 3 파랑발전 일차변환장치 분류와 설비 예
(출처: 곤도 히데오, "해양에너지 이용기술", 모리키타 출판(1996)의 도표를 간략화하였다.)

장치방식	작동원리	형상	장치의 예 · 명칭
부유식	진동수주	일점집중식	마스다부이, 클램
		평면형식	마이티훼일
	물체운동		솔터더크
			수평원주
고정식	진행파대응	수압이용형	볼 나사식
		월파이용형	태프천
	정상파 대응	진동수주	OWC, MOWC
		물체운동	진자식

때문에, 실제 발전 가능량은 이론치를 크게 밑돈다.

표 2에 일본의 지역별로 유의파고로 구한 이론 파랑에너지를 나타내었다. 일본의 주변해역에서 이용 가능한「파랑에너지」는 해안 1 m 당 연간 평균 6~7 kW나 되며, 일본의 해안선은 약 5,200 km이므로 이론적으로는 약 3만 6,000 kW의 전력을 기대할 수 있는 셈이다(위에 기술한 것은 주로 다카하시 시게오(高橋重雄)의 계산에 의한다). 그러나 이 수치는 어디까지나 이론치이며, 실제로 이용 가능한가의 추산은 매우 어려울 것이다.

표 3에는 파랑발전에 이용되고 있는 설비의 분류를 나타냈다. 바다에 뜨는지 해저에 고정하는지로 나누어, 또 파도의 움직임을 어떠한 원리의 동력으로 변환하는지에 따라서 상세히 분류하고 있다. 파도에너지를 공기 운동으로 바꾸어 발전에 이용하는 방식이 가장 일반적이며, 대표적인 몇 가지 방법을 예시 해설하겠다. 그림 1은 공기변환방식의 원리와 응용 예이다. (a)와 같이 파도에 의한 해면의 상하에 의해 배출 공기류가 송기관에 설치된 터빈을 회전시켜 발전한다. (b)는 해저에 고정된 방파제(케이슨(Caisson))를 이용하여, 파동에 의해 발생한 공기의 압축이동을 이용해서 발전한다. 이 형식으

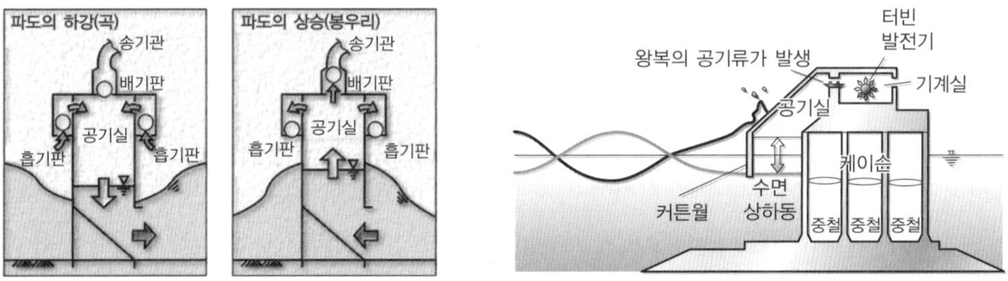

(a) 발전원리 예. 파도의 상하이동을 공기의 흐름으로 바꾼다.
(출처: 다케나카 공무점 홈페이지 파력발전 시스템으로부터)

(b) 고정식의 원리, 방파제를 이용하여 발전과 소파(消波)를 겸한다.
(출처: 국토교통성항만국 홈페이지)

그림 1 공기변환방식의 원리와 응용예

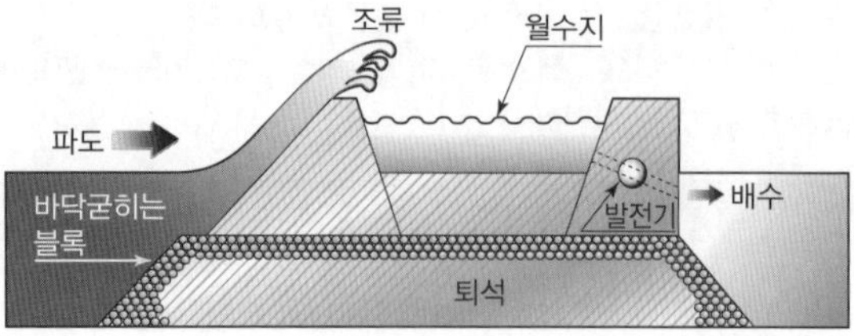

그림 2 파랑발전 월파식 원리도
(출처: 히로세 마나부, 「파력발전의 현상」(재)전력중앙연구소)

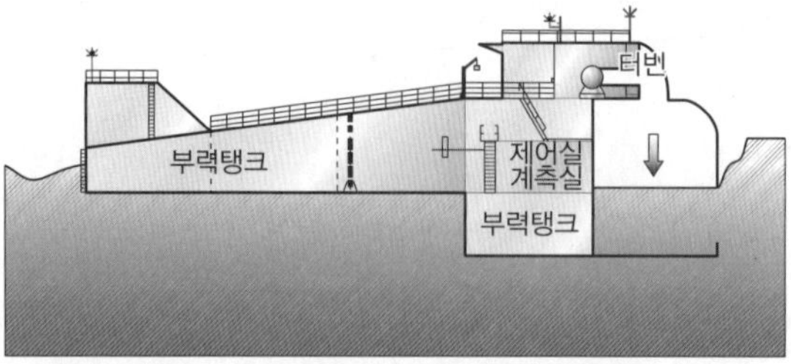

【제원】: 길이×폭 : 50m×30m, 깊이 : 12m, 중량 : 4,830t,
발전기 : (50+10kW 1기, 30kW 2기)

그림 3 부유식발전선 「마이티 웰」
(출처: 해양과학기술센터 홈페이지)

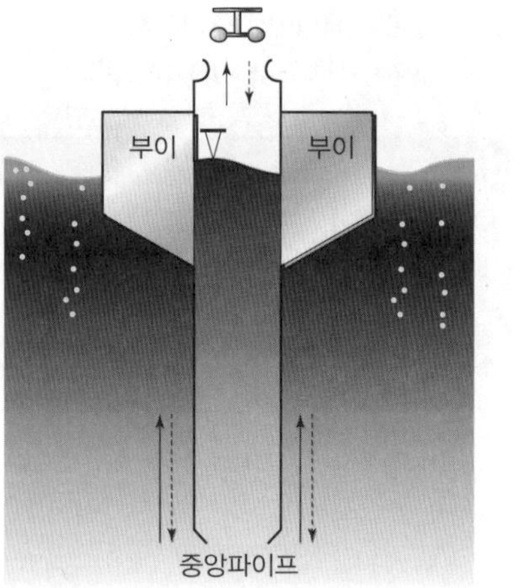

그림 4 마스다 부이(해상부표용), 파동이용의 실용화를 끝낸 등화 설비
(출처: 기호 외, 신에너지 대사전, 공업조사회(2002))

로의 500 kW 시험설비 운전이 1999년부터 야마가타현 사카타(酒田) 항에서 이루어져 성과를 거두었다. 또 해안에 V자의 도파벽을 만들어, 파도를 저수지에 도입해서 저장 발전하는 「협수로 월파형 방식」이 노르웨이에서 실용화되었다. 유사한 방식의 원리를 그림 2에 나타내었다. 일본에서는 부유식 발전의 연구 실적이 많아, 1970년대의 「우미아케」, 「아리아케」나, 그림 3에 나타낸 대형선 「마이티 웨일」이 알려져 있으며, 후자에는 선상에 태양전지를 병설해서(10 kW) 안정된 시스템의 확립을 목표하고 있다. 그림 4의 「마스다(益田) 부이」는 공기변환방식으로 해상의 자동점등식 항로표식부이로 1970년대부터 실용화되어, 현재는 태양전지를 부가한 형태로 1,000기 이상이 항로의 안전 확보에 공헌하고 있다.

파력발전의 상정 비용은 30~50엔/kW 정도로 비용면의 장벽이 커서, 실용화는 곤란하다 말해 왔다. 그러나 최근의 자연에너지 중시 시점에서 파력에너지 재검토의 기운이 높아지고 있다. 오스트레일리아의 E사가, 앞바다에 초대형 터빈(개구폭 40 m)을 설치하여 폭넓은 파면을 포착하여 발전하는 계획을 제안하였다. 영국 정부는 스코틀랜드의 파력발전 시험에 8,500만 달러를 지원하고, 미국은 파동을 이용해서 양수발전을 하는 등 수많은 계획이 알려지고 있다. 재생에너지 이용의 흐름에 편승하여, 무엇인가의 움직임이 가속되어 갈 것이다.

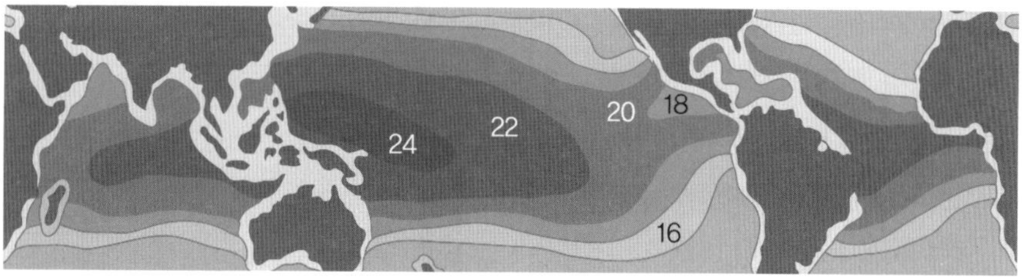

그림 5 세계 해양표면과 심층 1,000m의 온도차 분포
(출처: 사가대학 해양에너지연구센터 홈페이지 IOES)

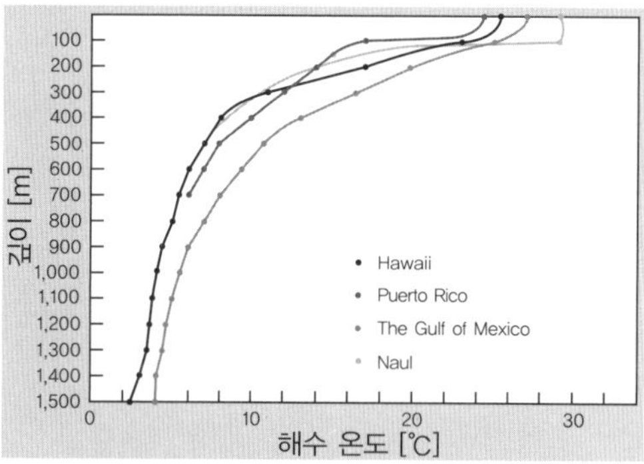

그림 6 아열대해양의 수직방향 온도분포
(출처: 사가대학 해양에너지연구센터)

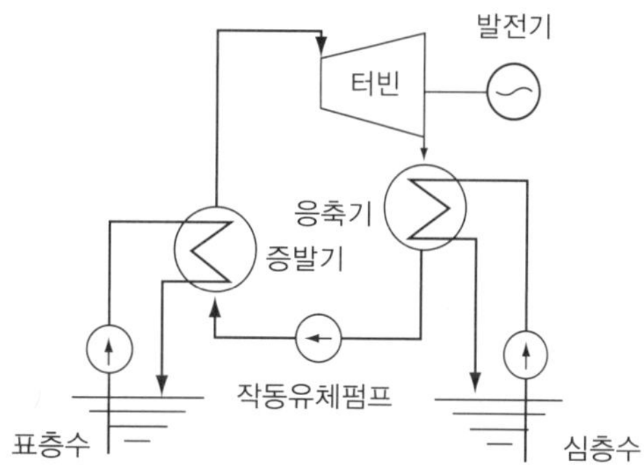

그림 7 해양온도차발전 원리(클로즈드형)
(출처: 사가대학 해양에너지연구센터)

해양온도차에너지의 이용

일본 근해의 해양 표면온도는 계절에 따라 차이가 있다. 그러나 열대지역에서는 30°C 전후로 거의 일정하며, 깊어질수록 조금씩 수온이 저하된다. 심도 200 m 이하에서는 기온에 의한 열대류 효과가 없어져 심도 1,000 m에서는 5°C, 2,000 m에서는 2°C 전후로 안정되어, 연간에 걸쳐 수온이 일정한 심층수 영역을 형성한다. 이 해수표면과 심해수의 온도차를 이용해서 발전하는 것이 해양온도차발전(OTEC: Ocean Thermal Energy Conversion)으로 이미 1881년 프랑스인 다르송발(D'Arsonval)에 의해 제안되어 있었다. 열대 아열대역에 있어서 심도방향의 해수온 분포는 그림 5, 그림 6과 같이 심도 1,000 m 부근에서 표면과 20°C 이상의 차가 있다.

따라서 암모니아 등의 작동매체를 이용하여 따뜻한 표면해수로 증발시켜 터빈을 돌려 발전한 후, 심해에서 떠올린 냉해수에 의해 냉각액화시키는 소위 「랭킨사이클」을 사용한다. 최대의 과제는 이 사이클의 작동효율로, 특정 조성범위의 「암모니아~물」계를 사용하여 양호한 효율을 얻어내고 있다. 그림 7은 이 형식의 원리도로 밀폐 사이클이라 불리며, 해양온도차발전의 주류를 점하고 있다. 이외에도 진공계로 해수를 매체로 사용하여 증류수를 공급할 수 있는 「개방 사이클」 등 몇 가지 사이클이

제안되고 있다. 온도차발전의 실증 시험은 하와이, 괌, 인도양 등의 열대 아열대 해역에서 이루어져 왔는데, 전부 수십 kW 정도의 소형 설비였다. 일본에서는 오랫동안 사가대학 해양에너지 연구센터가 연구를 계속하고 있고, 인도 정부는 장래 주변 해역에 수십 MW 규모의 설비를 건설할 목적으로, 1997년에 동 대학 기술에 의한 1,000 kW의 실증 시험을 계약하였다. 2000년 즈음부터 설비를 가동하여 시험을 진행하고 있다. 인도 정부의 어림셈에서는 실증 시험 규모로 20엔/kW, 10 MW 규모에서는 10엔/kW 이하의 단가가 달성 가능하다 발표되어 있으나 최종 확인은 이후의 문제이다.

표 4 해양온도차발전의 문제점 등

원리	☆ 이용 가능 온도차가 작고 효율이 문제
	☆ 대량의 해수를 순환시킬 필요가 있다.
기술	☆ 해수 중의 용해가스 방출이 조작을 방해
	☆ 진공계의 양호한 실의 확보가 필수
	☆ 매우 긴 배관시스템과 그것의 안전 확보
기타	☆ 영해 · 배타적 경제수역의 문제 등

(각종 관련문헌을 참고로 작성)

표 4에 문제점 등을 나타내었다. 비용적으로 저렴한 방식이라 기대되고 있으나, 해양 이용 특유의 문제를 포함하여 아직 많은 과제가 남겨져 있다.

조석 · 해류에너지의 이용

넓게 연구되어 온 해양에너지에는 파랑과 해양온도차 외에 조석과 해류가 있다. 현 단계에서의 실용화 예는 많지 않으나, 조석에너지의 이용은 최근 다시 검토가 활발해지고 있다. 해류에너지의 이용은 실용상 어려운 점이 매우 많기 때문에 이후 전개는 무엇인가 새로운 발상이나 기술혁신이 필요하다고 생각된다.

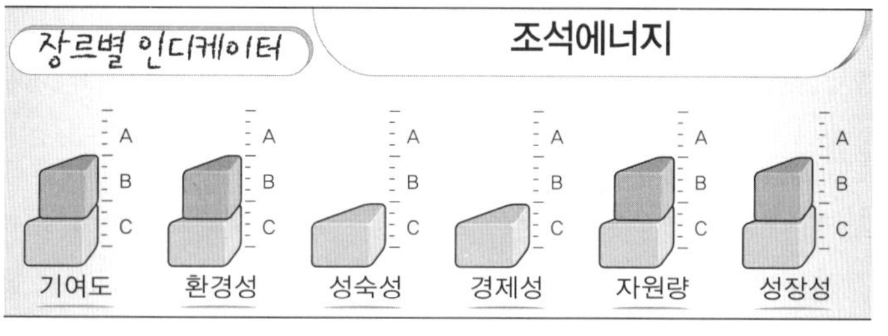

파랑과 해양온도차 외에 많은 연구가 이루어져 온 해양에너지는 조석과 해류이다. 조석은 조수 간만의 차를 위치에너지로 이용하고, 해류는 예를 들면 나루토(鳴門)의 소용돌이나 구로시오(黑潮)와 같은 조수의 흐름을 운동에너지로 이용하려는 것이다.

조석에너지의 이용

조수 간만을 이용해서 만조 시의 높은 해면으로 해수를 댐에 가두고, 간조 시에 낙차를 이용해서 낙하시켜 발전한다. 이 원리로는 간헐방식의 발전밖에 못하기에, 실용상 여러 개의 댐을 사용하는 궁리가 필요해진다. 조석발전은 간만의 차가 클수록 좋아 최대 조위 차가 10 m 이상 없으면 경제성이 없어서, 매우 적합한 입지점이 한정된다. 또한, 조석에서 얻어지는 에너지는 조위차의 제곱에 거의 비례한다. 표 1에 세계 각지의

표 1 세계 각지의 최대 조위차
(출처: 곤도 히데오 외, 「해양에너지이용기술」로부터 발췌(1996))

지 역	나라명	최대 조위차
몬크톤	캐나다	16.0 m
소번하구	영국	15.5 m
피쯔로이	오스트리아	14.7 m
림즈	프랑스	13.5 m
리오가야고스	아르헨티나	13.3 m
인천	한국	13.2 m
앵커리지	미국	12.0 m

일본의 최대 조위차는 아리아케해의 4.9m이고, 해외 각지와 비교하면 매우 작고 발전에는 불리하다.

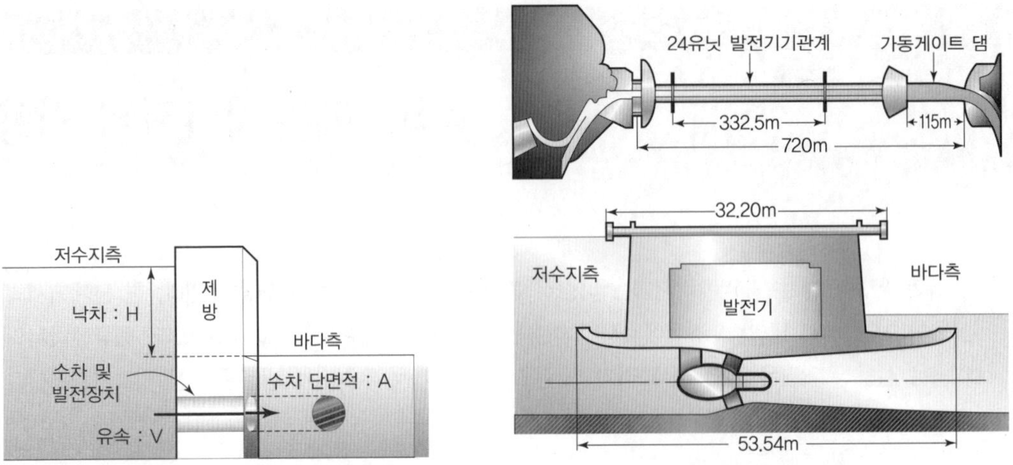

(a) 발전 원리 (b) 랑스 조석발전소의 개요

그림 1 랑스(프랑스) 조석발전소의 개요
(출처: 가야 요이치 감수, 「신에너지 대사전」 6장 해양에너지, 공업조사회(2002))

조위차가 큰 지점을 나타내었는데, 일본의 해안선은 조위차가 작기 때문에 적지가 부족해, 연구가 거의 안 되고 있다. 그림 1에 1966년부터 가동되고 있는 프랑스의 랑스 조석발전소를 나타내었다. 이 발전소의 평균 조위차는 8.5 m로 「단저수지 양방향 발전방식」을 채용하고 있는 것이 특징으로, 양수를 이용하여 간조 만조 시에 터빈이 역방향으로 회전하여 발전하는 방식이다. 발전량은 약 5.5억 kWh/연으로 수력발전의 2배 정도의 가격이지만 순조롭게 전력을 공급하고 있다(1973년 실적). 조석발전은 경관 보전에 문제가 있기에, 입지가 한정되지만 순차적으로 실용화가 진행될 것이다.

● 해류에너지의 이용

구로시오나 오야시오(親潮) 등의 해류나 간몬 해협 나루토 해협 등 조류의 운동에너지는 거대하다. 예를 들면 유속 1 m/초의 흐름에 지름 1 m의 물레방아를 놓아 회전시키면, 약 800 Wh의 발전이 가능하다. 구로시오의 경우 전 유량은 3~5,000만 m^3/초 정도이니까, 상상을 초월하는 크기의 잠재 에너지가 있는 셈이다. 표 2에 일본 근해의 해류와 조류의 유속을 나타내었다. 거대한 해류에너지를 이용한다는 아이디어는 옛날부터 종종 제안되었으나, 많은 기술적 난문이 있다. 예를 들면 구로시오나 멕시코 만에 거대한 터빈을 설치하여 발전한다는 제안도, 현실에서는 거대 터빈의 바닷속 고

표 2 해류, 조류의 속도

1) 해류 유속 예(연간 평균)
* 구로시오(이즈 앞바다) : 약 2m/s
* 산가루 해협 : 약 3.5m/s
2) 해협 조류 예(사리 시 평균)
① 루토 해협 : 8.2노트
② 구루시마 해협 : 7.3노트
③ 간몬 해협 : 6.4노트

* 조류의 경우 하루 2회 흐름이 역전
(출처: 이과 연표)

정법이나 전력 추출 송전방법 등의 난문이 있어, 실험조차도 간단히는 불가능하다. 그림 2에 오늘날까지 제안되어 온 발전방식 아이디어를 나타내었다. 바닷속 설치가 대부분이기에 전술한 것과 같은 기본 문제의 해결은 물론, 경제성의 면에서는 더욱 엄격한 평가를 받지 않을 수 없다. 그러나 1985년 이후, 일본에서도 기초 연구나 조사가 이루어지고 있다. 예를 들면 내해에서의 조류이용발전 연구에서는 도쿠시마대학에 의한 나루토 해협에서의 발전 시험(크로스 플로우 수차), 일본대학에 의한 쿠루시마 해협에서의 연구(다리우스 수차) 등이 있다. 또, 히로사키대학의 난조 교수 그룹의 쓰가루(津輕) 해협의 해류 이용 연구에서는 67만 kW의 해류발전이 가능하다는 시험적인 계산도 보고되어 있다.

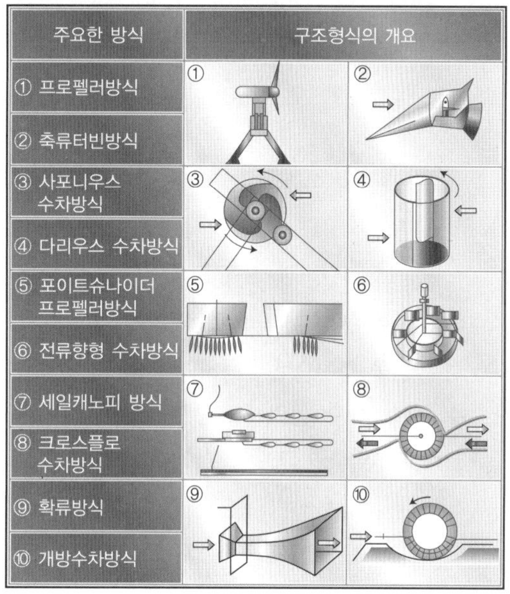

그림 2 해류조류발전용 발전 방식 예
(출처: 「바다와 여행」)

그 외의 해양에너지 이용

그 외의 해양에너지 이용 방법 중 하나로 해양농도차 이용이 있다. 해수 중의 염분농도가 지역이나 심도에 따라 다르다는 것을 이용하는 농도차발전으로 아직 조사와 기초 검토 단계라 전해지고 있다. 조석 간만이나 파랑의 시간적 변동을 이용하여 행하는 일종의 양수발전도 시도되고 있다.

온도차에너지와 지역 냉난방

히트펌프는 바깥 공기나 물이 가지고 있는 열을 열역학적으로 이동시켜서 전력으로 투입한 에너지의 몇 배의 냉난방에너지를 얻을 수 있으나, 바깥 공기를 열원으로 쓰기보다는 하천수, 해수, 하수 등을 열원으로 사용하면 한층 더 열효율을 높일 수 있다. 온열이나 냉열을 발생시키는 하천수, 해수, 하수 등의 히트펌프 열원을 「온도차에너지」라 부르는데, 지역 냉난방에 적용한 경우의 사례를 포함하여 그 유효성을 해설한다.

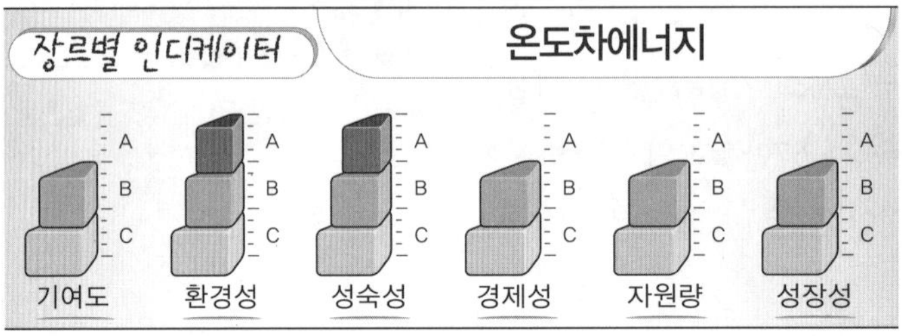

온도차에너지의 종류

가정용 에어컨의 에너지효율은 10년 전에 비해 현격히 좋아졌으나, 바깥 공기를 열원으로 쓰고 있어 겨울의 추운 날이나 여름의 더운 날은 히트펌프의 특성상 열효율이 나빠진다. 여름에는 바깥 공기보다도 차갑고, 겨울은 바깥 공기보다도 따뜻한 하천수나 해수를 「온도차에너지」라 하며, 히트펌프의 열효율을 올리는 열원으로 유효하게 이용할 수 있다. 히트펌프는 온도차에너지와 조합시켜, 총에너지의 열 이용 효율을 높일 수 있는 것이다. 온도차에너지에는 하천수, 해수, 하수처리수를 비롯하여 지하수, 변전소 폐열 등이 있다. 열원이 되는 온도차에너지의 종류와 지역 냉난방을 하고 있는 지역의 예를 표 1에 나타내

표 1 온도차에너지를 이용한 지역냉난방

열원의 종류	지역 냉난방 지구 예
하천수	하코자키 지구 덴마바시 잇초메 지구 도야마역 북 지구 나카노시마 산초메 지구
해수	후쿠오카 시사이드 모모치 지구 오사카 남항 코스모스퀘어 지구 선포트 다카마쓰 지구 중부 국제공항섬 지구
하수	마쿠하리 신도심 하이테크비즈니스 지구 고라쿠 잇초메 지구 모리오카역 니시구치 지구
지하수	다카사키 중앙 지구 다카마쓰시 반초 지구
변전소 폐열	우쓰노미야 중앙 린쿠타운 니시테쓰 후쿠오카역 재개발

었다. 지역 냉난방은 지역의 재개발에 맞추어 계획되는 경우가 많아, 그 경우에 그 지역에서 사용 가능한 온도차에너지가 조건이 되기 때문에 채용 예는 많지 않다. 이 점에서 모든 지역에서 이용 가능한 공기를 열원으로 하는 지역 냉난방과 조건이 다르다. 또, 단순히 하천이 가까이 있다는 것만으로는 온도차나 수량 면에서 열원수로서의 조건을 만족시키지 않는 경우도 있다.

하천수를 온도차에너지로 이용한 지역 냉난방의 제1호는 1989년에 열 공급을 개시한 동경의 하코자키 지구, 제2호는 덴마바시 잇초메 지구이다. 하천수를 이용하여 대기온에 비해 하계에는 낮고, 동계에는 높은 하천 수온이 히트펌프 효율을 높인다. 해수이용 지구에는 후쿠오카 시사이드 모모치 지구, 오사카 남항 코스모스퀘어 지구 등이 있다. 해수도 어느 일정 깊이에서 취수하면, 대기에 비해 하계는 온도가 낮고, 동계는 높다는 성질이 있기에 온도차에너지로 이용할 수 있다. 해수를 이용할 경우는 티타늄제의 열교환기로 담수와 열교환 하는 등의 방법이 채용된다. 또한, 하천수나 해수를 이용할 경우에는 취수구와 방수구를 거리를 두어 설치하는 등의 주의가 필요하다. 나카노시마 산초메 지구의 경우는 취수구를 북측의 도지마 강, 방수구를 남측의 도사보리 강에 마련하여, 취수와 방수 하천을 변경하고 있다.

하수는 지하를 흘러가기 때문에 하천보다 연중온도가 안정되어 있어, 온도차에너지로 이용할 수 있다(마쿠하리 신도심 하이테크 비즈니스 지구(하수처리수 이용), 고라쿠 잇초메 지구(생하수 이용)가 대표적인 사례). 하계에는 7 ℃ 낮고, 동계에는 10 ℃ 높은 온도차에너지를 이용한다. 하수의 경우도 티타늄제의 열교환기로 담수와 열교환 하는 등의 방식이 채용된다. 지하수는 연간에 걸쳐 한층 더 온도가 안정되어 있다(다카사키 중앙지구, 다카마쓰시 반초 지구가 지하수를 이용하고 있는 사례). 다카사키 중앙지구의 예에서는 지하 120 m의 양수용 우물에서 얻어지는 지하수의 온도가 연간에 걸쳐 18 ℃로 일정하다. 이러한 이유로 종합 에너지효율을 1.1 전후의 높은 값으로 유지해 왔다. 또한, 지반 침하를 배려하여 이용한 지하수는 환수용 우물 2곳에서 지하로 침투시키고 있는데, 지하에 자연히 침투하는 양을 넘지 않도록 사용 수량 관리도 하고 있다. 현재는 열공급 지역의 대폭 증가에 대응하기 위해 지하수 열원 히트펌프에 더하여, 히팅 타워에 의한 공기열원 히트펌프를 사용하고 있다.

우쓰노미야 중앙지구, 린쿠타운 지구, 니시테쓰 후쿠오카역 재개발 지구에서는 변전소의 배기열이 이용되고 있다. 교외의 발전소에서 고압으로 송전된 전기는 도시부 각처에 배치된 변전소의 변압기에서 전압이 낮추어지는데, 고압 지중 송전선이나 변압기를 냉각할 때에 발생하는 변전소의 폐열이, 히트펌프의 열원으로 이용 가능하다. 미이용인 온도차에너지의 이용은 입지 등의 조건이 허락되면 히트펌프를 사용하는 냉난방의 열효율 향상에 효과적이다. 또한, 지중열을 이용한 히트펌프시스템이 미국에서 활발히 이루어지고 있다. 지하 수십 m의 지중은 연간에 걸쳐 온도가 일정하고 열용량이 크기 때문에, 파이프에서 열매체를 순환시켜 체열하면, 이상적인 온도차에너지가 된다. 서양에 비해 일본에서는 지중열을 이용한 히트펌프가 보급되어 있지 않다. 기술적으로는 전혀 문제없으므로 보급에 의해 건설비가 싸지면, 온도차에너지로 크게 기대할 만하다.

온도차에너지의 이용 사례

【사례 1: 하천수를 이용하는 하코자키 지구】

하코자키 지구는 도쿄도(東京都)의 공해 방지 대책을 토대로 한 「마이타운 도쿄 구상」의 일환으로 개발이 진행되어, 업무용 건물 11동과 주택 2동의 면적 25.4 ha를 대상으로, 1989년부터 일본에서 처음으로 하천수를 열원으로 쓴 지역열 공급을 개시하였다. 그림 1은 히트펌프시스템의 개략 흐름도이다. 스미다 강의 하천수를 취수 피트에서 떠올려 냉수 제조 시에는 냉각수로, 온수 제조 시에는 열원수로 이용하고 있다. 열회수형 가열 타워가 달린 수열원 히트펌프와 전동 터보 냉동기에 의해 하천수를 효율적으로 이용한다. 또 야간전력을 사용하여 냉열과 온열을 대형 축열조(5,000 m^3)에 축열하여 낮 동안의 열 수요에 응한다. 온도차에너지를 사용하는 센터 플랜트의 1차 에너지 환산 COP는 1.16으로 높은 값이다. 또한, 온도차에너지를 사용하고 있는 센터 플랜트에 더하여, 1997년부터는 공기열원 히트펌프를 설치한 제2플랜트가 운전을 개시하였다. 하코자키 지구의 지역열 공급은 히트펌프의 열원으로 하천수를 이용하고 있는 대표적인 예인데, 하천의 수온은 바깥 기온에 비하여 하절기에는 약 5℃ 낮고, 동절기에는 약 8℃ 높으며, 또 온도가 비교적 안정되어 있다. 장소가 바다에 가깝기 때문에 조석으로 1일 안에 흐름이 역전되므로, 방수구는 취수구의 상류와 하류의 2군데에 설치되어, 흐름 방향에 맞추어 취수구의 하류 측에 방수되도록 전환 가능하다. 냉수나 온수는 야간전력을 사용하여 히트펌프로 제조되어, 냉수조와 온수조에 각각 축열되며, 열수요에 맞추어 순환도관에서 업무용 건물이나 주택으로 보내진다.

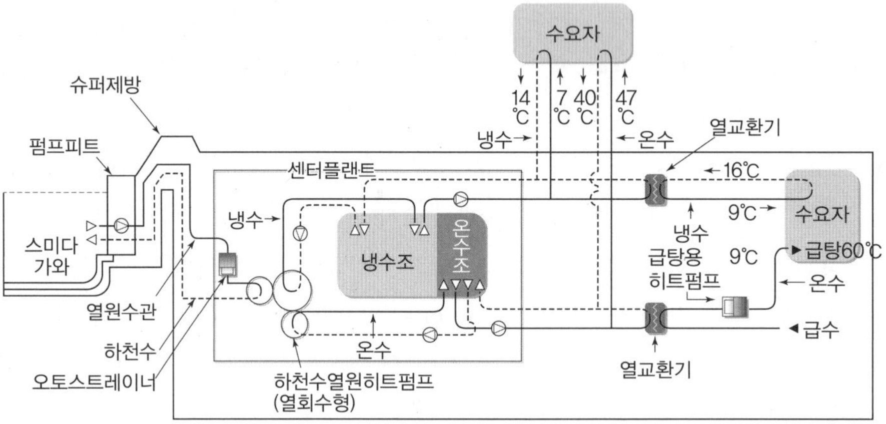

그림 1 하코자키 지역의 열공급센터 플랜트
(출처: 일본건축학회 · 일본환경관리학회공저, 건축의 차세대에너지원 (p.141, 후루타 야스에 집필, 이노우에서원))

【사례 2: 하수를 이용하는 마쿠하리 신도심 하이테크 비즈니스 지구】

첨단 기업이 모이는 49 ha의 마쿠하리 신도심 하이테크 비즈니스 지구에서는 1990년부터 일본에서 처음으로 하수처리수의 열을 이용한 지역열 공급을 개시하였다. 이후, 동 지구의 업무 · 연구 시설 지역과 타운센터 지역에 열공급을 하고 있다. 1차에너지 환산 COP는 1.3을 달성하여, 일본에서 가장 에너지 효율이 높은 지역 냉난방시스템이다. 열공급 플랜트는 수열원 히트펌프, 열회수 히트펌프, 전동 터보 냉동기로 구성되어 있으며, 약 4,5000 m^3의 축열조와 조합시킨 축열식 히트펌프 시스템을 채용하여, 하절기의 전력부하의 피크 억제와 부하의 평균화를 꾀하고 있다. 일평균 31만 m^3를 처리하고 있는 하나미가와 종말 처리장에서부터 하나미가와 제2처리장으로의 연락도관을 도중에 분기시켜, 1.6 km 떨어진 열공급 플랜트까지 하루의 양 최대 20만 m^3의 하수를 반송하고 있다. 수열원 히트펌프와 전동 터보 냉동기에는 하수열을 이용하고 있으나, 열회수 히트펌프는 냉수 제조 시에 냉방 배열로 온수를 동시에 제조하는 더블 번들(double bundle)식 히트펌프로 하수열은 이용하지 않는다. 히트펌프의 증발기와 응축기는 셸 & 튜브 구조로 구리제 관 내에 하수를 지나게 하는데, 관 내를 자주식 (自走式) 브러시 세정장치로 기계적으로 세정하고 정기적으로 물의 흐름을 역전시켜 더러워진 부분을 청소한다. 2002년도는 연간에 냉수 33.5만 GJ, 온수 9만 GJ를 제조하고 있는데, 마쿠하리의 하이테크 비즈니스 지구에서는 전체 열수요의 80% 가까이를 냉수가 차지하고 있다. 하수를 이용하지 않는 열 회수 시스템은 연간에 걸쳐 냉수와 온수를 제조하는데, 열원별로 보면 하수열의 이용은 냉수 제조가 71%, 온수 제조가 19%를 차지하며, 특히 냉수 제조에서는 하수열 이용이 크게 기여하고 있다.

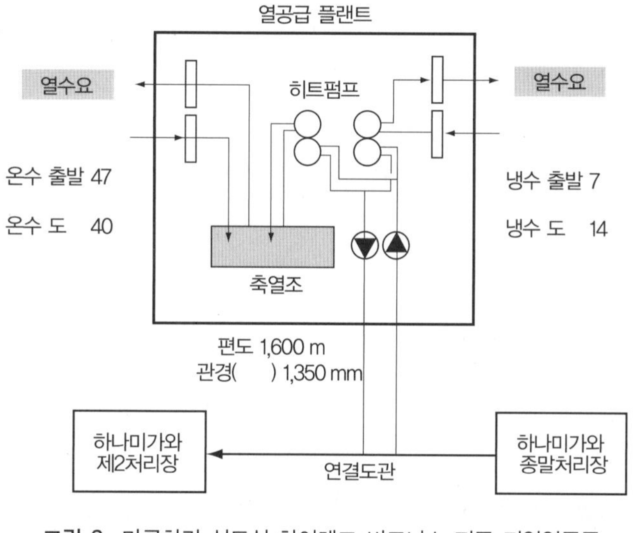

그림 2 마쿠하리 신도심 하이테크 비즈니스 지구 지역열공급

온도차에너지와 1차에너지 환산 COP

2차에너지인 전기는 발전소에서 1차에너지의 연료를 사용하여 만들어져, 송전선에서 보내진다. 1차에너지인 연료의 에너지양을 1이라 했을 때, 전기에너지는 발전소의 발전효율이나 송전선에서의 에너지 손실에 의해 사용 단계에서는 0.38 정도로 떨어진다. 통상 사용되는 COP(성적계수)는 "투입한 전기에너지양"에 대하여 "얻어진 열에너지양"의 비율을 말하는데, 1차에너지 환산 COP는 1차에너지가 가지고 있던 에너지양을 1이라 했을 때, 히트펌프를 사용하여 수요 측에 공급할 수 있었던 열에너지양을 말한다. 지역열 공급에서는 수요가(需要家)까지 냉열이나 온열을 도관으로 운반하는데, 그를 위한 펌프 동력도 에너지 손실로 계산한다. 1차에너지 환산 COP는 「종합에너지 효율」이라 불리는 경우도 있다.

그림 3은 히트펌프를 이용한 지역열 공급 지구의 사례로, 1차에너지 환산 COP를 연간 판매 열량에 대하여 그림으로 나타내고 있다. 온도차에너지에 하수를 사용한 마쿠하리 신도심 하이테크 비즈니스 지구의 지역열 공급은 1차 에너지 환산 COP가 1.3으로 수위이고, 연간 판매 열량도 월등히 많다. 도쿄도 중앙구 신카와의 열공급은 하천수와 변전소의 배열을 온도차에너지로 이용하고, 도시 재개발에 의해 초고층화한 오피스 빌딩으로의 지역열 공급으로 사업화되었다. 1차에너지 환산 COP는 1.2를 넘을 정도로 높다. 도쿄도 중앙구의 하루미 아일랜드 트리톤 스퀘어(Titon Square)의 지역열 공급은 계획 단계에서는 인접하는 운하의 하천수를 온도차에너지로 이용하는 안이 검토되었으나, 하천수의 유속이 충분치 않아, 최종적으로 바깥 공기를 열원으로 하는 축열식 히트펌프 시스템을 채용하고 있다. 사무소 빌딩의 연간 공조 부하는 냉방이 80%에 가깝기 때문에 냉방 주체가 된다. 이 때문에

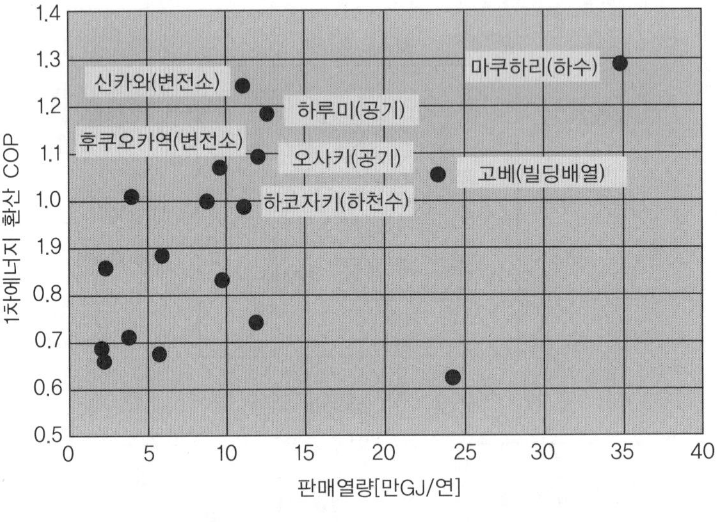

그림 3 지역열공급의 온도차에너지 이용과 1차에너지 환산 COP
(열공급사업편람 2003년판의 데이터를 바탕으로 작성)

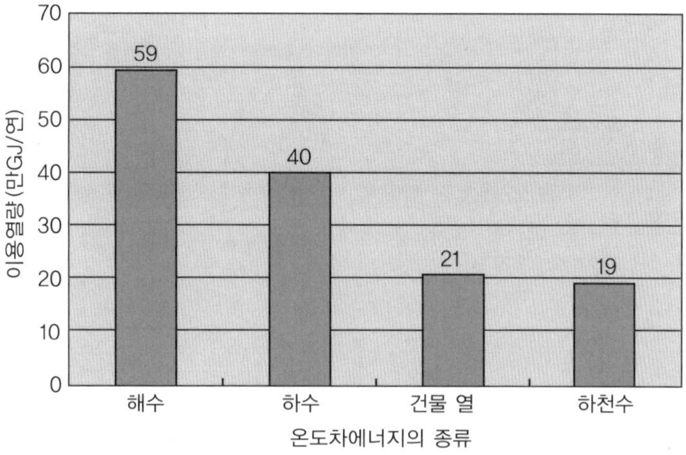

그림 4 온도차에너지 이용열량 (열공급사업편람 2003년판의 데이터를 바탕으로 작성)

고효율 터보 냉동기와, 냉수와 온수를 동시에 만들 수 있는 열회수형 터보 냉동기를 병용한다. 하루의 큰 부하 변동에 대해서는 건물 지하에 만들어진 거대한 축열조(2만 m^3: 50 m 수영장 약 10개분)에 야간전력을 사용하여 축열하여, 낮과 밤의 히트펌프 운전이 평활화 할 수 있도록 되어 있다. 공급하는 냉수와 온수의 왕복 온도차는 통상 5~7℃이나 10℃로 큰 온도차가 있고, 유량을 줄여 펌프의 소비동력을 절약하고 있다. 그 결과 온도차에너지를 쓰고 있지 않은데도 1차에너지 환산 COP는 1.2와 가까운 높은 값을 달성하고 있다. 2만 m^3의 거대한 축열조는 재해 시에 확보해야 할 급수량으로 약 90,000명분에 상당하여, 주변 지역을 포함한 재해 시 용수원으로도 유효히 활용할 수 있다.

전체적으로 바깥 공기를 열원으로 하는 경우에 비하여, 온도차에너지를 열원으로 하는 지역열 공급은 1차에너지 환산 COP가 높다. 온도차에너지의 연간 이용 열량을 열원별로 비교하면, 그림 4에 나타내는 것과 같이 해수가 가장 많고, 하수, 건물 폐열, 하천수의 순서로 쓰이고 있다. 건물 폐열은 개별 건물의 히트펌프 열원으로도 많이 이용되고 있다. 다만, 도시 재개발 등으로 해수, 하천, 하수를 온도차에너지로 이용 가능한 케이스는 반드시 많지만은 않다. 그러한 경우에는 하루미 아일랜드 트리톤 스퀘어와 같이 공기열원으로도 종합 에너지 효율이 높은 열공급 시스템을 실현 가능하다. 「하루미 트리톤 모델」에서는 다음 4가지 항목이 중요하다.

- 대용량 축열조 이용
- 고효율 냉동기(히트펌프) 이용
- 왕복 송수온도의 온도차를 크게 한다.
- 열회수 시스템

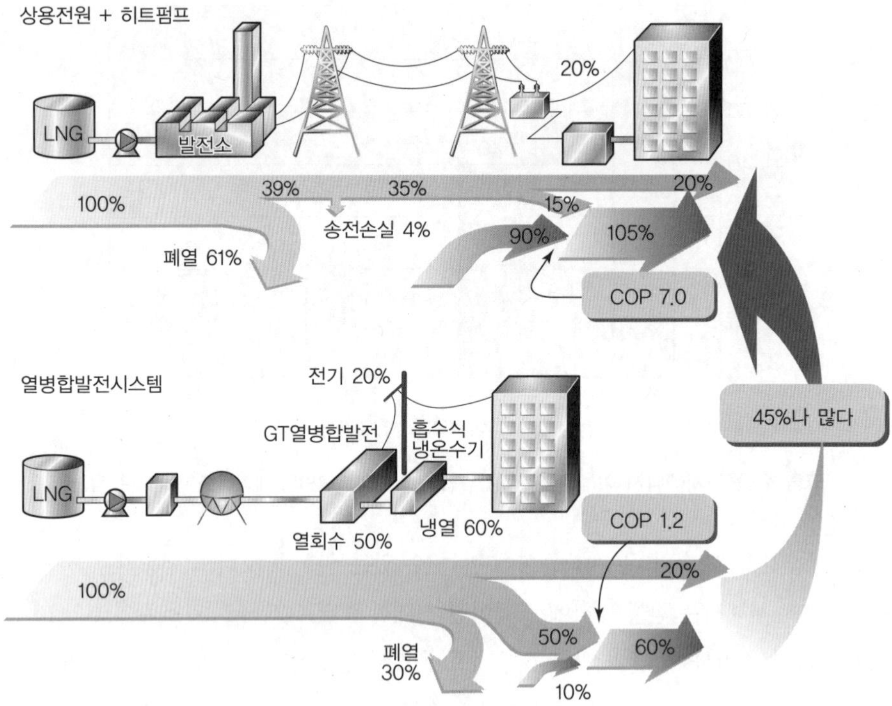

그림 5 상용전원 + 초고효율 히트펌프와 CGS와의 이용가능 열량의 비교

최적의 혼합 적용

최근의 업무용 히트펌프는 효율이 올라, COP(성적계수)가 6~8에 가까운 고효율 히트펌프가 개발되어 있다. 그림 5와 같이 상용전원+고효율 히트펌프의 조합으로 얻을 수 있는 열량이 전력으로 공급량을 동일하게 한 종래형 CGS(열병합발전 시스템)로부터 얻을 수 있는 열량보다 45%나 많아진다. 또 그림 5에서 COP가 7인 히트펌프를 사용하면, 발전소에서 사용한 LNG의 열량에 필적하는 이상의 열량을 20%의 전력을 별도로 사용하면서 이용 가능하다. 또한, 최신예 고효율 개량형 조합 사이클(ACC)발전이나 1,500 ℃급 조합 사이클(MACC)발전의 발전단효율은 50%에 근접하고 있으며, 게다가 야간전력은 원자력발전 비율이 높기에 하천, 해수 등의 「온도차에너지」+고효율 히트펌프+야간전력을 이용한 대규모 축열의 조합은 이후 유망한 이산화탄소 삭감, 에너지 절약, 열섬 저감의 복합 대책이 되리라 생각된다. 환경부하 감소를 위해서도 더욱 도입이 확대될 것이 기대된다.

칼럼

풍력 · 태양광 하이브리드발전

세상에 하나로는 불충분하지만 둘을 한데 모으면 효과가 배 이상 되는 것이 있다. 자동차에서 가솔린과 전기를 병용하고 있는 하이브리드자동차가 그 한 예이다. 자연의 에너지를 이용하는 신에너지에 이 생각을 응용하고 있는 것이 풍력 · 태양광 하이브리드 발전이다.

태양광이나 풍력과 같은 자연현상은 현대의 과학을 가지고서도 인간이 마음대로 제어할 수 있는 것이 아니고, 장소를 특정하여도 일정하게 공급되는 것도 아니며, 에너지로서도 밀도가 낮다는 특징이 있다. 신에너지로 기대되는 풍력발전은 바람이 너무 약하거나 강해도 발전할 수 없으며, 태양광발전은 태양이 나오지 않는 시간은 전혀 발전을 할 수 없다. 이 결점을 서로 보충하는 것이 풍력 · 태양광 하이브리드 발전이다.

태양광은 시간으로는 낮, 계절로는 여름철에 왕성하게 쏟아져 크게 이용할 수 있지만, 밤이나 겨울철에는 활용하기 어려워진다. 한편 풍력은 대개는 낮에 약하고 밤에는 세차며, 여름철은 약하고 겨울에는 강하다. 그래서 낮이나 여름은 태양광발전을 주체로 하고, 밤이나 겨울은 풍력발전을 주체로 양자를 병렬로 사용한다는 생각으로 하이브리드 발전을 하게 되었다. 물론, 태양광과 풍력이 항상 상호 보완되지는 않으므로, 양자가 전혀 기능하지 않는 경우를 고려할 때, 축전지의 설치도 필요하지만 그 용량이 태양광과 풍력 단독의 경우에 비해서 작은 용량의 것으로도 가능하다.

하이브리드 발전은 상용전원을 이용하기 어려운 벽지의 등대, 무선중계소나 외딴 섬에서의 이용으로부터 시작되었지만, 지금은 융설용(融雪用), 방재용, 농업용, 오락시설, 도로조명, 기념물(monument)에서 가정용, 공공용까지 널리 활용되고 있다. 가정용은 태양광 4kW, 풍력 600W, 공공조명용은 태양광 120W, 풍력 120W라는 조합으로 실시된 예가 있다[1,2]. 둘 다 탄산가스를 배출하지 않는 청정에너지이므로, 분산전원으로서 환경에 민감한 사회에 대응한 발전시스템이라고 말할 수 있겠다. 천연가스 연료의 가스엔진과 조합하여, 태양광발전이 작동되지 않을 때 보완하는 시스템도 채용되고 있다.

그중 우뚝 솟은 풍차와 그것을 비추는 작은 연못 뿐만 아니라 주택지에 태양전지가 배열된 풍경을 여기저기에서 볼 수 있게 될 것이다.

참고문헌

1) 쓰지상사(주) : (HP) http://homepage2,nifty.com/tsujishoji/pr/pr1/pr1.htm

2) 구마모토무선(주) : http://www.kumamotomusen.com/gairoto.html

제 2 부

바이오매스(BIOMASS) 에너지

바이오매스란 태양에너지에 의한 광화학작용을 이용하여 물과 탄산가스로 합성된 유기물을 말하며, 지구상의 식물, 수목, 초목이 이에 해당한다. 화석연료도 근원을 밝힌다면 바이오매스이고, 그것이 오랜 세월에 걸쳐서 밀도가 높은 에너지원이 된 것이라고 말할 수 있다. 화석연료에 비하면 극히 단시간에 에너지원으로 변환하려고 하는 것이 바이오매스 에너지이다. 산업혁명 후에 석탄의 사용이 확대되기까지는 목탄, 장작 등의 바이오매스 에너지가 사용되고 있었지만, 근대의 에너지 혁명에 의하여 개발도상국을 제외하고는 거의 사용하지 않게 되었다.

바이오매스를 연소했을 때 발생하는 탄산가스는 광화학 작용으로 다시 바이오매스에 흡수되므로, 탄산가스의 증감이 없고, 탄소중립(carbon neutral)으로서 주목되고 있다. 목재, 초목 · 곡물뿐만 아니라 폐재, 식물잔재(殘滓), 폐기물까지 광범하게 걸친 바이오매스가 향후의 에너지원으로서 활용이 기대되고 있다. 최근에는 석유자원의 고갈과 고등을 염려하여, 식량작물인 옥수수나 사탕수수에서 에탄올을 제조하여, 가솔린의 일부를 대체하는 정책이 진행되고 있다. 대두, 해바라기, 기름야자 등으로 경유 대체품을 만드는 움직임도 활발해지고 있다. 이들 작물의 재배는 대농장이나 플랜테이션에서 대규모로 행하는 것이 많기에, 지구 환경의 영향이나 에너지와 식량으로의 배분을 해결하면서 진행하는 것이 과제이다.

일본은 삼림자원이 풍부함에도 불구하고, 경제성을 이유로 자원 활용 노력이 희박하여, 대량으로 발생하는 폐기물이 최대의 바이오매스 에너지 자원이다. 폐기물도 본래 대부분은 수입품이기에 이 에너지원도 해외에 의존하고 있는 셈이 된다. 일본에서 바이오매스는 작물도 폐기물도 대부분은 이산적으로 수득되기에 집적 운반에 어려움이 있어, 지산지소(地産地消) 산업으로서의 활로를 열려 하고 있다. 바이오매스는 에너지 밀도가 낮으므로 단순히 연소하는 것뿐만 아니라, 화학적 생물화학적인 변환에 의해 바이오가스나 액체 연료로 하여 이용 효율을 높이려 하고 있다. 막대한 에너지원의 유효 활용을 위해서는 기술뿐만 아니라, 사회, 경제, 유통에서의 대책도 필요해진다. 제2부에서는 다양한 바이오매스가 어떻게 이용되고 있는지 소개할 것이다.

바이오매스 에너지 이용

바이오매스란 태양 광합성으로 스스로를 만들어낼 수 있는 생물자원의 집합이며, 삼림, 농작물, 목초, 수초 등과 이것들을 가공한 목재, 펄프, 식료, 사료, 거기에서 파생되는 농업과 축산폐기물, 부엌 쓰레기, 폐목재 등도 포함된다. 바이오매스는 의식주 생활의 필수품인 동시에, 최근에는 에너지원이나 화학 원재료로도 주목되고 있다. 재생 가능한 원료로 각 용도에 맞게 생산되어, 이용될 것으로 기대되고 있다.

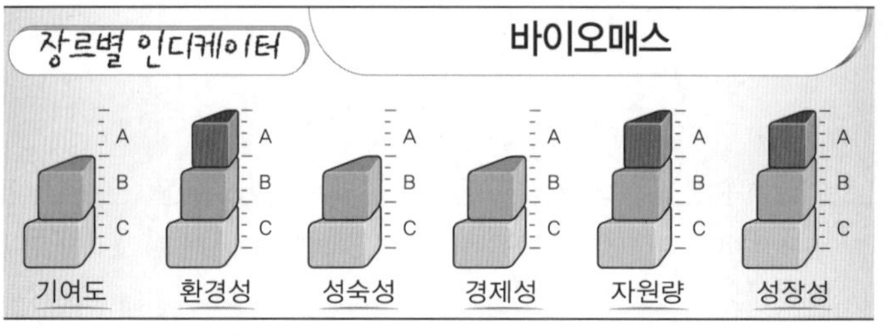

바이오매스 자원의 특성

바이오매스는 재생 가능하며 생물 유래의 생태계를 형성하는 유기성 자원 중에서 화석 자원을 제외한 것이다. 태양에너지를 사용해 생물이 합성한 것이며, 생명과 태양이 있는 한 고갈되지 않는 자원이다. 바이오매스는 의식주와 에너지의 원료로서, 인간 생활에는 빼놓을 수 없는 것이다. 예를 들어 식료로는 쌀이나 밀 등의 곡물류에서 시작하여, 그것들을 먹이로 하는 동물 등도 포함하는 식생활의 전부이다. 또 건축물에는 금속이나 콘크리트, 석유화학제품 등이 쓰이지만, 목재도 많이 쓰이고 있다. 의류에 쓰이는 섬유 제품은 합성섬유와 바이오매스의 면, 비단, 양모가 공존하고 있다. 에너지는 석유, 천연가스, 석탄이 주력인데, 개발도상국에서는 목재가 주요한 에너지원이다. 이렇게 바이오매스는 식료, 사료, 건축재, 섬유, 비료, 연료 등 인간 생활에서 없어서는 안 될 것들에 이용되고 있다(그림 1).

바이오매스 ─┬─ 식료, 사료, 건축재, 섬유, 연료, 비료(불변환)
├─ 에너지원료(바이오에너지, 변환) ──┬── (바이오 정제소)
└─ 화학제품원료(생화학, 변환) ──────┘

그림 1 바이오매스의 용도

표 1 바이오매스 에너지의 특징

장 점	단 점
· 재생 가능하다(renewable). · 부존량이 막대하다(abundant).	공급에 계절적 제한이 있다. 풍작 · 부작이 있다.
· 탄소 중립(carbon-neutral) : 연소로 CO_2를 배출하여도, 같은 양의 CO_2를 광합성에 의해 바이오매스로서 고정한다. · 생태계와 조화가 취해진 이용이 가능(clean energy)	지역적으로 편재한다. 단위면적의 생산성이 낮다. 작물 생산 때문에 삼림생태가 파괴된다.
· 유기성 자원으로부터 연료나 화학원료를 제조할 수 있으므로, 저장이 가능하다(storable). · 대체성이 있다(substitutive).	수분이 많고 발열량이 작다. 변환이 완만하다. 소규모 분산형이다. 운반효율이 낮다.

현재는 석유, 석탄, 천연가스를 중심으로 한 화석자원이 에너지 · 주거 · 의료 등의 생활 면에서 큰 역할을 차지하고 있다. 반면, 수요 증대에 의한 화석자원의 고갈이 우려되어 가격이 오르고, 화석연료 사용으로 온실가스가 증가하고 있다. 그로 인해 석유에 의존하는 생활에 반성이 일어나, 석유 원료를 대체하는 것 중 하나로 바이오매스가 온실가스를 증가시키지 않는 영속성이 있는 에너지 원료이자 화학제품 원료로서 주목을 받고 있다.

바이오매스는 환경에 좋고 재생 가능하다는 이유로 대단한 자원인 것처럼 말해진다. 식량원으로는 지금은 이것을 대신할 것이 없기에 의존하지 않을 수 없으나, 에너지나 화학제품의 원료로 사용할 경우는 그 특성을 잘 생각할 필요가 있다(표 1). 재생산되는 범위 내에서 바이오매스를 이용하는 한은 재생 가능하며, 이산화탄소를 증감시키지 않는 자원이다. 그러나 에너지 원료나 화학제품 원료로 가공하기 위해서는 별도의 에너지가 필요하다는 것을 고려해야 한다.

바이오매스 자원의 종류와 이용

바이오매스는 표 2와 같이 분류 가능하다.

① 자원으로 대량으로 만들어져 이용되고 있는 것(자원 작물)

② 존재는 알려져 있으나 이용이 충분하지 않아, 개발이 진행되면 이용을 늘릴 수 있는 것(미이용)

③ 이용할 수 있는 귀중한 바이오매스지만, 이용되지 않고 버려져 있는 것(폐기물)

바이오매스는 1차적으로 의식주와 에너지에 이용되어, 소화 연소되면 이산화탄소가 발생한다. 이산화탄소는 식물의 광합성에 쓰여 바이오매스로 재생된다. 이러한 순환이 잘 되도록 바이오매스를 1차 이용 후의 폐기물까지 포함하여 낭비 없이 원료나 에너지로 이용한다(그림 2).

바이오매스는 단순히 태워서 에너지로 쓰거나 물리적 화학적인 가공을 해서 의식주에 이용하는 것 외에 열화학적 변환이나 생화학적 변환으로 에너지 원료나 화학제품 원료로 사용할 수 있다.

석유로부터 에너지나 화학제품을 얻는 방법을 「오일 정제소」(석유 정제, 석유화학)라 하는데, 바이오매스를 원료로 해서 에너지원이나 화학제품을 만드는 것을 「바이오 정제소」라 한다. 고갈되어 가

표 2 바이오매스의 종류

분류	대상물의 실례	주요 성분
자원작물	사탕수수, 사탕무, 스위트소르검(sweet sorgham)	당질
	쌀, 보리, 옥수수, 카사바, 고구마	전분
	식물씨앗, 대두, 해바라기, 기름야자, 자트로파	유지
	포플러, 유칼리, 버드나무속	셀룰로오스
미이용 바이오매스자원	볏짚, 왕겨, 밀짚, 버개스, 농업폐재	셀룰로오스
	스위스 목초, 조릿대, 네이피어그라스	셀룰로오스
	해초, 다시마, 갈파래, 물옥잠, 거대 갈색 조류	셀룰로오스, 당질
	클로렐라, 미세조류	셀룰로오스, 당질
	간벌재, 임지잔재, 소교목(小蕎木)	셀룰로오스
폐기물 바이오매스자원	축산폐기물(소 · 돼지 · 조류), 수산가공찌꺼기	전분, 당질, 유지
	식품폐기물(식품가공찌꺼기, 판매폐기물, 폐식용유)	전분, 유지
	하수오니(분뇨), 생활계폐기물(가정식용찌꺼기)	전분, 셀룰로오스
	흑액, 펄프슬러지, 헌 종이	셀룰로오스
	제재잔재, 건축폐재	셀룰로오스

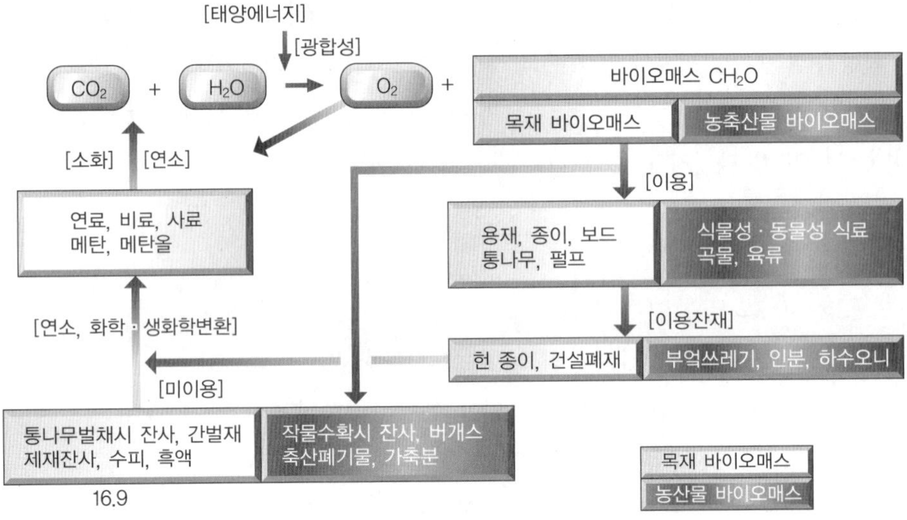

그림 2 바이오매스 공정도

는 석유자원을 대신하여 바이오매스 자원을 많이 이용하자는 생각으로, 바이오매스를 에너지원으로 하는 바이오매스 에너지와 바이오매스로부터 화학 원료를 만드는 생화학을 조합시킨 개념이다. 석유의 용도로 에너지원이 압도적으로 많은 것처럼 지금으로서는 바이오 정제소로 얻어지는 것도 에너지원이 대부분을 차지하고 있지만, 바이오매스의 열화학 생화학적 변환에 의해 메탄올, 부탄올, 아세

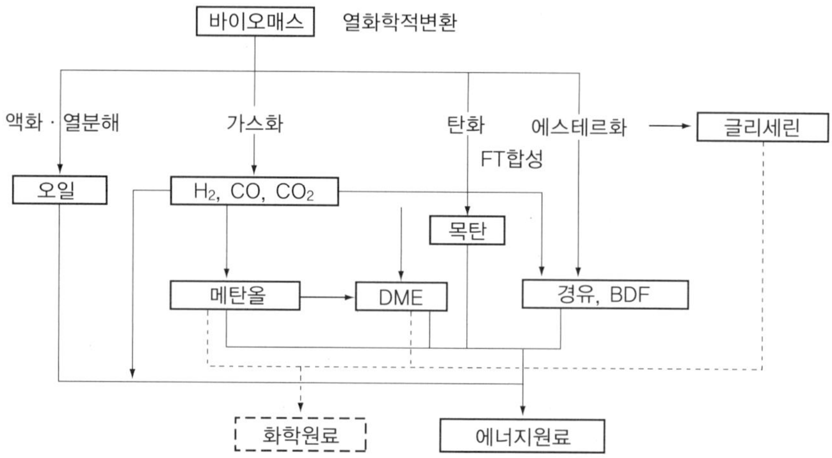

DME: 다이메틸에테르　BDF: 바이오디젤연료
FT합성: H_2와 CO를 주성분으로 하는 합성가스로부터 탄화수소를 합성한다.

그림 3 바이오매스 열화학변환에 의한 에너지 · 화학원료 제조 계통

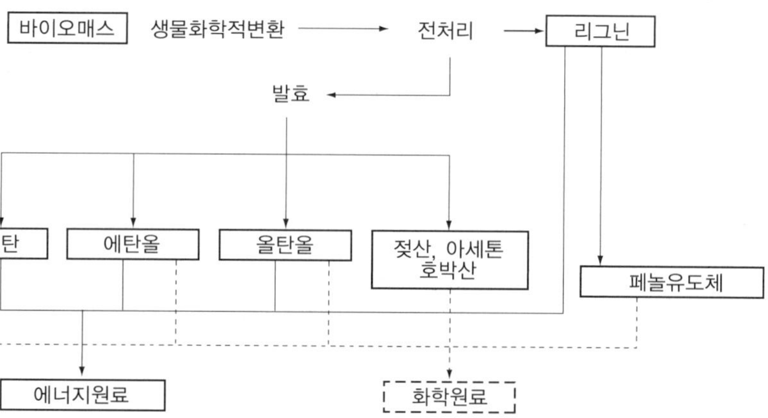

그림 4 바이오매스 생물화학변환에 의한 에너지 · 화학원료 제조 계통

톤, 유산 등의 기초화학 원료도 얻을 수 있다(그림 3, 그림 4).

바이오매스 자원과 이용 분야

바이오매스를 다방면에 이용할 때 문제가 되는 것은 각 분야에 어떻게 이용해 갈지에 관한 것이다. 특히 대량 소비를 하는 식량과 에너지의 분배가 중요하다.

바이오매스에너지는 미국과 브라질이 2대 생산국이다.

미국은 2012년에 2,800만 k*l*, 2017년에 1억 3,000만 k*l*의 바이오에탄올을 생산하여, 2017년까지

석유 소비량을 20% 삭감하고, 2050년까지 가솔린의 절반을 바이오에탄올로 대체할 계획을 가지고 있다. 이러한 움직임으로 바이오매스에너지의 사용 확대와 옥수수의 에탄올 전환이 진행되었다. 옥수수의 증산에 의한 농지의 전작으로 대두나 밀의 생산이 축소되면서 식량 부족의 우려가 커졌고 옥수수의 가격이 일시적으로 10년 전 가격의 2배 이상으로 폭등했다. 브라질은 종래 사탕수수로부터 에탄올 생산을 활발히 하고 있지만, 한층 더 작부 면적의 확대를 꾀하고 있다. 유럽에서는 식물씨앗, 해바라기, 목재 등의 바이오매스가 이용되고 있다. 기름야자 생산국인 인도네시아와 말레이시아에서는, 바이오매스 에너지 생산을 위해 삼림을 개간하여 경작지를 증대시키려 하고 있다. 이 때문에 귀중한 삼림자원이 파괴되는 것이 우려되고 있다.

일본에서는 폐기물 주체의 바이오매스 이용에 착목하여 곡물 바이오매스의 생산에, 국내에서는 휴경지에서의 비식용 쌀(네피어 그래스(napier grass)의 재배를 시작하고 있다. 국외에서는 동남아시아에서의 기름야자, 해바라기, 자트로파(jatropha curcas) 재배에 참가하고 있다.

바이오매스를 에너지와 화학제품의 원료로 사용하기 위해서는, 원료 확보로부터 변환 기술, 비용, 효율의 고려가 필요하다. 균형 잡힌 용도를 검토하여, 식량과의 경합을 피하고, 인간의 식량을 확보한 나머지를 에너지 등에 이용해야 할 것이다. 농산 잉여물의 이용이나, 비식료 바이오매스 원료의 새로운 개발을 전제로, 미이용 자원이나 폐기물 자원을 대상으로 한 바이오매스 에너지의 개발과 바이오 정제소의 진전을 생각해 나갈 필요가 있다.

바이오매스 에너지의 활용

바이오매스에 유기물로 축적된 에너지를 화학적, 생물화학적으로 연료 형태로 변환하거나, 바이오매스인 채로 연소하여 이용하는 것이 바이오매스 에너지이다. 연소 시 이산화탄소가 광합성으로 바이오매스에 흡수 재생되면, 이산화탄소의 증감이 없어 탄소중립이라 할 수 있다. 바이오매스 에너지의 원료에는 곡물류, 목재, 풀 등과 그것들의 폐기물이 있다.

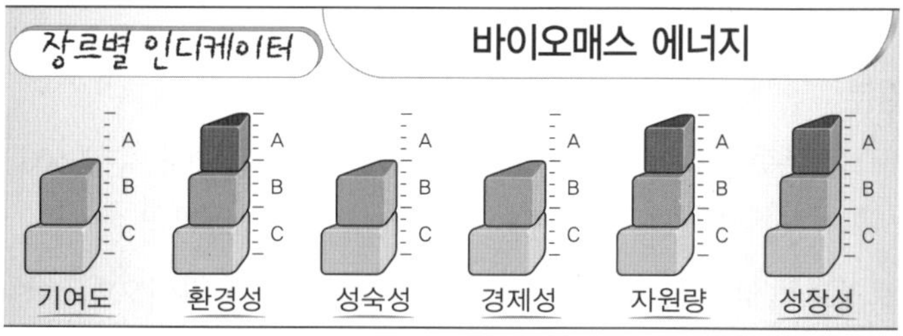

바이오매스의 생산량

바이오매스는 장작이나 숯으로 하여 에너지원으로 쓰이고, 제철용의 환원제에도 쓰이는 등 그 역사는 오래되었다. 선진국에서는 편리성으로부터 화석연료로 대체되어, 현재 에너지 원료로의 이용은 개발도상국이 중심이다. 그러나 최근에는 바이오매스를 그대로 이용하는 것이 아닌 고온고압의 화학반응이나 생물화학적인 기술을 응용하여, 다루기 쉬운 기체나 액체의 연료로 변환해서 사용하게 되었다. 에너지원으로서의 바이오매스의 특징은 재생산 가능하며 부존량이 많고, 탄소중립적인 것이다. 바이오매스는 이산화탄소를 증감시키지 않는 영속성이 있는 에너지원이지만, 자원 작물을 원료로 할 때에는 식량과의 경합성과 대규모 생산지가 편재한다는 것을 신중히 고려할 필요가 있다. 에너지 원료로 쓰이는 바이오매스에는 사탕수수나 옥수수와 같은 자원 작물, 볏짚이나 간벌재와 같이 양이 많으나 충분히 이용되고 있지 않은 것, 식품 폐기물이나 폐재와 같은 폐기물이 있다. 세계적으로 가장 많이 생산되고 있는 바이오매스 연료는 미국에서 옥수수로부터 만들어지는 에탄올과 브라질에서 사탕수수로부터 만들어지는 에탄올로, 양국이 생산량을 겨루고 있는 상황이다. 그리고 이러한 에탄올은 차량 연료로 주로 사용된다. 유럽에서는 해바라기나 채종으로부터 디젤유가 만들어지고 있고, 동남아시아에서는 팜유가 이용되고 있다(표 1).

표 1 자원바이오매스 생산량(2006년)

	세계생산량 [10^3t/연]	주요생산국과 그 생산량 [10^3t/연]		바이오에탄올/BDF 생산량 [만 kℓ]
옥수수	701,666	미국	267,598	1,986 (에탄올)
사탕수수	1,339,329	브라질	437,000	1,783 (에탄올)
대두	218,428	미국	83,375	
팜유	37,167	인도네시아	15,900	
채종유	15,204	독일	2,201	240 (BDF)
해바라기 씨앗	31,347	러시아	6,753	

(참고자료: 신에너지 종합연구소, 「바이오에탄올정보(신에너지 총연구소)」; 농업정보연구소, 「세계 각국의 바이오에탄올 생산량(F.O.Licht)」; 야노 쓰네타로 기념회편 「세계국세도회 2007/2008」; 규슈대학 농학연구원, 「세계의 식료 통계(2007)」)

바이오매스 일본

세계의 바이오매스 부존량은 1~2조 톤, 연간 발생량은 800~1,500억 톤(1,600~3,000 EJ)이다. 연간 소비 에너지의 6배에 달하나, 사용되고 있는 것은 3 EJ 정도에 지나지 않는다. 일본에는 대규모로 자원 작물을 만들 토지조차 없기에, 미이용 바이오매스나 폐기물을 바이오매스에너지의 주된 원료로 하고 있다. 바이오매스의 이용에서는 바이오매스 발전과 바이오매스열 이용이 신에너지로 간주되고 있다. 바이오매스 원료에는 초목이나 곡물류 외에, 제재의 폐재 · 잔재 · 밀짚 등의 미이용재, 가축 배설물 식품폐기물 하수오니, 펄프 폐액(흑액) 등이 있다. 또 에너지로서의 이용도 발전이나 열뿐만 아니라, 폐식용유를 모아서 디젤엔진의 연료를 만들고 있다. 일본은 2002년에 「바이오매스 일본 종합전략(2006년 재검토)」을 세워, 바이오연료에 몰두할 것을 국가 차원에서 추진하고 있다. 그중에서 바이오매스의 발생에서 이용까지를 효율적인 프로세스로 결부시켜, 적극적으로 이용할 구체적인 대책을 마련하는 것이 「바이오매스 타운 구상」이다. 2008년 11월 현재, 159시정촌(市町村)에서 그 구상이 공표되어 있다.

폐기물 바이오매스 부존량

일본에서는 폐기물이 연간 2억 톤 발생되고 있다. 간벌재나 임지 잔재 등의 임산폐기물, 제재공장이나 건축현장에서의 폐재, 볏짚이나 밀짚 등의 농산폐기물, 축산폐기물 등이 포함되나 양적으로는 기대할 수 없다. 오히려 연간 2,000만 톤(326 PJ) 배출되는 식품폐기물이나 부엌 쓰레기 쪽에 가능성이 있다. 모든 폐기물을 이용 가능량(1억 톤)까지 에너지로 사용할 수 있다면, 일본의 에너지의 7% 정도를 조달할 수도 있다(표 2).

표 2 일본의 폐기물바이오매스 부존량

( )안은 이용가능율

	부존량[만 t]	이용가능량[만 t]	
제재소 폐재	1,036	77 (7%)	기타 흑액: 1,400만 t (100% 이용, 고형분) 폐기지: 1,600만 t (60% 이용)
임지잔재 등	452	108 (24%)	
건축폐재	524	204 (39%)	
농업폐재	1,127	762 (68%)	
축산폐기물	7,490	964 (47%)	
식품폐기물	2,060	1,558 (76%)	
하수오니	7,976	5,867 (74%)	
총계	20,330	9,540 (47%)	

(출처: NEDO 바이오매스 부존량 · 이용가능량 추계, http://app1.infoc.nedo.go.jp/)

바이오매스의 변환효율

바이오매스는 그대로로는 운반하기 어렵고 저장 밀도가 낮으므로, 화학적 · 생화학적 기술을 응용해서 바이오연료나 화학원료로 하여 쓰기 쉬운 형태로 변환한다. 바이오매스를 연료로 변환하기 위해서는 에너지가 필요하다. 따라서 변환된 바이오연료의 보유 에너지보다 많은 에너지를 변환에 써서는 의미가 없다. 변환에 요하는 에너지와 얻어지는 바이오연료의 에너지의 비를 에너지 효율이라 한다. 에너지 효율은 최소한 1 이상이 필요하다.

자원작물로부터 바이오연료를 생산할 경우, 변환 투입 에너지에는 농장에서의 씨뿌리기, 생육, 수확, 운반, 공장에서의 반응, 분리, 정제, 폐기물 처리, 제품 출하에 필요한 모든 에너지가 포함된다. 에너지 효율은 여러 가지로 시산되고 있다. 에너지 효율이 1.3인 옥수수보다 에너지 효율이 9.2인 사탕수수 쪽이 훨씬 효율적이고, 에너지 효율이 2.4인 셀룰로오스도 옥수수보다 우위라 추정된다.

바이오매스의 변환 기술

바이오매스는 파쇄, 건조, 압착, 폭쇄 등의 물리적 변환 기술로 다루기 쉬운 형태로 만들어, 그대로 연소하거나, 열화학적 변환 기술이나 생물화학적 변환 기술을 통한 과정을 거쳐 연료로 만든다(표 3, 표 4).

연소 기술(그림 1)

폐목재, 미이용재, 버개스(bagass) 등의 바이오매스를 직접 연소하여, 열로 이용하거나 보일러로 증기를 발생시켜 발전한다. 변환효율이 10~20%로 낮기에

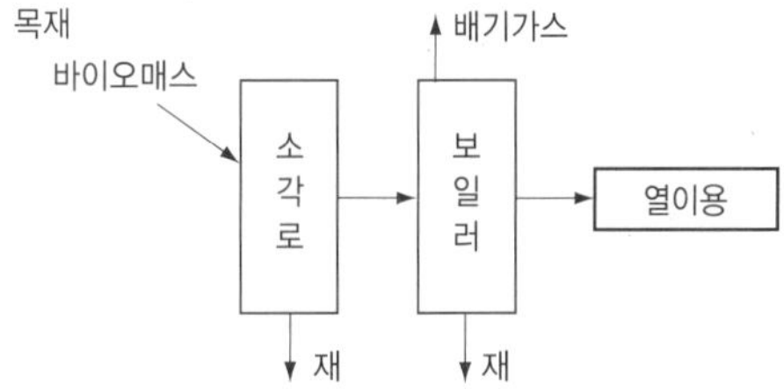

그림 1 목재바이오매스의 연소열 이용 (블럭흐름)

표 3 바이오매스의 에너지 변환기술 일람

구분			내용
연소	직접연소		목폐재, 미이용재, 버개스를 직접 연소하여 열로서 이용한다.
	혼소(混燒)		석탄화력발전소에서 석탄과 혼합연소한다.
	고형연료화		100~150°C로 가열하여 목분을 가압, 성형고화(固化)하여 펠릿 상 연료를 얻는다.
열화학적 변환	가스화	고온가스화 (열분해)	800~1,000°C로 열분해화하여, 가연성 가스를 발생시킨다. 연소로 발생한 소각재는 1,300℃ 이상의 고온에서 용해된다.
		저온가스화 (부분산화)	부분 산화하여서 생성 가스를 발생시킨다. 또한 메탄올로 변환할 수도 있다.
	액화	급속열분해	500~600°C로 환원상태에서 단시간에 가열 · 열분해하여, 액체연료로 한다.
		직접액화 (수열액화)	250~300°C, 8~10 MPa로 고온고압의 열수로 개질하여, 탄화, 분쇄해서 물과 알칼리 금속염과 섞어서 가열분해하여 액화한다.
	탄 화		산화제를 차단하여 가열 · 열분해에 의하여, 고탄소함유율의 고체생성물(숯)을 얻는다.
	에스테르화		식물유분과 폐식용유를 메틸에스테르화하여 바이오디젤 연료를 만든다.
생물화학적 변환	습식 메탄 발효		유기물을 혐기성 소화에 의하여 생성한다.
	건식 메탄 발효		저수분 함량(함수율 80% 이하)의 원료를 메탄발효가 가능한 미생물을 이용하여 변환시킨다. 처리잔사를 탄화 처리하여 처리폐액의 발생을 억제한다.
	2단 발효		식품폐기물을 가용화하여 아세톤 · 부탄올 · 에탄올 발효하고 메탄 발효시켜서 고에너지 회수율을 지향한다.
	에탄올 발효		전분은 당화하여 당분은 직접, 미생물에 의하여 발효시킨다. 셀룰로오스를 산이나 효소로 당으로 분해시켜, 효모에 의해 발효시킨다

표 4 변환기술을 통한 바이오매스 원료의 용도

변환기술 \ 원료			자원작물: 옥수수 · 사탕수수	자원작물: 식물씨앗 · 기름야자	미이용물/폐기물: 초본류	목질계폐재	축산폐기물	농업폐재	버개스	식품폐기물	생활계폐기물	폐식용유	흑액	헌 종이	하수오니	용 도
연소	직접연소				*	*	*	*	*	*	*	*	*	*	*	발전, 연료
	혼소					*		*	*	*					*	발전
	고형연료				*	*		*		*					*	연료, 발전
열화학변환	가스화				*	*	*	*	*		*			*	*	합성가스 연료, 발전
	열분해	열분해			*	*	*	*	*	*				*	*	액체연료, 에탄올
		직접액화			*	*	*	*		*	*			*	*	액체연료
		탄화				*		*		*				*	*	숯
	에스테르화			*								*				바이오디젤(연료)
생화학변환	혐기성 발효(메탄 발효)					*	*	*		*	*	*		*	*	메탄(연료) 바이오가스(연료)
	에탄올 발효		*		*	*		*	*	*	*			*		에탄올(연료)
	아세톤 · 부탄올 발효		*							*						연료

석탄과의 혼소도 이루어진다. 목편을 분쇄, 건조, 성형하여 펠릿(pellet) 등의 고형연료로 만들어 쓰기 좋게 하는 경우도 있다.

열화학적 변환 기술(그림 2)

A: 고온가스화

유기물과 수증기의 반응으로 수소분자, 일산화탄소를 생성시키는 수성가스 반응이 기본이다.

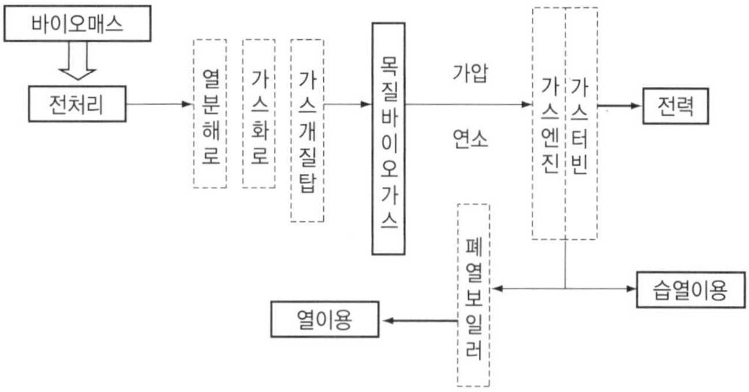

그림 2 목질바이오가스 제조와 이용(블럭흐름)

바이오매스는 온도가 올라감에 따라 연소하여, 그 연소열로 가스화 되어 간다. 공기, 산소, 수증기 등의 가스화재(化材)로 800~1000 ℃, 0.1~0.5 MPa에서 가열하면, 일산화탄소(CO)를 주성분으로 하는 가연성 바이오매스가 생성된다. 열분해와 화학반응으로 가스연료 또는 화학원료로 변환된다.

연소반응	$C + O_2 \rightarrow CO_2, CO$
가스화	$C + CO_2 \rightarrow 2CO$
	$C + H_2O \rightarrow CO + H_2$
전환 반응	$CO + H_2O \rightarrow CO_2 + H_2$

발생한 이산화탄소는 탄소가 퇴적되어 있는 환원층에서 환원된다. 산소의 소비를 억제하면 탄소에서 일산화탄소로, 물에서 H_2로의 전환율이 높아진다. 가스화로의 온도가 1,000 ℃가 되면, 메탄이 증가하여 발열량이 높아지지만, 미연의 탄소(차, char)의 반응률이 나빠져 타르가 발생된다. 온도를 1,300 ℃로 하면 차의 반응률이 올라가 타르는 연소되나 회분이 용융되어 클링커(clinker)가 되어 발열량이 낮아진다. 금속 Ni 촉매 존재 하에서는 350 ℃에서 반응하여 H_2와 CH_4가 생성된다.

반응으로 1,100 ℃의 고온가스가 발생하여, 회분은 용융 슬래그(slug)로서 배출된다. 이 고온가스는 가스 개질부에서 열분해 가스와 전환 반응을 일으켜 개질 가스가 얻어지고, 타르분은 분해된다. 가스화로의 경우 250 ℃에서 건조되고, 250~800 ℃에서 열분해된다. 500~600 ℃에서 바이오매스 속의 휘발분의 80%가 나온다. 남은 20%를 산소 부족으로 반응시키면, C는 CO로, 물은 H_2로 되어, 합성가스가 만들어진다.

이 생성가스(CO, H_2)에서 타르나 유황 산화물 등을 제거하고, 산화동이나 산화아연계의 촉매를 사용하여(350 ℃, 4~8 MPa), 메탄올이나 다이메틸에테르(DME)로 변환할 수 있다.

B: 저온가스화(부분산화가스화, 가압가스화)

바이오매스를 가스화로에서 산소나 수증기와 800 ℃, 0.5～2.5 MPa의 조건에서 열분해, 부분산화, 가스화하여 CO나 H_2를 주성분으로 하는 생성가스를 발생시킨다.

수성가스 반응은 흡열 반응이므로 원료의 일부를 부분 연소시켜, 그 열로 남은 원료를 가스화한다. 타르나 차(Char)는 분해 · 가스화된다. 가압조건이기에 메탄올 합성이나 가스터빈의 연료로 하기에는 유리하다.

C: 초임계수열가스화

초임계 상태(350～750 ℃, 16～22 MPa)의 물속에서 알칼리계, 니켈계의 촉매로 가수분해시켜, 바이오가스(H_2, CO_2, CH_4)를 얻는다.

D: 급속 열분해(액화)

바이오매스를 건조시켜 2 mm 정도의 작은 알갱이로 분쇄 후, 불활성가스 환경에서 400～600℃로 가열하면, 열분해가스(기체), 유상생성물(액체), 숯(고체)가 얻어진다. 천천히 가열하면 숯불구이와 같이 숯이 얻어지나 급속히 가열 분해시키면, 지방족 성분이 풍부한 액체연료(유상생성물)가 얻어진다. 급속 가열로 열분해 생성물의 2차반응에 의한 차의 생성이 억제되어, 기름 생성 수율도 올릴 수 있다.

셀룰로오스계 바이오매스 성분은 헤미셀룰로오스(hemicellulose)가 200～260℃, 셀룰로오스가 240～340℃, 리그닌이 280~500℃에서 분해된다.

E: 직접액화(유화), 고압직접액화

바이오매스를 분쇄하여 고온고압(300℃, 5～10 MPa)의 열수로 개질하고, 물과 알칼리 금속염과 섞어 가열하면, 슬러리(slurry)화되어 H_2나 CO를 필요로 하지 않으면서 중유와 같은 액체를 생성한다. 셀룰로오스, 헤미셀룰로오스, 단백질이 열분해에 의해 열수로 가용화된다. 함수율이 70～80%로 높은 바이오매스로부터의 기름 생성에 적합하다. 반응 공정이 복잡하고, 고품질의 기름을 고수율로 제조하는 것은 어려운 방법이지만 개발 중이다.

F: 탄화

바이오매스를 공기와 차단된 상태에서 400~600 ℃로 가열하여, 기체, 액체, 특히 고체(목탄)을 얻는다.

G: 에스테르화

식물유(지방산과 글리세린의 에스테르/글리세라이드)를 메탄올과 알칼리 촉매로 에스테르화하여, 바이오디젤연료(BDF)를 얻는다.

생물화학적 변환 기술

A: 메탄 발효

습식법과 건식법이 있다. 배설물, 부엌 쓰레기, 가축 분뇨, 농업 폐기물, 하수오니 등을 산소가 없는 환경에서 발효시킨다.

① **습식법**이 주류로 유기물을 액 중에서 발효시킨다. 주방 쓰레기류는 분해율이 높고, 가스 발생량이 높지만 수분량도 85%로 높고 발열량이 낮기에, 주방 쓰레기류를 분별해서 메탄 발효의 효율을 높인다. 처리 후의 폐액이 문제이다.

② **건식법**은 수분을 조정한 고형물을 교반(攪拌)하면서 발효시킨다. 원료의 발효조(槽)로의 공급이 과제이다. 처리 잔사를 탄화 처리하여 처리 폐액의 발생을 억제한다. 2단 발효법에서는 가용화하여 혐기성 미생물(저분자 지방산 생성균)의 작용으로 프로피온산(Propionic acid), 낙산, 젖산, 에탄올 등을 생성하고, 한층 더 수소, 초산을 얻어 메탄 생성균으로 메탄을 생성시킨다(그림 3). 바

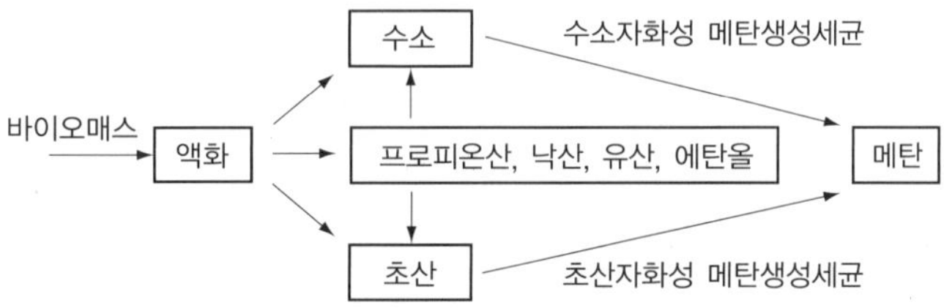

그림 3 메탄 생성경로

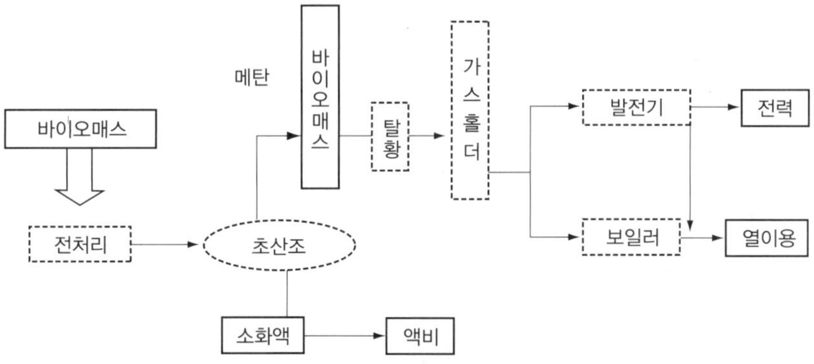

그림 4 메탄가스 발효제조와 이용

그림 5 메탄발효조와 발전기(교토시 바이오가스 연구회)
(출처: NEDO,「바이오매스 에너지도입 가이드북」 p.19(2003))

이오가스는 메탄이 60%, 나머지가 CO, H_2, H_2S 등이다. 메탄은 연소시켜 열로서 사용할 뿐만 아니라 메탄가스 발전 플랜트의 연료에도 쓰지만, 효율이 낮기에 소규모, 분산형의 에너지 생산에 적합하다(그림 4, 그림 5).

B: 에탄올 발효

사탕수수의 당분이나 옥수수 등(전분계의 바이오매스)은 당분으로 변환하여, 미생물을 이용해서 당을 발효시켜 에탄올을 생성한다. 셀룰로오스계 바이오매스는 희황산으로 가수분해하여, 리그닌을 제거하여 유전자 조작균 KO11 등으로 에탄올을 생성한다.

바이오에탄올

바이오연료는 바이오매스에서 얻어지는 연료로, 액체연료로서는 옥수수와 사탕수수를 원료로 하는 바이오에탄올이 주력이다. 석유자원의 가격 급등이나 고갈 우려 때문에, 재생 가능하며 탄소중립한 바이오연료가 주목을 받아 원료의 획득, 변환기술, 이용 방법 등이 검토되고 있다. 바이오에탄올은 일본에서도 이용되기 시작했으며 곡물을 대신할 연료로서 셀룰로오스계 등 제2세대 바이오매스의 검토도 이루어지고 있다.

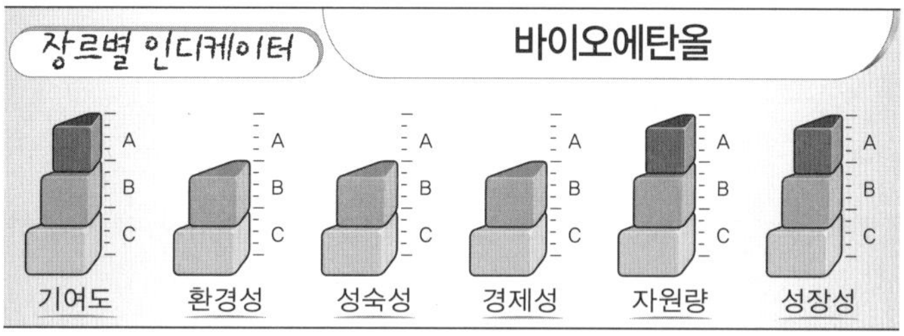

바이오에탄올의 원료

미국에서는 옥수수에서 에탄올을 만들고, 브라질에서는 사탕수수에서 에탄올을 만든다. 비산유국인 브라질은, 1931년부터 E5, E10(가솔린에의 에탄올 혼입률 5, 10%)을 사용하기 시작했다. 1975년에는 에너지 자급을 목적으로 하는 프로알콜 계획을 책정하여, 가솔린의 대체를 강력하게 추진하여, 지금은 가솔린에 25%(최고 100%) 섞어서 사용하고 있다. 미국에서는 석유의 수요 증가와 가격 급등이 맞물려서, 정부가 옥수수로부터의 에탄올 생산에 힘을 쏟고 있다. 이로 인해 세계적으로 바이오에탄올이 각광을 받아, 에탄올로 전환되는 옥수수가 늘었다. 그 결과 식량용의 옥수수가 줄고, 옥수수로의 전작으로 밀이나 대두의 생산에까지 영향을 끼쳐 세계적인 식량 부족과 가격 급등을 초래했다. 바이오에탄올은 당질인 사탕수수와 전분질인 옥수수가 주원료이다. 이것들의 원료는 식량과 경합하기에, 리그노셀룰로오스(lignocellulose)계의 목질이나 곡류의 줄기나 대를 원료로 하는 제2세대의 바이오연료도 개발이 진행되고 있다. 일본에서는 셀룰로오스계의 목재나 폐재, 짚 등의 농업폐재, 초본류 외에 비식용 쌀이나 보리 등을 원료로 하는 바이오에탄올의 생산을 검토하기 시작했으나 2006년까지 아직 5,000 kl의 생산에 지나지 않는다. 2012년에는 50만 kl, 2030년에는 600만 kl의 바이오에탄올 생산을 목표로 하고 있지만, 원료 입수, 생산, 비용 등으로 상당히 힘든 상황이다. 제2세대의 바이오

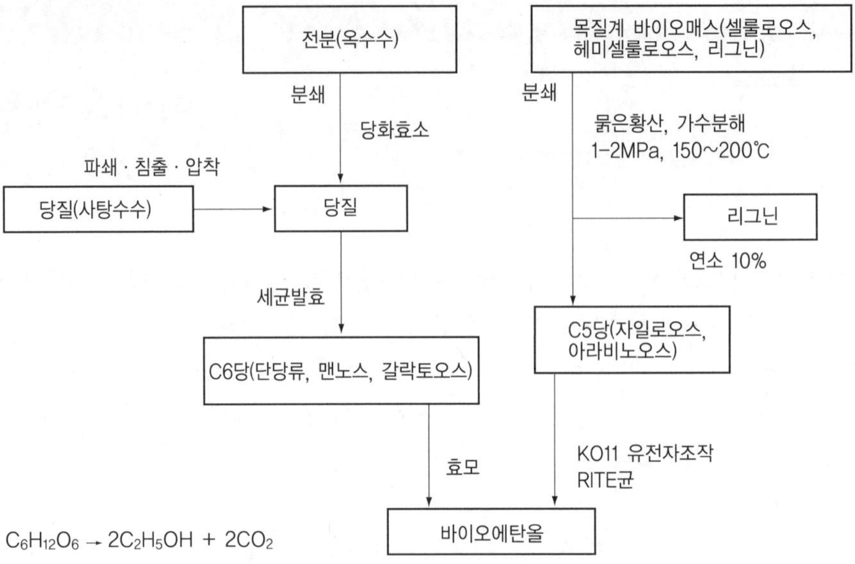

$$C_6H_{12}O_6 \rightarrow 2C_2H_5OH + 2CO_2$$

그림 1 에탄올 제조 블럭흐름(효소당화법)

매스로 식량자원에 영향을 끼치지 않는 리그노셀룰로오스계 자원의 활용을 생각하고 있다.

바이오에탄올의 제법

바이오에탄올의 제조 방법은 원료가 당분, 전분, 셀룰로오스 중 어느 것인지에 따라 다르다. 전분계인 옥수수는 효모로 당화하고, 당질계인 사탕수수는 그대로 발효시켜 C6당(글루코스 등)으로 하여 효모로 에탄올로 만든다. 목질계나 초본계의 셀룰로오스계 바이오매스는 셀룰로오스나 헤미셀룰로오스를 희황산이나 알칼리로 가수분해하여, C5당(키시로스 등)과 리그닌으로 만들어 리그닌을 분리한다. C6당은 효모로, C5당은 균으로 에탄올로 변환시킨다(그림 1).

여기에서 얻어지는 에탄올은 순도가 낮으므로 농축, 증류, 탈수하여 순도 99.5% 이상으로 정제한다. 에탄올은 물과 공비(共沸)하기에 간단한 증류로는 분리할 수 없고, 에너지도 많이 소비한다. 따라서 정제 에너지 효율을 높이기 위하여 막분리나 제올라이트(Zeolite), 초음파 무화(霧化)에 의한 탈수법도 검토되고 있다. 셀룰로오스계에서는 부산물인 리그닌의 유효 활용이 과제이다. 리그닌은 페닐프로판 유도체가 결합된 복잡한 화합물이다. 현재는 연소하고 있으나 생화학 원료로서의 검토도 이루어지고 있다. C5당의 전환에서는 균의 선택이 중요하여 RITE균이나 K011 유전자 조작 등의 기술 개발이 진행되고 있다.

표 1 발열량(고위) 비교

가솔린	46.8MJ/kg	에탄올	29.7MJ/kg	메탄올	27.7MJ/kg

(출처: 가야 요이치 편, 「신에너지 대사전」 공업조사회, p.280 (2002))

바이오에탄올의 성질

바이오에탄올은 유산소물질이므로 연소 시에 일산화탄소나 검댕이 생기지 않는다. 가솔린보다 발열량은 낮고, 옥탄가가 높고, 발화점과 인화점은 높고, 끓는점이 낮은 성질이 있다. 저온에서의 시동성이 떨어지고, 금속이나 고무나 수지를 열화시키는 성질도 있다(표 1). 에탄올은 그대로 가솔린에 섞으면, 포함되는 수분의 영향으로 상분리(相分離)되어 자동차 부품을 상하게 하므로 에탄올의 직접 혼합을 피하여, 에틸 터셜 부틸 에테르(ETBE)로 변환해서 혼합한다. 일본에서는 가솔린에 ETBE를 8% 섞어, 에탄올분 3%(E3)로서 사용하고 있다. ETBE는 에탄올을 직접 가솔린에 섞는 방식과 달리, 특별한 급유 설비가 불요하다. 비용도 싸지고, 일반 가솔린차에도 급유할 수 있으며, 특히 성능도 떨어지지 않는다.

$$\begin{array}{cccc} \text{에탄올} & \text{i-부틸렌} & \rightarrow & \text{ETBE} \\ C_2H_5OH + & (CH_3)_2C=CH_2 & & C_2H_5OC(CH_3)_3 \end{array}$$

셀룰로오스계 바이오매스의 이용

일본에서는 식료 자원이 아닌 셀룰로오스계의 바이오매스에서, 저비용 고효율로 바이오에탄올을 만드는 것이 큰 과제이다. 제조법은 효소당화법 외에 혁신적인 방법도 검토되고 있다(표 2). 현재의 제조비용은 원료가 20엔/kg이어도 제품 에탄올이 약 100엔/l가 되어 국제 경쟁력이 없다. 이 때문에

표 2 바이오에탄올 제조법

산소당화법	바이오매스를 황산으로 분해하고 리그닌을 분해한 후, 효소처리로 당화시키고, 발효시켜 에탄올을 얻는다.
열화학당화법 초임계법	초임계수조건, 가압열수조건, 또는 산에 의해 바이오매스성분을 가수분해하여 당으로 변환하고, 발효시켜 에탄올을 얻는다.
동시당화발효	바이오기술을 이용하여 셀룰로오스 당화와 발효 반응을 동시에 한다.
비에탄올발효 수소화분해법	에탄올 발효에 의하지 않고 에탄올을 얻는다. 초산발효와 에스테르화로 얻어지는 초산에스테르를 수소화분해로 에탄올로 변환한다. 공정이 복잡해지나, 단당, 올리고당 등 광범위하게 적용 가능하다.
가스화 혐기발효법	수증기 가스화에 의해 바이오가스(CO, CO_2, H_2)를 생성하고, 혐기성세균으로 발효시켜 에탄올을 생성한다. 당성분뿐만 아니라 리그닌도 에탄올 변환에 이용할 수 있다. CO_2로의 전화를 억제하는 것이 과제이다.

(출처: 바이오연료 기술혁신협의회, 「바이오연료 기술혁신계획」(2008. 3))

표 3 에탄올원료의 특성

	옥수수	사탕수수	에리안투스	셀룰로오스	식물	사탕무
수확량 [t/ha 연]	6.3	91.4	86		5.4	46.2
에탄올수량 [ℓ/원료 t]	337	57			303	83
에너지효율	1.3~1.8	8.3~9.2		2~2.4		

(참고자료 : 다이쇼 야스히로, 「바이오에탄올 최전선」, p.17, 공업조사회(2004), 일본에너지학회, 「바이오매스 핸드북」, p.4, p.8, (2002))

2015년에 원료 생산에서 연료 정제까지 포함하여 연 생산 10~20만 kl의 규모로 40엔/l를 만들 목표로 검토가 진행되고 있다. 하지만 해외에서의 에탄올 제조 원가가 사탕수수는 15USC/l, 옥수수는 26USC/l로 추정되고 있다. 셀룰로오스(콘케인, corn cane)로부터의 에탄올은 10~30USC/kg 높아지리라 예상되지만, 그래도 일본과 해외의 비용 차이는 크다. 에탄올 기술 개발의 과제는 자원작물의 개발, 수집 · 운반비용의 저감, 에탄올 변환 효율의 향상이다.

일본의 바이오에탄올 사업

바이오에탄올을 생산하기 위해서는 원료의 생산성, 에탄올로 변환할 때의 에너지 효율, 식량 등 다른 용도에의 영향 등을 생각하여, 원료 및 과정을 선택하는 것이 중요하다(표 3).

바이오에탄올은 브라질이나 미국에서 대량으로 생산되어, 최근에는 미국의 생산량이 최대가 되었다. 가솔린에 10%(최대 85%)를 혼입하여 사용하고 있다. 세계에서는 연간 6413만 kl(2007년)가 생산되고 있으나 앞으로 더욱 늘어날 것이다(그림 2).

일본에서는 2007년 4월부터 E3로서 쓰이기 시작했지만, 아직 전면적으로 받아들여지는 단계에는

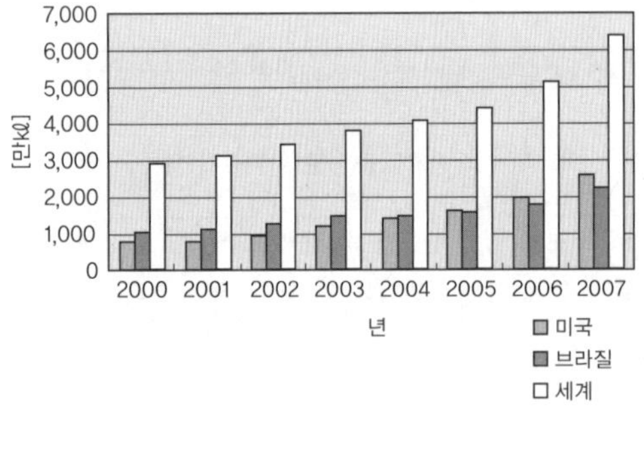

그림 2 세계 바이오에탄올 생산량 (출처: 농림수산업, 「세계 바이오에탄올 현황」 (F.O. Licht World Ethanol & Biofuels Report))

그림 3 바이오에탄올 제조설비(바이오에탄올재팬 간사이(주)) (출처: NEDO, 「신에너지 가이드북 2008」, p.92 (2008. 6))

표 4 일본에서의 바이오에탄올사업 검토상황

장소	사업체	원료	생산량	비고
홋카이도 시미즈정 호쿠렌 시미즈 정당공장	홋카이도 바이오에탄올 (호쿠렌, JA도 중앙회)	잉여사탕무 규격외 밀	1.5만kℓ/year	09년 3월 가동
홋카이도 도마코마이시, 합동주정(주)공장	오에논 홀딩스(주) 합동주정(주)	비식용쌀	1.5만kℓ/year	09년 4월 가동
홋카이도 도카치 지구	(재)도카치 진흥기구	규격외 밀	600ℓ/year	주행시험 (05년 9월) 실험 (개시 06년 4월)
야마가타현 신조시	신조시, 다마가와대	수수		주행시험(03년 3월)
니가타현, 코프케미컬(주) 니가타공장	전국농업협동조합 연합회(JA전농)	비식용쌀	1,000kℓ/year	09년 1월 가동
오사카부 사카이시	바이오에탄올재팬 간사이(주)	건출폐재	1,400kℓ/year	07년 1월 가동
오카야마현 마니와시	미쓰이조선(주), 오카야마현	제재잔재	300ℓ/day	05년 6월 개시
기타규슈시	신닛테쓰 엔지니어링(주)	식품폐기물	400ℓ/day	07년 6월 개시
오키나와현 이에섬	아사히맥주(주), JA이에	사탕수수	1kℓ 생산	06년 1월 개시
오키나와현 미야코섬	(주)류세키	사탕수수	1kℓ/day	06년 3월 생산개시

(출처: 농림수산성, 「일본형 바이오매스 서밋」 종합 심포지엄(2008. 3. 18))

이르지 못하였다. 2010년의 목표가 원유 환산으로 67만 kl이다. 비용, 쓰임새, 공급 등에 해결해야 할 문제가 있어 일본에 적합한 원료를 사용한 개발이 곳곳에서 진행되고 있다(표 4, 그림 3).

바이오디젤

차량용 액체연료로서 가솔린과 나란한 지위를 차지하는 디젤엔진용 경유의 대체로는 식물유의 유지분을 변환해서 얻어지는 바이오디젤 연료(BDF)가 쓰인다. 원료로는 채종유, 해바라기유, 대두유가 쓰이며, 일본에서는 폐식용유를 원료로 하는 지산지소형 BDF의 이용에 힘을 쏟고 있다. 원료 취득에서 제품 활용까지 여러 가지 문제가 있어, 개발이 진행되고 있다.

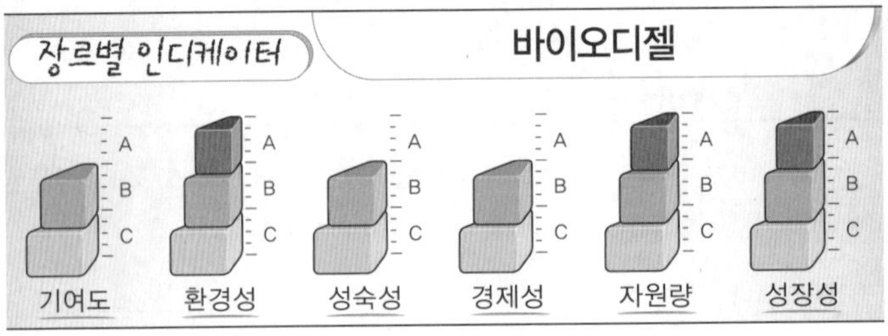

BDF의 원료

디젤엔진은 압축열로 연료를 점화시키는 엔진으로 19세기 말에 발명되었다. 초기 연료로는 땅콩기름이 쓰였으나, 현재는 석유로부터 얻어지는 경유가 쓰이고 있다. 바이오매스에서 만드는 경유를 대신할 연료가 바이오디젤 연료(BDF, Bio Diesel Fuel)이다. BDF는 1930년대부터 만들어지기 시작하였고 대규모로 쓰이기 시작한 것은 1990년대부터이다. BDF는 엔진의 출력을 저하시키지 않으며, 부유입자상 물질(흑연) 배출량이 줄어들어 환경 보전도 된다. 식물 원료의 유지는 지방산과 글리세린의 에스테르(글리세라이드)이기 때문에 밀도나 점도가 높고, 세탄가(cetane價)가 낮은 성질이 있다. 이 때문에 그대로 디젤엔진에 쓰면 연료펌프에 석출물이 부착되어, 발화를 저해해서 엔진의 상태가 나빠진다. 따라서 유지에 메탄올과 알칼리 촉매를 첨가해 메틸에스테르화하여 원료 유지로부터 10% 정도의 글리세린을 제거하고, 지방산 메틸에스테르(FAME, Fatty Acid Methyl Ester)로 만든 것이 BDF이다. 바이오디젤 연료의 원료가 되는 주된 식물로 유럽은 채종과 해바라기, 미국은 대두, 동남아시아는 기름야자를 사용한다. 일본에서는 대규모로 식물을 재배하는 것이 어려워, 소량의 채종과 폐식용유를 사용하고 있다(표 1).

표 1 BDF 원료와 특징

원료유	조성	특징
대두, 식물씨앗, 해바라기	올레인계유지(올레인산, 리놀산, 리놀렌산)	불포화지방산 함유량이 많다. 산화되기 쉽다. CFPP(필터막힘점)가 낮다.
팜유	팔미틴/스테아린계유지 (팔미틴산, 스테아린산, 올레인산)	포화지방산 함유량이 많다. 저온에서 굳기 쉽다. CFPP가 높다.
야자유, 팜핵유	라우린계유지 (라우린산, 미리스틴산)	지방산 탄소사슬의 길이가 짧다. 산화 안정성이 좋다. CFPP가 낮다.

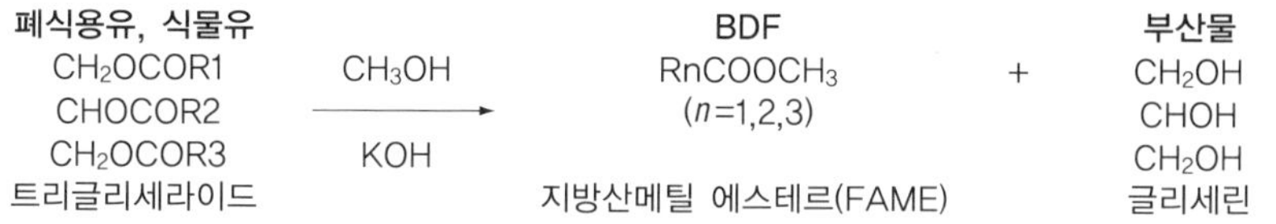

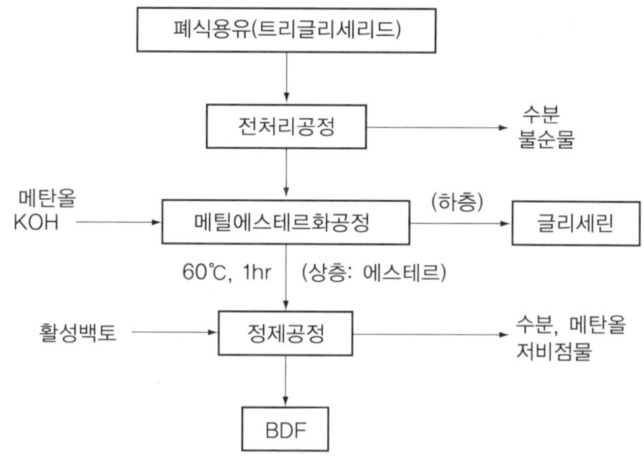

그림 1 BDF 제조 블럭흐름

BDF의 제조방법

현재의 BDF 제조법은 알칼리촉매법(습식세정법)이 주류이다. 채종유나 폐식용유에서, 우선 수분과 불순물을 제거한다. 수분은 촉매 기능을 저하시키고, 유리지방산은 부산물을 생성하여 BDF의 수율을 내리기 때문이다. 다음으로 메탄올과 수산화칼륨을 더하여 용해시켜, 60℃에서 메틸에스테르화시킨다. 부생(副生)되는 글리세린을 분리하여, 60℃의 온수에서 알칼리 촉매와 지방산을 제거한다. 이어서 감압 환경에서 가열하여 수분과 저비점물을 빼고, 정제해서 제품 BDF로 만든다. 1*l*의 기름에서 거의 1*l*의 BDF가 얻어진다. 생성물의 10% 정도 부생되는 글리세린을 유효하게 이용하는 것이 비용을 낮추는 방법이다. 글리세린의 유효 활용 방법으로 수소, 메탄, 유산 등으로 변환하거나 에피클로로하이드린, 프로필렌글리콜, 계면활성제의 원료로 쓰는 방법이 검토되고 있다(그림 1, 그림 2, 표 2).

지방산 메틸에스테르(FAME, BDF)는 고무나 수지를 부식시키고, 패킹 등의 팽윤과 열화를 촉진한

표 2 BDF 제조방법

알카리 촉매법	알칼리 촉매를 이용하여 메탄올로 에스테르 교환한다.
효소법	산소의 산화력으로 에스테르 교환을 한다. 정제효소나 효소생산균으로 반응시킨다.
산촉매법	고체촉매 위에서 오존분해반응을 이용하고, 지방산을 탄화수소로 반응시킨다. 점도, 인화점, 유동점이 내려가고, 부산물이 줄고, 폐기물 · 폐수처리가 불필요하다. 고온고압에서 반응을 빠르게 하여 황산을 사용한다.
초임계법 (STING법)	촉매를 사용하지 않고, 초임계상태(240℃, 8MPa)에서 반응시킨다. 부생물의 생성이 적고, 융점이 내려가고, 폐액처리가 필요없어서 가격이 낮다. 유지를 메탄올로 에스테르화하고 동시에 분해한다.
Saka-Dadan법	아임계물로 유지를 가수분해해서 얻어진 지방산을 초임계 메탄올로 에스테르화시켜 지방산 메틸을 합성한다. 유리지방산도 메틸에스테르로 변환한다.

다. 열로 산이나 슬러지를 발생시켜 제품 품질의 열화도 일으킨다. 원료 유지가 잔류하면 슬러지가 발생하여 피스톤 링을 고착시키거나 필터를 막히게 한다. 또 메탄올의 제거가 불충분하면, 금속부재를 부식시킨다. 산화열화가 진행된 연료는 탱크를 부식시키고, 중합물을 생성하여 필터를 막히게 한다. 그 때문에 산화방지제를 첨가하여 산화안정성을 향상시킬 필요가 있다. 한층 더 산화능력이 높은 촉매로 미연소물인 유기물을 감소시킬 필요도 있다. 100%의 BDF는 저온에서 고점도가 되어 엔진 내에서 연료가 굳어 버리기 때문에, 이들 성질을 감안하여 자동차용은 B5 이하(경유와의 혼합률 5%)로 정하고 있다(표 3).

그림 2 BDF 제조장치
(출처: 레인보 에너지(주) 팜플렛, 아마가사키시, 파일럿 플랜트 월생산 10톤)

원료 유지를 수소화 처리해서 분해하여 동시에 잡물을 제거하는 수소화 바이오경유(BHD, Bio Hydro-fined Diesel)의 검토도 이루어져, 도영 버스에서 실용시험이 진행되고 있다. 원료 유지 중의 불포화결합이 수소와 반응하여, 안정적인 포화결합으로 바뀐다. 산소 안정성이 좋고, 경유와 동등의 탄화수소유가 얻어지기 때문에 10%까지 혼합해도 쓸 수 있다.

BDF의 생산

2007년의 BDF 세계 전체 생산량은 860만 k*l*이다. 유럽에는 디젤차가 많기 때문에, 채종유(식물씨

표 3 BDF 성질과 특징

	발열량	특 징
BDF	40MJ/kg	경유와 비교하여 발열량이 적다. 인화점이 높다. 배기가스 중의 SO_X · 흑연, 입자상물질이 적다. 밀도 · 점도가 높기 때문에 한냉지에서의 사용에 주의가 필요.
		발열량: 경유 42~43 MJ/kg, 식물유 40 MJ/kg

표 4 식물유 생산량(세계 2007년)

	생산량 [10^3 t/연]	기름 생산량 [10^3 t/연]	기름 수확량 [t/ha]	에너지 효율	가솔린 대비 온실가스 절감 효과
대두	220,345	38,041	0.375	0.99	
식물씨앗	48,163	18,246	1.0	1.40~2.17	50%
해바라기	26,691	9,827	0.8	1.51	
기름야자	—	40,197	5.0	—	36%
폐식용유				2.67	

주: 에너지효율=기름을 얻는 데에 필요한 에너지/기름이 가진 에너지로부터 산출
(출처: 규슈대학 농학연구원「세계 식량통계」, http://worldfoodapionet.or.jp/graph/num.cgi,
니시지마 쇼지(고베대학 경제경영연구소)「브라질의 바이오에탄올에 관한 각서」)

표 5 일본의 주된 BDF사업 실시지구(실증사업)

사업체	장소	원료	능력	비고
(주)페칼트화성	아사히카와시	부식용유	2.7kl/일	트럭연료
홋카이도BDF연구회	삿포로시	부식용유	5kl/일	09년 개시
미쓰비시화공기(주) 산케어퓨엘스	이바라키현 쓰치우라시	채종, 대두, 해바라기	300kl/연	08년 자급자족
시나넨(주) 일본식물연료(주)	요코하마시, 스리랑카	팜유, 자트로파	탄화수소화	07년 도버스로
(주)레보인터내셔널	교토시	부식용유	395l/일	교토시 버스연료
교토시	교토시	부식용유	1,500kl/연	B100, 쓰레기차, 버스
레인보에너지(주)	인도네시아, 아마가사키시	팜유	800/월수입	B5를 도버스 7년 10월
식물꽃 프로젝트	전국 150개소	식물꽃, 폐유		

(출처: 농림수산성,「일본형 바이오매스 서밋」종합 심포지엄(2008. 3. 18))

앗기름)를 원료로 하는 생산량이 많아 650만 kl를 생산하고 있다. 독일의 생산량이 330만 kl로 최대이고, 프랑스의 100만 kl이 이 뒤를 잇고 있다. 이후, 늘어나리라 생각되는 것이 말레이시아와 인도네시아의 기름야자로, 인도네시아는 2025년의 생산 목표를 470만 kl로 하고 있다. 그러나 삼림 파괴를 동반하는 재배지의 확대가 염려되어 식용으로 부적합하고 건조지에서도 재배할 수 있는 자트로파(Jatropha curcas)가 기대되고 있다. 일본의 BDF 생산량은 약 5,000 kl, 비용은 120엔/l 정도로 추정되고 있다(표 4).

일본에서는 대두뿐만 아니라 해바라기, 식물씨앗도 많이 생산하고 있지는 않다. 기름야자는 계면활성제, 비누, 식용유 원료로 동남아시아에서 수입하고 있으나, BDF를 대량으로 제조하는 수준에는 이르지 못하였다. 그러나 말레이시아에 합판 회사를 만들어 기름야자를 재배하여, 팜유와 팜핵의 생산 개발을 진행하고 있다. 한편, 폐식용유는 18~30만 톤이 이용 가능한 것으로 추정되고 있어, BDF

로의 재활용이 활발히 이루어지게 되었다. 가정이나 식당에서 나오는 폐튀김기름을 틈틈이 모아 BDF로 만들어 경유에 혼합해서 디젤차의 연료로 쓰고 있다. 분산형 에너지로서 이용하는 지산지소형으로 전국 각지에서 전개되어, 0.1～10 t/day의 처리량으로 소규모이지만 성과를 올리고 있다(표 5).

일본에서 재배작물을 이용하는 대표 예는 「식물꽃 프로젝트」로 농업진흥, 신산업진흥, 지역자원 활용, 자원 순환을 목적으로 전개하고 있다. 전작 밭에 유채꽃을 재배해서 씨앗을 얻고, 기름을 짜서 식용유를 만든다. 기름 찌꺼기는 비료나 사료로 사용하고 식용유는 사용 후에 폐기름으로 회수하여, 비누나 BDF를 제조한다. BDF는 지역의 공용차의 경유로 사용하고 있다. 원료인 폐식용유의 집적이 과제이나 각 가정의 협력과 생산자의 수집 노력으로, 높은 효율로 실시되고 있다. 한군데의 처리량은 소규모이지만, 36도도부현(都道府縣)에서 실시되고 있다.

또, 수산자원으로서 미세조류의 이용도 검토되고 있다. 미국에서는 배양 설비에서 실증실험을 행하여, BDF나 바이오에탄올의 생산이 진행되고 있다. 면적당 수확량이 곡물류의 수십 배라는 점이 주목된다. 일본에서도 넓은 연안 해역을 이용한 모자반 등의 양식이 고려되고 있다.

바이오매스의 메탄발효

수분이 많은 폐기물계의 바이오매스를 높은 효율의 에너지로 변환하는 방법에는 발효가 있다. 폐기물의 메탄발효는 주로 축산폐기물을 대상으로 전개되어 왔다. 현재는 축산폐기물계, 오니(汚泥)계, 식품폐기물계 뿐만 아니라, 식물계 바이오매스 전반으로도 적용 범위가 확대되었다. 여기에서는 메탄발효의 원리와 기술 및 국내외의 사례와 전망을 소개한다.

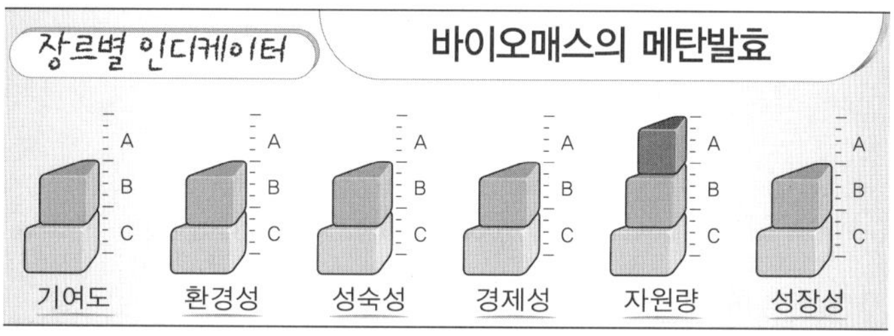

최근, 탄소중립인 에너지원으로서 바이오매스에 대한 관심이 높아지고 있다. 바이오매스는 목재나 곡물 등 유용한 자원에서부터 오니 · 동물 배설물 · 폐재 · 부엌 쓰레기와 같은 폐기물까지 광범위하게 존재하고 있다. 바이오매스를 에너지로 변환하는 방법에는 「직접연소」, 「열화학적 변환」, 「생화학적 변환」 등이 있으며, 메탄 발효는 「생화학적 변환」의 기간 기술이다. 메탄 발효는 거의 모든 바이오매스에 적용 가능하나, 현재는 주로 폐기물계 바이오매스의 에너지 전환에 채용되고 있다.

급속히 확대되는 메탄발효 사업-해외 상황

가축의 배설물이나 유기계의 폐기물을 메탄발효시켜 발생 가스를 연료나 발전에 이용하는 기술은 옛날부터 실용화되어 왔다. 특히 축산이 번성한 유럽을 중심으로 소형 목장의 경험이 축적되면서 기술이 발전하여, 석유 환산의 가스 발생량은 계속 급속하게 증가하고 있다. 표 1에 EU에서의 최근 바이오가스 생산량을 나타내었는데, 2007년은 5,900 Ktoe로 전년 대비 20% 증가에 달하고 있다. EU 내에서는 연간 약 600만 톤의 석유에 상당하는 에너지가 바이오가스로 대체되고 있는 것이다. 나라별로는 독일과 영국의 생산량이 압도적으로 많은데, 영국의 경우 폐기물 매립지로부터의 바이오가스가 대부분인 것에 비해, 독일의 경우 농업 관련 시설이나 폐기물 집중 처리시설에서의 생산이 대부분을 차지하여, 흥미로운 대비를 나타내고 있다. 「기타 가스」에 분류되는 가스양이 약 36%로 폐기물계의

표 1 EU권 주요국 바이오가스 · 1차에너지 생산량
(출처: NEDO 해외레포트 No.1035, 2008. 12. 17로부터. Euro observer 2008(자료 일부 발췌))

[단위: Ktoe] (Ktoe = 석유환산 1,000t)

나라명	2006년	2007년(측정치)			
	총생산량	매립지 가스	하수오니 가스 등*	기타 가스**	총생산량
독일	1,665	416	270	1,697	2,383
영국	1,499	1,433	191	—	1,624
이탈리아	383	358	1	48	406
스페인	320	260	49	21	330
프랑스	298	161	144	4	309
네덜란드	141	43	48	83	174
기타	603	234	184	155	675
EU합계	4,899	2,905	887	2,108	5,901

* 도시하수오니 및 산업오니
** 분산형 농업시설 및 도시쓰레기 메탄화시설, 집중형 혼합소화처리시설

가스양을 웃돌고 있는 것은, 주로 농업 바이오가스 발생 시설의 증가에 의한 것이다. 구체적으로는 옥수수 등 바이오가스 전용의 에너지작물 사업이 특징인 것으로 해석되고 있다. 이러한 바이오가스 사업의 급속한 확대는 발효기술과 가스 이용기술의 진보도 공헌하고 있지만, 그보다도 EU 각국 정부가 신에너지 시책의 일환으로서 사업화를 강력히 지원하고 있기 때문이다. 독일에서는 발생 가스 매입 우대나 의무화 등의 지원책을 정비하고, 소규모 분산 방식을 추진하여 약 2,000기의 바이오가스 플랜트를 설치했다. 덴마크는 가축 배설물을 중심으로 유기계 폐기물을 지역에 집약하여, 약 20세트의 대형 설비를 설치하여 에너지 이용을 진행하고 있다. 각국 모두 2010년의 바이오가스 생산량을 2003년 실적의 3배 이상으로 하는 목표를 설정하여, 지원책을 강화해서 화석연료의 삭감에 힘써 가기로 하였다.

일본의 생물계 폐기물과 그 대처

일본에서 생산되는 바이오매스에서는 목재계의 잔재나 불필요한 농재가 일부 에너지원에 이용되고 있으나 양적으로는 극히 적으며, 실질적으로 에너지원에 이용되고 있는 것은 생물계 폐기물에 거의 한정된다고 볼 수 있을 것이다. 표 2에 일본의 폐기물 중의 바이오매스 존재량을 나타내었다. 분류 방법이나 통계 범위로 인해 차이가 발생하지만, 일본의 생물계 폐기물 배출량은 연간 약 2억 톤, 범위를 넓히면 약 2억 4,000~5,000만 톤이라 여겨지고 있다. 생물계 폐기물은 대량의 수분을 포함하고, 특히 축산 배설물이나 오니류는 극히 함수량이 높으므로, 유효 성분을 효과적으로 에너지로 이용하기 위해서는 효율이 높은 변환 방법을 채용할 필요가 있다. 메탄발효는 함수 폐기물에서 수분을 제거

표 2 일본의 폐기물 속 바이오매스 존재량과 이용상황
(출처: 바이오매스 닛폰 팜플렛(사단법인 일본유기자원협회)

【바이오계 폐기물】 총량 약 2억 3,000~4,000만 t

대상 바이오매스	연간 발생량	바이오매스 이용 상황
가축배설물	약 8,900만t	90%: 비료용도 일부 에너지 이용
식품폐기물	약 2,200만t	비료 · 사료에 20% 정도
제재공장폐재 건설발생목재	약 500만t 약 460만t	에너지 · 기타에 90% 제지원료 · 가축창고료에 60%
하수오니(농축물)	약 7,500만t	건설 · 퇴비 이용 약 65%
볏짚 등	약 1,300만t	비료 · 사료 등에 약 30%
기타 폐기종이 · 펄프 폐액 등	소계 약 3,000만t	폐기 종이 등은 소각 · 기각뿐 펄프폐액: 100% 연료 이용

• 이 외에 부엌쓰레기류 · 분뇨, 정화조오니 등 약 4,000만t 있음.

하지 않고, 메탄가스 형태로 에너지를 빼낼 수 있다. 이 때문에 오래 전부터 서양은 가축 배설물의 이용을 중심으로 기술 개발과 사업화를 진행해왔다. 일본은 농업의 발전 과정이 서양과 크게 다르고, 축산사업의 전개가 늦어 폐기물 이용도 진행되지 않았다. 그러나 최근 축산이나 식품 관련 폐기물 규제가 강화됨과 동시에 유효 이용 촉진의 보조제도가 갖추어짐에 따라, 일본에서도 폐기물의 메탄발효나 에너지 이용이 급속히 전개되기 시작했다.

폐기물 메탄발효의 원리와 과정

폐기물의 메탄발효는 산소가 존재하지 않는 상태에서 발효시키는 혐기성 발효이다. 공기를 차단한 상태에서 가축 분뇨나 식품 찌꺼기 등의 유기물에 혐기성의 메탄발효균을 작용시켜 발효조를 적절한 온도나 PH로 유지하면서, 생성되는 메탄가스를 분리해서 에너지로 이용한다. 폐기물에 포함되는 유기물은 혐기성 발효 처리에 의해, 그림 1의 과정을 거쳐 분해되어 최종적으로 메탄가스와 일부는 탄산가스로까지 변성된다. 유기물은 제1단계에서 분해 가용화되어 당 · 아미노산 등 몇 단계를 경유하여 마지막에 메탄에 도달하는데, 유기물의 분해율은 보통 70~80%에 달한다. 폐기물 속의 단백질에서는 황화수소나 암모늄염도 생성된다. 또 발생 가스 중에는 30% 전후의 탄산가스가 포함되어 있기 때문에, 가스의 정제와 액상 배출물의 2차 처리가 필요하다. 액상 배출물량이 많다는 것도 큰 문제이다. 그림 2에 표준적인 메탄발효와 에너지 이용의 공정을 나타내었다. 전처리 공정에 투입된 폐기물은 파쇄와 분별을 거쳐 메탄발효조에서 처리된다. 발효를 원활히 진행하기 위해서는 가용화가 필요하기 때문에 파쇄 조작은 굉장히 중요하다. 메탄발효조의 조건은, 대상 폐기물 조성이나 농도에 따라 크게 달라진다. 일반적으로는 30~35℃에서 처리하고, 필요한 체류 시간은 대상 폐기물에 따라 수십 시간에서 수백 시간으로 큰 차이가 있다.

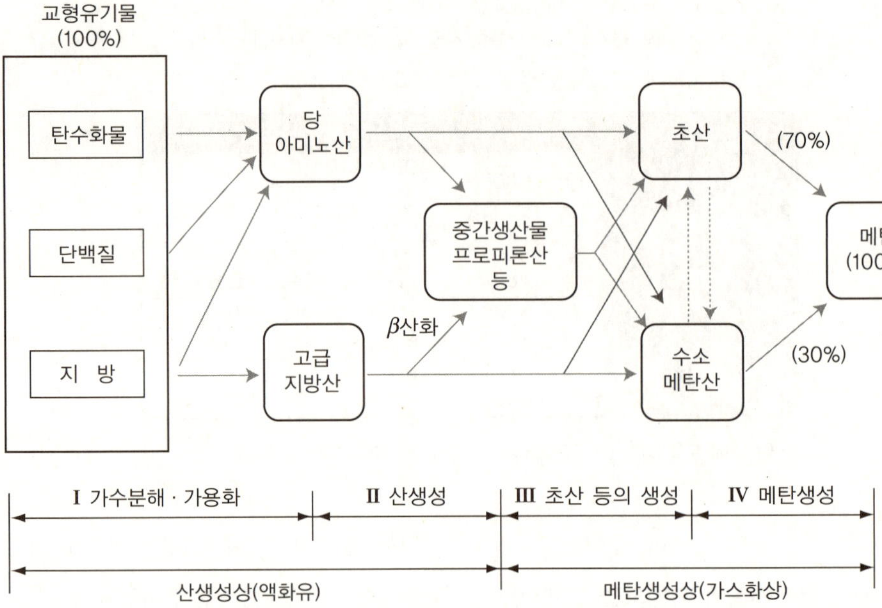

그림 1 혐기처리의 유기물 분해 과정

(출처: 마쓰모토, 나카자키, 화학공학의 진보 No.35, p.142 4.3. 메탄발효기술 마키서점(2001))

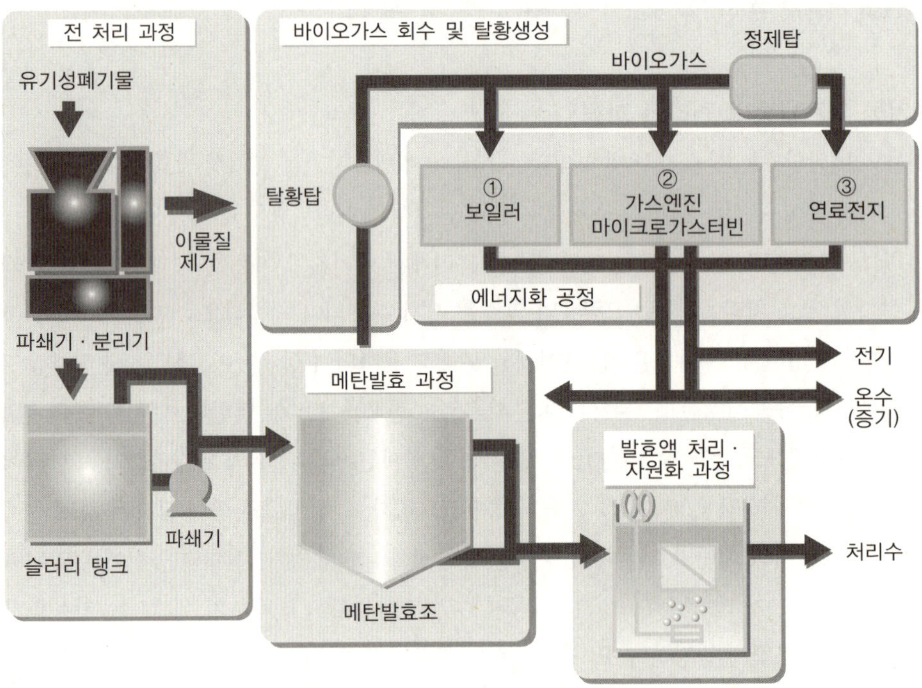

그림 2 메탄발효의 표준 공정

(출처: 가야 요이치 감수「신에너지 대사전」p.738, 공업조사회(2002))

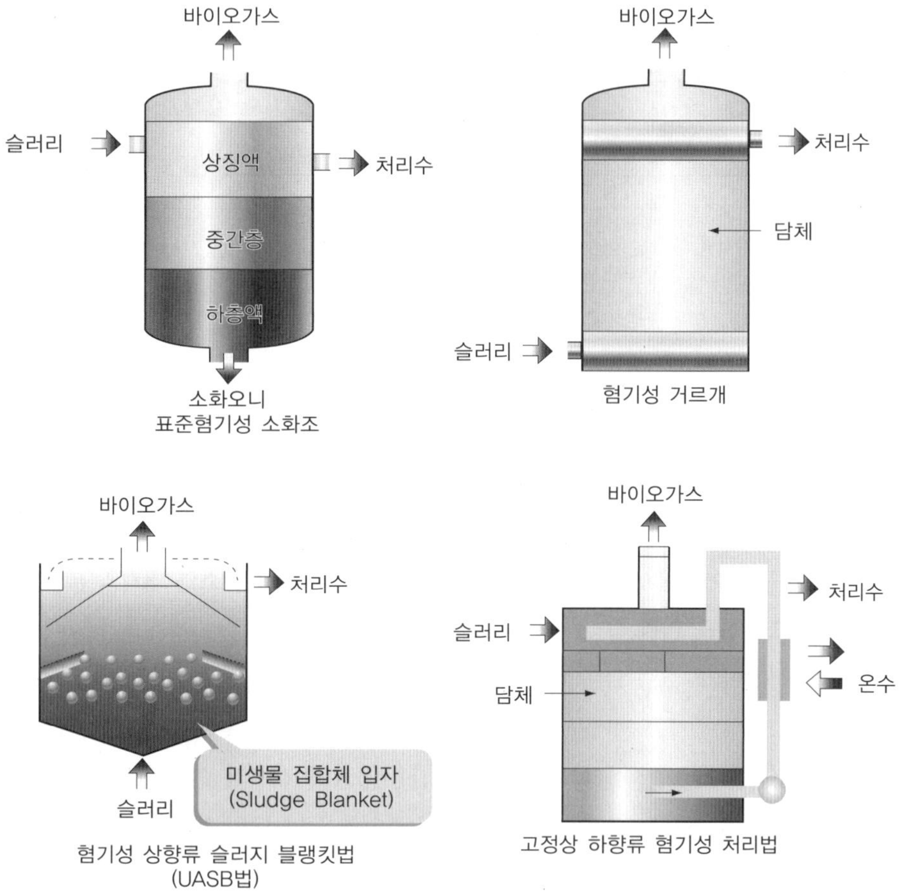

그림 3 메탄발효조의 형식과 구조
(출처: 가야 요이치 감수「신에너지 대사전」 p.740, 공업조사회(2002))

그림 3에 메탄발효조의 대표적인 형식과 구조를 나타내었다. 메탄발효는 장시간의 체류를 요하는 경우가 많아, 큰 용량의 발효조에서 슬러리를 순환시킨다. 이 때문에 느린 교반이 가능한 구조로 설계되는데, 동시에 장기의 연속 조업에 견딜 수 있어야 한다. 관리상의 중요한 요인에는 온도 관리 외에 용적 부하, 오니 부하, 가스 발생 속도, C/N 비율 등이 있다. 본질적으로는 치밀한 관리가 바람직하나, 소규모 설비가 많다는 점이나 급격한 변화는 일어나기 어렵다는 점에서 운전이 용이한 안정된 과정을 선정해야 할 것이다. 메탄발효의 대상이 될 폐기물 발생원과 대상 폐기물의 사례를 표 3에 나타냈다. 다음에 일본의 현황에서의 분야별 실례를 몇 가지 소개한다.

사례① : 축산계 바이오매스

일본에서는 90년대 중반부터 각지에서 축산계 바이오매스를 이용한 메탄발효의 보급이 진행되어,

표 3 메탄발효 대상 유기폐기물
(출처: 신에너지 대사전 p.736을 편집)

발 생 원		대상폐기물
하수처리장 일반분뇨처리장		하수 오니 분뇨처리 오니
일반 폐기물	가정 부엌쓰레기	조리쓰레기, 잔반 등
	레스토랑, 수퍼, 편의점 등 사업계 부엌쓰레기	조리쓰레기, 잔반, 기획제외품, 유통기한 지난 상품 등
산업 폐기물	식품공장	식품찌꺼기, 유기성 오니, 가공폐액
	양조공장	술찌꺼기, 폐액
	축산업	가축분뇨
	목재가공	목분, 처리폐액

주) 최근에도 대부분이 습식처리이다.

최근 10년 동안 80군데 이상에서 설비 가동을 개시하였다. 주요 대상은 소와 돼지의 분뇨인데, 축산가공 찌꺼기나 창고료 등도 일괄 처리하도록 고안되었다. 그림 4는 교토부 야기쵸의 「야기 바이오이콜러지센터」처리 공정이고, 그림 5는 외관이다. 동 센터는 1998년부터 가동을 개시하여 소 · 돼지 폐기물과 일부 창고료나 식품가공 폐기물 등 총 80 t/day를 일괄 처리하고 있다. 그 결과 2,500 m^3/day의 메탄가스가 발생하여 가스엔진에 이용하고 있다. 반응은 37℃ 전후의 중온 발효로, 부생 소화액의 일부 1,800 t/year는 비료 용도로 사용하고 있다. 초기 투자액은 약 17억 엔, 가동 후의 비용 절감 효과는 2,500만 엔/year 정도로 여겨진다. 또한, 습식 메탄발효는 조작 온도에 따라 다음의 3종류로 크

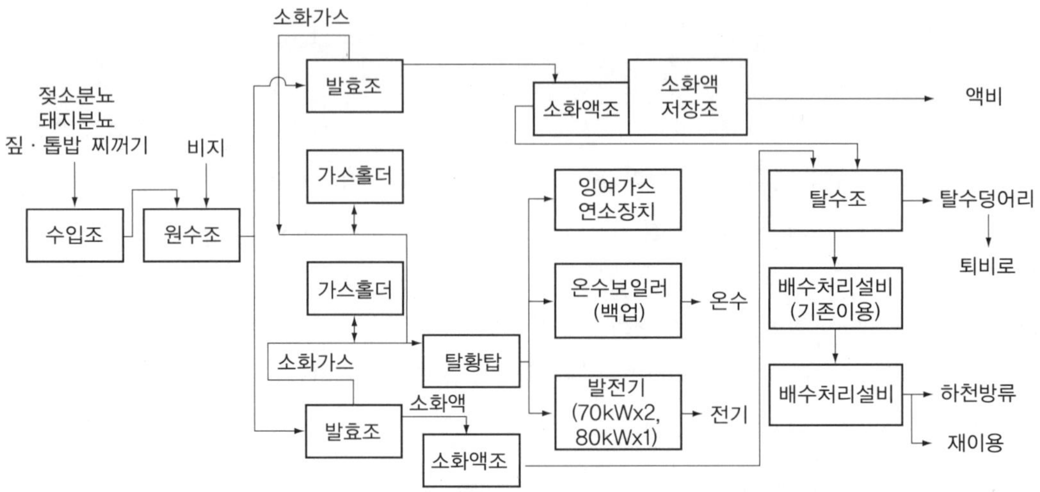

그림 4 야기 바이오이콜로지센터(교토부) 축산분뇨 처리 설비 흐름도
(출처: NEDO 바이오매스에너지 도입 가이드북(2판) p.175(2005))

게 나뉘는데, 일본에서의 주류는 중온 발효이다.

① 고온 발효(55 ℃) : 반응은 빠르나 제어하기 어렵고, 발생 가스의 40%를 가온에 사용해 버린다.

② 중온 발효(35 ℃) : 열효율과 제어성이 양호. 체류시간이 길고 소화액의 발생이 조금 많다.

③ 저온 발효(상온) : 기후적으로 일본에서는 실시하기 곤란. 대만 등에서는 실용화되어 있다.

발효조 · 가스홀더

그림 5 야기정설비 발효조 등
(출처: NEDO 바이오매스 에너지 도입 가이드북 (2판) p.175(2005))

사례② : 하수처리 오니에너지 이용

하수처리나 산업 배수처리에서 발생되는 대량의 오니는 지금까지 대부분 탈수 매립이나 소각 처리되고 있었다. 그러나 처분장의 확보가 곤란하여 가스화나 탄화 등의 에너지 이용을 향한 검토가 진행되고 있다. 배수처리 오니 메탄발효는 90년대 초부터 각지에서 실용화 설비가 가동을 시작했는데, 여기에서는 요코하마시(横濱市)의 집중처리 시설을 소개하겠다. 요코하마시는 북부와 남부의 오니 처리센터에, 시내 11군데의 하수처리장으로부터 3~5% 농도의 하수처리 오니를 모으고 있다. 농도가 낮기에 5,000~8,000 m^3/day를 펌프수송으로 파이프라인에 모아, 대부분을 메탄발효 처리하고 일부를 탄화 처리하고 있다. 그림 6에 흐름도를, 그림 7에 소화탱크의 외관을 나타내었다. 북부 처리센터에서는 12기의 초대형 소화탱크에서 36 ℃의 중온 혐기발효로 70% 순도의 메탄가스를 발생시키고 있다. 가스의 일부는 연료에 사용하고, 대부분은 가스엔진(4,780 kW)에서 발전하여 시설 내의 용도에 쓰이고 있다. 1997년에 준공, 건설비 총액은 1,180억 엔으로 여겨지며, 10년 이상의 안정조업 실적이

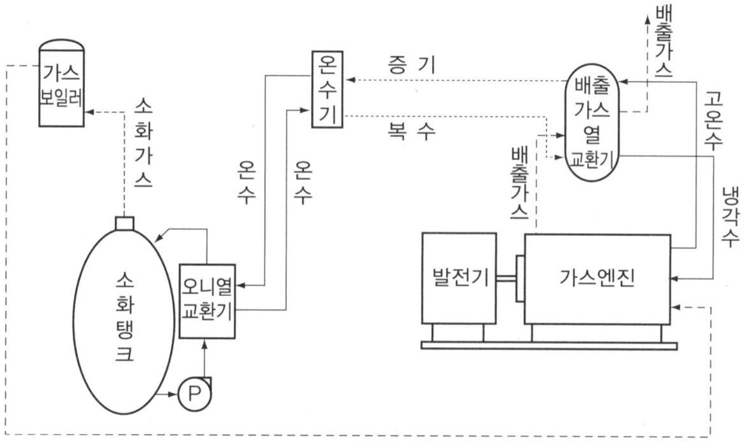

그림 6 요코하마시 북부오니처리센터 개념흐름도
(출처: 바이오매스정보 헤드쿼터HP: 첨단사례——메탄발효2)

높이 평가되고 있다. 단지 거액의 설비 투자액이나 발전 비용의 저감 요구 등 이후 해결을 요하는 과제도 많아, 발효기술 자체가 더욱 개량될 것이 강하게 요구되고 있다.

그림 7 요코하마 처리센터 설비의 일부(필자 촬영) 달걀형 소화탱크 등(용량 7,200 m^3×12기)

사례③ : 식품폐기물 이용 등

식품폐기물이나 식품제조 공정의 폐기물 이용은 2001년의 식품 재활용법의 시행부터 점차 활발해져 왔다. 발효 기술에는 가축 분뇨나 하수오니와 같은 고함수 폐기물에 적합한 습식발효와 못 쓰게 된 종이나 목질 폐기물과 같은 저함수 폐기물에 적합한 건식발효가 있다. 식품폐기물은 분뇨나 오니에 비해 함수량이 적기 때문에 건식 발효가 효과적이라 많은 연구가 진행되고 있는데, 현 단계에서는 고형분 30~40% 정도가 한계인 듯하다. 예로서도 쿄도 슈퍼에코타운에 설치된 바이오에너지(주)의 식품 재활용 설비를 건설한 미쓰비시 중공업(주)의 보고를 참고로 소개하겠다. 과정의 흐름은 그림 2의 기본적 흐름과 같으나, 여러 가지가 고안되어 있다. 이 설비는 110 t/day의 각종 식품 찌꺼기를 처리하는 대형 설비로 2006년부터 가동을 개시하였다. 표 4에 보이는 것처럼 가스 발생량은 계획치 120 m^3/t을 웃도는 200 m^3/t의 양호한 조업 실적을 보이고 있다. 이유는 반입되는 폐기물의 유기물 농도가 높기 때문이라 생각된다. 그림 8에 설비의 외관을 나타내었는데, 약 2,000 m^3의 발효조 2기가 설치되어 있다.

그림 8 식품 재활용시설 외관
(출처: 미쓰비시중공기보, 44, No.2 (2007))

표 4 식품재활용시설 사양과 조업실적 예

항목	사양과 가동상황
설비능력 등	· 설계능력치: 110t/day · 실적납입 평균: 약 52t/day
처리대상물	· 사업계: 일반폐기물+업무계 식품폐기물 · 산업폐기물: 수도권 식품가공공장의 식품찌꺼기
바이오가스 발생량	· 가스발생량: 약 30만m^3/month (200m^3/폐기물t) · 조성: 메탄 약 60%, 탄산가스 약 40%
발전량	· 계획치: 1,000kWh/hour · 실적치: 약 55만kWh/month

(출처: 고가 외, 미쓰비시중공기보, 44, No.2)

이후의 기술 개량

바이오매스 메탄발효는 환경에 좋은 처리기술이지만 처리 속도가 느리고, 비용이 높고, 소화액의 후처리가 곤란하다는 점 등 여러 문제가 지적되어 개선이 요구되고 있다. 발효 공정은 그림 1에 나타난 것처럼 다양한 발효균군에 의한 가용화 과정과 이에 이어지는 메탄의 생성 과정의 2단계가 병진되고 있는 복잡한 순차 병발 반응 과정이기에 효율화는 간단하지 않다. 그러나 문제 해결을 목표로 많은 연구자가 계속 노력하고 있어, 이미 몇 개의 과제에 대해서는 해결 방향이 시사되어 실용화도 검토가 시작되었다.

① 유기물의 분해과정(상-1)과 메탄 생성과정(상-2)의 반응조를 각각 분리 · 최적화하여 유기물 부하를 2배 정도로 향상시켜 체류시간을 1/2 정도로 감소시킨다.

② 생성 암모니아분의 분리나 부생 소화액을 농업생산에 이용하는 기술의 확립. 예를 들면 반응 촉진의 의미도 포함된 질화(窒化) 등의 탈질기능을 갖춘 메탄발효 기술을 확립한다.

③ 하수오니 · 배설물 · 축산 · 식품폐기물 등 각종 혼합물이나 조성 변동에 유연히 대응할 수 있는 효율적인 혼합 메탄발효법 기술의 개발. 특히 공급되는 폐기물을 신속히 가용화시켜, 분해과정(상-1)의 속도를 크게 증가시키는 기술을 고안한다.

④ 고형물 10% 이상으로 조업 가능한 고농도 영역에서의 건식발효법 기술을 완성시킨다.

하수오니 자원화 신기술 개발의 일환으로 국교성 주도로 추진 중인 「LOTUS Project」의 성과도 주목할 만하다. 이 프로젝트는 「버리는 것보다 저렴한 오니 완전 재활용 처리기술」과 「바이오매스를 사용하여 매전(買電)보다 싸게 발전한다」는 두 가지 목표를 가지고 있다. 현재 바이오가스 발효 기술은 아직 폐기물 처리 비용의 일부를 경감시킬 수 있는 정도이지만 이후의 기술 개량에 의해 명실공히 신에너지의 유력한 분야를 짊어지게 될 장래가 기대되고 있다.

바이오매스 발전

바이오매스를 에너지로 발전에 이용할 때에는 그대로 연소하거나, 가스화나 액화시켜 발전 연료에 사용한다. 원료의 집적이나 운반에 수고와 비용이 들기 때문에, 일본에서는 제지공장의 폐액(흑액)발전을 제외하면, 목재 산지나 쓰레기 집적지를 중심으로 목재 부스러기나 가축분을 원료로 하여 소규모로 이루어지고 있다. 서양은 직접연소발전이나 가스화발전으로 적극적인 이용을 꾀하고 있으며, 세계적으로는 앞으로 발전이 기대된다.

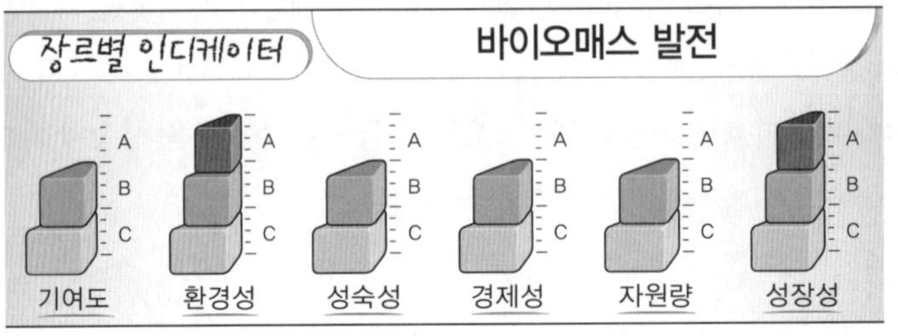

바이오매스는 직접 연소하거나 열분해 가스화하여 기체 · 액체 연료로 만들어 발전에 사용한다. 보일러를 사용하여 증기를 발생시켜 증기터빈으로 발전하는 방법에 더하여, 바이오가스를 연료로 쓰는 가스엔진발전이나 가스터빈발전도 이루어지고 있다. 생성되는 타르의 제거나 저칼로리 가스연료와 고효율 가스터빈의 개발이 과제이다. 바이오매스는 함수율이 40~50%로 높고, 단위중량당 발열량이 낮다(그림 1). 바이오매스 발전은 설비규모가 작을 뿐만 아니라 발전효율도 낮고, 원료의 수집이나 운반에 비용이 들어 경제성이 떨어진다. 일본에서는 2010년의 바이오매스 발전 목표(원유 환산 586만 *kl*, 폐기물발전 포함)에 대하여, 2005년의 달성률은 올림하여 50%이다. 이 중 제지공장의 흑액 연소에 의한 발전 실적은 충분하며 그 밖에 경제성이 있는 것은 제재공장의 나무 부스러기를 이용하는 소규모 발전이나, 하수오니에서 나오는 메탄가스에 의한 가스엔진발전 등으로 조금씩 진전되고 있다.

직접연소발전 방식(그림 2, 그림 3)

폐재, 농업폐기물, 펠릿, 흑액 등을 직접 보일러로 연소시켜 증기를 만들어 터빈을 돌려 발전한다. 톱밥이나 나무껍질 등의 목재류는 수송과 저류를 용이하게 하기 위하여, 압축 성형하여 펠릿으로 가공하여 쓰이고 있다.

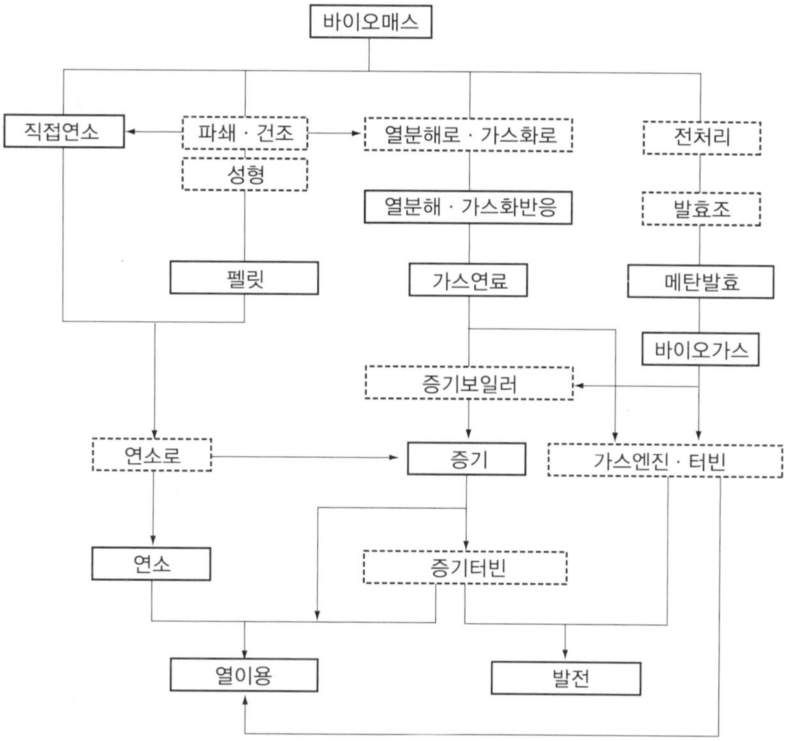

그림 1 바이오매스의 열 · 발전이용경로

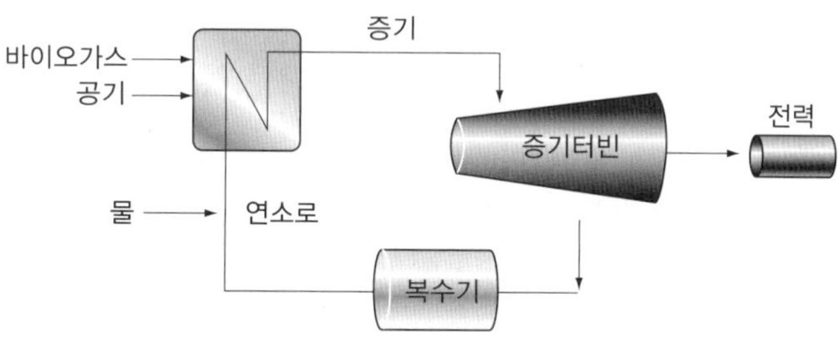

그림 2 바이오가스 증기터빈발전(블럭흐름)

그림 3 바이오매스 발전설비(노시로 바이오매스 발전소, 바이오매스 54, 360 t/year, 3 MW 발전)

(출처 : NEDO, 「신에너지 가이드북 2008」, p.90(2008))

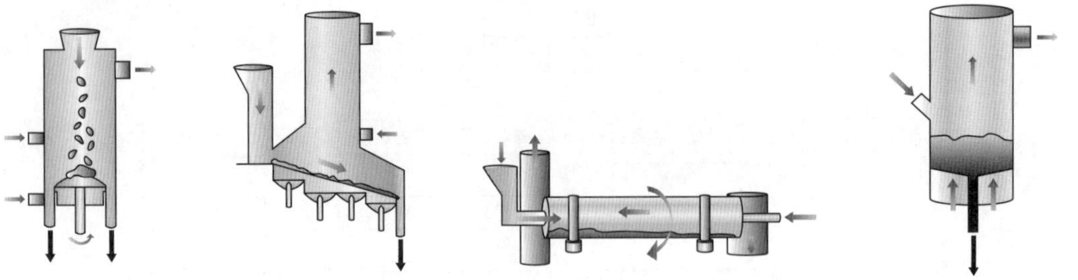

그림 4 바이오매스 연소로(출처 : 가야 요이치 편, 「신에너지 대사전」 공업조사회, p.296(2002. 2. 20))

발전 규모는 서양에는 50 MW급의 것도 있으나 일본에서는 수 MW 이하의 소규모가 주류이다. 발전효율은 10∼39%(평균 25%)로 배치식에서는 연소가 고정상로(화격자)와 스토커(stoker)이며, 연속식에서는 로터리 킬른로와 유동상로가 연소로 쓰이고 있다(그림 4). 유동층 연소에는 소규모의 목질 폐기물이나 나무껍질의 연소에 적합한 버블링 유동층(BFB)과, 대규모한 바이오매스나 질소산화물(NOx)의 억제에 적합한 순환유동층(CFB)이 있다. 유동상 연소에서는 수분을 포함한 연료나 혼합물도 60%까지 연소 가능하다. 직접연소 방식에서는 증기터빈 방식이 일반적이나, 소규모 발전용으로 가스터빈, 가스엔진, 스털링엔진의 개발이 진행되고 있다.

석탄혼소발전

바이오매스 단독으로는 열량이 부족하기 때문에 석탄과 섞어 연소시켜 발전하는 방식이다. 대규모 석탄화력발전용 보일러에 폐목재, 나무 부스러기, 밀짚, 도시 쓰레기 등의 바이오매스를 투입하여 발전한다. 바이오매스 5% 이하의 혼합률로 석탄과 사전에 혼합하거나 바이오매스와 석탄을 각각 혼합율 10% 이상에서 보일러에 투입하여 발전한다. 목질 바이오매스는 고휘발분 연료로 석탄보다 유황분이 적고 연소성은 좋으나, 섬유질이 많고 분쇄성이 나쁜 것이 특징이다. 칼륨이나 나트륨이 포함되면, 재의 융점을 저하시켜 보일러 전열관에의 융착과 부식을 일으키기에 주의가 필요하다.

가스화발전

바이오매스의 가스화는, 19세기의 석탄의 가스화를 그 기원으로 한다. 목질 바이오매스의 가스화에는 고정상로, 유동상로, 부동상로가 쓰이고, 가스화발전에는 가스엔진, 가스터빈, 스털링엔진이 쓰인다(그림 5).

바이오매스를 200∼800℃, 무산소 상태에서 열분해하면 75∼90%가 탄화수소와 가스(CO, H_2, CH_4, CO_2, H_2O)가 되고, 10∼25%가 촤(Char)가 된다. 이어서 산소(당량비 0.45 이하)를 공급하여 열분해 생성물을 연소하고, 800∼1,200 ℃에서 촤를 가스화하여 발생로 가스반응($C+CO_2=2CO$)과 수성가스

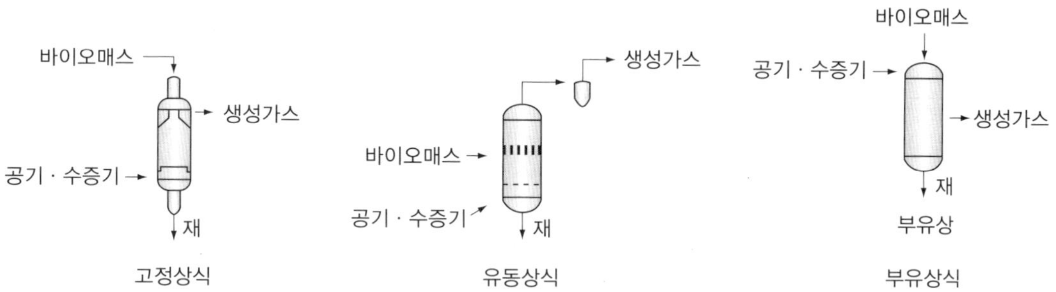

그림 5 가스화로(출처: 가야 요이치 편, 「신에너지 대사전」 공업조사회, p.290(2002))

반응($C+H_2O=H_2+CO$)으로 CO와 H_2를 한층 더 생성한다. 얻어진 가스는 가스터빈이나 가스엔진에 보내어 발전한다. 경제성의 향상, 가스화 효율의 상승, 타르의 발생 저감, 원료의 효율적인 집적이 과제이다. 가스터빈이나 가스엔진의 배기가스는 고온이기에, 배열 회수 보일러로 증기를 발생시켜 증기터빈에서도 재차 발전하는 복합발전 방식이 있다. 바이오매스 복합가스화로 수증기 주입 가스터빈 방식이라 말해지며, 발전 효율은 14~49%(평균 30%)이다. 화석연료 분야에서는 종합 가스화 컴바인드 사이클 발전 방식(IGCC: Integrated Gasification Combined Cycle)이 있는데, 바이오매스발전에도 응용이 가능하여 40% 이상의 발전 효율을 기대할 수 있다. 스웨덴에서는 6 MW의 IGCC로, 발전 효율 32%를 달성하였다(그림 6).

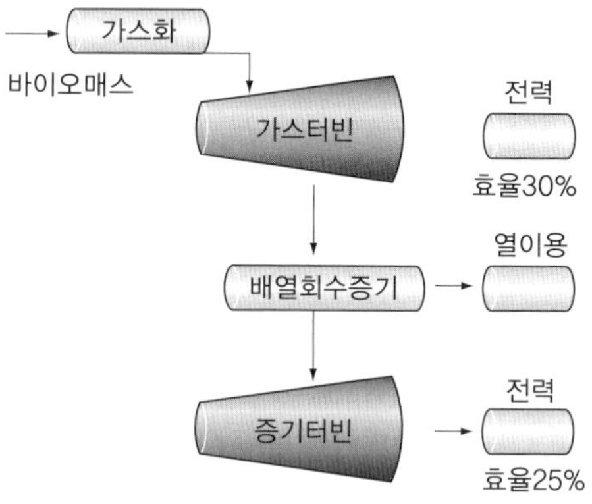

그림 6 IGCC시스템(블럭흐름)

가스엔진발전

열분해 가스화로와 디젤엔진을 조합시킨 방식이다. 합성가스(CO와 H_2)를 냉각시켜 가스밀도를 높여, 세정 후에 공기와 함께 가스디젤엔진에 주입하고 발전기를 구동하여 발전한다(그림 7). 발전 효율은 25% 정도이다.

가스터빈발전

열분해로 얻어진 바이오가스를 연소하여 직접 가스터빈을 돌려, 발전기를 구동해서 발전한다. 효율은 30% 정도로 증기터빈 방식보다 효율이 높다. 가스터빈의 배기가스가 고온이기 때문에 폐열 보

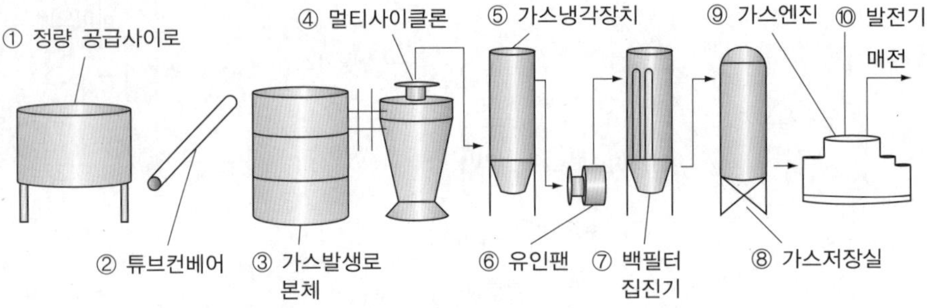

그림 7 바이오매스 가스화발전 시스템 흐름
(출처: NEDO「바이오매스에너지 도입 가이드북」p.39, (2003))

일러를 설치하고 증기를 발생시켜 증기터빈에서도 발전하는 2단식 시스템(복합 사이클, 가스화복합발전)을 사용하고 있다(그림 8). 효율은 25~35%이다. 스웨덴은 6MW의 규모로 발전 효율 32%, 종합 열효율 83%라는 실적을 내기도 했다.

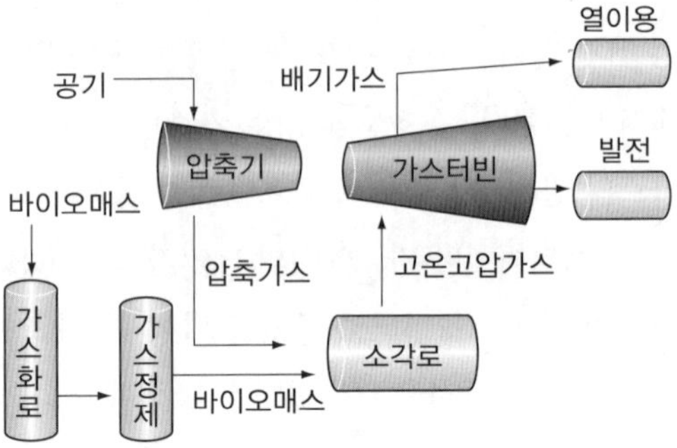

그림 8 가스터빈발전(블럭흐름)

스털링엔진발전

배기열이나 소각열을 직접 이용할 수 있는 발전 시스템이다. 바이오매스를 미분쇄하여 버너로 연소시켜, 연소가스를 스털링엔진의 수열부에 공급하면, 실린더 내부에 봉입된 작동가스가 가열과 냉각 온도의 차로 팽창과 수축을 반복하여, 엔진의 피스톤을 작동시킨다. 발전 효율은 10~20%이다.

바이오매스 열 이용

바이오매스를 열에너지로 이용하려면, 직접 연소시키는 것 이외에 성형한 고형연료, 화학적 생물화학적으로 변환한 액체연료나 기체연료 형태도 쓰인다. 이용 형태는 유럽에서의 고형연료의 지역난방이나 가정난방에의 이용, 더 나아가 열원에서 발열원으로의 이용이 진행되고 있다. 일본에서는 제지공장에서 유기성 폐액인 흑액을 연소시켜 열원으로 이용하는 것 외에, 펠릿으로 만들어 난방용으로 열을 이용하는 방법도 진행되고 있다.

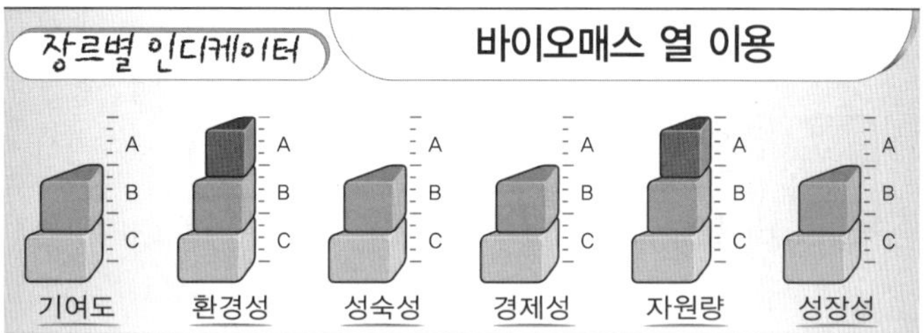

고체, 액체, 기체 형태로 쓰이는 바이오매스 에너지 중, 열 이용을 주목적으로 하는 것은 고체연료이다. 액체나 기체연료도 연소되나 그 경우의 주목적은 동력원이나 발전용으로, 배열의 이용은 부차적인 역할이다. 일본에서는 2005년 원유 환산 142만 kl의 바이오매스가 열원으로 이용되었으며, 2010년 목표는 308만 kl이다.

직접연소 방식

일본에서 열원으로 이용하고 있는 바이오매스 원료는 목재 부스러기나 버개스 등으로, 주로 공장용이나 가정용 연료로 쓰고 있다. 스웨덴에서는 수백~수만 kW 규모로 지역난방에 쓰이고 있다. 바이오매스의 직접연료 이용은 옛날부터 가정 난방용이나 요리용으로 쓰여왔으며, 현재에도 개발도상국에는 중요한 열원이다. 최근에는 사용 편리성을 위해서 분쇄 건조하거나 성형하여 펠릿이나 브리켓, 칩 등으로 만들고 있다(그림 1, 그림 2).

펠릿화

톱밥이나 나무껍질, 폐목재 등은 그 자체로는 형상이 가지런하지 않기 때문에 수송, 저류, 취급이

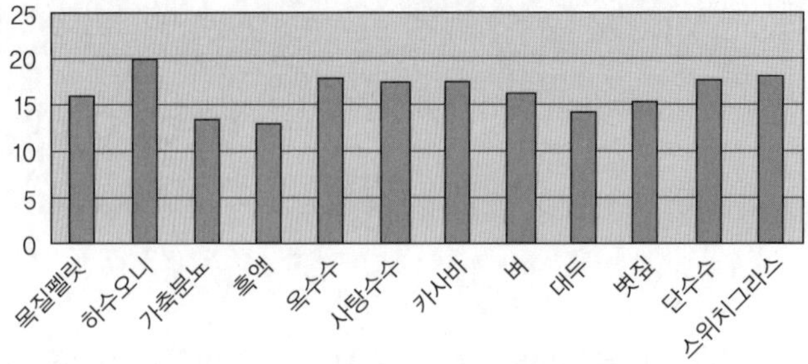

그림 1 바이오매스 발열량, 연소에너지(출처: 일본에너지학회, 「바이오매스 핸드북」, p.8, 옴사(2002))

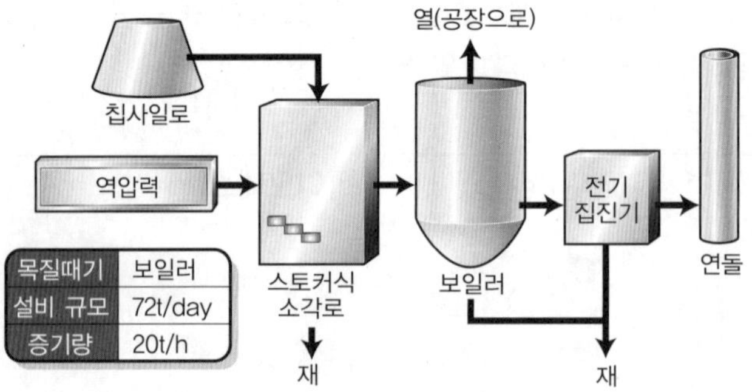

그림 2 목질직접 연소열 이용의 공정도
(출처: NEDO기술개발기구, "바이오매스 에너지도입 가이드북. 목질 바이오매스편" p.36(2003))

불편하고, 원료 투입에 고심할 필요가 있다. 이러한 이유로 이것들은 분쇄하여 100~150 ℃로 가열하고, 건조 성형하여 지름 6~12 mm, 길이 10~25 mm의 펠릿으로 만들어 고형연료로 사용한다. 펠릿이나 브리켓으로 가공하면 겨울에는 난방기, 여름에는 급탕용 펠릿 보일러의 연료로 간단히 쓰기 쉬워진다(그림 3, 그림 4).

펠릿은 난방뿐만 아니라 바이오매스 발전연료로도 대규모 사용된다. 설비비나 운전비에 이점이 있

그림 3 목재펠릿
(출처 : 야마모토제작소 홈페이지)

그림 4 목재펠릿 사용 난방기
(출처 : 야마모토제작소 홈페이지)

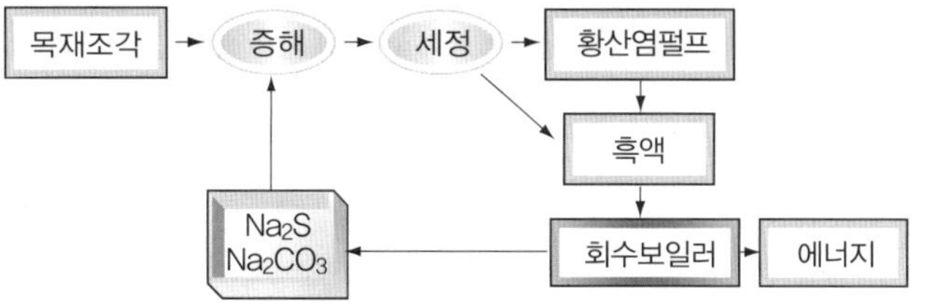

그림 5 흑액과 에너지회수 흐름
(출처: 일본에너지학회, 「바이오매스 핸드북」, p.8, 옴사(2002))

으나 연료로 쓰기 위한 전처리나 회분 처리의 과제가 있다. 일본에서는 연간 약 3만 톤이 생산되고, 가격은 30～70엔/kg, 함수율 8～13%, 발열량 15.9 MJ/kg이다.

탄화연료

폐목재나 탈수오니를 무산소 상태에서 찌는 상태로 가열 열분해하고, 탄화시켜 고탄소 함유율의 고체 생성물(옛부터의 목탄)인 고체연료를 얻는다.

흑액연료

황산염펄프(Kraft pulp) 생산 시에 목재 중의 리그닌 성분이 증해액에 분해 용출된 것이 흑액으로, 헤미셀룰로오스도 포함한다. 회수 보일러로 연소시켜 에너지를 회수한다. 펄프 1톤당 1.5톤의 흑액이 발생하여, 12.6 MJ/kg의 열량이 얻어진다. 연간 500억 kWh, 바이오매스에너지 이용 중 주력이며(2005년 원유 환산 472만 *kl* 이용), 환경 개선에도 공헌하고 있다(그림 5).

버개스연료

사탕수수를 짜낸 찌꺼기인 버개스를 연료로 사용한다.

열 · 발전 병용

바이오매스를 열에너지로만 이용하는 것은 효율이 나쁘므로, 열 이용과 발전을 병렬하여 행한다(열병합발전). 얻어지는 열과 증기발전의 균형이 중요하나, 대부분 열이 과잉해지는 것이 문제이다.

바이오매스 플랜테이션

바이오매스는 탄소중립이지만, 이를 위해서는 바이오매스 유기물을 항상 재배해야만 한다. 바이오매스의 에너지 밀도는 낮기 때문에 대량으로 얻기 위해서는 넓은 면적에 많은 초목을 재배할 필요가 있다. 이를 위하여 수목이나 풀을 집중적으로 재배하는 것이 바이오매스 플랜테이션이다. 현재는 브라질, 미국, 유럽, 동남아시아에서 대규모로 전개되고 있다. 장래에는 세계적으로 습원, 수역, 사막이 대상이 될 것이다.

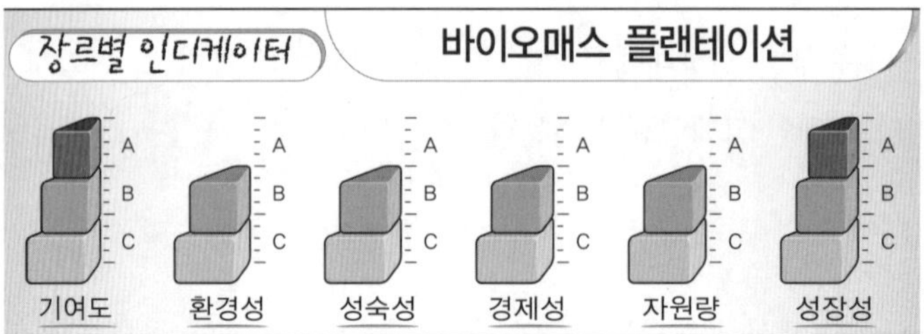

바이오매스 플랜테이션은 에너지 작물의 생산을 목적으로 하는 농장이다. 에너지나 화학제품의 원료가 되는 바이오매스를 식량이나 사료의 생산과 공존시키면서 계획적으로 재배하고 수확한다. 미이용지, 개간지, 휴경지나 해수역이 앞으로 주요 대상이 될 것이다. 에너지 자원 작물에는 경지에서 나는 사탕수수, 옥수수, 대두, 채종, 해바라기, 카사바, 초목계 스위치그라스, 네피아그라스, 조릿대, 자트로파, 삼림에서 나는 사릭스(버드나무), 포플러, 유칼리, 연료용 통나무, 물에서 나는 해조, 미세조류 등이 있다(그림 1). 이들 에너지 작물의 생산을 목적으로 하는 농장이 에너지 플랜테이션이다. 예를 들면 대규모로 유칼리 등 성장이 빠른 수종을 식림하여, 6~10년마다 벌채와 식림을 반복해, 벌채한 목재와 식물로부터 연료를 얻거나 발전하는 것이다. 북유럽, 북미, 남미에서 이루어지고 있다.

한때 바이오매스는 인류가 이용할 수 있는 유일한 연료원이었으나, 현재는 1차에너지 공급량에 차지하는 비율이 14%에 지나지 않는다. 바이오매스는 사용분을 식림, 재배해서 보충해 가면 환경에 무리를 주지 않고 영속적으로 사용할 수 있으므로, 이후의 사용 확대가 고려되고 있다. 그중에서도 에너지 플랜테이션은 많은 양을 효율적으로 얻을 수 있다. 예를 들어 단수수(석유 환산 10.7t/ha 생산)로 연간 85억 t의 세계 석유 에너지 수요를 조달한다고 하면, 단순 계산으로 현재의 경지에 필적하는 8억 ha의 용지로 조달 가능하다. 장래적인 식량 수요의 증대로 핍박되는 경지의 이용은 불가능하나, 사막

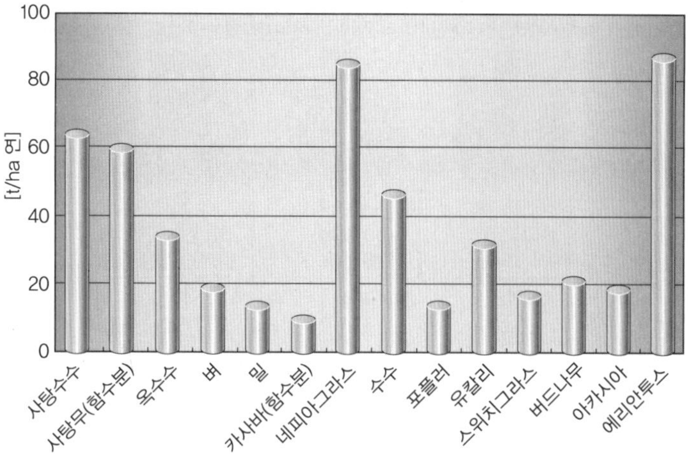

그림 1 수목 · 초본 수량 (출처: 바이오연료기술혁신협의회, 「바이오연료 기술혁신 계획」(2008. 3))

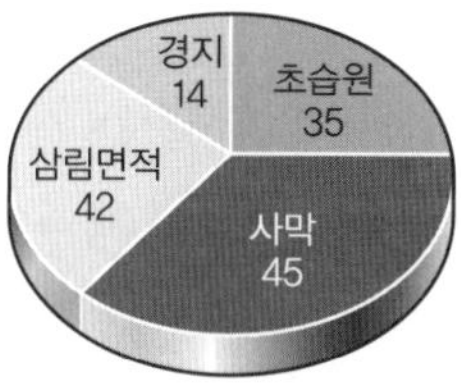

그림 2 세계의 토지이용의 실정
(단위 : 억 ha, 전 육지 136억 ha)

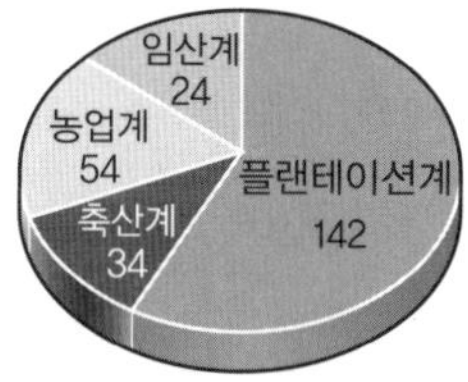

그림 3 세계의 바이오매스 에너지 부존량
(단위 : EJ/year, 총량 254 EJ/year)

표 1 각국의 에너지 플랜테이션의 현상

유럽	삼림 · 목재의 계획적인 유효이용을 시도하고 있으며, 유럽 전체에서 바이오매스에너지를 2010년에 1차 에너지의 4%에서 8%로 증가하는 계획이 있으며, 이미 스웨덴에서는 15~19%에 달하고, 수십MW의 발전 설비를 가지고 있다.
미국	에너지 자급율의 향상 때문에, 총 에너지의 20%를 바이오매스로 보충할 계획이 있으며, 알코올 첨가의 자동차 연료에 사용되고 있다(전체의 1%). 옥수수 1,200만 톤(전 생산량의 6%)를 사용하여 에탄올 생산량의 90%의 500만 kℓ를 가솔린 대체에 사용하고 있다.
브라질	에너지의 자급화를 지향하여, 경지의 9%, 430만 ha으로 사탕수수 2.7억 톤을 생산하며, 1.75억 톤으로부터 에탄올 1,300만 kℓ를 생산하고 있다. 머지않아 식림 300만 ha, 바이오매스 발전 4,400MW, 에탄올 1,800만 kℓ 생산을 계획하고 있다.
일본	토지가 좁은 이유도 있으며, 적극적이지는 않다. 식림도 진행되지 않고, 외재(外材)에 눌려서 목재이용도 소극적이고 성장량의 1/3만 벌채하고 있다. 인공림은 과밀하게 되고, 삼림의 활력은 잃고 있다. 제지회사가 국내에서 10만 ha, 남미, 오스트레일리아 등에서 28만 ha의 식림을 하고 있는 것이 눈에 띌 정도이다. 90만 ha의 휴경전을 이용하면, 쌀 500만 톤분의 에탄올 등 바이오매스를 활용할 수 있다.

이나 초습원을 이용할 수 있다면 플랜테이션의 여지는 많이 있다(그림 2, 그림 3). 플랜테이션에 의한 에너지 제공 여지는 서양 중심으로 예상된다(표 1).

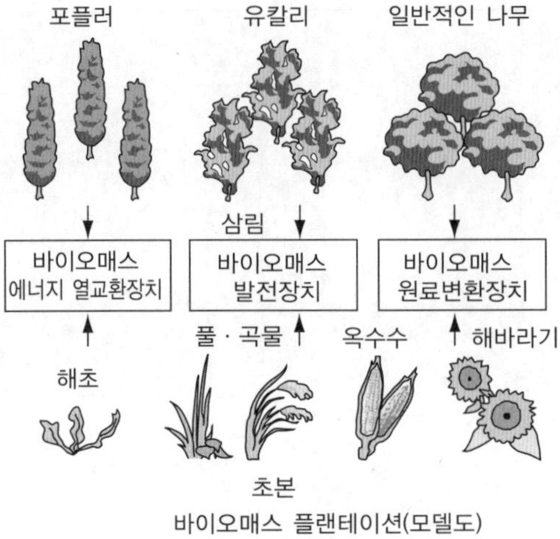

그림 4 플랜테이션 내의 바이오매스 정제소

일본은 국내에서는 대규모의 플랜테이션을 기대할 수 없으나 말레이시아에서는 기름야자, 타이에서는 해바라기를 재배하거나, 자트로파를 개발하는 계획이 있다. 국내에서는 휴경지를 이용한 다수확 쌀의 재배나, 유채꽃의 재배가 시도되고 있다. 넓은 해수역을 바이오플랜테이션으로 활용하는 조류 양식도 고려할 수 있다. 플랜테이션의 일부 구역에서는 바이오매스 원료로부터 에너지와 화학제품을 제조하고, 얻어진 에너지로 발전하면 원료로부터 일관된 바이오 정제소의 복합공업지역을 형성할 수 있다. 더하여 발전소에서 배출되는 이산화탄소를 이용하여 조류를 양식하면, 그림 4와 같이 플랜테이션 내에서 탄소중립이 추진되게 된다.

칼럼

에탄올과 사료와 과일

같은 농업고교 동창이며 오랜 친구인 요네쿠라(米倉), 우시오(牛尾), 나시모토(梨本) 3명은 오랜만에 술집에서 이야기를 나누고 있었다. 요네쿠라씨는 2.5ha의 논과 0.5ha의 밭을 보유하고 있지만, 1ha가 경작면적 감소 대상이 되어 휴경하고 있다. 우시오씨는 축산농가로, 소 40마리와 돼지 300마리를 사육하고 있다. 최근에는 수입 곡물에 의존하고 있는 사료의 가격 급등에 골치를 앓고 있다. 나시모토씨는 과일농가로 사과를 중심으로 백도, 배, 포도를 생산하고 있으며, 최근에는 동료와 농업법인을 만들어 해외에 수출하려 하고 있다. 처음에는 가족 이야기로 시작했지만 바이오매스 이야기로 넘어가 기탄없는 논의로 발전되어 갔다.

요네쿠라 : 다음에는 휴경지에 에탄올용 쌀을 재배하려고 해. 조합을 중심으로 바이오에탄올에 적합한 다수확쌀을 심어, 전용 플랜트에서 에탄올을 생산해서 출하할 계획이지. 가격 경쟁력에서는 수입 에탄올을 이길 수 없겠지만, 플랜트 건설에 나라 보조금이 약속되어 있는만큼 적극적으로 참가하고 싶어. 휴경지를 쓰는 거라서 식용 쌀의 출하가 줄어들지는 않아. 맛은 관계없으니까 식용 쌀보다 적은 노력으로도 충분하고, 현금 수입이 늘어난다는 것도 매력이 있지. 휴경지를 밭으로 전환해서 콩을 심는 것도 생각해 봤는데, 밭으로 하면 쉽게 논으로 되돌릴 수 없으니까 주저하고 있었어. 게다가 논은 물을 품고 있어서, 새나 작은 동물의 먹이터도 되니까 자연환경 보전에도 좋다고 생각해. 쌀에서 에탄올을 만들면, 그만큼 수입하고 있는 석유를 줄일 수 있으니까 에너지 보안에도 공헌할 수 있어.

우시오 : 휴경지에서 쌀을 재배할 거라면 에탄올용이 아니라 가축 사료용으로 했으면 좋겠다. 사료곡물은 대부분 수입에 의존하고 있으니까, 국산 쌀로 사료를 만들면, 그만큼 수입하고 있는 곡물을 줄일 수 있고, 식료 보안에도 공헌할 수 있지. 물론 가격 경쟁력에서는 수입 사료를 이길 수 없겠지만, 에탄올도 보조금을 사용하는 것이 전제니까, 같은 보조금을 사료 생산에 지원해줬으면 좋겠다.

나시모토 : 생산 가능한 농지가 있는 거니까 휴경지로 하지 말고 적극적으로 농산물을 생산해서 해외로 수출해야 하지 않을까. 농산물에는 곡물뿐만 아니라 과일이나 야채도 있어. 일본의 과일은 품질 면에서 경쟁력이 있어서, 중앙아시아나 중동에서 잘 팔려. 현지 생산에 비하면 가격은 높지만 맛뿐만 아니라 크기나 색도 뛰어나기 때문에, 많은 손님들이 지속적으로 찾고 있어. 해외에 살아 보면 과일뿐만 아니라 일본의 채소 또한 품질이 좋다는 것을 알게 돼. 보조금을 내준다면 농산물의 수출 지원에 쓰는 편이 효율적이라고 생각해. 수출해서 외화를 버는 것도 나라에는 큰 공헌이야. 언제까지나 보조금 의존, 행정 의존, 농협 의존만으로 발전할 수는 없잖아.

독자 여러분은 어떻게 생각하십니까?

제3부
폐기물에너지

일본이나 유럽, 미국의 선진공업국들은 대량의 자원을 자연계로부터 채취하여 생활기반을 갖추고 다양한 소비재를 생산하여 소비하는 방법으로, 편리하고 풍요로운 생활을 향유하고 있다. 2008년 환경/순환형사회백서에 의하면, 일본의 자원채취량은 연간 8.3억 톤이고, 수입 자원량이 7.6억 톤이다. 이것에 재활용 자원의 2.3억 톤과 제품 수입의 0.6억 톤을 더한 18.8억 톤이 1년간의 자원 투입량이며, 국민 1인당으로는 약 14.4톤이 된다. 투입된 18.8억 톤 중 5억 톤은 에너지나 식료로 사용되며, 대부분이 가스와 물이 된다. 8.2억 톤은 도로나 주택 등의 모양으로 축적하고 있다. 또 2.3억 톤은 재활용 자원이 되며, 1.6억 톤은 수출되고, 0.8억 톤은 자연 환원되고 있다. 그리고 최종적으로 2.7억 톤이 폐기물이 되어, 소각 또는 매립 처분된다. 총 배출량은 자원 투입량보다 많지만, 이 차이는 수분이 섞여들어 갔기 때문이다.

산업계를 포함하여 연간 2.7억 톤의 폐기물은 상류의 원료 채취와 정제단계, 중간의 가공과 제조단계, 하류의 유통과 소비단계 등 모든 단계에서 발생한다. 유통단계에서 발생하는 폐기물은 성분 구성이 단순한 경우가 많고, 유통과 소비에 가까울수록 혼합이 진행되어 최종 소비단계의 생활계 폐기물이 가장 혼합이 많이 된 쓰레기이다. 자원화할 수 없는 폐기물은 유해 물질을 포함하지 않는 무기물이라면 매립으로 돌리고, 유기물의 비율이 많으면 소각해서 부피를 줄여 화학적으로 안정시키고 나서 매립 처분한다. 제3부에서는 일반폐기물의 에너지 이용방법과 주로 공장에서 배출되는 산업폐기물의 에너지 이용방법을 소개한다.

(출처 : 환경/순환형사회백서, 환경성, 2002)

에너지 이용에 적합한 폐기물

폐기물은 주로 배출자의 차이에 따라서 일반폐기물과 산업폐기물로 구분하고 있다. 그러나 에너지로서의 이용을 생각하는 경우는 유기물을 많이 포함하는가 어떤가가 중요하다. 경제성의 관점에서는 양적으로 정리되어 있어서 안정적으로 배출되는 폐기물이 유리하다. 수송의 관점에서는 수송하기 쉽고 수송거리가 짧은 것이 중요하다. 이와 같은 관점으로부터 전체 폐기물 중에서 에너지 이용에 적합한 폐기물을 생각해보자.

키워드 일반폐기물과 산업폐기물

가정, 사무실, 상점, 레스토랑, 병원, 호텔, 역, 백화점 등 우리의 일상생활에 가까운 민생 부문으로부터 배출되는 폐기물이 일반폐기물이다. 한편, 산업폐기물은 주로 제조업의 공장, 건설업, 축산업 등 산업 활동으로부터 배출되는 폐기물로, 하수오니, 자갈류, 동물 분뇨, 금속 부스러기 등 19종류가 법령으로 지정되어 있다.

일반폐기물

환경성이 발표한 자료에 의하면, 2006년도의 일반폐기물 배출량은 5,204만 톤으로, 평균하면 1인 1일당 약 1.12 kg이다. 대형 쓰레기나 분리수거해서 재활용되는 자원 쓰레기도 포함된다. 전국 평균으로 이 중 약 70%가 가정에서 나오는 생활 쓰레기로, 남은 30%가 사업 활동에 의한 것이다. 일반폐

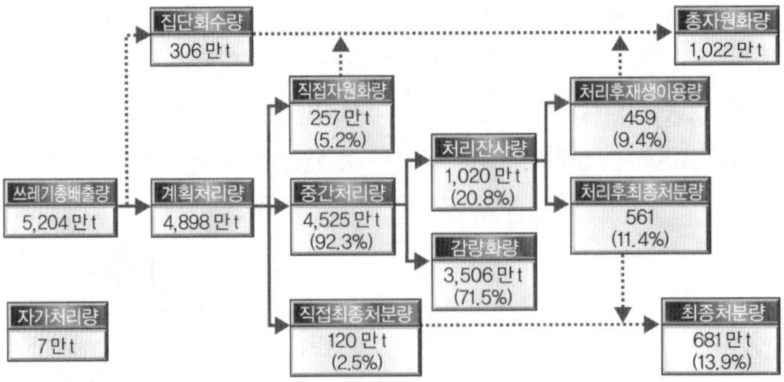

그림 1 일반폐기물 흐름도

(출처: 「일반폐기물의 배출 및 처리상황 등(2006년도 실적)에 대해서」 환경성)

기물의 수집, 처리, 최종 처분은 법령에 의해 지방자치체의 책무라고 되어 있기에, 각 행정단위에서 쓰레기소각장(청소공장)과 자원화 공장을 정비하여, 최종 처분용 매립지를 확보하고 있다. 수집이나 처리 비용은 국민 1인당 연간 14,600엔이니까, 1 kg당 36엔이 된다. 그림 1의 일반폐기물 흐름에서 나타내는 것과 같이, 연간 4,525만 톤이 쓰레기소각장과 자원화 센터, 대형 쓰레기 처리시설로 반입된다. 소각 쓰레기의 칼로리는 2,200~2,500 kcal/kg(9,200 kJ/kg~10,500 kJ/kg)으로 목재의 절반 정도의 열량이므로 에너지로 이용 가치가 높다고 할 수 있을 것이다.

산업폐기물

그림 2에 나타내는 것과 같이 산업폐기물의 배출량은 약 4억 2,000만 톤으로 일반폐기물의 8배나 된다. 내용은 건설폐기물의 기와조각과 자갈 등이 14.5%, 가축의 분뇨가 20.9%, 수분을 대량으로 함유하는 침전물이 44.3%, 매연과 분진, 금속 부스러기가 6.7%, 유리와 도기와 슬러지가 6.3%이다. 이와 같이 산업폐기물은 양이 많아도 무기물과 수분이 많으므로 에너지 이용의 대상이 되는 것은 나무부스러기와 플라스틱 등 전체 양의 수%에 지나지 않는다. 그럼에도 약 1,000만 톤이 이용 가능하다. 산업폐기물은 22%가 직접 재이용되고, 76%가 중간처리에 의해 32%까지 감량화되고 있다. 산업폐기물은 유기물이 적기에, 중간처리는 소각이 적고 파쇄와 탈수가 중심이다. 중간처리에서 감량화되고 난 찌꺼기는 매립 재료나 토양 개량재로 이용된다. 또한, 산업폐기물의 처리는 사업자의 책임이므로 각지에 민영의 산업폐기물 처리시설이 있다.

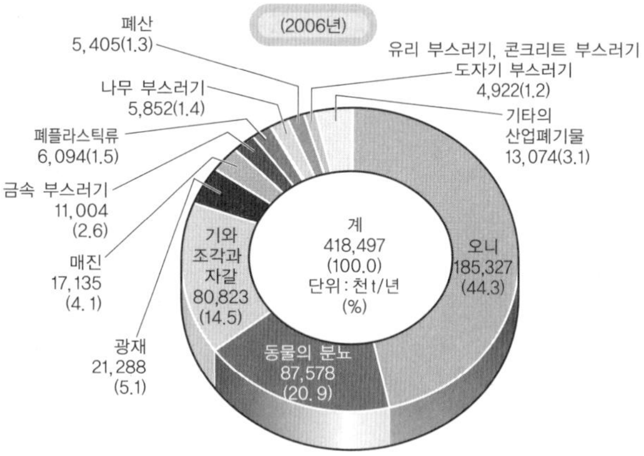

그림 2 산업폐기물의 구성

(출처: 「일반폐기물의 배출 및 처리상황 등(2006년도 실적)에 대해서」 환경성)

배출자 이용 폐기물과 유상인수 폐기물

자사 공장에서 배출하는 산업폐기물을 보일러 연료로 이용하는 것과 같이, 배출자가 스스로 에너지원으로 이용하는 폐기물은 산업폐기물 통계에 반영되지 않는다. 부지에서 반출되지 않기 때문이다. 예를 들어 제지공장은 목재 칩을 알칼리로 증해 처리할 때 나오는 검은 폐액을 농축해서 보일러 연료로 쓰고 있는데, 법령상의 산업폐기물에는 해당하지 않는다. 그러나, 이 폐액(흑액)은 배출량이 많기에 제지공장에서 필요한 에너지의 약 1/3을 떠맡는 귀중한 에너지원이다.

하수처리장에서는 발생하는 유기질의 오니를 발효시켜서 메탄가스를 생성시켜, 가스엔진을 사용하여 전력으로 변환하는 곳이 있다. 자사의 폐플라스틱을 성형하여, 보일러 연료에 이용하고 있는 공장도 있다. 목재를 가공하고 난 톱밥이나 폐재는 가공장의 에너지원에 이용되고 있다.

배출자에 의한 자가수급에너지 이용은 수송비가 들지 않는 것과, 유해 물질의 확인 여부가 유리하다. 사업자 간에 유상 거래되는 폐기물도 산업폐기물의 통계에 반영되지 않는다. 유상이기 때문에 폐기물이라 간주되지 않는 것이다. 예를 들면 공장에서 배출되는 폐플라스틱이나 종이 부스러기는 고형연료 제조사업자가 유상으로 사들여 성형가공하여 보일러 연료로 판매하고 있다. 폐타이어는 시멘트 플랜트의 연료로 쓰이고 있다. 이러한 사업자 간의 폐기물에너지 이용은 일반폐기물에 비하면 소규모이지만, 착실히 전개되고 있다. 이후는 쓰레기소각장에 의한 일반폐기물의 소각발전이나 바이오매스 폐기물의 에너지 이용이 확대될 것이다.

쓰레기소각발전의 설비

일본에서는 쓰레기소각발전이 1965년부터 시작되었는데, 「실용단계에 있지만 경제성의 면에서 보급이 충분하지 않다」는 이유로, 신에너지의 하나로만 되어 있다. 현재, 가정이나 민생 부문으로부터 배출되는 일반폐기물은 자원으로 이용 가능한 것을 회수한 후 소각하고, 찌꺼기를 매립 처분하는 것이 기본 방침이다. 2006년에는 일반폐기물 3,991만 톤을 전국 1,301군데의 쓰레기소각장에서 소각하였으며, 이 중 292개의 공장이 소각 폐열을 이용하여 발전하고 있다.

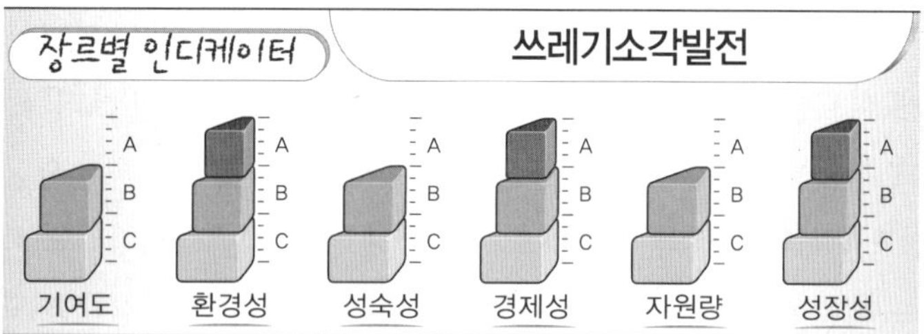

2006년에 가정과 민생부문에서 배출된 일반폐기물은 5,204만 톤으로, 평균하면 1인 1일당 1.12 kg이었다. 일본에서는 일반폐기물에서 자원을 회수하고 나머지는 소각한 후 매립 처분하는데, 토지가 넓은 해외에서는 일본만큼 매립 처분 용지가 궁하지 않다. 이 때문에 소각률은 예를 들면 덴마크, 스웨덴, 프랑스에서는 약 50%, 독일과 네덜란드에서는 약 30%, 미국과 영국에서는 10%대이다.

쓰레기소각 시설의 종류와 규모

2006년도는 일반폐기물의 약 77%에 상당하는 3,991만 톤이 1,301개소의 쓰레기소각장에서 소각되었으므로, 1공장의 하루 평균 소각량은 84톤이 된다. 그러나 쓰레기소각장의 규모는 지역에 따라서 큰 격차가 있으며, 대도시에는 24시간 연속 가동하는 소각장이 많고, 처리능력의 평균은 하루 약 260톤에 달하고 있다. 한편, 인구가 중규모의 행정단위에서는 하루 16시간 가동의 준연속 공장이 많고, 평균 처리능력은 하루 약 75톤이다. 더욱 인구 규모가 작은 행

표 1 일본의 쓰레기소각 시설(소각장)

소각방식	시설수	처리능력 [t/일]		
		평균	전체	비율 [%]
전연속식	627	259	162,149	85.3
준연속식	256	74	18,849	9.9
배치식	418	21	9,018	4.7
계	1,301	118	190,015	100.0

(출처 : 「일본의 폐기물처리, 2006년도판」 환경청)

정단위에서는 하루 8시간 운전하는 배치(batch)식 소각장이 많고, 평균 처리능력은 하루 약 20톤이다. 표 1에 볼 수 있는 바와 같이, 전 소각장의 절반이 안 되는 전 연속의 소각장이 총 처리능력의 85%를 차지하고 있는 한편, 약 30%의 배치식 공장은 총 처리능력의 약 50%를 차지함에 지나지 않는다. 소규모 공장은 처리효율이 낮을 뿐만 아니라 다이옥신(dioxin) 등의 환경 대책이 곤란하여, 최근에는 폐로 및 통합화가 진행하고 있다. 소규모 공장이 많은 이유는 쓰레기소각장이 자기지역 내의 처리를 원칙으로 하고, 행정단위로 정비되어 왔기 때문이다. 쓰레기소각발전은 전 연속식 627공장 중 상대적으로 규모가 큰 292공장에서 채용하고 있다.

자기완결형 쓰레기소각발전

일본에서 쓰레기소각발전이 시작된 이래, 가장 넓게 채용되어 온 것이 그림 1에 나타낸 자기완결형 쓰레기소각발전이다. 반입된 쓰레기는 반지하의 쓰레기 피트에서 한 움큼이 수십 m³의 크레인으로 끌어올려져, 소각로에 투입된다. 쓰레기소각장의 소각로에는 스토카라 불리는 내열성 주물(鑄物) 위에서 쓰레기를 태우는 상연소(床燃燒) 방식과, 모래를 매체로 사용하여 쓰레기를 부유시켜 태우는 유동상 방식, 또 가스화시켜 태우는 가스화 용융 방식이 있다. 현재, 발전하고 있는 쓰레기소각장은 8할 조금 안 되는 정도가 상연소 방식, 2할 정도가 유동상 방식, 1할 정도가 가스화 방식이다. 상연소 방식의 경우, 소각로에 투입된 쓰레기는 스토카 위를 이동하면서 서서히 건조되고 연소된다. 쓰레기

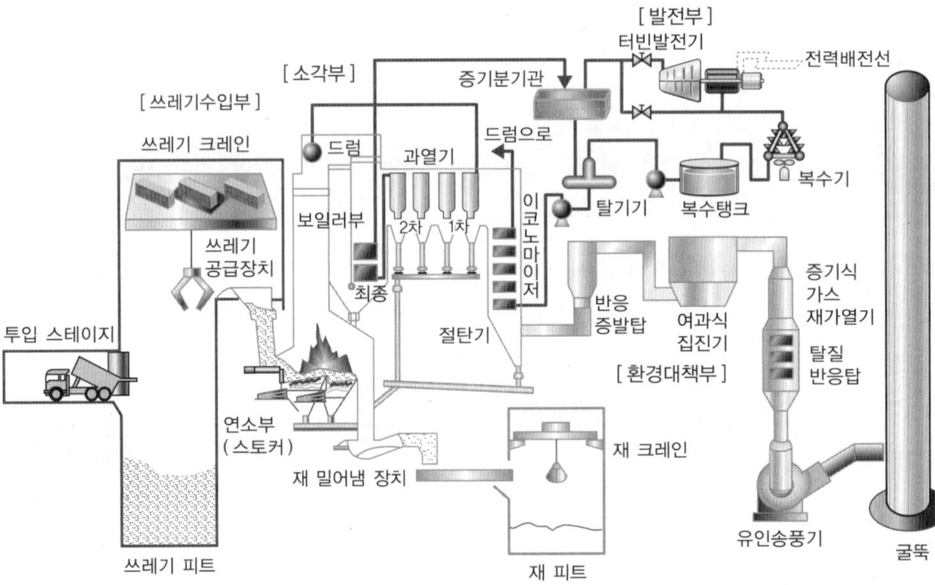

그림 1 자기완결형 쓰레기소각발전설비(출처: NEDO 기술개발기구 홈페이지 게재자료(2004년), http://www.nedo.go.jp/nedata/17fy/04/0004alst.html)

의 열량은 저위발열량이 9.2 MJ/kg~10.5 MJ/kg(2,200~2,500 kcal/kg)으로 목재의 절반 정도의 열량이 있기에, 석유 등으로 조연하지 않아도 충분히 스스로 연소된다. 쓰레기의 성분은 지역 산업과 생활 양식에 따라 다소 다르나, 무게로는 종이류가 약 40%, 주방쓰레기가 약 30%, 섬유와 나무와 고무류가 약 10%, 플라스틱이 약 10%였다.

현재 쓰레기의 열량은 1975년경의 약 2배에 달하는데, 그 이유는 종이와 플라스틱이 늘었기 때문이다. 소각로의 연소 온도는 850℃~900℃로, 연소용 공기는 이론적으로 필요한 양의 약 2배(과잉공기율)이다. 통상 보일러는 많아도 1.2배의 과잉공기율로 연소할 수 있고, 과잉공기율이 작을수록 에너지 효율이 높아진다. 그러나 쓰레기 소각로는 다양한 크기와 칼로리의 쓰레기를 완전 연소시키기 위하여, 균질한 연료를 태우는 보일러보다 큰 과잉공기율이 필요한 것이다. 최근은 에너지 효율을 높이기 위하여, 연소용 공기를 예열하는 등, 과잉공기율을 작게 하려는 노력이 계속되고 있다.

연소가스는 보일러에서 포화수증기를 발생시킴과 동시에 스스로는 냉각된다. 보일러 하류에는 포화증기를 한층 더 가열하는 가열기와, 보일러 급수를 가온하는 이코노마이저(절탄기라고도 함)를 설치하는 것이 일반적이다. 보일러, 가열기, 이코노마이저의 3단계 열 회수에서, 연소가스의 배열은 기술적으로 약 220 ℃까지 회수할 수 있다. 그러나 발생 전력을 쓰레기소각장 내부에서 쓸 뿐이라면, 220℃ 까지 열 회수를 할 필요는 없다. 그 경우는 과열기나 이코노마이저를 설치하지 않거나, 설치해도 소규모로 하기에, 연소배기가스는 보다 높은 온도에서 하류의 감온탑(減溫塔)으로 이어지는 배기가스 처리공정에 보내진다. 배기가스 처리공정에서는 소석회를 분무하여 염화수소 등의 산성 성분을 중화시킨다. 이어지는 집진(集塵)기에서 가루 형태의 매진(煤塵)을 제거하고 나서, 배기가스 중에 암모니아를 불어넣어 질소산화물과 반응시켜, 질소와 수증기를 분해하는 것이 일반적이다.

집진기에는 「전기식」과 「여과식」이 있는데, 다이옥신 대책의 관점에서 입자가 작은 매진 제거에 적합한 「여과식」의 채용이 많아지고 있다. 여과식 집진기는 「여포(濾布)」의 내열온도 한계로 인해, 전기 집진기보다 낮은 150℃~200℃ 부근에서 조작할 필요가 있다. 이 때문에 연소배기가스에 물을 분무하여 온도를 낮추는데, 이때 많은 열에너지를 버리게 된다. 그 하류에서 질소산화물을 분해하는 데 적절한 반응온도는 210℃ 부근이다. 따라서 증기를 사용하여 연소배기가스의 온도를 다시 올리는 경우가 많아, 에너지 손실 원인의 하나가 된다. 그림 1에는 소각재를 용융시키는 공정이 없으나, 2000년 이후에 건설된 쓰레기소각장은 소각재를 고온에서 용융시키는 설비를 갖춘 것이 많아졌다. 소각재는 용융하면 단단한 유리 형태가 되므로, 노반재(路盤材)로 이용하거나 포석(鋪石)용 블록으로 가공할 수 있기 때문이다. 가령 유효 이용할 수 없더라도, 소각 찌꺼기 용적이 작아지기에 매립 처분장의 연명화를 꾀할 수 있다.

한편, 보일러에서 발생하는 포화증기의 압력은 2~3 MPa, 온도는 200 ℃ 부터 230 ℃ 정도가 채용되어 왔다. 과열기를 설치할 경우는 300 ℃에서 400 ℃로 온도를 높게 올려 건조시켜, 발전용 터빈 구동에 사용한다. 증기를 건조시키는 것은 발전 터빈에서 온도가 내려가 물방울이 발생하면, 터빈의 날개(블레이드)를 손상시키기 때문이다. 증기의 터빈 입구 조건은 온도와 압력을 높게 할수록 발전 효율을 높일 수 있다. 한편, 쓰레기 연소 가스에 포함되어 있는 염화수소와 소각비회의 융착으로 전열관이 부식하기 쉬워진다. 일본에서의 폐기물발전 1호기는 1965년에 가동을 개시한 오사카의 구 니시요도(西淀) 쓰레기소각장이다. 이때는 터빈 입구의 증기조건에 2.35 MPa, 350℃가 채용되어, 23%의 발전효율을 달성하였다. 복수기에는 수냉 방식을 채용하여, 현재 대부분의 쓰레기소각장이 채용하고 있는 공냉 방식보다 온도를 낮추고, 압력 낙차를 크게 잡은 것도 높은 발전효율에 기여하였다. 그러나 과열기의 전열관 부식이 다발했기 때문에 이후 건설에서는 증기온도를 300℃ 이하로 억제하게 되었다. 쓰레기소각장은 쓰레기 처리를 목적으로 하는 공공위생시설로, 발전은 부차적인 기능에 지나지 않았기 때문에, 발전효율보다도 안전운전을 중시하는 방침이 채용되어 온 것이다. 또, 당시는 발생 전력이 불안정하여 전력회사의 구입단가가 낮았던 점과 공공시설이기에 전력을 매각하여 수입을 얻을 동기가 희박하였던 점도 배경에 있다. 이러한 상황으로 인해, 지금까지 건설된 쓰레기소각장의 대부분은 전연속식인 경우에도 발전을 하지 않거나, 발전하더라도 자가소비량을 조달할 정도에서 멈추고 있어, 2006년도의 발전효율은 평균 10.9%에 지나지 않는다.

슈퍼 쓰레기소각발전

쓰레기소각발전의 효율 향상을 저해하는 요인 중 하나는, 연소가스에 의한 증기 과열관의 부식이다. 따라서 1990년대에 들어, 일부 쓰레기소각장이 가스터빈 발전 설비를 병설하고, 과열기 열원에는 부식성이 낮은 가스터빈 배열을 쓰는 방법을 채용하였다. 이 방법은 슈퍼 쓰레기소각발전이라 불려, 과열증기의 습도와 압력을 높일 수 있기에 높은 발전효율을 얻을 수 있다. 그림 2는 슈퍼 쓰레기소각발전 설비의 증기와 물의 흐름을 나타내는 개념도이다. 좌하부의 도시가스(천연가스)를 연료로 하는 가스터빈으로 전력을 발생시켜, 500℃ 이상의 연소배가스를 소각로와는 다른 독립된 증기과열기로 유도한다. 좌측부가 쓰레기소각장의 소각로이고, 보일러에서 발생한 포화증기는 독립과열기에서 가스터빈 연소배가스에 의하여 가열되며, 약 400℃의 과열수증기가 되어 증기터빈으로 전력을 발생시킨다. 증기터빈의 하류에는 수냉식의 복수기(復水器)를 설치하여, 약 0.1기압(10 kPa)으로 감압하여서 팽창한 수증기를 응축시킨다. 응축한 보일러 용수는 독립과열기의 저온영역으로, 아직 온도가 높은 가스터빈 배기가스로부터 열을 회수하여, 승온되어서 배열보일러로 돌아온다. 복수기로부터 증기를 응축시킨 냉각수는 냉수탑에서 공기와 접촉하여, 일부가 증발하면서 열을 빼앗겨 온도가 저하되어 복수기로 돌아온다.

슈퍼 쓰레기소각발전의 하나의 특징은 증기과열기의 열원은 가스터빈 배기가스이므로, 부식성이 낮은 점에 있다. 또 하나의 특징은 가스터빈과 증기터빈의 2종류의 발전기를 병용하므로, 안정적인

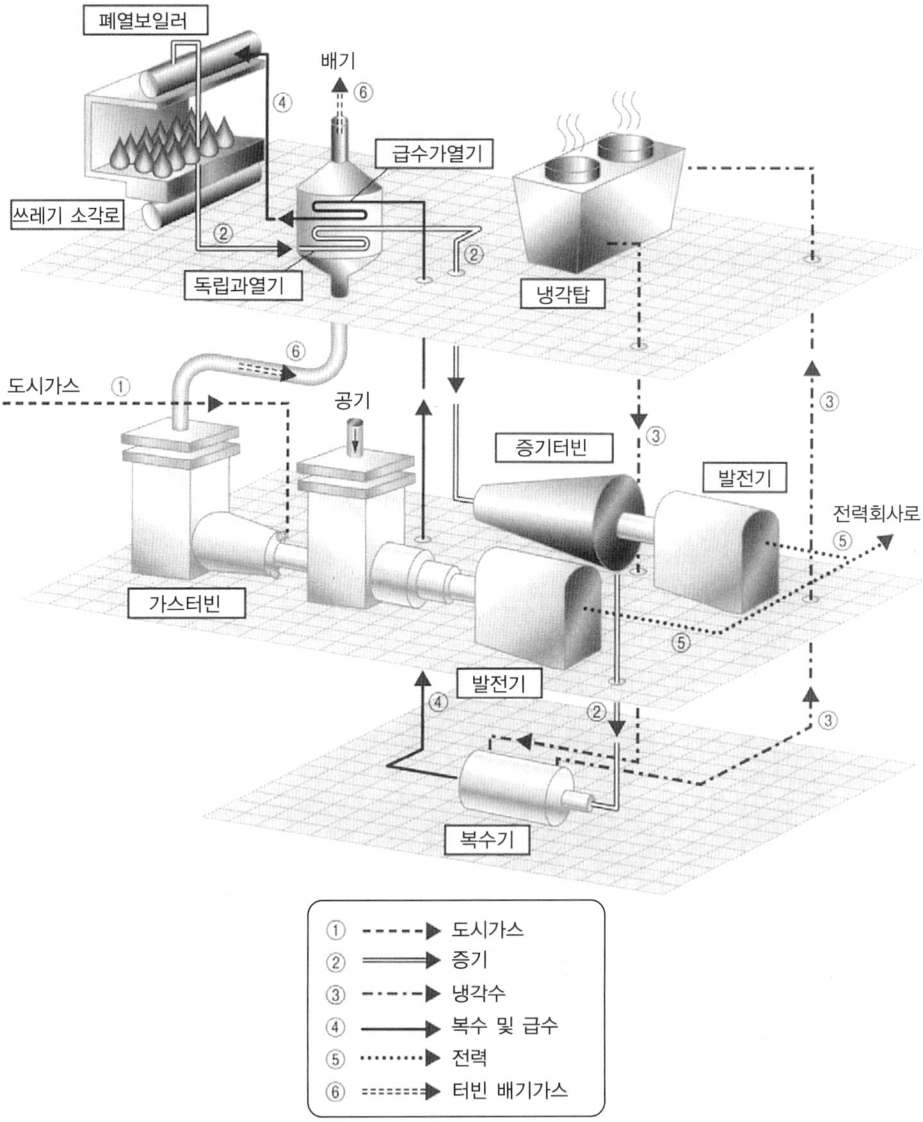

그림 2 슈퍼 쓰레기소각발전 설비
(출처:「쓰레기소각 기술」, 다쿠마환경기술연구회 편, p.193)

전력공급을 할 수 있다는 점이다. 또한, 발전 터빈 입구의 증기온도는 380～400℃, 발전효율은 자기완결형 쓰레기소각발전보다 10% 이상 높아, 22%~26%의 실적이 보고되어 있다. 슈퍼 쓰레기발전은 아직 세 곳만 가동하고 있지만, 쓰레기소각발전의 발전효율을 높이는 유효한 방법 중 하나이다.

고형연료화(RDF)소각 발전

쓰레기를 연료로 효율 좋게 발전하여 쓰레기소각장의 내부 소비뿐만이 아니라 전력회사에 판매하는 경우 고압의 보일러, 증기과열기, 발전용 터빈, 발전기, 복수기, 송전설비 등이 필요하게 된다. 이들 설비 투자를 고려하면, 쓰레기소각발전이 경제성을 발휘하기 위해서는 적어도 1일 100톤에서 200톤의 쓰레기 소각 규모가 적당한 것으로 사료된다. 이 규모에 달하지 않는 경우는 쓰레기를 소각하지 말고 고형연료(RDF: Refuse Derived Fuel)로 가공하여, 고형연료 전용 발전소에 집약하여 발전하는 편이 합리적인 경우가 있다.

고형연료로 가공하기 위해서는 쓰레기를 충격파쇄기로 수 cm 정도의 크기로 파쇄함과 동시에 중량차를 이용해서 유리를 제거한다. 다음 공정에서는 자력선별기(磁選機)로 강철을 분리하고, 회전식 건조기에 보내어 열풍 건조한 후, 유도전류를 사용하여 알루미늄을 분리한다. 유리, 철, 알루미늄 등

분 류	내 용	비 고
RDF-1	대형 쓰레기를 제거한 통상 쓰레기	–
RDF-2	조파쇄한 쓰레기로, 금속류를 분리제거하는 경우와 하지 않는 경우가 있다	플러프 -RDF
RDF-3	도시쓰레기를 파쇄하여, 금속, 유리 및 무기물을 제거하고, 그 입도는 50mm 스크린 통과가 95% 인 것	
RDF-4	2mm 의 스크린 통과가 95% 인 가루 형태의 것	분체 -RDF Dust-RDF
RDF-5	펠릿, 큐브, 브리켓 모양으로 압축성형한 것	고형 -RDF (d-RDF)
RDF-6	액체연료로 가공된 것	–
RDF-7	기체연료로 가공된 것	–

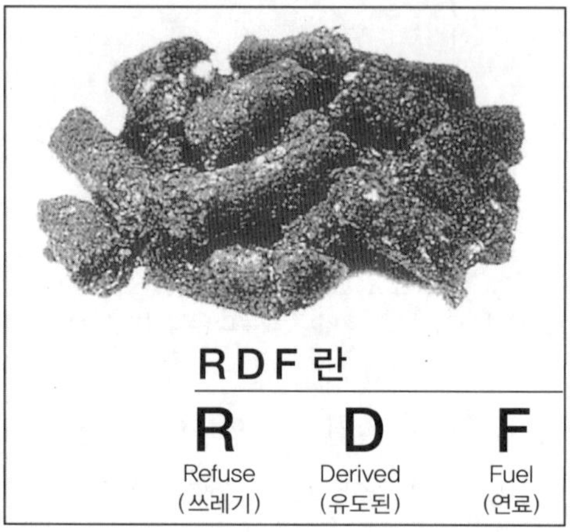

다양한 공정을 거친 쓰레기는 압축, 성형, 건조되어 펠릿 모양 RDF(쓰레기연료)가 된다

그림 3 쓰레기 고형연료화
(출처: 「쓰레기소각 기술」, 다쿠마환경기술연구회 편, p.65)

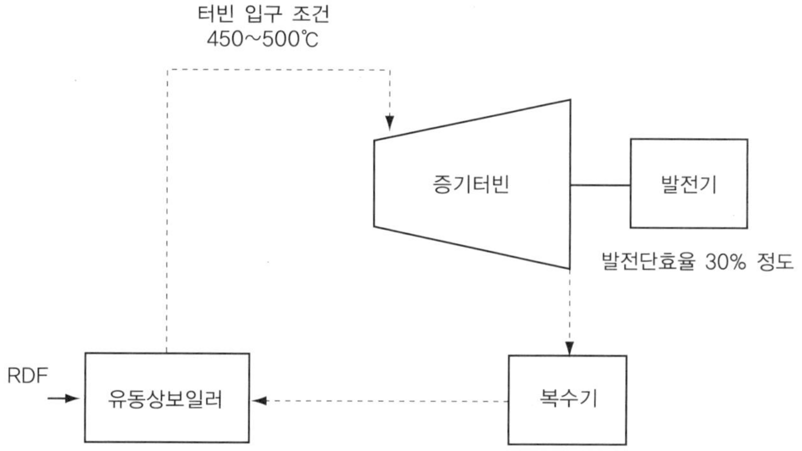

그림 4 RDF발전 시스템
(출처: http://www.nedo.go.jp/nedeta/17fy/04/j/0004j012.html)

불연분을 뺀 건조 쓰레기는 한층 더 작게 파쇄하고, 석회를 수% 섞어 넣는다. 석회의 혼입은 쓰레기가 부패하여 가스가 발생하는 것을 막고, 성형성을 높이며, 연소 시에 발생하는 염화수소와 황산화물을 중화하는 효과가 있다. 성형기는 파쇄된 쓰레기를 잘라내고 압축하여, 그림 3에 나타내는 것처럼 지름 2~3 cm, 길이 5 cm에서 10 cm 정도의 원기둥 형태로 성형한다. 이렇게 되면, 쓰레기라기보다는 회색의 특수한 연료라고 말하는 편이 좋은데 냄새도 거의 없기에 냉각하여 전용 발전시설로 반출한다.

RDF는 가공도 차이에 따라 수 종류로 분류되는데, 일본에서 채용하고 있는 것은 그림 3의 RDF-5이다. 발전설비의 기본 구성은 그림 4에 나타내는 것과 같이 일반적인 증기터빈 발전 설비와 같으나, 보일러에는 유동상 방식이 채용된다. 연료가 쓰레기이기에 쓰레기소각장과 마찬가지인 배기가스 처리 설비가 필요하다. 현재, 일본에서 가동되고 있는 일반폐기물 고형연료화 공장은 수십 개의 시설이다. 고형연료화 소각 발전은, 받아들이는 전용 발전시설과 쌍이 되어서 처음으로 성립하는 방법이므로, 양 시설의 충분한 연계 계획이 필요하다. 또 쓰레기 고형화에 연료와 전력이 소비되고 고형연료 수송과 저장에도 비용이 발생하기 때문에 경제성에 대해서는 신중한 배려가 필요하다.

쓰레기소각발전의 확대

일본에서는 1,301군데의 쓰레기소각장 중, 292공장이 소각열을 이용하여 발전하고 있다(2006년). 발전량은 72억 kWh로, 약 198만 세대분의 전력 사용량에 상당한다. 쓰레기 처리량당 발전량은 해마다 향상되고 있으나, 서양에 비하면 아직 수준이 낮으므로, 이후 개선이 기대된다. 공장에서 배출되는 산업폐기물 소각 시설에서도 발전하고 있으나, 규모가 작기에 발전량은 쓰레기소각장의 15% 정도이다.

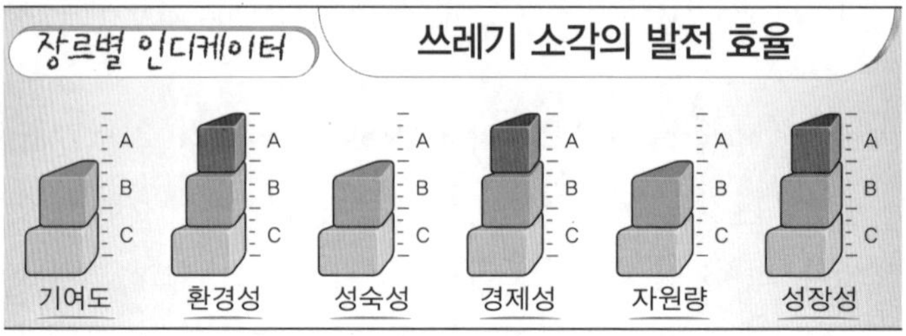

일본의 쓰레기소각발전 상황

2006년에는 3,991만 톤의 일반폐기물이 전국 1,301군데의 쓰레기소각장에서 소각되었다. 이 중 424공장은 연소배기가스 에너지를 이용하고 있지 않으나, 877공장은 표 1에 나타내는 여러 가지 용도에 이용하고 있다. 발전하고 있는 것은 292공장이고, 전력회사에 매전하고 있는 것은 186공장이므로, 106공장은 자가소비 전용 발전이다. 292공장의 발전효율은 5% 미만이 23공장, 5~10%가 87공장, 10~15%가 109공장, 15~20%가 56공장, 20% 이상이 12공장으로, 발전효율 평균은 10.9%이다. 또 2008년 환경성 자료에 의하면, 총발전 출력은 약 159만 kW로 발전량은 약 72억 kWh이다. 쓰레기 발전량 원단위는 183 kWh/t으로, 매년 발전효율이 향상되고 있다.

일본과 서양 및 미국의 쓰레기소각발전의 상이점

해외의 쓰레기소각발전 상황은 조금 오래된 데이터이지만 그림 1에 나온 것과 같이 미국은 102공장에서 282만 kW, 독일은 50공장에서 100만 kW의 출력이다. 한편, 일본은 2001년도에 210공장에서 105.8만 kW였으니까, 1공장당 발전 출력은 독일이 일본의 4배 이상, 미국은 5배 이상이다. 조사 시점이 조금 다르나, 그렇다 해도 이 차는 상당히 크다고 할 수 있을 것이다. 그래서 1공장당 쓰레기 소

표 1 쓰레기소각에너지 이용 쓰레기소각장 수

전 청소공장		1,301
에너지 이용 없음		424
에너지 이용 있음		877
에너지 용도 중복이용을 포함	공장내 온수이용	(812)
	공장외 온수공급	(264)
	공장내 증기이용	(235)
	공장외 증기공급	(103)
	자가소비용 발전	(292)
	전력회사 매전용 발전	(186)
	기타	(63)

(출처: 「일반폐기물 배출 및 처리상황 등(2006년도 실적)에 대하여」, 환경성)

각량을 비교하면, 미국이 1일 평균 1,100톤, 독일은 600톤, 일본은 400톤 정도이다. 따라서 미국의 1 공장당 발전 출력이 일본의 3배 정도 되어도 당연하지만, 실제로는 5.4배나 된다. 독일은 미국보다 처리 규모가 작아 일본의 1.5배 정도이지만, 발전 출력은 일본의 4배나 된다. 쓰레기의 발열량에 의한 차이도 생각해볼 수 있다. 일본의 쓰레기는 음식 특성으로 인해 서양 국가들보다 수분이 많기 때문이라고 생각된다. 또한 소득 수준이 높은 나라 쪽에 쓰레기 칼로리가 높은 경향이 있다. 일본도 경제성

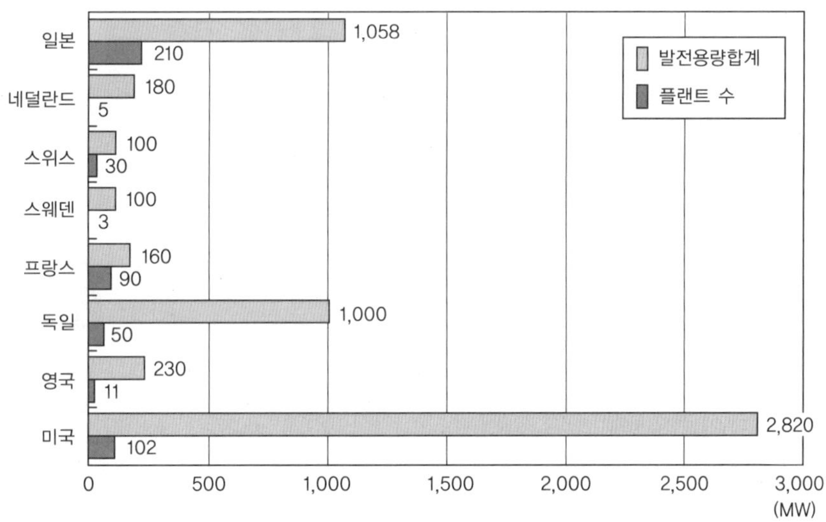

주: 일본은 2001년도(경제성 조사), 미국은 2000년 조사, 타국은 1990~93년도 베이스
: 폐기물은 모두 일반폐기물

그림 1 주요국 쓰레기소각발전 시설수와 출력규모

(출처: "NEDO 홈페이지 게재자료", http://www.nedo.go.jp/nedeta/16fy/04/b/0004b016.html)

장과 함께 종이나 플라스틱의 비율이 늘어, 쓰레기 칼로리가 높아졌다. 현재 쓰레기 1 kg당 저위발열량이 약 2,300 kcal에 달하고 있어, 생활 수준이나 생활 감각으로 따져도 쓰레기의 칼로리가 서양 국가들과 그렇게 큰 차이가 있다고는 생각되지 않는다.

남은 요인은 발전효율의 차이다. 발전효율에 영향을 주는 주된 요인은 그림 2에 나타낸 증기터빈발전기 입구 온도와 압력, 그리고 복수기 출구의 온도와 압력이다. 이 낙차가 클수록 증기의 부피 팽창이 커서 발전효율이 높아지기 때문이다. 미국과 독일은 증기터빈발전기 입구 온도를 400 ℃에서 500 °C로 하고, 압력은 5 MPa 이상을 채용하고 있다. 복수기는 대부분이 수냉식이기에 발전효율은 25% 이상이 드물지 않다.

한편, 일본에서는 발전을 하고 있어도, 대부분의 경우에 증기 터빈발전기 입구 온도가 300 ℃ 이하이고, 압력은 2 MPa 이하이다. 게다가 복수기는 임해 입지에서도 대부분이 공냉식이기에, 수냉식에 비하여 냉각 온도가 높고, 압력 낙차도 크게 할 수 없다. 또한, 일본도 신설공장에서는 증기터빈발전기 입구 온도에 400 ℃를 채용하기 시작하여, 그림 3에 나온 것처럼 신설 공장일수록 온도가 높아지고 있다. 따라서 공장 갱신에 따라, 서서히 출력 증대를 기대할 수 있다. 대다수의 기설 쓰레기소각장도, 보일러나 복수기 등 발전 관련 설비를 신/증설하면, 발전효율을 향상할 수 있을 것이다.

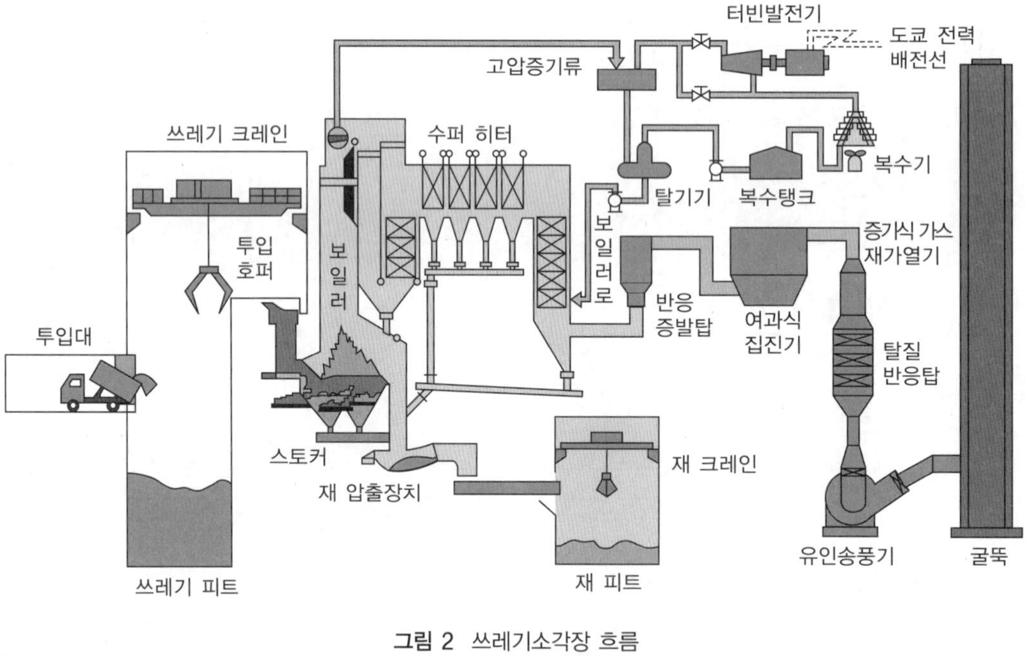

그림 2 쓰레기소각장 흐름

(출처: "NEDO 웹사이트 게재자료", http://www.nedo.go.jp/kankobutsu/nenshi/3 color/1999_2000/shinene/06haiki.html)

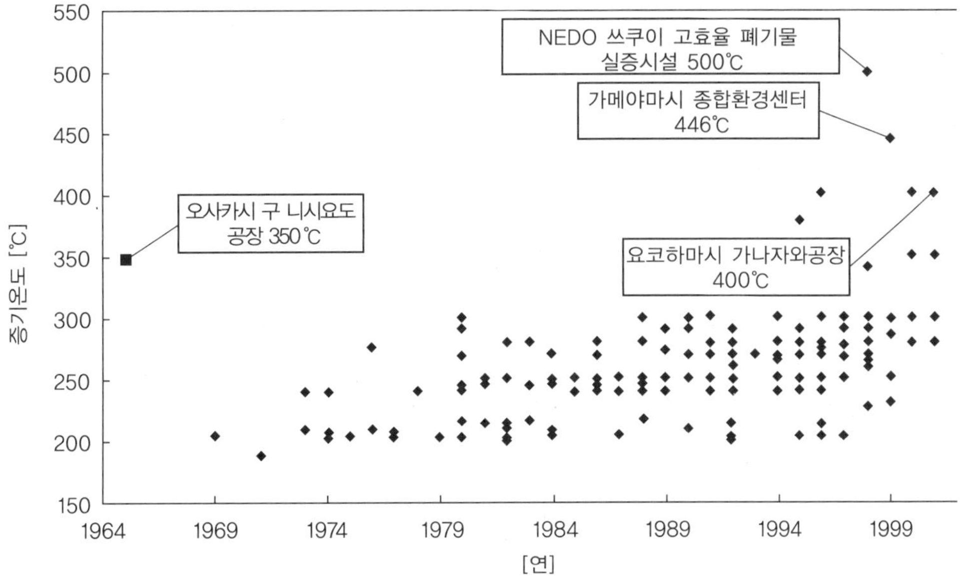

그림 3 폐기물발전 설비 증기온도 추이
(출처: "폐기물발전 도입 매뉴얼", NEDO, http://www.nedo.go.jp/nedata/17fy/04/0004alst.html)

일본의 쓰레기소각발전 효율 향상책

쓰레기소각발전의 효율을 향상시키는 방법 중 하나로서, 쓰레기의 칼로리를 높이는 방책이 유효하다. 쓰레기소각장으로는 소각을 중심으로 하는 설비 자체의 에너지 절약화를 추진하여, 발생 증기량을 증대시키는 것이 바람직할 것이다. 발전효율 향상에는 터빈 입구 증기의 고온 고압화와 터빈 출구 증기의 저온 저압화가 크게 공헌한다. 구체적인 방책으로는 표 2에 나타낸 다양한 대책이 유익하다. 쓰레기의 발열량을 높이기 위해서는, 수분이 많은 부엌 쓰레기를 처리기로 처리하여, 쓰레기소각장에서 소각하는 쓰레기의 수분을 줄이는 것이 유효할 것이다. 부엌 쓰레기는 하수처리장에 모아 하수오니와 함께 처리하는 편이, 쓰레기소각장에 반입하여 소각하기보다 에너지 소비가 적으리라 생각된다. 대부분이 수분인 야채 찌꺼기나 과일 껍질까지 차량을 이용해 쓰레기소각장에 반입하여, 소각하는 것이 적절한가 어떤가 의문이다. 이후의 구체적인 검토를 다시 해야 할 듯하다.

쓰레기소각장에서 소각하는 폐기물은 원칙적으로 일반폐기물인데, 공장에서 배출되는 산업폐기물 중, 나무 부스러기나 종이 부스러기도 소각하도록 하면 발생 증기량을 증대시킬 수 있을 것이다. 소각 설비 자체의 에너지 절약화에는 연소배기가스의 폐열 회수에 의한 공기 예열이 효과적으로, 이코노마이저를 설치하면 보일러 급수 예열에도 사용할 수 있다. 백연 방지는 굴뚝에서 나오는 배기가스 중의 증기를 보이지 않게 할 뿐인 정서적 대책에 지나지 않으므로, 등유나 증기를 사용하여 가열하는 것은 삼가야 한다. 증기터빈발전기 입구 온도는 최저라도 400℃, 가능하면 내부식성이 있는 배관재

표 2 쓰레기소각발전 확대 방법

분 야	과 제	내 용
쓰레기 성분 개선	수분 저하	쓰레기소각장에서 소각하고 있는 쓰레기(일반폐기물)에는, 수분이 35~40% 포함되어 있다. 부엌 쓰레기를 디스포저로 처리하여 수분을 줄인다.
	산업폐기물 혼합소각	쓰레기소각장은 오피스나 레스토랑 등의 사무소에서 배출되는 쓰레기도 소각하고 있으나, 일부 공장 폐기물(나무 부스러기, 종이 부스러기 등)도 혼합소각한다.
소각 설비 개선	증기 고온화와 고압화	내부식성이 강한 과열기 전열관을 채용한다. 최근 전열관은 4MPa, 400 ℃까지는 견딜 수 있으나, 한층 더 고온고압을 목표한다. 시험적으로는 500 ℃까지 가능.
	복수기 저온화와 저압화	기설 쓰레기소각장은 공냉복수기에 의한 복수가 많으나, 수냉식을 채용하여 응축온도를 낮추어 저압화한다. 증기터빈 압력낙차를 크게 한다.
	배기가스로부터의 열회수 증대	폐열보일러를 나온 배기가스 하류에 공기예열기와 보일러급수예열기를 설치하여 열회수율을 높인다. 매진대책과 저온부식대책이 필요.
	백연대책 억제	쓰레기소각장은 굴뚝에서 나오는 수증기를 보이지 않게 하기 위해, 배기가스를 등유나 수증기를 써서 재가열하고 있다. 시각적인 대책에 지나지 않으므로 멈춘다.
	가스터빈 병용	가스터빈발전을 병설하여, 부식성이 낮은 가스터빈배열로 증기를 과열함에 의해 증기 고온화를 꾀한다. 「슈퍼쓰레기발전」이라고도 말한다.
우대시책	소각발전 의무화	24시간 연속가동하는 쓰레기소각장에는, 일정 효율 이상의 소각발전을 의무화한다. 독일을 포함하여 수개국이 에너지 회수 최저기준을 설정하고 있다.
	전력 구입 의무화	전력회사에 의한 쓰레기발전 구입의무와, 구입가격 기준설정. 유럽에서는 수개국이 구입을 의무화. 또 수개국이 구입가격 최저기준을 설정.
운영체제	ESCO사업 도입	플랜트공사회사가 기존 쓰레기소각장 발전여력을 진단하고, 리스회사가 개조공사비를 부담하여, 얻어지는 매전수익으로 공사비용을 회수한다. 공장이나 오피스 에너지 절약 대책에 사례가 많다.
	PFI(민영) 도입	쓰레기소각장 운영이 민간에 이관되면 수익 인센티브가 강화되어, 폐기물 발전 확대가 촉진된다. 미국은 민영이고 독일은 독립채산제.

료를 채용하여 450℃를 목표로 하는 것이 유익하다. 터빈을 나온 증기의 복수는 수냉식으로 하여, 압력 낙차를 크게 하는 것이 좋다. 그를 위한 냉각수를 만드는 냉수탑을 설치하거나, 임해부라면 발전소와 같이 해수를 냉각에 사용하는 것이 유효하다. 이러한 대책을 촉진하기 위하여 24시간 가동의 쓰레기소각장은 발전을 의무화하는 것이 바람직할 것이다. 유럽에서는 독일을 포함한 수 개국이 24시간 가동의 소각장에 일정 수준 이상의 에너지 회수를 요구하고 있다. 전력회사에는 쓰레기발전 구입의무가 있고, 최저 구입 가격이 정해져 있다.

한편, 미국은 쓰레기소각장이 민영이기에, 적극적으로 발전량을 늘려 매전 수입을 높이고 있다. 기설 쓰레기소각장을 대상으로 한 쓰레기발전 확대에는 주로 오피스 빌딩에서 전개되어 온 ESCO(Energy Service Company) 사업도 유효하다고 생각된다. ESCO 사업에서는 설비공장회사가 설비 개선에 의한 에너지 절약 효과를 보증하고, 설비 자금은 리스회사가 제공한다. 리스회사는 통상 5년에서 7년 정도로 설비자금을 절감할 수 있었던 에너지 비용으로 회수한다. 쓰레기소각발전의 경우는 플랜트 공사 회사가 대상으로 하는 쓰레기소각장을 진단하여, 개조공사에서 얻을 수 있는 발전 능력을 보증할 것이다. 리스회사는 그 보증을 조건으로, 설비자금을 제공할 가능성이 있다. 이 방법으로 발전 여력이 있는 쓰레기소각장은 설비자금을 부담하지 않고 쓰레기소각발전 도입이나 발전효율 개선이 가능하다고 생각된다. 지금까지 일본에서는 쓰레기소각장을 공공위생시설로 정비해왔으나,

이후는 동시에 발전시설로서 운영 관리하는 것이 바람직할 것이다.

쓰레기소각발전의 잠재 공급 능력

일본의 쓰레기소각장은 쓰레기 위생 처리를 우선하여, 에너지 회수를 중시해오지 않았다. 역사적으로 보아도 1960년대부터 1970년대는 급격한 경제성장에 따라 폐기물량이 급증하여, 쓰레기소각장 정비가 따라가지 못하는 상황이 계속되고 있었다. 그러한 환경에서는 발전설비에 자금을 투입하기보다도, 새로운 쓰레기소각장 건설이 필요했을 것이다. 그러나 1980년대에 들어서 폐기물량의 증가 경향이 멈추고, 쓰레기소각장 정비도 성숙 단계에 들어갔다. 이 때문에 쓰레기소각장은 신설보다 구식 공장을 다시 짓는 수요가 중심이 되어, 그때 발전설비를 부가하는 경향이 보이게 되었다. 이후에도 구 쓰레기소각장의 재건설에 따라 발전설비 도입이 촉진될 것이다.

이후 어느 정도 발전량 증가를 기대할 수 있는가? 표 3의 시나리오를 상정하여 표 4의 결과를 추측하였다. 전제 조건으로는 폐기물 소각량을 2006년도 처리 실적인 연간 3,991만 톤으로 하고, 저위발열량은 2,300 kcal/kg으로 하였다. 표 5에서 알 수 있듯이, 24시간 가동의 전연속식 쓰레기소각장이 모두 발전효율 25%로 발전하면, 출력이 약 500만 kW가 될 것이다. 그 결과, 155.9억 kWh의 발전량 증가를 기대할 수 있어, 현재의 71.9억 kWh와 합쳐 227.8억 kWh의 전력을 얻을 수 있을 것이다. 이 양을 원유로 환산하면, 210만 *kl*의 에너지 절약 효과가 된다. 한층 더 준연속식 쓰레기소각장과 배치식 쓰레기소각장을 연속화해서 발전하면, 더하여 약 39억 kW(36만 *kl*)h의 발전량이 얻어진다. 그러나, 표 3에 적은 것처럼 쓰레기소각장 통폐합이 필요하고, 게다가 규모가 작으면 발전설비 투자 효율이 낮기 때문에 많이는 기대할 수 없을 것이다.

이 추계에서는 현재상태의 일반폐기물 소각량을 전제로 하고, 발전효율은 서양과 미국에서 실용화되어 있는 25%로 하였다. 따라서 기술혁신이 없더라도 충분히 실현할 수 있는 약간 적게 잡은 추계이다. 표 2에 적은 것처럼 쓰레기 성분이 개선되면, 발전량은 더욱 커질 것이다.

표 3 일반폐기물 소각발전 확대 시나리오

시나리오	내 용	출력증가	비용효과	저해요인
제1	현재, 발전하고 있지 않은 전연속 쓰레기소각장(24시간 가동)에 발전효율 25%의 설비를 도입한다.	대	대	소
제2	이미 발전하고 있는 전연속 쓰레기소각장 발전관련 설비를 개선하여, 발전효율을 25%로 높인다.	대	대	소
제3	모든 준연속 쓰레기소각장(1일 16시간 가동)을 통폐합하여 연속화하고, 효율 25%의 발전설비를 도입한다.	중	중	중
제4	모든 기계배치 · 고정배치 쓰레기소각장을 통폐합하여 연속화하고, 효율 25%의 발전설비를 도입한다.	소	소	대

표 4 상정 시나리오의 발전출력 증가와 에너지절약 효과

시나리오	내용	폐기물 소각능력 폐기물 소각량/연	발전효율 [%]	정격출력 운전출력 [천kW]	총 발전량/연 [억kW시]	증가발전량/연 [억kW시]	에너지 절약효과 [만kℓ]
현상	전연속627공장중, 292공장에서 발전	117,330만t/day 2,466만t	10.9	1587 821	71.90	71.90	66.41
제1	미발전 335 전연속공장에25% 효율발전 도입	44,819만t/day 942만t	25	1,390 719	62.97	+62.97	+58.17
제2	기발전 292공장의 발전효율을 25%로 향상	117,330만t/day 2,466만t	25	3,636 1,881	164.85	+92.95	+85.86
제3	전 준연속공장을 연속화, 25%효율 발전 도입	18,849만t/day 395만t	25	582 301	26.41	+26.41	+24.40
제4	전 배치공장을 연속화, 25%효율 발전 도입	9,018t/day 188만t	25	276 143	12.57	+12.57	+11.61
누계		190,015t/day 3,991만t (년)	25	5,885 3,045	266.8	266.8	246.45

주 1: 에너지 절약효과는 원유환산(만kℓ/연)으로, 발열량을 39MJ/ℓ 로 하였다.
주 2: 각 시나리오의 폐기물 소각량은 현상 소각량을 처리능력으로 비례배분
주 3: 발전대상 폐기물량은 총 발전량에서 역산하여 추계
주 4: 현상 에너지 절약효과는 총 발전량에서 역산하여 추계
주 5: 운전출력은 24시간/일로 연간 365일 가동으로 했을 경우의 출력(천kW)
주 6: 정격출력은 설비로서의 1시간당 발전능력(천kW)
주 7: 각 시나리오의 정격출력은, 현상 정격출력과 발전출력 비율로 추계

쓰레기소각 폐열의 지역열 공급 이용

쓰레기소각장은 소각열을 이용해 발전하여, 자가소비를 제외한 잉여 전력을 전력회사에 팔 수 있다. 제조업의 공장으로부터 배출되는 폐열도, 입지 조건이 적합하면 주변지역에 열 공급으로 쓸 수 있다. 유럽과 미국 등 여러 나라에서 일반적인 지역열 공급은 일본에서도 도시를 중심으로 증가하는 경향에 있다. 될 수 있는대로 쓰레기소각 폐열이나 공장 폐열을 이용하는 것이 바람직하다고 여겨진다.

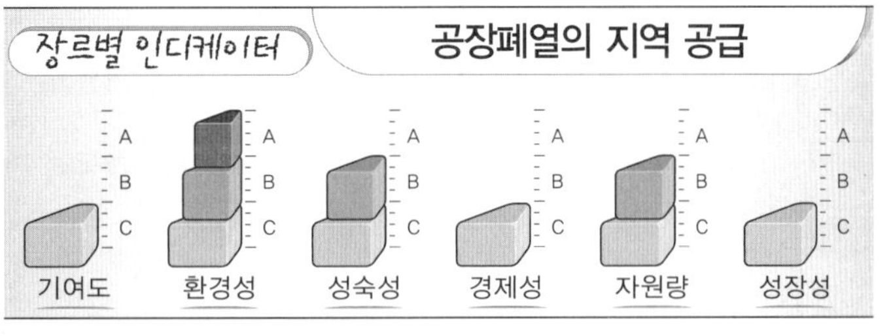

지역열 공급의 현황

유럽에서 발달한 지역열 공급은 대규모의 보일러 시설이나 발전소가 주변의 상업시설이나 주택에 증기나 온수를 공급하는 시스템이다. 지역열 공급은 위도(緯度)가 높고 한랭한 유럽 국가들에서 발전하여, 독일에서는 도시의 기반사업 중 하나로 생각되고 있다. 구 사회주의 국가들과 중국의 동북부도 동계의 한기가 심하고, 노동자의 생활환경 정비가 국가사업이었기 때문에 대규모의 지역열 공급을 해왔다. 캐나다나 미국에도 지역열 공급 사례가 다수 있지만, 국가적인 사업이라기보다는 지역 단위로 정비하는 사업으로 되어 있다. 한편, 일본에서는 2006년의 시점에서 87개 회사가 152지구에서 지역열 공급사업을 전개하고 있다. 열공급원은 가스나 석유뿐 아니라 폐열도 이용되고 있다. 이용되고 있는 주된 열공급원은 쓰레기소각장의 쓰레기 소각 폐열, 화학공장의 폐열, 변전소의 변압기 폐열, 처리하수의 폐열 등이다. 일본은 서양 국가들보다 온난하기 때문에 열수요 규모가 작다는 것과 냉열수요 비율이 높다는 것이 특징이다. 이 때문에 대규모 지역열 공급은 경제성의 관점에서 인구집적밀도가 높은 도시 근교 지역에 집중되어 있다.

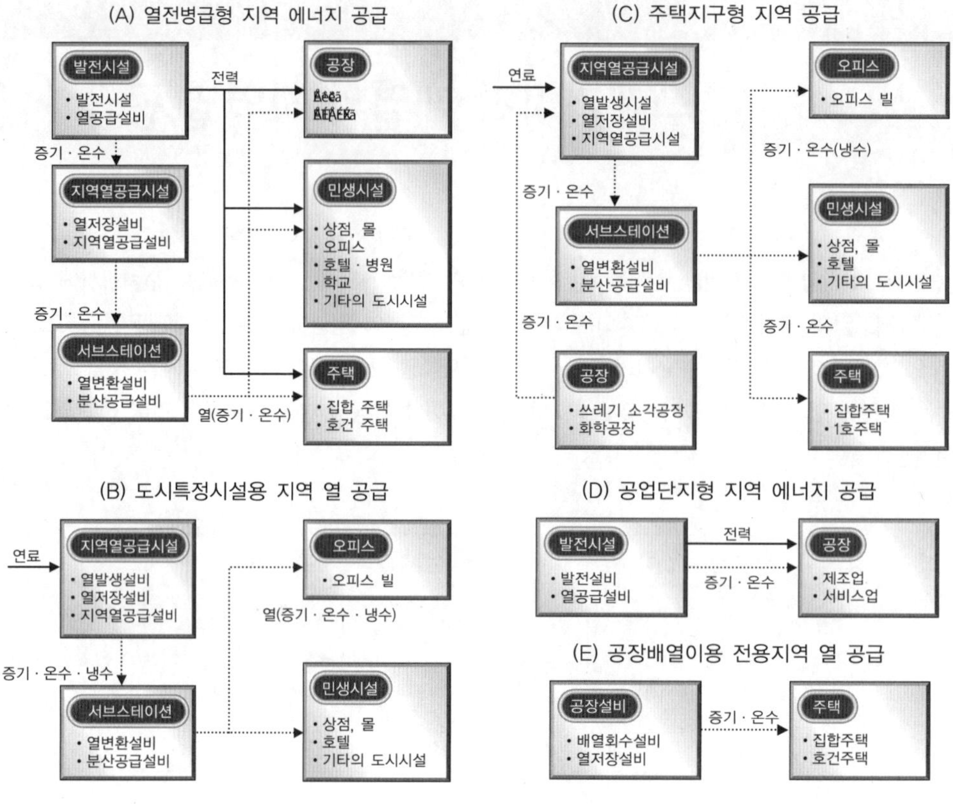

그림 1 지역에너지 공급의 형태

지역열 공급의 형태

지역열 공급의 형태는 인구밀도나 산업의 입지 상황에 강한 영향을 받는다. 그림 1과 같은 종류로 대표될 것이다.

그림 중에 나타내는 (A)의 열병합발전 지역에너지 공급은, 도시기반형의 전형적인 형태이다. 구 사회주의 국가들과 중국은 대부분이 이 형태이지만, 유럽이나 미국에서도 드물지가 않다.

이 형태의 경우, 하나의 거리에 1개소로부터 수개소의 화력발전소를 설치하여, 전력과 동시에 증기나 온수를 주변의 주택이나 민생 시설에 공급한다. 열병합발전(cogeneration)을 기본으로 하는 시스템이므로, 높은 종합 에너지 효율을 얻을 수 있다. 전력 공급의 범위는 멀리 떨어진 공장에도 미치지만, 증기나 온수의 공급 범위는 경제성의 관점으로부터 수km 정도, 길어도 수십 km 정도가 많은 것 같다. 열공급의 매체는 고온이 필요한 공장이나 호텔용이 증기이고, 주택용으로는 온수가 사용되고 있다.

열공급배관의 거리를 짧게 하기 위하여 발전소는 대개의 경우에 시가지에 입지하고 있으며, 중국과 동북부에서는 거리의 중심적인 시설로 되어 있다. 시가지 입지이므로 냉각수에 하천수나 해수를 직접 이용할 수 없는 일이 많고, 통상은 냉수탑을 설치하여서 냉각수를 만들고 있다. 이러한 곳을 방문하면, 거대한 냉수탑과 분출하는 수증기로부터 멀리서부터도 발전소임을 알 수 있다.

전열병합형 지역열 공급 열원의 일부에 쓰레기소각장이나 제조업 공장 폐열을 더할 수도 있다. 그러나 열수요가 많은 시가지 주변에는 대규모 공장이 적기 때문에, 구체적인 공장 폐열의 이용 사례는 많지 않다.

(B)의 도시특정 시설용 지역열 공급은 집적밀도가 높은 도시부의 사무실과 상업지구에 냉난방용의 증기와 온수를 공급하는 형태이다. 증기를 공급하고 있는 경우도 있다. 공급 범위는 열원에서 수백 m, 멀어도 수 km 정도이다. 열 공급 대상이 되는 빌딩이나 상업시설에는 건설과 동시에 온수나 냉수 수송 배관을 부설한다. 열 공급 계약에서는 공급 측이 적절한 가격에서 공급할 책임이 과해지는 한편, 수요 측에는 자기소유 공조용 열원 보유가 제한된다. 온열원에는 증기나 온수 보일러, 냉열원에는 냉동기를 사용하며 발전 설비는 긴급용을 제외하고는 보유하지 않는다. 일본은 이 형태가 많고, 마쿠하리(幕張), 신주쿠의 신도심, 가스미가세키, 록본기(六本木) 힐즈(Hills), 오테마치(大手町), 마루노우치(丸の內), 시나가와(品川)역 히가시구치(東口), 요코하마(橫浜)역 니시구치(西口), 미나토미라이(港未來)21 등이 대규모이다. 도시지역이므로 공장 폐열을 이용하는 사례는 거의 없다.

(C)와 같은 주택지구형 지역열 공급은 주로 집합주택과 민생 시설의 급탕과 난방용으로 온수를 공급하는 형태이다. 증기가 아닌 온수를 이용하는 것은 열량 유량을 크게 할 수 있기 때문이다. 냉열공급은 수요기간이 짧기 때문에 경제성이 낮아, 서양에서는 채용되지 않는다. 주택지역이기 때문에 민간공장보다도 쓰레기소각장이 가까이에 입지하는 경우가 많아, 유럽과 일본의 일부 지역에서 쓰레기 소각 폐열을 이용하고 있다.

(D)의 공업단지형 지역에너지 공급은 특정지구에 집적하는 공장 전용의 에너지 공급이다. 석유화학 조합공장(kombinat)에서는 대부분이 전력과 증기 등 에너지의 공급 설비를 집중화하고 있다. 중소규모의 공업단지라도 증기나 온수를 집중 공급하는 예가 있다. 공장용 에너지이므로 구해지는 증기나 온수의 온도가 높고, 온도가 낮은 쓰레기소각 폐열이나 공장 폐열을 이용하는 사례는 많지 않다.

(E)의 공장 폐열이용 전용지역 열 공급은 원칙으로 열원에 폐열만 사용하는 것이 특징이다. 이 때문에 수요와 공급의 양적 · 시간적 부적합이 크고, 열 이용의 효율이 낮은 수준에 멈춘다. 효율적인 지역열 공급의 정비라기보다도 버리는 열이라면 조금이라도 이용하고자 하는 형태이고, 유럽이나 미국에서는 사례를 발견할 수 없었다. 지역열 공급의 열원 일부에 공장 폐열을 이용한다고 하기보다는 공장 폐열이 있으므로 지역에 열 공급하고자 하는 발상일 것이다. 일본에서는 쓰레기소각장을 열원으로 하는 몇 가지 예가 있다.

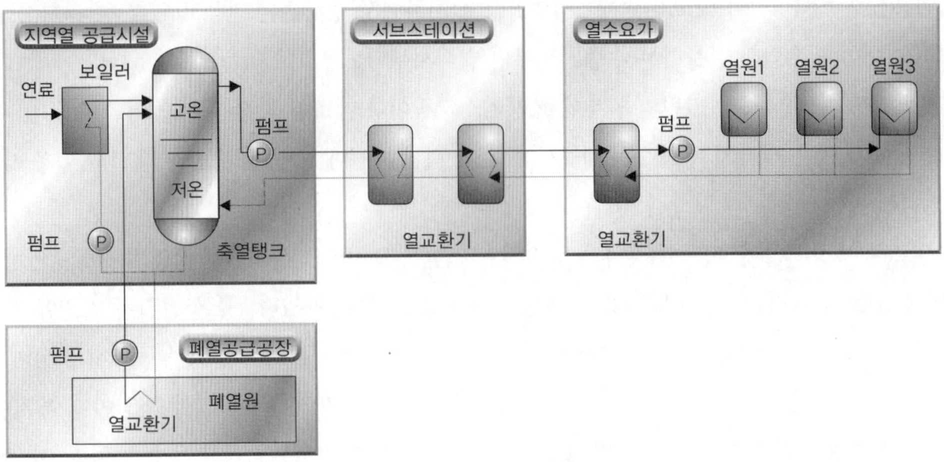

그림 2 지역열 공급의 기간설비

지역열 공급시스템의 기간설비

일반적인 지역열 공급시스템은, 그림 2에 나타내는 바와 같이 지역열 공급 시설, 폐열공급 공장(만일에 있다면), 서브스테이션(substation), 열수요 주택, 이것들을 연결하는 배관으로 구성된다. 기간(基幹)설비는 보일러, 수급 차이를 조정하는 축열탱크, 열교환기, 펌프, 계측기, 미터 등이다. 증기도 공급할 경우 축열용으로 고압증기 헤더도 사용된다. 서브스테이션의 역할은 증기나 온수를 많은 수요가에게 분배·배송(配送)하는 것에 있다. 열의 수요 주택에게는 증기나 온수를 그대로 공급하는 것이 아니고 불순물이 적은 열매체용의 온수나 증기를 사용하여서 열량만을 공급한다. 이 때문에 서브스테이션과 열수요 주택에 있어서 중요한 설비는 열매체의 열교환기와 사용 대금에 필요한 열량계측기, 제어기기이다. 열교환은 그때마다 온도가 저하하므로, 온도 저하가 적은 플레이트식 열교환기가 많이 사용된다. 플레이트식 열교환기는 얇은 홈을 붙인 알루미늄 판을 포개어서 조여 붙인 구조이며, 전열 면적의 조정이 용이하다. 지역열 공급용의 플레이트식 열교환기는 덴마크 등의 북유럽 여러 나라에서 발달하고 있으며, 가정용은 40 cm 사각형 정도의 크기이다. 이 열교환기와 열량계측기가 세트로 되어서 시판되고 있으며, 널리 보급되어 있다. 온수공급 배관이나 이음매, 거기에 밸브(valve)류도 보온된 규격품이 시판되고 있다.

공장 폐열의 지역열 공급 적용성

폐열의 발생량이 안정되어 있어 열 회수가 용이한 것과 동시에 경제성 관점에서 수요지역과의 거리가 가까운 것이 중요하다. 폐열을 발생시키는 공장은 다양하지만, 열원이 고체인 경우는 온도가 높아도 열 회수가 곤란하기에 지역열 공급에 적합하지 않다. 예를 들면 제철소는 슬래그(slag)나 강괴(鋼塊)가 고온의 폐열을 발생시키고 있으나, 고체의 현열(顯熱)이기 때문에 공기나 질소로 치환할 필요가 있고, 전열효율이 낮기에 열 회수 설비가 비싸진다. 한편, 제유소나 화학공장의 폐열은 온도가 그렇게 높지 않지만, 열원이 액체나 기체이기에 이용하기 쉽고 양적으로도 안정되어 있다. 실례로서 덴마크와 스웨덴에서는 도시 근교의 제유소 폐열이 지역열 공급에 이용되고 있다. 쓰레기소각장도 폐열 발생량이 안정되어 있다는 것과, 도시부에 가깝다는 것으로부터 지역열 공급에 적합한 열원이다. 이러한 이유로 북유럽의 지역열 공급에 있어서의 공장 폐열이용은 화학공장과 쓰레기소각장이 주 대상으로 되어 있다.

쓰레기 소각 폐열 이용 지역열 공급 사례

그림 3에 나타내는 것은, 대규모 주택지구로서 개발된 시나가와 야시오 파크타운(八潮 Parktown)의 지역냉방 · 급탕 시스템이다. 이 지구에는 약 41ha의 면적에 5,268 가구의 공동주택과, 4개의 초 · 중학교 및 상업 시설이 있다. 이 전역에 온수를 공급하는 것 외에 한정된 인근의 상업 시설에만 냉방용의 냉수도 보내고 있다. 주요 열원은 이 단지에 인접하는 오이(大井) 소각장이지만, 온수 보일러를 사용해서 열량의 수급 갭을 조정하고 있다. 따라서 지역열 공급의 형태는 (C) 주택지구형 지역 열공급이 된다. 그림 3에 볼 수 있는 바와 같이 민생 시설에의 온수공급 온도는 130℃, 주택에의 공급 온도는 80℃이고, 서브스테이션에서 온도 조정의 열변환을 하고 있다. 쓰레기소각장의 폐열을 주요한

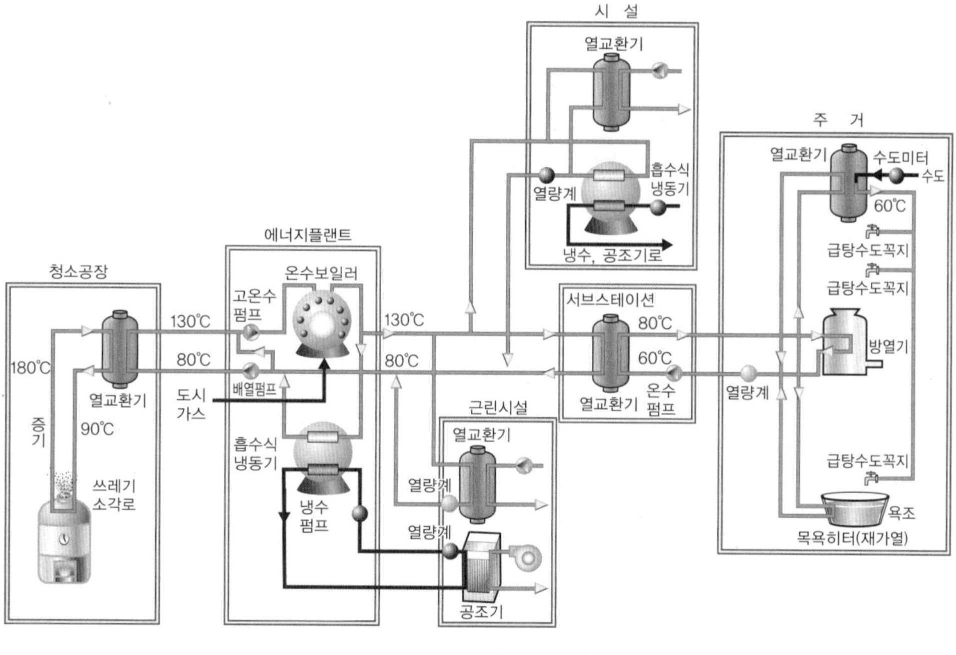

그림 3 시나가와 야시오 지역냉방 · 급탕 시스템 공정도
(출처: "2001년도 미이용 에너지활용 지역열공급시스템 개발보급세미나 자료집" 일본 열공급사업협회, p.179(2002))

열원으로 하는 지역 열 공급은 이외에 삿포로(札幌)시의 마코마나이(眞駒內), 지바(千葉)뉴타운, 아리아케(有明)의 임해 부도심(副都心), 네리마(練馬)구의 히카리가오카(光が丘), 오사카의 모리노미야(森之宮) 등이 있다. 또 쓰레기의 소각 폐열이용에서도 직접이용이 아니고, RDF라고 말하는 고형연료로 가공하여 열 공급용 온수보일러의 연료에 사용하고 있는 예도 있다. 또한 일본에서는 많은 소각장이 소각 폐열로 발생시킨 증기를 인근의 풀, 케어 하우스, 온실 등에 이용하고 있다.

공장 폐열 이용 지역열 공급 사례

쓰레기소각장 이외에 공장의 폐열을 이용한 지역열 공급이 일본에서는 인접하는 기숙사나 사택에 증기나 온수를 공급하는 사례가 여기저기 조금씩 보일 뿐이다. 그러나 덴마크나 스웨덴에서는 지역열 공급회사가 열원의 일부로서 쓰레기소각장 만이 아니라, 제유소나 화학공장으로부터도 폐열을 구입하고 있다. 덴마크의 지역열 공급에 차지하는 공장 폐열의 비율은 쓰레기소각장 폐열이 12%이고 제조업의 공장 폐열이 2%로 되어 있다. 스웨덴에서는 쓰레기소각장 폐열이 11%이고, 제조업의 공장 폐열이 7%로 되어 있으며, 쓰레기소각장은 열병합을 채용하는 것이 당연하다고 되어 있다. 일본에서도 안전성과 편리성의 관점으로부터 지역열 공급이 보급된다고 보지만, 도시 근교에 입지하는 제유소의 폐열이 가장 이용가치가 높은 열원이라고 생각된다.

폐플라스틱의 에너지 이용

플라스틱은 우리의 생활에 깊이 침투해 있다. 만일 플라스틱이 없으면 슈퍼마켓이 성립하지 않으며, 가볍고 따뜻한 의류도 용이하게 구할 수 없을 것이다. 그렇지만 플라스틱의 대부분은 단시간 내에 역할을 끝내, 극히 일부만 재활용되고 나머지는 쓰레기가 되고 있다. 조사에 의하면, 플라스틱은 생활 관련 쓰레기의 무게로 9%, 용적으로는 19%를 차지하고 있다. 폐기물이 된 혼합 플라스틱은 에너지로 이용하는 것이 유익하다.

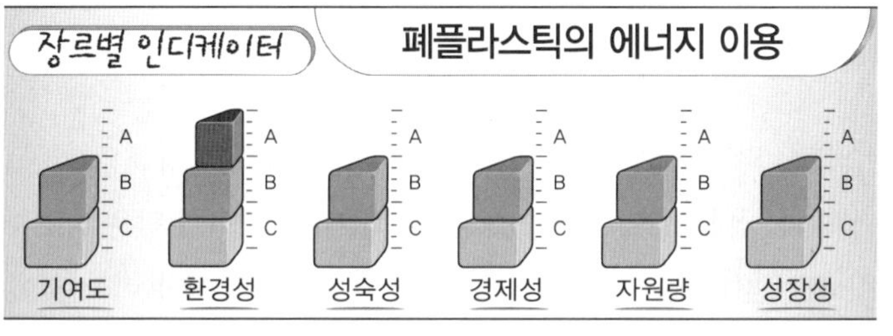

폐플라스틱 소재의 유통

일본의 2006년도 플라스틱 소비량은 1,120만 톤인데, 제품이 되기 전의 생산과 가공의 단계에서 89만 톤의 불량품이 발생하고 있다. 시장에 나돈 1,120만 톤의 약 18%가 건축물이나 설비의 일부에 사용되고, 82%의 916만 톤이 쓰레기가 되었다. 이 916만 톤과, 제품이 되기 전에 발생한 불량품 89만 톤의 합계 1,005만 톤이 2006년도의 폐플라스틱 총 배출량이다. 그림 1에 나타낸 바와 같이, 전량의 51%에 상당하는 508만톤이 일반폐기물이 되고, 49%의 498만 톤이 산업폐기물이 된다.

일반폐기물이 된 폐플라스틱 중, 17%가 분리수거 되어 12%가 다시 플라스틱과 화학섬유 원료로, 5%가 화학원료와 연료로 전환되고 있다. 66%는 다른 쓰레기와 함께 수집 차에 모아져, 소각장에서 소각되고 있다. 소각장의 대부분은 소각열을 발전이나 증기로 변환해서 이용하고 있는데, 연료가 아니므로 에너지변환효율이나 이용률도 높지 않다. 남은 17%는 이용되지 않고 직접 매립되고 있다. 한편, 공장으로부터 배출되는 산업계의 폐플라스틱은 29%가 분별 회수되어서 28%가 다시 플라스틱으로 돌아오고, 1%가 화학원료로 전환되고 있다. 또 62%가 소각되고, 8%가 매립된다.

이와 같이 폐플라스틱의 유통은 일반폐기물과 산업폐기물로서 다르지만, 총계하면 그림 1에 나타내는 바와 같이, 폐플라스틱 총 배출량의 20%가 다시 플라스틱이나 화학섬유의 원료가 되고 있다. 다

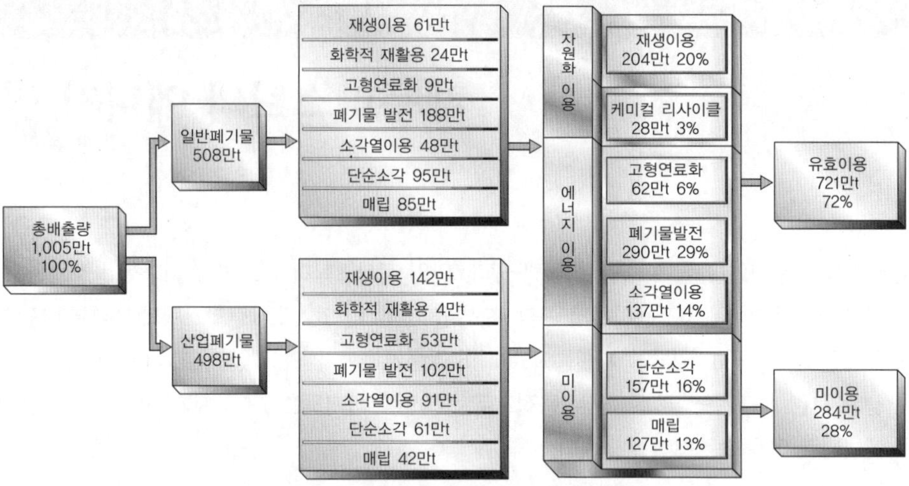

그림 1 폐플라스틱의 소재 유통도(2006)
(출처: "사단법인 플라스틱처리촉진협회" 「플라스틱 재활용의 기초지식 2008」로부터 인용 전재)

만, 이 중에는 소비되고 나서 배출된 것이 아니라, 플라스틱 제품의 제조와 가공단계에서 배출된 폐플라스틱이 9% 포함되어 있다. 제조나 가공단계에서 배출된 폐플라스틱은 별로 더럽지 않을 뿐만 아니라 이물질 혼입이 적기 때문에, 원래 플라스틱으로 되돌리는 것이 용이한 것이다. 한편, 최종소비단계에서 배출되는 일반폐기물의 폐플라스틱은 더러움과 불순물 때문에 발포 스티로폼과 페트병을 제외하고 거의 원료로 돌아오지 못한다.

플라스틱 재활용의 종류

(사)플라스틱 처리 촉진 협회는 플라스틱 재활용 형태를 표 1과 같이 구분하고 있다. 약 3%인 28만

표 1 플라스틱 재활용의 분류

분류(일본)	재활용 방법		유럽에서의 명칭
재료 재활용	재생이용 · 플라스틱 원료화 · 플라스틱 제품화		기계적 재활용 (Mechanical Recycle)
화학적 재활용	원료 · 단위체화		원료 재활용 (Feedstock Recycle)
	고로환원제		
	코크스로 화학원료화		
	가스화 유화	화학원료화	
열적 재활용 (에너지 회수)		연료	에너지 회수 (Energy Recovery)
	시멘트로 쓰레기발전 RDF RPF		

(출처: "사단법인 플라스틱처리촉진협회" 「플라스틱 재활용의 기초지식 2008」로부터 인용 전재)

톤은 화학적 재활용이라 되어 있는데, 그 내역은 원료 단량체화, 고로환원제 이용, 코크스로 화학원료화, 가스화, 유화의 5종류이다. 이 중, 원료 단량체화와 가스화는 화학원료로서의 이용이다. 반면, 고로환원제 이용, 코크스로 화학원료화, 유화 3종류는 화학제품으로 되돌리는 것이 아니라 결국은 연료로서의 에너지 이용이 되므로, 아래에 그 방법을 소개한다.

폐플라스틱의 고로환원제 이용

제철소에서는 고로(高爐)에 철광석과 코크스를 투입하여, 철광석을 녹여서 조강(粗鋼)이 되는 선철(銑鐵)을 생산하고 있다. 하부 우구(羽口)로부터는 1,200℃ 전후의 열풍을 불어넣어, 코크스와 우구로부터 불어넣어진 미분탄을 가스화하여, 철광석을 환원해 용해한다. 코크스와 미분탄의 역할은 산화철인 철광석으로부터 산소를 빼앗아 환원하여 철로 하는 것과, 연료로서 로 안을 고온으로 하는 것, 철광석을 용해하는 데에 있다. 폐플라스틱은 코크스에 비하면 수소성분이 많지만, 코크스와 같은 환원작용과 연료로서의 능력이 있다. 이 때문에 철강업계는 1990년대 초기부터 고로환원제로서의 응용기술 개발을 진행하여, 1996년에 처음 이용을 개시하였다. 현재는 수 군데의 제철소가 미분탄을 대체하여 쓰고 있으며, 철강업계로는 2010년에 연간 100만 톤의 고로 이용을 목표로 하고 있다. 이용하는 것은 주로 일반폐기물의 분별 회수 플라스틱이므로, 세제용기와 같은 고형물이나 폴리에틸렌 봉지, 거기에 랩(wrap) 종류도 포함되어 있다.

제철소에서는 반입되는 폐플라스틱의 포장을 열고, 혼입되어 있는 금속이나 유리 등의 이물을 제거한다. 다음에 그림 2에 나타내는 바와 같이 플라스틱 선별기로 필름 모양의 플라스틱과, 용기(bottle)나

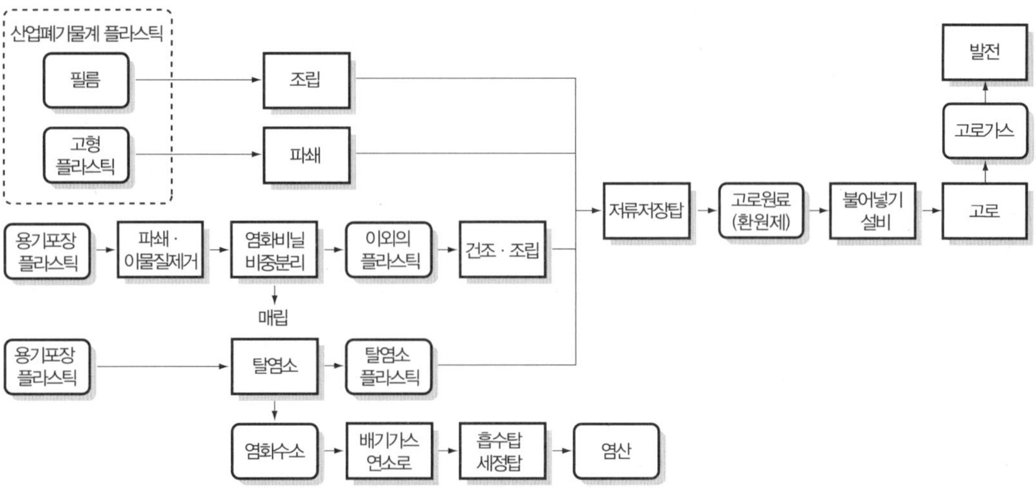

그림 2 폐플라스틱 고로원료화 시설 흐름
(출처: (독)국립환경연구소 · 순환형사회 · 폐기물연구센터 웹사이트)

상자와 같은 고형상의 폐플라스틱으로 나눈다. 필름 모양의 플라스틱은 파쇄하여 염화비닐 선별기로 염화비닐을 제거하고 조립기로 밀어 굳혀서 분급기(分級機)로 크기를 가지런히 한다. 염화비닐은 약 350℃로 가열하고 염소를 염화수소가스로 하여 분리, 마지막은 염산으로 하여 회수한다. 탈염된 플라스틱은 입상으로 가공하여 분급기로 보내어지고, 염화수소는 염산으로서 회수하여 열연(熱延)공정의 산세정(酸洗淨) 공정 등에 사용한다. 용기나 고형상의 폐플라스틱은 염화비닐을 거의 포함하지 않으므로 파쇄하여 분급기로 보낸다. 조립기와 분급기에서 거의 균일한 크기로 가지런히 된 폐플라스틱은 저장 탱크에 저장된 후 미분탄과 함께 고로에 불어 넣는다.

폐플라스틱의 코크스로 화학원료화

제철소에서는 철광석을 환원하여 선철을 만들기 위하여 대량의 코크스를 사용한다. 코크스는 석탄을 밀폐된 용기 속에 넣고 열을 가해 쪄서 만들지만, 코크스 대신에 폐플라스틱을 사용할 수도 있으므로, 연간 약 10만 톤의 폐플라스틱이 코크스 대체품으로서 사용되고 있다. 처리 공정은 그림 3에 나타내는 바와 같이 폐플라스틱을 파쇄기로 분해하고, 손으로 선별하여 병이나 깡통 등의 이물질을 제거하고 나서 금속편의 기계 선별을 한다. 계속되는 공정에서는 염화비닐을 분리하여 2차 파쇄를 하며, 성형기로부터 크기가 고른 고형연료로 가공한 후 저장 탱크에 저장한다. 고형연료 상태로 가공된 폐플라스틱은 석탄과 혼합하여 코크스로의 탄화실에 투입한다. 코크스로의 안에서는 가열실로부터 벽돌을 통해 1,200℃로 가열되어 무산소 상태로 열분해한 후 탄화수소가스가 된다. 폐플라스틱의 분해가스는 약 40%가 경질유로 되어 화성품공장에 보내져 대부분이 연료가 된다. 약 20%는 코크스로 되고, 고로에서 철광석의 환원에 사용된다. 남는 약 40%는 코크스로 가스가 되어 가정용의 발전 연료

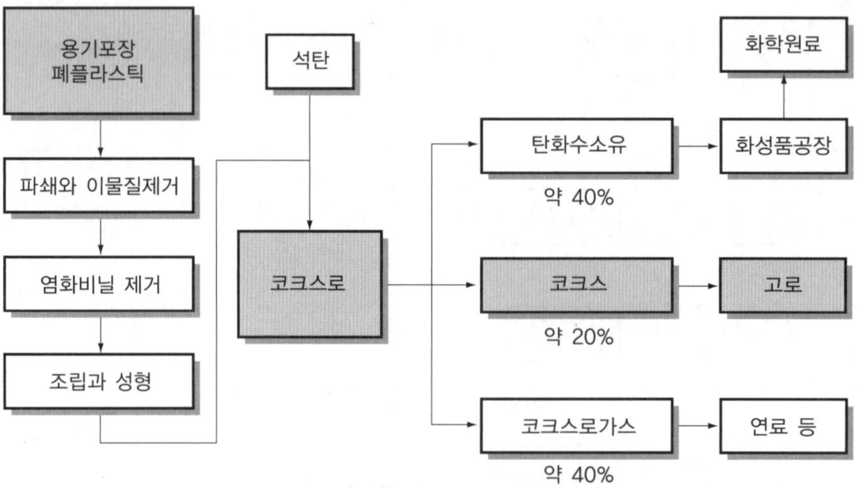

그림 3 코크스로 화학원료화 공정

나 보일러 연료로 사용된다. 신일본제철(주)는 이 기술을 완성시켜 현재 나고야, 기미쓰, 무로란, 야와타, 오이타의 각 제철소에서 실제 플랜트가 가동되고 있다.

폐플라스틱의 유화

폐플라스틱의 열분해에 의한 유화는 1970년대부터 개발이 진행되어, 현재는 그림 4에 나타낸 공정 설비가 홋카이도에 한 곳, 니가타에 한 곳이 가동되고 있다. 유화는 보존성이 있는 액체연료로의 전환이라는 점에서 바람직하나, 연료유의 수율은 6할에서 7할 정도이다. 소규모여도 반응이나 정제를 포함한 화학 플랜트가 되기에, 처리 공정이 길고 장비 구성이 복잡하다는 것이 과제이다. 원료는 주로 가정과 사무실, 서비스업으로부터 배출되는 용기 포장 플라스틱이므로 모든 종류의 폴리에틸렌 주머니, 발포 스티로폼의 용기, 페트병이나 튜브가 포함되어 있다. 단, 장난감이나 바구니 등 용기나 포장재가 아닌 폐플라스틱은 포함되지 않는다. 자치체에 의해서 모아진 폐플라스틱은 사람의 손과

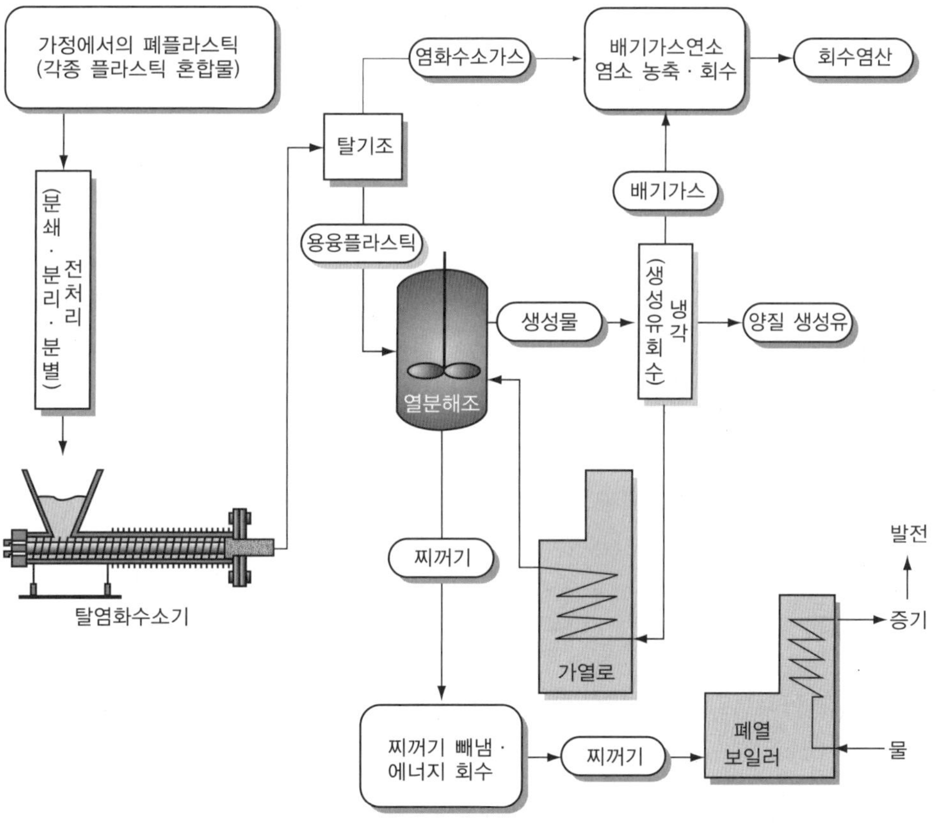

그림 4 폐플라스틱 유화 공정
(출처: "사단법인 플라스틱처리촉진협회"「플라스틱 재활용의 기초지식 2008」로부터 전재)

기계로 금속이나 유리 등의 이물을 제거하고, 압축 포장하여 반입한다. 유화설비에서는 폐플라스틱을 분쇄하고, 남아 있는 금속 등의 이물을 제거한다. 다음에 압출형 용해기로 폐플라스틱을 용해시키는데, 이때 약 300~350℃로 가열한다. 그 결과, 끓는점이 낮은 탄화수소와 염화비닐로부터 염화수소가 발생한다. 염화수소를 포함한 탄화수소는 흡수탑에서 염화수소를 농축시켜, 염산으로 회수한다. 한편, 탈염된 폐플라스틱은 열분해조에 보내 약 400℃로 가열하면 대부분이 가스화된다. 이 생성가스를 냉각하여 액화되는 성분을 경질유로 회수한다. 액화하지 않는 끓는점이 낮은 탄화수소는 필요에 따라 잔류하는 염화수소를 흡착 분리하여 자가용 연료로 사용한다. 제품유의 수율은 2/3 정도로 약 1할의 끓는점이 낮은 탄화수소가스, 1~2할이 찌꺼기가 된다.

폐플라스틱의 고형연료화

폐플라스틱 총 배출량의 6%가 고형연료로 가공되고 있다. 폐플라스틱의 고형연료화는 일반폐기물 경유와 산업폐기물 경로로서 다른 형태와 용도로 되어 있다. 앞에서 기술한 바와 같이, 분별 회수되는 일반폐기물의 폐플라스틱은 용기 포장 재활용법으로 자원화를 에너지 이용보다 우선하고 있다. 따라서 고형연료화의 대상이 되는 것은 가정이나 서비스업의 가연성 쓰레기와 함께 혼합 수집되는 플라스틱으로, 발전연료화나 보일러 연료로 만들어지고 있다. 그러나 부엌 쓰레기 등도 혼입되어 있기 때문에 저장단계에서 부패가 진행되고, 온도가 높아져 가스가 발생하는 경우가 있다. 또, 이 고형연료는 쓰레기를 특유의 형상으로 성형한 것이기에, 이용하기 위해서는 전용 연소 설비가 필요하다. 조성은 공장에서 첨가하는 석회 이외는 일반폐기물과 같기에, 쓰레기소각장과 거의 같은 배기가스 처리 설비가 필요하다. 이 때문에 이용자가 한정되어, 보급 저해 요인이 되고 있다. 고형연료화 공정도, 건조와 압축성형에 많은 연료와 전력이 필요하기에, 경제성이 높다고는 할 수 없을 것이다.

한편, 산업폐기물 경유로 고형연료화되는 폐플라스틱은 분별되어 있으며, 수분이 적고 품질이 안정되어 있다. 이 때문에 고형연료화의 설비가 단순하고, 연료로서도 사용하기 쉬우며 발열량의 조정도 용이하다. 일반적으로 산업계의 폐플라스틱 고형연료화는 생산규모가 크지 않으므로 발전용보다도 보일러 연료나 중소규모의 가열 보조연료용이다. 고형연료로 하는 폐플라스틱 배출 공장과 연료로 이용하는 공장이 특정화되어 있는 경우가 많아 지역 분산형 이용 형태라고 할 수 있을 것이다.

폐플라스틱 소각발전과 열 이용

폐플라스틱 총배출량의 29%는 자가발전설비가 있는 쓰레기소각장에서 다른 쓰레기와 함께 소각되고, 잉여전력이 전력회사에 판매되고 있다. 그러나 발전효율은 평균 10.9%(2006년도)로 서양 국가들보다 낮은 수준에 그치고 있어, 이후의 효율 향상을 기대하였으면 한다. 한편, 폐플라스틱 총배출량의 14%는 발전설비가 없는 쓰레기소각장에서 다른 쓰레기와 같이 소각되고, 회수에너지의 일부는 열원으로 쓰레기소각장 내와 근린 시설에 공급되고 있다. 이용 형태에서 많은 것은 온실, 실버타운, 온수수영장, 지역난방이나 급탕이다.

남은 총배출량의 16%는 발전설비도 에너지 회수 설비도 없는 쓰레기소각장에서 소각되고 있다. 전국 1,301개의 쓰레기소각장 중 424개의 공장은 규모가 작아 열 이용 설비가 없다.

폐플라스틱 분별의 목적

폐플라스틱은 오랫동안 많은 지역에서 불연물로 간주되어 매립 처분되어 왔다. 실제로는 가연물인데 불연물로 다루어 온 것은 소각시설이 불충분했던 시절 쓰레기소각장의 부하를 크게 하고 싶지 않았기 때문이다. 일본에서는 1960년대의 급격한 경제성장에 따라 폐기물이 증대하여, 매립 처분용지가 핍박받아 왔다. 이 때문에 소각 처리하는 쓰레기소각장을 정비하기 시작한 것인데, 쓰레기의 양이 많기에 당시 소각로에서는 태우기 어려운 플라스틱을 분리수거하여, 매립 처분을 계속한 것이다. 1980년대에 들면서 쓰레기소각장이 늘어, 처리 능력이 쓰레기 발생량을 웃돌게 되었다. 기술도 진보되어, 플라스틱이 혼입되어도 문제없이 소각 가능하게 되었다. 소각처리 면에서는 플라스틱을 분리수거할 필요가 없어진 것이다. 그러나 이번에는 자원 유효 이용의 관점에서, 플라스틱 분리수거의 필요성이 강조되게 되었다. 플라스틱 분별 목적이 매립 처분에서 재활용으로 바뀐 것이다. 그러나 일반폐기물의 플라스틱은 여러 종류의 플라스틱의 혼합물로, 이물질 혼입과 더러워짐을 피할 수 없다. 이 때문에 시장 가치가 높은 자원화가 곤란한 것, 자원화를 전제로 한 분리수거의 수고와 비용이 적지 않은 것 등의 이유로부터, 환경성은 폐플라스틱 분별 기준을 「가연성 쓰레기」로 통일해 가기로 하여, 2005년 5월 26일에 폐기물 처리법의 기본 방침을 「폐플라스틱에 대해서는 우선 발생 억제를, 다음으로 재이용을 추진하고, 그래도 남는 것에 대하여 직접 매립하지 않고, 열 회수하는 것이 적당하다」고 개정 고지하였다. 도쿄 23구는 1973년부터 일반폐기물의 폐플라스틱을 불연성 쓰레기로 분류해 매립해 왔으나, 2008년도부터 전량 소각하여 에너지를 이용하기로 하였다. 에너지 이용 면에서도 매립 처분장 연명을 위해서도, 처분장으로의 수송 비용 삭감을 위해서도 크게 환영할 만하다.

산업폐기물의 연료 이용

산업폐기물의 에너지를 이용하는 방법은 산업마다 여러 가지로 고안되어 있다. 가장 간단한 것은 "그대로 연소하는" 방법이나, 산업폐기물은 배출 형태가 다양하기에, 각각의 형태에 대응된 여러 가지 처리 방법이나 기술이 필요하다. 여기에서는 몇 가지의 산업폐기물의 연료 이용에 대하여, 현재 상황을 해설하겠다.

키워드 산업폐기물

일본 법률에서는 폐기물을 방사성 폐기물과 일반폐기물로 구분하고, 일반폐기물은 생활계폐기물과 사업계폐기물로 구분한다. 사업계폐기물은 한층 더 사업계 일반폐기물과 산업폐기물로 구분하여, 산업폐기물로서는 하수오니, 폐유, 폐플라스틱 등 20종류가 특정되어 있다.

환경성 발표에 의하면, 일본의 산업폐기물 배출량은 연간 4억 1,850만 톤(2006년도)으로, 요즘 수년은 별로 증감이 없다. 이 중 에너지원으로 이용할 수 있는 것은 동물 분뇨를 제외한 약 4,000만 톤이라 추정된다(표 1). 다만, 유상으로 연료용으로 인수된 폐기물은 포함되어 있지 않다. 산업폐기물은 조성이나 양의 변동이 적기에 수집 시스템이 정비되고, 회수나 재활용은 업계별로 대처가 이루어지고 있다.

표 1 에너지의 이용이 가능한 산업폐기물

산업폐기물 종류	가연물량 환산	비고
오니류	약 1,300만t	가연분 7%로 가정
폐유류	340만t	유분은 절반 이하
폐플라스틱	610만t	가연물
종이·나무 부스러기 등	760만t	가연물
동식물 찌꺼기	310만t	가연성
매진 등	약 680만t	가연분 40% 상정
동물분뇨	(환산 곤란)	메탄발효 가능
소계	약 4,000만t	

환경성: 「산업폐기물 배출·처리상황에 대하여」(2006년도 데이터)로부터 필자가 추정하였다.

목질계 산업폐기물의 연료 이용

목질계 산업폐기물은, 혼합이물이 적으면 자원화 이용 대상이 되고, 이물이 많으면 연료로 쓰는 것이 일반적이다. 표 2에 나타낸 것처럼 목질계 산업폐기물 발생량은 연간 약 1,000만 톤으로, 그중 약 350만 톤이 연료 용도가 된다. 건축폐목재 등은 분쇄설비로 칩화하고 유동층 보일러에서 연소하는데, 원유가격 고등과 함께 폐목재칩 이용 보일러가 급증하기 시작하였다. 연료 용도의 목질계 폐기물량은

표 2 목질계 산업폐기물의 공급과 수요 내역(단위: 만 t)

자원 공급	건설계 나무 부스러기	제재잔재	폐팰릿 등	임지잔재	합계
	350	450	150	50	1,000
수요 구분	목질보드	종이 · 펄프	부료 · 비료	연료이용	합계
	250	290	110	350	1,000

(출처: 전국 목재자원 재활용협회 연합회 홈페이지 자료로부터(2006년 · 추정))

2007년에 280만 톤이었던 것이, 2008년은 적어도 500만 톤으로 증가했다고 보여진다.

폐타이어의 연료 이용과 재활용

산업폐기물 중에서 재이용률이 극히 높아 약 반량이 연료로 이용되고 있는 것이 폐타이어이다. 연간 100~105만 톤(약 1억 개)이 발생하는데, 회수 시스템은 잘 정비되어 있다.

그림 1에 2006년도 타이어 재활용 상황을 그림으로 나타내었다. 발생량 106만 톤 중, 열 이용이 약 54%를 차지하고 있고(시멘트 소성 16%, 제지용 26%, 기타), 연료 용도 이외에서는 원료재활용이 18%, 수출이 18% 등 재활용률은 90%에나 달하고 있다. 열 이용을 진행하는 데에 있어 처리기술에 큰 문제는 없다. 폐타이어는 집하 후에 절단되어 작은 조각 상태에서 연소로로 보내져 연료로 사용된다. 금속이나 유황분 등도 포함한 채로 연소시키고, 필요한 경우는 배기가스 처리를 한다.

폐유의 연료 사용과 재활용

산업폐기물로 다루어지는 폐유(광물계)의 발생량은 연간 약 300만 톤 정도라 짐작된다. 장기간의 사용으로 오염이 심하여 재이용할 수 있는 것은 3할 정도라고 생각된다. 폐유는 수분과 이물을 포함

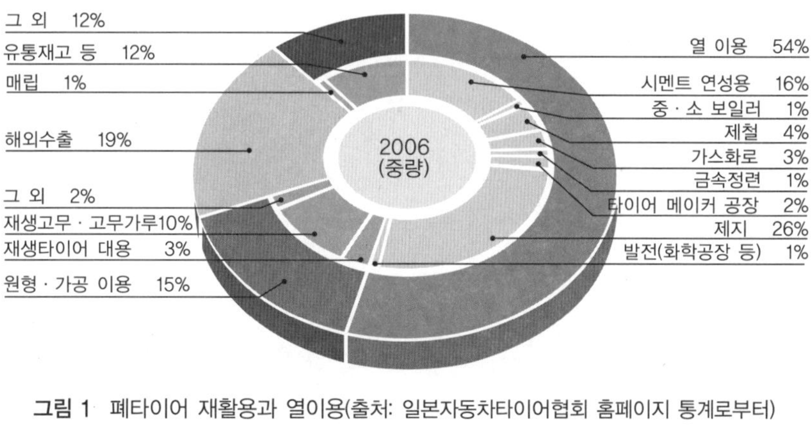

그림 1 폐타이어 재활용과 열이용(출처: 일본자동차타이어협회 홈페이지 통계로부터)

하기에 재생 용도에 따른 정제 처리가 필요하나 통상 재생품은 저급유로 재이용하거나 연료 용도로 충당된다.

폐용제 등의 연료 사용과 재활용

용제의 최대 용도는 도료로 연간 200만 톤 조금 안 되는 국내 출하량 중 약 2/3가 연료와 신나(thinner)이다. 이들 용제류는 도료로 사용한 단계에서 휘발 방출된다. 그러나 휘발성 유기화합물이 대기 중에서 광화학 옥시던트로 바뀐다는 것과 부유입자상 물질 증가의 한 원인이 된다는 것이 판명되어, 2004년의 대기오염 방지법 개정부터 규제 대상이 되었다. 이 때문에, 휘발용제 회수나 연소 처리할 필요가 생기고 많은 처리 과정이 제안되어 폐용제로부터의 에너지 회수도 촉진되게 되었다.

그 외 산업폐기물 중 폐플라스틱은 생활계나 업무계에서 배출되는 경우보다 오염이 적고, 또 배출량이 안정되어 있기에 약 3할이 플라스틱으로 재생 이용되고 약 1할은 에너지원으로 이용되고 있다.

오니(汚泥)의 열에너지 이용

산업폐기물로 배출되는 오니 발생량은 탈수하기 전 상태에서 연간 약 7,500만 톤이다. 현재는 대부분 탈수나 소각 후 매립 처분되고 있다. 그러나 최근 귀중한 유기자원으로서 메탄가스 발생에 이용하거나, 탄화 처리나 가스화 처리에 의해 에너지로 이용하는 방법이 확립되기 시작하였다.

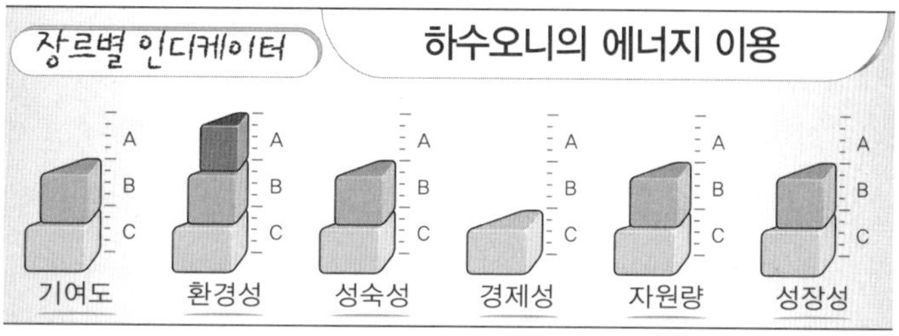

도시하수 · 공장폐수 · 축산폐수의 활성오니 처리에서는 대량의 오니가 발생한다. 그러나 함수량이 높기에 적절한 이용 방법이 없어 배출량이 연간 7,500만 톤에 달해도 소각과 매립에 의한 처분이 중심이었다. 이 중 도시하수는 하수도 경유로 처리장에 모아지기에 "인프라가 정비된 바이오매스"라고도 말해진다. 그래서 하수처리 오니를 탄화 또는 가스화하여, 보일러 연료에 이용하는 기술 연구가 진행되어 실용화 단계에 들어왔다. 예를 들어 도쿄도 구내 13군데의 물 재생센터(하수처리 시설)는 480만 m^3/day의 하수를 처리하고, 발생하는 오니는 소각하여 얻어지는 소각재 130 t/day의 약 6할을 시멘트 원료나 경량골재 등으로 이용하고 있다. 그러나 도쿄도에서는 최종 처리장 연명 목적도 겸하여, 2006년부터 하수오니 탄화에 의한 연료화의 대규모 프로젝트를 전개하고 맞추어 가스화 처리 등 새로운 처리기술 개발도 진행하고 있다.

폐오니의 탄화에 의한 연료화

여러 가지 기술 검토 성과로 하수오니를 저산소 분위기 환경에서 300~500℃로 가열하면 화력발전소의 석탄 대체 연료로 쓸 수 있는 탄화물을 제조할 수 있게 되었다. 탈수오니의 수분을 회전건조기에서 1/3(75% 25~30%) 정도로 건조하고, 탄화로에서 1시간 정도 가열하여 탄화물을 제조한다(그림 1, 그림 2). 2007년부터 가동을 개시한 도쿄도 동부 오니처리 플랜트는 약 50억 엔의 사업비로 100 t/day의 설비 3계열을 건설하여 연간 약 99,000톤의 탈수오니를 처리하고 있다. 이 설비로는 연간

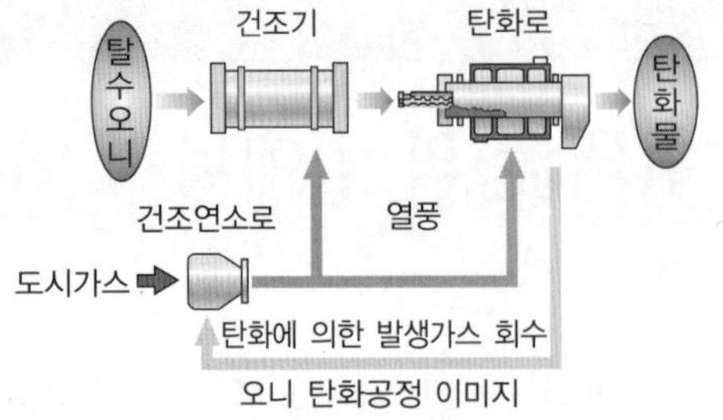

그림 1 탈수오니 탄화 —— 연료화 이미지
(출처: (사)일본하수도협회 에너지 이용사례 보고(도쿄도 사례에 의함))

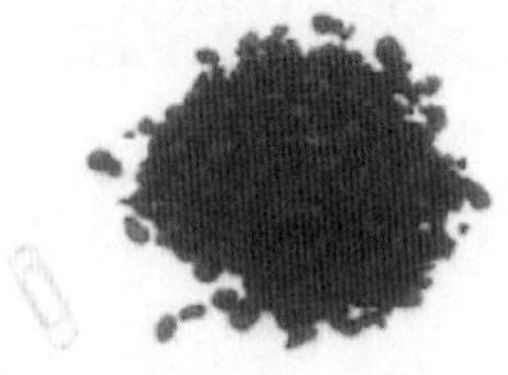

그림 2 탄화오니 상태
(출처: (사)일본하수도협회 에너지 이용사례 보고(도쿄도 사례에 의함))

7,700톤의 탄화물이 생산되는데, 생성 탄화물은 미분탄 연소 보일러용 저품위 석탄과 거의 비슷하게 다룰 수 있기에 석탄과의 혼소가 가능하다. 탄화설비 도입으로 오니 자원화율은 약 10% 가까이 향상되어 소각처리로 발생되고 있던 아산화질소를 시작으로 한 온실가스 생성을 억제할 수 있다. 오니 탄화는 오니 열에너지 이용의 유력한 수법인데, 다음에 나오는 가스화발전도 주목되고 있다.

폐오니의 가스화발전

하수오니를 가스화하여, 종래의 화석연료를 대신하여 자가발전 연료에 쓰는 시도가 시작되고 있다. 2004년도부터 도쿄가스와 타쿠마 양사가 NEDO의 지원을 받아, 공동으로 하수오니 가스화발전 시스템의 연구와 실증시험을 진행하고 있다. 한편, 도쿄도 하수도국의 협력으로, 미쓰비시 중공업과 일본 가이시의 공동개발도 진행 중이다. 어느 쪽도 탈수오니를 수분 20~30%까지 건조시키고 나서 가스화로에 보내어, 800℃ 이상에서 가스화시킨다. 가스화로의 구성과 방식에는 부분연소방식이나 순환유동층방식 또는 개질반응기를 별도로 설치하는 방식 등, 각사의 특징 있는 다양한 공정이 전개

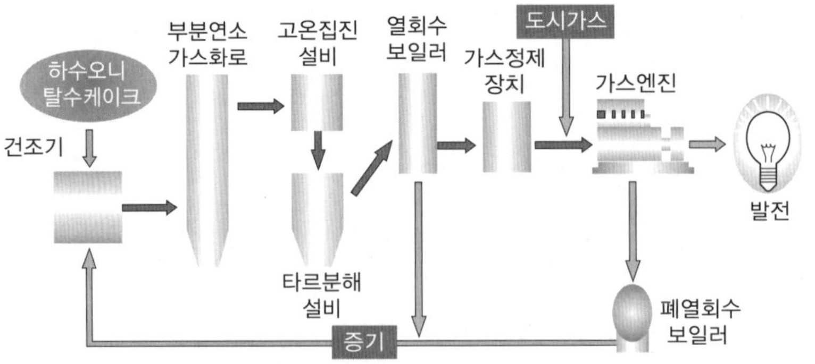

그림 3 오니 가스화 공정 개념도
(출처: 도쿄가스 프레스릴리스 기사 2008년 2월 28일)

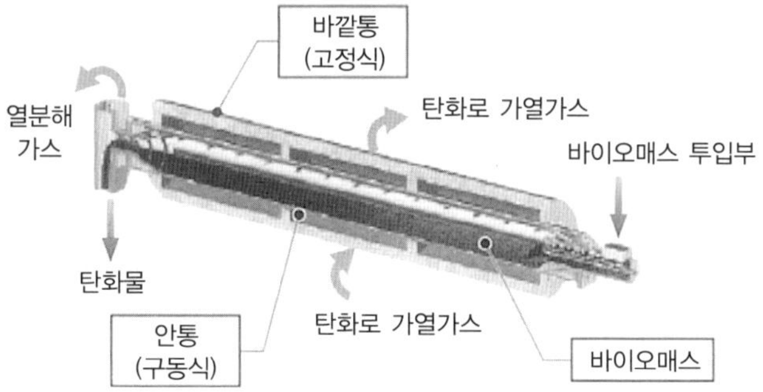

그림 4 탄화가스로 구조예
(출처: 고가, 다하타 외「미쓰비시중공기보」Vol. 44, No.2, p.39(2007))

되고 있다. 발생 가스는 고온에서 탈진(脫塵)시키고, 희망하는 가스 조성으로 조절하고 나서 정제하여 발전용도 등에 사용한다. 현재는 아직 대형 설비가 적은데, 이후 공정 효율이 향상됨과 함께 광범위하게 이용되리라 기대된다.

조금 특수한 가스화로 구조 예를 그림 4에 나타내었다. 비교적 고형분이 많은 바이오매스를 투입하여 가스를 발생시키면서 오니 탄화도 진행시키는 방식이다. 저산소 분위기, 500 ℃ 이상의 고온에서 처리하고, 발생 가스는 연소로에 공급하여 완전히 이용한다. 오니 열에너지 이용은 대량으로 발생하는 오니 활용에 중요한 과제이나 함수율이 높기 때문에 수분 제거에 많은 열량이 필요하다. 경제성을 개선할 목적으로 이후에도 더욱 기술 개량이 요구되어 갈 것이다.

산업폐기물의 소각에너지 이용

일반폐기물의 수집 · 중간처리 · 최종 처분은 지방자치단체의 책무로 정해져 있기 때문에, 행정 단위로 쓰레기소각장을 정비하여 최종 처분장을 확보하고 있다. 한편, 산업폐기물 처리와 처분은 배출 기업의 책임이기 때문에 각지에 민영 산업폐기물 처리시설이 정비되고 있다. 산업폐기물은 무기물이나 수분이 많아서 중간처리로 파쇄나 탈수가 많은데, 유기물은 소각되어 에너지가 회수된다.

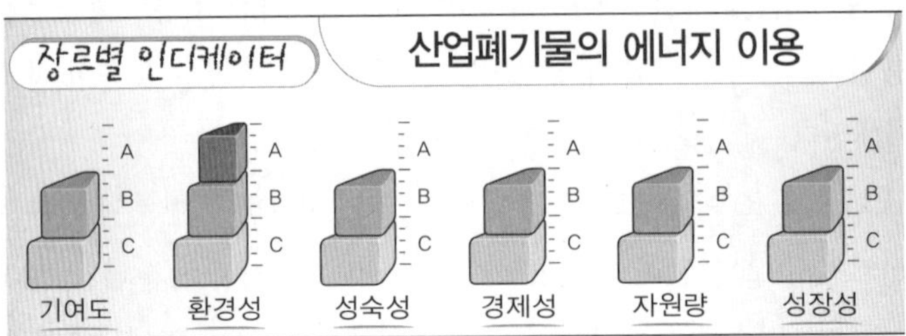

산업폐기물의 종류와 처리 형태

일본 법률에서는 폐기물을 「방사성폐기물」과 「일반폐기물」로 구분하고, 「일반폐기물」은 「생활계」와 「사업계」로 구분하고 있다. 사업계 폐기물의 내역은, 오피스나 서비스업에서 배출되는 「사업계 일반폐기물」과 산업활동에서 배출되는 「산업폐기물」이다. 산업폐기물은 오니, 폐유, 폐플라스틱, 건설 폐재, 가축분뇨 등 19품목이 지정되어 있다. 환경성이 발표하고 있는 「산업폐기물 배출 및 처리 상황 등(2005년도 실적)에 대하여」에 의하면, 산업폐기물 중간처리는 전국에서 19,164시설이 가동하고 있다. 이 중 표 1과 그림 1에서 볼 수 있듯이 42%가 건설 폐재인 「나무 부스러기」와 「기와 조각」의 파쇄시설이고, 6.7%는 폐플라스틱 파쇄시설이다. 이처럼 산업폐기물 중간처리 시설은 약 절반이 파쇄시설이다. 다음으로 많은 것이 약 25%를 점하는 오니 탈수시설이다. 산업폐기물의 45%까지가 오니이므로, 탈수시설이 많은 것이 당연하다. 에너지

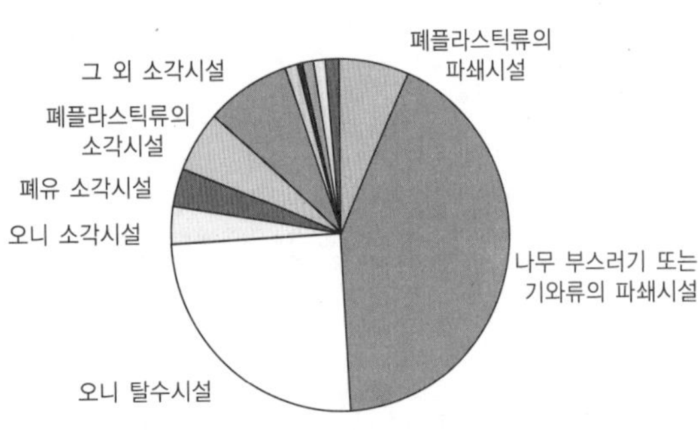

그림 1 산업폐기물 중간처리 시설(19,164시설)

이용 대상이 되는 소각시설은, 그림 1과 같이, 중간 처리 시설의 약 2할이다.

표 1 산업폐기물 중간처리시설과 최종처분 시설

	시설 종류	시설수
중간처리시설	오니 탈수시설	4,810
	오니 건조시설(기계)	242
	오니 건조시설(햇볕)	73
	오니 소각시설	679
	폐유 유수분리시설	256
	폐유 소각시설	639
	폐산 · 폐알칼리 중화시설	186
	폐플라스틱류 파쇄시설	1,286
	폐플라스틱류 소각시설	1,052
	나무 부스러기 또는 기와류 파쇄시설	8,135
	콘크리트 고형화시설	40
	수은을 포함한 오니 배소시설	8
	사이안화합물 분해시설	194
	PCB폐기물 소각시설	0
	PCB폐기물 분해시설	16
	PCB폐기물 세정 · 분해시설	16
	그 외 소각시설	1,532
	중간처리시설 계	19,164
처분시설	안정형 처분장	1,413
	관리형 처분장	889
	차단형 처분장	33
	최종처분시설 계	2,335

산업폐기물의 소각시설

소각시설의 기본적인 구성은, 그림 2에 나온 것처럼 전처리설비, 소각로, 폐열회수설비, 배기가스 처리시설이다. 전처리 설비로는, 예를 들어 오니를 소각할 경우는 탈수기나 건조기가 설치된다. 폐유 소각의 경우는 수분과 고형분을 제거하는 정치분리조나 원심분리기를 설치하는 경우가 많을 것이다. 폐플라스틱이나 나무 부스러기를 소각할 경우는 파쇄기를 설치하고 사이즈를 조절하여 투입 호퍼에서의 브릿지 형성을 막음과 동시에, 소각 효율을 높이는 것이 일반적이다. 소각로에는 특정 폐기물 소각에 적합한 전소로와, 여러 종류의 폐기물을 혼합 소각할 수 있는 혼소로가 있다. 예를 들면 폐유는 액상이므로, 버너로 연소시키는 전소로에 적합하다. 오니는 균질하기에, 양이 많으면 전용 소각로를 사용하는 편이 효율 좋은 안정소각을 기대 가능하다. 폐플라스틱은 연소 온도에 달하기 전에 용해되는 경우가 많기에, 양이 많으면 고체연소와 동시에 바닥면에서의 액체연소 기능을 갖춘 전소로가 적합하다. 이처럼 전소로는 소품종 다량 처리에 적합하기에, 어느 쪽이냐 하면 특정한 폐기물을 대량으로 배출하는 사업자의 자기처리 설비로 채용된다. 반면, 전체적으로 보면 산업폐기물은 종류도 형상도 다양하기에 다품종 소량의 소각처리도 필요하다. 게다가 배출자 처리에서는 소각량이 너무 적어, 경제성을 발휘하

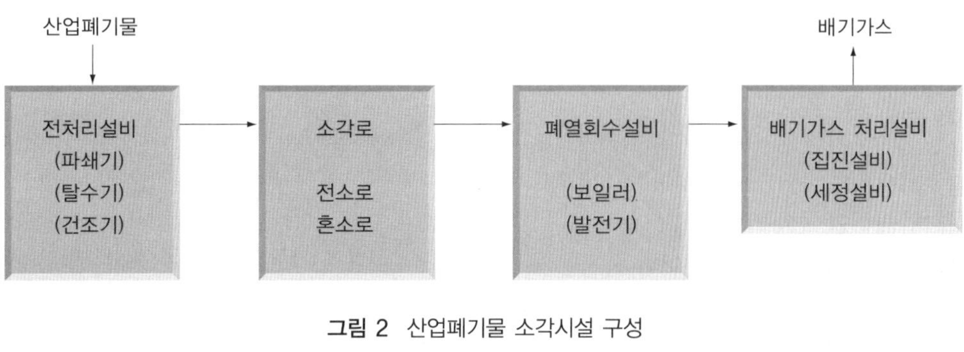

그림 2 산업폐기물 소각시설 구성

기가 곤란하다. 이 때문에 지역 단위로 다양한 산업폐기물을 집중 소각하는 처리설비가 정비되고 거기에서는 혼소로를 사용하고 있다. 표 1의「그 외」의 소각시설은 대부분이 이 목적의 시설로 소각시설의 약 4할을 차지하고 있다.

폐열회수설비는 일반적으로 폐열보일러가 채용되고 있다. 폐열보일러는 연소 폐열을 증기로 변환하여 회수함과 동시에 배기가스를 냉각시켜 집진이나 배기가스 세정을 용이하게 한다. 폐열보일러는 발생 증기 용도에 따라 설비 요건이 달라 고온 고압으로 할수록 설비비가 높아진다. 시설 내의 급탕과 난방용이라면 증기가 아니라 간단한 온수 보일러로 충분하다. 그러나 흡수식 냉동기를 사용하여 냉방용 냉열 발생에도 사용한다면, 적어도 0.5 MPa에서 160 ℃ 정도의 증기가 필요하다. 증기터빈과 발전기를 설치하여 발전한다면, 자가소비 전용이여도 2 MPa에서 270 ℃ 정도, 잉여 전력을 외판한다면 4 Mp로 400 ℃ 이상으로 할 필요가 있다. 일반폐기물을 소각하는 쓰레기소각장에 비하면, 산업폐기물 소각시설은 규모가 작아, 대부분은 1일 처리 규모가 100 톤 이하이다. 이 때문에 에너지 이용은 대부분이 저압증기 회수에 의한 열원과 공조 이용이다. 한편, 1일 처리 규모가 100톤 이상인 산업폐기물 소각시설은 24시간 연속 가동에 발전 설비를 갖추고 있는 경우가 적지 않다. 참고로, 2003년도 산업폐기물 소각발전 출력은 20.5만 kW이고 일반폐기물 소각발전 출력 규모는 134.9만 kW이다. 같은 해에도 발전량은 산업폐기물 발전이 14.8억 kWh이고 일반폐기물 발전이 68.9억 kWh이다.

산업폐기물 소각로

산업폐기물 집중처리시설에서 쓰이는 소각로에서는,「스토커형 소각로」,「유동 소각로」,「로터리 킬른(kiln) 소각로」가 대표적인 혼소로이다. 스토커형 소각로는 그림 3에 나온 것처럼 상자형으로, 바닥에는 스토커라 불리는 직사각형 화격자가 계탄처럼 배열되어 있다. 스토커는 내열성 주물로 되어 있고, 유압 조작으로 전후로 구동되어, 폐기물을 건조존, 연소존, 후연소존으로 이동시킨다. 연소용 공기는 스토커 하부로부터 불어넣어지고, 소각재는 스토커 사이로부터 하부의 수봉피트로 떨어지게 되어 있다. 넓은 조작 범위로 연소가 안정되어 있어, 나무 부스러기, 종이 부스러기, 섬유

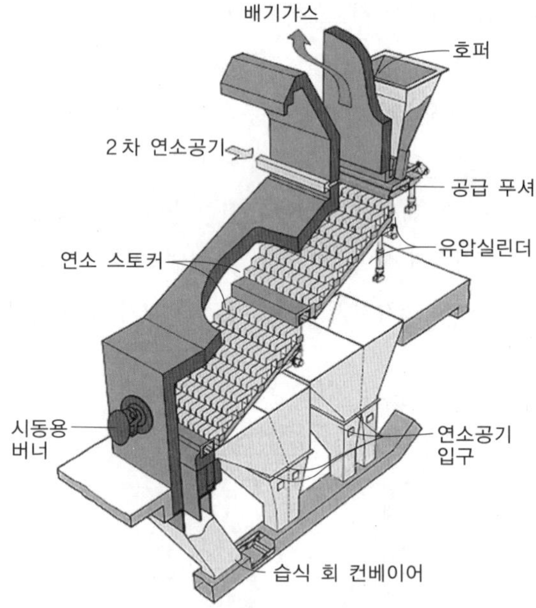

그림 3 스토커형 소각로 개념도

(출처 : 다쿠마(주), http://www.takuma.co.jp/product/waste/industry/stoke.html)

부스러기, 식물성 찌꺼기, 동물성 찌꺼기 등의 소각에 적합하다. 그러나 스토커 사이에 빈틈이 있어서, 폐유와 같은 액상폐기물이나, 질퍽한 폐기물에는 적합하지 않다. 유동소각로는 그림 4에 나온 것처럼 원통형으로, 모래를 매체로 써서 폐기물을 부유시키면서 소각한다. 연소 공기와 폐기물의 혼합이 좋아서 연소 효율이 높으나, 스토커형과 마찬가지로 액체 상태나 질퍽한 폐기물 소각에는 적합하지 못하다. 한편, 로터리 킬른형 소각로는 원통형 폐쇄공간에서 폐기물을 소각하기 때문에, 질퍽한 폐기물도 액상 폐기물도 소각할 수 있다. 고온에서 액상이 되는 폐플라스틱이나 폐유도 소각할 수 있다. 그러나 완전연소가 곤란해서, 그림 5에 나온 것처럼 로터리 킬른 후에, 연소 스토커를 접속시킨 형식이 많이 채용되고 있다.

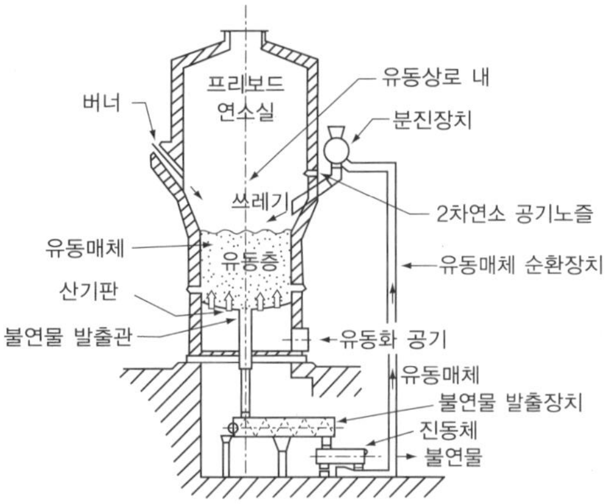

그림 4 유동소각로
(출처: "쓰레기 소각기술 그림 풀이 기본용어" p.85, 다쿠마환경기술연구회 편, 옴사)

산업폐기물 처리시설

여러 공장에서 배출된 산업폐기물을 집중 소각하는 시설은 전국에서 수백 군데가 가동되고 있다.

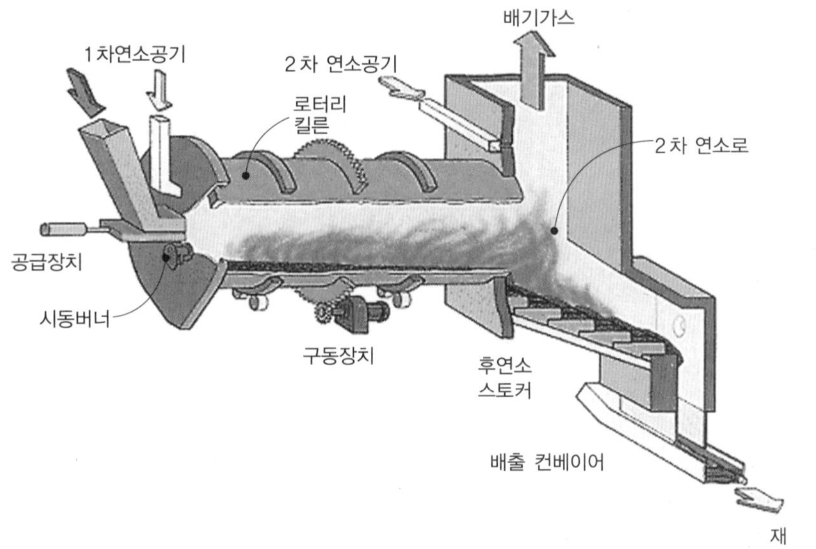

그림 5 로터리킬른+ 스토커소각로 개념도
(출처 : 다쿠마(주) 홈페이지, http://www.takuma.co.jp/product/waste/industry/rotary.html)

표 2 산업폐기물 소각처리시설 예(각종 자료에서 필자가 추출 정리)

시설 보유자	폐기물, 소각로, 소각량, 에너지 회수, 그 외
시즈오카현 M사	· 폐기물: 오니, 나무 부스러기, 종이 부스러기, 폐유, 폐플라스틱, 고무 부스러기 · 소각량: 140t/day, 폐열보일러: 3Mp로 1t/h, 발전: 285kW · 소각로: 로터리킬른+스토커, 준공: 2002년
가나가와현 H사	· 폐기물: 종이 부스러기, 나무 조각, 섬유 조각, 오니, 폐유, 폐플라스틱, 동식물성 찌꺼기, 의료계 폐기물 · 소각량: 210t/day, 에너지 이용: 폐열보일러, 발전: 미상 · 소각로: 로터리킬른+스토커, 유동로, 준공: 2001년
도쿄도 H사	· 폐기물: 종이 부스러기, 나무 부스러기, 오니, 폐유, 도료 찌꺼기, 화학슬러지, 폐플라스틱, 검댕 · 소각량: 60t/day, 에너지 이용: 폐열보일러증기를 공장에 공급 · 소각로: 유동로, 준공: 1992년
오사카부 D사	· 폐기물: 폐유, 오니, 폐플라스틱, 폐용제, 의료폐기물, 외 · 소각량: 240t/day, 에너지 이용: 오니건조이용, 백연방지 · 소각로: 왕복동 스토커 · 가스화로: 준공: 1999년

산업폐기물 종류와 양은 지역에 따라 달라서, 상황을 잘 아는 지역의 산업폐기물 처리사업자가 설치하는 경우가 많아, 폐기물 구분이나 시설 운영에 독자적 노하우를 축적시키고 있다. 불특정 다수의 산업폐기물을 수시로 인수하는 것이 아니라 미리 대상 폐기물을 분석하여, 적절한 처리 방법을 확인하고 나서 처리를 맡는 순서가 채용되고 있다.

2004년 시점에서 가동되고 있는 산업폐기물 소각처리시설의 일부를 처리 규모나 에너지 이용 상황을 포함하여 표 2에 소개한다.

펄프 증기분해 폐액(흑액)의 연료 이용

종이는 목재 섬유의 펄프로 만들어지지만, 목재의 섬유는 리그닌(lignin)이라는 물질로 서로 강하게 결합되어 있다. 이 때문에 펄프를 만들려면 목재를 파쇄하여 수 센티미터 칩으로 만들고, 알칼리용액으로 쪄서(증기분해) 섬유와 리그닌으로 분리해야 하는데, 이때 발생하는 리그닌과 알칼리용액의 혼합 폐액이 흑액이다. 흑액은 유기물을 대량으로 포함하므로 희석 처리하는 것이 아니고 농축해서 연료로 사용하고 있으며, 제지산업에서 사용되는 에너지의 약 1/3을 보충하고 있다.

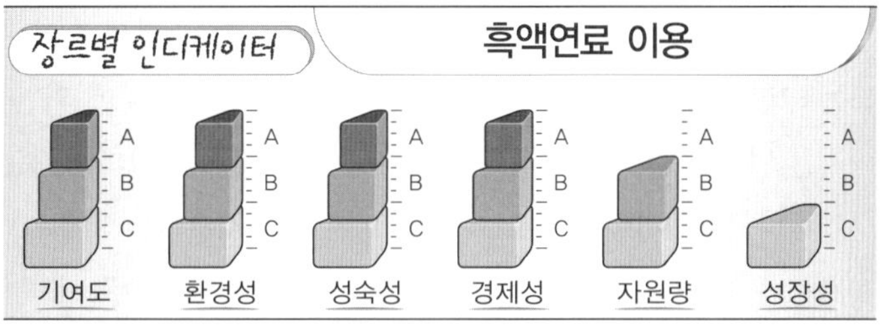

종이와 펄프

2001년 일본의 종이 생산량은 약 3,127만 톤으로, 미국의 약 8,400만 톤, 중국의 약 6,500만 톤에 이은 세계 제3위이다. 일본의 국민 1인당 소비량은 연간 240kg이고, 신문 용지가 12%, 인쇄 용지가 38%, 포장 용지가 3%, 골판지가 30%, 종이용기가 7%이다. 인쇄 용지와 골판지가 많은 것에 놀라지만, 인쇄 용지는 주로 출판과 사무실에서, 골판지는 식품이나 화물의 유통에 사용되고 있다.

종이의 원료는 60%가 재활용으로 모은 폐지이고, 2006년의 고지(古紙) 이용률은 독일의 67%, 중국의 65%에 뒤따르는 제3위이다. 남은 원료는 수입펄프가 약 70%이고 국산 펄프가 약 30%이다.

펄프를 생산하는 데 필요한 에너지는 원료와 제법과 기술 수준에 따라 크게 다르다. 일본은 알칼리용액으로 목재 칩을 증해(蒸解, 증기분해)시키는 화학펄프가 주류인데, 고지 재생펄프도 많은 것이 특징이다. 일본의 제지에너지 원단위는 제지산업 평균으로 1 kg당 석유환산 0.8 l분 정도인데, 이 에너지 효율은 국제적인 비교에서 최고 수준이다. 에너지 소비량은 목재를 기계로 갈아 으깨는 기계펄프가 화학펄프보다 3할 정도 많아, 고지 재생펄프는 목재에서 만들 경우의 절반 정도로 충분하다. 제지산업의 에너지 구성은 그림 1에 나타내는 것처럼 32%가 회수 폐액을 연료로 하는 자가발전과 증기이

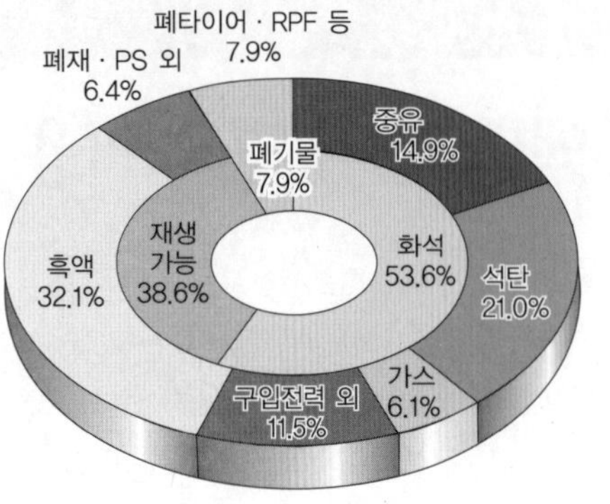

그림 1 제지공업의 사용에너지 구성비(2007년)
(출처 : 일본제지연합회 팸플릿「종이의 마음」
http://www.jpa.gr.jp/file/followup/20090318105636-1.pdf)

다. 14%는 폐재나 폐플라스틱 등의 폐기물로, 남은 54%가 석유나 석탄 등의 화석연료이다.

제지용 펄프 제법

제지용 펄프에는 화학펄프, 기계펄프, 반화학펄프 등이 있다.

조금 오래된 1989년의 자료이지만 일본의 제지용 펄프의 생산은 화학 펄프가 78%, 기계 펄프가 18%, 반화학 펄프가 4%였다. 화학 펄프의 제조법은 19세기 전반에 개발되었으나, 당시는 알칼리용액에 가성소다(NaOH)를 사용하고 있었다. 그 후 19세기 후반이 되면서 알칼리용액에 가성소다뿐만 아니라, 황화소다(Na_2S)와의 혼합액을 만드는 크라프트펄프(kraft pulp)법이 개발되었다. 황화소다에 의한 증기분해는 탈리그닌성이 뛰어나 얻어지는 펄프의 강도가 매우 강하다는 특별한 장점이 있다. 덧붙여서,「크라프트」라는 말은 독일어로「강하다」는 의미이다. 또 크라프트펄프법에 사용하는 황화소다는 증기분해 후의 폐액에 함유되는 황산소다(Na_2SO_4)로부터 손쉽게 회수할 수 있으므로, 가성소다보다 값싸게 보급할 수 있다. 현재의 화학 펄프는 거의 크라프트펄프(KP)이다.

크라프트펄프(KP)의 제조공정

그림 2에 크라프트펄프의 제조공정을 나타내었는데, 크게 나누면 전반의 펄프화 공정과 후반의 표백공정, 증기분해약액과 에너지의 회수 공정으로 구분되어 있다. 펄프화 공정에서는 증기분해 솥(나무 솥)에서 목재 조각(칩)을 알칼리 용액으로 증기분해하며 리그닌을 섬유와 분리한다. 균일한 품질의 펄프를 얻으려면 조각의 크기를 동일하게 하고, 알칼리용액(증기분해액)을 조각 중에 균일하게 침투시킬 필요가 있다. 이 때문에 솥에 넣기 전에 조각 분류막을 설치하여 조각 크기를 길이가 10~30mm, 두께가 3~8mm 정도로 조정한다. 증기분해 솥에는 회분식(回分式)과 연속식이 있지만, 요즘에는 대규모화와 에너지 효율이 뛰어난 연속식이 주류가 되었다. 연속 증기분해 솥은 높이가 약 50m나 되며, 상부는 증기분해 존(zone), 하부는 세정 존으로 되어 있다. 목재 조각과 증기분해액은 탑정(塔頂)일부터 송입되어, 연속적으로 하강하면서 5~6시간 걸려서 약액의 침투 · 가열 · 증기분해 · 세정을 하며, 펄프와 흑액으로 분리된다. 얻어진 펄프는 표백 공정, 탈수 공정, 건조 공정을 거쳐서, 최후에 감아서 꺼내어 재단을 한다.

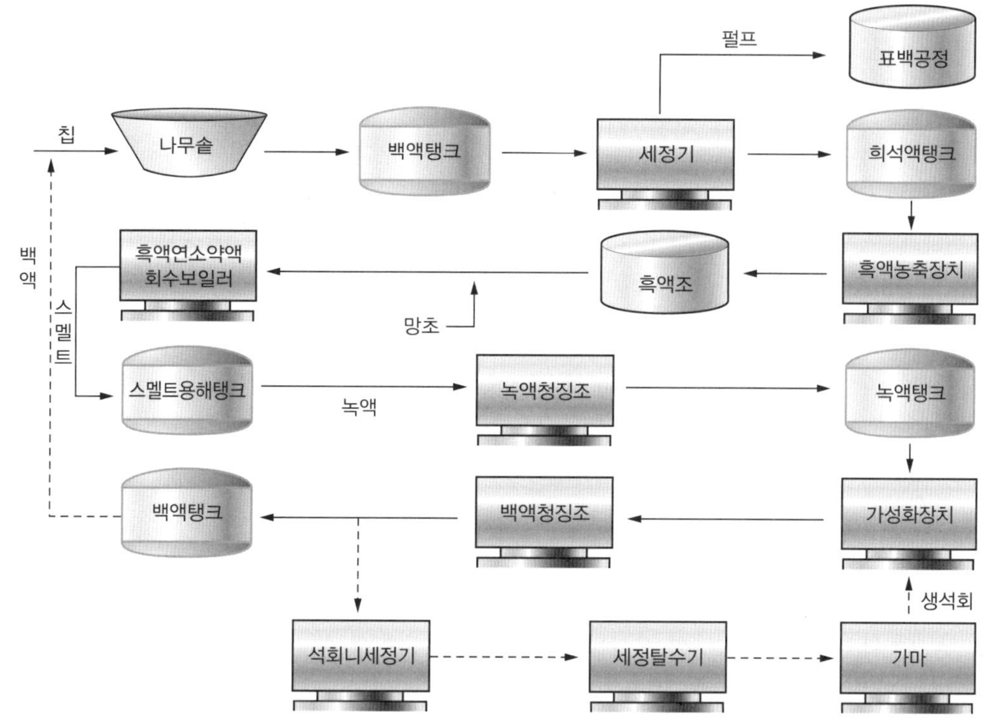

그림 2 크라프트펄프의 제조공정

흑액농축 공정

흑액(증기분해폐액)에는 리그닌 등 대량의 유기물과 약액 성분이 잔존하고 있다. 이 약액 성분을 회수하여 유기물을 에너지로 이용하는 것이 약액 회수와 에너지 재생공정의 목적이다. 흑액의 유기물 농도는 주로 수종(樹種)에 따라 다르지만 통상적으로 16~22%이다. 이를 위하여 그림 3에 나타낸 다중효용관 흑액농축공정에서 보일러로 연소할 수 있는 70% 이상으로 농축한다. 다중 효용캔은 용액 농축에 넓게 이용되는 방법으로 복수의 증발캔을 직렬로 배치하여, 앞 증발캔에서 발생한 증기를 압력이 낮은 다음 증발캔의 열원으로 이용한다. 이 때문에 자기증기압축식 히트펌프라고도 불린다. 용액은 농축에 의해 끓는점이 높아지는데, 순차적으로 조작 압력을 낮게 하여 끓는점을 낮추어, 열원과의 온도차를 확보한다. 이 때문에 굉장히 높은 에너지 효율을 얻을 수 있다. 그림 3에는 3캔밖에 기재하지 않았으나, 흑액 농축에는 5캔에서 6캔이 쓰인다. 제1효용캔에서 분리되는 증기 배출은 수질에 문제가 없으면 보일러 급수에 이용할 수 있다. 한편, 최종 증발캔의 증기는 감압상태에서 응축된다.

개개의 효용캔은 증발기(evaporator)라고 부르는데 장치로서는 장관박막상승형(長管薄膜上昇型), 강제순환형, 액막유하형 등이 있다. 장관박막 상승형은 길이가 10m 이상이 되는 종형(縱型)의 다관식 열교환기이고, 흑액은 하부로부터 관내로 들어가 외측의 증기로 가열되어 비등한다. 2상류의 박막이

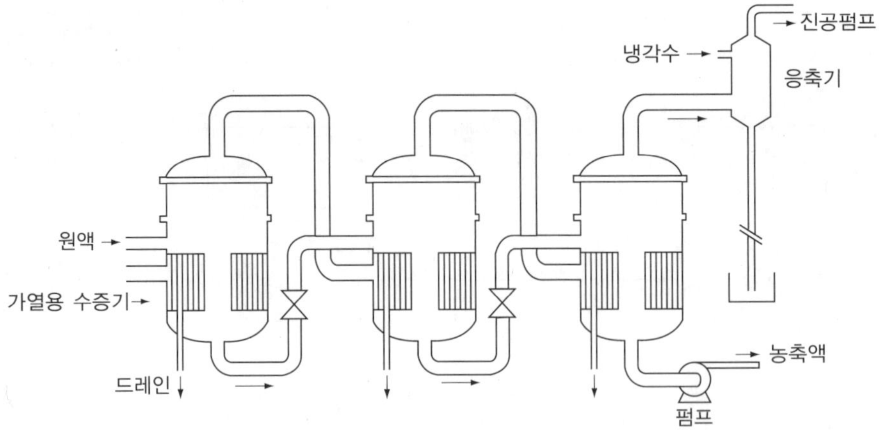

그림 3 다중효용캔에 의한 용액 농축

된 흑액은 상부의 드럼 부분에서 충돌판에 부딪쳐 기액(氣液)이 분리된다. 이 형식은 전열계수의 제약으로 5중 효용캔까지가 한계이다. 강제순환형에서는 다관식의 증기가열기에 흑액을 펌프로 강제순환시켜 상부에 설치한 증기드럼에서 기액을 분리한다. 농축은 65% 정도가 상한이며, 순환펌프의 동력이 큰 것이 과제이다. 액막유하형에는 가열방법의 차이에 따라서 관식과 플레이트식이 있다. 흑액은 종형 증발기의 상부에 공급되며, 가열면에 따라 흘러 내리면서 박막을 형성하고 수분이 증발하여 농축한다. 그림 4는 플레이트식의 증발기인데 온도차를 작게 할 수 있으므로 효율이 좋고, 50% 이상의 농축액이 용이하게 얻어진다. 이 플레이트식을 복수 조합하여 교대로 세정하면서 운전하면 70% 이상으로 농축할 수 있으므로, 최근에는 이 방식이 주류가 되고 있다.

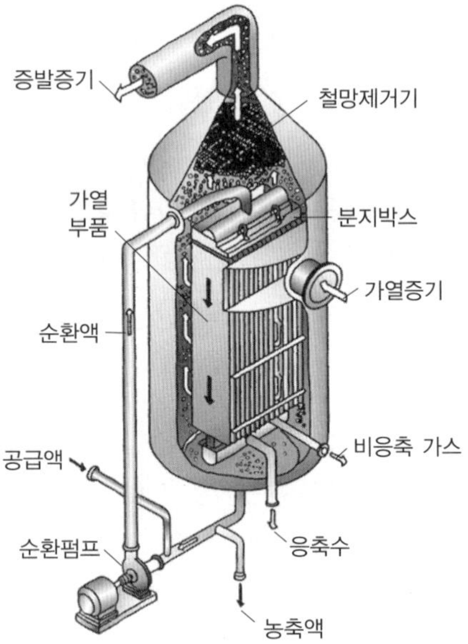

그림 4 플레이트식 액막유하형 증발기
(출처 : "종이펄프 기술편람" 종이펄프기술협회, p.132(2002))

흑액연소와 약액회수공정

농축된 흑액(농도 : 72~75% 정도)를 보일러에서 연소하여 에너지와 동시에 증기분해약액 성분을 회수한다. 흑액에는 Na_2SO_4, Na_2S 등 나트륨이나 유황화합물이 대량으로 포함되어 있다. 이 때문에 가열관의 부식대책이나 용융하는 약액을 빼내는 데 특별한 고안이 채용되고 있다. 그림 5는 일반적인 흑액연소 약액회수보일러이다. 농축 흑액은 혼합탱크로 보내져, 집진기에서 더스트로 포집되는 망초(芒硝)와 혼합하여

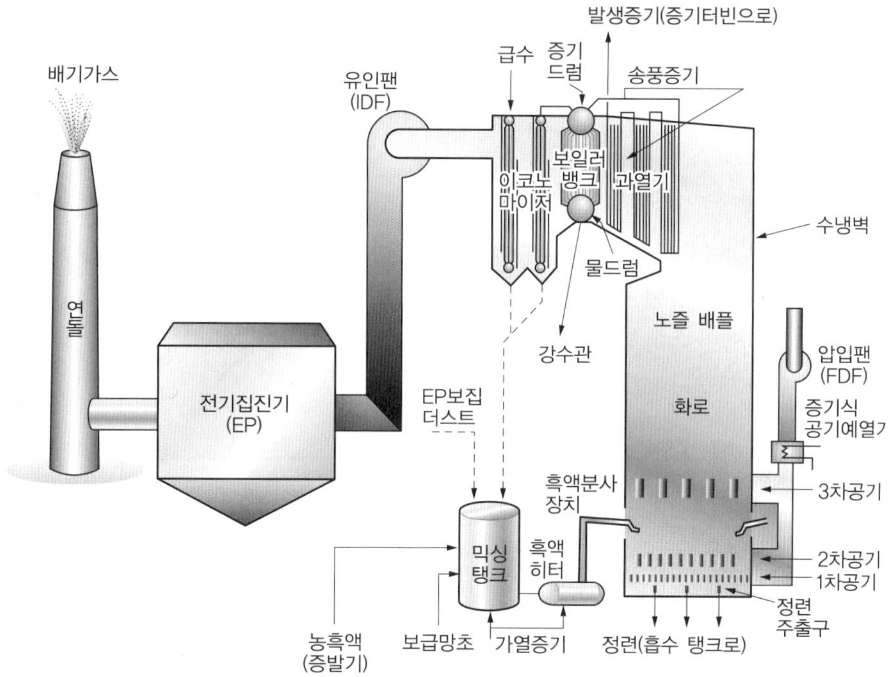

그림 5 흑액연소 약액회수 보일러

(출처 : 종이펄프 제조기술 시리즈 · 황화염 펄프, p.189)

보일러 내에 분사하여 연소시킨다. 농축 흑액은 고위 발열량이 약 12,000 KJ/kg(약 2,900 kcal/kg)으로, 저질석탄에 가까운 발열량이다. 보일러의 노저(爐底)에는 불연물인 촤(char)가 퇴적하며, 동시에 약 800℃의 용융약액(정련, smelt)을 얻을 수 있다. 정련은 보일러 전면의 통으로부터 정련탱크로 보내져, 복수의 공정을 거쳐서 최종적으로 증기분해액으로 재생된다. 보일러는 고효율화가 진행되고 있으며, 발전터빈으로 보내지는 증기 조건으로 10MP (100kg/cm^2) · 500℃ 급이 가동하고 있다.

흑액연료 이용의 의의는 본래는 폐기물로 되기 어려운 폐액으로부터 열량과 약액을 회수하며, 에너지 절약과 동시에 환경보호에도 공헌하고 있다는 점에 있다. 만약 흑액이 연료로 이용될 수 없을 때는 BOD 농도가 35,000~40,000 mg/l의 고농도 배수처리가 필요하며, 방대한 비용이 든다.

시멘트산업의 폐기물에너지 이용

시멘트산업은 "정맥산업"이라고도 불리며, 근년의 폐기물 문제나 자원 에너지 문제의 고조를 배경으로, 「자원 재활용 산업」으로 중요성이 늘고 있다. 시멘트 1톤당 폐기물 부산물 사용량은 1990년에 234kg이었던 것이 2007년에는 436kg으로 증대되고, 총열에너지에서 폐기물에너지가 차지하는 비율도 1.4%에서 10.7%로 증가되었다.

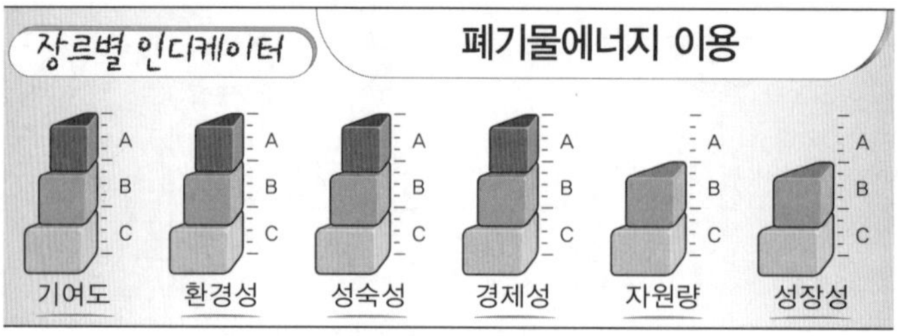

시멘트공장의 폐기물 처리

시멘트공장의 폐기물 처리에는 다음의 이점이 있다.

① 소각재 등 2차폐기물 발생이 없기 때문에, 폐기물 처분장의 부하를 경감할 수 있다.
② 고온에서 처리해서, 다이옥신을 거의 발생시키지 않는다.
③ 석회석 등 시멘트 제조용 천연자료를 삭감할 수 있다.
④ 화석연료 사용량을 줄일 수 있기 때문에, 온실가스 배출을 억제할 수 있다.

공공사업 축소 등으로 시멘트 생산량은 1996년의 9,926만 7,000톤을 정점으로 감소 일로를 걸어, 2007년 생산량은 7,060만 톤이 되었다. 한편, 폐기물 부산물 사용량은 1996년에 2,698만 6000톤이었던 것이, 2007년에는 시멘트 생산량 감소에도 불구하고 3,072만 톤으로 증대되었다.

폐기물의 에너지 이용

시멘트 공장에서 이용되는 폐기물이나 부산물은 고로슬래그 등 원료 대체가 되는 원료계와, 폐기물 보유 에너지를 이용할 수 있는 열에너지계의 2개로 나누어진다. 표 1에 나타낸 것처럼, 수량적으로는 원료계 쪽이 압도적으로 많고, 열에너지계는 원료계의 1할 이하이다. 열에너지계의 내역은 폐플

표 1 시멘트산업폐기물 · 부산물 사용량(단위: 천 t)

종 류	주된 용도	연 도			
		1990	2000	2005	2007
고로슬래그	원, 혼	12,228	12,162	9,214	9,304
석탄재	원, 혼	2,021	5,145	7,185	7,256
부산 석고	원(첨)	2,300	2,643	2,707	2,636
그 외 원료계	원	2,971	5,412	8,198	9,178
폐플라스틱	열	—	102	302	408
나무 부스러기	원, 열	—	2	340	319
재생유	열	0	239	228	279
폐유	열	141	120	219	200
폐백토	원, 열	41	106	173	200
저질탄	원, 열	1,600	675	280	155
폐타이어	열	101	323	194	148
육골분	원, 열	—	0	85	71
기타(RDF 등)	—	361	431	468	565
합계	—	21,763	27,359	29,593	30,720
원단위 (kg/t-cem)		234	332	400	436

주) 원: 원료, 혼: 혼합재, 첨: 첨가재, 열: 열에너지

(시멘트협회 제공자료)

라스틱, 나무 부스러기, 재생유, 폐유, 폐타이어, 육골분, 폐백토, 저질탄, RDF(폐기물 고형화연료), 도시쓰레기, 폐슬롯머신대 등이다. 이들 폐기물을 연소시켰을 때의 발열량은, 폐타이어: 20.9 MJ/kg, 폐플라스틱: 29.3 MJ/kg, RDF: 18.0 MJ/kg이므로 연료로 석탄과 같은 정도의 가치가 있다. 폐기물은 각각의 성상에 따라 파쇄 등 적절한 전처리를 하고, 그림 1에 나타낸 것처럼 가마 앞에서 불어넣거나, 가마 끝이나 가소로(假燒爐)에 투입한다. 가연성 폐기물을 시멘트공장에서 처리하면, 그림 2에 나타낸 것처럼 화석연료 절약과 배출가스 저감, 및 천연원료 절약에 공헌된다. 최근에는, 그림 3과 같이 총 열에너지에서 폐기물에너지가 차지하는 비율이 증대되고 있다. 시멘트 제조용 열에너지 원단위 추이를 그림 4에 나타내었는데, 1970년대부터 80년대 후반까지의 급속한 저하는 SP로(Suspension Preheater Kiln)나 NSP로와 같은 고효율 로로의 전환에 의한 것이다. 화석연료의 에너지 원단위는 90년대 이후도 폐기물에너지 이용에 의해 천천히 저하되고 있다. 그러나 폐기물을 포함한 에너지 소비량은 1990년 이후 2005년까지 2,730 MG/t 정도로 추이되어, 큰 변화가 없었다. 2005년 이후는 고로시멘트 등 혼합시멘트 생산비율 저하와 하수오니 등의 함수폐기물 처리량 증가로 반대로 증대되고 있다. 덧붙여, SP로란 부유예열기가 달린 로의 약칭으로, 부유 예열기(SP)라 불리는 4단 사이클론으로 이루어진 원료 예열장치가 달린 로이다. 열효율이 높고, 로 용적당 생산량이 많고, 공정 안정성도

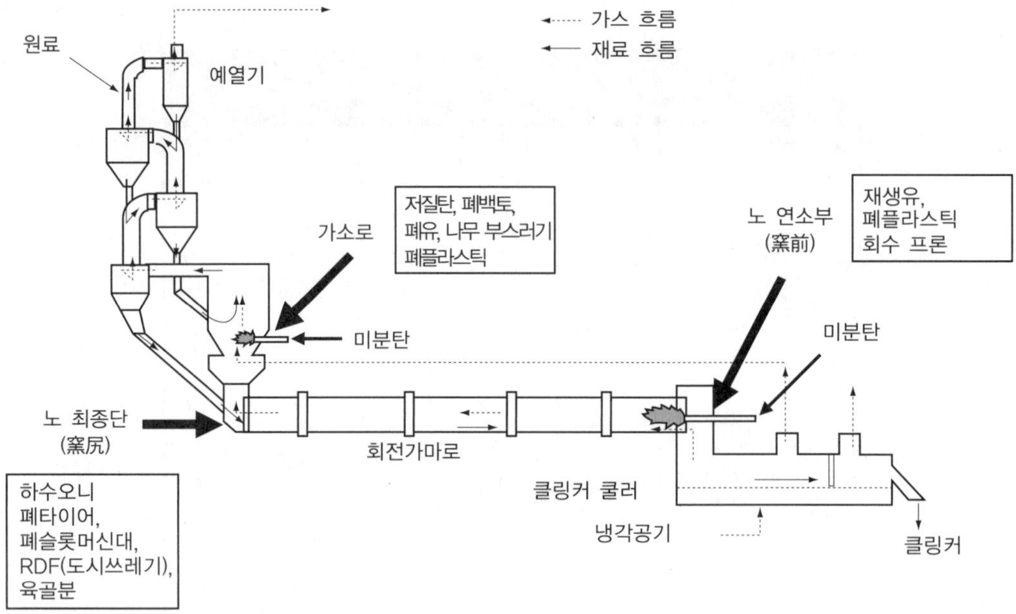

그림 1 폐기물 투입장소

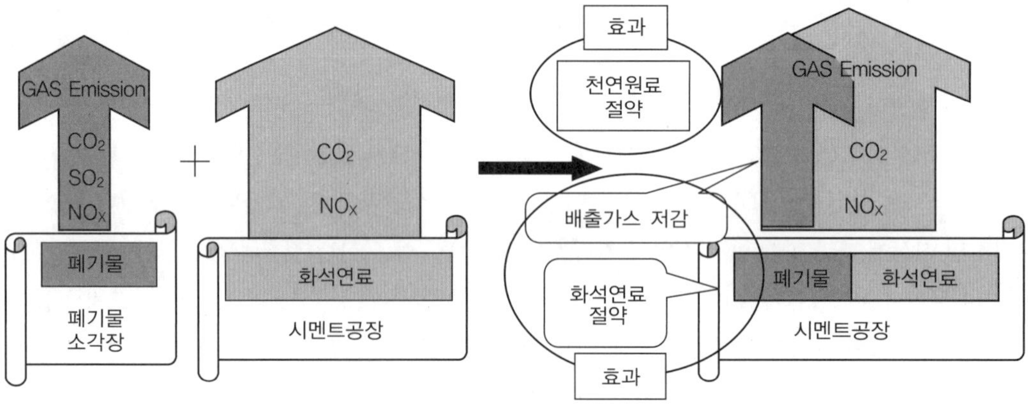

그림 2 시멘트공장의 폐기물에너지 이용 이점

뛰어난 시멘트 소성로이다. NSP로는 새 부유예열기가 달린 로의 약칭으로, 그림 1과 같이 SP로의 예열기와 회전가마 사이에 기류식 가소로를 설치한 방식이다. 일본에서 개발된 세계에 자랑할 만한 기술이다. 원료석회석의 탈탄산반응이 거의 종료된 단계에서 로에 투입하므로, 소성능력은 동일 크기 SP로의 2~2.5배가 된다. 일본의 시멘트공장은 대부분이 NSP로로 전환하였기에, 시멘트 제조 에너지 원단위는 세계 최고수준에 달하였다.

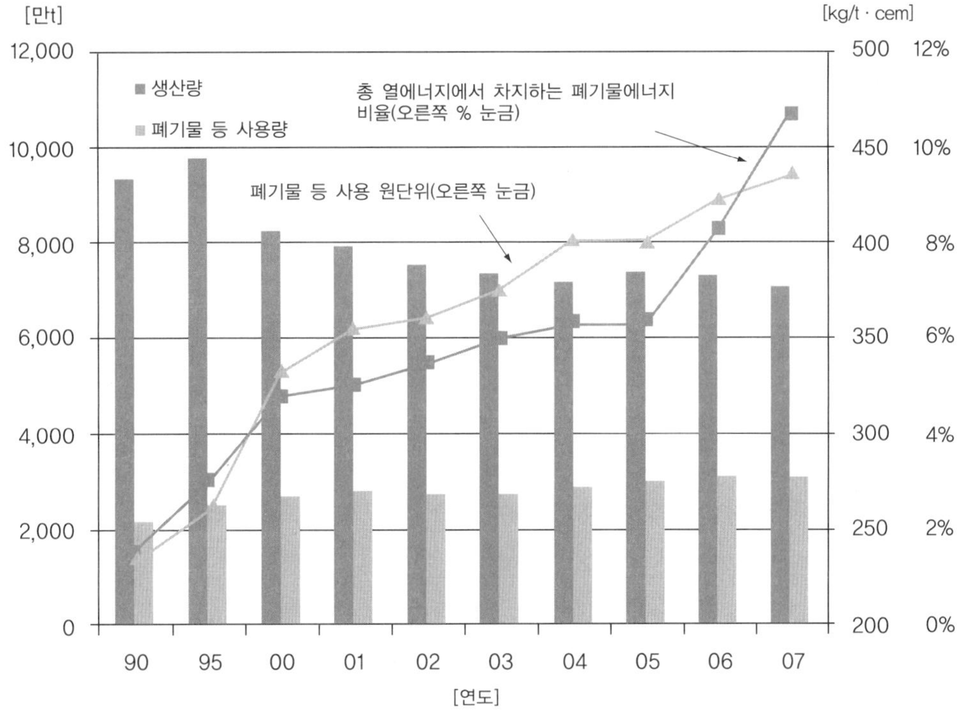

그림 3 시멘트 생산량, 폐기물 사용량, 폐기물 사용 원단위, 총 열에너지에서 차지하는 폐기물에너지 비율 추이(시멘트협회 제공자료로부터 필자 작성)

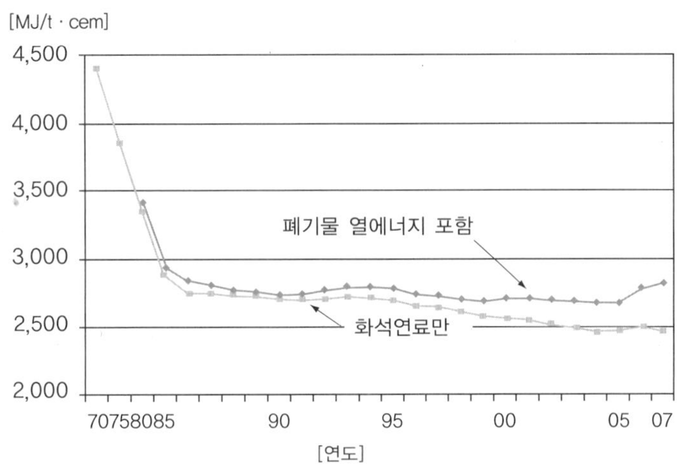

그림 4 시멘트 제조용 열에너지 원단위 추이(시멘트협회 제공자료로부터 필자 작성)

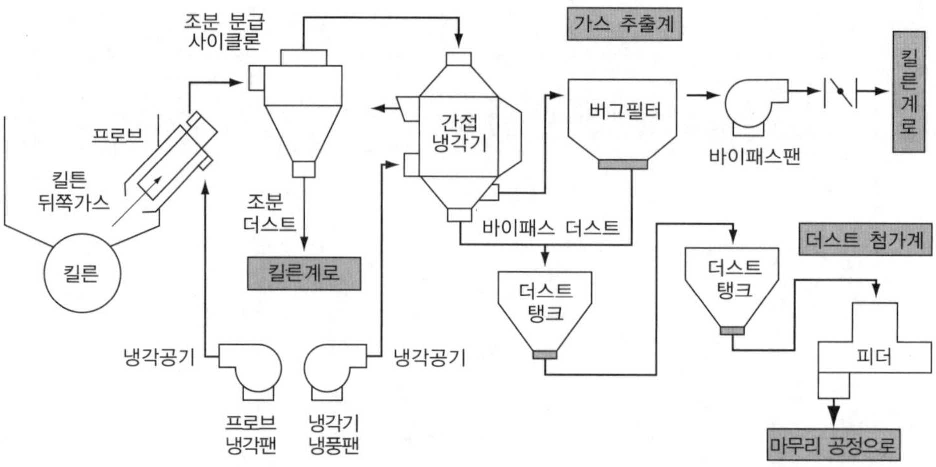

그림 5 염소 우회(출처: 시멘트협회, 「놀라운 소재 시멘트」(2000년 8월), p.8)

염소 제거기술

도시쓰레기 소각재나 하수오니, RDF나 용기포장 플라스틱에는, 염소가 포함되어 있다. 이 때문에 폐기물 처리량을 늘리면, 휘발된 염화물에 의해 SP로의 사이클론 막힘이 발생하여, 로의 안정조업을 할 수 없게 된다. 이 문제를 해소하기 위해, 그림 5에 나타낸 「염소 우회(바이패스)」라 불리는 염소 제거기술이 채용되고 있다. 최근에는 보다 많은 염소를 제거하기 위해 발생한 먼지(dust)를 물로 씻어 염소를 빼고 원료로 되돌리는 설비를 증설하게 되었다. 이 기술의 채용으로, 염화비닐을 포함한 폐플라스틱 처리량을 늘리는 것이 가능해졌다.

AK시스템(Applied Kiln System)

히다카시(인구 약 5만 4,000명)에서는 쓰레기소각장을 폐지하고, 대신 연간 배출량이 약 1만 5,000톤인 도시쓰레기를 시내의 시멘트 공장으로 반입하여, 「AK시스템」(그림 6)이라 불리는 방법으로 처리하고 있다. AK시스템에서는 도시쓰레기를 발효시킨 후, 시멘트로에 투입하여 연료로 이용하고, 발생한 재는 시멘트 원료가 된다. 쓰레기소각장에서 회수 이용되는 열에너지는 20% 정도라 말해지고 있는 것과 비교하여, 시멘트로에서의 열 회수효율은 70% 이상으로 높아서, 이 시스템은 사회 전체에서의 에너지 절약에 크게 공헌하고 있다.

바이오매스발전과 하수오니 처리

시멘트산업에서는 표 2와 같이 6할 이상의 전력을 자가발전으로 조달하고 있어, 나무 부스러기를

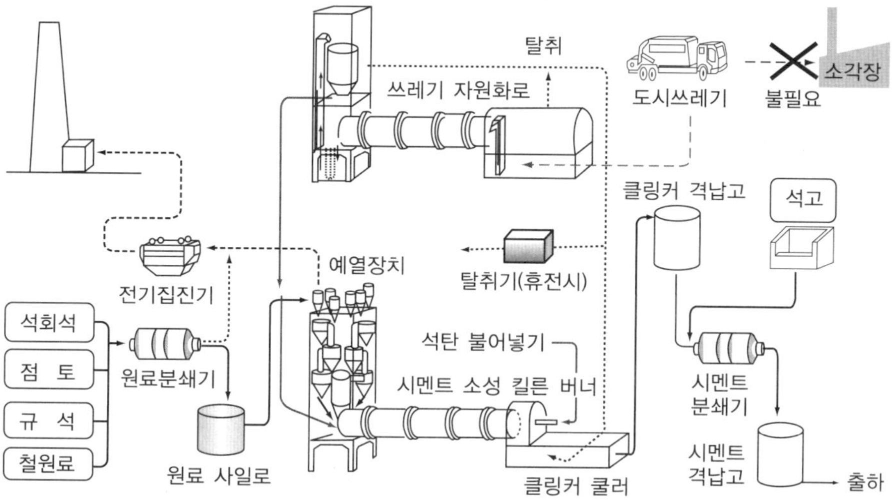

그림 6 AK시스템(도시쓰레기 시멘트자원화)
(출처: 태평양 시멘트 카탈로그)

표 2 시멘트산업 에너지 사용상황(시멘트협회 제공자료)

항목 · 종류			단위	2002년도	2007년도
열에너지	석탄		천 t	7,609	7,953
	석유 코크스		천 t	1,183	949
	중유		천 kℓ	204	104
	그 외		천 kℓ	352	676
	합계	시멘트 제조용	천 t	7,848	7,669
		발전용	천 t	2,162	2,525
		계	천 t	10,010	10,194
전력에너지	구입		10^6 kwh	2,876	2,901
	자가발전		10^6 kwh	5,056	4,815
	합계	시멘트 제조용	10^6 kwh	7,482	7,289
		부업용	10^6 kwh	449	426
		계	10^6 kwh	7,932	7,715

주) 열에너지란의 그 외는 폐유 · 폐타이어 등으로 연료로서는 중유환산치.
합계는 석탄(발열량 6,200 kcal/kg)환산치이다.

연료로 하는 바이오매스발전을 도입하고 있다. 시멘트공장에서는 소각재도 원료로 이용하기 때문에, 발전에 따른 폐기물이 발생하지 않는다. 또, 하수처리오니를 그대로 전용차로 공장에 반입하여, 전용설비로 로에 투입하고 있다. 최근에는 처리하는 하수오니의 양이 증가하고 있는데, 오니 중의 유기물

연소열을 이용할 수 있어, 2차폐기물이 발생하지 않는다. 이 때문에 고마쓰 일행의 LCA수법을 이용한 정량 평가에 의하면, 종래의 전용 소각로에 의한 소각과 찌꺼기 매립 처분에서는 오니 1톤당 13,656 MJ/t의 에너지가 필요한 데에 비해, 시멘트로로의 처리는 6,487 MJ/t으로 약 7,200 MJ/t의 에너지 절약 효과가 있다.

액화천연가스 LNG의 냉열 이용

우리가 천연가스라 부르고 있는 도시가스의 대부분은 산출국에서 천연가스를 냉각 액화하여, 전용탱크로 운반해와서 다시 가스로 되돌린 것이다. 일본에서는 천연가스를 수입하기 시작한 1969년부터 냉열의 유효한 이용에 몰두해왔다. 현재는 냉열발전, 드라이아이스의 제조, 액체산소나 액체질소 제조, 참치의 냉동 저장 등에 이용되고 있다. 이용률은 아직 여유가 있으므로, 이후 적극적인 용도 개발이 요망된다.

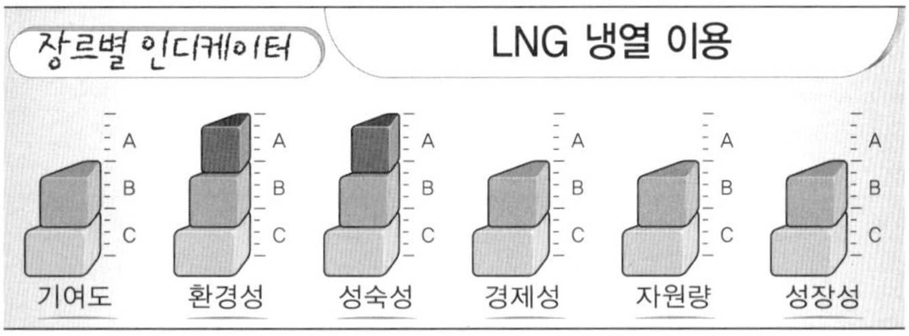

원료 천연가스가 도시가스로 되기까지

일본은 1969년에 처음으로 알래스카로부터 LNG를 수입했으며, 그 후로는 브루나이, UAE(아부다비), 인도네시아, 말레이시아, 오스트레일리아, 카타르, 오만으로 수입국을 확대해왔다. 2006년에는 수입량이 6,331만톤에 달하며, 열량도 1차 에너지 공급량의 16.5%를 차지하고 있다. 이후에 사할린 등 수입국의 확대와 수입량의 증대가 예상되고 있다.

천연가스는 일본보다도 미국, 유럽과 러시아에서 옛날부터 널리 사용되어 왔다. 산지와 소비지가 육지로 계속 이어지는 경우는 가스정(井) 가까이에서 액화하기 쉬운 성분과 유황화합물을 분리만 하고, 파라핀으로 소비지에 보내고 있다. 일본에서 수입하는 경우는 해상 수송이 필요하므로, 산지에서 액화하여 용적을 작게 한다. 천연가스의 주성분인 메탄을 액화하려면 영하 162℃로 냉각할 필요가 있다. 이를 위해서는 이것보다 높은 온도에서 응고하는 성분을 거의 완전하게 제거하지 않으면 얇은 관으로 되어 있는 냉각용 열교환기에 손상을 준다. 따라서 산지의 액화 설비에서는 액화하기 전에 유황산화물, 탄산가스나 수분, 거기에 프로판이나 부탄과 같이 메탄보다 응고점이 높은 성분을 분리한다. 또 영하 162℃에서 액화하지 않는 수소도 액화하기 전에 분리한다. 그 후는 대규모의 냉동장치를 사용하여서 액화하지만, 액화에 의해서 용적은 원료천연가스의 약 1/600이 된다. 또한 액화에 필요한 냉동장치에서는 냉매가스 가압과 단열팽창을 반복할 필요가 있어, 동력 때문에 원료 천연가스의 약 8%는 사용되고 있다. 제품이 된 LNG는 원료 천연가스보다 메탄 농도가 높은 청정에너지가 되어, LNG 전용 탱크로 일본에 운반된다. 일본에는 전국 24개소에 수입(受入)기지가 있으며, 초저온의 LNG전용 탱크에 저장한다. 저장 탱크에는 지상식, 반지하식, 지하식이 있고, 대규모의 지하탱크는 직경 70m, 깊이는 50m 이상 된다. LNG를 다시 가스로 되돌리려면, 가느다란 파이프에 LNG를 흘리면서 해수를 샤워같이 끼얹거나, 소규모인 경우는 온수탱크로 데워서 냉열을 방출한다. 가스화한 천연가스에는 LPG를 섞어 발열량을 조정하며, 최후에 냄새를 첨가하여 시장으로 내보낸다. LNG는 1kg으로 2.5kg의 물을 얼음으로 만드는 냉열이 있으므로, 가스화하기 전에 될수록 유효하게 이용하고 싶을 것이다. 1997년도에는 LNG 23.6%가 냉열 이용에 사용되었다. 그 내역을 보면 냉열발전에 16.6%, 공기 분리에 의한 액체산소와 액체질소의 제조에 5.1%, 가스화한 LNG의 재액화에 1.6%, 냉동창고와 냉동식품 제조에 0.2%, 액화탄산의 제조에 0.2% 사용되었다. 남은 약 76%의 LNG는 냉열을 이용하지 않고 그대로 가열하여 가스화하고 있다. 냉열은 가열할 때에 해수로 방출되고 있다.

냉열발전

LNG 냉열발전은 그림 1에 나타내는 것과 같은 랭킨사이클(Rankine cycle)이 일반적이나, 그림 2와 같이 LNG를 직접 기화시켜 터빈을 구동하는 재열직팽사이클이라 불리는 방식도 있다. 랭킨사이클의

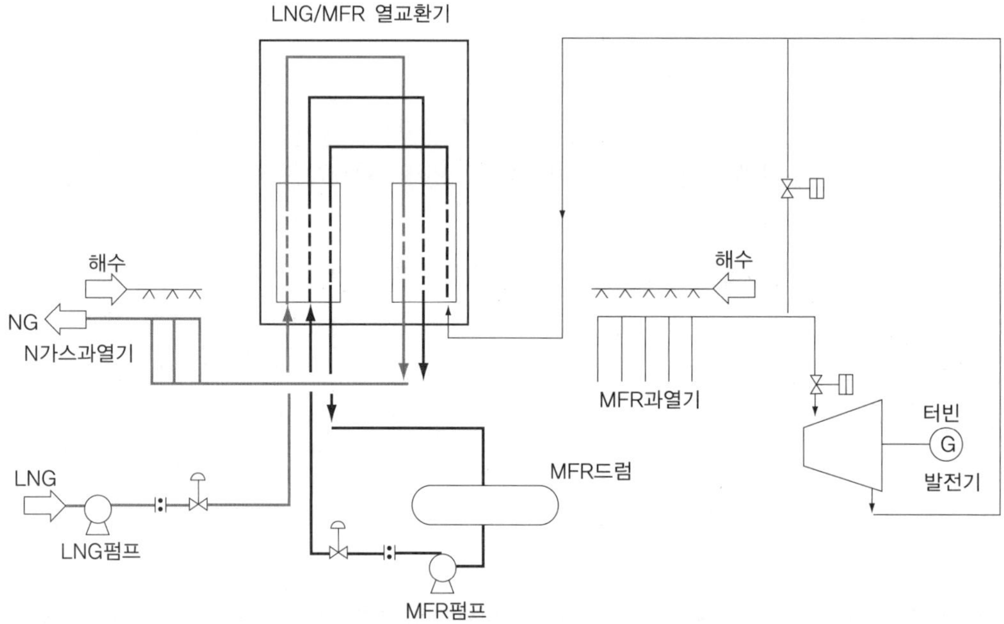

그림 1 LNG냉열발전 랭킨사이클(출처: "에너지 편람 · 프로세스편")

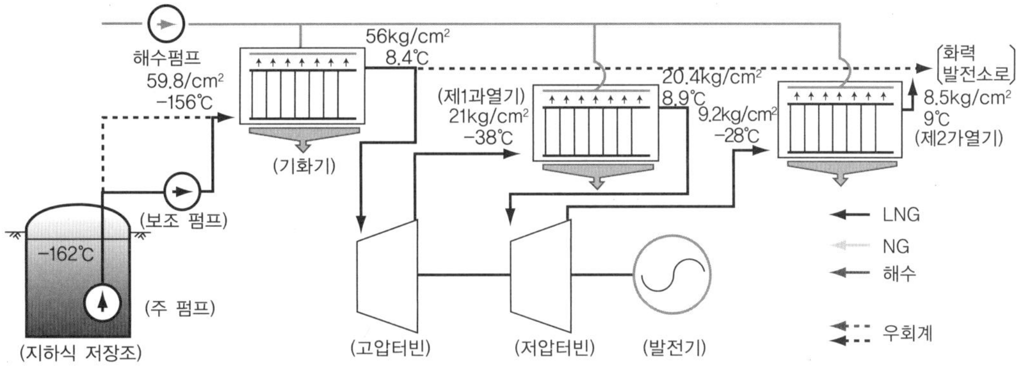

그림 2 LNG 냉열발전 재열직팽사이클(출처: "에너지 편람 · 프로세스편")

경우는 작동 매체로 MFR(Multi Component Fluid Rankine)이라 불리는 메탄과 에탄의 혼합물을 사용한다. 작동 매체는 해수를 열원으로 하는 증발기로 기화되어, 압력과 온도가 높아져서 터빈을 구동하여 발전한다. 터빈으로 팽창한 작동매체는, LNG의 냉열로 응축되어 다시 증발기로 보내진다. 2001년의 시점에서 가동하고 있는 LNG 냉열발전 설비는, 표 1에 나타낸 것과 같이 15개소이며, 출력은 합계해서 약 75,000 kW에 달하고 있다.

표 1 LNG 냉열발전의 가동상황

LNG 수입기지	회사명	정격출력 [kw]
센보쿠 제2	오사카가스, 1979	1,450
센보쿠 제2	오사카가스, 1982	6,000
지타 공동	도호가스	1,000
기타규슈 LNG	규덴 · 신닛테쓰	9,400
지타 LNG	중부전력, 1983	7,200
지타 LNG	중부전력, 1984	7,200
일본해 LNG	도호쿠전력	5,600
네기시	도쿄가스	4,000
히가시오기섬	도쿄가스	3,300
히메지	간사이전력	2,500
히가시오기섬	도쿄전력, 1987	8,800
히가시오기섬	도쿄전력, 1991	8,800
센보쿠 제1	오사카가스	2,400
욧카이치	중부전력	7,000
이와사키	오사카가스	1,155
	계	75,805

(출처: "알기 쉬운 천연가스(1999년 2월)" 일본에너지학회)

공기분리(심냉분리에 의한 산소 · 질소 제조)

공기에는 미량의 아르곤이 포함되어 있는데, 주성분은 78%의 질소와 21%의 산소이므로, 공업용 산소와 질소의 주원료가 되고 있다. 공기로부터 산소나 질소를 분리하려면 증기압의 차이를 이용하여, 내부에 많은 선반의 단(段)이 있는 증류탑을 사용한다. 증류탑에서는 탑저액(塔底液)의 일부를 증발기로 증발시키든가, 또는 탑저부에 기체의 원료를 송입하여 탑 내를 상승하는 증기를 발생시킨다. 탑정(塔頂)으로부터 나오는 증기는 냉각하여 응축시키고, 탑 내에 되돌려서 탑 내를 낙하하는 환류액으로 한다. 선반단에서는 하부로부터 상승하는 증기와 상부로부터 낙하하는 환류액이 접촉하여서, 등정(登頂)에는 비등점이 낮은 성분이, 탑저에는 비등점이 높은 성분이 농축된다.

공기 분리의 경우에는 탑정부에 비점이 영하 196℃의 질소가, 탑저부에는 비점이 영하 186℃의 산소가 농축하므로, 이것을 뽑아내어 제품으로 한다. 그림 3에 일반적인 공기 심냉 분리장치의 구조

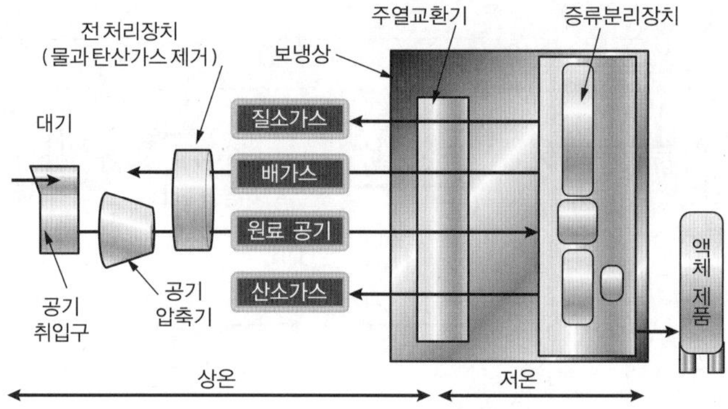

그림 3 공기 심냉분리장치의 구조

를 나타내었다. 증류탑은 100~150단이고 단의 간격은 100mm 전후이다. 압력이 다른 2개의 탑을 조합해서 사용하며, 장치 재료에는 저온취성(脆性)에 견딜 수 있는 알루미늄을 사용한다. 원료 공기는 압축되어 수분과 탄산가스를 제거하고 나서, 제품 산소나 질소와 열교환하여 냉각되며 이어서 증류장치에 보내어 넣는다. 증류 장치에서 얻은 저온의 액체산소와 액체질소는 원료 공기를 냉각하는 동시에 스스로는 가스화하여 기체의 산소와 질소가 된다. 이 구조라면 냉열의 대부분을 원료 냉각에 이용할 수 있으므로, 장치 전체에서는 열의 출입이 적고 높은 에너지 효율을 얻을 수 있다. 그러나 제품 산소와 질소가 거의 상온의 기체가 되므로 원거리 수송에는 적합하지 않다. 목적 제품이 기체의 산소와 질소이면, LNG의 냉열을 이용하는 이점이 그다지 없다고 말할 수 있다.

한편, 목적 제품이 액체의 산소와 질소인 경우는 그림 3의 주열교환기에 있어서 공기의 냉각에 LNG의 냉열을 이용하여 제품은 냉열을 유지한 채로 출하한다. 증류설비는 그림 4에 나타내는 것과 같은 저압증류탑과 고압증류탑으로 구성되는 더블칼럼 방식이 일반적이며, 원료 공기는 LNG의 냉열로 냉각되어 기체상태로 고압탑에 보내진다. 고압탑의 탑정부에는 응축기가 있으며, 여기서 액화된 환류액이 상승하는 공기와 접촉하여, 탑정부에는 고농도의 질소가, 탑저부에는 저질소 농도의 액체 공기가 만들어진다. 고압탑에서 만들어진 액체공기는 저압탑으로 보내져, 고농도의 산소와 질소로 분리된다. 그림 4에서는 번거로움을 피하기 위하여 아르곤의 분리공정을 생략하고 있다. 또한 2001년의 시점에서 전국 7개소의 LNG기지에서 냉열을 이용한 공기분리 장치가 가동되고 있다.

가스화 LNG의 재액화

LNG는 수입 기지에서 가스화하여, 약 30기압(3MPa)의 가압 상태에서 제품으로 내보낼 필요가 있다. 때문에 액체의 LNG 단계에서 가압하고 난 후 가스화하는데, 그 이유는 액체 가압의 편이 가스 가압보다 에너지 소비가 적기 때문이다.

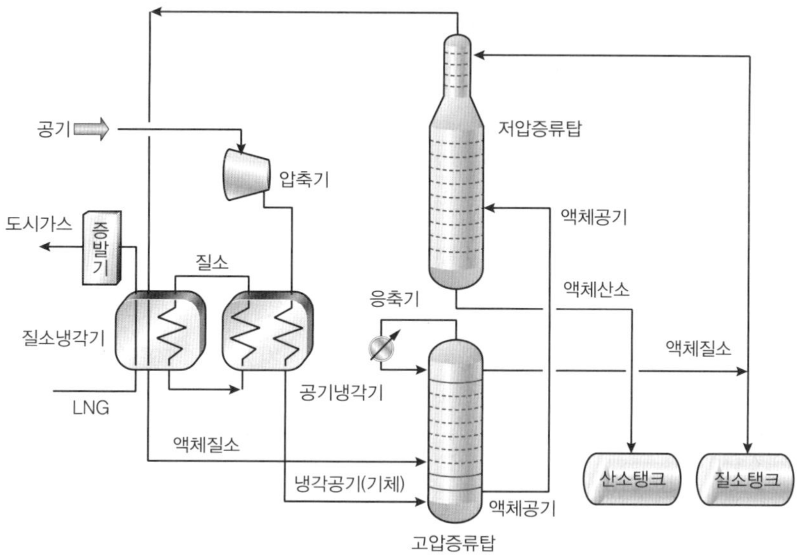

그림 4 LNG 이용 공기분리 공정도

한편, LNG는 저온 저장하고 있는 동안에 외부로부터의 자연입열로 일부가 증발하여, 저압의 가스(BOG: 보일 오프 가스)가 된다. 이 가스도 가압하는 것이지만, 가스 그대로라면 많은 에너지가 필요하므로 LNG의 냉열로 다시 액화하고 가압해서 다시 가스로 되돌린다. 그림 5에 LNG-BOG 재액화 공정을 나타내었는데, 최초에 발생된 BOG를 액화에 필요한 5기압(0.5MPa) 정도로 승압한다. 다음에 평판휜(plate fin)형의 열 교환기를 사용하여 LNG냉열로 액화하고 그 하류로 밀어내는 데 필요한 35기압

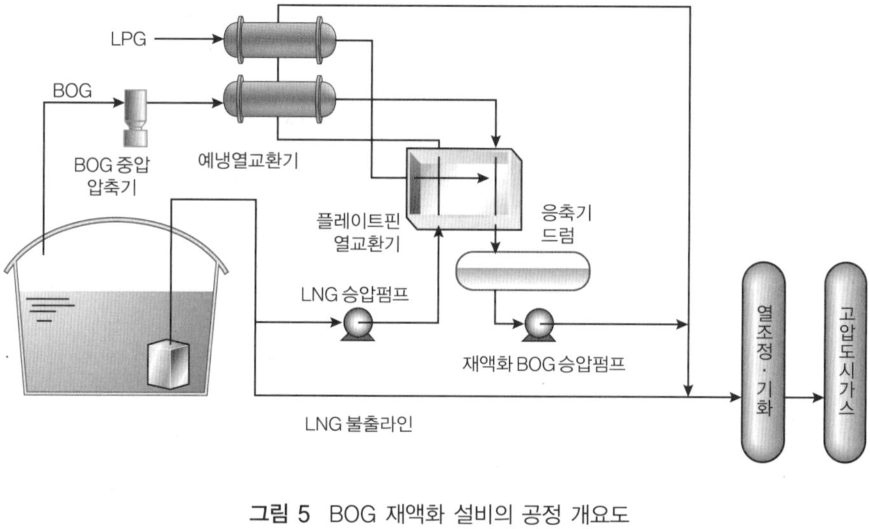

그림 5 BOG 재액화 설비의 공정 개요도

(3.5MPa) 정도로 가압하고 난 후, 마지막으로 원료 LNG와 함께 가스화한다. 2001년 시점에서 3개소의 LNG수입기지가 가스화 LNG(BOG)의 재액화를 채용하고 있다.

냉동창고

LNG의 냉열을 이용하고 있는 냉동창고는 일본 전국에 2개소가 있으며, 육축이나 어패류의 장기 보존에 이용되고 있다. 식품 저장은 온도가 낮을수록 오래 가지만, 그만큼 많은 냉각에너지가 필요하므로, 냉동창고는 온도가 다른 몇 종류의 냉동실을 준비하여, 식품의 종류와 요구되는 보존 기간에 따라서 구분하여 사용하고 있다. 그림 6의 예에서는 횟감으로 참치를 영하 60℃로 보존하고 있는데, 이 온도로 하지 않으면 참치 특유의 붉은 살이 열화하여 상품 가치가 떨어지기 때문이다. 그 위의 영하 50℃의 냉동실은 지방이 적은 새우류를, 영하 40℃의 냉동실은 물고기나 축산물 등을 보존하는 데 이용되고 있다. LNG의 온도는 냉동실 온도보다 상당히 낮으므로, 냉동실의 냉각에는영하 75℃ 정도로 순환하는 냉매액(R-22 : HFC)을 사용하고, LNG는 간접적으로 냉매체를 냉각하는 방식을 채용하고 있다.

액화탄산과 드라이아이스 제조

LNG의 냉열을 이용하여 액화탄산가스나 드라이아이스를 제조하고 있는 공장은 일본 전국에 5개소가 가동되고 있다. 제유소나 석유화학공장에 인접 입지하여, 수소제조장치 등에서 발생하는 탄산가스 농도가 높은 오프가스를 원료로 쓰고 있다. 그림 7이 대표적인 공정이며, LNG의 냉열은 냉매체

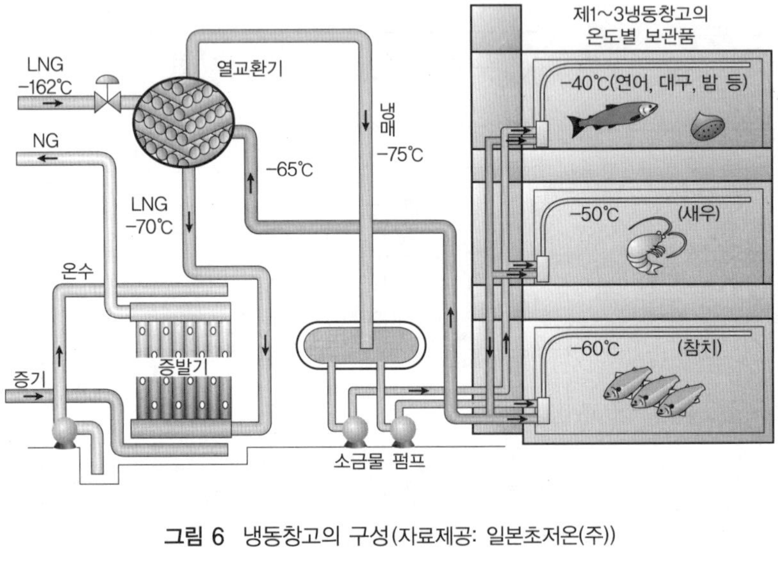

그림 6 냉동창고의 구성(자료제공: 일본초저온(주))

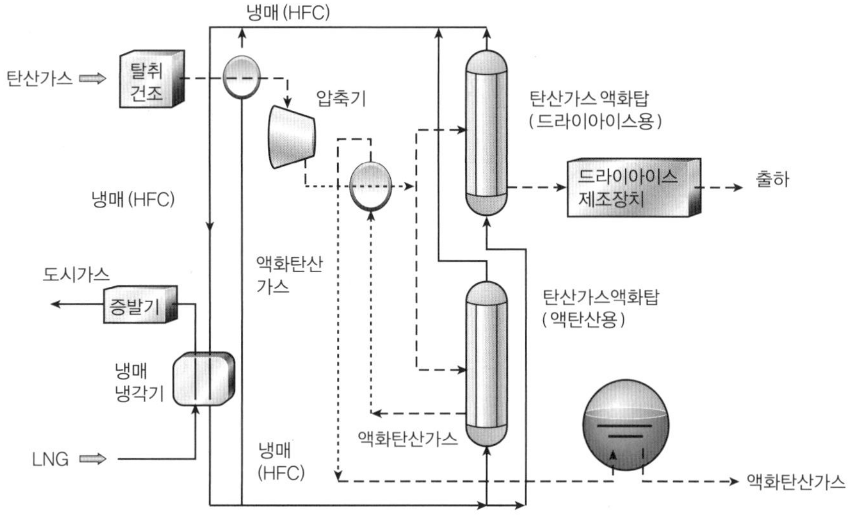

그림 7 액화탄산/드라이아이스 제조공정

와 열교환하여, 간접적으로 탄산가스를 냉각해서 액화시키고 있다. 드라이아이스는 액화탄산가스를 단열팽창시켜서 얼음상태로 만들고, 프레스로 25cm각 정도의 입방체로 압축 성형하여 만든다. 최근에는 냉동 수송차량의 수요도 늘고 있다. 액화탄소가스는 로리(lorry)로 출하하며, 음료용, 식품의 급속 냉동용, 아크용접용 등에 사용되고 있다.

칼럼

쓰레기 매립지의 메탄가스 이용

1950년경 일본의 쓰레기 처리는 농촌뿐만 아니라 교외 주택지도 매립이 중심이었다. 식품쓰레기가 중심이었기에 마당이 있는 집은 뒤에 구멍을 파서 쓰레기를 묻어두면 스스로 분해되어 거의 소멸되었다. 한편, 마당이 적은 도시지역에서는 집 한 채마다 있는 쓰레기통에 쓰레기를 넣어두면 손수레로 회수해주는 사람이 있었다. 아마 어딘가의 공터로 운반하여 쓰레기를 매립 처분하고 있었다고 생각된다. 식품쓰레기 이외의 신문지나 종이류, 캔이나 병도 재생업자가 함께 회수하러 왔었다.

1960년대 들어 경제가 발전함에 따라 종이나 포장재가 쓰레기에 더해지고, 양도 늘어 주택에서는 다 처리할 수 없게 되었다. 이 때문에 행정단위로 조직적인 수집을 시작했으며, 수집 쓰레기를 교외 매립지에 반출하여 처분하였다. 쓰레기가 늘어감에 따라 어느덧 매립지 확보가 곤란해지자 소각공장이 정비되었다. 현재, 일본의 쓰레기 처리는 대부분 소각이지만, 매립 용지에 여유가 있는 외국에서는 아직도 대부분 매립 처분한다. 일반폐기물 소각률은 약 80%인 일본에 비해 프랑스가 약 50%, 독일이 약 30%, 미국과 영국은 20% 이하에 지나지 않는다.

소각률이 낮은 나라에서는 교외에 대규모 매립지를 마련하여 쓰레기와 흙을 번갈아가며 쌓아서 매립하고, 마지막에는 녹지로 전환시키고 있다. 이 과정에서 수년간에 걸쳐 땅속의 쓰레기가 분해되어 메탄가스가 발생한다. 그래서 독일 프라이부르크에서는 22ha의 매립지에 적당한 간격으로 가스를 빼는 파이프를 설치하여, 회수한 메탄가스를 4 km 떨어진 랜드바저 지구로 보내고 있다. 연간 1,000만 m^3에 달하는 메탄가스는 발전과 열공급에 이용되는데, 종합효율은 85%라고 전해진다. 일본도 쓰레기소각장이 정비되기 전에는 매립 방식으로 쓰레기를 처분했는데, 대표적으로 도쿄만의 「꿈의 섬」을 들 수 있다. 독일처럼 메탄가스를 회수해보려는 계획이 있었으나, 소각률이 향상되고 메탄가스가 발생하는 부엌 쓰레기가 적어져 어느새 사라졌다.

장소만 있다면 지금도 매립은 경제적인 쓰레기 처분 방법이다. 이때 발생하는 메탄가스를 이용하면 온실가스 발생 억제에도 도움이 된다. 이후에도 서양뿐만 아니라, 경제성장을 계속하는 중국이나 동남아시아에서 쓰레기 매립 처분은 계속될 것이다. 이들 나라에서는 메탄가스 회수와 유효 이용이 하나의 선택지가 된다. 버린 쓰레기에서의 에너지 회수도, 실용성 있는 유익한 에너지 절약 대책의 하나이다.

제4부
화석연료의 새로운 이용 형태

화석연료는 쓰기에 편리해서 대량으로 사용하였기 때문에, 양질의 자원이 감소했다. 이 때문에 원유가격은 2004년 무렵부터 상승 경향에 있고, 2006년은 난동(暖冬)으로 잠시 하락했으나 2007년 들어 다시 상승, 2008년 7월에는 최고치인 147.3달러/bbl을 기록하였다. 같은 해 12월에는 월평균치가 41.5달러/bbl로 겨우 6개월 만에 3할까지 뚝 떨어졌다. 그러나 세계적인 수요 증대로 장기적인 상승 경향은 변함없을 것이다. 따라서 미래를 위해 이제까지 별로 이용되지 않았던 쓰기 어려운 화석연료를 개발함과 동시에, 이용 효율이 낮았던 저질 화석연료의 유효 활용도 필요하다.

자국 자원으로서는 일본 배타적 경제수역에 매장이 확인된 메탄 하이드레이트 이용을 목표로 신기술 개발과 실용화를 기대했으면 한다. 한편, 세계에 남은 유전이나 가스전에는 무엇인가의 기술적 곤란을 가진 것이 많을 것이다. 캐나다의 오일샌드, 베네수엘라의 오리노코 초중질유, 오일셰일 등도 활용하려면 기술개발과 응용이 필요하다. 이들 과제에 대하여 중질유 분야 기술이나 부분연소 기술을 이용하여, 가스화발전이나 합성가스로부터 액체연료의 제조를 기대하고자 한다. 이 합성가스를 원료로 한 화성품(化成品) 합성이나, 메탄올 제조, 암모니아 제조도 기대할 수 있을 것이다. 석탄도 매장량이 많은 화석연료이다. 석탄을 쓰기 좋은 형태로 성형가공하는 브리켓이나 가스화, 액화 등의 정탄(精炭)기술을 아시아에서 전개, 실용화해 나갈 것으로 기대된다.

제4부 「화석연료의 새로운 이용 형태」에서는 각종 화석연료 자원을 다양하게 고안하여 쓰기 좋게 하고, 곤란한 요소를 극복하여 유효 이용의 장을 넓히고자 하는 모습을 소개한다. 일본의 기술개발력을 활용한 자원 확보와 새로운 에너지 이용기술 확립을 실현하여, 국제 협조에 바탕을 둔 안전하고 지속성 있는 미래를 개척해 나갔으면 한다.

메탄 하이드레이트

얼음에 갇힌 천연가스를 이용한다

메탄 하이드레이트는 얼음에 갇힌 천연가스와 같은 탄화수소로, 육역(陸域)과 해저 수백 미터 사층(砂層) 속에 존재한다. 일본 근해의 메탄 하이드레이트층은 주변 해역의 약 6만 km^2에 걸쳐 분포하고 있다. 천연가스 가채 자원량은 약 4,650억 m^3이나, 메탄 하이드레이트층 밑에도 가채 자원량이 약 20,000억 m^3가 있으므로, 합계 24,650억 m^3의 천연가스가 채굴 가능하다고 추정되고 있다. 이 양은 현재 일본 LNG 소비량의 약 30년분에 해당한다.

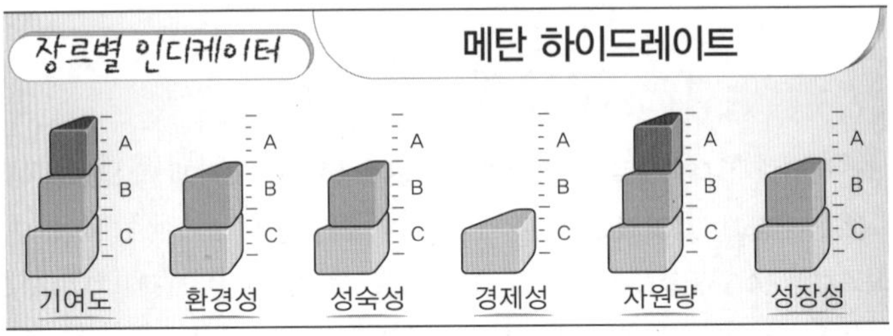

메탄 하이드레이트의 분포

메탄 하이드레이트는 육역에서는 200~300 m 이상의 깊이에서 동토가 발달하는 러시아 북부, 알래스카, 캐나다 북해 연안에서 존재가 확인되고 있다. 해역에서는 동해, 베링 해, 오호츠크 해, 카리브 해, 멕시코 만, 흑해, 인도양, 북극해, 남극해, 카스피 해, 바이칼 호 등에서 존재가 알려져 있다. 일본 주변의 분포는 그림 1의 해역에 한정되어 있다. 해역의 자원량은 해저 의사반사면(擬似反射面)이나 속도진폭특성 등으로 추측하나, 필요한 경우는 굴삭해서 주상시료를 채취하여 확인한다. 2005년과 2006년에 시즈오카현 앞바다에서 와카야마현 앞바다로 펼쳐지는 동부 남해 트로

그림 1 일본 주변의 메탄 하이드레이트 분포
(출처: 「해양에너지 · 광물자원개발계획」중의 석유 · 천연가스 및 메탄 하이드레이트와 관계하는 개발계획, 2008년 9월, 자원에너지청)

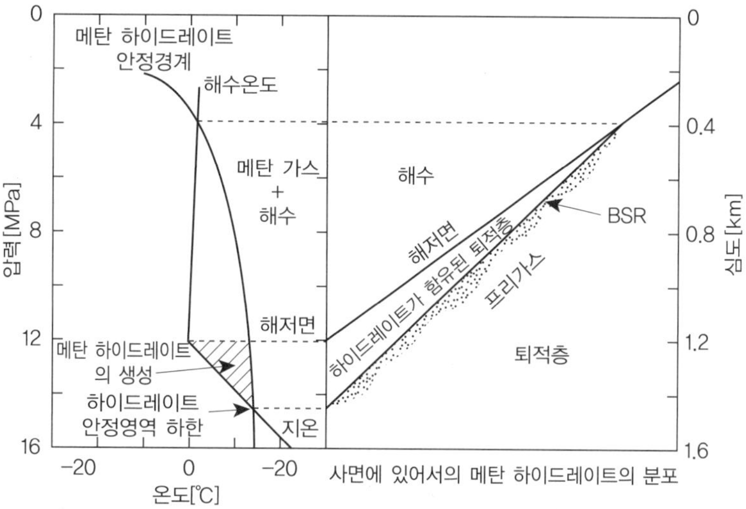

그림 2 메탄 하이드레이트의 안정한계와 분포 : 메탄 하이드레이트, 메탄가스, 물의 안정 조건(좌)과 대응하는 해저에서의 조건(우)
(출처: 해양과학기술센터 · 도쿠야마 하데카즈, 도쿄대학 해양연구소 교수)

프(trough) 해역 자원량을 평가했을 때에 메탄 하이드레이트층이 해저 의사반사면과 실제 해저면 사이에 존재했기에, 해저 의사반사면이 좋은 지표가 되었다. 자원으로 이용하려면 메탄 하이드레이트가 농축된 층을 추정해야 한다. 이것에 대해서도 동부 남해 트로프 해역의 자원량 평가에서 얻어진 지견에서 지진탐사로 장소, 심도, 면적, 두께 추정이 가능해졌다. 이들 자료로부터 동부 남해 트로프 해역 천연가스 원시 자원량은 11,415억 m^3, 당해 해역의 농축층만으로 5,739억 m^3이라 추정되었다(그림 1, 그림 2).

메탄 하이드레이트의 구조와 채굴 방법

메탄 하이드레이트는 좁은 의미로는 메탄분자가 저온고압의 조건하에서 물분자 결정에 갇힌 백색 고체 상태의 물질을 말한다(그림 3). 그러나, 넓은 의미로는 메탄을 주성분으로 한 경질탄화수소가 물분자 결정에 갇힌 백색 얼음 상태 물질을 의미한다.

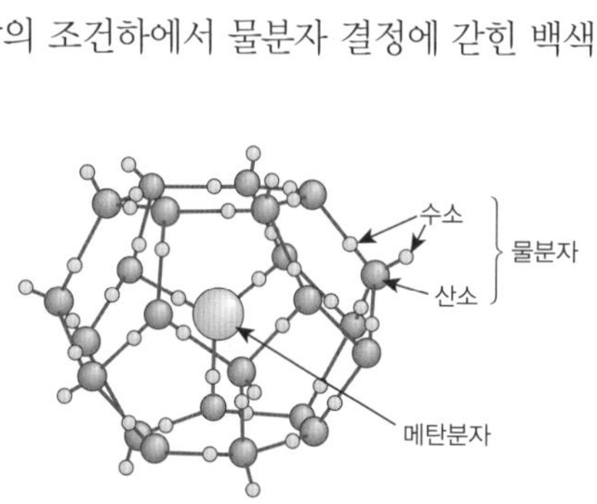

그림 3 메탄 하이드레이트 결정구조를 구성하는 5각 12면체

메탄 하이드레이트는 물분자 46개와 메탄분자 5개로 구성되기에, 1 m^3의 메탄 하이드레이트가 분해되면 메탄 172 m^3과 물 0.79 m^3이 된다. 메탄가스가 1/172의 용적으로 압축되어, 해저 얼음 속에 매장되어 있다고 해도 좋을 것이다. 메탄 하이드레이트는 고압저온의 해저에 덩어리

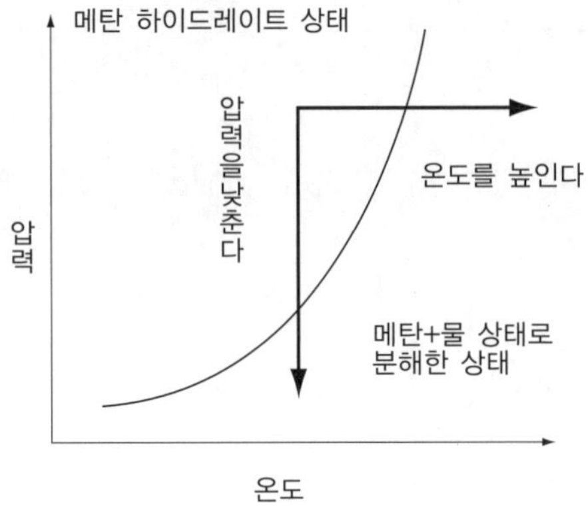

그림 4 메탄 하이드레이트 분해

또는 단괴 형태로 분산되어 존재한다. 그림 4에 나타냈듯이, 이 상태에서 메탄 하이드레이트층의 온도를 높이거나, 압력을 낮추면 분해되어 물과 천연가스로 분리된다. 2002년에는 일본, 캐나다, 미국, 독일, 인도 5개국이 참가하는 공동실험에서 50 ℃의 온수를 순환시켜 470 m^3의 가스 산출에 성공하였다. 2008년에는 감압법에 의해 연속 6일간의 실험에서 약 2,000~4,000 m^3/day, 누계 약 13,000 m^3의 산출에 성공하였다. 이들 일련의 실험으로부터 장기 연속생산에는 증기 불어넣기를 보조로 한 감압법이 유효하다고 간주되고 있다(그림 3~그림 5).

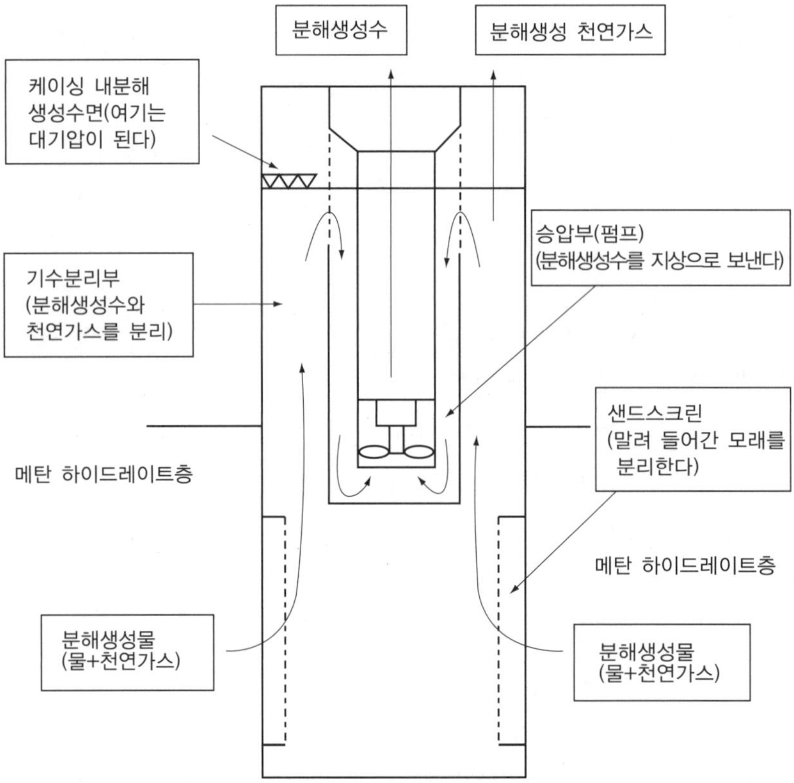

그림 5 갱정 선단부의 기능

환경으로의 영향 배려

메탄 하이드레이트를 이용하려면, 해저 얼음 속에 압축 저장된 천연가스를 지상으로 꺼내야 한다. 이 때문에 분리된 천연가스와 물의 해양으로의 확산, 꺼낸 후의 해저지형의 변형 등, 환경에 대한 신중한 배려가 필요하다. 분리된 가스가 해저에서 바닷속으로 새면, 저온고압으로 인해 다시 해수와 반응하여 하이드레이트를 구성하고, 부상함에 따라 재분해되며 확산된다. 해면 가까이에서 샌 경우는 천연가스가 기포가 되어 해류를 타고 확산될 것이다. 따라서 누설이 상정되는 깊이와 해수온도에 따라 어떻게 하이드레이트가 다시 형성되어, 분해 · 확산되어 가는지 확인해둘 필요가 있다. 용해된 천연가스가 어떠한 크기의 기포에서 해류를 타고 확산되어 가는지도 확인이 필요하다. 이와 같이 생성물의 해수 속의 거동을 확인함과 동시에, 누출을 어떻게 검지(檢知)하는가, 꺼낸 후 해저지형 변화를 어떻게 모니터링 하는가에 대해서도 기술개발이 필요하다.

해외의 메탄 하이드레이트 개발

미국은 알래스카 육역과 멕시코 만 해역에서 개발 연구를 하고 있으며, 알래스카에서는 2009년 이후에 산출시험을 할 예정이다. 한국은 2007년 6월에 동해에서 굴삭하여 메탄 하이드레이트를 채취하였다. 중국은 2007년 6월에 남지나 해 북부에서 채취하였다. 인도는 1996년에 가스 하이드레이트 연구계획을 발표, 1997년에 인도 동안의 석유가스 탐광광구에서 광범위하게 메탄 하이드레이트의 존재를 확인하였다. 주변 해역의 물리 탐사결과를 분석, 10지점의 시굴과 코어 채취를 계획, 2008년경의 산업생산 개시가 계획 목표이다. 캐나다는 1970년대부터 연구를 하고 있어, 물성 연구에서는 세계 최고 수준이라 알려져 있다. 말릭(Mallik) 지역에서 1998년 굴삭시험을 하고, 2002년에는 캐나다, 미국, 일본, 독일, 인도의 국제협력연구에서 실증시험을 하였다. 2005년 8월~10월에는 밴쿠버 섬 앞바다 부근에서 가스 하이드레이트 조사를 실시하였다.

오일샌드 중질유

오일샌드(Oil sand)는 중질유를 포함한 모래 또는 사질암으로, 매장되어 있는 장소의 지중 온도가 낮기 때문에 유동성이 낮고, 방향족(芳香族) 성분이 많은 특성이 있다. 오일샌드는 노천굴이나 유층 내 회수라 불리는 방법으로 유분을 회수하고, 경질 석유 유분(留分)으로 희석시켜서 석유제품과 마찬가지로 시장에서 유통하고 있다. 산지는 캐나다 서부에 집중되어 있다.

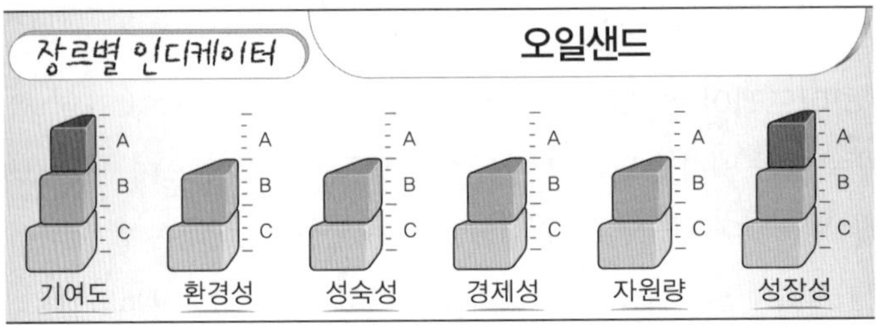

오일샌드의 분포

중질유는 밀도와 점도에 따라 다음 3종류로 분류된다.

① **중질유:** API 10~22도(밀도 0.92~1.00 g/cc), 점도 10,00 cP 이하

② **초중질유:** API 10도 이하(밀도 1.00 g/cc 이상), 점도 10,00 cP 이하

③ **역청:** API 10도 이하(밀도 1.00 g/cc 이상), 점도 10,00 cP 이상

오일샌드는 규사나 점토 표면이 3~5%의 물과 10~12%의 중질유로 덮인 반고체를 말한다. 유동성이 낮기 때문에 역청(瀝靑, natural Bitumen)으로 분류되고 있으며, 주로 캐나다 서부 알버타(Alberta) 주 에드먼턴(Edmonton) 북부지역에 매장되어 있다. 또한, 남미 베네수엘라(Venezuela)의 오리노코(Orinoco) 강 북안에서 산출되는 오리노코 타르도 중질유로 넓게 알려져 있으나, 오리노코 타르는 유동성이 있기에 초중질유이다. 오일샌드는 이전에는 원유 가채 매장량에 포함되어 있지 않았으나, 2002년에 『오일 & 가스 저널(OGJ)』지가 석유 매장량에 포함하여 발표하였다. 『OGJ』지는 1902년에 창간된

표 1 오일샌드 매장량(단위: 억 배럴)

Total Africa	12.96
(Canada only)	1,736.05
Total North America	1,736.05
Total Asia	424.36
Total Europe	286.77
Total World	2,469.14

2007년판 World Energy Council의 자료를 참고로 작성하였다.

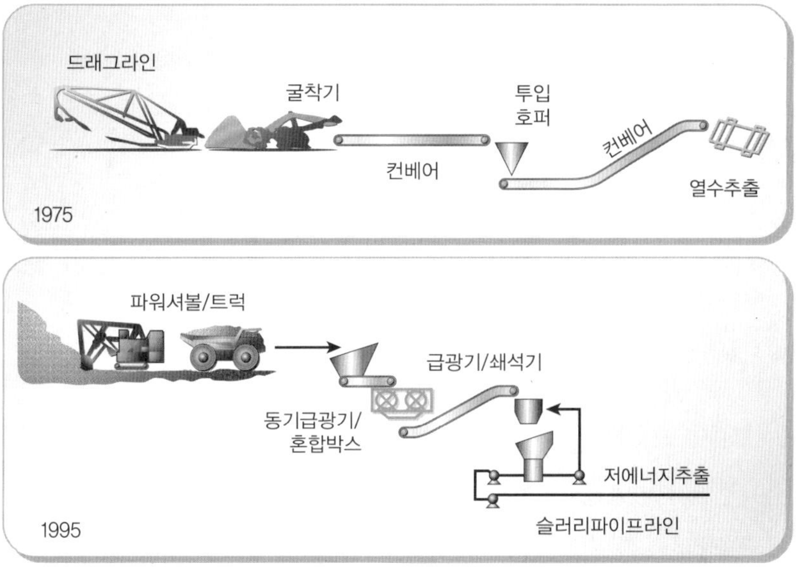

그림 1 지표채굴법(노천채굴)과 추출법의 변천
(출처: Syncrude Canada Ltd.)

미국의 권위 있는 석유 전문지로, 이 발표에 의하여 오일샌드는 경제적으로 채굴할 수 있는 석유자원으로 인지되게 되었다. 이미 석유회사 BP의 통계에는 오일샌드 소비량도 원유 소비량 통계에 포함되어 있고, 역청으로 집계되고 있다. 세계에서의 오일샌드 매장량은 표 1과 같다.

오일샌드 채굴과 과제

오일샌드는 그림 1과 같이 지표를 제거하고 열수로 모래와 기름을 분리하는 노천굴이나, 그림 2와 같이 갱정을 파고 수증기를 압입시켜 지상으로 퍼내는 유층 내 회수의 어느 쪽인가의 방법으로 회수하고 있다. 노천굴은 오일샌드층이 지표 가까이에 있는 경우에 이루어지고 있어, 캐나다 애서배스카(Athabasca) 지구에서 역청을 생산하고 있다. 노천굴의 경우 1 m^3의 샌드오일을 얻는 데 1.2 m^3의 토사를

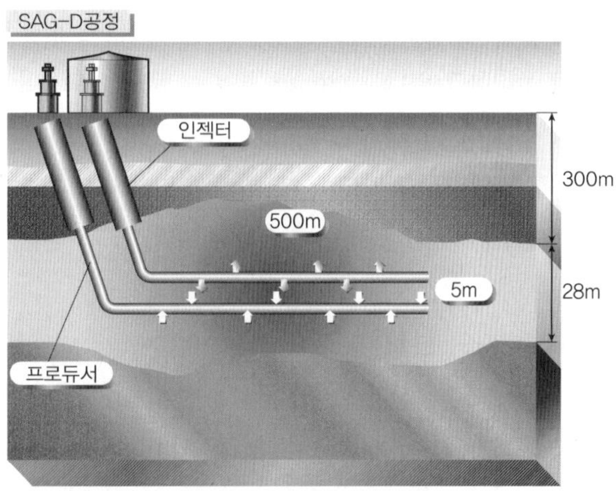

그림 2 유층 내 회수(in-situ)법
(출처: Japan Canada Oil Sands Ltd.)

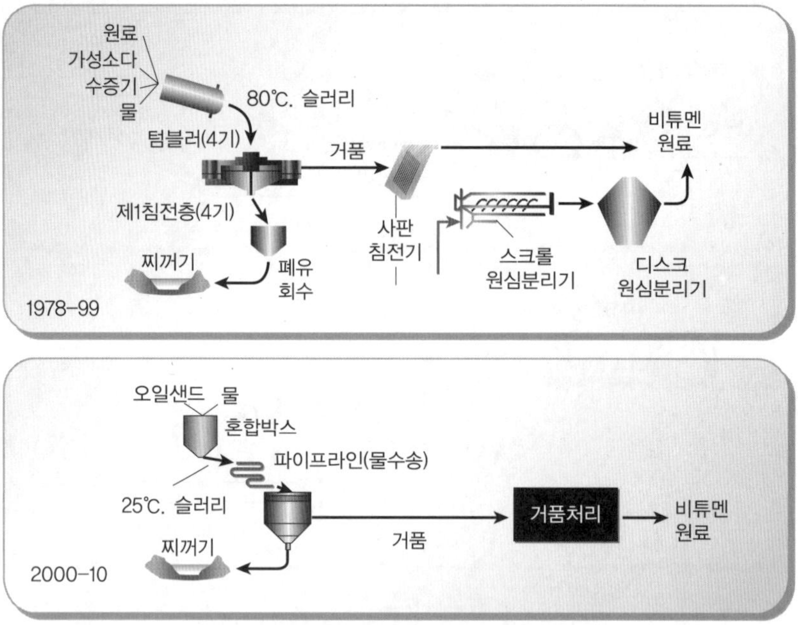

그림 3 물 수송과 저에너지 추출법의 변천
(출처: Syncrude Canada Ltd.)

파내야 하며, 유기질을 포함한 물을 2 m^3 처리할 필요가 있다. 그래서 얻어지는 석유는 0.16 m^3이라는 보고가 있다. 유층 내 회수(in-Situ)법은 많은 장소에서 채용되고 있다. 유층 내 회수법인 SAGD(Steam Assisted Gravity Drainage)의 경우는 생산하는 기름의 몇 배의 물이 필요하나, 이용 가능한 취수량이 환경 규제로 제한되는 경우가 많아, 물의 재활용을 빠뜨릴 수 없다(그림 3). 회수된 역청은 고점도로 유동성이 적으므로, 경질 석유제품으로 희석시켜 저점도화하거나 분해시켜 경질화하여 파이프라인으로 출하하고 있다. 오일샌드 원유는 일반적으로 나프타의 옥탄가가 높고, 가솔린 유분이 적고, 방향족이 많다는 특징이 있다. 또 등유분은 연점(煙点)이 낮고, 경유분은 세탄가가 낮으며, 중질분 속에 방향족이 많다는 특징도 있다. 따라서 일본의 제유소가 받아들일 경우는 열분해장치, 수첨분해장치, 수첨탈황장치 등의 증강이 필요할 것이다.

캐나다의 현황

오일샌드의 매장량은 표 1에 보이듯이 캐나다가 세계의 70%를 차지하고 있다. 캐나다의 오일샌드 매장량 1,736.05억 배럴은 사우디아라비아의 원유매장량 2,642억 배럴에 버금가는 양이며, 이란 원유매장량 1,384억 배럴, 이라크의 원유매장량 1,150억 배럴보다 많은 양이다. 캐나다의 2007년 오일샌드 생산량은 표 2에 보이듯이 노천굴로 666,000 bbl/day, 유층 내 회수법으로 536,000 bbl/day, 합

표 2 CAPP 캐나다 원유 생산 전망 (2008~2020) (단위: 1,000bbl/day)

오일샌드	2001	2002	2003	2004	2005	2006	2007	2008	2009	2010	2015	2020
노천굴	349	441	513	601	536	631	666	733	830	988	1,692	2,179
유층내 회수	310	303	349	384	439	494	536	626	833	902	1,444	1,919
합 계	659	744	862	985	975	1,125	1,202	1,359	1,710	1,890	3,135	4,097

• 2008년 6월판 CRUDE OIL PRODUCTION FORCAST, MARKETS & PIPELINE EXPANSIONS(Canadian association of petroleum producers 작성)을 참고로 작성하였다. 또한 2008년 이후는 예상치이다.

계 1,202,000 bbl/day이다. 유층 내 회수법은 역청 회수 때문에 대량의 증기를 필요로 하고, 그 증기를 발생시키는 가열원으로 천연가스를 사용하고 있다. 그러나 캐나다의 천연가스 생산량은 줄어들고 있고, 천연가스 가격이 올라 역청 회수 비용을 상승시키고 있기 때문에, 증산에 브레이크를 걸고 있는 상태이다. 표 2에는 2008년 이후 2020년까지의 생산량이 예상치로 나타나 있어, 2006년 5월의 생산 예상치와 비교하면 2020년의 생산 예상치는 3,997,000 bbl/day에서 4,097,000 bbl/day로 약간 늘어났으나, 2010년, 2015년 생산 예상치는 모두 2008년 예상치가 낮은 값이 되었다. 이후 보다 많이 생산하기 위해서는 받아들이는 측의 일본에서도 이미 언급한 것과 같은 제유소의 받아들이기 체제 정비뿐만 아니라, 생산지 캐나다와 효율 좋은 역청 회수법 개발을 포함한 공동연구, 기술협력도 고려해야 하는 것은 아닐까? 역청 개질(改質)에는 분해, 수첨 등 에너지가 소비되는 처리가 필요하다. 생산지 캐나다에서는 일본보다 에너지 비용이 수송비 부분만이라도 싸게 손에 들어오므로, 역청 개질에 대해서도 공동개발하여 현지에서 처리하는 것을 생각해도 좋지 않을까?

오리노코 초중질유(오리노코 타르)

오리노코 초중질유는 남미 베네수엘라를 흐르는 오리노코 강 북안의 약 54,000 km^2에 매장되어 있다. 유층이 지하 500~1,000 m로 깊기 때문에 습도가 50~80 °C로 높고 유동성이 있다. 가채 매장량은 586억 배럴이라고 하지만, 점도가 높고 유황 함유량이 많아서 선호하지 않았다. 그러나 기술적인 과제가 극복됨에 따라서 채산이 맞아 들어가기 시작하였다.

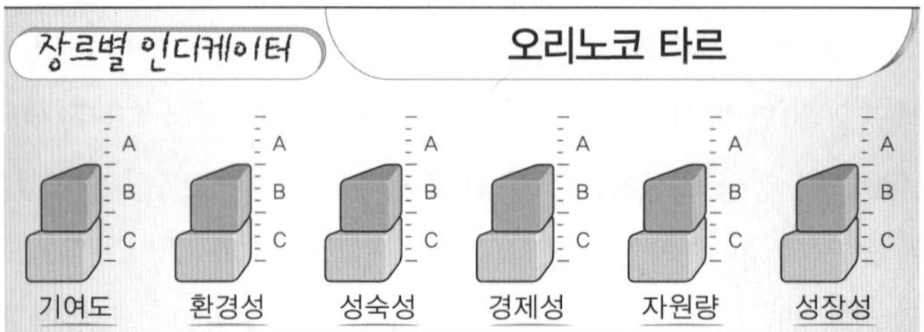

오리노코 초중질유의 분포와 성상

오리노코 강은 브라질 국경의 배리어(Barrier) 산을 발원지로 시작하며, 트리니다드(Trinidad) 섬의 남부에서 큰 3각주를 만들고 대서양으로 흘러가는 전장 2,060 km의 큰 강이다. 오리노코 타르는 그 3각주로부터 상류 700 km에 걸치는 유역의 북쪽에 있는 오리노코 오일벨트 지대에 매장되어 있다. 천연 오리노코 초중질유의 성상은 비중이 1.02, 점도가 1,560 cp(at 80 ℃) 정도이므로, 중질유 분류에서는 초중질유에 해당한다. 질소분 0.63%, 유황분 3.79%, 잔류탄소 17.4%, 바나듐 400~500 ppm, 나트륨 60~100 ppm이므로, 통상 석유정제에서는 진공증류 잔사유에 가까운 성분이다. 오리노코 오일벨트의 광구(鑛區)는 그림 1에 나오듯이 서쪽부터 싱코르(Sincor), 페트로주아타(Petrozuata), 아마카(Hamaca), 세로네그로(Cerro Negro)의 4개로 구분되어 있다. 생산량은 2007년 시점에서 싱코르 광구가 20만 배럴/day, 페트로주아타 광구가 12만 배럴/day, 아마카 광구가 19만 배럴/day, 세로네그로 광구가 12만 배럴/day이다.

오리노코 타르의 채굴과 수송

오리노코 타르는 유동성이 있기에 갱정에서 생산할 수 있지만, 점성이 높고 비중이 커서 통상의 방

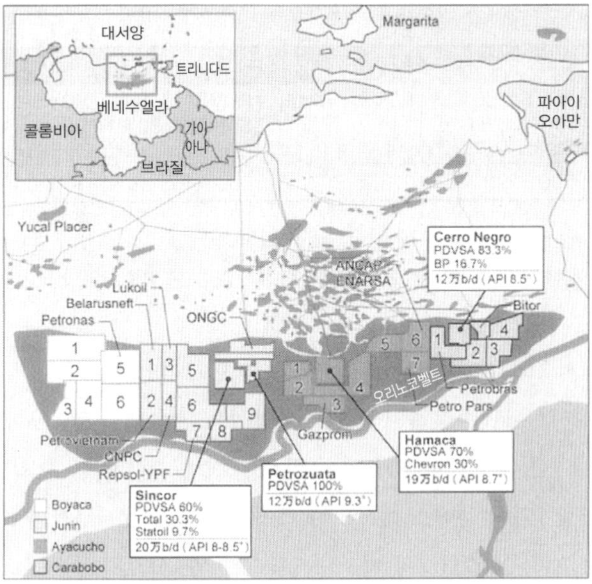

그림 1 베네수엘라의 합성원유 프로젝트
(출처: 석유천연가스 · 금속광물자원기구 조사부, 2007년 7월 18일 작성 "베네수엘라: PDVSA, 모든 석유 프로젝트의 과반수를 취득" 오리노코 광구도)

법으로는 생산성이 낮아, 대부분의 경우에 증기 회수법 등의 생산 촉진대책이 필요하다. 싱코르 광구에서는 유층온도가 50 ℃로 캐나다 역청에 비해 높기 때문에, 증기를 쓰지 않고 용제를 사용하는 콜드 프로덕션법으로 생산하고 있다(그림 2). 용제는 합성유 제조과정에서 하루량 7만 배럴을 공급하고 있다. 하루량 20만 배럴의 오리노코 타르로부터는 하루량 18만 배럴의 합성유(비중 0.865), 6,000 톤의 코크, 500톤의 유황을 생산하고 있다. 합성유는 어느 광구에서도 우물 밑에서 경질유를 혼합하여, 비

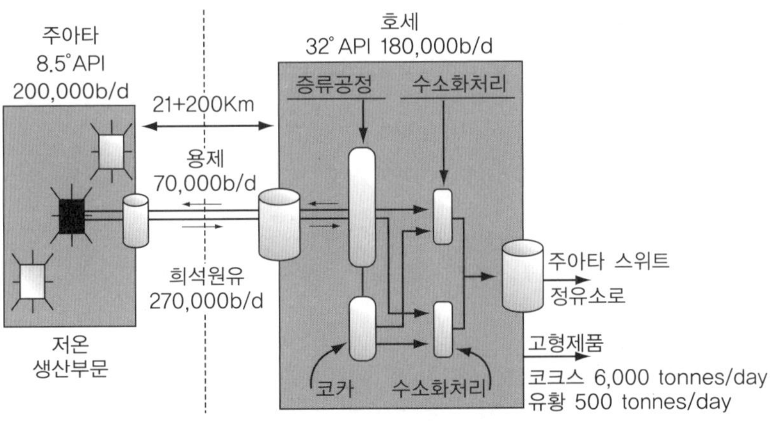

그림 2 싱콜프로젝트 전체도(출처: OGJ)

표 1 오리노코벨트 초중질유 프로젝트의 개발체제

	Sincor	Petrozuata	Hamaca	Cerro Negro
JVC	PDVSA 60% Total 30.3% Statoil 9.7%	PDVSA 100%	PDVSA 70% Shevron 30%	PDVSA 83.3% BP 16.7%
면적	500→399 km^2	275 km^2	650→463 km^2	300→219 km^2

(전략 제휴로부터 조인트 벤처 회사로의 변경)
(출처: 석유천연가스 · 금속광물자원기구 조사부, 2007년 7월 18일)

중을 0.96보다 작게 해서 210 km 떨어진 요새 지구로 파이프라인으로 수송하고 있다. 거기에서 성상을 한층 더 개선하고, 원유로 수출하고 있다. 국영석유회사 PDVS(Petroleos de Venezuele South America)는 오리노코 초중질유에 물을 30%와 유화제를 더해 혼합하여 '오리멀젼' 이라는 상표로 수출하고 있다. 2007년 5월 1일에 차베스 대통령이 국영화를 선언하고 나서 오리노코 타르의 개발체제가 바뀌기 시작하고 있으나, 2007년 7월 시점에서는 표 1에 나타낸 개발 형태로 오리노코 초중질유 개발과 생산이 이루어지고 있다.

오일셰일(Oil shale)

오일셰일은 비재래형 석유의 범주로 분류되지만, 탄화수소의 근본 물질인 케로젠(kerogen)을 다량으로 포함하는 퇴적암이며, 유혈암(油頁岩) 또는 유모혈암(油母頁岩)이라고도 말한다. 이것을 건류하여 석유를 생성한다. 오일셰일은 세계 각지에 분포하고 있고, 원시 매장량은 방대하지만, 생산 비용이 들기 때문에 아직은 거의 이용되지 않고 있다. 공업적으로는 1톤(ton)당 10갤런(37.8ℓ) 이상의 석유를 얻을 수 있는 것을 오일셰일이라고 말한다.

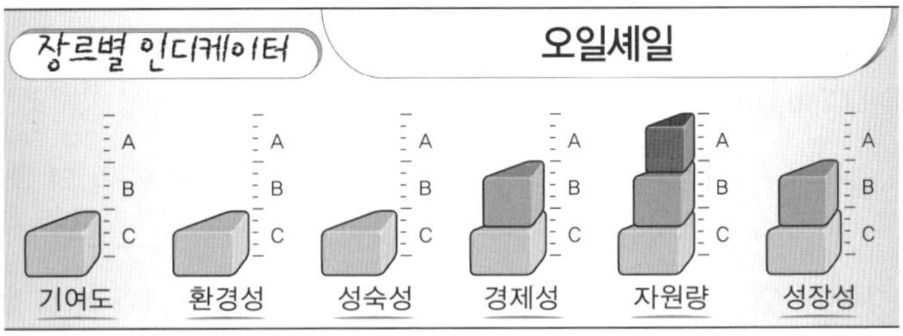

오일셰일이란

오일셰일은 케로젠(kerogen, 주로 탄소와 수소로 되어 있지만, 그 외에 산소 · 질소 · 유황을 함유하는 복잡한 고분자의 물질)을 다량으로 함유하는 퇴적암이며, 유혈암 또는 유모혈암이라고도 말한다. 외관은 갈색 내지 암갈색 또는 흑색을 나타내며, 비중 1.4~2로 용이하게 연소한다. 오일셰일을 분쇄하여 500℃ 전후에서 열분해를 하면 가스, 석유 및 잔류물을 얻을 수 있다. 석유의 수율은 원료대비(원료기준) 수%~20%이지만, 일반적으로 원유보다 불순물이 많이 포함된다.

공업적으로는 오일셰일 1톤당 10갤런(37.8*l*) 이상의 석유를 얻을 수 있는 것을 말하며 채굴 대상이 된다.

오일셰일의 상업화에 관해서는 노천채굴을 할 수 없다면 경제성이 없다고 말한다. 노천 채굴 이외에 룸 앤드 필라(room and pillar)방식(지주 역할을 하는 부분을 남기고, 사각의 방만큼을 파쇄하여 채취하는 방법, 미국 콜로라도(Colorado) 주 등)이 있지만, 이것은 산간 지역에서 노천채굴을 할 수 없는 장소에서 행하는 것이다.

오일셰일의 오일 함유율 측정법은 피셔애세이(Fisher assay)법이 표준이며, 이 방법에 의해 얻어진 값으로 오일셰일에 있어서의 오일 함유율이 비교 검토되고 있다. 피셔애세이법은 분말시료 약 100 g

을 건류로에 설치하여, 프로그램된 승온속도로 가열하여 500 또는 550 ℃로 일정한 시간 유지하였을 때 얻어지는 유분과 가스분량을 측정하는 것이다.

오일셰일 가채 매장량

세계의 오일셰일의 채굴가능 매장량은 표 1과 같이 석유 환산으로 약 3.5조 배럴이다. 이것은 석유의 채굴 가능 매장량 2조 배럴의 약 2배에 상당하는 방대한 양이 된다.

표 1 세계의 오일셰일 매장량(원유환산)

국 명	궁극가채매장량[억bbl]
미국	19,272
브라질	8,008
구소련	4,088
자일	1,006
모로코	657
요르단	569
캐나다	440
중국	400
이탈리아	350
오스트레일리아	300
태국	147
세계전체	약 3.5조 배럴

(출처: 석유공단, 오일셰일 개발보고서(1981~1991))

오일셰일 플랜트

오일셰일의 상업 규모 플랜트로는 미국에 있어서는 TEPCO Ⅱ 프로세스, Superior Oil Company 프로세스, Union Oil Company(Unocal) 프로세스(그림 2)가 계획되었지만, 실제로 오일셰일을 대량으로 생산하고 있었던 것은 그림 1에 나타내는 바와 같이 에스토니아(Estonia), 러시아, 중국, 브라질 등이다. 그중에서 에스토니아는 오일셰일을 발전에 사용하며, 전력을 에스토니아 국내와 구러시아에 공급해 그 규모가 상당히 커졌다. 그러나 NOx, SOx, 염소, 그으름, 폐셰일 등의 환경대책이 불충분하여 환경에 큰 영향을 주었다. 이후 순환 유동상 보일러의 채용으로 환경면은 개선되었지만, 원자력발전의

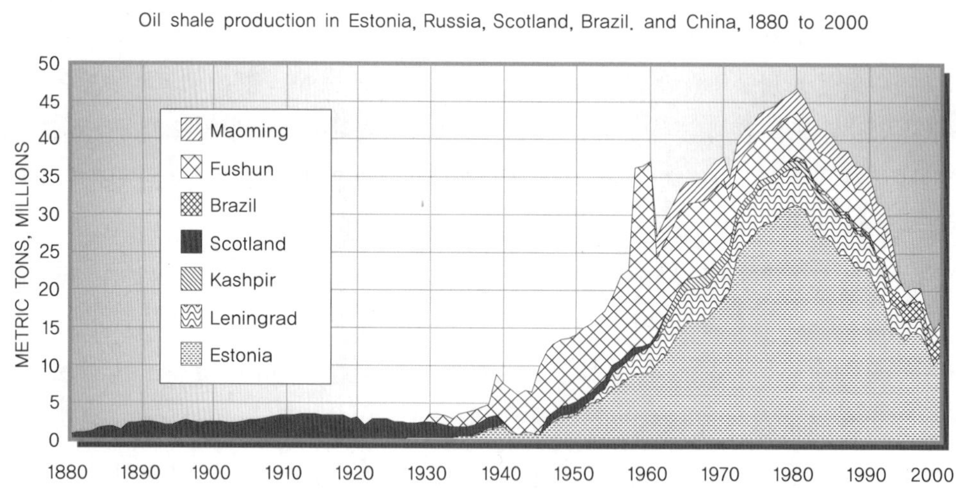

그림 1 에스토니아, 러시아, 스코틀랜드, 브라질, 중국의 1880년부터 2000년의 채굴량. 에스토니아, 러시아의 데이터는 Enno Reinsalu(personal comm., 2000), 중국의 데이터는 Jialin Qian(personal comm., 2000)에 의한다.

(출처: Global Oil Share issues and Perspectives Dr. K. Brendow Oil Shale, Vol. 20, No.1 pp.88~92)

건설로 생산이 줄고 있다.

일본의 오일셰일의 연구개발은 구석유공단이 중심이 되어, 1981년도부터 1991년에 걸쳐서 행해졌다.

특히 건류의 방식은 (주)신일본제철의 샤프트로형, (주)미쓰비시중공업의 고정상형, (주)일본강관의 이동상형 등 3가지 방식이 있고, 각각 3t/day의 실험 플랜트에 의한 테스트 운전을 1982~1983년의 2년 동안 하였다. 그 결과 일본 오일셰일 엔지니어링(주)이 설립되었고, 기타규슈 시의 와카마쓰(若松)지구에 200~250 t/day의 규모의 파일럿 플랜트가 건설되었다. 이 장치는 1987년과 1988년의 2년간에 걸쳐 오스트레일리아와 중국의 광석을 사용하여 운전되었다. 더욱이, 해외 조사나 그 연구 결과에 의거한 10,000 t/day 규모의 타당성조사(feasibility study)를 하고 있다.

그림 2 Unocaloil shale facility, Parachute Creek, Colorado. 광상의 위의 건류설비 (출처: By John R. Dyni, http://www.emdaapg.org/Oil% 20Shale.htm)

최근의 정세

최근 에너지 안정공급 관점에서 오일셰일 개발 재검토가 진행되고 있다. 2008년 6월에는 미쓰이(三井)물산주식회사가 미국 오일셰일 익스플로레이션사, 브라질의 국영석유회사 페트로브라스사와 공동으로, 미국 유타 주의 오일셰일 개발 프로젝트 사업화 조사를 실시할 것에 합의하고, 3시간에 계약을 체결하였다. 당면한 원유가격 극단적 변동에 따라, 이 프로젝트 진척이 어떻게 될까 흥미롭다.

중질유의 가스화 복합발전

정유소에서 만들어지는 중질유의 새로운 이용 형태로 가스화 복합발전 기술(IGCC: Intergated Gasification Combined Cycle)이 개발되어, 석유회사에 의한 상용(商用)운전이 시작되었다. 아스팔트 등의 중질유는 점도가 높고, 유황이나 중금속을 많이 함유한다. 다루기 어려운 중질유를 가스화하여 오염물질 제거를 용이하게 하고, 복합발전에 채용하여 효율 높은 발전할 수 있게 되었다. 향후, 석유회사에 의한 전력 도매사업의 확대가 예상된다.

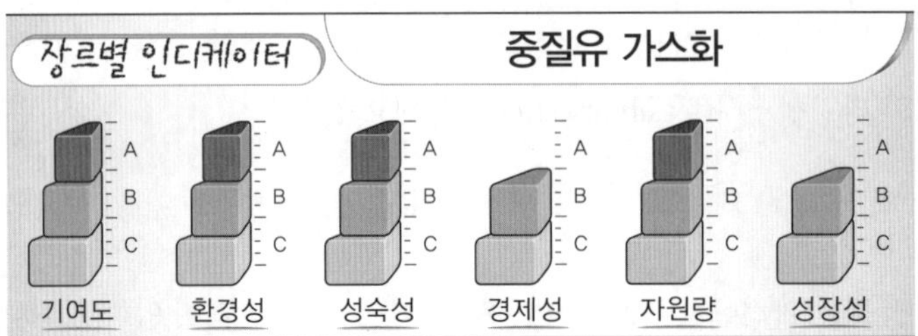

중질유 가스화발전의 연료

정유소가 정제하는 원유에는 프로판이나 부탄과 같이 분자량이 작은 성분으로부터 탄소수가 30 이상의 분자량이 매우 큰 성분까지 포함되어 있다. 일반적으로 분자량이 작은 성분은 비등점이 낮고, 분자량이 큰 성분일수록 비등점이 높으므로, 정유소는 비등점의 차를 이용하여 원유를 정제하며, 비등점의 가까운 성분을 구분하여 석유 제품으로 하고 있다. 석유 제품을 비등점이 낮은 순서로 배열하면, LPG, 가솔린, 나프타, 등유, 경유, A중유, B/C중유이며, 가장 비등점이 높은 제품이 「중질유」라든가 「잔사유」라고도 부르는 아스팔트이다. 이 중 나프타는 석유화학 제품의 원료가 되고, LPG, 등유, A중유 등은 주로 난방이나 급탕과 조리용에 가솔린과 경유는 수송연료로 사용된다. B/C중유는 선박의 연료와 발전용으로 사용되지만, 아스팔트는 단독으로는 수요가 적으므로 경유로 희석조합하여, 대부분이 B/C중유로 판매되고 있다. B/C중유와 원유를 원료로 하는 전력회사의 발전소는 2003년 7월 시점에서 46개소가 가동하고 있으며, 대규모 공장의 자력 발전설비도 B/C중유를 사용하고 있다. 중유 화력발전에서는 보일러로 고압증기를 만들어 증기터빈으로 발전기를 구동하는 기력발전방식이 일반적이다. 일본은 전력사업이 자유화된 1995년부터 석유회사나 제철회사도 전국 수 개소에서 기력발전에 의한 발전사업을 펼치고 있다.

석유회사가 발전 사업을 전개하는 경우는 B/C중유보다 시장 가치가 낮은 아스팔트의 잔사유를 연료로 사용하며, 종래의 희석용 경유는 수송용으로 판매하는 편이 수익성 면에서 유리하다. 이때 아스팔트는 점도가 매우 크고, 고농도의 유황이나 중금속을 함유하고 있다. 만약 기력발전의 연료에 사용하려면, 황화부식대책이나 고효율의 배연탈황 설비가 필요하게 되어서, 기술적으로 성가시게 될 뿐만 아니라 경제성도 낮은 것이 된다. 그래서 기력발전에 대신하는 가스화발전 기술이 개발되어, 효율 좋게 발전할 수 있게 되었다. 일본에서는 제1호기가 (주)신일본석유의 네기시(根岸) 정유소에 건설되어, 2003년 6월부터 가동되고 있다.

중질유 가스화발전의 공정

그림 1에 나타내는 공정도와 같이, 아스팔트 성분의 중질유는 고압증기 및 산소와 함께 가스화 장치로 보내져 1,300~1,400 ℃의 가스가 된다. 이 반응에는 산소가 필요하므로, 공기로부터 산소를 분리하는 공기 분리 장치를 병설하여서 산소를 공급한다. 가스화 장치로 얻어지는 생성가스의 조성은 수소와 일산화탄소를 합해 40~50% 정도이지만, 불순물로 황화수소(H_2S), 황화카보닐(COS), 암모니아(NH_3), 검댕(未燃炭素, soots), 무기질의 회분이 포함되어 있다. 따라서 하류의 가스수세탑(水洗塔)에서 검댕과 회분을 제거하며, COS 변환기에서 황화카보닐을 황화수소로 전화한다. 암모니아와 황화수소는 후속된 세정탑(洗淨塔)에서 세정수에 흡수된다. 이렇게 정제된 생성가스는 불순물을 포함하지 않는 합성가스가 되어 발전 설비로 보낸다.

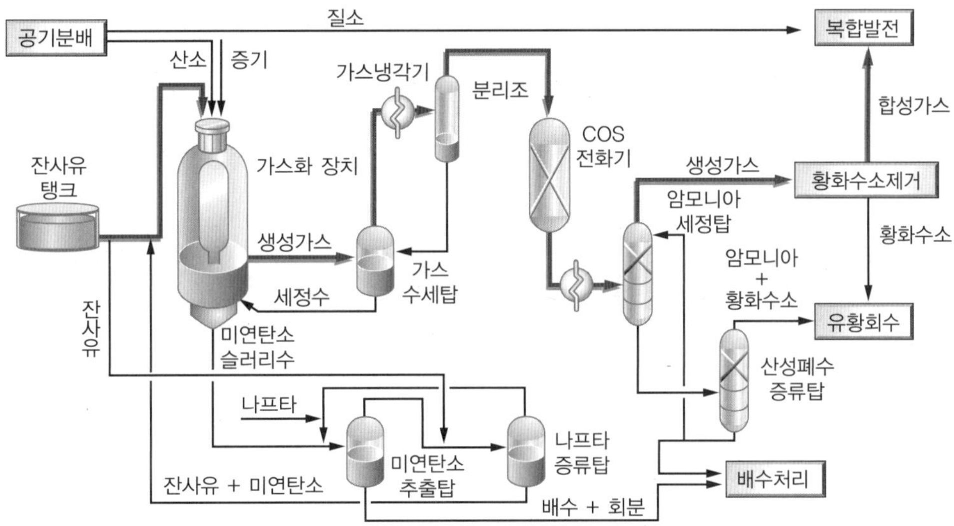

그림 1 중질유 가스화발전 장치의 공정도

(출처: 이시바시 · 오타 · 야마구치 · 사사키, 「가스화 복합사이클 발전」"화력원자발전" Vol.52, p. 43~50, (사)화력원자력발전기술협회(2001))

한편, 가스수세탑에서 분리된 검댕과 회분은 순환하는 나프타와 원료 잔사유의 일부로 추출되며, 중질유의 일부는 가스화 장치로 되돌려보낸다. 이 때문에 검댕은 장치 밖으로 배출되는 일 없이 회분만이 폐수처리 장치로 보내져, 응집침전법에 의해 분리 제거된다. 세정탑에서 흡수된 암모니아와 황화수소는 산성폐수 증류탑으로 보내고 세정수로부터 분리된 황화수소는 유황회수 장치로 보낸다. 유황회수 장치에서는 황화수소를 농축하여 산화시키고, 단체(單體)유황으로 회수한다. 유황은 순도가 높기에 황산 등의 화학원료로 쓰인다.

발전설비에서는 합성가스를 연소시켜서 가스터빈을 구동하여 전력을 발생시킨다. 합성가스는 약 2,700 kcal/Nm^{3}의 열량이 있으므로, 가스터빈 연소온도가 높은 고효율형이 채용된다. 가스터빈의 배기는 아직 온도가 높으므로, 폐열보일러를 설치하여 증기를 발생시켜 터빈의 구동에 이용한다. 이 가스터빈과 증기터빈을 조합하는 방식이 복합발전이며, 약 45%의 높은 발전단 효율을 달성할 수 있다. 환경대책으로는 산성폐수증류탑에 이은 유황회수장치로, 유황산화물을 거의 완전히 제거할 수 있다.

중질유 가스화발전의 장치

중질유의 가스화 복합발전은 유황과 중금속이 많은 아스팔트를 경제적이고 또한 환경보호에 적합하도록 사용하는 기술이다. 이 때문에 세계적으로 도입이 증가하고 있으며, 표 1에 나타내는 프로젝트가 전개되고 있다. 이 중 대표적인 예로 신일본석유(주)의 네기시 정유소 공정도를 그림 2에 나타낸다. 합성가스는 2,670 Kcal/Nm^3(저 발열량)의 저칼로리이지만, 가스터빈은 질소산화물이 발생하기 쉬운 1,350 ℃의 고온연소이다. 그래서 질소를 들여 보내 연소가스를 희석하여 산소농도를 낮추어서 질소산화물의 발생을 억제하고 있다. 가스터빈 하류의 폐열보일러에 매연탈질설비를 설치하여 발생한 질소산화물을 질소와 산소로 분해한다. 그 결과, 연돌 출구의 질소산화물 농도는, 2.6 ppm 이하, 매진농도는 1.4 mg/Nm^3 이하, 유황산화물 농도는 2 ppm 이하를 달성하고 있다. 또한 가스화발전에 관한

표 1 세계의 중질유 가스화발전(IGCC) 프로젝트

프로젝트	Pernis (네덜란드)	Plioro (이탈리아)	Falconara (이탈리아)	SARLUX (이탈리아)	네기시 (일본)
가스화로 방식	Shell 로	Texaco 로	Texaco 로	Texaco 로	Texaco 로
출력	127 MW	512 MW	233 MW	545 MW	342 MW
가스 터빈	GE6B	시멘스 V94.2K	Alstom13E2	GE9E	미쓰비시 M701F
실세주체	Shell	ISAB Mission	API ABB	SARAS ENRON	신일본석유(주)
운전개시시기	1997년 10월	1999년 7월	1999년 8월	2000년 3월	2003년 6월
사용연료	비스브레이커 잔사유	장미빛 아스팔트	Vis breaker tar 감압증류잔사유	Vis breaker tar 감압증류잔사유	감압증류잔사유

(출처: 이시바시 · 오타 · 야마구치 · 사사키, 「가스화 복합사이클 발전」 "화력원자발전" Vol.52, p. 43~50, (사)화력원자력발전기술협회(2001))

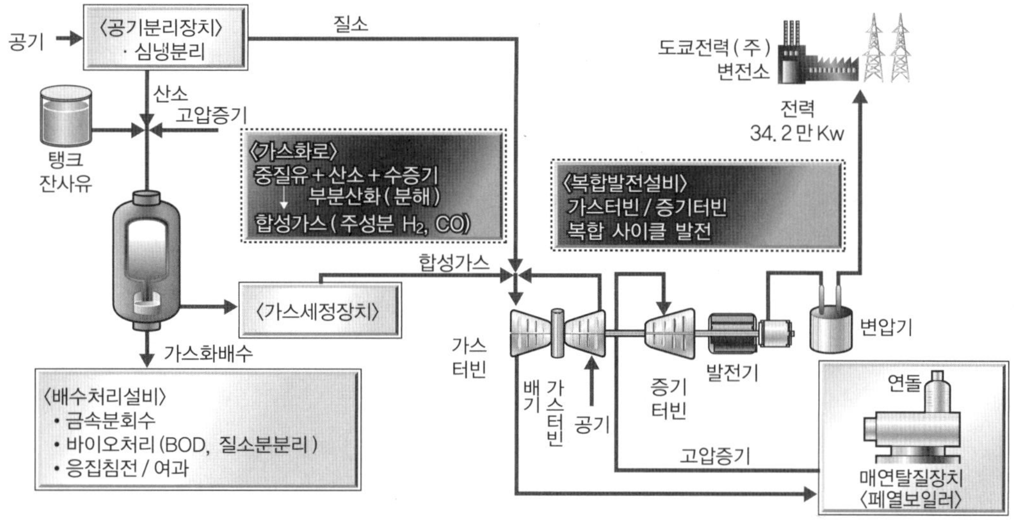

그림 2 신일본 석유가스화 복합발전(IGCC)의 공정도
(출처: 신일본석유(주) 기자 발표 자료로부터)

설비 성능의 개요와 신일본석유(주)의 2003년 6월 30일 프리릴리스는 다음과 같다.

발전소능력 : 발전능력 431,450 kW(효율 46%)

: 송전능력 342,000 kW(효율 36%)

가스화설비: 가스화 용량 252,000 Nm^3/hour

공기분리 : 산소 제조 63,000 Nm^3/hour

: 질소 제조 216,000 Nm^3/hour

발전연료 : 잔사유(아스팔트)

: 연료 소비량 5만 t/month

복합발전 : 일축형 복합 사이클(一軸型 combined cycle)

중질유 가스화발전 금후의 전망

중질유 가스화발전은 앞으로도 설비기반과 시장의 양면으로부터 석유회사에 의한 도입이 진행될 것으로 생각된다. 설비 측면에서는 중질유인 아스팔트유분(溜分)의 수율(收率)이 원유의 12~15%로 안정되어 있으며, 안정적인 공급이 필요한 상용발전의 연료에 적합하다. 또한 정유소는 연료탱크나 배관 설비 등 기존의 설비 기반을 활용할 수 있다. 또 중질유의 가스화설비는 대형의 화학플랜트이므로 안전 대책, 운전과 보수, 설비 관리의 면에서 석유정제플랜트의 지식과 견문에 도움이 된다. 환경보호의 관점에서는 정유소가 유황회수 설비를 보유하고 있으므로, 아스팔트에 포함되는 고농도유황의 분리 회수와 자원화에 적합하다. 향후의 기술적인 전개로는 가스화 장치의 열회수에 의한 에너지 효율의 향상을 기대하고 있다. 현재 프로젝트의 대부분은 신일본석유 네기시(根岸) 정유소의 텍사코(Texaco)법도 포함하여, 생성 가스를 물로 급냉하는 수급냉(water quench)법이 채용되고 있다. 일부 열회수되지 않는 것은 검댕에 의한 열교환기의 오염을 방지할 수 없기 때문이며, 이 문제가 해결되면 생성 가스의 열회수로 발전단 효율을 2~3% 향상할 수 있다고 말하고 있다. 또 터빈 관련기술의 개발에서 연소 온도를 현재의 1,350 ℃에서 1,500 ℃로 높일 수 있다면, 발전단 효율을 2~3% 향상할 수 있을 것이다. 이것이 앞으로의 기술개발을 기대하고 싶은 이유이다.

한편, 시장 상황으로는 장기적인 발전용 중유의 수요 저하가 가스화발전의 추진력이 될 것 같다. 에너지경제 통계요람(2008)의 석유 제품 수급전망에 의하면, 적어도 앞으로 5년간은 가솔린, 나프타, 제트연료유, 등유, 경유, A중유는 현재 정도의 수요가 이어지고, 전력용 B/C중유는 크게 감소할 것으로 예상된다. 그 배경에는 온실가스 삭감 요구로 석유화력발전이 감소하고, 동등한 출력이라면 탄산가스의 발생이 적은 천연가스로 전향하는 경향이 계속되기 때문이다. 가솔린이나 등유, 경유, A중유의 안정된 수요에 비해, 관련상품인 B/C중유의 수요가 감소하는 것이 되므로 석유정제업계는 무언가 대책이 필요하다. 중유 수요의 감소에 대한 종전의 대책은 경질원유의 수입 확대, 중질유 분해능력의 증대, B/C중유의 수출 확대였으나 모두 한계에 다다르고 있다. 한편, 전력사업의 자유화로 석유정제회사가 자체적으로 발전하여, 그 전력을 전력회사에 도매로 팔거나, 대량 소비자에게 소매하는 길이 열렸다. 정유소가 발전하는 경우는 B/C중유가 아닌 단독으로는 용이하게 팔리지 않는 잔사유(아스팔트)를 연료로 사용할 수 있는 점에서 매우 유리하다. 그렇게 되면 종전 B/C중유로 전환하기 위해서 사용하던 조합용의 경유를 시장가치가 높은 경유나 A중유로서 판매할 수 있기 때문이다. 이와 같은 시장의 측면을 볼 때 중질유가스화발전은 중대될 것으로 보인다.

가스연료의 액화①
(천연가스 자원과 사업 전개)

천연가스는 향후 가장 기대되는 귀중한 천연자원이지만, 기체이기 때문에 수송이 석유와 같이 쉽지 않다. 비교적 소액의 투자로 천연가스를 합성가솔린이나 DME(디메탈에테르, Dimethylether)를 제조하여, 액체연료로 이용하고자 하는 움직임이 최근 더욱 활발해졌다.

키워드 연료의 충정도

여러 가지의 표현 방법이 있지만, 발열량 1,000 KJ당 탄산가스의 생성 무게로 나타내는 것도 한 예이다. 이 경우 수소는 0 g, 메탄가스는 49.4 g, 부탄은 61.2 g, 순탄소는 111.7 g이 된다.

천연가스 자원 개발 과제

천연가스는 석유나 석탄과 더불어 매장량이 풍부하고, 환경오염이 적은 청정에너지로서 유용하다. 그림 1과 같이 세계 매장량은 중동지구가 약 40%이고, 구소련과 유럽권이 약 35%로 양 지역에서 75%를 차지하고 있다. 한편, 매년 생산량은 구소련과 유럽권이 37%에 북미권이 27%로, 매장량 분포와는 크게 다르다.

표 1 액체연료화에 알맞는 매장 지점(단위 매장 지역당)

TCF : 1조 입방피트, 1CF : 0.0283 m^3

단위 매장 예측량 (TCF)	산출 지점	호적한 이용 사이트
50~500	16	파이프라인 수송, LNG
5~50	163	
1~5	641	FTD, DME MeOH
0.5~1.0	668	
0.1~0.5	2.56	이동형 GTL
TOTAL : 약 5,500 TCF		

(출처: Syntroleum차 IPAA보고로부터 작성)

천연가스는 석유나 석탄과 달리, 기체로 생산되기 때문에 채굴 · 액화 · 저장에 막대한 설비 투자가 필요하다. 특히 해상수송에는 액화를 위해 심냉설비가 필요하여, 막대한 에너지를 소비하기에 필연적으로 고가격이 된다. 이 때문에 천연가스를 액화천연가스 'LNG' 형태로 생산 출하할 수 있는 것은 막대한 설비비 부담이 가능한 매장량 5 TCF 이상의 거대 가스전에 한정된다. 한편, 동남아시아에도 가스전은 있으나, 일반적으로 중소 규모이고 저순도이다. 따라서 천연가스를 비교적 설비 투자액이 적고, 수송이 용이한 다른 액체연료로 변환하는 방법이

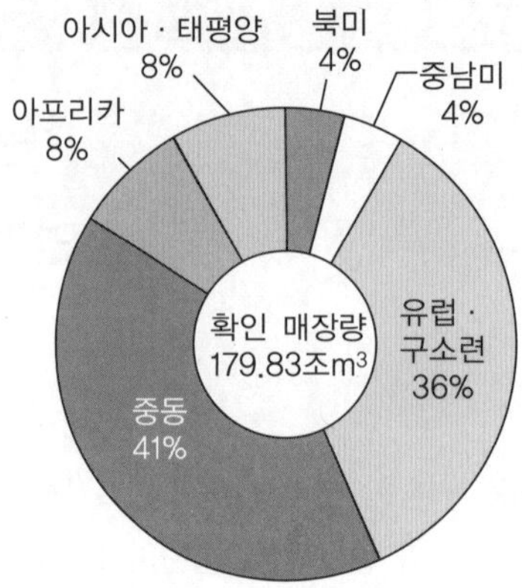

자료: BP 통계 2006

그림 1 세계 천연가스 매장량(2005년)
(출처: 자원에너지청, 「에너지백서 2007년판」, §2-2-2)

요구되어 개발되었다. 여기에서 소개하는 액체연료화 GTL(Gas to Liquid)은 유력한 선택지로 제조기술과 용도개발 진전에 따라 사업화가 진행되었다. 또한 GTL은 피셔-트롭스 합성: FTD유 합성만을 가리키는 경우도 많으나, 여기에서는 넓은 의미의 액체연료화 전반으로 한다.

GTL의 개요와 사업화 상황

천연가스 액체연료화는 크게 나누어 그림 2에 나온 FTD유 합성, DME(디메틸에테르)제조, MeOH(메탄올) 합성의 3가지가 있다. 모두 천연가스를 접촉 개질하여 수소와 CO의 합성가스를 제조하고 나서, 목적의 연료를 합성한다. 각각 독자적 개질 조건이나 합성 조건이 있어, 별개의 촉매를 사

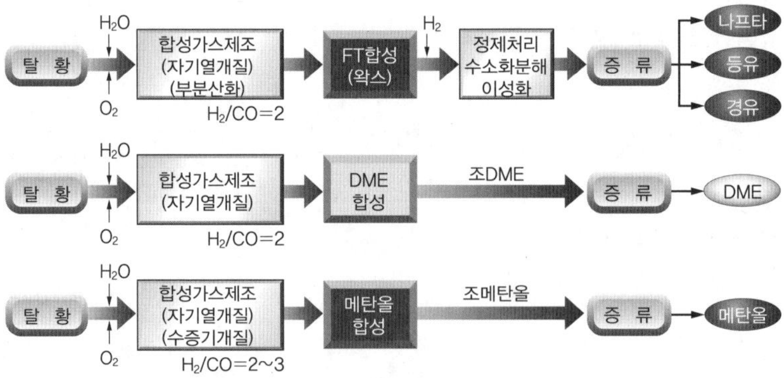

그림 2 GTL제조 공정(넓은 의미)의 개략비교 〈FT합성, DME합성, MeOH제조〉
(출처: 모리타 유지, 「천연가스로부터의 액체연료의 시장성」(IEEJ 2001. 11))

표 2 세계 주요 FTD프로젝트 예

상황	소재지	기업명	능력 천bbl/day
가동	말레이시아 남아프리카	*셸 *사솔 *페트로SA	15 30 150
건설	카타르	*사솔 *엑슨(사솔) *코노코(필립스)	100 150 160
계획	카타르 이란 나이지리아	*셰브런(사솔) *셸 *마라톤 *셸 *셰브런(사솔)	130 140 120 140 35

(석유공단 조사자료 등에서 필자 발췌)

용한다. 공업 설비능력은 MeOH로 최대 5,000 t/day, FT유 합성으로 15만 bbl/day 정도이다. DME의 경우는 한층 더 거대화되는 경향이 있으나, 용도개발 지연으로 1,000 t/day 정도라 말하고 있다. MeOH는 화학품용으로 이미 수천만 t/year이 소비되고 있으나, 저발열량 때문에 연료 용도로의 이용은 거의 없다. FTD유는 제2차 세계대전 후 주로 남아프리카에서 석유 대체 목적으로 조금씩 생산되어 왔으나, 양호한 연소 특성과 천연가스전 개발 증가로, 최근 특히 중동지구 카타르를 중심으로 설비건설 러시를 맞이하고 있다. 개략적인 상황을 표 2에 나타내었는데, 이번 경기 침체가 없었다면 수년 내에 생산 200만 bbl/day를 넘어, 디젤차용 연료로 급속히 보급될 기세였다. DME 사업화는 용도개발을 신규로 진행할 필요가 있어서, FTD유보다 사업화가 어느 정도 뒤쳐졌다. 천연가스를 액체연료로 변환 이용하는 기술은 앞으로도 꾸준히 진행되어 석유 대체 용도를 확대해 나갈 것으로 생각된다.

가스연료의 액화 ②
(FTD · DME: 제조기술과 용도 개발)

가스연료 액화로 제조되는 주요 제품은 FTD(피셔-트롭스(Fischer-Tropsch) 합성유)와 DME(디메틸에테르)이다. 이들은 오랜 기간의 기술 축적과 용도 개발로 겨우 실용화 단계에 도달했다. 많은 분야에서 석유계 연료 대체가 가능하고, 기존 인프라의 상당부분을 모두 활용 가능하므로, 가격 면에서도 충분한 경쟁력을 기대할 수 있다. 여기에서는 주로 기술과 과제를 소개한다.

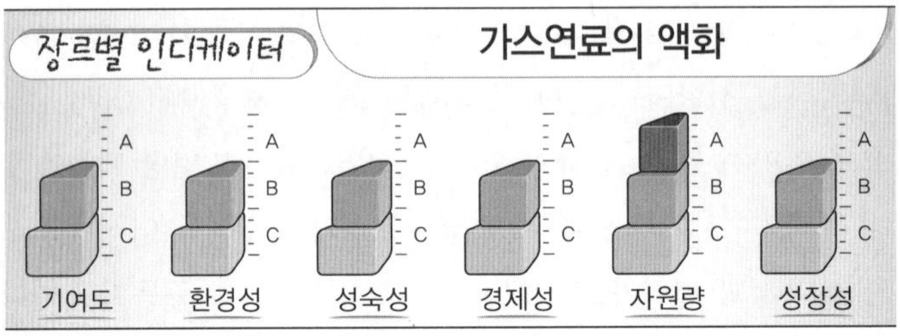

천연가스를 액체연료로 변환하는 과정은 FTD 합성과 DME의 2가지의 흐름이 있다. 둘 다 천연가스를 반응성이 뛰어난 합성가스로 변환한 후, 합성반응을 진행시켜 제품으로 만든다. 제품은 기존 석유계 연료와 동등한 품질 규격에 합격하고, 용도 개발이나 상품 개발 과제를 해결해야 비로소 시장에서 석유 대체연료로 인정받게 된다.

합성원료가스 제조

천연가스는 본래 반응성이 떨어지는 메탄가스이기 때문에, 고온고압 조건에서 촉매를 이용하여 산소, 수증기, 탄산가스와 반응시켜 CO · 수소 등의 합성원료가스로 변환한다. 이 메탄개질 반응은 표 1에 나타낸 3종의 다른 반응의 조합인데, 목적 제품이 FTD, DME, MeOH(메탄올)의 어느 것이냐에 따라 바람직한 수소/CO 비율이 다르고 반응 발열량도 다르다. 보통, FTD 합성의 경우는 수소/CO비가 약간 높은 것이 바람직하여, 부분산화를 주체로 일부 CO_2 개질을 가미한다. MeOH, DME 합성에서는 CO_2를 보다 많이 이용하기 때문에, 수증기개질을 주체로 일부에 부

표 1 메탄개질 반응

【수증기개질】
$CH_4+2H_2O \Rightarrow CO_2+4H_2$
【부분산화】
$CH_4+1/2O_2 \Rightarrow CO+2H_2$
【CO_2 개질】
$CH_4+CO_2 \Rightarrow 2CO+2H_2$
(주 : 이 종류의 반응은 메탄뿐만 아니라 탄화수소 전반에 공통)

표 2 FT합성의 기본반응 계략

① 합성가스 제조
수증기개질, 부분산화, CO_2 개질 등
(반응식은 전절 「가스연료의 액화①」 표 3 참조)
② FT합성 기본반응
$nCO+(2n+1)H_2(+Fe, Co \text{ 촉매}) \Rightarrow C_nH_{2n+2}+nH_2O$
$nCO+2nH_2 \Rightarrow C_nH_{2n}+nH_2O$
*부반응 : 수성가스 시프트반응
$CO+H_2O \Rightarrow CO_2+H_2$
③ 수첨이성화, 정제
· 생성파라핀의 분자량 조정
· 분지 파라핀⇒직쇄화

표 3 FT합성으로 얻어지는 제품 물성의 비교

	Mossgas 수출경유	Shell 합성경유	Sasol SSP경유	시판경유 JIS 2호
동점도 15℃, cSt	2.7	2.8	2.43	3.5
인화점 [℃]	93	88	71	73
유황분 [ppm]	4	<3	10	350
방향족분 [Vol %]	8	<0.1	2.7	26.7
세탄가	52	80	>78	56
초류점 [℃]		201	189	174
90%유출점	340	353	331	360

경유에 비해, ① 유황을 포함하지 않는다. ② 방향족 분이 적다. ③ 세탄가가 매우 높다.

(출처: 모리타 유지, IEEJ(2000. 12))

분산화를 이용한다. 개질반응은 고온고압의 조작으로 설비비가 많이 들고 변동비도 커 산소장치와 같은 고가설비의 필요성이나 규모 등을 신중히 고려해야 한다.

FTD 합성반응과 제조기술

FTD 합성은 표 2에 나타냈듯이, CO와 수소를 철–코발트계 촉매 존재로 반응시켜 장쇄파라핀을 생성하고, 이것을 분해하여 등유나 경유유분을 얻는 방법이다. 제2차 세계대전 중 석탄을 원료로 한 인조석유로 각광을 받았으나, 전후에는 남아프리카 등 특수한 상황에서만 사업이 계속되었다. 그러나 양질의 디젤연료로서의 평가가 점차 정착되고, 가격도 석유제품과 거의 비슷한 수준의 경쟁력을 발휘할 정도로 개선되어 다시 주목을 받게 되었다. 표 3에 FT 합성제유의 물성을 경유와 대비시켰다. 유황(S)분과 방향족이 적기 때문에 SO_X와 매연 발생이 적고, 연소 특성이 좋아서, 연비가 좋은 디젤연료로 특히 유럽에서 수요의 급속한 신장이 기대되고 있다.

제조과정 예로 그림 1에 FT 합성(셸법) 흐름을 나타내었다. 원료 천연가스를 자기열 개질형 반응기로 수소와 CO로 변환하고, 다음으로 다관식 FT 합성반응기에 공급하여 반응시킨다. 자기열 개질형 반응기는 산소를 반응기 상부에 공급하여 부분산화반응을 하고, 하부에서 수증기를 개질하는 방식이다. 생성된 왁스는 수첨설비

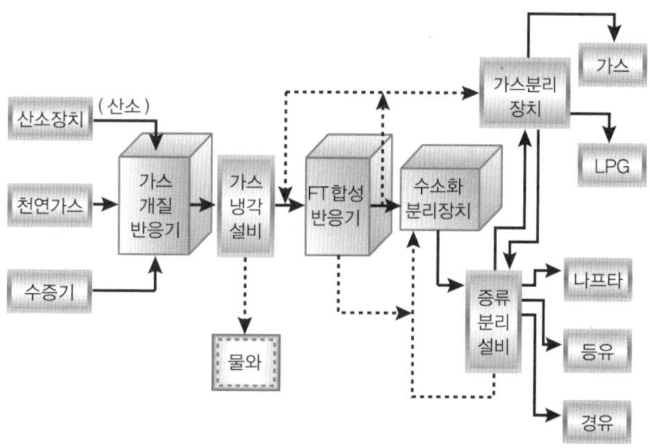

그림 1 FT합성 기술의 공정 흐름도 예(셸 · 프로세스 SMDS법)

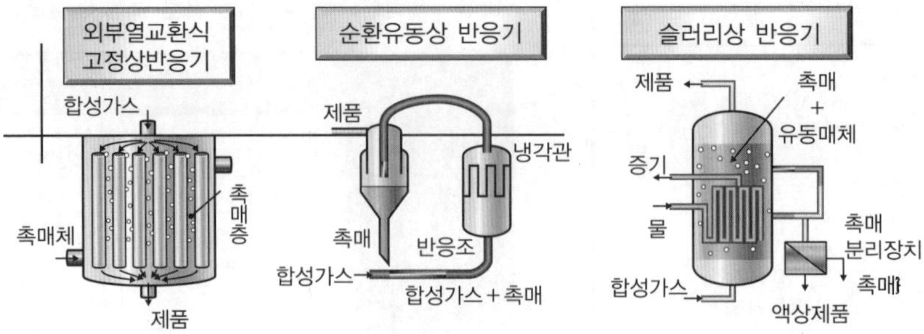

그림 2 대표적인 FT 합성반응기형식

(출처: 스즈키 신이치, "GTL의 개요와 연구개발 동향" 자동차기술협의회 제3회 강연회 자료,(2003))

에서 직쇄화(파라핀화)와 수첨분해를 하고, 분류하여 나프타, 등경유 유분 등의 제품으로 만든다.

FT 합성은 반응이 격하고 발열도 크기에, 어떻게 이것을 제어하여 바람직한 직쇄계 탄화수소 조성 분포를 얻는가가 최대의 과제이나, 최근 제어성이 좋은 슬러리상(床) 반응기가 많이 이용되어 설비 대형화가 순조롭게 진행되고 있다. FT 합성에서는 몇몇 공정을 경합하고 있는데, 주된 차이 3가지는 다음과 같다.

① **개질 반응설비:** 부분산화반응 비율을 전체열수지 등으로부터 어느 정도로 억제하는가.
② **FT 합성반응기:** 반응 자체의 열제어와 맞추어, 생성물 분포를 어떻게 제어하는가.
③ **수첨분해 조건과 설비:** 시장 수요에 합치한 파라핀 분자량과 유분비율의 선택

이 3가지를 조합한 효율이 좋은 설비를 건설하여 시장의 요구에 응할 것인가가 이후 과제이다. FT 합성은 제품의 디젤연료로서의 평가가 거의 확립되어 있기에, 이후 급속한 시장 확대가 기대된다. 일본은 FT 합성 사업개발 면에서는 조금 뒤쳐진 감이 있었으나, 수년 전부터 (독)석유천연가스 · 금속광물자원기구(JOGMEC)를 중심으로 기술개발이 진행되고 있다. 현재는 니가타에서 최종 대형실증시험이 진행 중이며, 다면적인 실용화시험이 동시에 진행되고 있다. 일본의 FT 합성공정은 탄산가스가 많은 저품위 천연가스에도 적용이 가능하다. 또 고가의 산소장치가 불필요하다는 독특한 특징이 있기에 앞으로의 전개가 크게 기대되고 있다.

DME 합성기술과 용도개발

MeOH와 DME도 천연가스를 원료로 하는 액체연료지만, MeOH는 발열량이 낮아서 연료로서의 평가는 높지 않다. DME는 2분자의 MeOH탈수생성화합물인데, 지금까지는 1만 t/year 정도가 제조되어 분무제 등에 사용되어 왔다. 이 DME 물성과 연소 특성이 연료로서 주목받아 일본을 중심으로 제조와 용도 개발이 진

표 4 DME와 MeOH 생성반응식

① 메탄올 생성반응
$2CO+4H_2 \Rightarrow 2CH_3OH$
$(CO_2+3H_2 \Rightarrow CH_3OH+H_2O)$

② 메탄올로부터 DME합성
$2CH_3OH \Rightarrow CH_3OCH_3+H_2O$

③ DME의 직접합성 관련반응
$3CO+3H_2 \Rightarrow CH_3OCH_3+CO_2$
$2CO+4H_2 \Rightarrow 2CH_3OH$
$2CH_3OH \Rightarrow CH_3OCH_3+H_2O$
$(CO+H_2O \Rightarrow CO_2+H_2)$

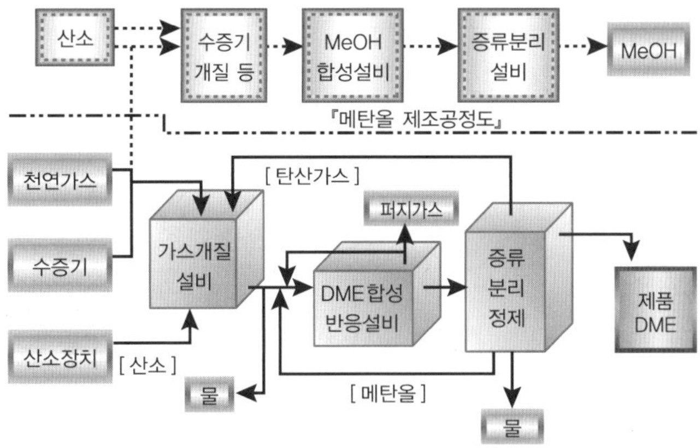

그림 3 DME 제조공정과 메탄올 제조공정의 비교

표 5 DME와 관련 각종 연료의 물성 비교

물 성	DME	프로판	MeOH	경유
화학식	CH_3OCH_3	C_3H_8	CH_3OH	~
비점 [℃]	−25.1	−42.0	64.6	180~370
액밀도 (20℃)	0.67	0.49	0.79	0.84
발화온도 [℃]	235	470	450	250
폭발한계 [%]	3.4~17	2.1~9.4	5.5~36	0.6~6.5
세탄가	55~60	5	5	40~55
저위발열량 [kcal/kg]	6,900	11,000	4,800	10,000

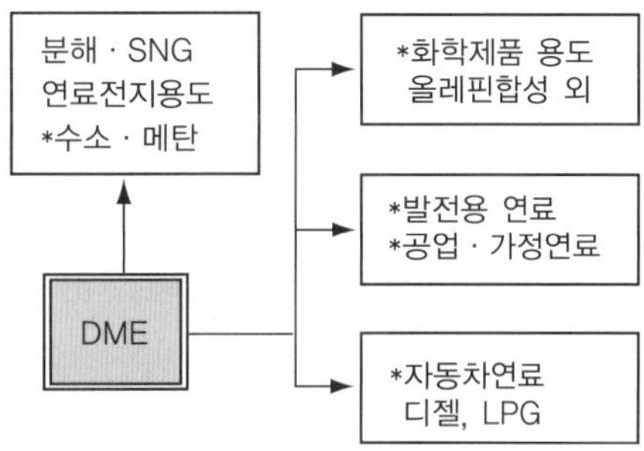

그림 4 DME의 기대되는 용도

행되고 있다.

표 4에 MeOH와 DME 제조에 관련된 주요 반응식을, 그림 3에 직접법 DME 제조공정을 MeOH 제조와 대비시켜 나타내었다. 표 4와 같이 양자의 생성반응은 매우 비슷한 반응들로 경합하여 일어나고 있다. MeOH 합성반응에서는 제1식의 화학평형조건 때문에 100기압 부근의 고압이 필요하나, 직접법 DME에서는 순차반응을 잘 이용하여 합성조건을 대폭 완화하였다. 다만 MeOH는 범용제품이기에, MeOH를 탈수하여 DME를 제조하는 방법도 버리기 어려워, 현시점에서는 양자가 병존하고 있다. 표 5에서는 DME와 관련된 연료 물성을 비교하였다. 단위중량당 발열량은 경유나 LPG의 2/3 정도이지만, 용적 기준으로는 프로판의 85% 상당이다. 함산소화합물이기 때문에 연소 특성이 뛰어나, 경유나 LPG 대체로 자동차연료 용도가 기대되고 있다.

LPG와 비슷한 물성을 살려 인프라를 전용하여, 발전이나 가정용 연료 등 광범한 용도로 이용하는 노력이 계속되고 있다. 그림 4에 기대되는 대표적인 용도를 나타내었다. 이 중에서 DME의 특이한 반

그림 5 JFE 외 각사에 의한 DME 100t/day 제조시험설비
(출처: JFE홀딩 웹사이트(2003))

응성을 이용하는 올레핀(olefin) 제조나, SNG 원료로서의 용도에도 흥미가 생긴다.

그러나 연료로써의 DME는 전혀 신 분야이기에 각 분야 용도개발에 장기간 소요되어 실제 사업화는 당분간 시간이 필요할 것이다. DME 사업 검토는 일본을 선두로 중국이 비교적 선행하고 있다. 일본에서는 이미 직접법 DME의 100 t/day 시험이 종료되어(그림 5), 현재 별도로 간접법 8만 t/year 설비시험이 니가타에서 진행 중이며, 제조기술 확립과 병행하여 각 분야에서의 용도 개발이나 확인과 기업화 검토, 인프라 문제 검토가 진행되고 있다.

한편, 중국에서도 유력한 환경대책으로 석탄을 연료로 하는 간접법 DME 기업화가 활발하게 진행되고 있다고 한다. 일설에서는 이미 300만 t/year의 생산능력에 달했지만, 용도개발 지연 등 각종 문제가 많은 듯하다.

석탄가스화 복합발전(IGCC)

화석연료 중에서는 석탄이 가장 매장량이 많으며, 일본의 발전전력량 중 약 24 %(2006년)가 석탄화력에 의한 것이다. 한편, 석탄은 단위열량당 온실가스가 석유의 1.3배, 천연가스의 1.6배나 되며, 유황분이나 회분이 많은 고환경부하 연료이다. 때문에 첨단적인 미분탄연소발전은 송전단 열효율이 40 %에 달하나, 고효율의 이산화탄소 발생이 한층 더 적은 석탄가스화 복합발전 실용화가 기대되고 있다.

키워드 **복합발전**

고온의 연소가스를 직접 터빈에 공급하여서 발전하고, 나아가 폐열을 이용해서 보일러로 증기를 발생시켜, 증기터빈에 공급하여 발전하는 방법이다. 증기터빈만으로 발전하는 방법에 비해 열효율이 높아진다. 이것을 복합사이클발전이라고도 말한다.

석탄발전

석탄은 석유나 천연가스 같이 산지가 특정한 지역에 편재하고 있지 않으므로, 공급이 안정되어 가격이 싸다. 이 때문에 1970년대의 석유위기 이후, 석유에 대신하는 연료로 재검토되어 대규모의 미분탄 화력발전소가 많이 건설되어 왔다. 최근에는 초초임계압(超超臨界壓) 석탄연소보일러가 개발되어 주증기 온도 600 ℃, 주증기 압력 25 MPa, 출력 1,000 MW, 송전단열효율 42%(고위발열기준)의 발전소가 가동되기 시작되었다. 열효율이 약 35%였던 구시대의 미분탄연소발전에 비해서 효율이 대폭적으로 향상하고 있다.

그러나 석탄은 다른 연료보다 연량당의 CO_2 발생량이 많고 고효율이며, 환경 특성에 우수하다는 점에서 석탄가스화 복합발전(Integrated Gasification Combined Cycle:IGCC)이 주목받게 되었다.

석탄의 가스화

1800년대부터 유럽과 미국에서는 난방용과 도시가스용으로 석탄을 가스화하여 이용해 왔다. 산업용에도 암모니아나 메탄올의 원료로, 또 약품제조용으로 가스화하여 이용해 왔다. 일본도 1960년대까지는 도시가스로 석탄가스가 사용되었지만, 석유의 보급과 천연가스의 도입으로 석탄가스화의 수요는 쇠퇴하여 갔다.

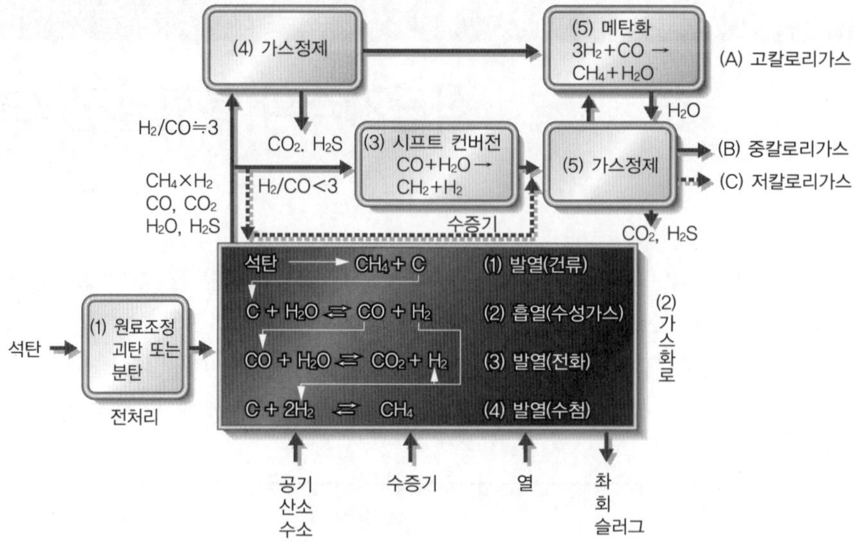

그림 1 석탄가스화의 일반적 공정

석탄의 가스화는 석탄이라는 고정탄화수소화합물(CnHmOz)을 가열하여, 증기와 산소 또는 공기와의 반응에 의하여 가스상태로 하는 것이다. 석탄가스화의 공정을 그림 1에 나타냈다. 석탄가스의 주요한 성분은 수소, 일산화탄소, 이산화탄소, 수증기, 질소이다. 수소, 일산화탄소, CH_4 등 가연성분의 함유량에 따라서 발열량이 다르며, 3.5~6.5 MJ/Nm^3 이상을 고열량가스라고 부르고 있다. 저열량가스는 공기에 의한 가스화, 중열량가스는 산소 또는 공기에 수증기를 첨가해서 가스화하는 방법으로 얻어진다. 고열량가스는 중열량가스의 성분을 변환하여, 메탄 등의 고열량 성분의 비율을 증가한 것이다.

석탄가스화발전

석탄가스화발전에서는 석탄가스를 터빈으로 연소시켜 발전하기에, 발열량만 있다면 광범위한 가스 조성을 허용할 수 있다. 이 때문에 경제성에서 유리한 저 · 중칼로리 가스가 주된 연료이다. 또 연료가 가스이기에 설비를 간소화할 수 있다. 그림 2에 석탄가스화 복합발전시스템(IGCC)의 개념도를 나타낸다.

석탄가스화로에서 발생한 가스는 가스정제 장치로서 가스 중의 매연, 분진, 유황분 등이 분리 제거된다. 촤(char, 미반응의 석탄분)는 가스화로에 되돌려진다. 정제된 가스는 가스터빈으로 보내서 발전하며, 가스터빈으로부터의 배기가스는 폐열회수보일러로 보내어 증기터빈에서도 발전한다.

연소가스에너지를 가스터빈의 고온단계와 증기터빈의 저온단계에서 이용할 수 있으므로, 열효율을 높일 수 있다.

IGCC 실용화에는 대용량의 가스화로의 개발이 큰 요소로, 분류상(噴流床)식 가스화로가 적합하다 간주되어, 분쇄된 석탄을 공기나 증기와 함께 노내에 불어넣는다. 노내에서는 석탄 일부가 연소되어

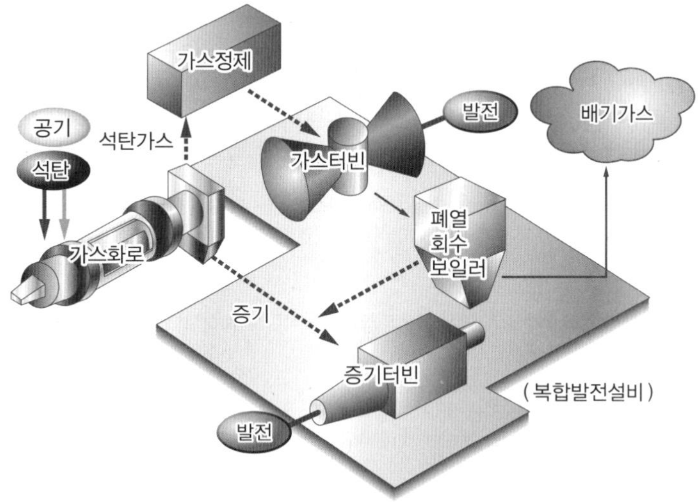

그림 2 IGCC시스템의 개념도

1,000 ℃ 이상의 고온에서 가스화반응이 진행된다. 석탄을 잘게 분쇄하면 반응시간이 짧아져, 컴팩트한 로(爐)설계가 가능하다. IGCC의 열효율은 가스터빈의 가스입구 온도에 강하게 의존하며 온도 상승에 수반하여 발전열효율, 송전단열효율이 높아지며, 1,300 ℃급에서는 송전단열효율은 약 43~44 %, 1,500 ℃급에서는 약 46~48 %로 된다. 따라서 고온운전에 대응 가능한 터빈블레이드 재질이나, 밸브 등의 재질과 구조개발이 중요한 과제가 된다.

일본에서는 출력 250 MW, 1,200 ℃급 가스터빈으로 송전단열효율 목표 40.5 %의 실증플랜트 운전이 끝나고 상용플랜트 계획을 하고 있다.

IGCC의 특징을 다음의 표 1에 나타낸다.

고효율 석탄가스화발전

IGCC보다 높은 고효율 석탄가스화 발전기술로, IGCC에 고효율인 연료전지를 조합시켜서 3단계로 발전하는 석탄가스화 연료전지 복합발전(Integrated coal Gasification Fuel Cell combined cycle : IGFC)이 있다. 가스화로의 뒤에 연료전지를 설치하여서 발전하여 연료전지로부터 가연 성분을 포함한 가스로 가스터빈과 증기터빈으로 복합발전하는 것이다. IGCC를 능가하는 고효율(발전단효율 약 53%)이 기대되고 있다. 일본에서는 EAGLE(Coal Energy Application for Gas, Liquid and Electricity)이라고 부르며 연료전지에 최적인 석탄가스 제조 기술을 확립하는 것을 목적으로 가스화로, 가스정제 장치에 대하여 파일럿플랜트에 의한 시험운전을 2006년까지 계속하였다. 그림 3은 IGFC의 개념도를 나타낸 것이다. 한층 더 차세대형 공정으로, 흡열반응인 수증기개질 가스화로에 가스터빈 또는 연료전지의

표 1 IGCC의 특징

① 증기터빈에 가스터빈을 조합시킨 복합발전이므로, 종래의 석탄화력발전 효율 약 40%에 대해서 약 50%의 발전효율이 예상되며, 석유화력발전과 거의 동등한 CO_2에 배출량의 석탄화력발전이 가능하게 된다.

② 회분융점이 낮은 석탄 (기존의 석탄화력발전소에서는 보일러 내에 재가 부착하는 등 문제가 일어나기 쉬우므로 이용이 어렵다) 이 적합한 것 때문에 이용할 수 있는 탄종이 확대된다.

③ 석탄재가 슬러그상태로 되어서 배출되므로, 용적이 감소하고 도로의 지반재료 등으로서 이용할 수 있다.

④ 열효율이 좋으므로 온수배수량이 적어지고, 또 종래의 석탄화력의 매연탈황장치는 배기가스단계에서 냉각해서 행하는 것에 비교하여, IGCC 에서는 연료가스단계에서 행하므로 용수량은 대폭 적어진다.

배열을 재활용하는 엑서지(exergy) 재생형의 A-IGCC, A-IGFC가 거론되고 있다. 연료전지는 발전 시에 발열하는데, 그 고온 배기가스를 가스화로로 되돌리는 A-IGFC는 65%의 높은 발전효율이 기대된다.

그림 4는 석탄발전 공정에서의 추정 송전단열효율을 나타낸다.

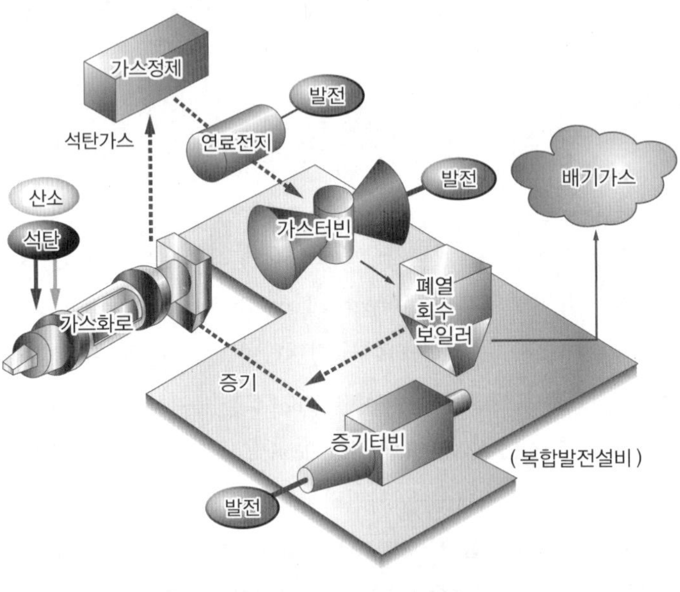

그림 3 IGFC시스템 개념도

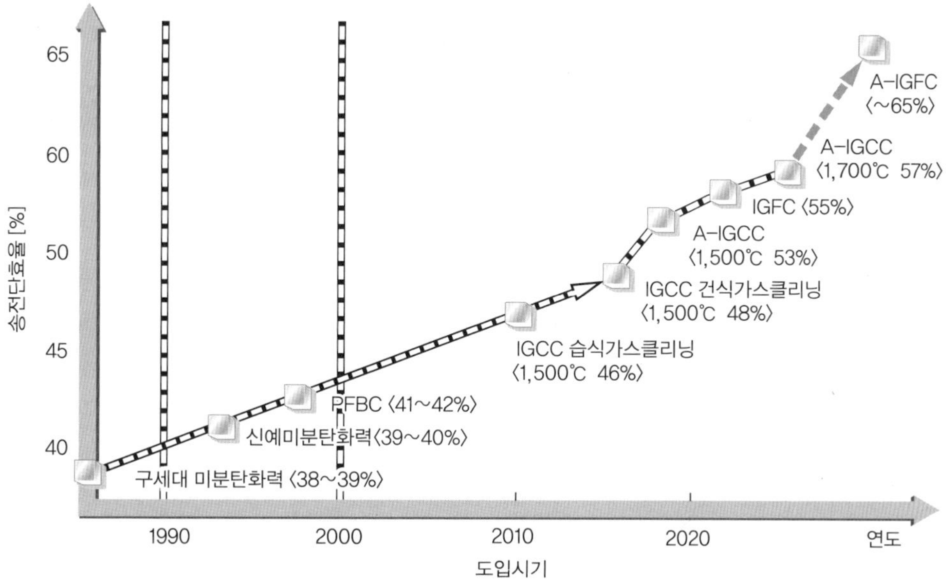

그림 4 석탄화력발전 효율의 추이 예상치

매장량이 풍부하고 값싼 석탄을 원료로 하는 석탄가스화 복합발전은, 이산화탄소 발생량이 대폭 줄어 환경성이 뛰어난 발전원이 되리라 기대한다.

석탄의 액화(NEDOL)

석탄은 매장량이 많고, 생산지가 석유나 천연가스처럼 편향되어 있지 않다. 때문에 값싸고 안정된 공급이 가능한 화학연료지만 고체라서 취급이 쉽지 않고, 저장이나 수송이 번거롭다. 또 생성과정에서 혼입된 광질분을 포함하여, 연소 시 회분과 이산화황(SO_2)을 많이 배출한다.

석탄액화는 석탄에서 환경오염 물질을 제거하고, 취급이 용이한 액체연료로 변환하는 기술이다. 일본의 독자적인 석탄액화 기술로 NEDOL법이 있다.

키워드 **석탄의 종류(탄종)**

석탄은 생성 과정이나 생성물의 종류 등에 의해서 조성과 구조가 다르다. 일본에서는 탄소함유율이 높은 순으로 무연탄, 역청탄, 아역청탄, 갈탄으로 분류한다. 또 용도에 따라서 제철용을 「원료탄」, 보일러연료용을 「일반탄」으로 부른다.

석탄의 액화

석탄은 화석연료 중 가장 매장량이 많고, 생산지가 지구상에 널리 분포하고 있어 공급이 안정적이며, 값이 싸고 자원을 지속적으로 이용할 수 있다는 면에서 석탄의 활용은 앞으로도 계속 발전할 것으로 예측된다. 그중에서 석탄에 포함된 유황분과 회분을 제거하고, 기름과 같은 액체로 만들어 석유대체연료로 만드는 기술이 석탄액화이다.

석탄을 액화하는 방법에는 석탄에 수소를 작용시켜 액화하는 직접법과 석탄을 가스화하고 나서 액체연료를 합성하는 간접법(FT법: 피셔-트롭스 합성법)이 있는데, 수율이 높은 직접법이 요즘 일반적이다. 석탄은 석유와 마찬가지로 탄소, 수소, 산소 등으로 구성되어 있으나, 석유에 비해 H/C원자수비가 작고, O/C원자수비가 큰 특성이 있다. 그림 1은 석탄 구조모델의 예이다.

그림 1에서 나타내는 바와 같이 석탄은 탄소, 수소, 산소 등 다수의 원자로 구성된 방향(芳香)고리이다. 400~450℃로 가열하면 원자간 결합이 약한 $-CH_2-$결합이 끊어져 6각형의 방향고리 2~4개의 액화유가 생긴다. 그러나 절단부에서는 다른 원자와 얽혀 안정화하려고 하지만, 이 때문에 석탄액

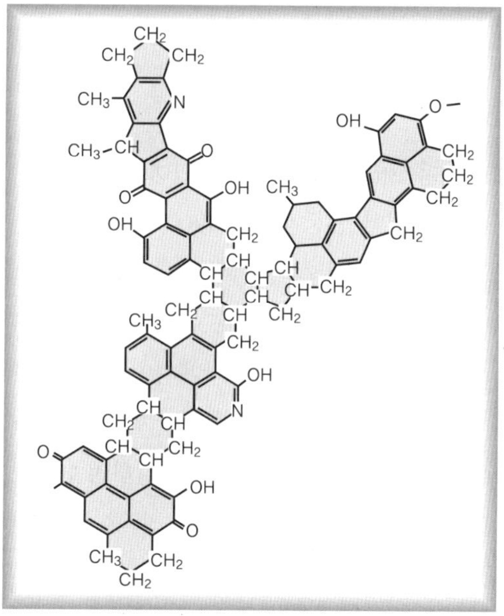

그림 1 석탄의 구조 모델 예

화에서는 수소를 첨가하여 저분자화한다. 즉 석탄액화는 석탄을 가열하여 석탄분자의 화학결합을 끊어지기 쉬운 상태로 하여 절단점에 수소를 첨가함으로써 저분자화하는 공정이라고 말할 수 있다.

그림 2는 석탄액화의 개념도를 나타낸 것이다. 수소첨가를 2단으로 하는 경우도 있다.

수소를 첨가하려면 고온, 고압의 반응탑 중에서 수소와 석탄을 접촉시키는 방법이 있으며, 이때 촉매가 존재하면 한층 더 효과가 있다. 석탄에 수소를 어떻게 첨가하는가는 여러 개의 공정이 개발되고 있어 다르며, 액화율(액수율), 액화유의 특성도 다르다.

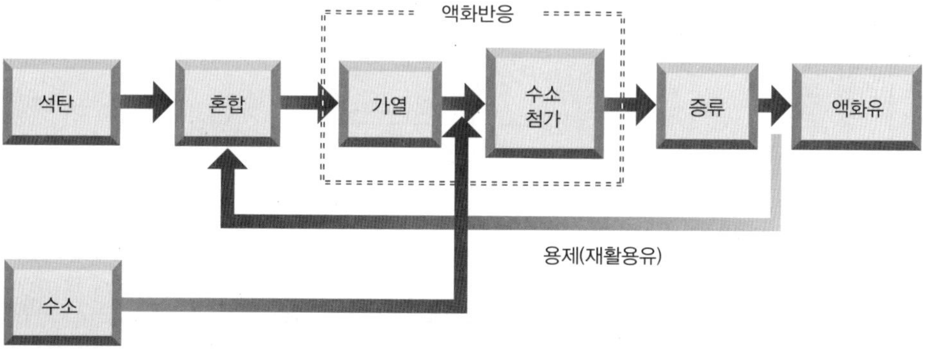

그림 2 석탄액화 개념도

석탄액화 NEDOL

석탄을 액화시켜 석유 대체연료나 화학원료로 이용하려는 연구는 1910년대부터 시작되었다. 석유자원이 적은 독일은 1930년대에 갈탄액화공장이 가동했는데, 이때의 조작조건은 430~490℃, 200~300 atm에서 철계 촉매를 사용하였다. 일본은 1920년대부터 연구를 시작하여, 1930년대에는 처리량 33,000 t/year의 액화공장을 운전하였다. 미국은 1960년대에 다양한 제조공정 개발을 진행하여 파일럿 플랜트를 건설하였으며, 1973년의 중동 분쟁에 의한 오일쇼크 시기에 일본과의 연구개발 협력을 맺었다.

일본에서는 석유위기를 계기로, 1974년부터 선샤인 계획이라 불리는 석유 대체에너지 개발 프로젝트가 시작되어 태양, 지열, 수소 에너지 개발과 함께 석탄 액화와 가스화가 채용되었다. 갈탄 액화에 대해서는 호주에 처리량 50 t/day의 파일럿 플랜트를 건설하여 1987년~1990년까지 운전하였다. 역청탄과 아역청탄을 대상으로 한 계획에서는 당초, 직접수첨액화법, 용제추출액화법, 가용매분해(솔볼리시스(solvolysis))액화법 개발을 진행하였다. 각각 처리량 1~2.4 t/day의 실험장치로 데이터를 취득하였다. 직접수첨법은 압력 14~30 MPa, 온도 440~475℃로 직접 수소를 반응시키는 방법이다. 용제추출액화법은 석탄과 재활용유를 혼합하고, 압력 10~15 MPa, 온도 400~450℃에서 석탄으로부터 가용분을 추출하는 방법이다. 가용매분해액화법에서는 액화유의 일부를 사용하여 상압~수 MPa의 반응으로 단시간에 액화하지만, 얻어지는 액상물은 중질(重質)이다.

선샤인 계획에서는 이 3가지 액화법의 장점을 집약시켜 기술적, 경제적으로 뛰어난 독자기술을 개발하여 「NEDOL 법」이라 명명하였다. 1988년부터 처리량 150 t/day의 파일럿플랜트 설계가 시작되어, 1998년에 운전이 종료되었다. 이 NEDOL 과정의 공정을 그림 3에 나타낸다.

먼저 평균입경(粒徑) 약 60μm까지 분쇄한 석탄을 액화용제와 혼합한다. 용제는 액화유에 수소를

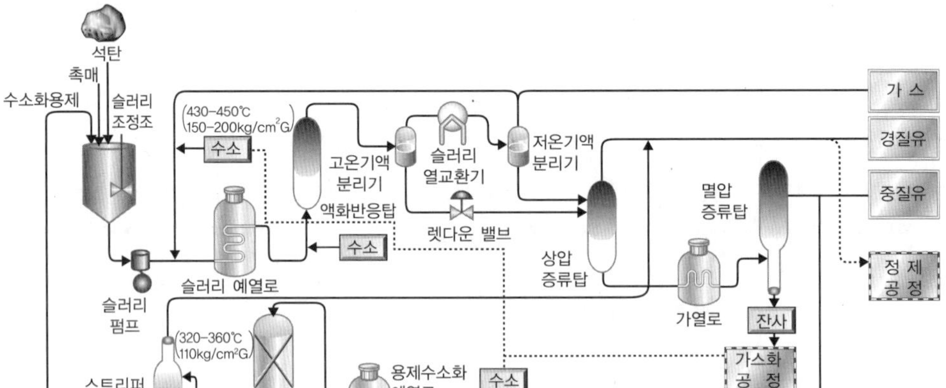

그림 3 석탄액화 NEDOL과정의 공정도

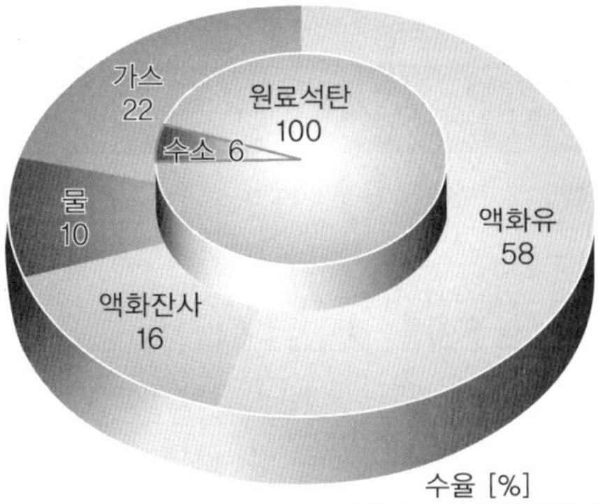

그림 4 NEDOL 공정의 액화수지

첨가한 것이다. 혼합액은 슬러리 펌프로 150~200 kg/cm^{2}으로 가압되어, 여열로로 430~460°C로 가열하면, 석탄 분자간 결합이 느슨하게 되며, 슬러리 중에 수소를 주입하여 다음 공정의 현탁기포형 액화반응탑에서 수소화 분해반응을 한다. 그 하류에서는 기액분리기를 거쳐 감압하고, 증류탑에서 경질유, 중질유, 잔사로 나누어진다.

중질유는 수소화반응탑에서 수소가 첨가되어, 수소화 용제로도 순환 사용되고 있다. 또 찌꺼기는 가스화하여 수소를 제조한다. 액화촉매에는 미분쇄한 천연황화철을 사용하고 있다.

석탄(수분, 회분을 제외)에 대하여 수소 첨가량 약 6 wt%를 사용하여 58 wt%(무수 · 무회탄 기준) 이상의 액화유를 회수하고 있다. 액화수지(收支)를 그림 4에 나타내었다. 그 후, NEDOL 파일럿 플랜트에서 얻어진 액화조유(粗油)를 기존 석유제품과 동등한 품질로 향상시키는 개발이 2001년까지 계속되었고 종료되었다.

석탄액화에 대한 기대

표 1에 세계의 주요한 석탄액화 공정을 나타낸다. NEDOL공정은 비교적 온화한 반응조건이며, 넓은 범위의 탄종에 대응하고 있다.

또 석탄액화는 경제적 측면으로 볼 때 즉시 실용화되기에는 그 필요성이 낮지만, 석유가격은 장기적으로 상승 경향에 있어서, 가까운 미래에 석탄에서 액체연료를 제조하는 기술을 활용되게 될 것이다. 기술 유지와 발전이 요망되고 있다고 생각한다.

표 1 세계의 주요한 액화 공정

프로세스명	미국 EDS	미국 SRC-II	미국 H-Coal	미국 HTI	독일 New-IG	영국 LSE	일본 BCL	일본 NEDOL
대상석탄	갈탄 아역청탄 역청탄	아역청탄 역청탄	아역청탄 역청탄	아역청탄 역청탄	역청탄	아역청탄 역청탄	갈탄	아역청탄 역청탄
개발단계 (톤(ton)/day)	250 PP종료	30 PP종료	200~600 PP종료	3 PDU운전중	200 PP종료	2.5 PDU운전종료	50 PP종료	150 PP종료
운전시기 (년)	1977~1982	1976~1981	1975~1982	1981~	1981~1987	1991~1995	1987~1990	1996~1998
액화반응방식	현탁기포탑	현탁기포탑	비등상	현탁기포탑	현탁기포탑	비등상	현탁기포탑	현탁기포탑
촉매종류	무촉매	무촉매	Co-Mo계	철계	철계	Mo계	철계	철계
반응온도 (℃)	450	460	450	420~440	480	425	450	450
반응압력 (kg/cm^2G)	170	140	200	170	300	200	150	170
고액분리법	감압증류	감압증류	하이드로클론 감압증류	용제임계 추출	감압증류	특수 필터	용제탈회	감압증류
기타특징	(Bottom)하부 리사이클 방식	(Bottom)하부 리사이클 방식	(Bottom)하부 리사이클 방식	(Bottom)하부 리사이클 방식	(Bottom)하부 리사이클 없음	(Bottom)하부 리사이클 없음	(Bottom)하부 리사이클 방식	(Bottom)하부 리사이클 없음
용제/석탄비 (중량비)	2.0~2.9	1.9~4.0	2.0	2.0~2.8	1.0	2.0~2.5	2.5	1.5
액수율 (wt%daf) (bbi/t coal)	55 3.6	36	61 3.9	52~74 3.8~5.0	50~58 3.4~4.2	43	52 4.1	54~62 4.0~4.7

주) PP : Pilot Plant, PDU : Process Development Unit

석탄 클린브리켓

석탄에 목재, 볏짚, 옥수수줄기 등의 바이오매스와 소석회($Ca(OH)_2$)를 혼합하여 높은 압축력으로 성형한 브리켓(briquet)은 매연, SOx의 발생이 대폭으로 줄어 청정한 연료가 된다. 독특한 형상을 한 아몬드콜(almond coal)은 연소 특성이 좋고, 농산물계 · 임산물계 바이오매스를 이용하여 저렴하게 제조할 수 있다.

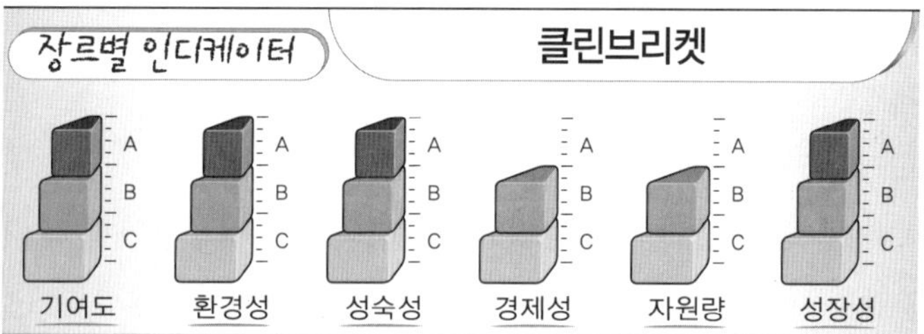

석탄 바이오매스 복합브리켓

보일러, 스토브 등에서 연소하는 석탄으로는 착화성, 연소성이 좋은 유연탄이 사용되지만, 많은 매연과 SOx가 발생하여 환경대책 설비가 필요하게 된다.

석탄을 연소하는 대형 보일러에서는 석탄을 건조, 분쇄한 미분탄을 불어 넣어 연소하는 방식이 사용되고 있으며, 대부분의 설비에서는 배기가스 세정장치를 달고 있으나, 중소보일러 또는 난방용 스토브에서는 30 mm 정도 크기의 석탄을 로스테르(roster, 망) 위에서 연소시키는 스토커 방식이 많이 쓰이고 있다. 중소 규모의 경우는 매진이나 유황산화물을 제거하는 환경대책 설비장치가 큰 부담이 된다. 한편, 석탄자원에는 땅속에서의 생성과정에서 암석이나 광물(회분)이 혼입되어, 발열량이 적은 저질탄(열질탄)도 대량으로 존재한다. 산탄지에서는 많은 경우에 선탄으로 회분을 분리하지 않고 직접 사용하지만, 연소성이 나쁘고, 환경오염이 심하며, 에너지 효율이 낮은 상황이 계속되고 있다.

1980년경, 석탄에 목분(木粉)을 약 20% 혼합한 후, 150℃로 가열하여 압축 성형한 브리켓의 경우 매연이 대폭으로 감소되는 기술이 일본에서 개발되었다. 그 후, 고압 형성에 의해서 상온에서도 단단한 브리켓을 만들 수 있게 되었고, 탈황제로서 소석회($Ca(OH)_2$)를 혼합함으로써 SOx의 발생을 대폭적으로 줄일 수 있는 기술이 개발되고 있다. 이것을 바이오브리켓(Bio briquet), 바이오콜(Biocoal) 등으로 부르고 있다.

바이오브리켓에도 다양한 형상과 규격이 있으나, 소형이고 가느다란 독특한 형상의 브리켓이 (주)호소카와미크론(細川, Hosokawa micron)에 의해서 개발되어「아몬드콜(almond coal)」이라고 부르고 있다. 이 아몬드콜은, 종전의 바이오브리켓 기술로는 연소성이 나빠서 문제가 된 저질탄을 사용해도 연소성이 좋고, 성형할 때의 압축력으로도 종래의 1/2 정도로 단단한 브리켓을 얻을 수 있으며, 제조 비용도 저감된다는 등의 특징을 가진 석탄 클린브리켓이다.

그림 1에 표준적인 아몬드콜의 외관을 나타낸다.

그림 1 아몬드콜

아몬드콜의 제조

그림 2는 아몬드콜 제조 설비의 표준적인 공정도이다.

석탄 분말에 옥수수줄기, 볏짚, 버개스 등의 농산폐기물 또는 목재가공 잔재, 톱밥 등의 임산폐기물의 바이오매스 분말을 5～25% 혼합하고, 탈황제($Ca(OH)_2$)를 석탄 중의 유황에 대하여 몰비(mol 比)

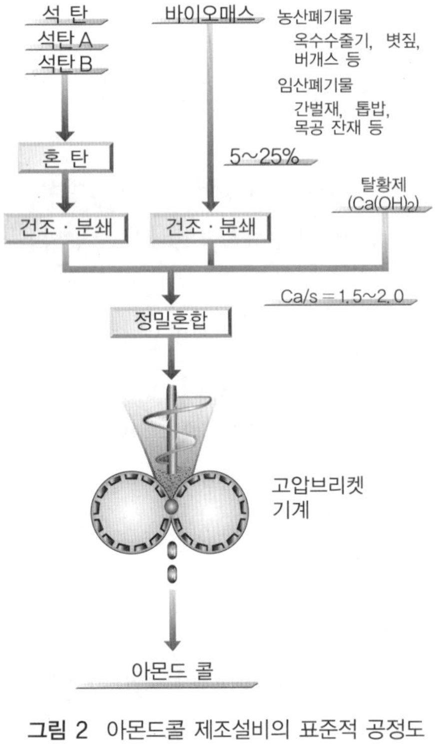

그림 2 아몬드콜 제조설비의 표준적 공정도

그림 3 고압브리켓 기계

로 1(Ca/S) : 1.5~2(탈황제 CaO)의 비율로 첨가하여서 고압브리켓 기계로부터 단단한 브리켓으로 성형한다. 이 제조 설비에는 고온, 고압에서의 반응 조작이 없고, 경제성을 높이고 안전성도 증가한 공정이다. 또 운전습득에도 고도의 기술이 요구되지 않으므로, 개발도상국에서의 보급도 용이하다.

그림 3은 설비의 중심 장치인 고압브리켓 기계의 외관도의 한 예이다. 유압식 완충장치로 지지되고 있는 2개의 회전하는 롤 사이에 윗방향으로부터 스크류 이동장치(screw feeder)로 강제로 원료를 공급하며, 롤의 회전에 수반하여 압축 성형된다.

원료의 성질과 상태에 따라서 항상 최적의 압축력으로 조정되므로, 단단한 브리켓을 만들 수 있다. 롤 표면에는 브리켓의 모형(母型)이 새겨져 있다. 스크류에 의한 원료의 공급 및 롤 사이에서 압축의 기구에 대해서는 분체(粉體)공학적인 해석에 수반하는 설계와 고도의 가공기술에 의해서 제작되고 있다.

특히 브리켓형상은 롤 사이에서의 압축 시 분말원료의 거동 특성과 브리켓의 연소 특성이 종전의 바이오브리켓과는 다른 독특한 모양과 크기로 되어 있다. 그 결과, 롤 사이에서의 압축력이 종전의 바이오브리켓에 비해 약 1/2로도 단단한 브리켓을 얻을 수 있으며, 제조 비용 또한 대폭으로 줄어들고 있다.

아몬드콜의 연소 특성

① 매진 발생량이 적다.

석탄이 연소 할 때에는, 200~300℃에서 분해가스가 발생하면, 일부는 미연(未然) 상태의 검은 매연이 되어서 배출되지만, 아몬드콜에서는 석탄입자 사이에서 착화 온도가 낮고, 가는 구멍이 많은 바이오매스가 밀착상태로 동시에 연소하므로, 저온역에서 석탄으로부터 발생하는 분해가스는 착화, 연소하여 매연은 거의 눈으로 볼 수 없는 정도가 된다. 그림 4는 보일러에서 연소 중인 아몬드콜이다. 또한 그림 5는 석탄과 아몬드콜 연소 때의 매연 농도의 측정결과를 나타낸 한 예이다.

그림 4 연소 중인 아몬드콜

② 대기 중으로의 SO_X 배출량이 적다.

석탄 중의 유황은 탈황제 $Ca(OH)_2$와 연소될 때에 반응하면, 유황의 약 70~80%가 석고로 되어 재 속에 남는다. 높은 압축력으로 형성되고 있으므로, 석탄 분자와 $Ca(OH)_2$ 입자는 서로 밀착되어 있어 반응효율이 높기 때문이다. 그림 6은 가로축을 탈황제 $Ca(OH)_2$와 석탄 중의 유황량에 대한 몰비 Ca/S로 하고, 세로축의 재 속에 고정되는 유황 비율을

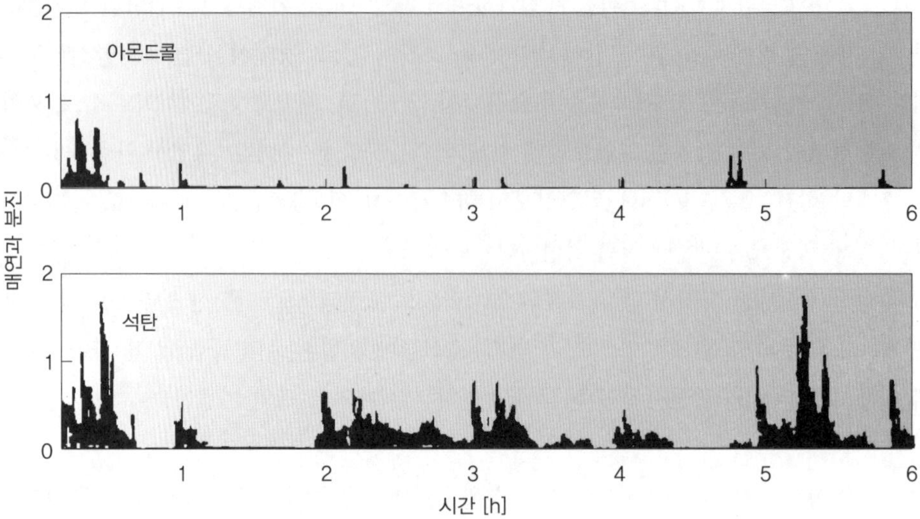

그림 5 아몬드콜과 석탄의 매연량 비교

나타낸 그래프이다. 적은 탈황제의 첨가량으로부터 석탄 중의 유황은 재 속에 고정되어, 대기 중에 SOx의 배출은 크게 줄고 있다.

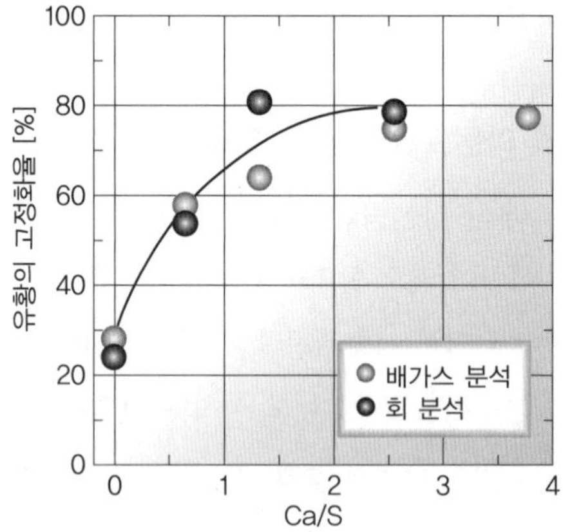

그림 6 석탄 중 유황 S와 탈황제 Ca의 몰비 및 유황의 회중 고정비율

③ 착화성이 좋고 연소속도가 빠르고, 미연이 적다.

특히 아몬드콜은 4cc 정도의 크기로 가느다란 독특한 형상이므로 연소공기의 통기 저항이 낮고, 비표면적이 크게 되는 것으로부터 착화성이 좋아지고, 연소속도도 빨라진다.

석탄의 특성과 상태에 따라서는 회분과 탈황제의 $Ca(OH)_2$가 반응하여 단단한 조직이 브리켓 내부에 생기게 되어 종전의 바이오브리켓으로는 브리켓 심부(芯部)의 연소를 방해하며, 재 속에 미연소의 석탄을 많이 남기는 수가 있는데, 4cc 정도의 아몬드콜에서는 브리켓 심부까지 연소하여 미 연소는 대폭으로 적어지게 된다.

또 점결성이 있는 석탄의 연소에서는 노내에서 석탄이 팽창하여 서로 융착상태가 되어서 연소가 불안정하게 된다든지, 미연소의 상태로 석탄이 배출되어 연소효율이 대폭으로 저하되지만, 아몬드콜에서는 석탄 입자 사이에 바이오매스가 존재하는 것으로부터 융착되지 않고서 연소가 진행한다.

그림 7에 저질탄을 원료로 하는 아몬드콜의 공업용보일러에서의 연소 결과를 나타낸다.

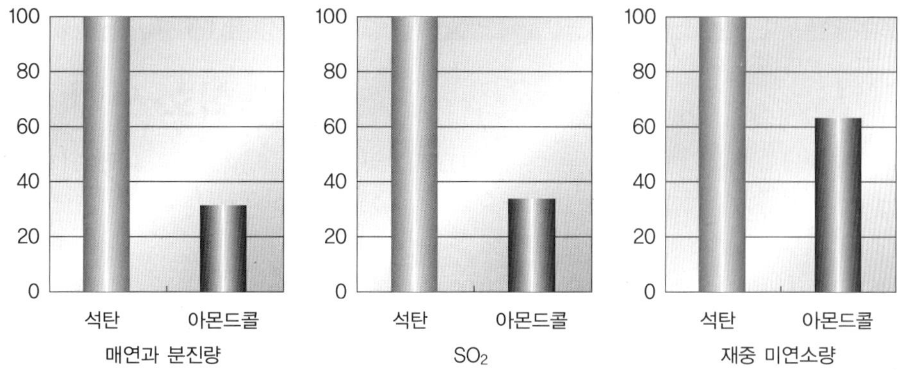

그림 7 저질탄을 원료로 한 아몬드콜의 공업용 보일러에서의 연소 결과(석탄 연소를 100으로 했을 경우)

발열량 4,500 kcal/kg, 회분 35%의 저질탄을 원료로 사용하여 옥수수대를 약 12% 혼합시켜 성형한 아몬드콜을 열매(熱媒)보일러로 연소한 결과이다. 석탄만 연소할 때에 비해, 배기가스 매연, SO_X, 재 속의 미연량이 적어졌다. 미연분이 적기에 열효율이 높고, 증기 발생량을 많이 얻을 수 있다.

세계에서는 회분이 많고 발열량이 낮은 저질탄이 대량으로 매장되어 있어, 산탄지에서는 저렴한 연료로 쓰이고 있다. 바이오매스를 이용하여 용이하게 제조할 수 있는 아몬드콜은 저환경부하에 에너지 효율이 높은 연료로 보급이 기대되고 있다.

무회화석탄 연료
-하이퍼콜-

무회화석탄 연료인 하이퍼콜은 석탄의 유기분을 용제로 추출하고, 재를 분리한 무회에 가까운 석탄 연료이다. 회분이 적어서 가스터빈으로 직접 연소시켜 발전할 수 있다. 일반 탄을 원료로 하는 하이퍼콜은 코크스 제조용 원료탄 대체가 가능하므로, 양질의 원료탄자원이 적어진 현재의 석탄자원의 유효 활용법으로 기대되고 있다.

키워드 석탄재(ash)

석탄은 연소 후에 많은 재가 남는다. SiO_2, Al_2O_3 등이 주성분이고, 주로 석탄의 생성 시나 채굴할 때의 암석의 혼입 등에 의한 것으로서, 석탄 중에는 30% 이상이나 포함되는 것도 있다. 회분이 많은 경우에는 연료로 사용하기 전에 선탄 설비로 회분을 분리한다.

하이퍼콜

석탄은 화석연료 중에서는 매장량이 가장 많고, 지구상에 널리 분산해서 부존하고 있으며, 안정하여 싼값으로 얻을 수 있는 연료이다. 그러나 연소할 때에 발생하는 온실가스 CO_2의 단위 열량당의 발생량은 석유의 1.3배, 천연가스의 1.6배 많다. 이 때문에 석유, 천연가스의 발생정도까지 CO_2 발생을 억제할 수 있는 석탄이용기술로서, 발전시스템으로는 IGFC(306쪽 그림 3 참조) 등의 고효율의 가스화 발전기술의 개발이 진행되고 있다. 한편 이것과는 다른 형태로서 무회화석탄 연료 · 하이퍼콜(hypercoal)이 있다.

하이퍼콜은 선탄속의 회분을 5% 이하로 한 원료에 용제를 혼합하여 석탄질을 추출하여서 회분을 200 ppm 이하로 하고, 알칼리분도 5 ppm 이하로 한 석탄으로 잘 연소되고, 가스터빈의 날개의 마모나 부식이 문제 되지 않을 정도로 정제한 연료이다.

하이퍼콜의 제조

하이퍼콜 제조 공정의 개략도를 그림 1에 나타낸다.

선탄하여 회분 5% 이하로 한 석탄을 용제 중에 투입하여 약 360℃, 10 atm의 조건에서 교반하면

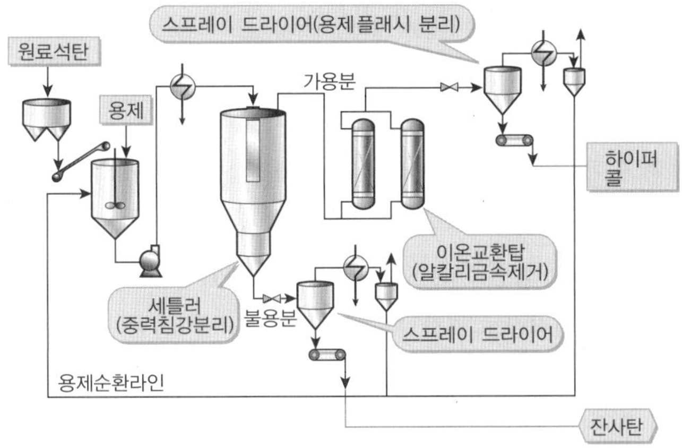

그림 1 하이퍼콜 제조 공정도

(출처: NEDO기술개발기구 팸플릿 "NEDO의 개요 2003~2004", p.120)

60~70%가 용제 중에 용해되고, 나머지 회분은 불용해분 중에 포함되며, 세틀러(settler) 내에서 불용해분은 침강해서 분리된다. 용해분은 이온 교환탑에서 Na, K 등의 알칼리금속분이 제거되고, 이어서 스프레이 드라이어(spray dryer)로부터 용제가 분리되면서 가는 분말 모양의 하이퍼콜이 만들어진다. 한편, 세틀러로 침강한 불용분, 즉 잔사탄은 스프레이 드라이어로 용제를 분리시키면 마른 잔사탄을 얻을 수 있다. 이때 용제는 순환하여 계속 이용된다. 회수율은 역청탄의 경우에서는 하이퍼콜이 약 60~70%, 잔사탄에서는 약 30~40%로 되어 있다.

하이퍼콜의 이용방법

하이퍼콜은 5~15μm의 미세한 입자로 터빈 내에서 단시간에 타고, 또 원료석탄보다 발열량이 높

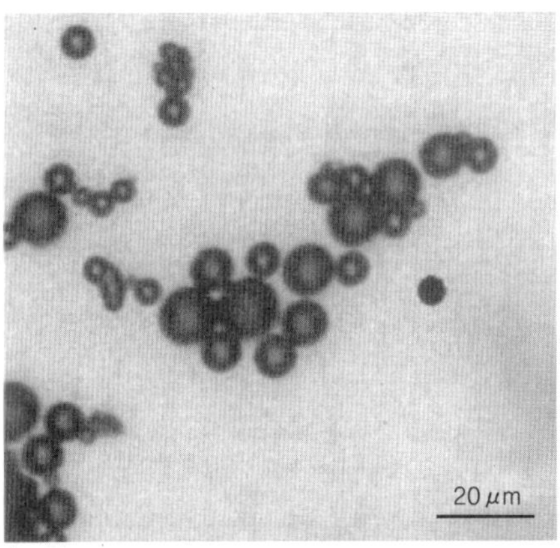

그림 2 하이퍼콜 현미경 사진

(출처: CCT Journal Vol.7, p.32(2003))

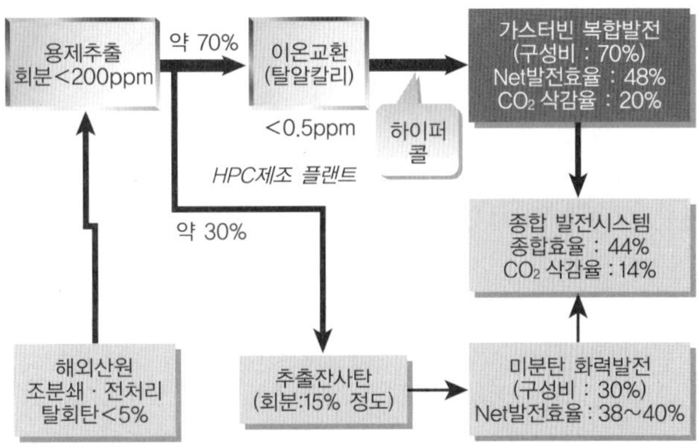

그림 3 하이퍼콜 이용 고효율 발전시스템 공정도의 개념

(출처: 제12회 석탄이용기술회의 예고집, p. 4-2-2(1992))

다. 하이퍼콜의 현미경 사진을 그림 2에 나타내었다.

한편 잔사탄을 사용한 경우는 일반의 미분탄 화력발전소에서 연료로 이용된다. 하이퍼콜 이용 고효율 발전시스템의 개념을 그림 3에 나타내었다.

하이퍼콜 복합발전과 찌꺼기탄의 미분탄화력발전을 합친 토탈발전시스템으로 했을 경우의 이산화탄소 발생량은 통상의 미분탄연소발전시스템과 비교하여 약 14% 적다.

또 제철용 코크스 원료탄에는 양질의 점결탄(粘結炭)이 쓰이는데, 점결탄의 일부를 점결성이 낮은 저품질 탄으로부터 제조한 하이퍼콜로 치환할 수 있다. 양질의 점결탄 자원이 적어지기 시작하는 와중에 원료탄의 대체로도 기대되고 있다.

탄층 속의 메탄가스 이용

탄층 속의 석탄에는 대량의 메탄가스가 흡착되어 있는데, 추정 매장량은 적어도 140조 m^3에 달할 것으로 보인다. 일부는 비재래형 천연가스로 회수되고 있다. 석탄을 채굴할 때에는 이 흡착메탄이 대기 중에 방출되므로, 회수와 이용이 시도되고 있다. 회수율을 높여 새로운 에너지로 이용하면 온실가스 배출 삭감에도 공헌한다.

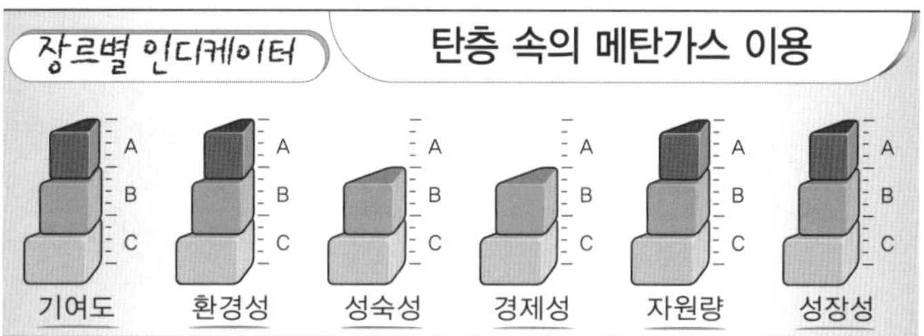

콜베드메탄(CBM)

석탄은 특정지역에 편재되지 않고 세계 각지에서 산출되며, 매장량은 화석연료 중에서 가장 풍부하다. 석탄 내부에는 많은 미세공이나 균열이 있어, 메탄(CH_4)을 흡착하여 포장하고 있다. 탄층 속에 존재하는 메탄은 콜베드메탄(CBM: Coal-bed Methane)이라 불린다. 탄층 속에는 메탄 외에 에탄, 이산화탄소, N_2 등이 포함되어 있어, 이들 모든 가스를 포함하여 「탄층가스(CGS: Coal Seam Gas)」라 부르고 있다.

탄광의 채탄활동에 따라 방출되는 메탄을 「탄광메탄(CMM: Coal Mine Methane)」, 모든 가스를 포함한 것을 「탄광가스(CMG: Coal Mine Gas)」라 부르며 구별하고 있다. 표 1에 탄층 속 가스의 호칭, 회수 목적, 회수 방법을 나타내었다.

CBM은 석탄 탄화도가 진행된 역청탄에 많이 포장되어 있으나, 탄층에 따라 달라 석탄 1톤당 약 10~30 m^3이 포장되어 있다. CBM의 채굴은 석탄 채굴이 기술적으로 어려워 경제적으로 불리한 지중 심부의 탄층가스도 대상이 된다. CBM의 추정 매장량은 전 세계에서 적어도 140조 m^3은 존재한다고 간주되고 있다. 일본의 CBM 매장량은 약 1,000억 m^3이라 추정되고 있고, 자원조사를 한 유바리(夕張) 지구에서 78억 m^3, 다키카와(瀧川) 지구에서 163억 m^3이 확인되어 있다.

표 1 탄층 속의 가스 호칭

명칭	회수방법	가스회수 주목적
탄침메탄 (Coal-bed Methane:CBM)	석탄층 속의 메탄 · 지상으로부터의 가스회수	연료, 화학원료
탄광메탄 (Coal Mine Methane:CMM)	석탄채굴 과정에서 발생 · 회수되는 메탄 · 탄광가스로부터의 회수	연료, 화학원료
탄층가스 (Coal Seam Gas:CSG)	탄층 속의 모든 가스(메탄, 에탄, CO_2 등 다른 가스를 포함. CBM은 CSG의 일부) · 지상으로부터의 가스회수 · 지하에서의 가스회수	연료, 화학원료 보안확보
탄광가스 (Coal Mine Gas:CMG)	석탄채굴 과정에서 발생 · 회수되는 모든 가스(메탄, 에탄, CO_2 등 다른 가스를 포함. CMM은 CMG의 일부) · 지하에서의 가스회수(일부 지상으로부터의 가스회수: 보안확보가 주목적) · 대기방출메탄 감소(희박메탄 이용)	보안확보 연료, 화학원료 지구환경보전

(출처: 시마다 소헤이, "탄층가스 회수 이용에 관한 연구개발 국제적 동향" 자원과 소재, 116, No. 4, p.330(2000)를 가필)

CBM의 채굴

CBM을 회수하는 굴삭방법은 석유나 천연가스와 기본적으로 같다. 한 예로 그림 1에 수직정굴삭의 개념도를 나타내었다. 탄층을 따라 우물을 수평으로 늘려 회수량을 늘리는 수평정굴삭법도 있다. 회수 CBM의 메탄 농도는 90~98%이다.

탄광과 화력발전설비가 근접해 있는 경우 보일러 배기가스에 포함된 이산화탄소를 땅속에 주입하여, 더 적극적으로 메탄을 회수하는 방법도 있다. 구체적으로는 화력발전소의 배기가스에서 용매 등을 써서 이산화탄소를 분리하고, 농축한 이산화탄소를 지하 심부의 석탄층에 주입한다. 이산화탄소는 석탄으로의 흡착력이 메테인(CH_4)의 2배 이상 되기 때문에, 지하에서 탄층의 메테인과 치환시켜 회수한다. 아직 개발 중인 기술로 「이산화탄소 탄층고정 메테인

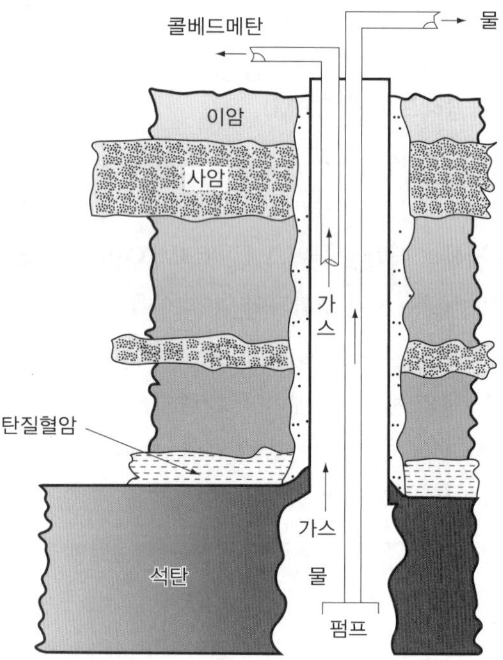

그림 1 수직정에 의한 CBM회수 개념도
(출처: "에너지 편람 · 자원편" p.206, 코로나사(2004)를 가필)

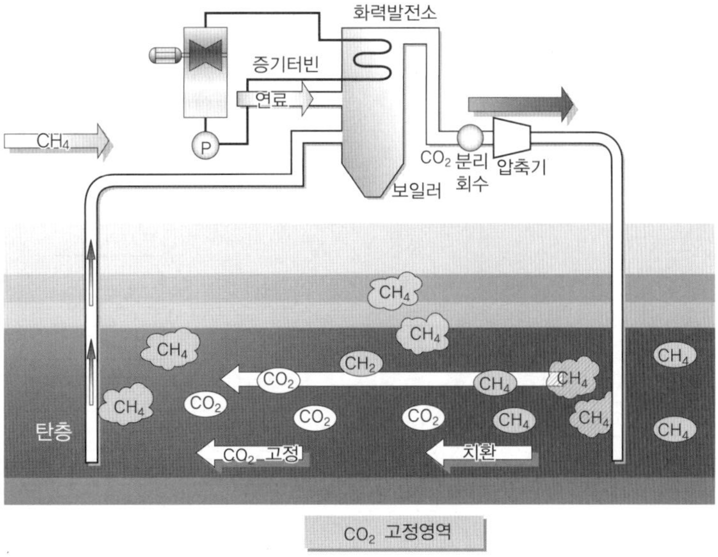

그림 2 탄층 CO_2 고정－메탄치환회수 메커니즘
(출처: CCT Journal Vol.1, p.8, 석탄이용종합센터)

증진 회수법(ECBM: Enhanced Coalbed Methane)」이라 부르고 있다.

그림 2에 탄층 이산화탄소 고정 메탄치환 회수의 메커니즘을 나타내었다. 지상에서 탄층으로 CO_2를 주입하는 우물과 간격을 두고 CH_4을 회수하는 우물을 파서, 치환된 메탄을 지상으로 회수한다. 회수된 메탄은 발전소 연료로 이용하여, 밀폐사이클을 형성한다. 실용화에 있어서는 이산화탄소와 메탄 치환 메커니즘 해명, 경제적 기술 개발, 땅속에서의 이산화탄소 거동 파악, 모니터링 시스템 확립이 중요한 과제이다.

탄광메탄(CMM)

석탄 채굴 시에는 석탄 속의 흡착 메탄이 방출되기 때문에, 가스 돌발이나 폭발사고 원인이 된다. 이 때문에 탄층에서 선행가스를 추출해내고, 갱내의 가스농도를 낮추기 위하여 통풍시킨다. 채굴 후의 탄광에서도 가스 추출이 이루어진다. 탄광에서 방출되는 메탄양(%)을 표 2에 나타내었다. 탄광가스로부터의 메탄 회수율은 세계적으로도 20~30% 정도로 낮으나, 메탄의 온실효과는 이산화탄소의 21배나 되므로, 회수율 향상이 에너지 이용과 환경 양면에서 기대되고 있다.

표 2 탄광 메탄 발생량(예)

발생장소	메탄량 [%]
갱내 통기	70
가스 빼기	20
노천발굴	4
지표에서의 핸들링	5
폐산탄광	1

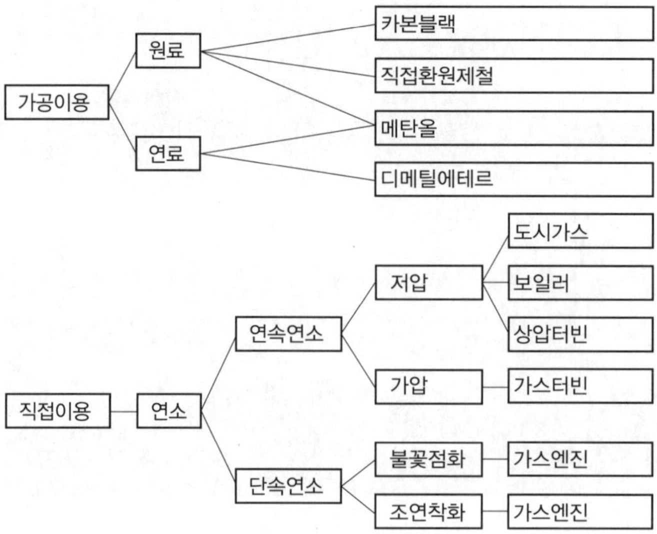

그림 3 탄층 속 메탄의 이용
(출처: 고마이 게이치 "CBM · CMG 이용기술" Vol.83, No.11, p.941, 일본 에너지 학회지(2004))

탄층 속 메탄의 이용

회수하는 CBM과 CMM의 용도를 그림 3에 나타내었는데, 대부분 발전연료나 도시가스로 이용되고 있다. 메탄농도가 1% 이하인 희박한 탄광통기가스도 이용기술 개발이 이루어지고 있다. 일본에서는 탄광메탄을 원료로 액체연료 DME를 제조하는 5 t/day 규모의 대형 벤치플랜트에서 순도 99%의 DME 대량제조에 성공하였다.

제5부
에너지 이용의 신기술

신에너지 중에서 수요 측면의 신에너지기술로서 특별히 기대되고 있는 것이 연료전지, 열병합발전과 분산형발전, 무공해자동차이다. 제5부에서는 이미 새로운 싹이 자라고 있는 이들 신에너지기술을 소개한다. 제1장에서는 자동차용 연료전지, 가정용 연료전지, 열병합발전시스템용으로 사용되는 고체고분자형 연료전지, 그리고 가장 일찍부터 가스회사를 중심으로 연구개발이 진행되어 이미 업무용으로서 실용화 단계에 있는 인산형, 또 발전사업용으로서 주목되는 용융탄산염형, 가스터빈과 조합하여 높은 발전효율을 실현하고 있는 고체산화물형 등을 용도별로 소개한다. 연료전지를 각 용도로 널리 사용할 수 있도록 하려면, 연료전지의 연료인 수소의 제조→저장→수송→보급의 기술과 설비시스템을 확립하는 것이 전제가 되므로, 그것들의 기술현황과 설비시스템에 있어서 장래의 모습을 소개한다.

제2장은 실용 단계에 들어온 분산형발전과 신기술에 대해서 소개한다. 분산형발전으로서 열병합발전시스템은 이미 대형 슈퍼마켓 등에 많이 도입되어 있으며, 대상 시설의 전력수요와 열수요의 병합 공급에 의하여 높은 에너지효율이 주목되고 있다. 이 장에서는 분산형발전을 용도별로 설명하고, 더욱 최근에 주목되는 마이크로가스터빈의 열병합 공급, 최근 재검토되고 있는 다종 연료형의 스털링엔진 기술에 대해서 소개한다. 제3장에서는 히트펌프와 축열시스템을 소개한다. 히트펌프는 투입한 전력에너지의 몇 배나 되는 열에너지를 얻을 수 있는 훌륭한 에너지 절약 기술이다. 심야 전력을 사용하여 히트펌프로 얻어진 냉열이나 온열을 축열하는 기기도 기술개발이 진행되어 실용화되고 있다. 이 분야는 자연냉매의 히트펌프 등 일본이 세계에 앞장서서 개발하여 실용화한 기술이 많아 세계를 선도하고 있다. 제4장에서는 최근의 클린자동차를 다룬다. 클린자동차로는 시판되고 있는 하이브리드자동차, 전기자동차, 바이오연료자동차 뿐만 아니라, 장거리 실증 주행이 이루어진 후 실용화가 기다려지는 연료전지자동차도 소개한다.

연료전지의 원리와 구성

물을 전기분해하면 산소와 수소를 얻을 수 있지만, 연료전지는 그 반대의 과정을 이용하고 있다. 수소와 산소를 직접 연소반응시키는 것이 아니라 음극과 양극으로 수소와 산소를 반응시키는 전기화학 반응을 사용하여, 수소가 갖는 화학에너지를 전기에너지로 변환하는 것이다. 연료전지로부터 무공해에너지가 얻어지는 것에 주목받아 개발이 진행되어 가정에서도 쓰이게 되었다.

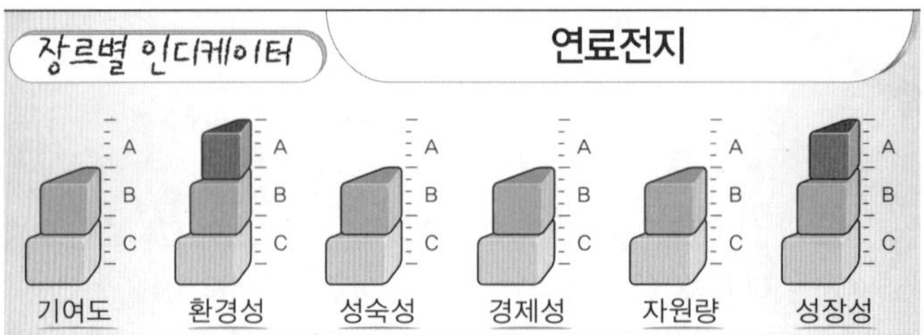

연료전지의 원리

연료전지에서는 연료인 수소와 산소의 화학반응으로부터, 음극(부전극, 수소 · 연료극, 애노드(anode))에서 전자를 방출하는 전기화학 반응과 양극(정전극, 산소 · 공기극 캐소드(cathode))에서 전자를 받아들인 반응의 2단으로 나누어 반응된다. 음극과 양극은 외부 부하를 사이에 두고 전선으로 연결되며, 전자는 전선을 지나 전력을 이끌어낸다. 최종 반응은 수소와 산소로부터 물이 생성되는 반응이다.

외부로부터 공급된 수소분자(H_2)는 음극 내에 있는 촉매에 흡착되어 활성화되어 수소이온($2H^+$)과 전자($2e^-$)가 된다. 이 전자는 전극으로 보내지고 나서 외부 회로를 지나 양극 쪽으로 이동하고, 전류(직류)는 양극에서 음극 쪽으로 흐른다. 수소이온은 전해질 안을 확산하여 가며 양극으로 이동한다(양이온 전도성). 양극에서는 외부로부터 공급된 산소분자(O_2)가 외부 회로로부터 돌아온 전자를 받아들여 산소이온(O_2^-)이 되어 수소이온과 결합하여 물이 된다(그림 1).

연료인 수소는 물의 전기분해나 천연가스 · 메탄올의 개질로서 얻을 수 있고, 산소는 대기 중으로부터 얻어진다. 연료전지에서 얻어지는 전기는 직류전기이기 때문에, 교류로 변환하는 인버터(inverter)가 필요하다.

수소–산소반응에서는 비교적 큰 엔트로피(entropy)변화를 나타내며, 같은 종류의 연료전지에서는

[음극] (연료극) H_2(기상) = $2H^+$(액상) + $2e^-$
[양극] (공기극) $2H^+$(액상) + $O_2/2$(기상) + $2e^-$ = H_2O(액상)

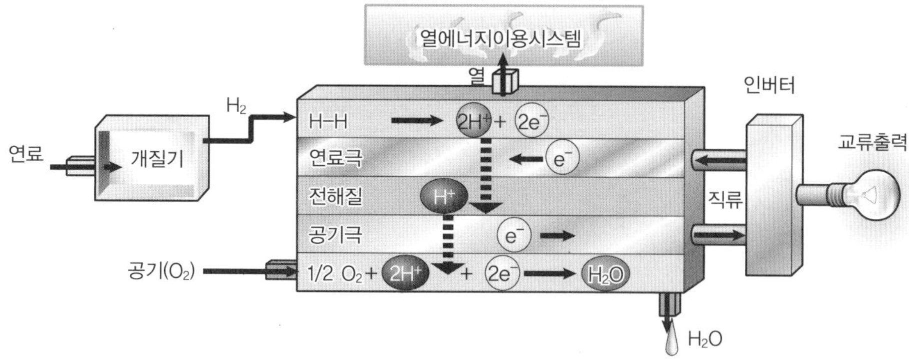

그림 1 연료전지의 구조와 시스템

작동 온도가 높을수록 전기에너지로서 이끌어내는 부분(자유 에너지변화, ΔG)은 감소하고(기전력의 감소), 열에너지가 되는 부분(엔트로피변화, $T\Delta S$)이 많아진다. 또한, 전지 내에는 저항 · 확산 · 활성화분극에 의한 에너지손실도 발생된다.

$$2H_2 + O_2 = 2H_2O + \text{전기} + \text{열}$$

엔탈피변화 $\Delta H = \Delta G + T\Delta S$

$\Delta H = 285.83\text{kJ/mol}$

$\Delta G = 237.13\text{kJ/mol}$

$T\Delta S = 48.7\text{kJ/mol}(25°\text{C, 1atm})$

연료전지의 이론효율 : $\eta = \Delta G/\Delta H = 82.9\%$

이론기전력 : $E_0 = \Delta G/nF$

$E_0 = 237.13 \times 10^3/2 \times 96{,}485$

$E_0 = 1.23\text{V}$

(F : 파라데이 정수)

연료전지의 구성

연료전지는 전해질을 사이에 두고 연료극과 공기극으로 구성되어 있는데 이것을 '셀(cell)'이라 한다. 전자 도전성이 높고 전기저항이 작은 음극과 양극은 이온 도전성이 높고 전자 도전성이 낮은 전해질과 접촉하고 있으며, 전극(전자 전도체 촉매와 고체 · 카본 블랙(carbon black)), 수소 또는 산소(기

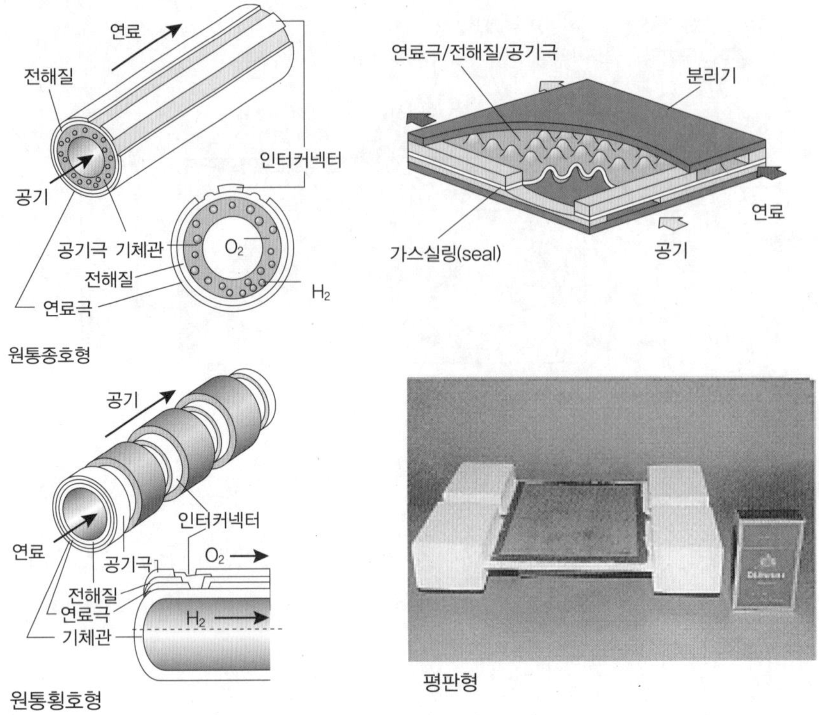

그림 2 셀의 구조(고체산화물형 연료전지)
(출처: NEDO기술개발기구 팸플릿 "고체산화물 연료전지")

체), 전해질(이온 전도체, 액체 또는 고체)의 3상이 접촉하는 3상계면(三相界面)에서 반응이 일어난다. 전극에는 연료나 공기가 통하기 쉽도록 다공질 고체를 사용하여, 촉매층을 결착시킨다. 전해질은 다공질 고체에 액체를 스며들게 하거나, 고체를 그대로 또는 막 등을 사용한다. 전해질을 전도하는 이온에는 양이온과 음이온이 있어, 양이온은 음극에서 양극으로 이동하고, 음이온은 그 반대로 움직인다. 단전지(셀)의 출력 전압은 1V 정도이므로, 이것을 수십, 수백개 직렬로 적층(積層)시켜 스택(stack, 적층전지)으로 하고, 발전 단위로서 직렬 및 병렬로 연결하여 연료전지를 만든다.

셀은 분리기를 끼고 쌓은 구조를 취하고 있다. 셀에는 평판형과 원통형이 있다. 분리기는 전도성의 재료로 만들어지고, 각 셀의 양극은 분리기에 의해서 인접하는 셀의 음극과 접속하고 있다. 분리기의 양면에는 홈이 만들어져 한 면은 연료가스가, 다른 면은 산화제가스(공기)가 흐른다. 스택으로서의 연료전지에는 각 셀을 접촉 저항이 없도록 집적하여 연료와 공기를 연속적으로 공급하는 동시에, 발생하는 열을 높은 효율로 회수하는 구조가 필요하다(그림 2~4).

연료전지 구성재 중에서 가장 제작이 번거로운 것은 흑연판의 분리기이고, 비용도 절반 가까이를 차지한다. 이 때문에, 흑연수지몰드(mold)나 금속판으로 바꾸어 비용을 절감하거나 효율화를 꾀하고 있다. 촉매 사용의 경우 촉매비용이나 이온 교환막 가격도 큰 비율을 차지한다.

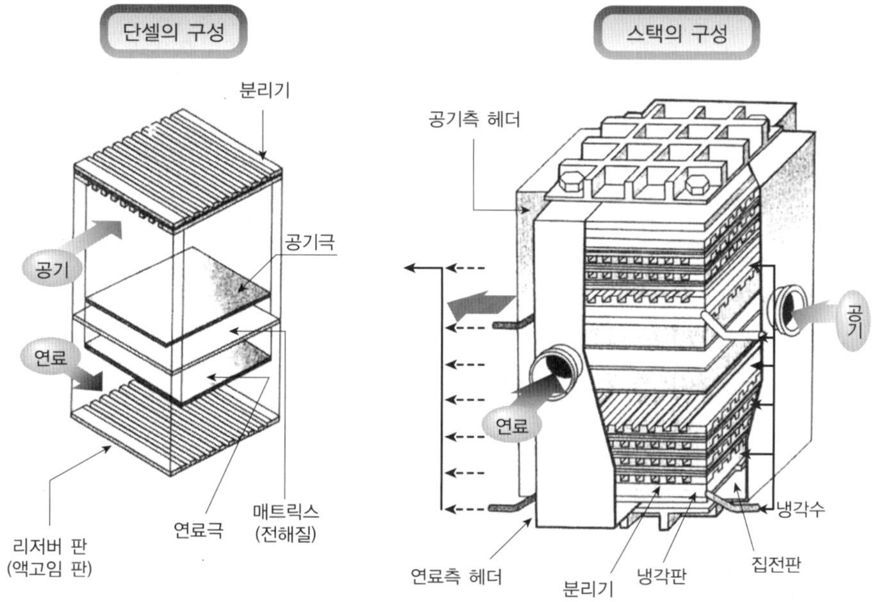

그림 3 셀과 스택(인산형 연료전지)
(출처: 이케다 히로노스케 편저, "연료전지의 전부" p.106~107, 일본실업출판사(2001))

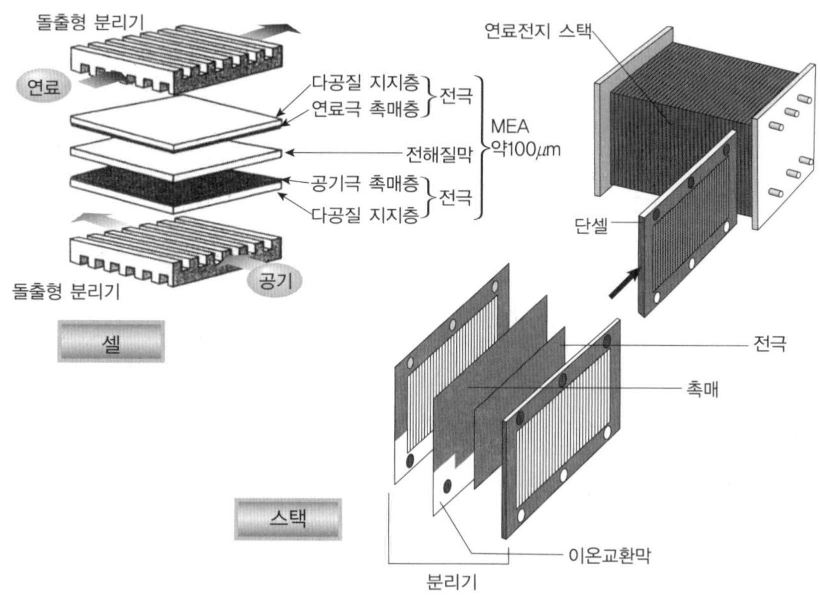

그림 4 셀과 스택(고체고분자형 연료전지)
(출처: 이케다 히로노스케 편저, "연료전지의 전부" p.126~127, 일본실업출판사(2001))

연료전지의 종류

연료전지에는 초기에 사용된 알칼리 전해질을 쓰는 알칼리형(AFC), 고온 작동형으로 대규모 설비에 쓰는 용융탄산염형(MCFC)와 고체 산화물형(SOFC), 저온 작동형으로 업무용에 쓰이고 있는 인산형(PAFC), 소용량으로 저온 작동의 고체고분자형(PEFC)이 있다. 고체고분자형은 가정용이나 자동차용을 목표로 개발이 진행되어, 이후 주류가 되리라 기대되고 있다(그림 5). 또, 모바일용으로 발전효율보다도 경량화와 소형화를 목표로 메탄올을 직접 연료로 하는 직접메탄올형(DMFC) 개발도 진행되고 있다. 이러한 6종류의 주요 연료전지는 그 특성을 살려 실용화가 진행되고 있다. 이들의 공통적인 특징은 표 1과 같다.

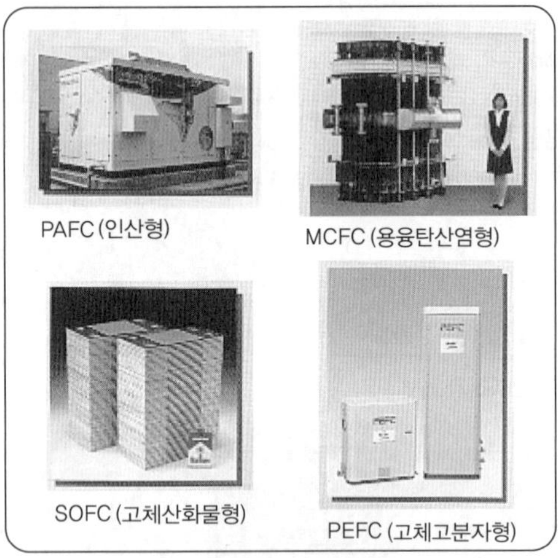

그림 5 연료전지 본체의 외관
(출처: 동경가스 팸플릿 "고체고분자형 연료전지"(2003))

표 1 연료전지의 특징

① 작은용량이고 발전효율이 40~50%로 높고, 동시에 발생하는 열을 이용하면, 종합에너지효율이 80%가 된다(열병합발전, 열병합공급).
② 발전시 H_2O만 나온다. 질소산화물(NOx)이나 유황산화물(SOx) 등의 대기오염물질을 배출하지 않는다.
③ 저진동, 저소음이고, 콤팩트하고, 건설도 용이하여 분산전원이 된다.
④ 다양한 원연료(수소, 도시가스, LP가스, 등유, 메탄올)의 이용이 가능하다.
⑤ 향후의 큰 과제는 비용 저감과 고출력밀도화이다.

연료전지의 종류

연료전지는 19세기에 원리가 발견되어, 1950년대에 실용화를 향한 개발이 시작되었다. 알칼리형부터 인산형, 용융탄산염형, 고체산화물형을 거쳐, 현재는 고체고분자형, 직접메탄올형 연료전지 실용화가 진행되고 있다. 각 전지는 각각의 특징을 살려 산업용으로부터 가정용, 자동차용, 모바일 기기용으로 용도가 넓어지고 있다. 이제부터는 비용절감과 수명시간의 연장이 중심이 된다.

키워드 연료전지의 종류

주요한 연료전지는 5종류이다.
인산형(PAFC) : 저온형, 업무용, 공업용
용융탄산염형(MCFC) : 중온형, 대규모 발전용
고체산화물형(SOFC) : 고온형, 분산전원용
고체고분자형(PEFC) : 저온형, 자동차 · 가정용
직접메탄올형(DMFC) : 저온형, 이동형

인산형 연료전지(PAFC : Phosphoric Acid Electrolyte Fuel Cell)

인산을 다공질의 탄화규소층에 스며들게 한 전해질을 다공질의 카본페이퍼의 기판(基板)에 백금촉매층을 결착시켜서 만든 전극의 사이에 둔 3층 박판의 단셀이 기본 구조로 되어 있다.

전해질과 접촉하는 면의 전극에서 백금의 촉매작용으로 수소가 수소이온과 전자로 나누어져, 인산 전해질은 수소이온만을 통과시키고(양이온 전도성), 전자는 외부회로를 지나서 공기극에 달하여 산소와 수소이온 그리고 전자와 결합하여 물이 된다.

연료 중에 CO_2 등이 함유되어 있어도 전극 반응에는 영향을 주지 않으나, CO는 촉매의 활성화를 방해하게 된다. 향후의 과제는 전극 구조의 최적화, 촉매의 고성능 · 장 수명화에 의한 비용 절감이다(그림 1).

용융탄산염형 연료전지(MCFC : Molten Carbonate Fuel Cell)

연료극에는 소결(燒結)이나 크리프(creep)변형에 의한 효율 저하를 억제하기 위해서 Ni를 주성분으로 Al, Cr를 첨가한 것이며, 공기극은 산화물로서 Li이 첨가 된 NiO이다. 전해질판은 탄산염(탄산리튬

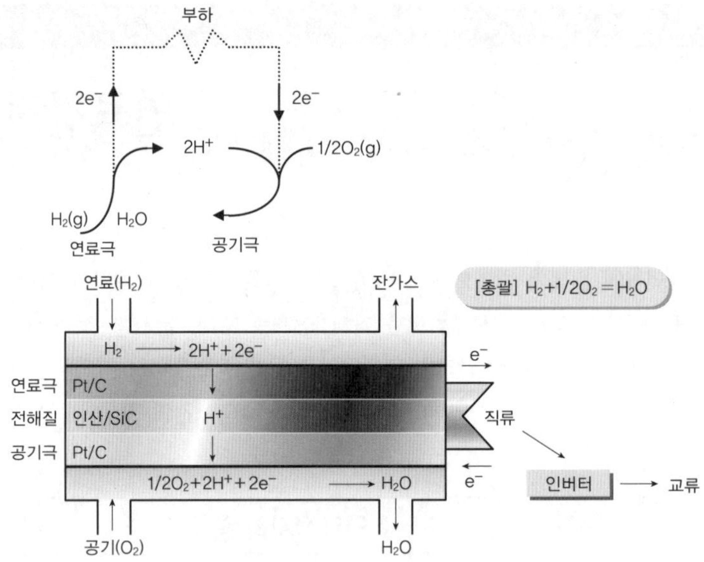

그림 1 인산형 연료전지

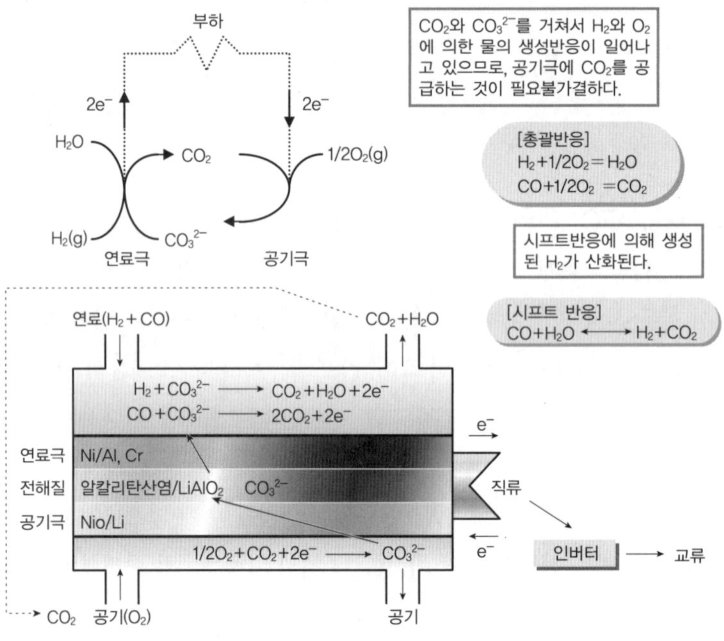

그림 2 용융탄산염형 연료전지

(Li_2CO_3)과 탄산나트륨(Na_2CO_3)과 탄산칼륨(K_2CO_3)을 섞은 알칼리탄산염)과 다공질의 알루민산리튬($LiAlO_2$)이 주성분(matrix)이 된다.

연료극에서는 공급된 연료 중의 H_2가 전해질 중의 탄산이온으로 산화되어 H_2O과 CO_2와 전자를 생성하며, 전자는 외부회로를 지나서 전기적인 일을 하고 공기극에 운반된다. H_2와 동시에 연료극에 공급된 CO도 변환반응으로 H_2를 생성한다. 공기극에서는 공급된 O_2와 CO_2가 탄산이온을 생성한다. 탄산이온은 전해질 중에 공급되어 연료극으로 이동한다. 탄산이온은 전하 담체가 된다. 따라서 공기극에 CO_2를 공급하는 것은 불가결이다(그림 2).

작동 온도가 높으므로 귀금속 촉매가 불필요하고, CO도 연료로서 사용할 수 있으며, 전환반응에서는 H_2를 생성한다. 사용 가능한 원연료의 범위가 넓고, 내부에서 연료의 개질이 가능하다. 전해질이 액체 상태이기 때문에 취급에는 주의가 필요하지만, CO도 연료로서 사용할 수 있으므로, 넓은 적용 범위를 가지고 있다.

향후에 긴 수명화, 높은 신뢰성의 확보가 과제이다.

고체산화물형 연료전지(SOFC: Solid Oxide Fuel Cell)

연료(H_2와 CO를 사용)는 연료극과 전해질의 계면에서 전자(e^-)를 방출하는 동시에, 공기극으로부터 전해질 층을 이동하여 오는 O^{2-}와 반응하여서 H_2O, CO_2를 생성한다. H_2 등으로부터 방출된 전자 e^-는 외부의 전기회로를 지나서 전기적인 일을 한 후, 공기극에 도달한다. 공기극과 전해질의 계면에서는 공기 중의 O_2가 도달한 전자 e^-와 반응하여 O^{2-}가 되며, O^{2-}는 전해질 안을 통과하여 연료극 쪽으로 이동한다.

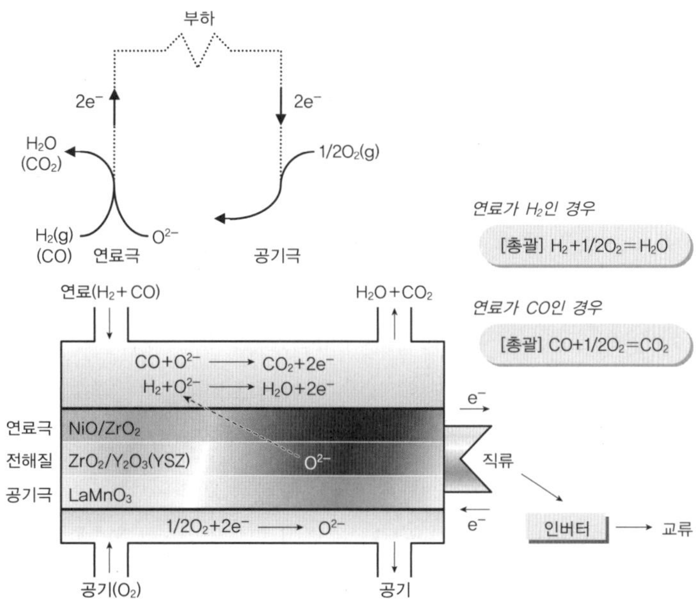

그림 3 고체산화물형 연료전지

연료극에는 다공질의 40～60%의 ZrO_2분(粉)을 포함하는 NiO분을 도금한 것을 사용한다. Ni는 전해질의 ZrO_2와의 열팽창율차가 크고 박리하기 쉬우므로, ZrO_2분을 포함하는 것을 사용한다.

공기극에는 다공질로 고온의 산화 분위기 하에서 안정되고, 촉매 능력과 전자전도성이 높은 란탄 망가나이트(lanthanum manganite, $LaMnO_3$)계의 재료가 사용된다. 전해질에는 고온에서 산소이온의 높은 도전성을 나타내는 ZrO_2에 산화이트륨(yttria, Y_2O_3)을 3～10% 첨가한 산화이트리아인 안정지르코니아(YSZ)가 사용된다(그림 3).

고체전해질로 증발이나 이동이 없고, 고온 작동이기 때문에 내열성이 필요하며, 기동 시간도 걸리지만, 출력밀도를 높게 할 수 있다. H_2와 CO를 사용하는 연료는 연료극과 전해질의 계면에서 전자를 방출함과 동시에, 공기극에서 전해질 속을 이동해 오는 O^{2-}와 반응하여 물과 이산화탄소를 생성한다. H_2 등으로부터 방출된 전자는 외부 전기회로를 지나 전기적인 작용을 한 후, 공기극에 도달한다. 공기극과 전해질의 계면에서는 공기 중의 O_2가 도달한 전자와 반응하여 O^{2-}가 되고, O^{2-}는 전해질 속을 연료극 측으로 이동한다(음이온 전도성). CO도 연료에 쓸 수 있다는 것이 특징이다.

셀의 구조에는 원통형과 평판형이 있다. 원통형(세로줄무늬형과 가로줄무늬형)은 강도가 있어, 가스의 기밀이 용이하다. 평판형은 얇고, 단위체적당의 출력 밀도가 높지만 기밀이 곤란하다. 구성부재는 고체이지만 고온 운전 때문에 내열성을 필요로 하고, 기동에 시간이 걸리나, 출력 밀도를 높일 수 있다. 저온(700 ℃ 이하)에서는 더 높은 고도전성 전해질, 고활성 전극촉매가 요구된다.

● 고체고분자형 연료전지(PEFC : Polymer Electrolyte Fuel Cell)

원리는 PAFC와 마찬가지로 양이온 전도성이며, 전해질과 전극의 재질이 다르다. 촉매에는 Pt(kW 당 수 g)을 사용하고, 연료극에는 CO 피독(10 ppm 이하로 억제)을 견디기 위하여 Pt, Ru 촉매를 사용한다. 공기극에도 Pt가 쓰인다. 전해질은 고체고분자 전해질막(20~100 ㎛)이고, 그 양측에 연료극과 공기극(두께 10~20 ㎛의 촉매층)을 형성하여 막 · 전극 접합체(MEA, Membrane electrode assembly)로 일체화되어 있다. 이 촉매층 바깥 쪽에 집전재로 다공질 지지층(카본지, 기공율 80%)을 달고, 이것을 반응가스 공급 통로를 겸하고 있는 세퍼레이터 사이에 둔다.

전해질막 속 수소이온의 도전성을 확보하기 위해서는 수분, 가습기가 필요하다. 이 이온 교환막으로는 수소이온 도전성이 높고, 가스 투과성이 낮은 것이 필요하여, 퍼플루오로(perfluoro)형 술폰산(sulfonic acid)계 불소수지, 다공질 유리, 풀러렌(fullerene) 등이 검토되고 있다.

컴팩트하고 70~90 ℃에서 발전하므로 운전 개시 · 정지가 용이하다. 전해질이 흩어져 날아가는 일이 없고, 진동이 적으며, 출력밀도가 높고, 용적당 출력이 크므로, 소형경량화가 가능하여 자동차 등 가반식(可搬式)인 것이나 빈번히 시동 · 정지하는 가정용 등의 열병합발전에 쓰이고 있다. 이후의 과제는 에너지 변환율 향상, 활성수명 장기화(5,000 h), 저단가(50만 엔/주택용 1대 1 kW)이다.

직접메탄올형 연료전지(DMFC : Direct Methanol Fuel Cell)

작동 온도 100 ℃ 이하에서 메탄올을 수소로 변환하지 않고 직접 연료로 사용한다.

연료극에는 Pt에 Ru를 몰비 1:1의 비율로 첨가한 미립자를 다공질탄소(카본 블랙)에 저장한 촉매를, 공기극에는 Pt만을 다공질탄소에 저장한 촉매를 사용한다. 단위셀은 술폰산막을 사용한 전해질막에 전극촉매와 고체고분자전해질을 섞어 만든 전극을 맞붙이고, 메탄올수용액과 공기가 흐르는 유로가 달린 분리기 사이에 끼워 만든다. 연료극에서는 메탄올과 물이 반응하여 이산화탄소와 H^+가 생성되고, H^+는 막 속을 따라 음극으로 이동한다(양이온 전도성). 산소극에서는 산소가 환원되어 H^+가 O_2와 전자와 반응하여 물이 생성되고, 이때 외부 회로에 전자가 흘러 전류를 얻어낼 수 있다(그림 4). 공기극 쪽의 과전압(반응 활성화 에너지에 의한 전압 손실)을 높이기 때문에 셀 전압이 낮아진다. 또 구조가 간단하여, 초소형 발전장치가 된다. 메탄올은 고분자막을 투과하기 쉽고(크로스오버), 공기극 쪽에서 메탄올은 반응하여 전위를 낮춘다. 이 때문에, 메탄올 농도를 0.5~2 mol%로 제어한다. 메탄올을 투과시키지 않고, H^+만을 통과시키는 탄화수소계 막의 개발이 진행되고 있다.

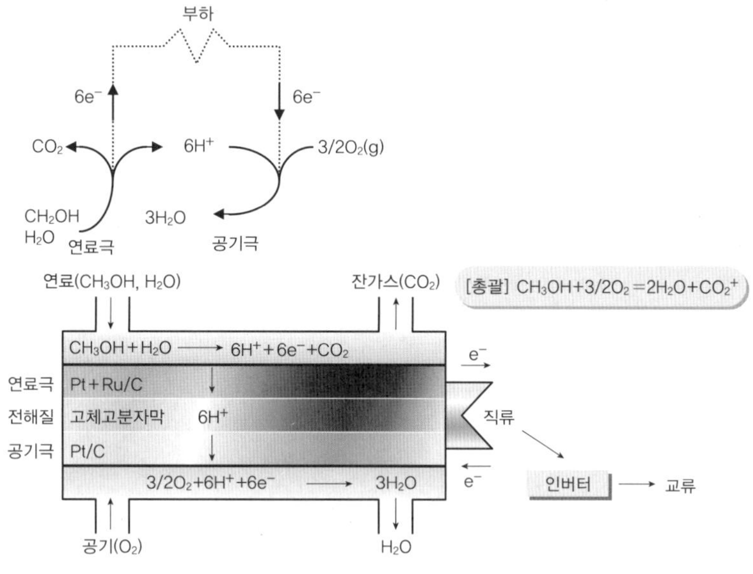

그림 4 직접메탄올형 연료전지

표 1 각 연료전지의 비교

연료전지(FC, Fuel Cell)	인산형	용융탄산염형	고체산화물형	고체고분자형	직접메탄올형
	PAFC	MCFC	SOFC	PEFC	DMFC
전해질	인산수용액/SiC	리튬 · 칼륨계 용융탄산염	지르코니아계 세라믹스, 안정화 지르코니아 ($ZrO_2+Y_2O_3$)	고분자막(이온교환막) 프로톤의 이동에 수분이 필요	술폰산막 탄화수소계막
전극 음극	Pt/다공질 카본페이퍼	Ni/Al, Cr	NiO/ZrO_2	Pt/Ru 흑연저장	Pt/Ru 흑연
전극 양극		NiO/Li	$LaMnO_3$	Pt/흑연저장	Pt/흑연
이온전도종	H^+	CO_3^{2-}	O^{2-}	H^+(양이온)	H^+(양이온)
작동온도 [℃]	170~200 저온연료전지 Pt 촉매	600~700 중온연료전지 촉매불요	600~1,000 고온연료전지 촉매불요	80~100 저온연료전지 Pt 촉매	70~90 저온연료전지 Pt 촉매
연료	천연가스, 메탄올, LPG, H_2 CO는 불가	천연가스, 나프타, 등유, 중유 H_2+CO CO_2가 필수	천연가스, 등유 나프타, LPG, 중유, 메탄올 H_2 또는 CO	메탄올, 등유, 천연가스, LPG, H_2 CO 불가	메탄올
발전출력[kW]	50~200~1,100	10~300~750	10~220	1~100	1~12W
발전효율 [%]	40~45	45~60	50~65	30~40	30~40
용도	업무용, 공업용	공업용, 발전소	업무용, 공업용	자동차, 가정용	소형, 이동용
특징	상용화 단계 20년 이상의 실적 50만엔/kW	고발전효율 대규모 발전용 100만엔/kW	고발전효율 분리형 전원용 150~500만엔/kW	저온작동, 이동용 · 소용량 300만엔/kW	저온작동 이동용 소용량
납입대수총계 (1992~2007년)	187 (1대/07년)	20 (0대/07년)	45 (31대/07년)	2,756 (1,008대/07년)	–

(출처: 오스미 야스아키, 「수소에너지 이용기술」, p.43, 아그네기술센터(2002. 5. 20), 일본전기공업회,「연료전지 납입량 조사보고 2007」 등)

연료전지 수소의 제조방법

수소는 물이나 탄화수소의 형태로 대량으로 존재하며, 수소 그 자체는 화학공업의 원료로, 또 반도체 제조의 분위기 가스로 사용되고 있다. 최근에는 연소해도 탄산가스가 발생하지 않는 환경친화적 에너지원으로서 주목받기 시작했다. 연료전지뿐만 아니라 신에너지 연료로서 중요한 위치를 차지하고 있으며, 수소를 잘 다루는 것이 앞으로의 환경 보존에 커다란 영향을 미치게 될 것이다.

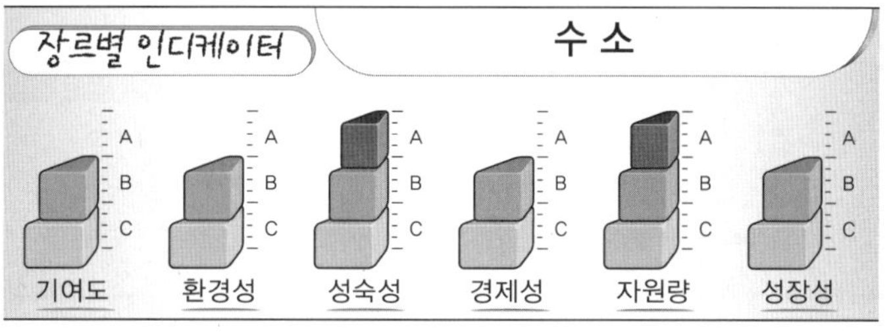

세계의 연간 수소 사용량은 5,000억 m^3(일본에서는 150억 m^3/year)이고, 이것을 열원으로 환산하면 세계의 총에너지 소비의 1.5%에 달한다. 일본의 화학공업에서는 석유정제에 50%, 암모니아 · 메탄올 합성에 40%가 사용되며, 그 외에 전자공업, 금속공업에서 사용된다. 수소는 공장 내에서 소비되는 양이 많고, 외판량은 1.5억 m^3에 지나지 않는다. 연료전지용으로는 오프사이트(공장)와 온사이트(수소충전소 및 연료전지내)모두 3군데에서 제조된다(표 1).

수소의 제조방법

수소의 제조방법에는 기존의 수증기개질법, 부분산화법, 부생가스로부터의 분리정제, 수전해(水電解)가 있으며, 앞으로의 제조방법으로서는 광분해법, 생물화학법이 주목받고 있다. 제조단가는 25~40엔 /m^3, 시장가격은 110엔 /m^3 정도로 추정되고, 이 중에서 코크스로가스(COG)로부터 분리하는 수소가 가격적인 면에서는 유리하다. 2020년 예측의 자동차 500만 대, 연료전지 100 MW에 대응하려면 100억 m^3/년의 생산이 필요하고, 입수 가격도 60~70엔 /m^3이라 예측되고 있다(표 3~5, 그림 1~3).

표 1 수소의 에너지로서의 특징

유리한 점	주의하여야 할 점
① 연소생성물이 물뿐이므로, 깨끗하다. ② 원료로서 풍부한 물을 사용할 수 있으며, 자원상의 제약을 없앨 수 있게 된다. ③ 물로부터 생성되어, 연소하여 물로 되돌아오는 사이클을 사용하면, 지구의 물질순환을 흐트러뜨리지 않는다. ④ 저장을 비교적 용이하게 할 수 있다. ⑤ 석유에 대신하는 유체에너지로 자동차 · 항공기 연료로도 사용할 수 있다. ⑥ 연료전지 연료원으로 고효율에너지가 된다. ⑦ 수소와 금속, 합금과의 가역반응이 에너지변환 기능을 가지고 있으므로, 광범한 용도로 사용될 수 있다. ⑧ 수소와 탄소원료로부터의 탄화수소를 제조하며, 화학공업 재료로 이용할 수 있다.	① 가볍고, 확산속도가 크고, 누설하기 쉽다. ② 폭발 범위가 넓고, 그 하한농도가 낮다. ③ 점화에너지가 작고, 착화하기 쉽다. ④ 금속이 수소를 흡수하여 물러진다. ⑤ 단위질량당의 발열량은 높지만, 단위체적당의 발열량이 낮다. ⑥ 필요할 때 필요한 속도로, 필요량을 공급할 수 있는가. ⑦ 운송 · 저장법의 안전성과 효율성 ⑧ 순환형 에너지로서, 제조에 다량의 화석원료를 쓰지 않을 것

표 2 수소의 물성

	수 소	프로판(참고)	메탄(참고)
비중/공기	0.0699	1.547	0.556
가스밀도 [kg/m³] (0℃, 1atm)	0.0898	2.02	0.716
융점 [℃] (1atm)	−259.1	−187.69	−182.6
비점 [℃] (1atm)	−252.9	−42.1	−161.4
연소열 [kJ/g]	141.8	50.1	74.2
폭발범위(공기중) [vol%]	4.0~75.0	2.37~9.5	5~15

표 3 수소의 제조방법(수증기 개질법)

방법	원료	내 용	반응식
수증기 개질법	탄화수소	원료는 나프타 경질유, 천연가스, 석유정제 부생가스(프로판, 부탄 등)의 탄화수소. 0.5~2MPa, 700~850℃에서, NiO 촉매를 써서 수증기와 반응시켜, CO, CO_2, H_2의 혼합물인 합성가스를 발생시켜, 분리 정제한다.	$C_mH_n+mH_2O$ $=mCO+(m+n/2)H_2$ $C_mH_n+2mH_2O$ $=mCO_2+2(m+n/2)H_2$
	메탄올	증발때문에 250℃의 열이 요구된다. 남는 CO에는 미량의 공기를 섞어서 시프트 반응으로 CO_2로 변환한다(CO 선택적 산화).	CH_3OH+H_2O $=CO_2+3H_2$ $CO+H_2O=CO_2+H_2$ (변환(shift) 반응)
	메탄	개질반응은 Ni 촉매하에서 1~3MPa, 600~900℃에서 행하여 수성가스화 반응조건은 Fe-Cr 촉매에서 300~450℃를 선택한다. 도시가스와 수증기를 반응시키는 방법도 있으며, 연료전지 내에서 개질된다.	CH_4+H_2O $=CO+3H_2$ (개질반응) $CO+H_2O$ $=CO_2+H_2$ (수성가스반응) $CH_4+2H_2O=CO_2+4H_2$
	프로판, 부탄	개질 전에 유황분을 제거하여 촉매피독을 피하고, 600℃ 이상으로 개질한다. LPG(프로판)나 등유 등은 온사이트라도 개질된다.	$C_4H_{10}+nH_2O=CO_2, H_2, CH_4, CO$ $CO+nH_2O=CO_2, H_2$(변환(shift) 반응) $CO+O_2=CO_2$(선택적산화반응)

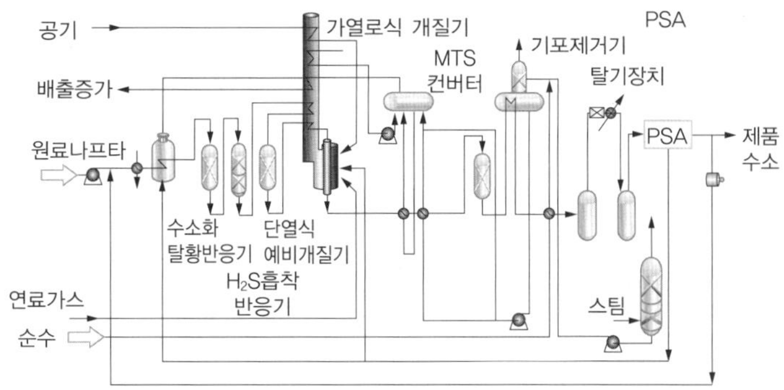

그림 1 수증기 개질법(톰프슨(Thompson)법)
(출처: 석유학회편, 「석유 정제 프로세스」(1998))

표 4 수소의 제조방법(부분산화법, 부생, 전해법)

방법	원료	내 용	반응식
부분산화법	탄화수소	원료 탄화수소를 산소, 공기, 수증기 등과 무촉매로 상압~5MPa, 1,200~1,500℃로 반응시켜, CO, H_2의 합성가스를 생성한다. 촉매를 사용하지 않으므로, 원료 중의 불순물의 제약이 없고, 광범위한 탄화수소의 가스화가 가능. 텍사코법과 셀법 프로세스가 주류이다.	$C_mH_n+m/2O_2$ $=mCO+n/2H_2$ $C_mH_n+mO_2$ $=mCO_2+n/2H_2$ $C_mH_n+mCO_2$ $=2mCO+n/2H_2$ (CO_2 개질)
	메탄올(부분산화 개질)	공기를 첨가해서 메탄올을 태우면서 개질합니다. 발열하므로 외부로부터 열을 가할 필요는 없고, 시동은 빠르지만 질소가 남아 수소농도가 낮아진다.	$CH_3OH+1/2O_2+2N_2$ $=CO_2+2H_2+2N_2$ (400~600℃)
	메탄올(병용개질)	오토서멀, 수증기개질과 부분산화의 장점을 받아들인 방법이며, 원료의 일부를 부분산화하여, 그 열로 수증기 개질을 한다.	$CH_3OH+1/3O_2+4/3N_2+1/3H_2O$ $=CO_2+7/3H_2+4/3N_2$ (200~600℃)
부생수소	제철부생가스	제철로의 부생법. 석탄을 1,000℃로 건류하면 얻을 수 있는 코크스로 가스로부터 수소를 분리 · 정제한다.	석탄($C_mH_nO_pN_rS_q$) ⟶ 코크스, 코크스 (H_2, CH_4, O)로 가스, 분리해서 H_2
	식염전해 부생가스	이온교환막법이나 격막법으로, 식염수를 전기분해하여, 음극실에 NaOH와 순도가 높은 H_2가 발생한다.	$2NaCl+2H_2O$ ⟶ $2NaOH+Cl_2+H_2$
물의 전기분해	물	25~30%의 KOH 수용액을 전해질로 하여, 60~90℃, 전압 1.9~2.5V로 전기분해하여, 알칼리 전해한다. 수전해에 필요한 에너지 ΔH는 Gibbs의 자유에너지 ΔG를 전기에너지로, $T\Delta S$를 열에너지로 가해서 얻을 수 있습니다. 고도전성이온 교환막을 사용하여 저온으로 작동하는 고체고분자 전해질막수 전해, ZnO_2 등의 고체전해질을 사용하여 900℃로 증기를 전해하는 고온 수증기 전해를 합해서 3종이 있다.	$2H_2O=2H_2+O_2$ 양극 $2OH^-$ $=1/2O_2+H_2O+2e^-$ 음극 $2H_2O+2e^-$ $=H_2+2OH^-$

수소는 혼합물로서 얻어지는 경우가 많고, 순도가 낮은 경우도 있으므로, 수소의 분리 · 정제를 (수행)실시한다. 그 방법에는 흡착법(PSA), 압력사이클법, 심냉분리법, 막분리법 등이 있으나, 설비 비용, 신뢰성 면에서 흡착법인 PSA법이 주류이다.

수소를 제조하는 데 화석연료를 쓰는 것은 신에너지 사용의 견지에서 바람직하지 못하다. 이 때문에 태양에너지나 원자력에너지를 사용하여, 열화학 사이클, 광화학분해, 바이오매스나 생물 반응을

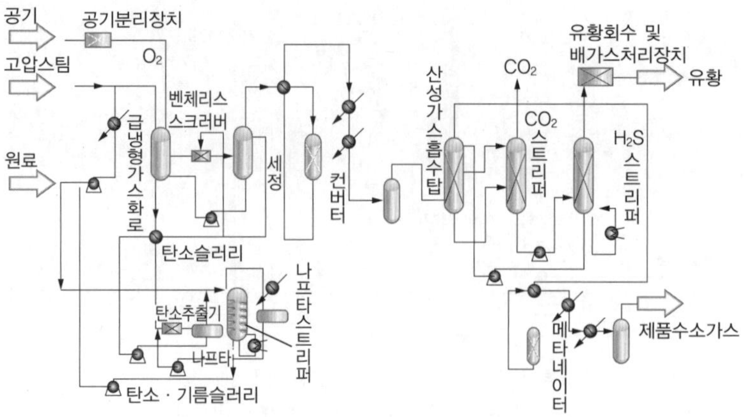

그림 2 부분산화법(텍사코(Texaco)법)
(출처: 석유학회편, 「석유 정제 프로세스」(1998))

표 5 수소의 제조방법(개발 중의 프로세스)

방법	내 용	반응식
열화학사이클법	1,000℃ 이하의 온도로 몇단인가의 열화학반응을 조합하여서 물을 분해하는 방법이다. • CaO, $CaBr_2$, Fe_3O_4, $FeBr_2$을 사용하는 UT-3 사이클 • MgO-SO_2, I_2 사이클, 철, 브롬사이클 • I_2와 SO_2를 순환물질로 하는 IS 사이클(GA법) 등의 방법이 개발되고 있다.	GA법 $2H_2O+SO_2+I_2$ $=H_2SO_4+2HI$ (97℃) H_2SO_4 $=H_2O+SO_2+1/2O_2$ (800℃) $2HI=H_2+I_2$ (500℃)
광화학분해	광에너지를 사용하여서 물을 수소와 산소로 분해하여, 수소를 얻는 방법이다. 광에너지의 이동매체로서 사용되는 것이 반도체(TiO_2)다. 반도체광전극에 의한 물의 광분해 반응에서, 양극에 n형 반도체의 TiO_2, 음극에 Pt를 사용해서 구성되어, 양극을 연결하여 반도체 전극(음극)의 태양광을 조사하면 전해질 용액의 물이 분해되어 반도체 전극의 표면에서 O_2가 Pt전극(양극)의 표면에서 H_2가 발생한다.	$2H_2O=O_2+4e^-+4H^+$ $2H^++2e^-=H_2$
생물반응	혐기성효소인 하이드로게나제(hydrogenase), 니트로게나제(nitrogenase) 등이나, 클로스트리듐(clostridium)이나 엔테로박터(enterobacter) 등의 발효수소 발생 박테리아나, 아나바에니나(anabaena) 로드버스터 등의 광합성 미생물이 글루코스(glucose), 섬유소(celulose), 전분, 단백질을 기질로서 수소를 발생시킨다. 그 발생속도는 에탄놀발효보다도 빠른 것이 있으며, 동 · 식물 쓰레기, 2,000만t에서 광합성으로 수소 20억Nm^3/year를 발생시킬 수 있다.	기질+박테리아$=H_2$ $C_6H_{12}O_6+6H_2O=6CO_2+24H^+$ (히드로게나제로)$+24e^- \rightarrow 12H_2$

이용하는 방법의 개발이 기대되고 있다. 기존의 시설을 이용하면서 온사이트에서 도시가스(메탄), LPG, 등유를 수소로 변환하여 연료전지의 연료로 사용하는 방법도 있다(그림 4).

수소는 확산하기 쉽고, 폭발이 저농도에서 일어나며, 폭발 농도 범위가 넓으므로 취급에 주의가 필요하다. 그러나 가벼워서 날아서 흩어지기 쉬우므로, 통기를 잘 해두면 꽤 안전하다고도 말할 수 있다(표 2).

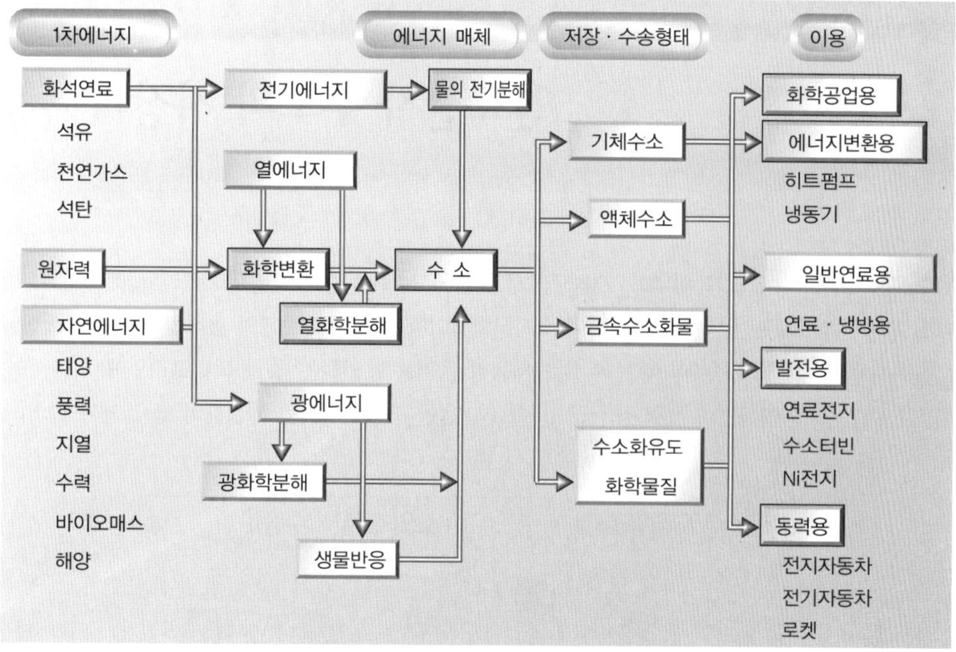

그림 3 수소 에너지의 이용 흐름도

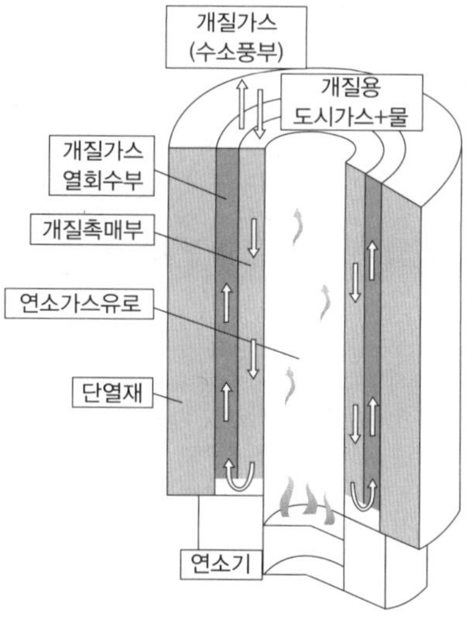

그림 4 내연형 개질기(도시가스)

(출처: 나카무라 도루, 세이 미키오, 「연료용 고효율 개질장치」, 마쓰시타전공기보, p.6 (2002))

연료전지 수소의 저장과 수송

수소는 가볍고 누설되기 쉬우며, 저농도에서 폭발하고 폭발 범위도 넓으므로, 취급에 주의가 따른다. 저장 방법으로는 압축법, 액화법, 수소저장합금이나 탄소계 재료에의 흡착법, 수소함유화합물로서의 보유법 등이 있다. 수송에는 수소를 저장한 용기를 운반하는 것과 파이프라인에 의한 수송 방법이 있다. 각 방법에는 일장일단이 있어, 수소 이용을 진행시키려면 해결해야 할 과제가 많다.

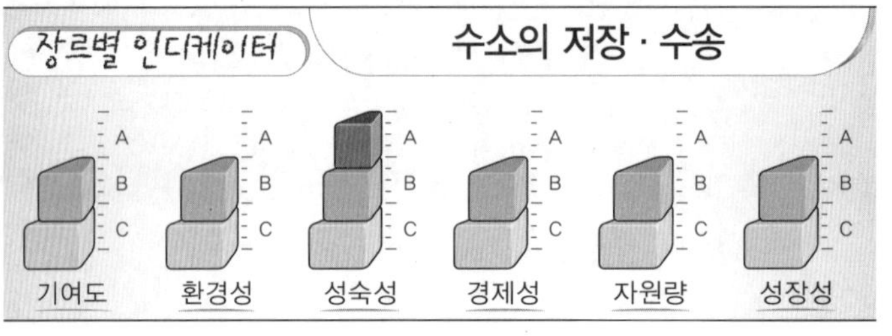

수소의 저장방법

수소의 저장에는 주로 6가지의 방법이 있다(표 1). 산업 용도로 저장하는 경우에는 수천 Nm^3을 설

표 1 수소저장과 운송의 특징

	방 법	장 점	단 점
저장	수소가스(300K, 0.1MPa)	상압이다.	수용량이 적고, 저체적밀도
저장	압축수소가스(300K, 70MPa)	액화보다 저에너지 소비	고압, 저체적 에너지밀도, 무거운 용기, 부피가 큼, 수소로 취화
저장	액체수소(20K, 0.1MPa)	고질량 에너지밀도, 체적밀도가 크고, 대량저장이 가능	액화 에너지가 필요하다. 증발(보일 오프), 순간증발(flush)에 의한 손실
저장	수소저장합금(373K 이하, 1MPa 이하)	높은 안전성, 고체적 에너지밀도, 장기간 저장이 가능하고, 열로 수소를 흡방출, 소요동력이 작고, 상온 · 상압에서 사용가능	합금이 무겁고, 값이 비싸고, 저질량 에너지밀도, 합금의 미분화(微分化)와 피독(被毒)
저장	탄소재료(단층탄소나노튜브, 73K, 10Mpa)	압축수소가스보다 고밀도, 경량한 재료	냉각제(액체질소 등)가 필요, 용기의 내압, 체적밀도(低嵩密度)
저장	수소함유화합물	수소전환율이 크고, 수송효율이 크고, 액체로 저장 · 수송	탈수소화에 에너지가 필요
운송	파이프라인 수송	대량수송에 적합	배관부설, 배관누설 · 손실
운송	용기수송	소량수송에 적합	대량수송 불가, 충전 손실

정하지만, 소량의 운반을 생각한 저장량으로는 자동차용 연료로서 500km를 주행할 수 있는 5kg(상온, 상압에서 56Nm^3)이 하나의 기준이 된다.

압축수소가스

원통 · 구형의 저장조(저장용기)에 3MPa로 2,000~3,000Nm^{3}의 수소를 저장한다. 운반을 하는 경우에는 고압봄베(bombe)에 직접 저장한다. 50~70MPa로서의 경량고압용기(81kg, 내용적 111*l*, 수소저장량 4.4kg)도 저장을 검토하고 있다.

액체수소

중량은 고압수소봄베의 1/80, 수소저장합금의 1/10~1/25이고 중량의 면에서는 뛰어나지만, 가솔린과 비교해서 중량은 4배이고, 체적으로는 0.3배의 에너지 밀도이다. 또 초저온에 견딜 수 있는 재료의 용기가 필요하고, 용기를 포함한 에너지 밀도는 가솔린의 절반 이하가 된다고 추정하고 있다. 액화에 에너지(10~14kWh/kg, 손실(loss) 28%)가 필요하며, 액체수소가 증발하는 보일오프가 있으며, 이송 중에 수소가 재증발하여 누설의 위험성이 있다. 보일오프를 억제하기 위해서는 저온에서 안정된 수소분자를 늘리면서 액화시키는 것이 바람직하다고 간주되고 있다.

일본에서 연간 6,000m^{3}의 수요가 있다(그림 1, 2).

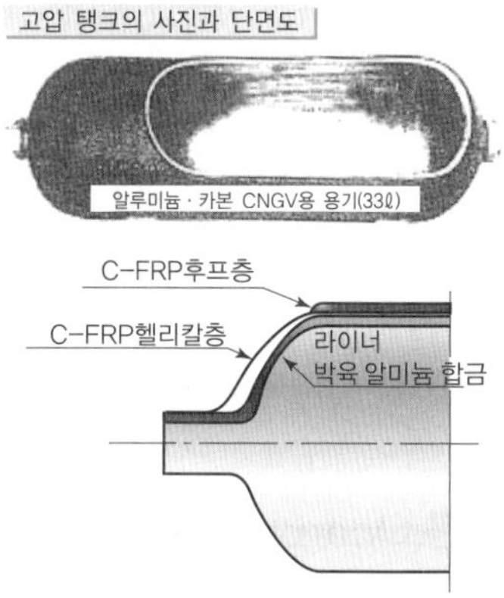

그림 1 고압가스 용기(경량형)
(출처: 이케다 히로노스케 편저, "연료전지의 전부" p.181, 일본실업출판사(2001))

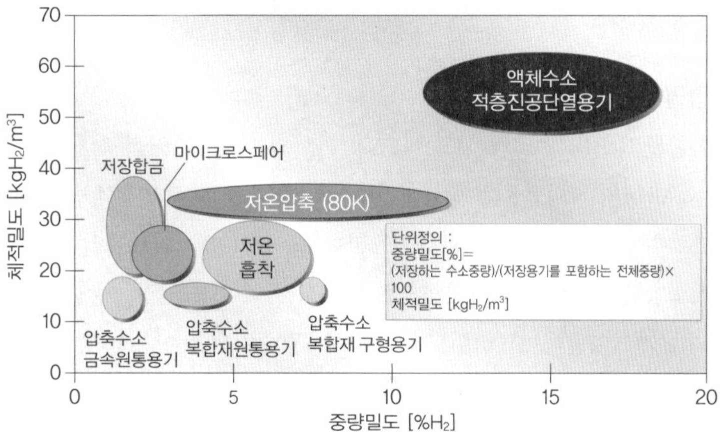

그림 2 저장법에 의한 수소밀도의 차
(출처: 가야 요이치 감수, "신에너지 대사전", p.805, 공업조사회(2002))

수소저장합금

수소를 특정 합금과 가압반응시켜 금속수소화물로 저장하고, 감압 · 승온시켜 수소를 방출시켜 사용한다. 100℃ 이하에서 수소저장 · 방출이 가능한 다성분계 합금을 사용하고, 200~500Nm^3/m^3, 1.2 중량% 이상의 수소저장 밀도를 갖게 한다. 합금에 따라서는 표준 상태 수소의 1,000 배의 수소 밀도가 있으므로 기체수소나 액체수소보다도 고수소밀도로서 안전한 저장방법이라고 말할 수 있겠다. 수소저장 밀도를 3~5중량% 이상을 목표로 하고 있다.

수소는 수소저장합금의 어느 정해진 결정격자 간극에 수소 원자의 상태로 들어가, 수소(H)와 금속(M)의 원자비(H/M)가 1인 금속수소화물을 생성한다. 수소저장합금은 안정된 수소화물을 생성하기 쉬우나, 고온 저압이 아니면 수소를 방출하지 않는 금속원소 A(주기율 2A~5A족의 원소, 희토류 원소, Ti, Mg 등)와, 수소화물을 형성하기 어렵지만 쉽게 수소를 방출하는 금속원소 B(주기율 6A~8족의 원소 Ni, Cd, Mn 등)의 조합으로 구성한다. $LaNi_5$(AB_5형), $ZnMn_2$(AB_2형), Mg_2Ni(A_2B형), TiFe(AB형) 등이 그 예이다. 수소저장량은 수소저장합금의 구성 원자의 종류에 따라서 결정된다. 금속원자(M)와 수소원자(H)와의 친화력이 크면 수소저장량은 3중량% 이상으로 많아지며, 수소저장 · 방출온도가 높아지며, 수소저장 · 방출 속도도 늦어진다. 수소저장량은 AB_5형 합금으로부터 A_2B형 합금으로 A군 금속의 함유량이 많아질수록 증가한다.

탄소(carbon)재료

탄소(carbon)에 수소를 물리적으로 흡착시키는 방법이고, 흑연층간 화합물, 활성탄, 탄소계 세공체 외에, 나노(nano)구조를 한 탄소계 재료(카본 나노튜브 · 파이버)가 검토되고 있다. 단층의 카본 나노튜브는 6각 탄소망면(網面)이 원통형으로 된 직경 1.2nm의 미세한 튜브이며, 여기에 모세관의 흡착현상으로 수소가 들어간다. 수소저장량 5중량%인 것도 있으며, 장래가 유망하다.

수소함유화합물

액체수소함유화합물($NaBH_4$, 보로하이드라이드)와 물과의 반응, 가역적 착체형(錯體型)화합물(알칼리금속 수소화물 : $NaAlH_4$)의 착화합물의 형성 · 분해에 의한 수소의 비가역적 방출을 이용한다.

물과의 반응으로 수소를 발생하는 보로하이드라이드($NaBH_4$)와, 나트륨알라네이트($NaAlH_4$)의 착체형 화합물에, Ti 화합물을 사용하여 가역적으로 반응시켜, 수소를 저장 · 방출시키거나, 사이클로헥세인—벤젠계 등의 유기케미컬하이드라이드의 수소화 · 탈수소화를 이용한다.

수소의 수송방법

수소는 새기 쉽고, 폭발 범위가 넓고 폭발 농도가 낮다는 것이 저장과 마찬가지로 수송에서도 유의

해야 할 점이다. 수소의 수송은 기체 그 자체인가, 고압으로 압축한 수소, 액화한 수소, 수소저장합금 · 카본에 흡착된 수소, 수소함유 화합물 등을 효율 좋고 안전하게 소비지까지 보내어주는 데에 있다. 그러나 기체에 의한 수송은 밀도가 작아서 불리하며, 수소체적 밀도를 높일 수 있는 액체수소나 수소저장합금 등에 의한 수송법의 개발이 진행되고 있다.

수소의 운반수요에는 대량 장거리 수송과, 소량 다빈도 근거리 수송의 2종류가 있다. 전자는 주로 산업상 이용으로 파이프라인으로 한 번에 대량의 수소를 수송하고, 후자는 가정용이나 자동차용 등 민생용으로, 용기를 사용하는 관계로 한 번에 운반할 수 있는 양에 한계가 있다. 어느 경우도 안전면과 경제면에서 검토해야 할 과제가 많이 남겨져 있다.

제조공장에서 수소를 제조하여 사용 장소까지 수송하는 오프사이트 공급 외에, 사용하는 장소에서 수소를 발생시키는 온사이트 공급이 있다.

파이프라인 수송

일본에서의 파이프라인에 의한 수소 수송은 주로 인근의 공장간에 행해지지만, 유럽이나 미국에서는 1,500 km의 파이프라인이 사용되고 있다. 새로이 부설하는 경우도 있지만, 이미 설치한 천연가스 수송배관도 이용할 수 있으며, 천연가스와 수소와의 혼합물도 수송할 수 있다. 그러나, 누설을 막기 위해서는 접합부는 원칙적으로 용접하고, 밸브류도 누설이 없는 것을 사용한다. 수소는 강재(鋼材) 중으로 확산하기 쉽고, 강관의 취화(脆化)나 균열을 일으키기 쉬우므로, 재질의 선정이 중요하다.

수소와 천연가스의 파이프라인 수송을 비교하면, 동일 배관과 압력 손실로 했을 때, 밀도와 점도가 낮기 때문에 수소 쪽이 2.5배의 양을 수송할 수 있다. 한편, 단위 체적당의 열량은 1/3이 되므로 경제성 면에서는 천연가스의 1.5배 이상의 가격이 되어 불리하다.

액체수소의 파이프라인 수송은 1~2km 정도로 그다지 멀지도 않다. 열에 의한 수축이나 베이퍼록(배관 내의 증기가 증발되어 기포가 쌓인다), 보잉현상(Bowing, 열 수축차에 의해 배관이 활모양으로 들린다)등의 문제가 있다.

용기에 의한 수송

기체수소는 밀도가 낮으므로 압축하여서 수송하는 것이 경제적이며, 고압에 견디는 용기를 재질면으로부터도 생각할 필요가 있다. 공업 용도로서의 이용은 양적으로 적고, 운반 거리도 200km 이하이다. 현재에는 자동차용을 대상으로 70MPa까지 압축하는 것을 생각하여, 용기의 중량 증가를 피하기 위해서 재질로 Al나 FRP(섬유강화플라스틱)를 사용한다.

수송 용기에는 용적 50l 정도의 실린더(봄베 또는 단병)를 10~30개 집결한 커들(curdle, 집합용기)과 장척 용기(長尺容器, 20MPa, 수소 60~140m^3)를 집결한 셀프로더(selfloader)나 트레일러(trailer)가 사용

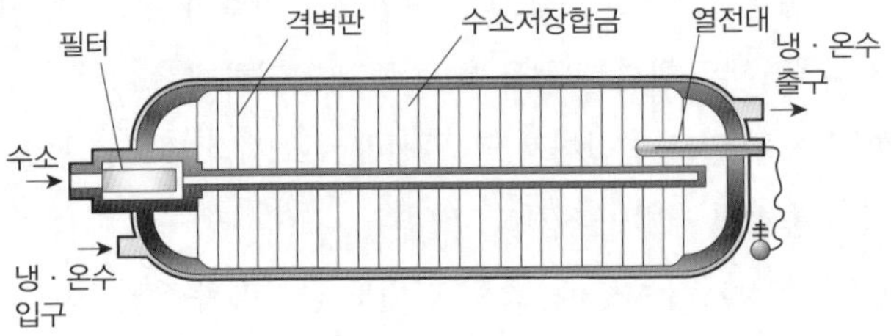

그림 3 수소저장합금에 의한 수소저장 운반 용기
(출처: 오스미 야스아키, "클린 에너지 · 수소", p.41, 아그네기술센터(2001))

된다. 셀프로더는 철제 바퀴가 달려 있어서 윈치(winch)가 붙어 있는 전용 트럭의 화물대에 올려서 이동한다. 트레일러는 고무 타이어가 달려 있고, 그대로 견인하여서 이동한다. 실린더는 내용적 46.7 l의 것이 표준으로, 14.7 MPa의 압력으로 수소를 7 m^3까지 충전 가능하다. 내용적 10l나 3.4l 등의 소형도 사용되어, 커들에 집결시키면 운반이 용이하게 된다. 긴 용기는 길이가 6 m나 되는 대형용기로, 19.6 MPa의 압력으로 수소를 60~140m^3 충전할 수 있으며, 3,100 m^3까지 트레일러 1대로 운반 가능하다.

액화수소는 가반식 초저온용기(LGC, 145l), 컨테이너(0.4~1.2 MPa, 내용적 2.5~40 m^3), 탱크로리 등으로 운반하는데, 보일오프(액체수소의 증발)이나 플래시(순간적 증발)가 일어나기 쉬워, 누설의 위험성이 있다. 운반용기의 단열성을 높여, 기화나 확산에 의한 손실을 막는 것이 중요하다. 액화수소로 수송하면, 압축수소 트레일러의 12배까지 수소를 운반할 수 있

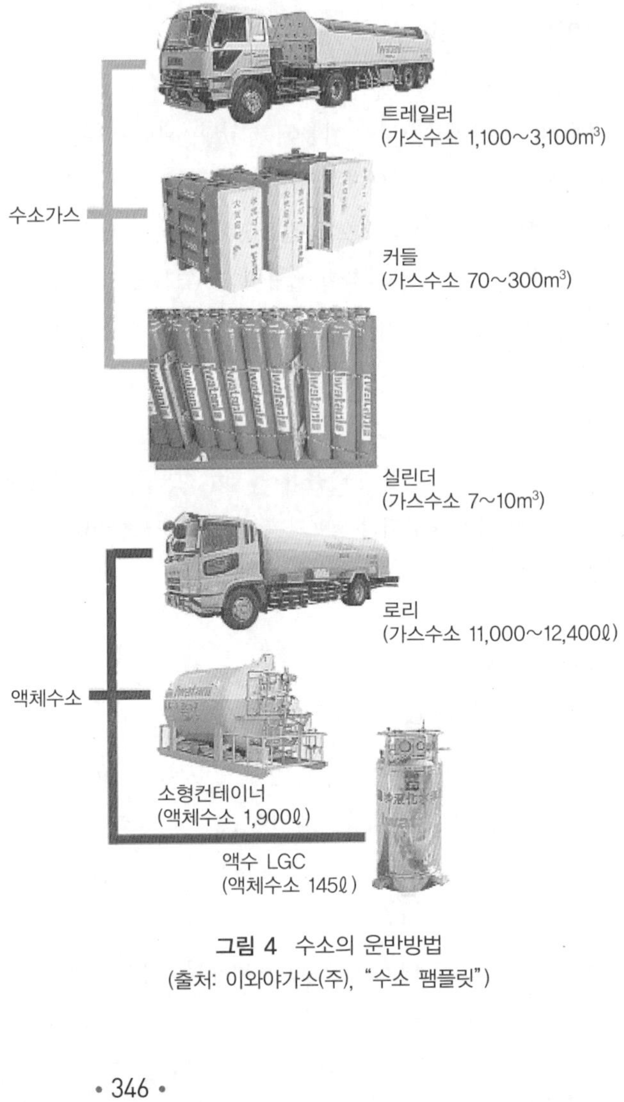

그림 4 수소의 운반방법
(출처: 이와야가스(주), "수소 팸플릿")

다. 해외에서는 컨테이너나 트레일러로 대량 수송이 이루어지고 있어, 전용선의 검토가 진행되고 있다.

수소저장합금이나 탄소계 재료에 저장한 경우도, 내압용기 안에 수소를 흡착시킨 상태로 운반하며, 소비 장소에서 방출시킨다. 이 경우에는 완만한 수소 방출조건의 선택과 함께 가벼운 용기와 저장합금의 고안이 필요하다(그림 3, 4).

연료전지 수소충전소

본 장에서는 도시가스 등으로부터 2차에너지인 수소를 제조 · 저장하고, 가압하여 연료전지자동차에 공급하는 「수소충전소」에 대하여 해설한다. 수소충전소에는 오프사이트 방식과 온사이트 방식이 있는데, 각각 실증시험이 이루어져 과제를 극복하는 기술개발이 진행되고 있다. 수소충전소에서는 초고압(350기압과 700기압)의 수소가스를 다루기 때문에, 특히 안전성 배려와 건설비 저감이 큰 과제이다.

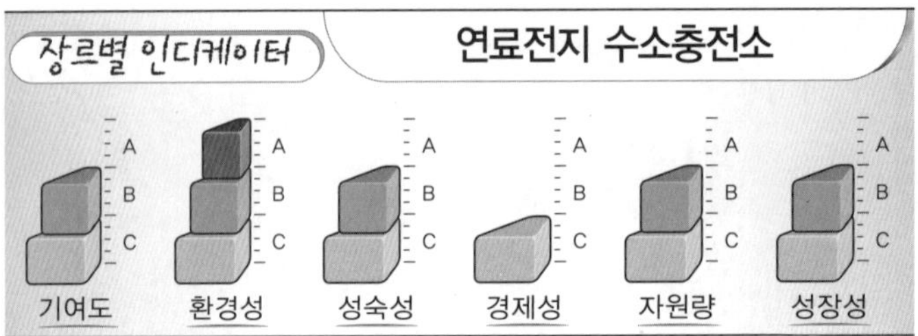

연료전지자동차는 수소탱크에 있는 수소와 공기 중의 산소로 발전한 전기에너지로 달리는데, 그 수소를 연료전지자동차에 보급하는 방식에 2가지 형태가 있다. 그림 1과 같이 대규모 공장 등에서 발생하는 수소를 트레일러로 수소충전소에 운반하는 방식(오프사이트 방식)과, 수소충전소에 수소 제조장치를 두고 천연가스나 석유로부터 수소를 제조하는 방식(온사이트 방식)이다. 수소충전소에서는 수소를 제조하는 데에 화석연료를 사용하기에, 수소는 깨끗하나 이산화탄소를 발생시킨다. 보다 환경부하가 적은 수소원을 사용하는 것이 이상적이지만, 실현성 면에서 단기적으로 그림 1과 같이 화석연료를 1차 에너지로 한 유형 a~e의 선택지가 주류가 된다고 생각된다. 앞으로는 그림 2와 같이 태양, 풍력, 바이오매스 등의 재생에너지원이나 지구온난화가스의 회수 고정화로 발생하는 수소 등 보다 지구환경부하가 적은 형태의 수소원을 이용하는 것이 이상적이다.

수소충전소에 대해서는 수소 제조방법과 원료 종류에 따라 표 1과 같은 실증시험이 이루어지고 있다. 탈황가솔린, 나프타, LPG, 메탄올, 도시가스 등 탄화수소계 원료의 수증기 개질, 제철소의 코크스로가스로부터의 정제, 알칼리수 전해 등의 방식이 실증시험사이트에서 검증되고 있다.

(a) 오프사이트형 액체수소

수소를 스테이션 내에서 제조하는 것이 아니라, 외부에서 반입하는 충전소를 오프사이트(off-site)

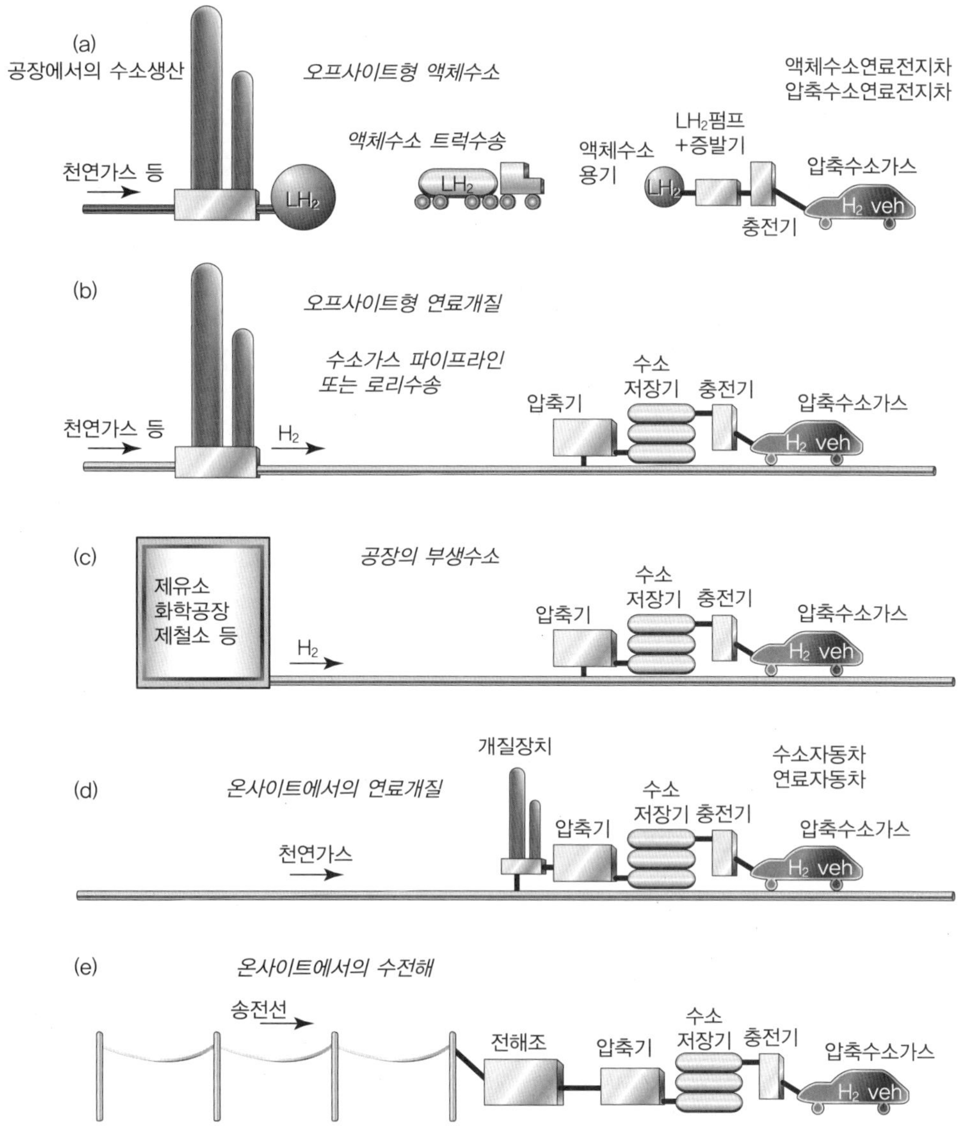

그림 1 단기적인 수소 공급 형태
(출처: Joan M. Orden: REVIEW OF SMALL STATIONARY REFORMERS FOR HYDROGEN PRODUCTION, pp.37~38)

형 충전소이라고 말한다. 보통은 공장에서 생산된 액체수소를 액체 탱크로리로 수송하여 수소충전소에 저장한다. 그림 3은 전형적인 액체 수소충전소의 설비 구성도이고, 차량에는 액체수소와 압축수소의 양쪽이 공급 가능하다. 「수소 · 연료전지 실증프로젝트(JHFC)」의 아리아케(有明) 수소충전소도 액체수소와 압축수소의 쌍방을 공급할 수 있는 오프사이트형 충전소이고, 충전 시간은 압축수소, 액체수소 모두 1대에 10분 이내이다.

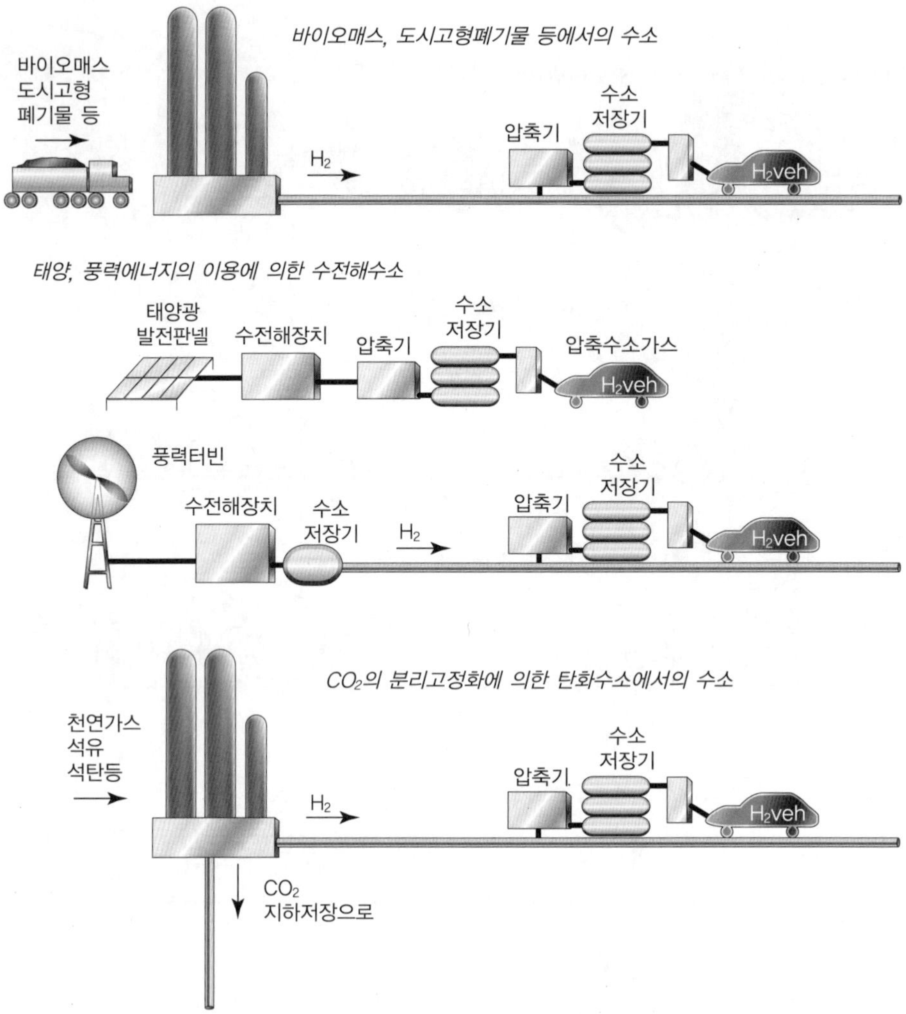

그림 2 장기적인 수소공급 형태
(출처: Joan M. Orden: REVIEW OF SMALL STATIONARY REFORMERS FOR HYDROGEN PRODUCTION, pp.37~38)

(b) 오프사이트형 연료개질

오프사이트형 연료개질에서는 천연가스, LPG, 나프타 등을 원료로 하여서, 수소제조 플랜트에서 수소를 생산 · 정제하여 파이프라인으로 수소충전소에 운반한다. 수증기개질법은 원료에 천연가스나 나프타 등 경질의 탄화수소를 사용하여, 수증기를 고온의 촉매 하에서 반응시킨다. 수증기개질 수소제조플랜트는 탈황공정, 수증기 개질공정, CO변성공정, 정제공정으로 되어 있으며, 역사도 오래이고 널리 실용화되고 있다. 이 외의 수소제조법에는 부분산화법, 자기열개질법 등이 있다.

표 1 일본의 수소충전소 실증시험

사이트명	유형	형 식	연 료	담당기업
아리아케수소충전소 간사이공항	a a	액체수소로리공급 액체수소로리 공급수입 간이 새틀라이트형	부생수소 오프사이트 수소	쇼와 셸석유, 이와타니산업 이와타니산업, 간사이전력, 구리모토철공소
가스미가세키 후나바시	b b	트럭탑재 이동식 트럭탑재 이동식	오프사이트 수소 오프사이트 수소	다이요일산 재팬에너지, 다이요일산
액체수소 실증설비	c	센트레아	코크스로가스	신닛뽕 제철
요코하마 · 다이코쿠수소충전소 요코하마 · 아사히 수소충전소 센주 수소충전소 오사카 · 오사카가스 수소충전소 가와사키 수소충전소 센트레아	d d d d d c+d	수증기개질 수증기개질+PSA 수증기개질+PSA 수증기개질+PSA 메탄올개질 수증기개질+PSA 및 제철부생 수소로터	탈황가솔린 나프타 LPG 또는 도시가스 도시가스 메탄올수 도시가스 및 코크스로가스	고스모 석유 신닛뽕 석유 도쿄가스, 다이요일산 오사카가스 일본에어 · 리퀴드 도호가스, 다이요일산, 신일본제철
사가미하라 수소충전소	e	알칼리수전해(이동식)	물, 전기	구리타공업, 시나넨, 이토추에넥스

(JHFC 팸플릿을 바탕으로 작성)

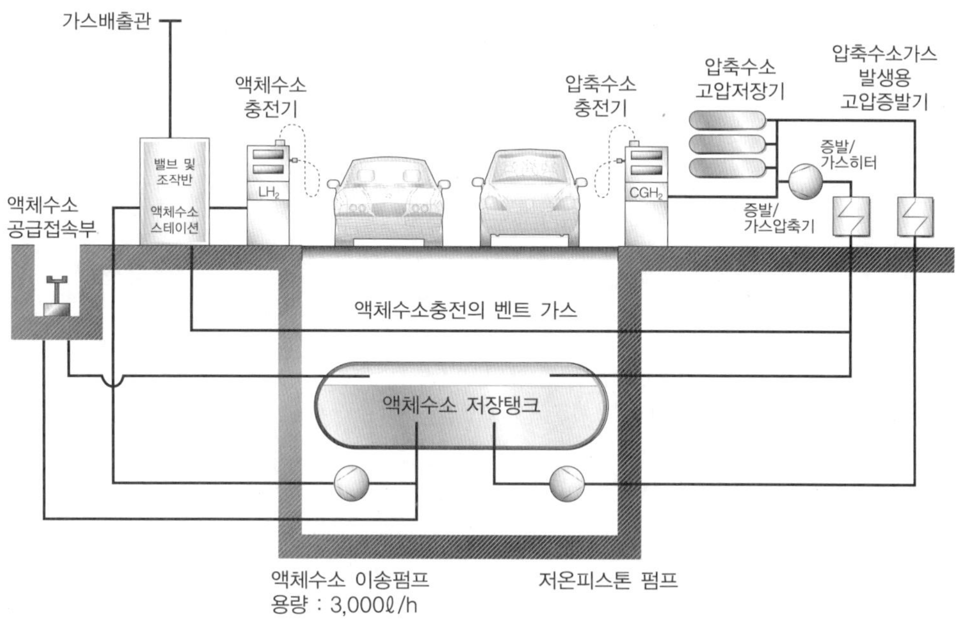

그림 3 전형적인 액체수소충전소의 설비 구성

(출처: BMW Clean Energy Seminar March 19~20, 2002, Sacramento, California) Rolf Trill: Linde Ag, Linde Gas, Munich, Germany e-mail:rolf.trill@de.lide-gas.com)

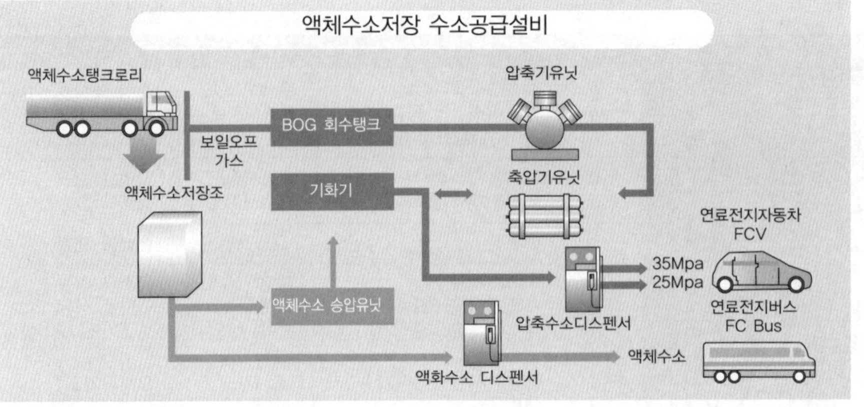

(1) 아리아케 수소충전소(수소를 제조하는 장치를 가지지 않고, 제조공장에서 액체수소를 탱크로리로 운반하여 탱크에 저장하고, 액체수소 또는 기화시킨 압축수소를 공급한다.)

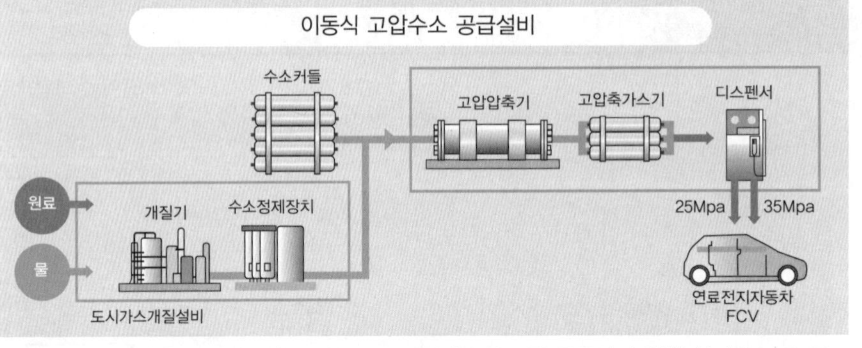

(2) 후나바시 수소충전소(이동식 고압수소 공급설비로 수소를 공급하기 위한 설비가 모두 차재되어 있다.)

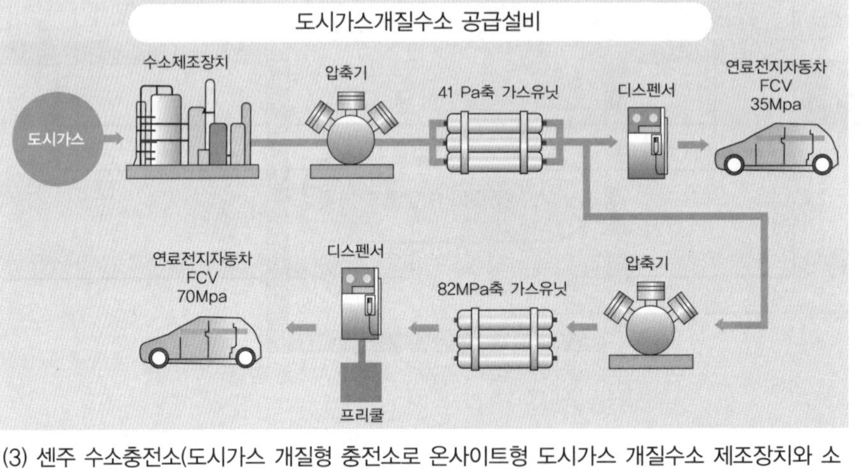

(3) 센주 수소충전소(도시가스 개질형 충전소로 온사이트형 도시가스 개질수소 제조장치와 소형 6탑식 PSA 정제장치를 채용하고 있다.)

그림 4 JHFC 수소충전소의 흐름
(출처: JHFC 팸플릿, http://www.jnfc.jp/data/pdf/pamphlet_station.pdf)

(c) 오프사이트형 부생수소

공장의 부생가스를 정제하여 수소를 생산할 수 있는 경우가 있다. JHFC의 프로젝트는 그림 4(1)의 아리아케 수소충전소의 예에서 볼 수 있듯이 수소를 많이 포함하는 부생가스(제철소의 코크스로가스: COG)를 정제하여 수소를 제조하고, 이것을 액화하여 아리아케(有明) 수소충전소로 수송해 연료전지 자동차에 공급한다는 일관된 수소공급시스템의 실증시험을 하고 있다. 제철소의 COG의 수소공급 능력이 커 장래의 유망한 수소공급원이 되리라고 본다. 이 외의 부생수소에는 식염의 전해공장의 수소 등이 있다.

(d) 온사이트형 연료개질

수소를 스테이션 내에서 제조하는 충전소를 온사이트(on-site)형 스테이션이라고 말한다. 현재, 표 1의 유형(d)에 볼 수 있는 바와 같이 수소충전소의 부지 안에서 연료를 개질하는 온사이트형의 실증시험이 여러 가지의 연료와 개질 형식에 대하여 행해지고 있다. 그림 4의 (3)은 센주 수소충전소 사이트로, 도시가스를 수요에 맞추어 개질하여 수소를 제조하는 천연가스개질의 공정이다. 제조된 수소는 승압하여 충전장치(디스펜서)로부터 연료전지자동차에 충전된다. 수소의 충전압력은, 35 MPa와 70 MPa의 2종류이다. 70 MPa는 1회 충전으로의 주행거리를 늘리기 위함인데, 70 MPa 디스펜서에는 충전 온도를 법규로 정해진 85 ℃ 이하로 억제하기 위하여 예비냉각 기구가 부가되어 있다. 또한, 연료개질 온사이트형의 장치에서는 반응의 고효율화, 스팀의 내부발생, 장치의 콤팩트화, 기동 · 정지의 자동화, 설비의 안전성 등이 중요시되고 있다.

(e) 온사이트형 수전해(水電解)

전력에 의한 물의 전기분해로 수소를 온사이트로 제조한다. 이것에는 알칼리수전해, 고체고분자전해질수전해 등의 방식이 있다. 수소충전소가 있는 부지 내에서 필요량을 단시간에 제조할 수 있고, 야간 전력을 이용한 수소제조가 가능하다.

수소충전소의 과제

- 신뢰성 · 안전성의 향상: 기설 충전소 11군데에서는 중대한 고장 없이 2008년 12월 말까지 약 1만 7천 회의 충전이 이루어졌다. 실증시험을 거쳐 운전이나 경년 변화에 의한 고장 분석과 대책, 수소의 미소한 누출 대책 등의 요점이 얻어진 상태이다.
- 원가 절감: 그림 5와 같이 수소

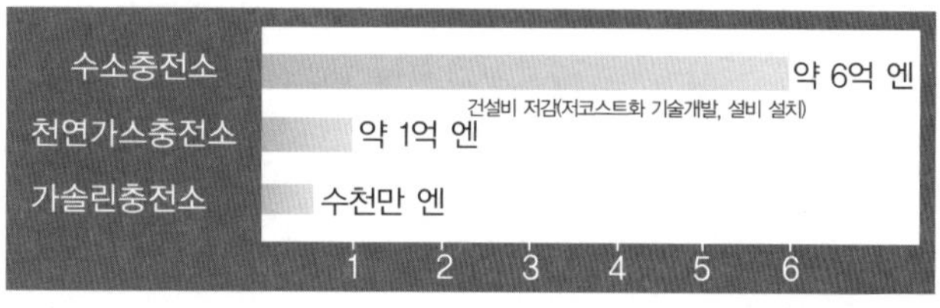

그림 5 충전소 건설비
(출처: JHFC 팸플릿「수소 · 연료전지(자동차) 실증 프로젝트」)

충전소의 건설비는 약 6억 엔이라 추정되고 있다. 주유소 건설비가 수천만 엔인 것을 생각하면, 이후 대폭적인 원가 절감이 필요하다. 그를 위해서는 수소제조장치의 간소화에 의한 원가 절감, 디스펜서의 원가 반감 등이 당면한 목표이다.

해외의 수소충전소 계획

해외의 수소충전소에 대해서는 미국의 경우는 시카고나 새크라멘토(Sacramento) 등 3개의 프로젝트가 진행되고 있으며, 압축수소가스, 수전해형, 천연가스 개질형의 수소충전소를 설치하고 있다. 연료전지버스도 운행되고 있으며, 향후 더욱 더 많은 연료전지자동차, 연료전지버스의 도입을 계획 중이다. 전력, 가스 등의 에너지를 공급하는 공익사업체 SMUD (Sacramento Municipal Utility District)는 미국 새크라멘토 시에서 자사가 보유한 연료전지자동차(Daimler, Ford)를 사용하여 실증시험 지원도 하고 있다. 현재, SMUD 본사 근처에 있는「재생에너지형 수소충전소」(그림 6)에서는 80 kW의 전력을 만드는 태양광 패널을 설치하여, 태양광으로 얻어진 전력으로 수전해를 하여 수소를 제조하고 있다. 수소저장량은 52 kg, 수소제조량은 12 kg/day로, 35 MPa 수소를 공급한다. 수소제조에 쓰지 않는 전력은 상용전력으로 역조류 되는 구조로 되어 있다. 플러그인 · 하이브리드차로의 전력 공급도 가능하여, 그야말로 차세대형 수소충전소이다.

그림 6 자연에너지를 이용하는 수소충전소(캘리포니아)
(출처: http://www.cafcp.org/site-electrolysis)

유럽에서도 다수의 수소충전소 설치계획이 추진되고 있다. 유럽의 CUTE 프로젝트는 수소에너지의 보급을 촉진하기 위하여 2003년부터 연료전지버스의 시험 도입을 시도하고 있다. 버스를 도입하는 9개 도시로는 암스테르담, 바르셀로나, 함부르크, 런던, 포트(Port), 룩셈부르크, 마드리드, 스톡홀름, 슈투트가르트의 9개의 도시에는 수소충전소가 설치되어 있다. 독일에서는 함부르크의 수소협회가 주도하여, 화학공장의 부생수소를 이용한 수소충전소를 시내에 설치해, 수소엔진자동차와 연료전지차의 수소공급을 이미 하고 있다.

독일의 대규모 종합화학회사(구 훽스트사)의 흐름을 이어, 인프라 서비스 부문을 담당하는 Infraserv Höchst사는 그림 7과 같은 수소공급시스템에 의하여 훽스트 공업단지의 수소 수요에 대해 수은법에 의한 전기분해(가성소다, 염소 생산) 부생수소를 파이프라인으로 공급하고 있다. 2006년 11월에는 공업단지 바깥 측에 그림 8과 같은 프랑크푸르트 수소충전소를 개소하였다. 부생수소는 22.5 MPa에서 90 MPa로 승압되고, 공장부터 수소충전소까지 1.7 km의 파이프라인(안지름 18 mm, 바깥지름 33.7 mm, 내압공칭 100 MPa)으로 수송되어, 충전 전에 예냉각 된다. 충전 시간은 3분 이내가 실현되었다. 이 수소

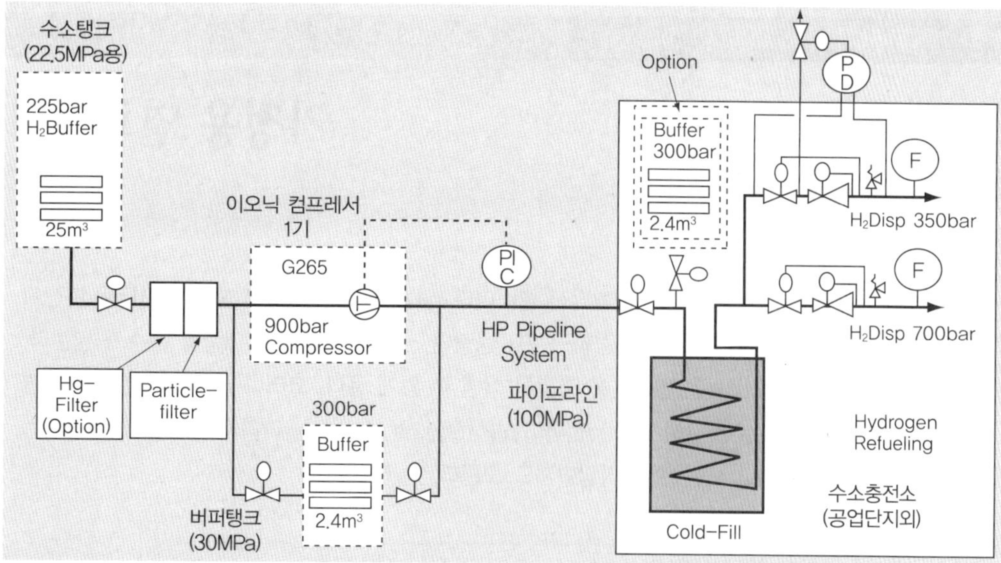

그림 7 휔스트공업단지의 수소공급시스템
(출처: JHFC 2007년도 서양의 70MPa 수소충전소 기술동향조사(2008년 3월) 재단법인 엔지니어링진흥협회)

충전소는 일반인도 사용하기 때문에, 통상의 가솔린, 디젤과 함께 35 MPa와 70 MPa의 고압수소와 액체수소의 가격이 표시되어 있다(그림 8: GH_2(35 MPa): 9.3유로/kg, LH_2: 8.0 유로/kg). 또, 스테이션에는 태양전지 8 kW가 설치되어 있다.

그림 8 프랑크푸르트 수소충전소
(출처: JHFC 2007년도 서양의 70MPa 수소충전소 기술동향조사(2008년 3월) 재단법인 엔지니어링진흥협회)

문헨 공항에는 바이에른(Bayern) 주가 주도하여 수소엔진버스에는 압축수소를, BMW의 수소엔진자동차에는 액체수소를 공급하는 복합형 수소충전소를 설치하여 운영하고 있다.

아이슬란드는 수력과 지열의 자연에너지가 풍부하여, 석유를 사용하지 않는 나라를 지향하여, ECTOS(Ecological City Transportation System) 프로젝트를 진행하고 있다. 구체적으로 값싼 수력발전, 지열발전의 전력을 송전하여 이용하며, 온사이트형의 수전해 수소충전소의 건설을 추진하고 있다.

이 외에, 캘리포니아, 캐나다, 노르웨이에서 수소고속도로 · 프로젝트가 진행되고 있어, 고속도로에도 많은 수소충전소가 설치된다.

가정용 연료전지

가정용 연료전지는 열전병합의 열병합발전 설비이다. 일반가정이 연료전지를 전력자급용 발전기로 설치하면, 시간대에 따라 급탕사용량과 전력사용량이 균형적이지 않아 대량의 온수가 남는다. 따라서 연료전지의 특징인 높은 열효율을 충분히 살릴 수 없게 된다. 그러나 급탕을 주로 사용하면 부족한 전력은 구입할 수 있으며, 남은 전력이 발생하면 팔 수 있다. 따라서 가정용 연료전지는 『발전도 하는 급탕기』라고 하는 편이 타당할지도 모른다.

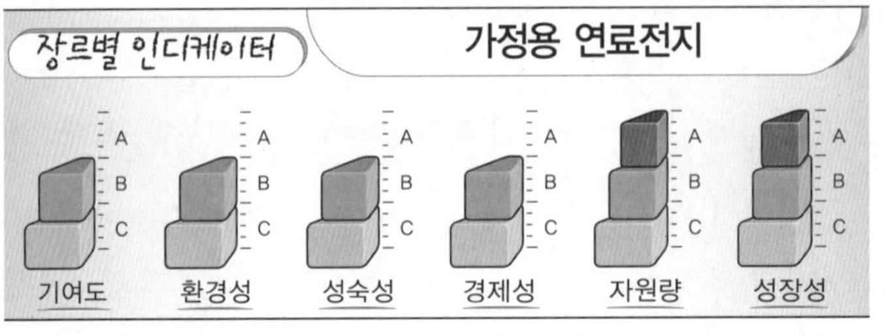

가정용 연료전지의 설치 대수

재단법인 신에너지재단(이하 NEF)은 경제산업성으로부터 보조금을 받아, 2002년도부터 11사가 참가하여 「정치용(定置用) 연료전지 실증연구」를 진행해 왔다. 이 프로젝트는 2005년도부터는 「정치(定置)용 연료전지 대규모 실증사업」으로, 일반가정 등에서의 실제 사용상황에서의 실측데이터를 수집하고 있다. 정치용 연료전지 초기시장의 민간기술의 수준과 문제점을 파악하여, 이후의 연료전지 기술개발의 개발 과제를 추출하는 것을 목표로 해왔다. 이 때문에 설치된 가정용 연료전지시스템은, 전국에서 표 1에 나타낸 3,300군데나 된다.

가정용 연료전지의 개요

이 실증사업에 쓰이는 것이 고체고분자형(PEFC) 연료전지이다. 그 시스템의 개요를 그림 1에 나타내었다.

가정용 연료전지란 다시 말하면 도시가스나 LPG 또는 등유를 개질하여서 수소를 발생시켜서 가동시키는 1kW급의 발전장치를 갖춘 급탕장치(열병합발전 장치)이다. 가정용의 연료전지로서는 조작성이나 운전 온도(회수하는 온수는 약 80℃)의 관점에서 고려하면, 고체고분자형이 최적이다.

표 1 정치용 연료전지 대규모 실증사업 내역

실시사	연료종류	2005년	2006년	2007년	2008년	계
도쿄가스	도시가스	150	160	210	276	796
오사카가스	도시가스	63	80	81	141	365
도호가스	도시가스	12	40	38	34	124
서부가스	도시가스	10	10	13	10	43
홋카이도가스	도시가스	—	10	10	5	25
일본가스	도시가스	—	3	3	5	30
	LP가스	—	7	7	5	
신일본석유	도시가스	—	—	—	11	1,328
	LP가스	134	226	250	403	
	등유	—	75	146	83	
이데미쓰흥산	LP가스	33	40	50	28	151
재팬에너지	LP가스	30	40	34	40	144
이와타니산업	LP가스	10	34	29	10	83
코스모석유	LP가스	10	19	14	13	66
	등유	—	—	5	5	
다이요석유	도시가스	—	—	—	2	50
	LP가스	8	13	18	9	
규슈석유	LP가스	6	10	12	10	40
쇼와셸 석유	LP가스	6	10	10	10	36
레몬가스	LP가스	6	—	—	—	6
에어네지	LP가스	—	—	—	10	10
사이산	도시가스	—	—	—	2	10
	LP가스	—	—	—	8	
계		480	777	930	1,120	3,307

※ 규슈석유는 2008년 10월 1일에 신일본석유와 합병하였다.

가정용 연료전지는 가스회사와 석유회사 등이 주도해왔다. 또, 가스나 석유를 사용하는 것은 가스회사나 석유회사에 있어서는 수요를 환기하는 다시 없는 기회이므로 연구나 판매에 열의를 가지고 다가오는 것은 당연한 일이다. 전력회사와 불화가 생기는 것도 충분히 생각되지만, 이미 전력회사도 가스를 판매하는 시대이므로 장래는 전력회사, 가스회사, 석유회사 등이라는 구분이 없어지며, 종합적인 에너지회사로 대신하는 시대가 올 가능성이 있다. 메이커로는 연료전지를 전적으로 다루어 온 회사 외에 전기 메이커가 많은데, 이것은 차세대 가전으로 취급되고 있다는 것을 의미한다.

연료전지는 규모에 비례해서 스택의 수가 늘어, 그 스택에 비례해서 비싼 값이 될 특성이 있다. 자동차용의 50~100kW에 비하여 700~1kW 정도로 극히 규모가 작은 가정용 연료전지는 가격이라는 점에서 보급하기 쉬운 조건을 갖추고 있다. 2009년도부터는 드디어 가정용 연료전지열병합발전시스템 판매가 시작되는데, 가정용 연료전지 열병합발전시스템에는 모두 통일 명칭과 로고 「ENE · FARM(에

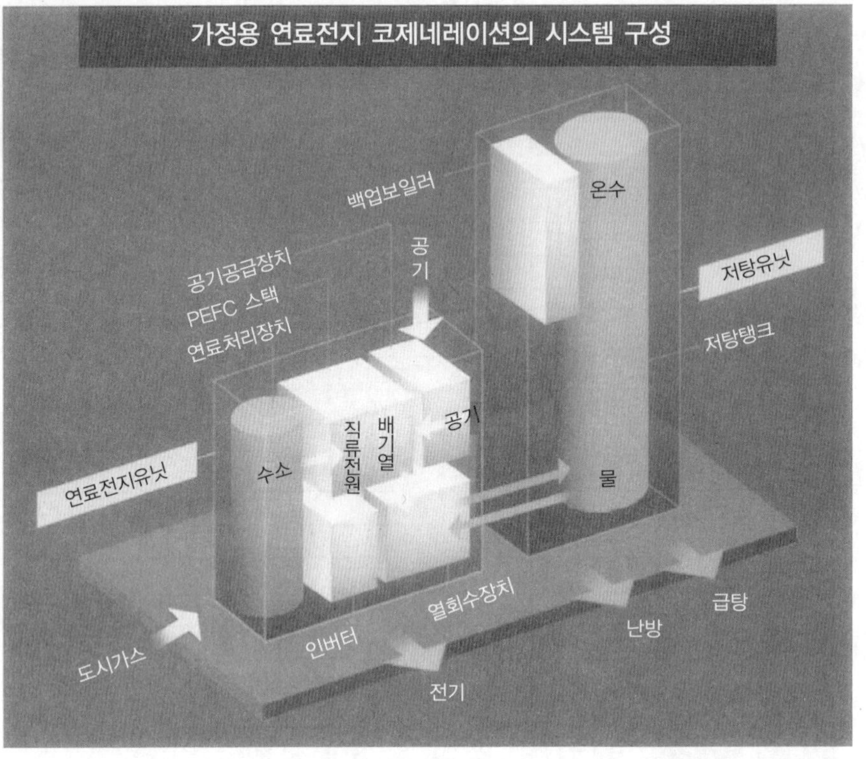

그림 1 가정용 연료전지시스템 개요도(출처: 도쿄가스 홈페이지)

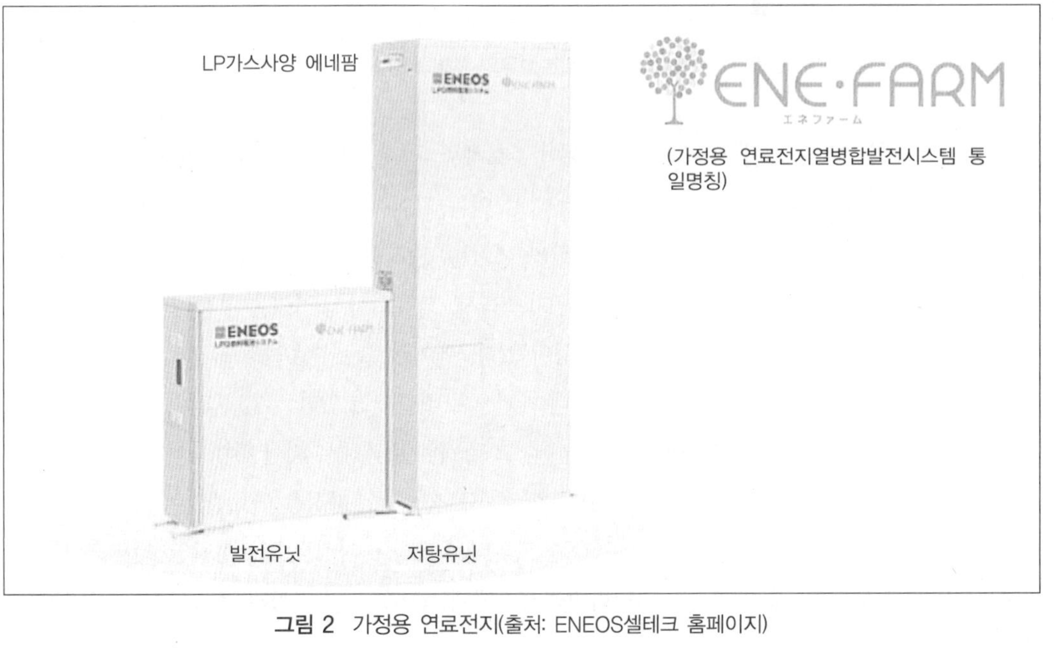

그림 2 가정용 연료전지(출처: ENEOS셀테크 홈페이지)

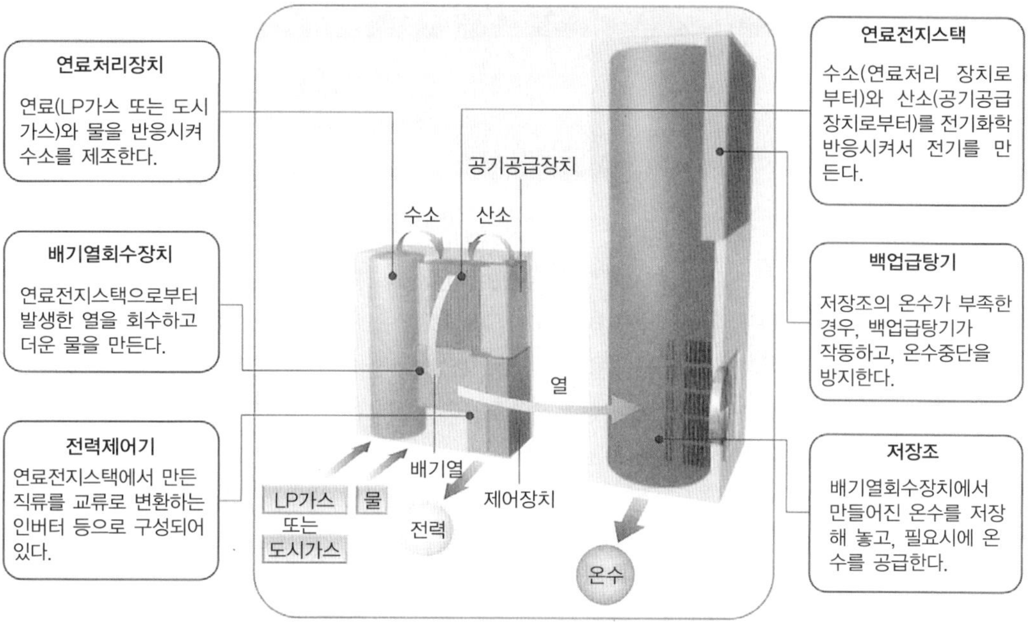

그림 3 연료전지시스템의 내부구조 이미지도(출처: ENEOS셀테크 홈페이지)

네팜)」이 쓰인다.

가격은 700 W~1 kW의 연료전지 본체(발전유닛, 저탕유닛)만으로 320~350만 엔 정도로, 아직 간단히 구입 가능한 금액은 아니어서 140만 엔 정도의 보조금이 나온다. 이 가격은 당장의 것이며, 제조사는 양산효과가 기대되는 2015년도 쯤에는 50~60만 엔 정도로 만들고 싶다는 의욕을 보이고 있다. 어쨌든, 자동차에 비해 가정용의 경우가 훨씬 보급시키기 쉬운 환경에 있는 것은 사실이다.

그림 2는 에네오스(ENEOS)셀테크(주) 제작의 가정용 연료전지이다. 소형인 쪽이 연료전지시스템, 키가 큰 쪽이 저탕조이다. 사이즈는 높이 100 cm, 폭 60 cm, 안 길이 30 cm이고, 기존의 급탕기와 비교하여도 반드시 크지는 않아서 충분히 가정에 설치 가능한 크기로 되어 있다.

그림 3은 그 내부를 모사적으로 나타낸 것이다. 이와 같이 소형의 장치라도 내부에는 연료처리장치, 연료전지스택, 배기열회수장치, 파워 컨디셔너를 갖추고 있다.

가정용 연료전지의 설치에 있어서 충분한 검토가 진행되고 있지 않은 문제점으로는 법적인 규제면에 있다. 우선 전기사업법에 규정되고 있는 「자가용 전기공작물」로 연료전지는 취급되어져 태양광, 풍력, 수력의 발전과는 다르며, 전기주임 기술자를 필요로 한다. 더욱이 소방법에 의한 발전설비로서의 규제 조치의 대상에서 제외되는가 어떨까도 아직 불분명하다.

산업용 연료전지

공장에서 필요한 전력과 열을 동시에 얻을 수 있는 온사이트형 연료전지가 증가해 왔다. 또 맥주회사 등에서 폐수처리의 오염슬러지를 처리해서 발생하는 소화(消化)가스(메탄가스가 주성분)를 원료로 연료전지를 사용하여 전기와 열을 회수하는 방법이 채용되고 있다. 종전에는 이 분야에서 「인산형연료전지」가 대부분이었지만, 최근에 발전효율이 높은 「용융탄산염형」 연료전지가 실적을 올리고 있다.

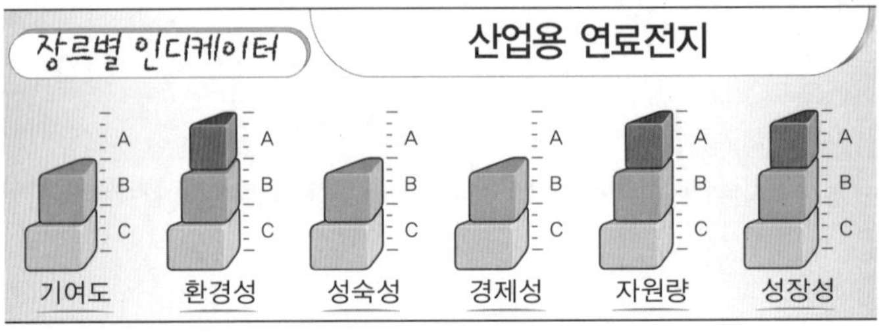

공장에서는 도시가스나 LPG를 사용한 연료전지 외에, 부생하는 수소나 폐메탄올을 사용하여 연료전지를 가동시키는 예가 있다. 연료전지는 개질에 의해서 수소를 얻을 수 있다면, 상당히 넓은 범위의 물질이 원료원이 된다. 공장에서 사용되고 있는 것은 거의 인산형연료전지이고, 누계 200기를 넘는 실적이 있다.

그림 1 기린맥주(주)의 250kW 용융탄산염형 연료전지
(출처: 기린맥주 홈페이지)

표 1 일본의 Fuel cell Energy inc. 사의 도입실적

납입처	대수	연료	년월
기린맥주 도리데공장(이바라키현)	1	소화가스	2003. 4
엡손 도요컴 이나사업소(나가노현)	2	LNG새틀라이트	2005. 2
교토 에너지 프로젝트/KEEP(교토부)	1	소화가스	2006. 1
도쿄 수퍼타운(도쿄도)	1	소화가스	2006. 6
샤프 가메야마공장(미에현)	4	도시가스	2006. 10
일본가이시(아이치현)	1	도시가스	2007. 1
NTT퍼실리티 도호쿠지점(미야기현)	1	도시가스	2007. 3

(출처 : 마루베니(주) 자료)

최근 화려하게 등장한 자동차용, 가정용의 고체고분자형에 비하여 인산형이라면 다소 색이 바랜 느낌을 면하지 못하지만, 결코 그러한 것이 아니고, 이 실적에서 보여주는 것 같이 가장 빨리 실용화의 영역에 달한 것이다. 이 인산형을 대체하는 것으로 최근에는 용융탄산염형 연료전지(MCFC)의 실적이 늘기 시작하였다. 용융탄산염형은 인산형에 비해 발전효율이 높고 고온에서 운전한다. 일산화탄소나 이산화탄소를 포함한 연료 이용이 가능하여, 외부개질기를 필요로 하지 않는다. 처음으로 용융탄산염형 연료전지를 도입한 것은 기린맥주(주) 도리데 공장이고, 마루베니(주)의 ESCO 사업에서 용융탄산염형 연료전지를 설치하여, 전력 250W와 증기 175g의 공급을 시작하였다.

그림 2에는 도시바(東芝)인터내셔널 퓨얼셀즈(주)의 연료전지시스템을 도시한다. 이 공정에서 예열된 연료는 수증기와 혼합된 후 개질기를 지나서 수소가 풍부한 가스가 되고, 연료전지 본체에 공기

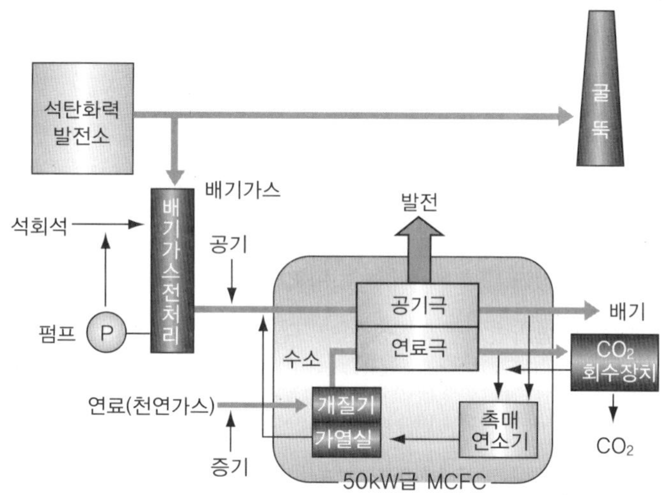

그림 2 용융탄산염형 연료전지에 의한 발전소 배기가스로부터 CO_2회수형 발전시스템 흐름(출처: 주고쿠 전력 홈페이지)

와 마찬가지로 공급되어 발전한다. 이 반응은 발열 반응이기 때문에 냉각수에 의해서 열은 제거되지만, 그 열이 외부로 공급된다. 반응에 필요한 양 이상의 연료가 공급되고, 잉여의 수소는 개질기의 열원이 된다. 전력은 직류로 얻어지기 때문에 인버터로부터 교류로 변환된다.

맥주 공장에서는 고농도의 폐수가 발생하기 때문에 활성오니 처리 전에 혐기성 발효로 유기물을 분해시키는데, 이때 발생하는 소화가스의 메탄 농도가 높아 연료전지에 적합했기 때문이라 생각된다. 이 용융탄산염형 연료전지는 마루베니(丸紅)(주)가 미국 Fuel Cell Energy Inc.사로부터 도입한 기술로 모두 250 kW의 상업기이다. 이 시스템의 특징을 살린 사용법으로 샤프(주)가메야마 공장의 4기(基) 등 11기의 실적이 있다.

실시 예를 신에너지재단의 표창 예에서 고르면, 삿포로맥주(주)는 가스의 발생량이 2,800～3,000 Nm^3/day, 메탄 농도 65～70%, 그것을 전처리하여 최대 150 Nm^3/h(장치능력), 메탄 농도 95%에서 발전량이 200 kW, 열출력은 737MJ이다.

(주)세이코엡슨(Seiko Epson)는 페메탄올을 주체로 한 메탄올 1,500톤/year으로부터, 전기 출력 400kW, 열출력 증기 610MJ, 고온수 85℃ 430MJ, 저온수 50℃ 430MJ, 종합 에너지효율 80%이다.

2003년 4월 기린(Kirin)맥주(주)는 마루베니(丸紅)(주)의 ESCO사업으로부터 용융탄산염형 연료전지를 가동시켜, 전력 250 kW와 증기 175 kg의 공급을 시작하였다. 사진 1의 용융탄산염형 연료전지는 인산형 연료전지에 비해서 발전효율이 높고, 고온으로 운전하여 외부에 개질기를 필요로 하지 않는다. 향후 이 시스템의 특징을 살린 사용방법으로 더욱 보급되어갈 것이라고 생각된다.

또, 용융탄산염형 연료전지에 대해서는 주부(中部)전력이 NEDO기술개발기구로부터 보조금을 받아 2003년부터 300 kW의 시험 장치를 가동시켜서 연구하였다.

한편, 중국 전력은 이제까지 하고 있던 10 kW급 소형시험장치에 의한 시험에서 양호한 결과를 얻었기 때문에, 발전 규모를 50 kW급까지 확대하여 새롭게 「이산화탄소 회수」기능까지 일체화시킨 시스템을 설치하여 중부 전력과 공동으로 실증시험을 하고 있다. 이 프로세스는 다른 연료전지와 마찬가지로 수소와 산소의 반응에 의해 발전하는데, 산소와 함께 이산화탄소가 필요하다. 그 때문에 연료측에 천연가스를 수증기개질하여 생성한 수소를, 또 공기 쪽에 공기와 발전소 배기가스를 혼합한 것을 공급한다. 반응에 따라 연료전지 출구에서는 이산화탄소 농도가 80% 정도까지 농축되므로, 이 배기가스로부터 효율적으로 이산화탄소를 회수할 수 있다.

열병합발전시스템의 종류

열병합발전시스템(Cogeneration system, 이하 CGS)은 1차 에너지로부터 전기에너지를 발생시킬 때의 폐열을 이용하여 종합열효율을 높이는 구조이다. 대규모 시스템은 제철소나 화학공장에서 채용되고 있었으나, 고효율의 중소형 엔진이나 제어기술 발전에 의해 중소규모의 분산형이 보급되기 시작하였다. 여기에서는 분산전원의 한 형태인 CGS 종류의 시스템 구성이나 용도 등에 주목해서 소개한다.

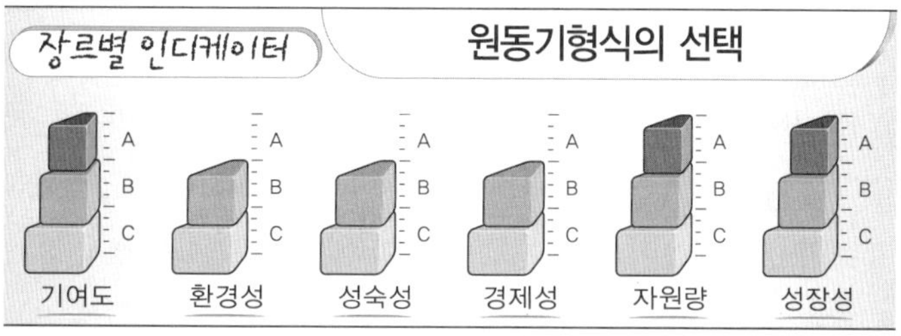

열병합발전시스템의 종류

CGS는 전력과 열을 동시에 공급하는 온사이트형 설비이기 때문에, 전력과 열 수요가 일정 비율이라면 높은 에너지효율을 발휘한다. 예를 들면 대형화력발전의 종합열효율은 약 40~50%이지만, CGS라면 폐열도 열원으로 이용하므로, 최대 85%의 종합 열효율을 얻을 수 있다. 또 전력과 열을 필요로 하는 장소에 설치하므로 송전이나 열수송에 의한 에너지 손실을 경감할 수 있다. CGS는 사용하는 연료, 전력과 열을 발생시키는 에너지 변환기기 및 용도에 따라 종류를 나눌 수 있다. 에너지원은 주로 가스와 석유이다. 에너지변환기기에는 가스터빈, 증기터빈, 가스엔진, 디젤엔진, 스터링엔진 등이 있다. 기계적인 특징으로부터 용량과 발전효율에 차이가 있고, 폐열 온도 조건에도 차이가 있다. 이 때문에, 필요로 하는 전력과 열량에 따라 적절한 기종을 선택할 필요가 있으나, 특히 전력과 열량의 균형에는 신중한 배려가 필요하다. 그것은 일반적으로 필요로 하는 전력과 열량은 주간과 야간에도, 또 계절에 따라서도 크게 변동하나, CGS가 조절할 수 있는 범위는 크지 않기 때문이다. 용도로는 산업용과 민생용이 있고, 산업용은 규모가 클 뿐만 아니라 수요가 안정되어 있다는 특징이 있다. 민생용은 산업용보다 규모가 작다는 것과 부하 변동이 크다는 것이 특징이다.

에너지변환기기

가스엔진은 10 kW~8,000 kW 규모로 이용되고 있고, 배기가스 온도는 500~600 ℃ 정도, 엔진 냉각수 온도는 80 ℃ 전후이다. 이 배기가스와 냉각수로부터 증기+온수 혹은 온수만이 회수된다. 발생에너지는 35 kW 미만에서는 전력 30%, 열 55%, 손실 15%, 종합효율 85% 정도, 350 kW~2 MW에서는 전력 40%, 열 35%, 손실 25%, 종합효율 75% 정도, 4 MW 이상에서는 전력 45% 열 30%, 손실 25%, 종합효율 75% 정도가 계획 목표치로 일반적일 것이다. 디젤엔진은 10~10,000 kW 규모로 이용되고 있고, 연료는 주로 석유이지만 가스도 쓸 수 있다. 배기가스 온도는 450 ℃ 전후로, 엔진 냉각수 온도가 70 ℃ 전후이다. 발생에너지는 전력 35%, 열 40%, 손실 20%로 종합 열효율은 80% 정도가 일반적인 계획 목표치가 된다. 가스터빈은 30~100,000 kW로 마이크로 가스터빈이라 불리는 소형부터 대형까지 상당히 넓게 쓰이고 있다. 배기가스 온도는 600 ℃ 전후이고 배기가스 열량이 65%로 많은데, 대용량이라면 폐열로 증기를 발생시키고 증기터빈을 병용하여 발전량을 45% 이상으로 할 수 있다. 열효율 목표치는 30~300 kW의 소형에서 전력 20%, 열 50%, 600~8 MW의 중형이라면 전력 30%, 열 50%, 10~100 MW의 대형이라면 전력 40%, 열 40% 정도가 일반적일 것이다. 스터링엔진은 연료 제한이 적어 나무 부스러기나 버개스도 쓸 수 있다. 발전 20%, 열 65%로 종합 열효율은 85% 정도가 계획 목표치일 것이다. 연료전지도 CGS의 에너지변환기기로서 유력한 후보이다. 계획 목표치는 발전 40%, 온수 40%, 종합 열효율 80% 정도일 것이다. 종합 열효율은 기술의 진보와 함께 개선되고 있어서, 실제로 계획할 경우는 최신 정보를 수집할 필요가 있다. 종합 열효율은 CGS의 2차 에너지 발생 효율로, 이용 효율은 아니다. 예를 들어 열수요가 적어 발생하는 증기나 온수를 다 쓸 수 없는 경우는 이용 효율이 내려간다. 또한, 가동되고 있는 민생용 CGS로 채용되고 있는 에너지 변환기기는 디젤엔진과 가스엔진이고 전체의 94%를 넘고 있다. 증기열부하가 많은 산업용에서는 대형가스터빈의 도입 비율이 높아, 발전용량으로 보면 산업용 전체의 47%에 달한다.

전력과 열의 수요 비율 조정

계획을 실행할 때 중요한 것이 전력과 열의 수요 비율과 변동이다. 특히 난방과 같이 계절 변동이 큰 수요가 중심인 경우는 운전에 의한 추종이 곤란해지는 경우도 생각할 수 있어서, 시스템의 추종능력과 열수요 변동을 자세히 조사해둘 필요가 있다. 가스터빈을 사용한 CGS의 수요 변동에 대응하는 시스템으로, 그림 1의 재생사이클과 그림 2의 2유체사이클을 나타내었다. 이것들은 고온가스터빈 배기가스를 폐열 보일러로 보내어 증기를 발생시키고, 그 증기를 터빈에 분출시켜 발전전력을 증가시키는 시스템이다. 이러한 방법으로 남은 열 수요를 전력으로 바꾸어, 전력과 열의 수요 변동을 흡수한다. 재생사이클에서는 폐열 보일러에 증기과열기를 설치하고 있지만, 2유체사이클에서는 고압으로 압축시킨 연소용 공기의 열로 포화증기를 과열하고 있다는 점이 다른 점이다.

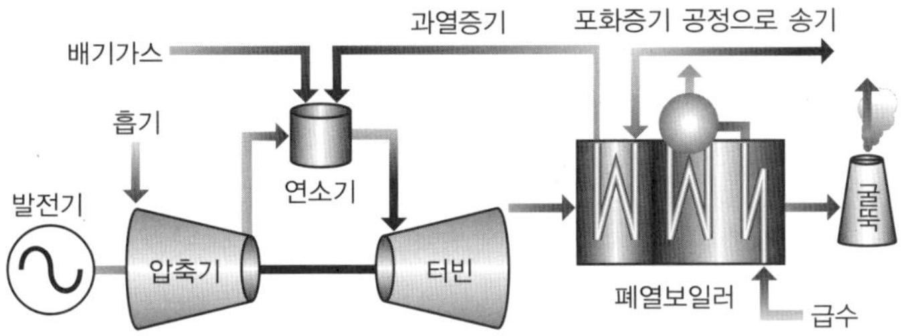

그림 1 재생사이클시스템
과열증기를 가스터빈에 주입하는 시스템
(출처: 일본 열병합발전센터)

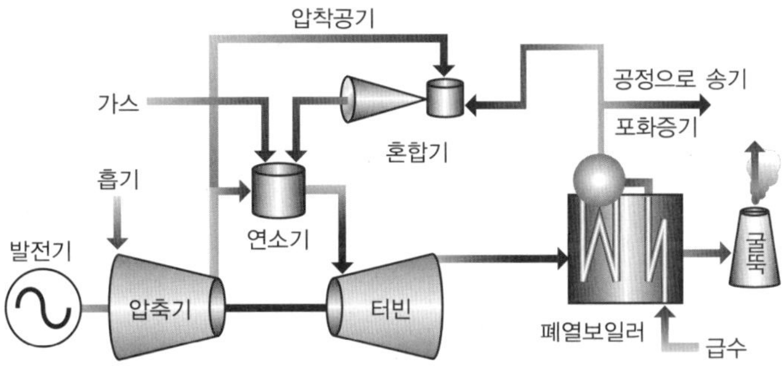

그림 2 2유체사이클시스템
압축기로부터 추기(抽氣)한 고온 압축공기와 증기를 혼합하여 터빈에 주입하는 시스템
(출처: 일본 열병합발전센터)

CGS의 가동 상황

2008년 3월말의 시점에서 CGS는 7,816건에서 12,303대, 합계 9,228 MW가 가동되고 있다. 최근, CGS 도입은 매년 400~450 MW 증가되고 있다. 민생용은 열수요가 많은 호텔, 병원, 점포, 사무소 등에 도입되어 5,652건에서 1,788 MW이다. 산업용은 화학, 식품, 기계, 금속, 전기기기 등 업종에 관계없이 도입되고 있어, 도입 시설은 2,164건, 7,440 MW이다.

석유정제에서의 예

석유정제에는 펌프, 압축기 등 많은 회전기기가 있는 한편, 탱크히터 등 수증기 가열을 필요로 하는 기기가 있다. 회전기는 모터 또는 증기터빈 어느 쪽으로도 구동할 수 있으므로 에너지원은 전력, 수증기의 어느 것도 선택할 수 있다. 한편, 탱크히터는 바깥공기 온도에 따라 필요로 하는 증기량이 변화된다. 특히 여름과 겨울에는 크게 변동된다. 이러한 변동을 「계절변동」이라 부른다. 석유정제공장은 큰 계절변동을 하는 탱크히터라는 열수요와 전력, 수증기 어느 쪽도 에너지원으로서 고를 수 있는 회전기라는 동력수요를 가지고 있는 셈이 된다. 그래서 보일러로 고압의 증기를 발생시키고, 그 증기를 사용하여 터빈을 구동시켜 발전기로 전기를 발생시킨다.

일부 회전기는 이 전력을 사용하여 모터로 구동한다. 일부 구동기는 발전용 터빈의 배압(중압) 증기를 이용하여 터빈을 구동한다. 이 터빈의 배압(저압) 증기를 탱크히터 가열용으로 사용한다. 일부

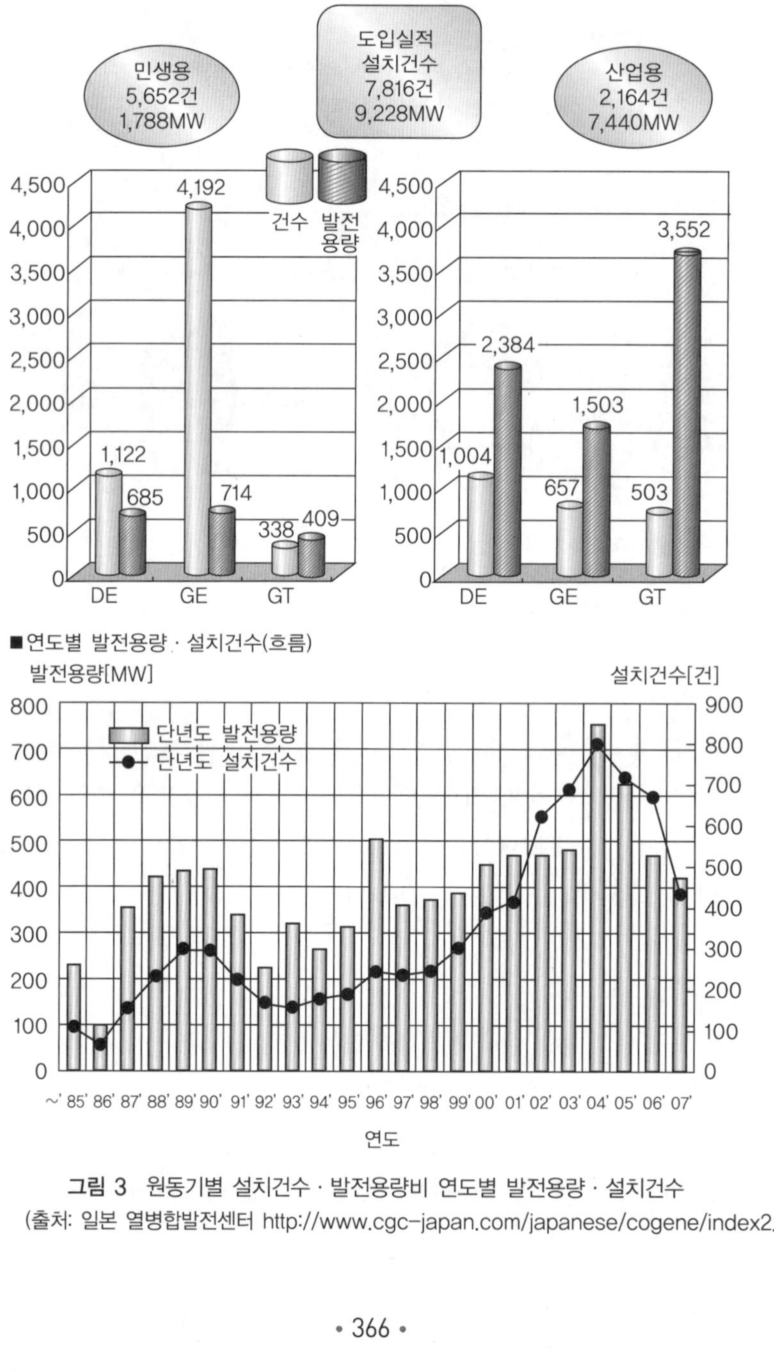

그림 3 원동기별 설치건수 · 발전용량비 연도별 발전용량 · 설치건수
(출처: 일본 열병합발전센터 http://www.cgc-japan.com/japanese/cogene/index2.php)

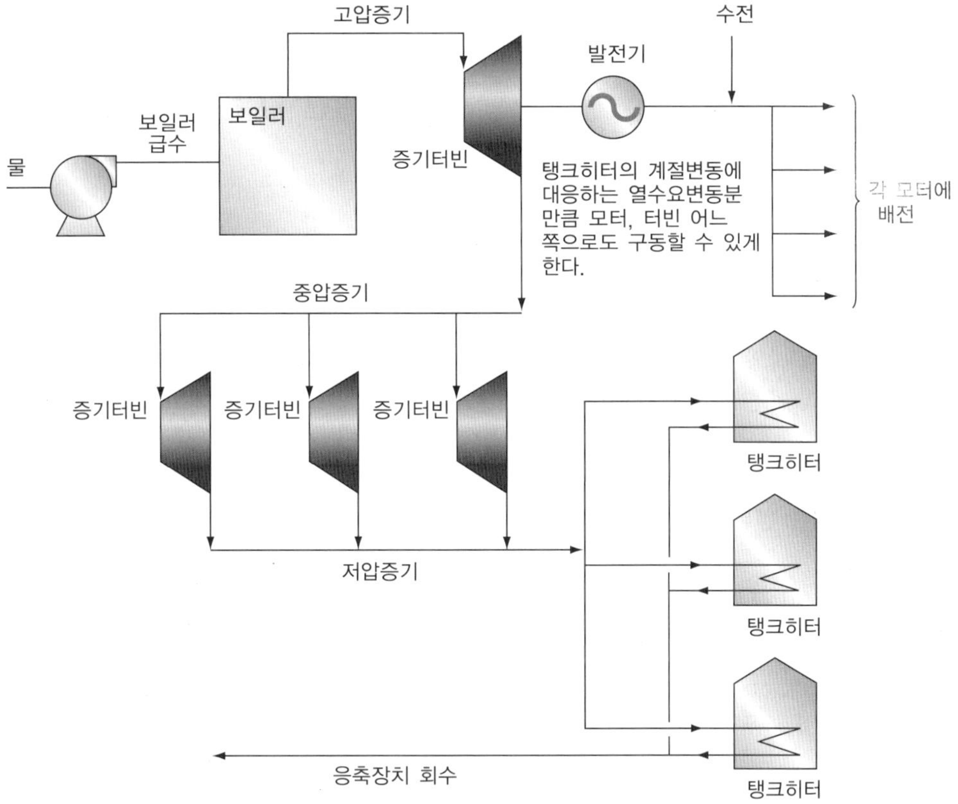

그림 4 석유정제에서의 예

회전기는 모터와 터빈 어느 쪽으로도 구동할 수 있도록 설계해두고 여름은 모터, 겨울은 터빈구동, 계절 변동에는 탱크히터러 열부하 변동에 대처하고 있다. 배압 증기터빈의 열에너지로부터 회전동력으로 변환하는 효율은 굉장히 높아, 배기증기의 열원으로서의 수요가 있으면 종합 열효율을 높게 유지할 수 있다는 점을 잘 이용하고 있는 것이다. 석유정제에서는 옛날부터 이러한 효율이 높은 시스템을 사용하고 있다.

산업용 열병합발전

열병합발전은 에너지절약의 가장 유효한 수법으로 산업과 민생용의 에너지 합리화에 널리 이용되고 있다. 대규모 제조공장의 거대하고 복잡한 에너지시스템에서도 「열병합발전」은 다방면에서 채용되어, 시스템 전체의 효율 향상에 공헌해왔다. 기기나 계측장치설비의 진보와 함께 개별 루프 성능도 향상되어, 종합적인 에너지 이용효율 개선의 유력한 수법으로 다방면에 쓰이고 있다.

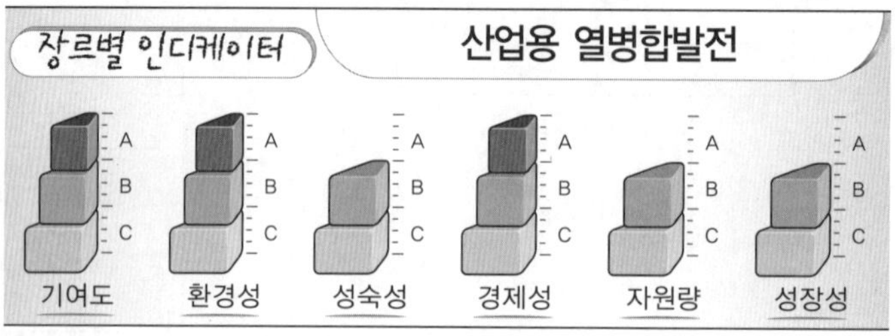

열병합발전시스템(이하 CGS)은 대량의 에너지를 사용하는 「대규모의 제조공장」에 있어서는 에너지절약의 매우 유력한 수단이다. 이 때문에 에너지 다소비형 공정산업을 중심으로, 많은 분야에서 실용화되어 넓게 이용되게 되었다.

CGS의 개념은 「연료를 연소시켜서 원동기 등에 의해 발전하여, 연소 배기가스로 증기나 온수를 발생시켜 열회수하는 복합시스템」이라 정의할 수 있을 것이다. 원동기가 아닌 보일러로 고압증기를 만들어 발전하는 경우도 있다. 사용 원동기별로 CGS의 특징을 정리하여 비교한 것이 표 1이다. 이 표는 민생용도 포함한 전 분야를 대상으로 하고 있으나, 일반적으로 가스엔진은 간편함 때문에 민생용으로서의 이용이 많고, 디젤과 가스터빈은 용량과 효율 면에서 주로 산업용으로 이용된다. 한편, 마이크로가스터빈은 최근 기술개발이 활발하게 진행되어, 실용 사례가 급속히 증가하고 있다. CGS는 전력과 열을 직접 사용하는 온사이트에서 동시에 효율 좋게 생산할 수 있으므로, 수송 손실이 없다. 또 낭비되기 쉬운 폐열에너지도 이용하므로, 종합적인 열효율을 70~80%까지 높일 수 있는 것이 큰 특징이다. 그러나 실용면에서는 회수되는 열의 양과 질을 어떻게 열수요에 맞추어, 낭비 없이 이용할 수 있는가가 경제성을 좌우하는 인자가 된다. 그림 1에 종래형 화력발전과 동일 출력의 열병합발전시스템형 발전효율을 비교해 보았다. 통상의 화력발전에서는 온수 등의 형태로 이용되지 않고 계외(系外)로 배출되는 많은 열량을 회수할 수 있으므로, 25~30% 정도의 종합 열효율 향상이 가능하다.

표 1 각종 열병합발전시스템의 특징과 비교

사용기종	마이크로 가스터빈	디젤엔진	가스엔진	가스터빈	(참고) 인산형 FC
단기용량[kW]	10~500	50~10,000	10~5,000	3,000~100,000	(50~10,000)
발전효율	28~30%	30~42%	28~42%	20~38%	35~45%
종합효율	70~80%	60~75%	65~80%	70~80%	60~80%
사용 연료	도시가스 LPG.	등유, 경유, A중유	도시가스, LPG, 메탄 발효가스	도시가스, LPG, LNG, 등유	도시가스, LPG, MeOH, 가솔린
배기온도[°C]	미상	450℃ 전후	450~600℃	450~650℃	200℃ 전후
폐가스이용처	공기예열, 온수제조	좌동, 증기발생, 발전	좌 동	좌동, 또는 고열 폐가스를 연소가스 산소원에도 이용	온수제조 등
기술의 특징	초소형, 고효율, 분산전원에 적합	조업, 보수용이, 폐가스 저온	열회수 용이하고, 청정 폐가스	폐가스 고온, 대형기 많다	고발전 효율, 청정 폐가스
실용화의 현상	실용화 단계, 고온GT개발	상용기 실시예 다수	상용기, 고효율기술 개발중	상용기, GT의 고효율화	실용화 시험단계

(출처: NEDO, 신에너지가이드북 입문편-51 등을 기초로 보족, 수정)

산업용 열병합발전의 도입 상황

우선 열병합발전 설비 전체의 도입실적을 간단히 전망한다. 그림 2는 전 분야의 도입실적 누계를, 또 그림 3은 연도별 도입 실적 수를, 발전 용량과 설비수로 나타낸 것이다. 이 중 산업용 도입 실적은 예를 들어 07년까지의 누계 설비수에서는 전체의 30% 미만(2,164건)에 지나지 않으나, 발전 용량에서는 7,440 MW로 전체의 80% 이상

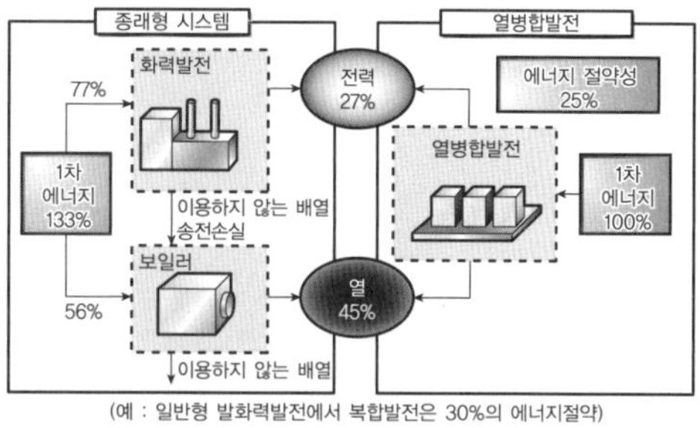

그림 1 종래형과 열병합발전시스템의 효율비교 (출처: 후지이 데루시게 편, 「열병합발전의 기초와 응용」 p.8, 코로나(Corona)사, (2003))

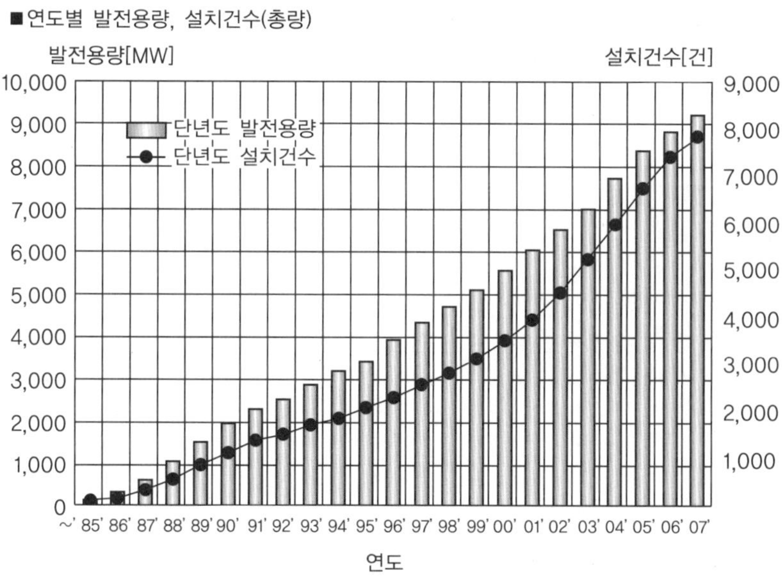

그림 2 열병합발전 도입실적 누계추이(산업용 · 민생용 포함) (출처: 천연가스도입촉진센터 홈페이지(2008년 3월 집계치))

그림 3 열병합발전(산업용 · 민생용 포함) 도입실적(연차별)
(출처: 천연가스도입촉진센터 홈페이지 (2008년 3월 집계치))

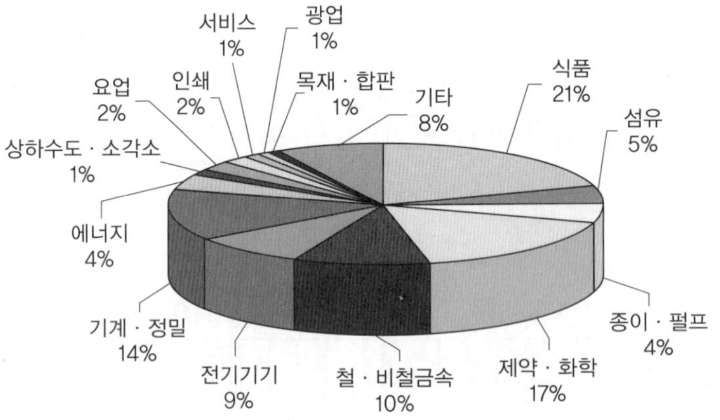

그림 4 산업용 열병합발전설비 업종별 설치비율(출처: 천연가스도입촉진센터 홈페이지)

을 차지하고 있다.

그림 4는 각 업종별 설치 비율로, 그중에서도 화학 · 철강 · 비철 등의 공정 산업이 전체의 1/3을 차지하고 있는 것을 알 수 있다.

열병합발전용 원동기(엔진)

CGS에 사용되는 원동기(엔진)의 특징 등을 간단하게 해설한다(표 1 참조).

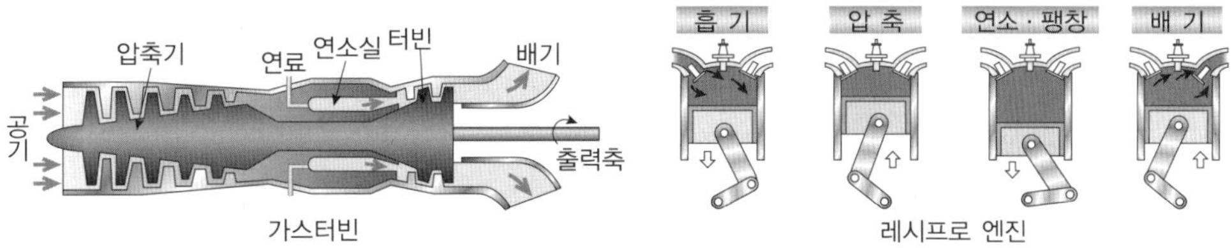

그림 5 가스터빈의 원리(레시프로 엔진, reciproengine과 비교)
(출처: 신에너지대사전, 11장, p.891(공업조사회))

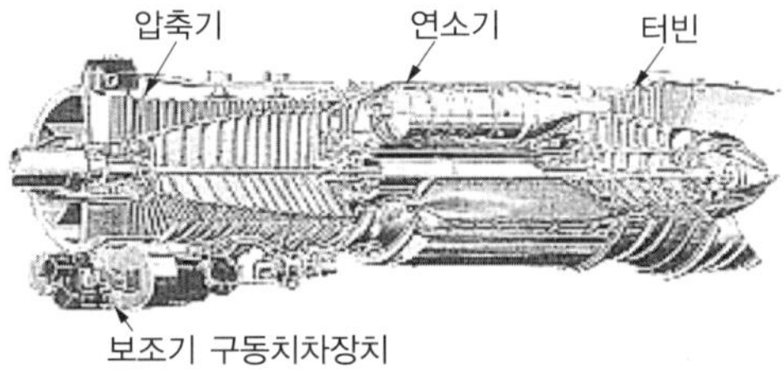

항공전용형(히타치 조선 GT-10, 롤스로이스 501 KB5)

그림 6 가스터빈의 구조 예(항공기용을 전용)
(출처: 히타치 조선 카탈로그)

1) 디젤엔진 : 디젤자동차와 거의 동일 원리의 엔진이며 건설비는 비교적 싸고 운전, 보수도 용이하다. 그러나 배기온도가 과급기의 설치로 낮아지기 때문에 폐열 용도가 한정되고 또 NOx 등에 의한 환경오염 문제가 있다. 연료는 경유나 A중유 등을 사용하고 있다.

2) 가스엔진 : 여러 가지의 형식이 사용되고 있지만, 가스를 혼합 연소시키므로 연료는 도시가스, LPG에 한정된다. 건설비가 다소 높지만, 간편하고 연료 저장의 필요가 없고, 간편하고 배기가스도 깨끗하므로 비용은 좀 높지만 도시 밀집지역, 민생용에 적합하다.

3) 가스터빈 : 그림 5와 같이 「흡입」과 「압축」을 입구부에서 두 공정을 수행한 공기류에 연료를 분사하여 고압 연소시켜, 팽창한 일로 터빈을 돌려서 발전한다.

대량으로 생성되는 고온 배기가스는 통상 별도로 열회수를 한다. 압축공정에서 입구 공기는 5~20배로 압축되고, 연소로 900~1,200 ℃의 고온가스를 생성한 후, 터빈을 10,000 rpm 이상에서 고속회전시켜 발전한다.

가스터빈은 완전한 연속 조업이 전제이기 때문에, 대형 장치에 적합하다. 발전효율은 그림 6의 항공기용이 35% 이상으로 높고, 배기온도가 높기에 열이용 면에서의 자유도가 크다는 이점이 있다. 반면, 구조가 복잡하고 설비가 고가인 데에다 조업온도가 높아서, 보수 점검이나 조업관리에 세심한 주의를 기울여야만 한다. 그림 7에 열병합발전에 이용되는 각종 엔진의 출력과, 발전효율의 관계를 나타내었다. 이 값에, 폐열 이용효율이 더해진다. 모든 기종이 출력 증가와 함께 발전효율이 향상되지

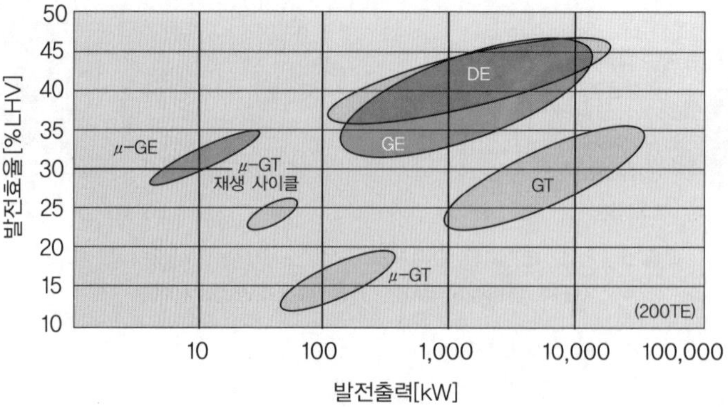

GE: 가스엔진 DE: 디젤엔진 GT: 가스터빈

그림 7 열병합발전 사용기기와 발전특성(출처: 천연가스 도입촉진센터 HP)

만, 가스엔진과 디젤엔진은 출력의 상한이 낮아서 10,000 kW 이상의 대형 설비가 되면 열회수가 우위인 가스터빈이 전체를 차지하게 된다.

공장용 CGS의 실제

일반적으로 석유화학공장 결합집단(kombinat)과 같은 대규모 공장에서는 용역센터를 중심으로 거대한 용역 시스템이 구성된다. 에너지 사용량이 많기 때문에 예를 들어 사용 증기량을 압력 계열별로 세세히 관리하는 등 생산 실태에 맞추어 잘 대응할 필요가 있다. 용역센터에서 발전에 사용한 연소가스를 폐열회수 보일러로 보내어 증기를 발생시키고, 다시 발전하는(추기(抽氣)+전축(全縮)터빈) 기본 형식을 그림 8에 나타내었다. 이 기본 예를 「복합 CGS」라 말하며, 실제 설비의 대부분이 이 방식에 속한다. 시스템 효율 향상을 위해 예를 들어 보일러 발생 증기 일부를 과열시켜 다시 가스터빈에 보내어 증기/전기비를 제어하는 「체인사이클시스템」등 많은 개량 수법이 연구되고 있다.

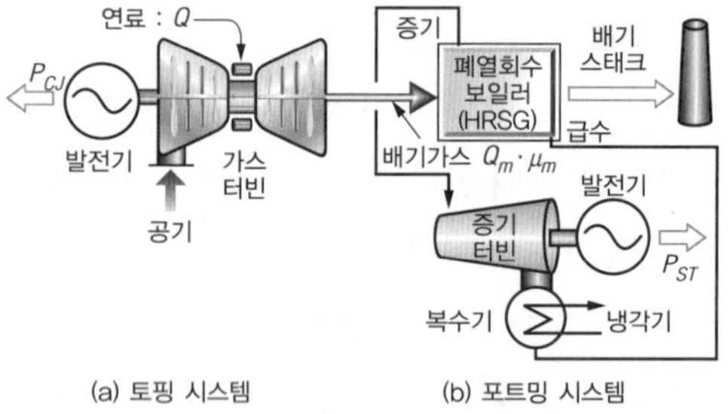

그림 8 공장 "복합 · 열병합발전"의 기본 흐름도
(출처: 후지이 데루시게 편, 「열병합발전의 기초와 응용」 p.8, 코로나(Corona)사, (2003))

발전 배기가스를 직접 공정의 열원으로 이용하는 예도 적지 않다. 일례로, 에틸렌 제조용 나프타분해로에 배기가스를 송입시키는 예를 그림 9 상단에 나타내었다. 가스터빈 배기가스(산소 농도 15~17%)를 직접 연소공기원으로 나프타분해로에 불어넣는다. 에너지 절약 효과는 무척 커서 50만 t/year 능력의 에틸렌 플랜트에서 7~10%나 되는 에너지 원단위 향상이 확인되었다. 이외에도 많은

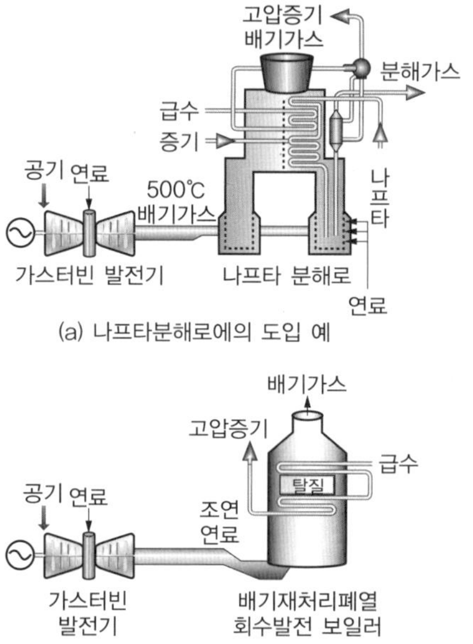

(a) 나프타분해로에의 도입 예

(b) 발전보일러에의 도입 예

그림 9 대형공장의 배기가스 에너지 이용
(출처: 일본 전열학회 편, 에너지 신기술 체계Ⅲ-1-2, 석유화학플랜트, NTS출판(1996))

표 2 CGS의 과제와 기술개발 동향

분 류	과제와 항목	기술개발내용
열병합 전반	GT의 고효율화 복합사이클	• GT 복합사이클 • 재발전시스템 • 쓰레기 수퍼 발전 • 재생재열사이클 효율화
기기재료 개발	열전가변 GT	• 증기분사형 GT 등
	희박연료가스 엔진 시스템	• 전자제어 시스템의 개발 • 고효율, 저 Nox 배기
	가스엔진	• 고출력화, 듀얼플로
	GT고온화	• 압축기구의 효율화, 구조 • 내열재료 개발
	마이크로화	• 마이크로 GT 실용화 • 마이크로 가스엔진
	히트펌프	• 폐열 이용형의 개발 • 에너지 효율의 개선
	세라믹 복합 GT의 개발	• 연소실 주변 고온 재료의 개발 • 실용화 검토
기타	저순위 폐열	• 폐증기, 온수활용법 • 배기가스 포텐셜의 활용
	연료전지	• 연료 전지와의 결합시스템 • 기존 시스템에의 적합

(출처: 후지이 데루시게 편, 「열병합발전의 기초와 응용」, 코로나사(2003), p.180 등을 주체로 일부 증보)

공정 플랜트에서 각각의 특성을 살리며, 또는 상호 보완적인 기발한 조합으로 CGS 적용이 진행되고 있다. CGS는 이미 넓은 분야에서 실적을 축적시켜 에너지 절약 추진에 큰 공헌을 해왔다. 그러나 기술면이나 시스템효율면에서 아직 많은 과제가 남아있다. 기술면에서는 고온역에서의 기기성능 향상이나, 내열재료의 개발 등 기계적인 개선이 요구된다. 한편, 시스템효율화에서는 미활용에너지 활용으로 새로운 발상과 발전이 기대되고 있다. 현재 구체적인 개발이 진행되고 있는 분야나 주목되고 있는 과제를 항목뿐이지만 참고로 표 2에 나열하였다.

특히 다음과 같은 분야의 발전이 기대되고 있다.

- 새로운 기기 조합에 의한 신 CGS 형성
- 신내열재료를 사용한 내고온 · 고효율기기 개발
- 마이크로가스터빈 등 효율이 좋은 소형기기 개발
- 히트펌프 등을 이용한 미활용에너지 회수시스템

민생용 열병합발전

화석연료를 사용하여 발전하는 동시에 증기나 온수도 끄집어내는 열병합발전시스템(CGS)은 종래의 전기 또는 증기만을 생산하는 방식에 비해, 에너지효율이 높고 CO_2의 배출 억제에 큰 효과가 있다.

사무실, 병원, 레스토랑, 일반 가정의 에너지소비량은 요즘 현저하게 커지고 있다. CGS 방식의 보급에 의한 민생용 에너지의 효율화가 기대된다.

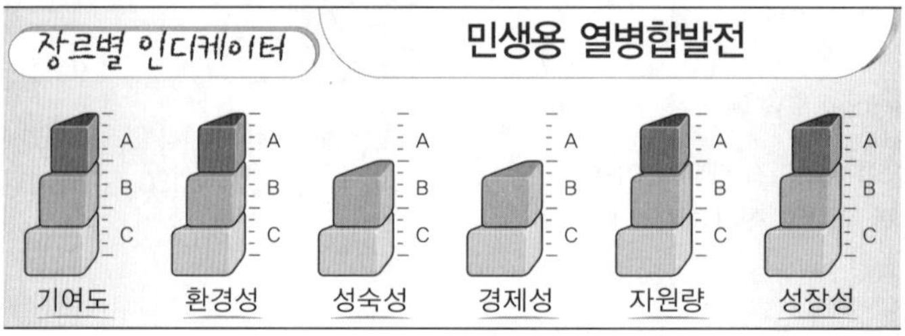

열병합발전의 보급 상황

시민 생활의 쾌적한 생활 스타일에의 변화, 서비스사업의 확대 등으로 민생 부문의 에너지 소비량은 산업 부문에 비해서 현저하게 커지고 있다. 1990년부터 2005년까지의 민생 부문의 에너지 소비량은 30% 증가했으며, 특히 가정과 상업 부문이 많아지고 있다.

종래의 발전 설비는 대부분이 바다를 끼고 있는데, 그 이유는 연료인 석유, 천연 가스, 석탄의 대부분을 수입하고 있기 때문이다. 최신 발전소의 발전효율은 50%를 넘고 있지만, 남은 절반의 에너지는 이용하지 않고 바다 속으로 방출되고 있으며, 또 발전소로부터 공급된 전력은 수용가에 이르기까지 약 5%의 송전 손실을 갖게 된다. 열병합발전시스템(CGS)은 전력과 열을 직접 사용하는 온사이트에서 천연가스, 기름 등 하나의 연료로부터 동시에 공급하여 효율을 높일 수 있는 방식이다. 그 때문에 송전 손실이 없다. 종래의 발전소로부터 전력만, 또는 보일러나 급탕기로부터 증기, 온수만을 공급하는 방식에 비해서 에너지 이용효율이 대폭으로 향상된다. 일반적으로 발전효율만이라면 35~50%이지만, 열의 이용과 합쳐 종합열효율은 70~80%가 된다. 이 때문에 1차에너지 소비량은 약 25% 적고, 이산화탄소 배출량도 비례하여 적어진다.

CGS를 종래의 전력 · 오일 · 가스의 공급망과 결부해서 지역의 시설이라든가 가정의 에너지수요

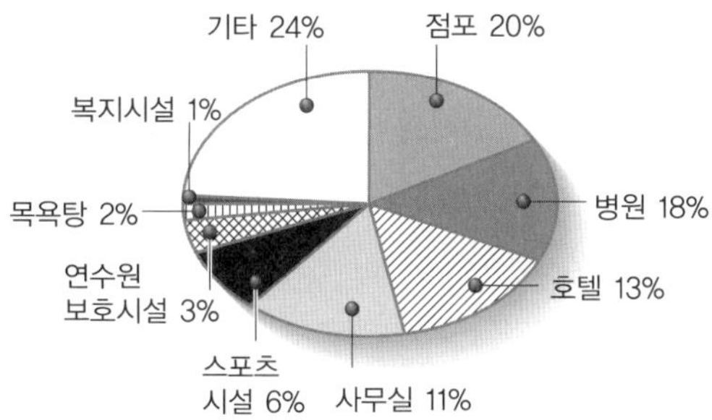

그림 1 민생용 열병합발전의 업종별 발전용량 비율
(출처: 일본열병합발전센터 홈페이지)

표 1 민생용 열병합발전 원동기별 발전용량 · 설치건수

	디젤엔진	가스엔진	가스터빈
발전용량 [MW]	665	714	409
[%]	37.1	40.0	22.9
설치건수	1,122	4,192	338
[%]	19.9	74.1	6.0

에 즉시 대응할 수 있는 최적의 에너지 공급체제를 실현할 수 있다면, 민생 부문의 CO_2 배출량 저감에 실효 있는 대책이 될 것이다.

2008년 3월 시점에서 민생용 CGS 발전 용량은 1,788MW로 되어 있다. 그림 1에 민생용 CGS의 업종별 발전용량 비율을 나타낸다. 또 표 1에 민생용 CGS의 원동기별 설비 용량과 설치건수를 나타낸다. 산업용에 비해서 원동기 용량은 작지만, 디젤엔진(DE)과 가스엔진(GE)이 많이 사용되며, 용량이 큰 가스터빈의 설치는 적다.

CGS설비 규모 선정

민생용으로 많이 쓰이고 있는 디젤엔진(DE)과 가스엔진(GE)은, 직결한 발전기로부터 전력을 공급할 뿐만 아니라, 배기가스와 엔진 본체의 냉각수로부터 열에너지가 회수된다. 또한 가스터빈(GT)의 경우는 터빈축에 직결한 발전기로부터의 전력을 공급하여 배기가스로부터 비교적 고온 고압의 열에너지가 회수된다.

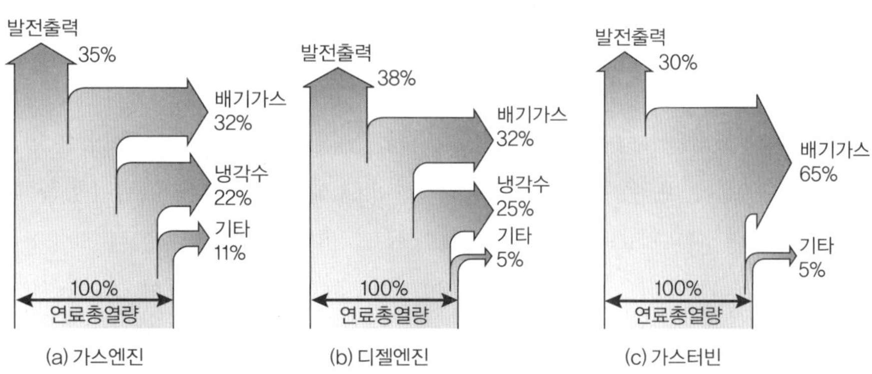

그림 2 원동기별의 CGS에 의한 열이용 비율
(출처: "열병합발전" p.19, 에너지종합공학연구소)

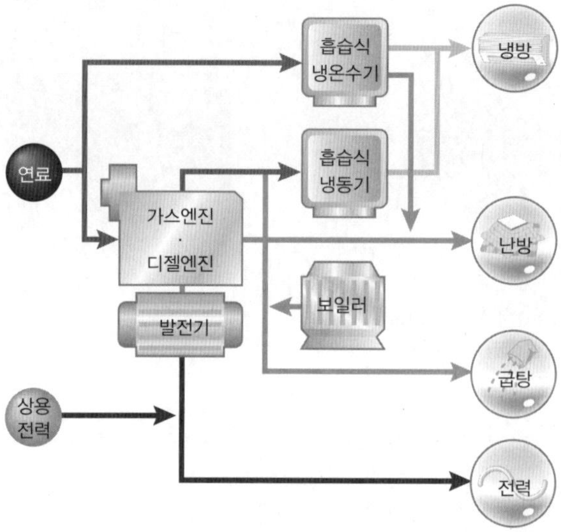

그림 3 민생용의 일반적인 열병합발전시스템 공정
(출처: 천연가스 도입 촉진센터 홈페이지)

어느 경우에도 열에너지는 증기 또는 온수로 회수하여 이용한다. CGS에 가스엔진이나 가스터빈을 쓸 경우는 도시가스를 연료로 사용하고, 디젤엔진의 경우는 중유, 경유, 등유를 쓰고 있다.

그림 2에 원동기로부터 전기와 열이 어떠한 비율로 발생하는가를 나타낸다. 그림 2처럼 원동기 종류에 따라 전력과 열에너지 발생비율이 다르다. 어느 원동기에서도 전력에 비해 열 발생량이 많고 발전량에 대한 증기와 온수의 에너지가 1.6～3배 정도 된다.

연간 전력과 열 수요량 비율이 CGS로부터 만들어지는 전력과 열 비율(CGS의 전열비)과 거의 동등한 경우가 가장 적당한 설치조건이다. 그러나 일반적으로 야간과 주간, 동절기와 하절기로 수요량, 수요비율(전열비)이 다르다. 일반적인 열병합발전시스템을 그림 3에 나타낸다. CGS와 종래의 상용전력, 또는 연료와 조합시킨 공정으로 하고 있다.

CGS에서 발생하는 전력과 열의 공급량이 시설이나 주택의 수요량과 일치하지 않는 시간대에는 종래의 상용전력이나 도시가스 등을 사용하여 수요량과 균형있는 운전을 한다. 또 남은 열을 일시적으로 저장하는 온수조를 설치, 온수의 사용량이 증가하여 CGS로부터의 열량이 부족했을 때, 저장온수를 사용하여 종합적인 에너지효율을 올리기도 한다.

한 가지의 방안으로, 전력 사용량이 최대일 때 30% 정도로 CGS의 발전능력 규모를 선정하여, 항상 CGS의 발전기가 100%에 가까운 부하로서 운전하는 것이 경제적인 경우가 있다. 전력을 위주로 생각하여 상용전력으로부터의 전기 매입을 적게 하거나, 열량을 위주로 연료의 구입을 적게 하는 등 시설의 에너지 소비 및 설비비까지도 합쳐서 최적의 설비를 설치한다.

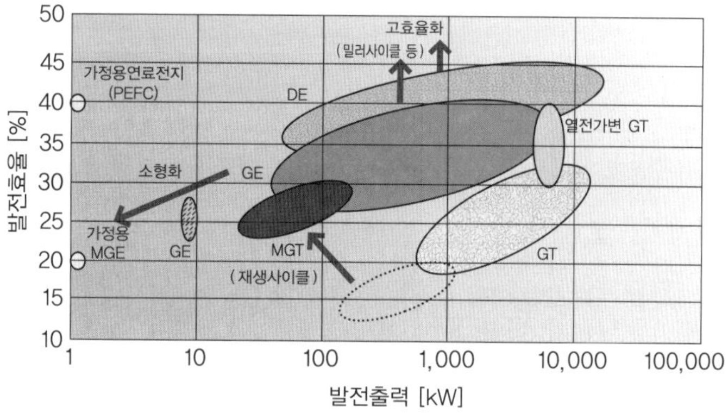

그림 4 열병합발전의 기술개발의 현황
(출처: "열 병합발전" p.34, 에너지종합공학연구소)

소형설비 · 가정용 CGS

그림 4에 CGS의 최근 개발동향을 나타낸다. 개발의 방향성은 화살표로 표시되어 있으며, 고효율화와 소형화가 주요 경향인 것을 알 수 있다. 민생용 CGS로서 마이크로가스터빈(MGT), 마이크로가스엔진(MGE)이 실용화되고 있다. 더욱이 가정용으로는 연료전지 CGS 유닛이 상품화되어 있다.

MGT는 30 kW로부터 300 kW 정도의 발전 출력이고, 종래의 700 kW 이상의 가스 터빈에 비하면 대폭적으로 소형화되어 있다. 발전효율은 25～30% 정도로 전열비가 작기 때문에, 온수와 증기 수요가 많은 호텔이나 병원으로의 용도에 적합하다.

가정용 1 kW CGS에는 도시가스를 연료원으로 한 가스엔진방식과 연료전지방식이 있는데, 주된 사양을 표 2에 나타내었다. 연료전지는 급속하게 개발이 추진되고 있지만, 발전할 때에 발열이 있으므로 그 냉각수를 온수로 회수하여 급탕이나 난방에 사용한다. 고체고분자형 연료전지(PEFC)의 반응열은 약 80℃로 안전하고, 가스엔진방식에 비하여 발전효율이 높으며, 소음과 배기가스가 적다는 특징이 있다.

그림 5에 가정용 연료전지방식 CGS 유닛의 구조 개요를 나타내었다. 유닛의 연료처리장치 내에서 도시가스(주성분 CH_4)와 수증기가 가열되고, 분자재조합반응에 의해 수소가 생성된다. 수소는 다음의 PEFC 스택(연료전지를 겹쳐놓은 것)에서 외부로부터 도입한 공기와의 화학반응으로 전기와 물과 열이 발생된다. 전기는 인버터로 직류에서 가정용

표 2 가정용 CGS유닛 사양

		가스엔진방식	연료전지방식
발전출력 kW		1.0	0.3~1.0
배열출력 kW		2.8	0.3~1.4
효율 (LHV)%	발 전	22.5	37.0(100% 출력시)
	배 열	63.0	50.0(100% 출력시)
가스소비량 kW		4.92	3.0
엔진형식		4사이클 단기통	—
엔진 총배기량		163cc	—

LHV : 저위발열량 기준

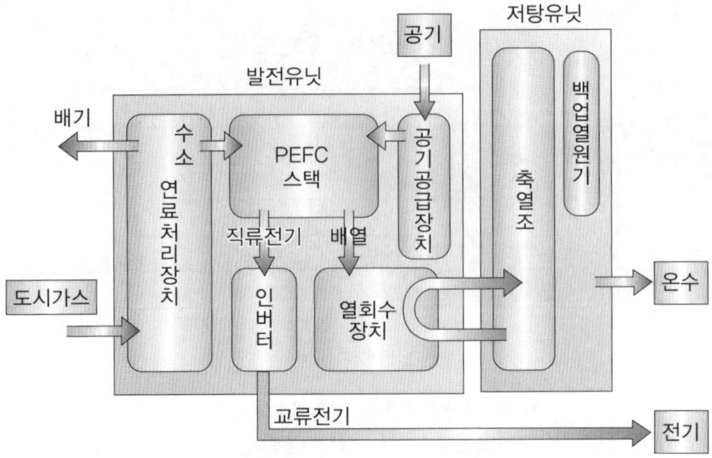

그림 5 가정용 연료전지방식 CGS유닛 구조 개요

교류로 변환하고, 열은 회수장치로 약 70 ℃의 온수로 만들어 이용한다. 온수는 발전하지 않는 시간대에도 사용할 수 있도록 저탕탱크에 모으고, 또 온수를 많이 필요로 할 때에는 백업열원기에서 온수를 만든다.

전열비가 이용시간과 맞지 않는 문제에 대응하기 위하여, 발전효율이 50% 가까운 고체 산화물형 연료전지의 실용화, 또 태양광발전이나 야간전력 이용과 조합할 수 있는 저렴한 축전지 개발이 진행되고 있다.

가스엔진 열병합발전

가스엔진은 소형 민생용 열병합발전시스템(이하 CGS)에 많이 채택되고 있다. 배기가스가 저환경 부하이기 때문에 시가지 점포, 병원, 호텔, 사무소에서도 활약하고 있다. 연료는 디젤에 비해 비싸지만, 가스공급 사업자에 의한 수용가의 판매 노력이 효과를 본 것이라 생각된다.

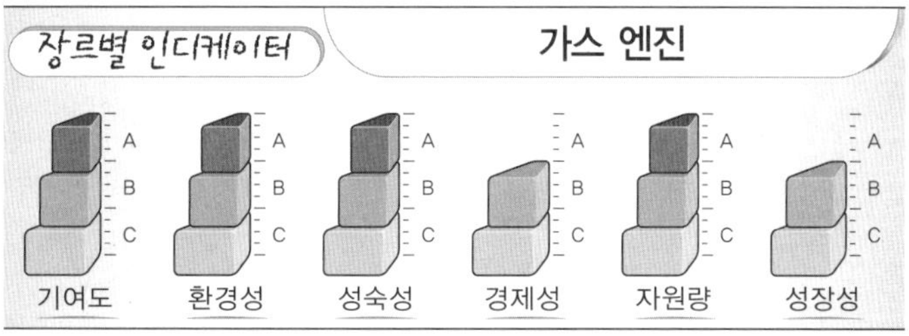

가스엔진 CGS의 적용 규모는 10~8,000 kW 규모로, 디젤엔진이나 가스터빈보다 소규모 수요 분야를 확보하고 있다. 연료가 도시가스나 LPG 등이 깨끗하므로, 열회수가 용이하고 보수도 간편하다는 점이 가스엔진 CGS의 특징이다.

가스엔진 CGS의 배열과 구조

가스엔진 CGS의 경우, 열원은 엔진 냉각으로 발생하는 온수와 연소 배기가스 양쪽 모두이다. 엔진을 냉각시킨 온수는 60~85℃ 정도이고, 연소 배기가스의 온도는 500~600℃이다. 엔진냉각 폐열회수와 연소 배기가스로부터의 열회수는, 대략 2대 3 비율이다. 연소 배기가스 열회수는 소형의 경우는 온수, 중형은 증기 또는 온수, 대형은 증기로 회수한다. 사용하는 연료의 차이에서 가스엔진에 연료를 공급하는 기구들은 가스의 성질이나 가스 공급원에 대응한 것이 장착된다. 이 차이는 가솔린 사양과 LPG가스나 CNG(압축천연가스) 사양의 자동차가 만들어지고 있는 것과 마찬가지의 사양 변경이 있게 되지만, 엔진 특성은 일반자동차와는 다르며 가속 성능이나 광회전역(廣回轉域)은 필요로 하지 않으므로, 저속회전형이고 내구성을 중요시하는 것으로 되고 있다. 이것은 가스히트펌프(GHP)로 바꾼 엔진 기술이 응용되고 있다.

1,000kW를 넘는 산업용 CGS의 가스엔진은 실린더수가 8~18개의 V형 4사이클의 구조를 갖는다. 또 일부 기종에서는 가스연료와 디젤연료의 전환사용이 가능한 것도 있다.

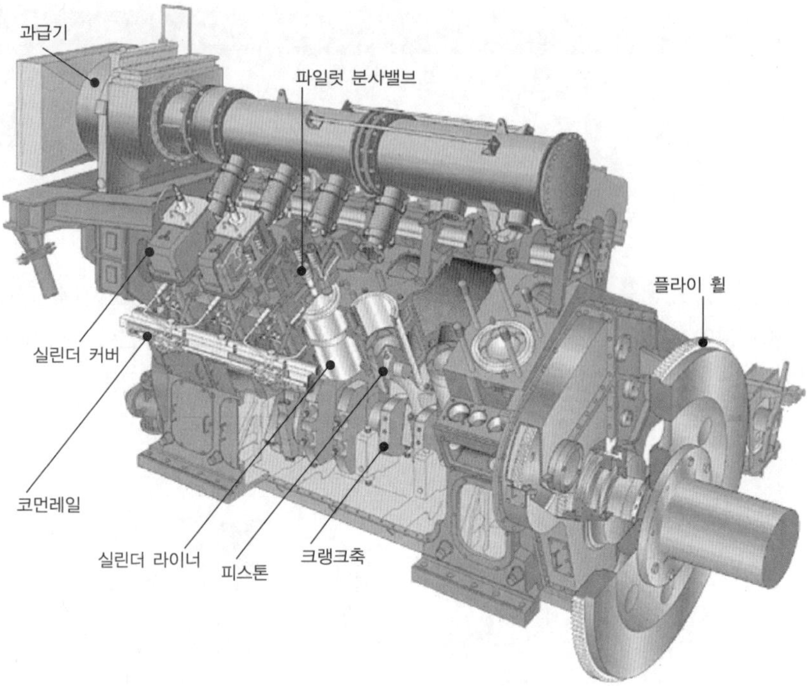

그림 1 대형 가스엔진의 구조
(출처: 미쓰비시중공 카탈로그를 참조)

표 1 가스엔진 열병합발전시스템 성능사례

	항 목	단 위	A	B	C	D	E
발전기	정격출력	kW	350	930	2,430	5,750	8,730
	주파수	Hz	50	50	50	50	50
	발전전압	V	6,600	6,600	6,600	6,600	6,600
	역률	%	0.95	0.90	0.98	0.90	—
효율	발전효율	%	40.5	40.0	41.6	43.5	45.6
	폐열회수효율	%	34.5	33.5	42.1	29.0	31.4
	종합효율	%	75.0	73.5	83.7	72.5	77.0
엔진	NO_X 대응		희박연소	희박연소	희박연소	희박연소	희박연소
	연료가스 종류		도시가스 13A	도시가스 13A	도시가스 13A	도시가스 13A	도시가스 13A
	가스소비량	m^3N/h	74.7	205.8	506	1,172	1,697
열회수등	배기가스 회수증기량	kg/h	207.5	491.0	1,908	3,240	5,700
	배기가스 온수회수열량	kW	145.3	—	1,335	—	3,990
	자켓 온수회수열량	kW	142.6	343.8	491	1,401	2,030
	보조기동력	kW	22.0	45.5	91.1		
외형	외형척도 폭	m	7.0	13.3	15.5	11.5	12.7
	외형척도 안길이	m	2.2	3.0	4.5	3.2	3.7
	외형척도 높이	m	3.6	4.4	6.4	5.0	4.7
	소음	dB	7.0	75	75	110	120
	운전중량	ton	16.1	40.3	47.0	121.0	137.5

도시가스 13A는 LHV40.63MJ/m^3N의 경우 보기동력은 패키지동력을 표시
(자료제공: 일본 열병합발전센터) 출처사이트 http://www.cgc-japan.com/japanese/cogene/index3.php

가스엔진 CGS의 효율

소형가스엔진의 발전효율은 29～33%이나, 종합열효율은 약 75%로 높아 안정된 열수요가 있다면 효율이 좋은 원동기이다. 중 · 대형(200～9,000 kW)의 발전효율은 35～46%, 종합열효율이 67～77%로 디젤엔진과 동등한 효과를 얻을 수 있다. 2005년도와 2006년도의 (독)신에너지 산업기술 종합개발기구의 연구에서 린번(Lean-burn), 2점점화, 밀러사이클(Miller cycle)의 3방식을 채용한 대형가스엔진이 시험 제작되어, 실증시험 결과 6 MW에서 발전효율 47.7%, 종합열효율 80%, 8 MW에서 발전효율 48.8% 종합열효율 80.9%를 발휘하였다고 보고되었다.

가스엔진 CGS의 성능 사례

마이크로가스엔진이라 불리는 10 kW 미만의 소형 CGS도 실용화되고 있다. 업무용 CGS를 아이신정기(Aisin, 精機)(6 kW)나 얀마(Yanmar, 5 및 9.8 kW) 등이 판매하고 있고, 가정용 CGS를 혼다기연(技研), 노리츠, 조후(長府)제작소(1 kW)가 도시가스기업과 공동 개발하여 저압전원(100/200 V)의 수요가에 대응하고 있다.

다종 연료형 외연기관 · 스털링엔진

가솔린엔진이나 디젤엔진은 연료와 공기의 혼합물을 실린더 속에서 가압 · 폭발시켜, 연소가스의 급격한 팽창을 이용하여 동력을 얻는다. 이 때문에 내연기관이라 불린다. 한편, 스털링엔진은 실린더 속에 불연성 기체를 봉입하고, 외부에서 가열 · 냉각시킨 후 기체를 팽창 · 수축시켜 동력을 얻는다. 이 때문에 외연기관이라 말한다. 연료 종류에 상관없이 완전연소도 쉬워 환경 부하가 적다는 특징이 있다.

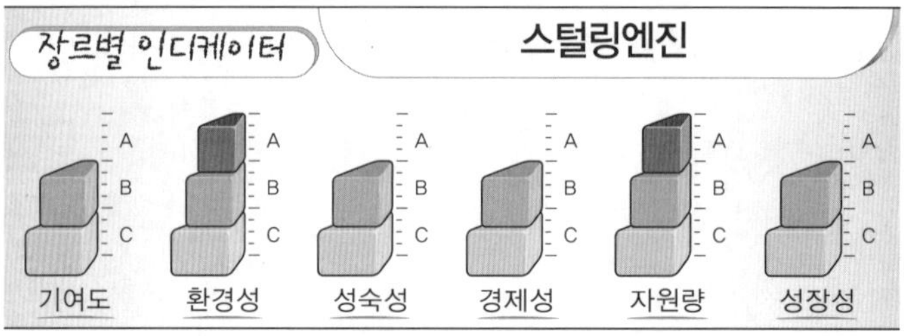

스털링엔진의 구조

1816년 스코틀랜드의 R. 스털링(Stirling)이 스털링엔진을 발명하였다. 당시, 전성기인 증기기관은 폭발사고가 자주 일어나고 있어서, 스털링엔진은 폭발의 위험성이 적어 주목되었으나, 경량 · 소형의 가솔린엔진과 디젤엔진으로 대체되어 갔다.

스털링엔진은 가솔린엔진이나 디젤엔진과 비교할 때 피스톤과 실린더로 되는 왕복동기관인 것이 공통점이지만, 동작 원리가 다르다. 스털링사이클은 등적가열 · 등온팽창 · 등적냉각 · 등온압축의 각 과정으로 이루어진다. 실제로는 고온 공간과 저온 공간을 마련하여, 공간 내를 가스가 이동하는 동작으로 하고 있다. 가스이동은 피스톤인 디스플레이서(displacer)로 한다. 그림 1이 디스플레이서의 한 예이다.

실린더 내에는 공기, 수소, 헬륨 등 어느 것인가의 작동기체를 봉입(封入)하고, 실린더를 외부로부터 열을 가해 기체의 온도 상승에 수반하는 팽창력을 이용하는 것이다. 팽창한 기체가 피스톤을 누르지만 열이 계속 가해져도 기체는 팽창한 채로 있어, 연속하여 동력을 얻을 수는 없다. 따라서 팽창한 기체를 냉각하는 구조(디스플레이서 등)를 조합하여 피스톤의 왕복운동을 실현하고 있다(그림 1).

스털링엔진은 열원을 실린더의 외부로부터 얻는 외연기관이라는 것이 큰 특징이다. 그러므로 열원

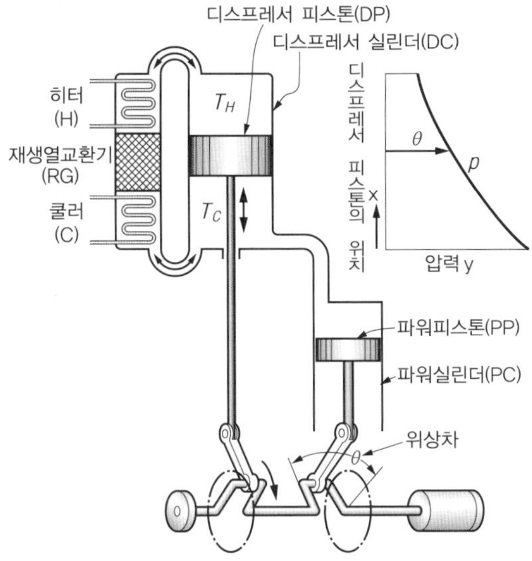

그림 1 디스플레이서형 스털링엔진의 원리
(출처: 우쓰노미야 대학)

의 선택에 있어 자유도가 매우 넓고, 연소시의 열부터 태양의 열까지 다양하다. 이에 대해서 내연기관은 실린더 내부에서 연소시켜서 열원을 얻고 있다.

연소열을 열원으로 하는 스털링엔진의 가열부(Heater Head)는 아궁이에 석탄이나 장작을 지펴서 태우는 것과 비슷하다. 가솔린엔진이나 디젤엔진이 회분식의 가압단속 연소로 그때마다 점화하는 것에 대하여 이 기관은 비가압 연속적인 연소가 가능하다. 따라서 원리적으로는 타는 것이라면 무엇이라도 연료가 되는 다종연료형 기관이고, 석유제품 등의 엄밀한 제품규격에 의거하는 화석연료를 사용하지 않아도 동력을 얻을 수 있다. 따라서 열병합발전시스템의 원동기로 사용하면 바이오매스연료를 포함하는 다양한 연료의 이용이 용이하다.

스털링엔진 CGS의 특징과 실시 예

스털링엔진에는 정숙, 고효율, 연료 다양성 등의 특징이 있지만, 결점은 무게와 크기(비출력, 比出力)이다. 기체의 열팽창 · 열수축을 이용하기 때문에 고출력을 얻으려면 필요한 기체의 양이 많아지고, 출력에 비해 대형화되어야 한다. 현재로는 작동 기체로서 대기압의 공기로 바꾸어 고압 헬륨가스 등을 채용하여 이 문제의 해결을 시도하고 있지만, 반면에 기체 누설 등의 새로운 문제가 발생한다. 헬륨가스 등 작은 분자는 열전달 속도가 빠른 우수성이 있으며, 또 고압화(10~100기압 정도)에 의해서 소형이라도 출력이 큰 스털링엔진을 만들 수가 있으나, 작은 분자의 기체는 좁은 틈을 통과하여 새기 쉽고, 고수준의 기밀을 유지하면서 피스톤이나 출력축을 마찰 없이 움직이도록 하는 것은 매우 어려우므로 새로운 기술과제가 된다.

효율로는 발전용량 1~100 kW, 발전효율 25~30%, 종합효율 50~90% 정도가 일반적일 것이다. 그림 2의 바이오매스연료를 이용한 스터링엔진 CGS는 입열 21.1 kW에 대하여 축출력이 3.4 kW로 동력효율은 16%, 만일 냉각수의 17.4 kW를 전량 온수로 이용할 수 있다면 98.5%의 종합열효율이 된다. 그림 3의 배열 이용 스터링엔진 CGS는 배의 배기가스에 적용한 예인데, 입열 2,500 kW에 대하여 발전 700 kW로 발전효율은 28%이다. 이 예에서도 40℃의 엔진 냉각수를 어느 정도 이용 가능한가에 따라 종합열효율이 바뀐다.

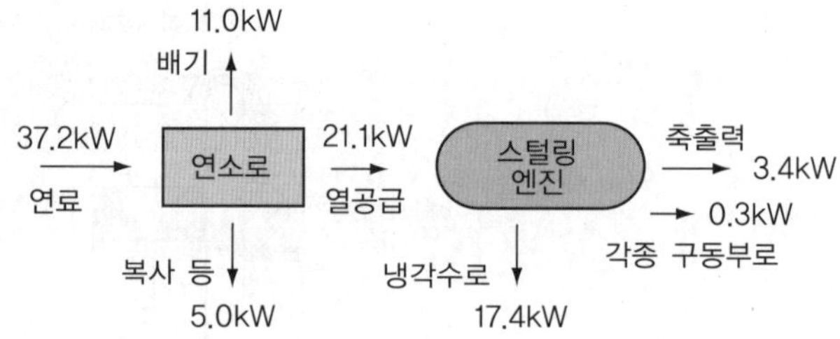

그림 2 바이오매스연료를 이용한 스털링엔진
(출처: (주)스털링엔진 홈페이지)

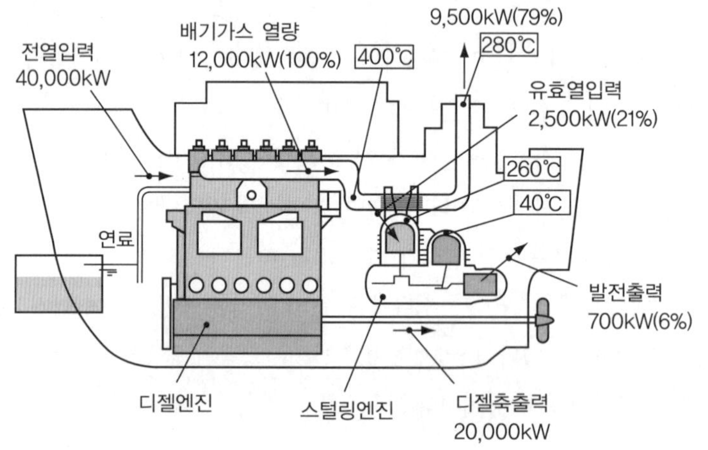

그림 3 폐열 이용 스털링엔진시스템
(출처: "배와 바다의 스털링엔진" 독립행정법인 해상기술 안전연구소, 히라타 고이치)

히트펌프의 종류

자연법칙에서 열은 고온에서 저온으로 흐르지만, 일을 부여하면서 열을 퍼내어 에어컨으로는 실내를 시원하게 하고, 냉동 · 냉장고로는 식품을 저온 저장한다. 저온에서 고온으로 열을 퍼내는 것을 「히트펌프」라 하고, 일반적으로 저온 쪽의 흡열을 이용하는 경우를 「냉동기」, 고온 쪽의 방열을 이용하는 경우를 「히트펌프」라고 부른다. 히트펌프를 사용하여 배기열을 회수하고 재이용함으로써 이산화탄소의 배출을 억제할 수 있다. 여기에서는 히트펌프의 종류를 소개한다.

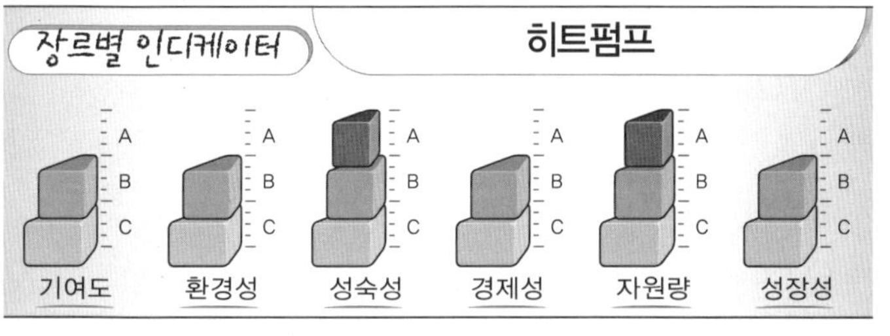

히트펌프는 일 또는 열의 에너지를 사용하여 저온의 바깥 공기나 상온의 물로부터 열을 퍼 올려, 난방이나 가열용 열원으로 이용하는 장치이다. 냉동기도 히트펌프도 원리로는 같은 구조이다. 열이 퍼 올려져 냉각된 저온 측을 이용하는 것이 냉동기, 퍼 올려진 열을 방열, 고온 측을 이용하는 것이 일반적으로 히트펌프라 불리고 있다. 히트펌프에는 동력구동의 증기압축식 히트펌프와, 열구동의 흡수식 히트펌프가 있다. 히트펌프의 성능은 저온열원과 고온열원(이용온도)의 차로 나타내어지는 승온폭과 투입한 일에 대하여 저온열원에서 퍼 올려지는 열의 비율로 나타낸다. 이 비율을 성적계수(COP: Coefficient of Performance)라 부르며, 최대치는 그림 1에 나타난 역카르노 사이클의 성적계수와 같다. 히트펌프로 열을 퍼올린 온도 T_L의 저온열원을 이용하는 냉방이나 냉동의 COP를 COPc, 고온열원의 온도 T_h에서 방열되는 열을 사용하는 난방의 COP를 COPh라 표기하면 각각의 성적계수는

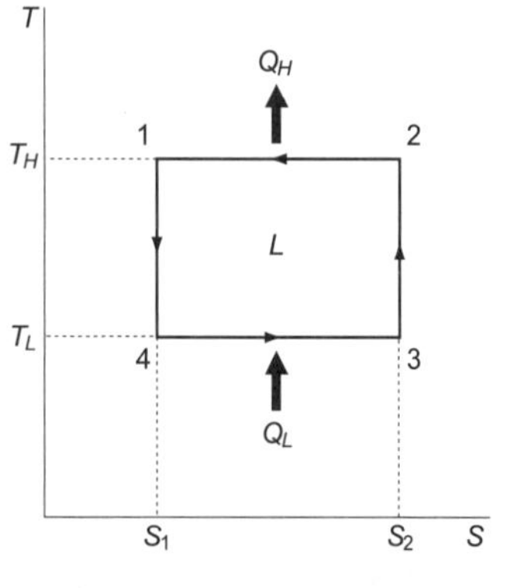

그림 1 역카르노 사이클

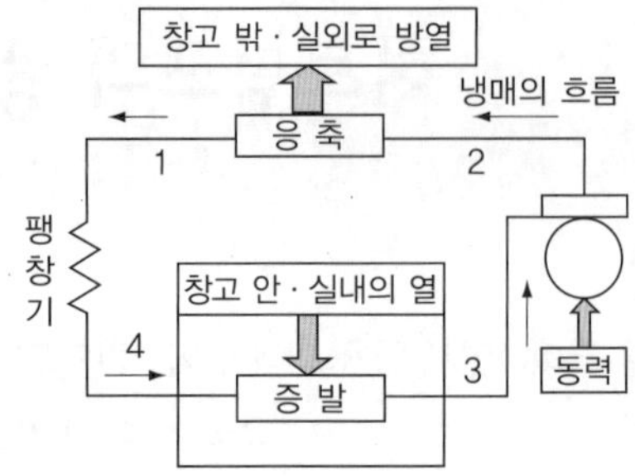

그림 2 증기압축식 히트펌프

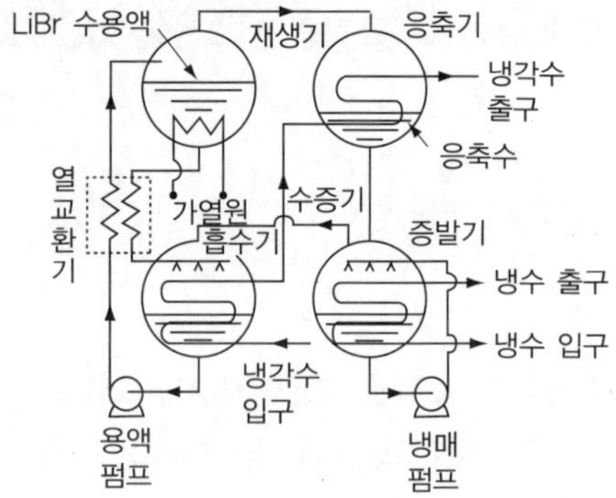

그림 3 단효용 흡수냉동기
(출처: (사)일본 냉동공조학회, 초급 표준텍스트, 냉동공조기술, p.4, 그림1.2)

$$\begin{aligned} \mathrm{COPc} &= Q_L/L \\ &= T_L/(T_H - T_L) \\ \mathrm{COPh} &= \mathrm{Q_h}/L \\ &= T_H/(T_H - T_L) \\ &= \mathrm{COPc}+1 \end{aligned}$$

라 나타내어진다.

그림 2에 증기압축식 히트펌프의 흐름도를 나타내었다. 기본시스템은 압축기, 응축기, 팽창변, 증발기와 이들을 접속하는 배관과 제어기기로 구성되어, 냉매의 압축 · 응축과 팽창 · 증발을 반복하여 열을 퍼 올린다. 최근의 냉각기에는 오존파괴계수(ODP: Ozone Depletion Potential)가 0인 염소를 포함하지 않는 하이드로 플루오로카본(HFC: Hydro fluoro carbon)계 냉매가 많이 쓰이고 있다. 에어컨에는 복수의 HFC계 냉매를 혼합시킨 비공비(非共沸) 혼합냉매인 R410A(임계압력 4.95MPa, 임계온도 71.8°C)가 많이 사용되고 있다. 최근에는 이산화탄소 냉매를 이용한 히트펌프급탕기도 있다. 그림 3에 열구동인 물—취화리튬계 단효용 흡수냉동기의 흐름도를 나타내었다. 기본 사이클은 흡수액을 농축시키고 냉매를 증기로 재생시키는 재생기, 재생된 냉매 증기를 응축시키는 응축기, 응축된 냉매액을 증발시킴으로써 냉수 혹은 열원으로부터 열을 퍼 올리는 증발기, 증발한 냉매증기를 흡수액으로 흡수하는 흡수기, 재생기로부터의 고온의 농흡수액과 흡수기로부터의 저온의 희흡수액이 열교환하는 용액 열교환기, 냉매 · 흡수액을 순환시키는 각 펌프로 구성된다. 냉수를 빼내는 경우는 가스연소열로 흡수냉동사이클을 운전하고 온수를 빼내는 경우는 흡수액을 거쳐 연소열로 온수를 가열하는 방법으로, 1대의 유닛으로부터 냉수와 온수를 빼낼 수 있는 가스흡수 냉온수기도 있다. 높은 COP를 얻기 위하여, 그림 4에 나타난 것처럼 재생기를 2개 설치하여, 고온재생기에서 재생된 냉매증기로 저온재

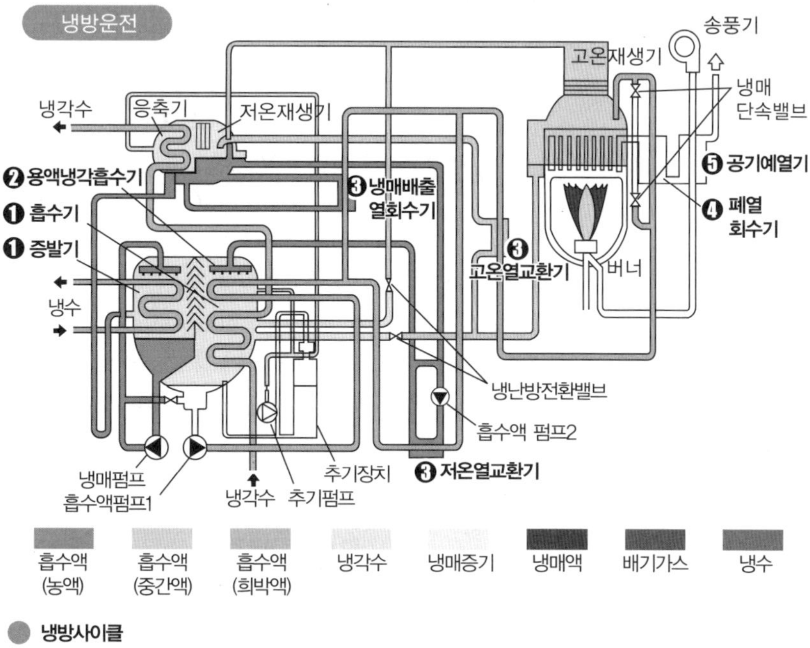

그림 4 이중효용 흡수냉온수기
(출처: 산요 코머셜판매(주) 고효율 흡수냉온수기 카탈로그 No.0310A14E, p.2)

생기의 흡수액을 가열해서, 다시 냉매를 재생시키는 이중효용 흡수냉온수기도 있다. 이 외에도 암모니아 — 물계를 이용한 흡수식냉동기, 물 — 실리카겔 혹은 물—제올라이트를 사용한 흡착식 냉동기, CaO/H_2O계 수소 저장합금을 사용한 케미컬히트펌프 등이 있다.

산업용 히트펌프

공장 등에서는 100 ℃ 미만의 폐열이 많이 발생한다. 이 폐열을 열회수하여 가열용 온도까지 높일 수 있다면 큰 에너지 절약효과를 낳는다. 증기 형태로 열회수하는 기계구동 증기재압축(VRC: Vapor Re-Compression)시스템, 열구동 타입의 스팀이젝터, 온수나 고온수 형태로 열회수하는 열구동 흡수히트펌프 등이 있다. 본 항목에서는 증류탑, 농축공정, 보일러 급수가열 등에서 쓰이는 히트펌프 사례를 소개한다.

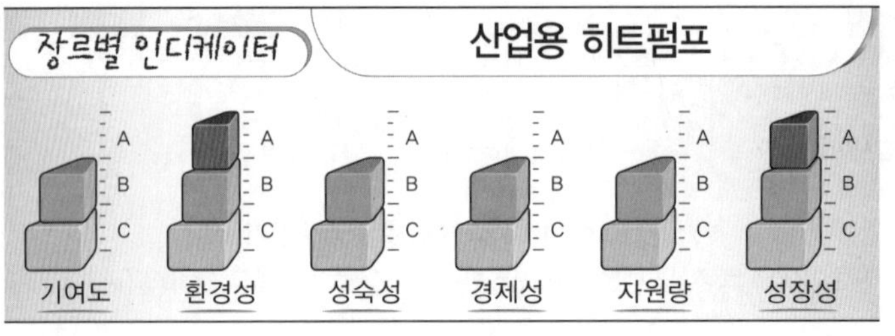

주로 증기를 사용하는 증류나 농축 및 건조공정에서 가열원으로 투입된 열에너지는 제품에 부가되는 일 없이, 거의 배기가스 또는 냉각기를 거쳐 대기 중이나 냉각수 중으로 방열되고 있다. 이 대기 중이나 냉각수 중에 방열되고 있는 폐열을 열회수하여 가열에 사용할 수 있다면, 큰 에너지 절약효과를 거둘 수 있다. 폐열로부터 증기 형태로 열회수하여 승압시킨 증기나, 승온시킨 고온수를 원료 가열에 이용하는 시스템이 기계구동 VRC 시스템, 열구동 스팀이젝터, 흡수히트펌프이다. VRC 시스템의 사례로 맥주양조공정의 자비부(煮沸釜)에서 배출되는 배기증기를 회수하여 가열에 사용하는 시스템을 그림 1에, 사진을 그림 2에 나타내었다.

그림 1의 예에서는 자비부로부터 거의 대기압의 배기증기를 VRC로 이끌고, 0.2 MPa로 재압축하여 자비부 가열증기로 이용한다. 대기압의 배기증기 포화온도는 373 K이고, 0.2 MPa의 응축온도는 393 K이다. 따라서, 이때의 이론 COP는 393/(393−373) ≒ 20으로 높은 값이 된다. 여기에서는 자비부로부터의

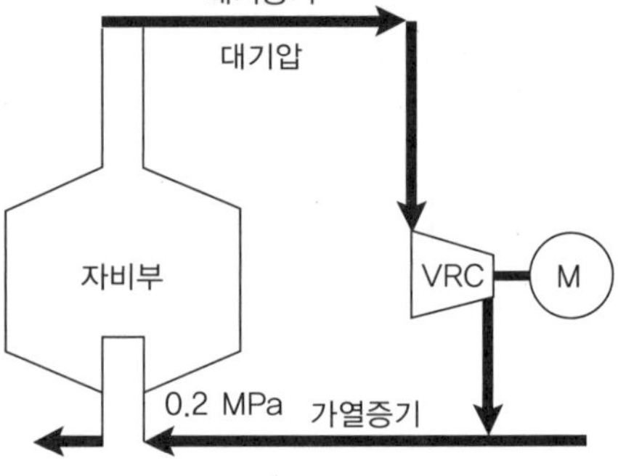

그림 1 VRC시스템 예

그림 2 VRC시스템 설치 예(다카자와 유지, "증기재압축시스템(VRC) 도입에 의한 CDM" 긴키지구 심포지엄 & 냉동기사대회(2007), 히트펌프 진화론, (사)일본냉동공조학회)

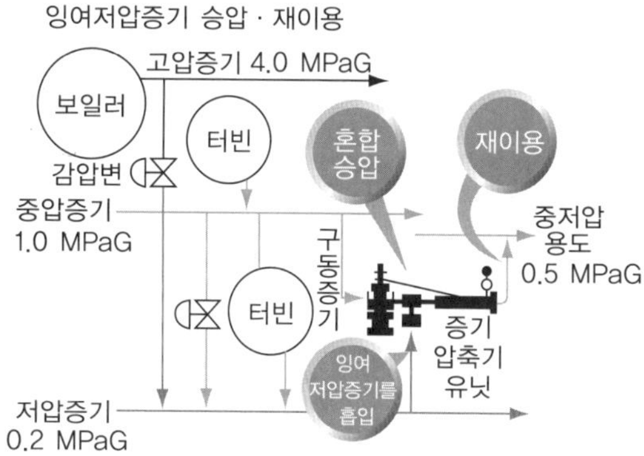

그림 3 스팀이젝터 예
(출처: (주)티엘브이 Catalog No.4802)

2t/h 증기를 압축기 입력 110 kW로 대기압에서 0.2 MPa로 재압축함으로써, 포화증기(0.2 MPa)의 응축열량(잠열 2,202 kJ/kg)에 압축기 입력(110 kW)을 더한 4,750 MJ의 열량을 자비부 가열에 이용할 수 있고, 이때의 COPn은 4,750/(3.6 · 110)=12가 된다. VRC를 이용할 경우는 탑정(塔頂) 증기온도와 탑저(塔底)의 원료가열용 증기의 온도차가 작을수록 높은 COP가 얻어진다.

열구동 증기재압축시스템에는 스팀이젝터를 사용하여 미이용 증기를 회수하고, 저압 또는 중압의 증기로 승압 · 재생하는 열구동 증기압축기가 있다. 응용 예를 그림 3에, 성능선도를 그림 4에 나타내었다. 이 선도에서 흡입비 3의 세로선과 흡입압력 0.2 MPaG의 선의 교점을 왼쪽 세로축까지 수평으로 늘리면, 토출(吐出)압력 0.4 MPaG를 알 수 있다. 이것은 증기압 0.9 MPaG의 구동증기를 3 사용하여 0.2 MPaG의 증기를 1 흡입하고, 합쳐서 0.4 MPa의 증기를 4 이용 가능하다는 것을 나타내고 있다.

열구동 흡수히트펌프에는 2가지 종류가 있는데 구동열원으로 폐열을 이용할 수 있는 점이 큰 장점

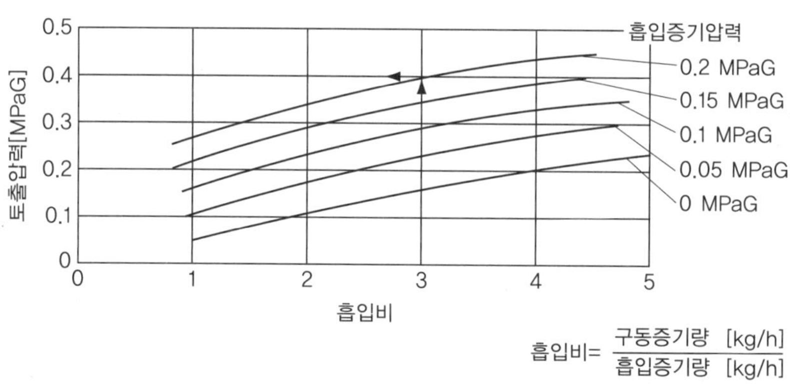

그림 4 증기압축기(다카다 도시노리, "저압증기 승압 · 재생에 의한 에너지 절약", 클린에너지(2008.8))

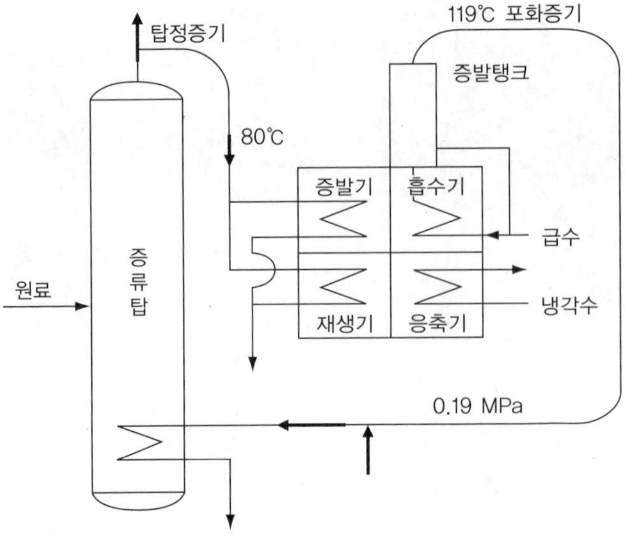

그림 5 제2종 흡수히트펌프 설치 예

이다. 하나는 재생기에 투입하는 구동열원의 온도보다도 고온의 이용 온열을 끌어내어 열변환 작용을 하는 승온 타입의 제2종 흡수히트펌프이다. 또 하나는 열원에서 흡수한 열량과 구동용으로 투입한 열량의 합계를 이용 온열로 골라내는 증열 타입의 제1종 흡수히트펌프이다. 그림 5에 에틸알코올의 증류에 이용되는 승온 타입의 제2종 흡수히트펌프의 사례를 나타내었다. 탑정증기의 알코올 증기(80℃)가 구동용으로 재생기에, 저온열원으로 증발기에 거의 1대 1 비율로 공급된다. 재생기에 공급된 알코올 증기는 응축열로 흡수기로부터의 희흡수액을 가열하고, 흡수액을 농축시켜 냉매를 재생시킨다. 한편, 저온열원으로 증발기에 공급된 알코올증기는, 응축기로부터의 냉매액을 가열하여 냉매증기로 함으로써 응축한다. 증발기에서 가열되어 증기가 된 냉매는 흡수기에서 농흡수액에 흡수되고, 이때 발생하는 흡수열로 고온수를 119℃에서 124℃까지 가열한다. 가열된 고온수는 증발 탱크에서 자기증발하고, 119℃(0.19 MPa)의 포화증기가 되어 탑저가열에 사용된다. 이 케이스에서는 탑정증기 100의 열량에 대하여 거의 절반인 50의 열량이 가열증기로 회수된다. 증발기에 공급되는 저온열원 온도와 이용증기의 온도차(39K=119−80)는 재생기에 공급되는 구동열 온도와 응축기에 공급되는 냉각수 온도의 차에 크게 좌우된다.

그림 6에 나타낸 제1종 흡수히트펌프 사례는 폐열로부터 열회수한 온열을 가열용 보일러의 급수가열에 사용하는 예이다. 40℃의 배기온수가 증발기에 공급되고 35℃로 냉각되어 배출되고, 흡수기에는 보일러 급수가 40℃로 공급되는 경우를 생각한다. 재생기에 공급되는 증기압에도 따르기는 하나, 응축기 출구온도에서 80℃ 정도까지 보일러 급수를 가열할 수 있다. 여기에서의 열수지는 증발기 입열 Q_E(저온열원으로부터의 회수열)를 1이라 하면, 흡수기에서의 가열량 Q_A는 1.4, 응축기에서의 가열량 Q_C

는 1.1, 재생기의 구동열 Q_G는 1.5 정도가 되고, $COPh = (Q_A \cdot Q_C)/Q_G$는 약 1.7이 된다.

아직 보급에는 이르지 못하였으나, 산화칼슘/물계, 산화마그네슘/물계(300℃역 열원), 황산칼슘/물계(100℃ 역 열원) 등 100℃ 이상의 고온 역에서 작동 가능한 케미컬히트펌프가 기대되고 있다. 그림 7에 산화칼슘/물계를 예로 케미컬히트펌프의 개념을 나타내었다. 그림의 축열과정에서는 고온반응기 내의 수산화칼슘($Ca(OH)_2$)이 가열됨으로써, 탈수반응에 의해 산화칼슘(CaO)이 되어 화학반응 에너지를 모은다. 분리된 수증기는 응축기로 이동하여, 응축열을 냉각수에 방열하고 물이 된다. 방열과정에서는 증발기(축열과정의 응축기) 내의 물을 폐열 등으로 가열하면 물이 증발하고, 고온 측 반응기에서 CaO의 수화반응이 진행되어 $Ca(OH)_2$가 된다. 이때 생기는 수화반응열을 이용한다. 운전에서는 고온반응기로의 배관을 축열과정에서는 가열하는 계통으로, 방열과정에서는 열을 이용하는 계통으로, 또 저온반응기(응축기 · 증발기)로의 배관도 축열과정에서는 방열하는 계통으로 방열과정에서는 폐열 등을 이용한 가열하는 계열로 전환한다. 혹은, 저온반응기의 응축기와 증발기를 전용으로 하고, 축열과정과 방열과정에서 고온반응기로의 접속을 전환한다.

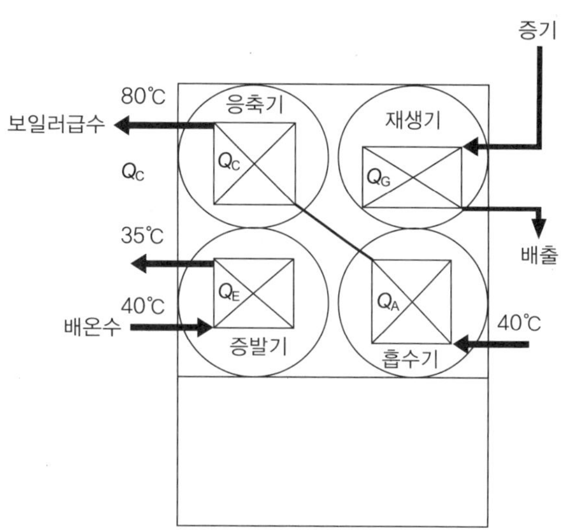

그림 6 제1종 흡수히트펌프

케미컬히트펌프는 본질적으로 화학반응 이용기기이므로, 조작온도와 각각의 압력 평형에 의해, 축열, 승온, 증열, 냉동의 4가지 기본 모드 중 하나를 선택할 수 있다.

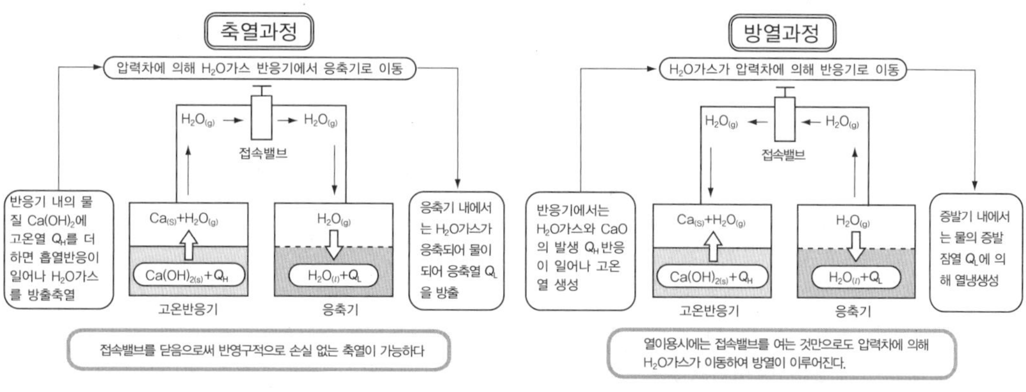

그림 7 케미컬히트펌프 (출처: (사)화학공학회, 에너지부회, 호네부토 에너지 로드맵, p.180)

민생용 히트펌프

히트펌프는 냉동 · 냉장고, 에어컨, 급탕기, 세탁건조기 등에 폭넓게 이용되고 있다. 온열 이용은 난방운전 시에 대기로부터 열회수를 하는 히트펌프 에어컨, 야간에 대기로부터 열회수를 하여 급탕용 온수를 축열하는 급탕기, 대기로부터 열회수와 냉난방 동시운전 시, 냉방운전 폐열회수로 난방운전을 할 수 있는 패키지에어컨 등이다. 히트펌프를 사용하여 폐열을 회수하고 재이용함으로써 이산화탄소의 배출을 억제할 수 있다.

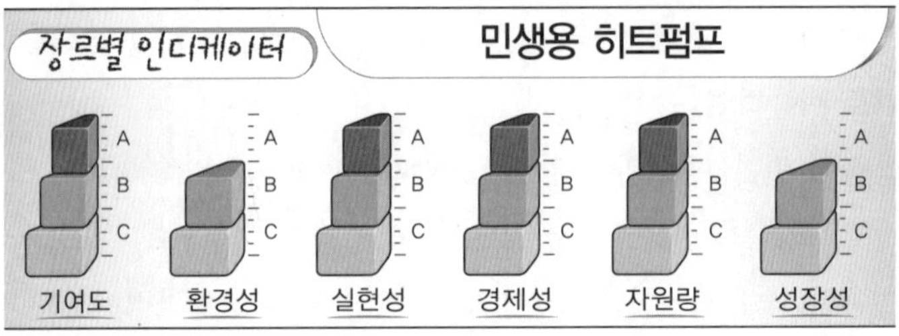

가정용 공기조절기 1대로 여름에 냉방, 겨울에 난방을 할 수 있는 히트펌프에어컨의 모식도를 그림 1에 나타내었다. 냉방운전사이클에서는 압축기를 나온 고온고압의 냉매가스가 전환밸브를 지나 옥외의 열교환기(응축기)에 보내지고, 대기로 방열하여 응축 · 액화된다. 이 냉매액이 팽창밸브에서 죄임팽창하고, 저온저압의 액적과 증기의 혼상흐름이 되어 실내의 열교환기(증발기)에 들어가 실내공기를 냉각하여 냉매증기가 된다. 냉매증기는 전환밸브를 거쳐 압축기에 흡입되어 압축승온된다. 난방운전사이클의 경우는 이것과는 반대 흐름이 된다. 압축기에서 나온 고온고압의 냉매가스가 실내 열교환기(응축기)에 보내져, 실내공기를 데우고 응축 · 액화된다. 냉매액은 팽창밸브에서 팽창하고, 저온저압의 기–액 혼상흐름이 되어 옥외의 열교환기(증발기)에 들어간다. 여기에서 대기로부터 흡열하여 증발한 냉매증기는 전환밸브를 거쳐 압축기로 흡입되어 압축승온된다. 여름의 냉방운전과 겨울의 난방운전은 전환밸브에 의해 실내의 열교환기가 증발기에서 응축기로, 실외 열교환기가 응축기에서 증발기로 전환된다.

한편, 업무용 패키지에어컨의 경우는 1대의 실외기(압축기+응축기(냉방운전)+송풍기)에 대하여 복수의 실내기(증발기(냉방운전)+송풍기)가 접속되는 멀티에어컨이 많이 쓰이고 있다. 복수의 실외기에 복수의 실내기를 배관 접속시킨 「W멀티」나, 실내기를 개별로 냉방운전과 난방운전에 쓸 수 있는

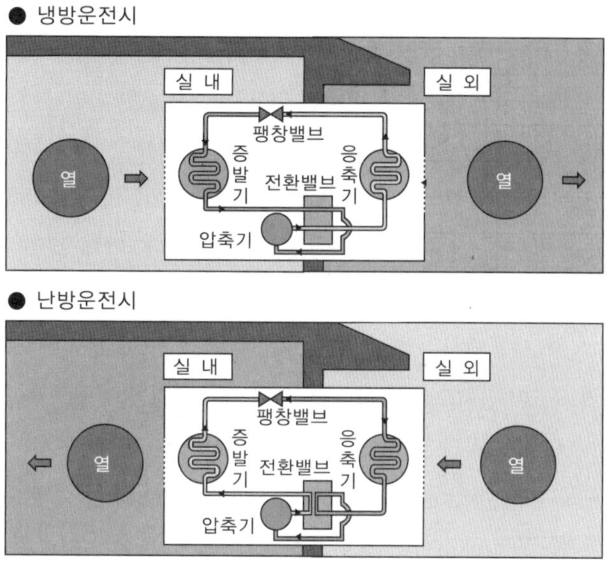

그림 1 히트펌프에어콘의 개념

「3WAY멀티」도 있다. 3WAY멀티는 그림 2에 나타낸 것처럼, 냉방운전의 배열을 난방운전에 이용할 수 있는 에너지 절약시스템이다. 따라서 OA룸과 오피스가 함께 있는 빌딩, 주방과 오피스가 함께 있는 점포빌딩 등 연간 냉방이 필요한 공간이 혼재하는 건물에 적합하다. 인테리어부와 페리미터부(창가부)의 구분이 명확한 대규모 빌딩처럼 냉방 · 난방의 동시 운전이 필요한 건물에는 최적이다. 빌딩용 멀티에어컨은 전동기로 압축기를 구동시키고 있으나, 압축기 구동에 엔진을 사용하는 타입도 있다. 바깥 기온이 낮으면 대기로부터의 열회수가 감소하나, 엔진 구동의 경우는 엔진의 폐열을 회수하여 히트펌프 열원으로 이용할 수 있기 때문에 바깥 기온이 낮은 겨울에도 난방 능력을 확보할 수 있다. 전동기로 압축기를 구동시키는 히트펌프를 EHP, 가스엔진으로 구동시키는 타입을 GHP, 등유를

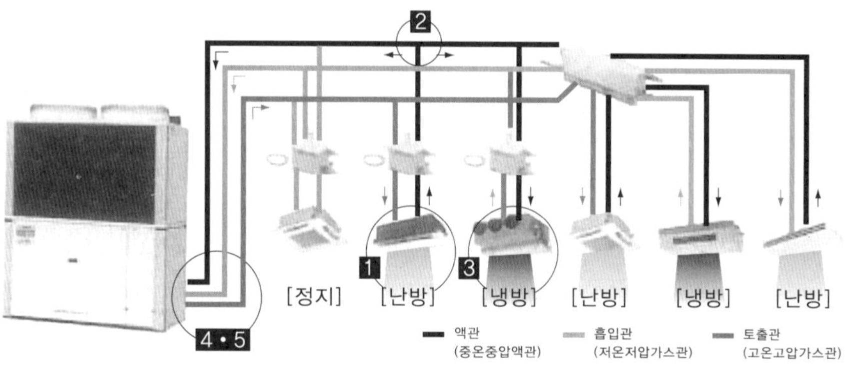

그림 2 3WAY 멀티시스템 예(출처: 산요전기(주) 카탈로그)

엔진 연료로 하는 타입을 KHP라 부르는 경우도 있다. 지구온난화 문제로 고효율화가 요구되어, 에어컨도 에너지 절약 기준목표치를 정한 톱러너방식이 채용되고 있다.

에어컨의 기본적인 에너지 절약지표는 성적계수 COP(능력/소비전력)이나, 냉방운전과 난방운전은 COP값이 다르기에, 냉난평균 COP((냉방 COP+난방 COP)/2)를 지표로 사용한다. 냉난평균 COP는 JIS B8616에 기재된 냉방 정격능력과 난방 정격능력의 에너지 소비효율의 평균이다. 냉방 정격능력은 바깥 공기온도가 35℃이고 실내 측 건구온도/습구온도가 27/19℃일 때의 능력이다. 난방 정격능력은 바깥 공기온도의 건구온도/습구온도가 7/6℃이고 실내 측 건구온도/습구온도가 20/15℃일 때의 능력이다. 한편, 에어컨 실제 사용에서는 계절이나 날씨에 따라 바깥 공기온도가 매일 변화해서, 냉방 · 난방에 필요한 능력도 소비전력도 변화한다. 이 때문에 1년간에 걸쳐 어느 일정 조건하에 에어컨을 운전했을 때의 소비전력과 1kW당 냉방 · 난방능력을 나타내는 연간에너지 소비효율(APF: Annual Performance Factor)이 새로운 에너지 절약지표로 도입된다. APF는 다음 식과 같이 냉방기간 및 난방기간에 걸쳐 실내 측 공기로부터 제거하는 열량 및 실내 공기에 더해진 열량의 총합과, 같은 기간 내에 소비된 총전력의 비로 나타낸다.

$$\text{APF} = \frac{\text{냉방기간 중에 발휘한 능력의 총합} + \text{난방기간 중에 발휘한 능력의 총합}}{\text{냉방기간 중의 소비능력량의 총합} + \text{난방기간 중에 소비능력량의 총합}}$$

이산화탄소를 냉매로 사용한 「에코큐트」라 불리는 히트펌프급탕기가 2007년도에는 40만대를 넘어, 현저한 증가를 보이고 있다. 이산화탄소의 압력과 비엔탈피의 관계(P–h선도)를 그림 3에, 이 시스템 예를 그림 4에 나타내었다. 이산화탄소 냉매는 임계온도가 낮아서, 증발기로부터의 이산화탄소

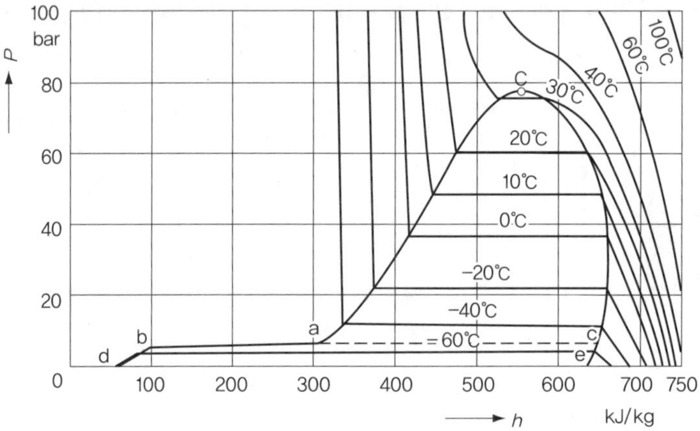

그림 3 CO_2의 P–h선도(출처: 다니시타 이치마쓰, 공업열역학 기초편, 쇼카보, (1982))

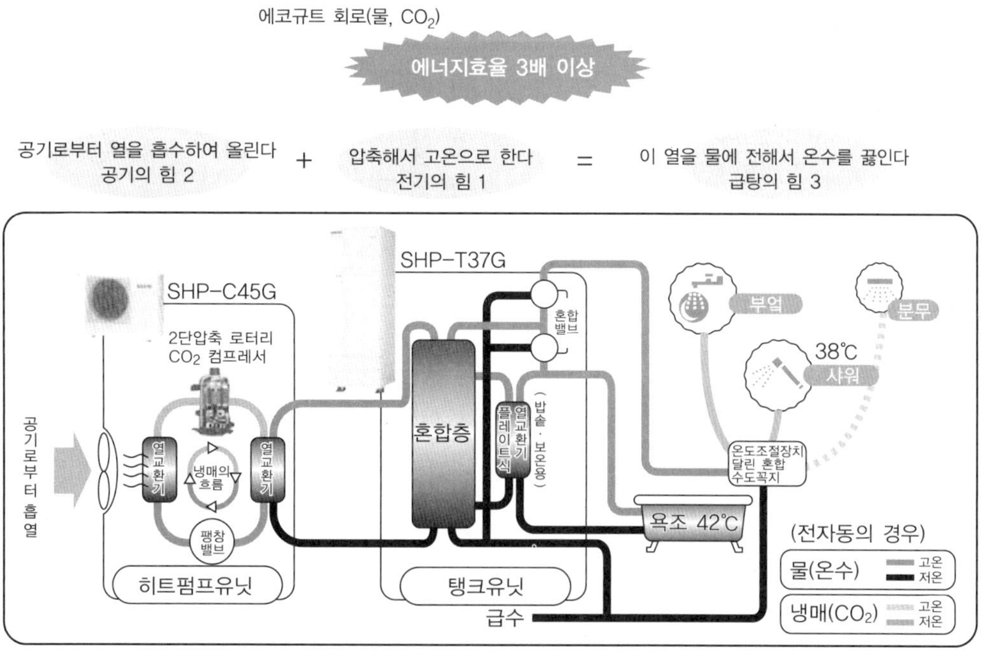

COP는 성적계수(Coefficient of Performance) : 가열능력÷소비전력으로 산출(정격조건에서의 운전시)
【정격조건】 외기온(건구온도/습구온도) 16℃/12℃, 수온 17℃, 끓어오름온도 65℃

그림 4 「에코큐트」 시스템 예(출처: 산요전기(주) 컴프레서사업부)

증기를 압축하면 압력 · 온도가 오르고, 초임계 상태에서 급수와 열교환하여 냉각된다. 급탕을 가미한 정격조건은 바깥 공기온도가 건구온도/습구온도로 16/12℃, 급수온도가 17℃, 급탕온도는 65℃라고 되어있다.

그림 4 안의 「에너지효율 3배 이상」이란 히트펌프 유닛으로 압축기에 1의 에너지를 투입하면 공기와의 열교환으로 2 이상의 에너지를 공기로부터 흡열하고, 탱크유닛으로부터의 온수와의 열교환기에서 급탕에 3 이상의 에너지를 더한다는 것을 나타낸다.

일상생활에 자주 사용되는 세탁건조기에도 히트펌프가 들어가 있는 것이 있다. 세탁 시에는 온수로 세정할 수 있도록 응축기로 급수를 가열하고, 건조 시에는 의류의 수분으로 습기 찬 공기를 냉각 제습하고, 이 열을 회수하여 응축기에서 마른 공기를 가열하고 온풍을 드럼으로 송풍한다. 이 시스템 예를 그림 5에 나타내었다. 자연에너지 이용 분야에서는 연간에 걸쳐 거의 일정 온도의 지열을 이용하는 히트펌프시스템이 있다. 기초 말뚝의 바깥둘레 부분에 열교환용 배관을 설치하여 하절기 냉방 시에는 대기보다도 저온인 땅속토양에 방열하여 응축온도를 낮추고, 동기난방 시에는 대기보다도 온도가 높은 지열을 열원으로 하여 대기와 지중열의 온도차몫의 에너지 절약을 꾀하고, 운전비용과 이산화탄소 배출량을 저감시킨다.

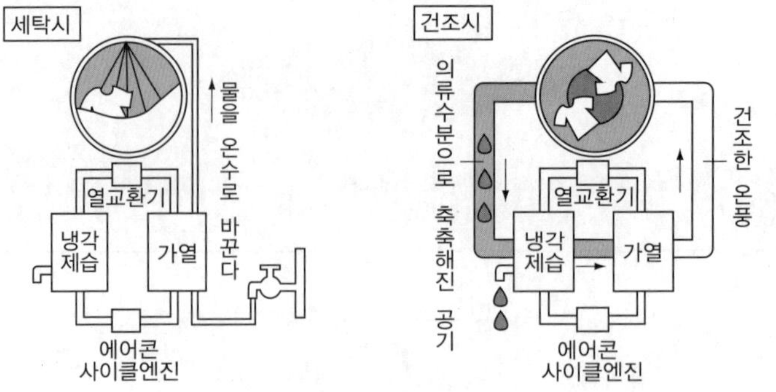

그림 5 세탁건조기의 예

(출처: 도시바 컨슈머 마케팅(주), 세탁건조기/세탁기/의류건조기 종합 카탈로그 2006 겨울)

축열의 종류

축열기에는 흔히 보온병이나 뜨거운 물주머니, 심야전력으로 온수를 만들어 탱크에 모아두는 전기온수기 등이 있다. 축열방법에는 전기온수기와 같이 열을 고체나 액체의 온도차로 변환시켜 모으는 현열축열이 있다. 쿨러박스에 얼음을 넣어 음료를 보냉하는 것은 얼음의 융해열을 이용하는 잠열축열이다. 물질의 가역적인 화학변화에 따른 발열과 흡열을 이용하는 화학축열도 있다. 축열을 이용하면 열수급의 시간적인 불일치에 의한 열손실을 적게 할 수 있다.

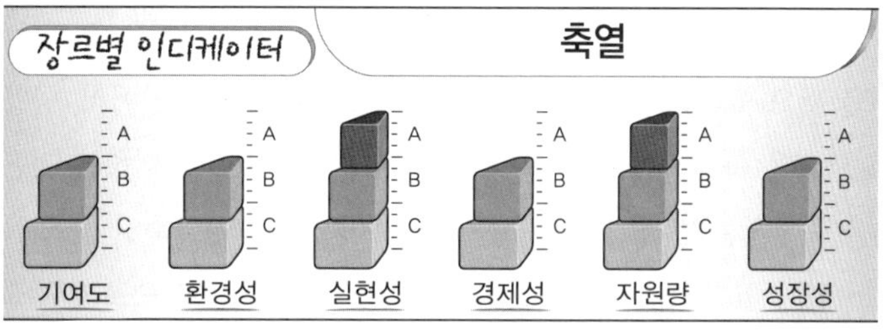

열을 모으는 물질에는 ① 안전 ② 입수가 용이 ③ 안정되게 반복 사용가능 ④ 열의 축방열이 용이 ⑤ 열용량이 큰 성질이 요구된다. 열은 고온에서 저온으로 전달되어, 시간이 지나면 지날수록 주위 환경온도에 가까워진다. 따라서 축열재를 넣는 용기에는 열전달의 3요소인 전도 · 대류 · 복사를 가장 작게 하는 방책이 요구된다.

축열에는 열원부하 평준화에 더하여 전원부하를 평준화하는 효과도 있다. 그림 1에 부하평준화라

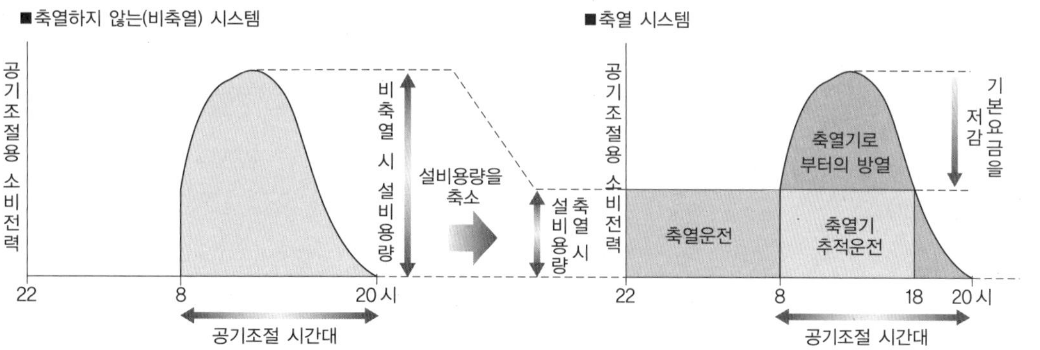

그림 1 열원부하 평준화

는 이미지를 나타내었다.

열원부하 평준화

공기조절과 같이 주야간에 열원기 부하에 큰 차가 있는 경우에는 축열을 이용하여 열원부하 평준화를 꾀하면 다음과 같은 이점이 있다.

① 열원기를 소용량화할 수 있다.

② 축열운전에 의해 열원기 가동률을 높일 수 있다.

③ 잉여열을 이용할 수 있다.

전원부하 평준화

많은 열원기 구동에는 전력이 쓰이고 있다. 그림 2에 한여름의 일별 전력 사용곡선을 나타내었다. 공조부하가 커지는 오후 2시부터 3시에 걸쳐 큰 피크가 있다. 이 피크치는 오전 5시부터 6시의 골짜기 사이의 값의 2배를 넘고 있다. 한여름 피크는 공조부하가 올라가고 있어서, 공조부하가 작은 야간에 냉수나 얼음으로 냉열을 축열하여 주간 냉열 수요 피크의 부하를 처리하는 것은 피크시프트에 기여할 수 있다. 냉열을 축열하는 방법에는 냉수온도차를 이용하는 현열축열과, 얼음으로 만들어 융해열을 이용하는 잠열축열이 있다. 또 전력의 부하 평준화를 꾀하는 수단으로 심야전력을 이용하여 히트펌프급탕기로 온수를 모아, 그 물을 주간에 쓰면 적은 야간전력수요를 크게 할 수 있다. 이 외에는

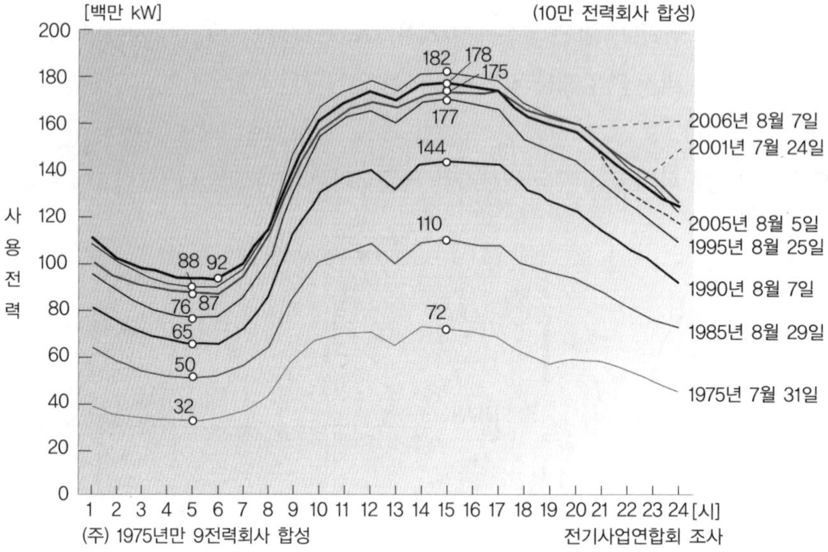

그림 2 한여름의 일별 전력 사용곡선

(출처: 전기사업연합회 웹사이트, http://www.fepc.or.jp/present/jigyou/japan/sw_index_05/index.html)

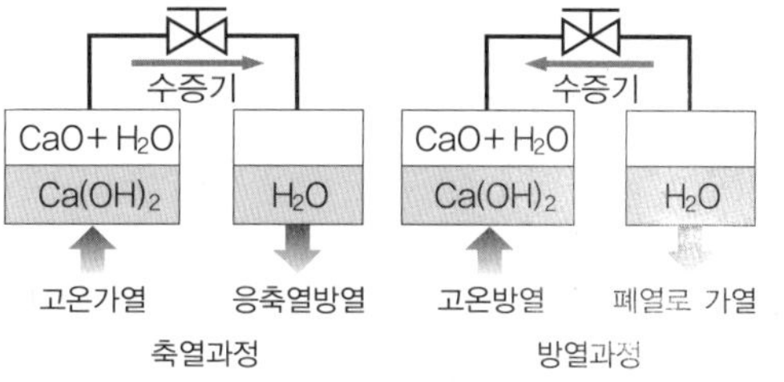

그림 3 축열과 방열의 원리

흡수열 · 흡착열을 이용하는 축열방법이나, 화학반응의 흡열반응 · 발열반응을 이용하는 화학축열도 있다. 산화칼슘(CaO)/물(H_2O)계의 축열모드와 열출력모드의 원리를 나타낸 그림 3에서는 밸브를 연 상태로 수산화칼슘($Ca(OH)_2$)을 잉여열로 가열하여, 탈수반응에 의해 CaO와 수증기(H_2O)로 분리한다. 이 수증기를 냉각하여 응축시키고 밸브를 닫아 CaO와 H_2O(물)로 분리한 상태로 축열한다. 이 축열을 이용할 때에는 밸브를 열고, H_2O(물)를 폐열로 가열하여 증기 상태로 만들고 CaO와 반응시켜 $Ca(OH)_2$가 될 때 발생하는 수화반응열을 이용한다. 수증기를 냉각하는 냉각수온도가 낮을수록 $Ca(OH)_2$의 가열에 필요한 잉여열에 이용하는 온도는 저온이 된다. 한편, H_2O(물)를 가열하는 폐열온도가 높을수록 고온의 열을 추출할 수 있다. 화학축열은 열이동 구동원으로 화학반응을 이용하기 때문에 작동 매체의 단위질량당 에너지양이 높고, 열에너지를 물질 형태로 축열할 수 있다. 축열온도가 높은 작동매체계에는 산화마그네슘/물계, 산화칼슘/물계 등이 있고, 축열기술은 히트펌프에도 이용되고 있다.

현열축열

태양열 온수기나 야간전력을 이용해서 온수를 모으는 급탕기가 현열축열이다. 대형빌딩에서는 수조에 냉수나 온수를 모아, 축열온도에서 사용 온도까지의 온도차로 모은 현열을 공조에 이용한다. 오가의 향토요리에 금석을 고온으로 달구어 냄비에 투입하는 돌구이 요리가 있는데, 금석의 현열을 사용한 일종의 축열 이용이다. 현열의 축열재에는 물 이외에 콘크리트나 토양 등도 이용된다.

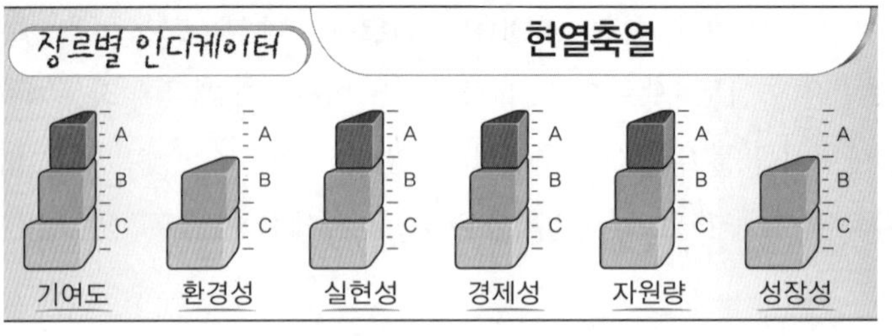

현열에서의 축열량은 같은 물질의 다른 온도에서의 열용량 차이므로, 다음 식으로 나타내어진다.

$$Q = M \times C_p \times \Delta t \tag{1}$$

Q: 열량 [kJ]

M: 축열재의 질량 [kg]

C_p: 축열재의 비열 kJ/[kg · K]

Δt: 온도차 [K]

현열축열의 특징은 다음과 같다.

① 축열 가능한 온도 범위가 넓고 축열량이 온도 폭에 비례하고 있어서 온도 조절이 쉽다.

② 대용량의 열을 축적하려면, 열용량이 큰 축열재를 쓰거나 온도차를 크게 두는 것이 필요하다.

③ 축열을 끝냈을 때의 온도는 높고, 축열을 시작할 때의 온도는 낮다.

④ 축열재는 물질변화가 일어나지 않는 온도 범위라면 안정된 이용을 할 수 있고, 종류가 풍부하며 저렴하다.

특별한 축열매체를 쓰지 않고 건축구조 자체를 축열체로 하는 「구체(軀體)축열」이나, 건물의 기초

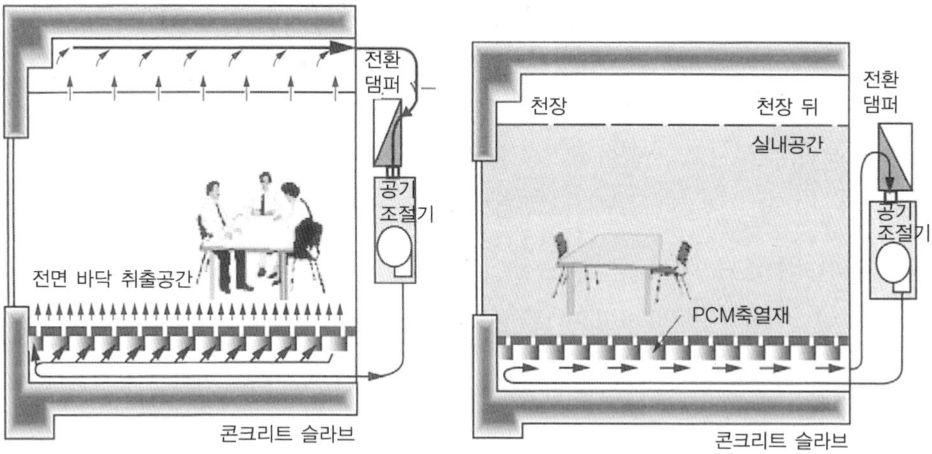

그림 1 구체축열 예(출처: 시미즈건설(주), (주)재팬에너지 자료)

토양(지반)을 축열체로 하는「토양축열」등이 있다. 최근 건축에서 늘고 있는 외단열 건물에서는 건물 전체가 거의 공조온도가 되어서, 건물로부터의 방사열효과에 의한 쾌적성 향상이 기대된다. 구체축열에서는 축열량에 한계가 있어서 공조부하 피크를 낮추거나, 축 · 방열량 제어에 대한 연구가 필요하다. 그림 1에 표시된 구체축열 예에서는 축열량 부족을 보완하기 위하여 PCM축열재와 조합한 시스템이다. 하계 냉방운전에서는 야간에 공조온도보다 낮춘 냉풍으로 콘크리트 슬라브와 PCM(Phase Change Material) 축열재를 냉각하여 축냉하고, 주간에는 이 냉열을 방출 및 순환시켜 실내 공기를 냉각시킨다. 토양축열은 건물지반 등을 이용하여 배관을 두른 열교환기로 지반에 축열한다. 토양축열의 축열량은 지반에 포함되어 있는 수분이나 흐르고 있는 지하수 상황에 따라 크게 달라진다.

구체축열을 포함하여 바닥난방에 사용되는 대표적인 현열축열재의 종류와 성상을 표 1에 나타내었다.

현열축열재의 축열량은 전술한 (1)식으로 구할 수 있다. 바닥난방 축열재로 콘크리트를 사용할 경

표 1 대표적인 현열축열재의 종류와 물성

종류	밀도 [kg/m³]	비열(질량) [kJ/kg · K]	비열(용적) [kJ/m³ · K]
콘크리트	2,300	0.88	2,024
시멘트 모르타르	2,000	0.80	1,600
토양 (건조)	1,700	0.80	1,360
물	1,000	4.18	4,200

(출처: 스미카플라스틱(주) 웹사이트, http://www.sumikapla.co.jp/yukadanbo/idec.box/idea_handbook0302.html)

우에는 이용하는 온도 폭을 10 K로 해서 1 m^2당 축열량 3,000 kJ을 확보하려면, 표 1의 비열 2,024 kJ(m^3 · k)로부터 150 mm 이상의 두께가 필요해진다. 또, 대표적인 축열재는 물이므로 요금이 싼 심야 전력을 이용하여 급탕용 온수를 모으는 경우를 생각해본다. 저탕조에 80℃의 물을 200 *l* 모으고, 저탕조의 물과 수돗물을 혼합하여 42℃의 물을 이용한다고 가정한다. 저탕조의 200 *l*의 물을 사용하면, 수돗물이 10℃인 경우는 다음 식으로부터 200 *l*에 수돗물을 혼합하여 437.5 *l*의 물을 사용할 수 있다.

$$200 + 200 \times (80 - 42)/(42 - 10) = 437.5\ l$$

수돗물 온도가 20℃인 경우에는 다음 식으로부터 마찬가지로 545.5 *l*의 물을 사용할 수 있어, 사용 가능량이 100 *l* 이상 늘어난다.

$$200 + 200 \times (80 - 42)/(42 - 20) = 545.5\ l$$

모은 물의 용도, 사용량, 사용 온도를 생각하여 저탕조 용량, 저탕온도를 결정한다.

잠열축열

잠열축열은 온도변화를 동반하지 않고 축열재를 액체에서 고체로, 혹은 고체에서 액체로 변화시켜, 응고열이나 융해열을 이용하여 축열하는 방법이다. 대표적으로 물에서 얼음으로 만들어 냉열을 모으는 얼음축열이 있다. 고체를 가열 융해시켜 온열을 모으는 축열재로는 황산나트륨이나 파라핀 등이 있으며, 바닥난방 등에 이용되고 있다.

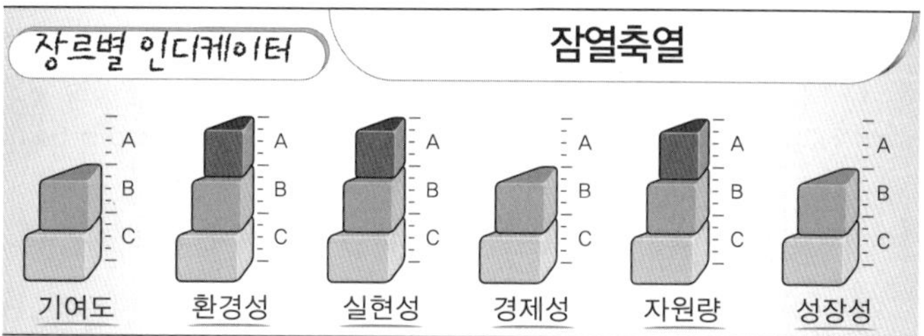

잠열축열의 냉열 이용

잠열축열에는 얼음축열이 전력의 부하평준화를 목적으로 많이 사용되고 있다. 대표적인 시스템으로 다이내믹식, 스태틱식, 캡슐식이 있다.

① 다이내믹식 축열

냉수를 냉동기로 응고점 이하의 온도로 냉각시켜, 살얼음 상태의 얼음으로 만들어 축열조에 모은다. 전열관 표면에 착빙시키지 않도록 온도를 제어하는 것이 중요하다. 냉동기는 냉매온도를 거의 일정하게 조절하면, 효율 좋고 안정된 운전을 할 수 있다.

② 스태틱식 축열

축열조에 냉매로 브라인(brine, 소금물)을 지나게 하는 전열관 제빙코일을 설치하고, 전열관 표면에 착빙시켜 성장시키는 방법으로 축냉한다. 얼음의 열전도율은 작아서, 얼음의 성장에 따라 총괄 열전달계수가 작아진다는 점에 주의가 필요하다. 그림 1에 다이내믹식과 스태틱식을 비교하였다.

③ 캡슐식 축열

빌딩 공조에는 7℃의 냉수를 사용하기 때문에, 축열재의 응고온도는 7℃ 이하의 되도록 높은 온도인 편이 냉동기도 그만큼 높은 온도로 운전할 수 있고 효율을 높게 할 수 있다. 따라서 응고온도가

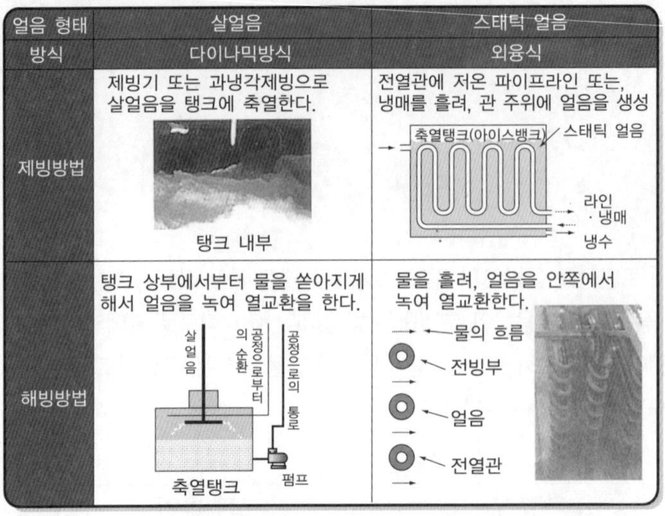

그림 1 스태틱식과 다이나믹식 비교
(출처: (주)마에카와제작소 웹사이트, http://www.mayekawa.co.jp/b/b 04.html)

3~5 ℃인 축열재를 만들고, 수지로 만든 공모양 캡슐에 봉입하여서 축열조에 충전한다. 축냉운전에서는 냉동기로 냉각된 브라인을 축열조를 지나게 하여 캡슐 내의 축열재를 응고시킨다. 방열운전에서는 축열재의 융해열로 냉각된 브라인을 냉방부하 측에 보낸다. 축열조에 충전된 모든 캡슐 표면을 브라인이 흘러 열교환하기 때문에, 항상 안정된 온도를 유지할 수 있다.

냉열축열에 이용하는 축열재에는 얼음 외에 무기수화염이나 유기화합물도 있다. 그림 2에 나타낸 수화물슬러리시스템 예에서는 수화물슬러리에 축냉하여, 물보다도 냉열 반송동력을 경감하고 있다. 수화물에는 테트라 n 부틸암모늄브로마이드를 사용하며, 물에 녹인 수용액을 냉각시키면 수화물의 미세결정이 생성되어 물의 약 2배의 열밀도를 갖는 수화물슬러리가 된다. 이 수화물슬러리는 응집성이 없고 유동성이 높아서, 직접 부하 측에 보낼 수 있다. 수화물수용액 농도를 바꾸면, 수화물 생성 온도역을 조절할 수 있다. 물보다는 점

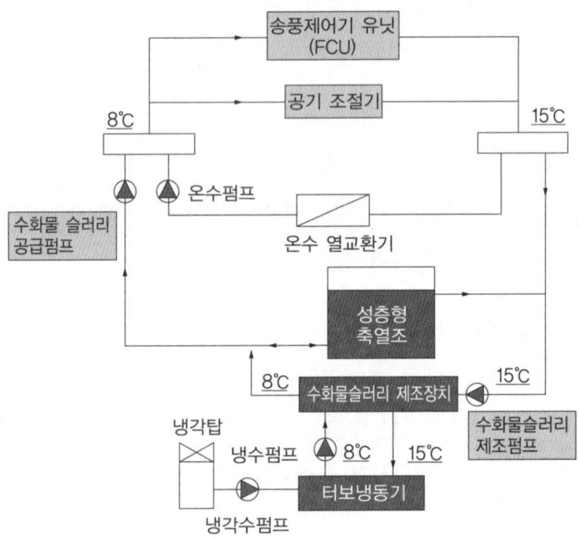

그림 2 수화물슬러리시스템 예
(출처: JFE엔지니어링(주) 네오화이트카탈로그 SOLDEC' 09.2-⑱-3 SOLDEC.A)

도가 높으나, 물의 약 2배의 열밀도가 있어서 냉열반송 펌프동력을 저감할 수 있다. 그림 3에 열밀도곡선을 나타내었다.

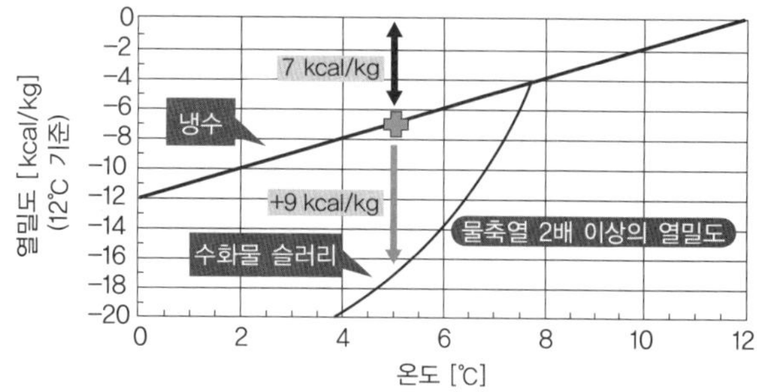

그림 3 열밀도곡선 예
(출처: JFE엔지니어링(주) 네오화이트카탈로그 SOLDEC '09.2-⑱-350LDEC.A)

잠열축열의 온열 이용

잠열축열을 온열에 이용할 경우에는 현열축열과 비교하여 다음과 같은 특징이 있다.

① 잠열축열은 응고열과 융해열을 이용하므로, 소용량의 축열재에 다량의 열량을 모을 수 있다.

② 잠열축열은 액체에서 고체, 고체에서 액체로의 상변화에 의해 축열과 방열을 되풀이하며, 상변화 중에는 온도가 거의 일정하다.

③ 잠열축열의 최대 축열량은 축열재의 상변화를 포함한 온도 변화가 발생하기 때문에, 이용온도 범위에 적합한 잠열축열재 선정이 필요하다.

④ 이용 가능한 상변화 온도범위에 제약이 있으므로, 잠열축열재로 이용할 수 있는 물질이 한정되

표 1 대표적인 잠열축열체의 종류와 성능[9]

	주원료	황산나트륨 수화물	초산나트륨 수화물	티오황산나트륨 수화물	파라핀
잠열축열재	융해온도 [℃]	32	42	43	32
	응고온도 [℃]	30	39.4	39	32
	축열량 [kJ/kg] (온도범위) [℃]	155 25→35	164 35→45	190 33→43	213 24→42
	비열(고/액) [kJ/kg · K]	-/33	3.6/2.7	2.0/4.2	2.51/-
	밀도(고/액) [kg/m^3]	1,340/1.340	1,390/1.350	1,500/1,600	900/-
	부피변화 [%]	1 이하	4 이하	6 이하	10
	내구성 4,000사이클	이상 없음	이상 없음	이상 없음	이상 없음
잠열축열체	용기재질	폴리프로필렌	폴리프로필렌	폴리프로필렌	알루미늄 라미네이트 필름
	치수 [mm]	250 500 25	245 800 40	250 400 25	245 800 21
	면적 [m^2/매]	0.14	0.20	0.10	0.20
	질량 잠열축열재 [kg]	3.11	7.36	2.0	3.3
	질량 용기 [kg]	0.59	1.12	0.4	0.1
	질량 잠열축열체 [kg]	3.70	8.48	2.4	3.4
	축열량 [kJ/매]	481	1,207	380	703
	허용온도 [℃]	50	60	70	80
	가연성(용기/축열재)	가연/불연	가연/불연	가연/불연	가연/가연

(출처: 전기바닥난방공업회, 전기바닥난방 자주기준 제 3편, 및 스미카플라스틱(주) 웹사이트)

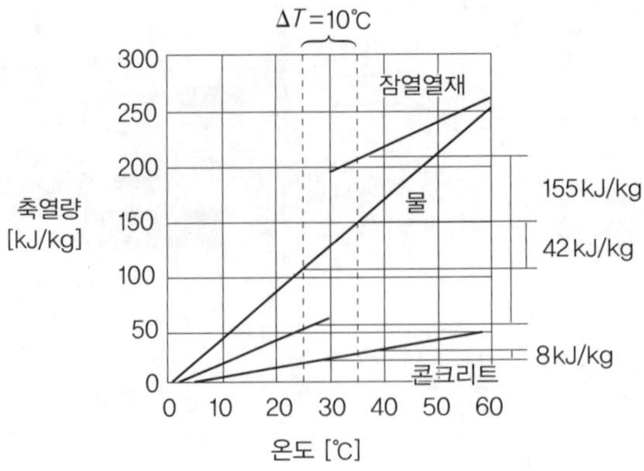

그림 4 잠열축열재와 현열축열재의 축열
(출처: 스미카플라스틱(주) 웹사이트, http://sumikapla.co.jp/yukadanbo/ideabox/idea_handbook 0201.html)

어 현열축열재보다 고가이다.

심야전력을 이용한 바닥난방이나 패시브솔라에 사용되는 무기수화염계의 잠열축열제는 용도에 적합한 상변화 온도로 하기 위하여 융점조절제를 첨가하고, 내구성을 높이기 위한 과냉각방지제나 상분리방지제 등도 첨가한다. 이 잠열축열제를 플라스틱용기에 봉입하거나 또는 피복재로 피복한 것을 잠열축열체로 사용한다. 파라핀계 잠열축열제는 파라핀을 고무 또는 합성수지에 이겨넣고, 판모양으로 성형하여 알루미늄라미네이트 피복재로 피복한 것을 잠열축열체로 사용한다. 대표적인 잠열축열체의 종류와 성능을 표 1에 나타내었다. 또, 이 온도 부근에 적합한 잠열축열재와 현열축열재의 축열거동을 그림 4에 나타내었다.

열수송용 잠열축열

잠열축열은 열수송에도 이용할 수 있다. 축열재를 이용하여 많은 공장이 배출하고 있는 100 ℃ 정도의 폐열을 축열하고, 컨테이너 차량으로 조금 떨어진 오피스나 상업시설에 수송한다면 공조용으로 이용할 수 있다. 열에너지를 축열재를 통해 다른 장소에서 이용하는 것은 「시공을 넘은 에너지 이용기술」에 상당한다. 독일에서 만들어진 「트랜스히트컨테이너」라 불리는 축열수송시스템에서는 잠열축열재와 열매체유(熱媒油)가 피복재를 거치지 않고 직접 접촉한다. 이 때문에 축열재의 충전효율을 높게, 열매체유와의 접촉넓이를 크게 할 수 있다. 또 축열재와 열매체유의 온도차가 작아 전열효율을 높일 수 있어서, 트랜스히트컨테이너로의 축열 고밀도화를 꾀할 수 있다. 축열재와 열매체유가 직접 접촉하기 때문에, 상호작용이 발생하지 않는 상성이 중요한 포인트가 된다. 폐열온도가 90℃ 정도인 경우는 잠열축열재로 초산나트륨 삼수화물(융해잠열: 264 kJ/kg, 융점온도: 58℃), 열매체유에 광물계 열매체유를 이용하고 있다. 200℃ 정도의 폐열을 축열할 때에는 잠열축열재로 에리스리톨(erythritol,

표 2 트랜스히트컨테이너의 국내실증시험 예

(a) 도내 난방 실증시험조건과 결과

열원시설	명칭	하수처리장내 오니소각시설
	열원A	고온공기(약 350℃)
	열원B	온배수(약 70℃)
열이용시설	명칭	시민센터
	이용용도	난방(온수순환용 약 50℃)
열수송	수송거리	약 2.5km
	PCM	초산나트륨 삼수화물
	축열용량	1.3 MWh
	컨테이너	ISO20피트컨테이너
	중량	20t
	열수송횟수	8회 (2/17~3/20)
	축열시간	열원A: 5.5~6시간
		열원B: 9~10시간
		(설비능력 50%정도로 운전)
	방열시간	6.5~18시간

(b) 냉열공급 실험조건과 결과

열원시설	명칭	하수처리장내 오니소각시설
	열원A	고온공기(약 350℃)
열이용시설	명칭	시민센터
	이용용도	냉방(온수순환용 약 80℃)
열수송	수송거리	약 2.5km
	PCM	에리스리톨
	축열용량	1.3 MWh
	컨테이너	ISO20피트컨테이너
	중량	20t
	열수송횟수	17회 (8/18~9/26)
	축열시간	7시간
	방열시간	5시간

도로법에 의한 중량규제에 의해 현재 국내용 이동식 트랜스히트컨테이너는 총중량 18~30t 정도, 축열용량 1.0~2.0MWh/대(860~1,720Mcal) 정도로 하고 있다. 한편 정치식에는 수송에 의한 중량규제가 없기 때문에, 설치장소 조건이나 축열량에 의해 크기를 정할 수 있다.

(출처: 이와이 요시히로 외: 태양에너지, Vol.34, No.3, 일본 태양에너지학회(2008) 9~14)

융해잠열: 318 kJ/kg, 융점온도: 119 ℃)을 사용하며, 추출한 열매체온수를 흡수 냉동기에 공급하여 냉수를 제조할 수도 있다. 트랜스히트컨테이너는 폐열원에서 대략 20 km 내의 열수요시설에 효율적으로 열을 운반할 수 있다. 그림 5에 트랜스히트컨테이너를 표 2에 컨테이너 사양을, 표 3에 축열체와 탱크 열용량을 나타내었다.

그림 5 트랜스히트컨테이너

(출처: 열의 택배편「트랜스히트컨테이너」산키공업(주) 환경시스템사업부 카탈로그 2006.07.2.5A(T)②)

표 3 축열재와 탱크 열용량

축열재 종류	융해점[℃]	추천 열원온도 (최저)[℃]	탱크 열용량 [MWh]
Type 1	58	85 (70)	1~2.5
Type 2	78	100 (90)	1~2.5
Type 3	116	150 (130)	0.7~1.8
Type 4	118	150 (130)	1~2.5

(출처: 열의 택배편「트랜스히트컨테이너」산키공업(주) 카탈로그 2008.07.3A(T))

하이브리드전기자동차

하이브리드전기자동차(HEV)는 기존의 엔진에 전기모터와 배터리를 조합하여, 양쪽 원동기의 장점을 살려서 연료효율을 높인 자동차이다. 앞으로 연료전지자동차가 보급된다 해도, 연료판매소의 정비나 차량가격 저가화에는 아직 시간이 걸릴 것이다. 이들의 조건이 갖추어질 때까지 하이브리드전기자동차는 환경에 좋은 자동차의 주역이 될 것이고, 연료전지자동차가 보급되기 시작해도 당분간은 그 지위를 유지하게 될 것이다.

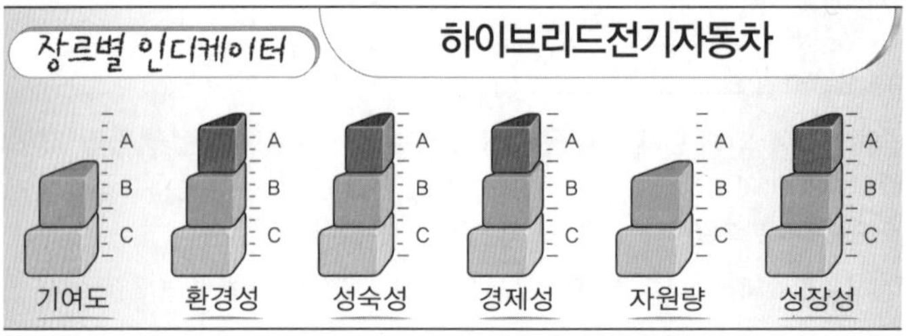

하이브리드전기자동차의 이점

HEV(Hybrid electric vehicle)는 복수의 원동기를 갖추어 주행상황에 따라서 원동기를 구분하여 사용하는 자동차이지만, 전기모터와 가솔린엔진이나 디젤엔진의 조합이 일반적이다. 여기서는 원동기에 FC를 사용하는 FCV하이브리드자동차는 제외한다. 전기자동차(EV: Electric vehicle)와 연료전지자동차(FCV: Fuel cell vehicle)의 보급에는 연료전지용 신연료판매소나, EV차, FCV차의 저가화 등에 시간이 소요될 것이며, 비록 EV차, FCV차가 보급되기 시작해도, HEV는 당분간은 그 지위를 지켜갈 수 있으리라 생각된다.

HEV의 특징은 네 가지가 있다.

① 저배출가스 : 전동모터의 병용으로 엔진부하를 경감하고 배출가스를 저감할 수 있다.

② 연비 향상 : 엔진의 효율이 좋지 않은 저부하 주행 때는 주로 모터동력으로 달리고, 효율이 좋은 부하 때에 엔진을 구동시킴으로써 연비를 향상시키고 있다. 뒤에 말하는 직렬 · 병렬(series parallel)방식에서는 고효율을 유지할 수 있도록 동력분할기구로 모터와 엔진 분담비율을 세밀하게 제어한다. 또, 제동할 때에 감속에너지를 회생하여 전기로서 배터리에 축적할 수 있다. 더욱이, 정차나 정체 때에는 엔진을 정지하여서 연비 향상을 도모할 수도 있다.

표 1 하이브리드전기승용차

차 명	메이커	성 능		엔 진	컴포넌트		하이브리드 형식
		연료소비 [km/l]	최고속 [km/h]	출력 기통 배기량 [cc]	배터리	모 터	
에스티마 하이브리드	도요타	18.6	—	96kW－4 2362	6.5Ah-215v Ni MH	교류 13+18kW 동기	패럴렐 4구
크라운 마일드 하이브리드	도요타	13	—	105kW－4 1988	36V 실형연전지	교류 3kW 동기	패럴렐
프리우스	도요타	30-35.5	—	57kW－4 1496	6.5Ah-200v Ni MH	교류 50kW 동기	시리즈 패럴렐
인사이트 (AT)	혼다	32	—	51kW－3 995	6.5Ah Ni MH	교류 10kW 동기	패럴렐
인사이트 (MT)	혼다	35	—	51kW－3 995	6.5Ah Ni MH	교류 10kW 동기	패럴렐
시빅 하이브리드	혼다	29.5	—	63kW－4 1339	6Ah Ni MH	교류 10kW 동기	패럴렐
터빈 EV 버스	디자인 라인	—	76km/h	28kW MGT	실형연전지	141kW	시리즈

③ 저소음 : 엔진부하의 저감으로 소음의 저감에 효과가 크다.

④ 기존인프라의 활용 : 기존의 주유소에서 연료보급을 할 수 있으므로, 새로운 인프라 정비가 불필요하다.

표 1에 대표적인 차종을 소개하였다.

하이브리드전기자동차의 3방식

HEV에는 세 가지의 타입이 있다.

(1) 직렬(series)형 하이브리드 방식

직렬 방식의 HEV는 전기자동차의 과제인 1회충전 주행거리를 연장시키기 위하여 고안된 방식이며, 전기를 발전하면서 주행하는 전기자동차라고 말할 수 있다. 그림 1에 나온 것처럼 이 방식에서는 엔진으로 발전기를 구동시키고 발전된 전력으로 자동차를 달리게 하며, 잉여전력을 배터리에 충전한다. 차바퀴를 돌리는 것은 전기모터 뿐이고, 엔진은 차바퀴에 기계적으로 연결하고 있지 않은 것이 특징이다. 고부하운전에서는 에너지 전달경로가 길어지며 손실이 크므로, 저부하 운전이 많은 시가지 주행의 도시버스나 마이크로버스에 적합하다. 엔진과 전기모터의 두 개의 동력원이 직렬로 배치되어 있는 것으로부터 직렬 방식이라고 부른다.

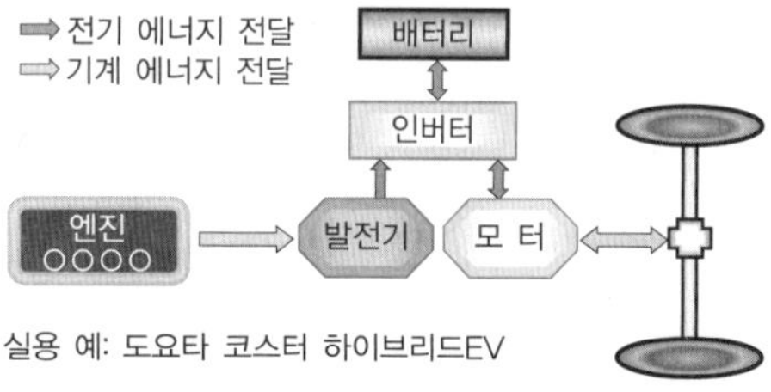

그림 1 직렬형 하이브리드 방식의 예
(출처: JARI재단법인 자동차연구소)

(2) 병렬(Parallel)형 하이브리드 방식

병렬 방식의 HEV는 주로 엔진의 연비향상과 배출가스의 억제를 목적으로 고안된 방식이다. 그림 2에 나타내는 것과 같이 이 방식에서는 엔진주행을 주체로 하며, 동시에 전지를 충전하는 동력원도 된다. 엔진에 부하가 걸리는 발진이나 가속 때에 전기모터가 작동하여 구동력을 보조한다. 두 개의 동력원이 평행하게 구동에 관여하므로 병렬형 하이브리드 방식이라고 부른다. 엔진의 효율이 나쁜 저부하 주행 때에는 전기모터를 발전기로 바꾸어서 배터리를 충전하여 엔진의 부하 변동을 적게 하고, 또 제동 때나 언덕의 내리막 주행 때에 전기자동차의 특징인 회생 제동으로 에너지를 회수한다. 정차 때에는 엔진을 정지하여 에너지효율을 높이고 있다. 따라서 엔진과 전기모터의 좋은 장점을 갖춘 자동차라고 말하고 있다.

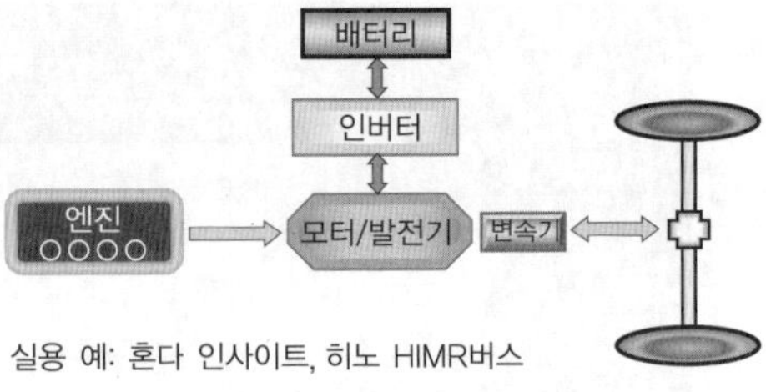

그림 2 병렬형 하이브리드 방식의 예
(출처: JARI재단법인 자동차연구소)

(3) 혼합(직렬 · 병렬)형 하이브리드 방식(그림 3)

직렬 방식과 병렬 방식을 조합한 방식이다. 상황에 따라서 직렬 방식과 병렬 방식을 구분해서 사용한다든지, 양쪽을 작동시킨다든지 한다. 그림 3과 같이 발전기를 단독으로 가지고 있는 것이 병렬 방식과의 차이이다.

엔진이 싫어하는 저속 때에는 전기모터로 주행하고, 어떤 속도 이상이 되면 엔진이 회전하기 시작하며, 구동부하가 가벼워지면 발전을 하면서 주행하는 방식이다. 엔진이 회전하여 가속주행하는 범위는 병렬 방식이지만, 정상주행 등의 부하가 가벼울 때는 발전하면서 모터로 주행하는 직렬 방식이 된다.

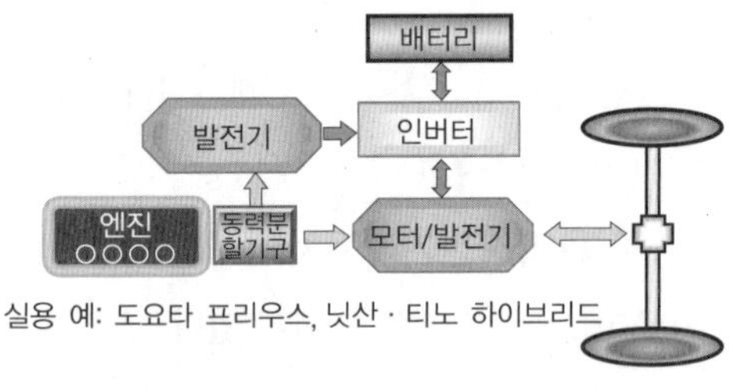

그림 3 혼합형 하이브리드 방식의 예
(출처: JARI재단법인 자동차연구소)

전기자동차의 구조

전기자동차의 구조는 그림 4에 나온 것처럼 동력원으로 니켈수소전지를 탑재하고, 교류동기전동기로 구동한다. 물론 주행하기 위해서는 충전기로 니켈수소전지를 충전해야 한다. 전기자동차도 각사에서 연구가 진행되어, 현재는 리튬이온전지를 사용한 전기자동차도 모색되고 있다. 외국에서는 단시간에 충전할 수 있는 대용량의 콘덴서를 탑재하고 주행하는 자동차도 나타났다. 한편, 하이브리

그림 4 전기자동차의 구조(예 : 혼다 EV Plus)

드전기자동차를 개량한 자동차로, 가정의 콘센트로 충전할 수 있는 플러그인 하이브리드자동차(PHEV차)의 공도(公道)시험 개시가 발표되었다. 이 PHEV차는 종래의 하이브리드자동차에 종래의 전지를 2배 탑재하고, 모터제어 등을 개량한 자동차이다. 종래의 하이브리드자동차는 전기만으로는 2~3 km밖에 달리지 못하였으나, 이번 PHEV차는 13 km(10 · 15모드)로 달릴 수 있다고 한다. 가솔린엔진과 전지를 모두 탑재하여, 전지를 다 썼을 때나 시속 100 km를 넘는 고속주행 때에는 엔진이 관여한다. 이처럼 하이브리드전기자동차도 용량이 큰 충전기를 갖고, 가정용 콘센트를 사용하여 싼 심야 전기로 충전하며, 가솔린엔진을 사용하지 않고도 근거리라면 달릴 수 있도록 개량되고 있다.

전기자동차의 보급 상황

재단법인 일본전동차량협회에 의하면 전기자동차 보급 대수가 2001년 3월에 약 3,800대였고, 자동차검사등록협회의 2007년 통계에서는 9,358대였다. 하이브리드자동차의 2007년 427,912대와 비교하면, 전기자동차 보급에 필요한 대용량축전기의 소형화와 저렴화의 어려움을 느낄 수 있다.

연료전지자동차

지구온난화 대책이 급선무가 되자, 석유 대체에너지를 사용할 수 있는 자동차로 연료전지자동차(FCEV: Fuel cell electric vehicle)가 각광을 받기 시작하였다. 현재는, 급격한 부하변동에 견디며, 100 ℃ 이하의 온도에서 작동하는 고체고분자형(PEM: Polymer electrolyte membrane) 연료전지가 쓰이고 있다. 연료인 수소공급의 인프라 정비와 소형 경량화나 저가화의 과제가 남아 있어, 아직 하이브리드전기자동차를 대신하지는 못하나, 장래는 유망하다.

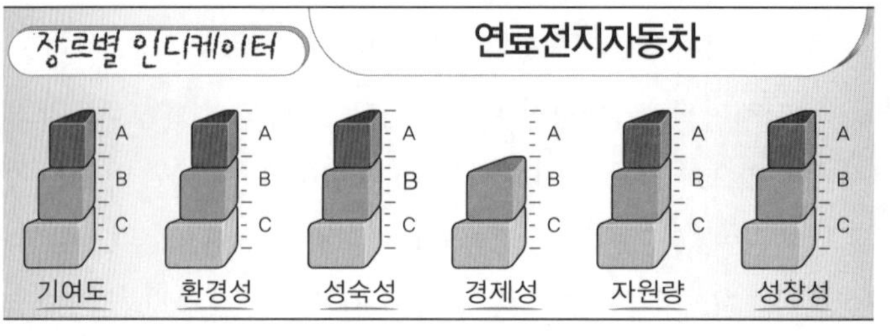

연료전지자동차의 구조

연료전지자동차(FCEV 또는 FCV: Fuel cell electric vehicle)는 수소, 메탄올, 천연가스, LPG, 암모니아 등을 연료로 하는 연료전지로 발전하여, 전동기 구동으로 주행하는 자동차이다. 2008년 3월의 연료전지자동차 대수는 세계에서 수백 대, 일본에서는 50대 정도이다. 그림 1의 수소형 FCV시스템은

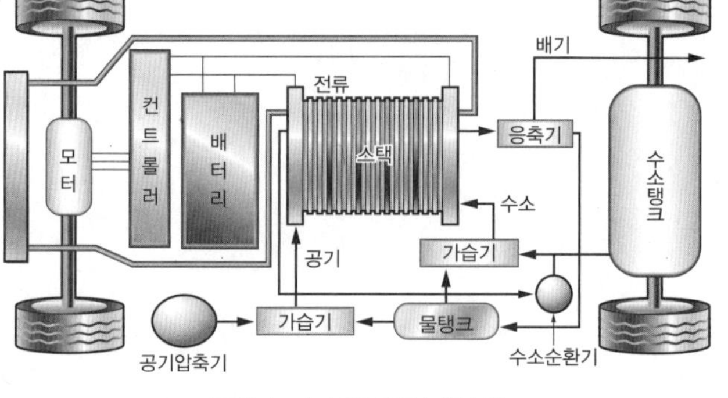

그림 1 수소형 FCV 시스템
(출처: 자동차기술, Vol.157, No.8, p.99, (사)자동차기술회)

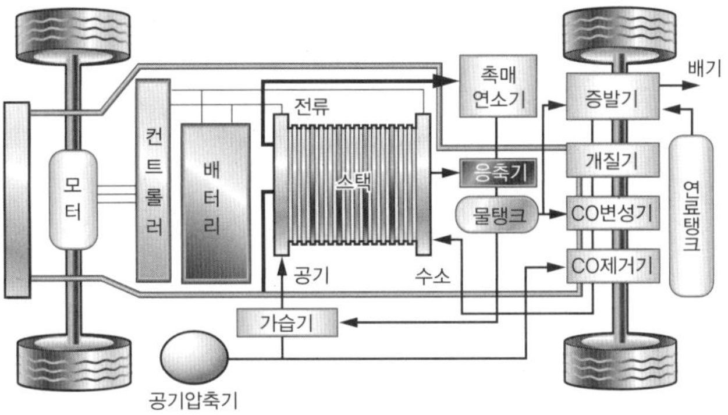

그림 2 개질형 FCV 시스템
(출처: 자동차기술, Vol.157, No.8, p.99, (사)자동차기술회)

연료로 수소를 사용하는 경우의 구성이다. 그림 2의 개질형 FCV시스템은 연료로 메탄올, 천연가스, LPG, 암모니아를 사용하는 경우로, 연료로부터 수소를 만드는 개질장치가 필요하다. 연료로 수소를 사용하는 경우는 20~30 MPa의 고압봄베나 영하 250 ℃의 저온용기 혹은 수소를 흡착한 합금을 탑재할 필요가 있는데, 35 MPa의 고압봄베를 탑재하는 것이 일반적이다. 연료로 메탄올, 천연가스, LPG, 암모니아 등을 사용하는 경우는 종래의 자동차와 유사한 연료용기를 사용할 수 있지만, 연료전지에 공급하기 전에 천연가스나 LPG라면 약 800 ℃로 가열하여, 수소로 개질할 필요가 있다.

연료전지자동차의 특징

그림 4에 연료전지자동차, 디젤엔진자동차, 가솔린엔진자동차의 대략적인 시스템 효율을 나타내

그림 3 노선버스 FCHV-BUS 2(도요타 히노(日野))

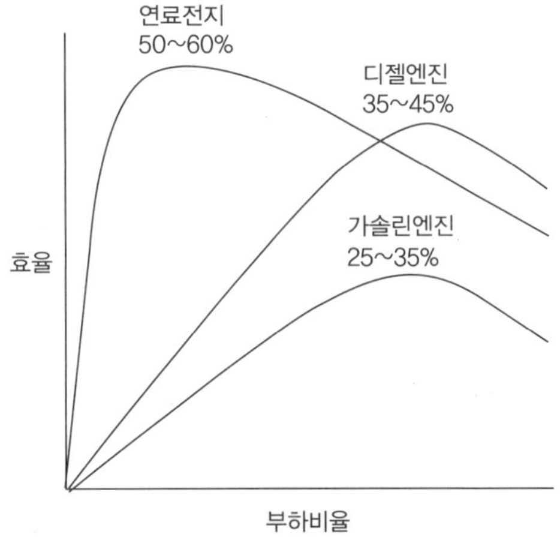

그림 4 시스템효율 비교

었는데, 연료전지자동차의 특징은 에너지효율이 굉장히 높다는 점이다. 다음 특징은 이산화탄소의 배출량이 적다는 점이다. 연료전지는 연료소비량이 적을 뿐 아니라, 수소가 연료이기 때문에 석유연료에 비하여 탄산가스 배출량이 적어진다. 연소 배출물은 물(H_2O)뿐이어서, 주행 시 질소산화물(NOx), 탄화수소(HC), 일산화탄소(CO), 입자상물질(PM)의 배출이 거의 없다는 것도 특징 중 하나이다. 연료전지의 연료는 수소만 얻을 수 있으면 되기 때문에, 천연가스나 메탄올 등 각종 석유 대체에너지를 사용할 수 있다. 연료 다양화는 에너지 안전에 기여할 것이다.

연료전지자동차 보급을 향한 과제

2002년 무렵의 기술과제는 연료전지 소형화, 내구성과 신뢰성의 향상, 저온시동성의 개선, 원가절감이었다. 2000년 초의 연료전지는 중량 기준으로 출력 0.159 kW/kg, 용량 기준으로 출력 0.386 kW/l이었다. 그러나 현재는 중량 기준으로 출력 1.5 kW/kg, 용량 기준으로 출력 2 kW/l로 대폭 개

표 1 연료전지차의 차종(참고자료: 야마구치 이쿠오 자동차연구 Vol.24, No.10, p.426(2002))

연 료		메이커	차 명	FC출력	항속거리	하이브리드
수소	25MPa	도요타	FCHV-4	90kW	>250km	NiMH Battery
			FCHV-BUS1	90kW	>300km	NiMH Battery
		혼다	FCX-V3	62kW	176km	ultra capacitor
		다이하쓰	MOVE FCV-K-2	30kW	120km	NiMH Battery
		다임러 · 크라이슬러	NeCar 4-A	70kW		–
			Citaro	250kW	200~300km	–
		포드	FocusFCV	67kW(Motor)	160km	Battery
	35MPa	혼다	FCX-V4	78kW	315km	ultra capacitor
		혼다	FCX	86kW	395km	ultra capacitor
		도요타	FCHV	90kW	300km	NiMH Battery
		도요타-히노	FCHV-BUS2	90kW×2	250km	NiMH Battery
		포드	FocusFCV Hybrid	67kW(Motor)		Ni-MH Battery
		닛산	X-Trail FCV	75kW UTCFC	200km	Li-ION Battery
	액체수소	GM	HydroGen 1	80kW	400km	Battery
			HydroGen 3	94kW	400km	–
		다임러 · 크라이슬러	NeCar 4	70kW	450km	–
	수소함유 합금	마쓰다	데미오 FCEV	20kW	170km	ultra capacitor
		도요타	RAV-4	20kW	250km	Battery
메탄올		다임러 · 크라이슬러	NeCar 5	75kW		Battery
		포드	Focus FC5	65kW(Motor		–
		마쓰다	PremacyFCEV	65kW(Motor		–
가솔린		도요타	FCHV-5	90kW		Ni-MH Battery
		GM	Chevrolet S-10	25kW		Battery

표 2 기존 자동차 및 각종 청정에너지 자동차의 제원(예)

	단위	가솔린	디젤	전기	CNG	LPG	가솔린HV	메탄올FC	CHF FC	수소FC		수소엔진
차명		RAV4	패밀리아	RAV4 EV	시빅GX	크루세단	프리우스	프리머시 FCEV	FCHV-5	FCX클래리티	개량형 FCHV	RX-8 Hydrogen RE*6
메이커		도요타	마쓰다	도요타	혼다	닛산	도요타	마쓰다	도요타	혼다	도요타	마쓰다
전장	mm	4,115	4,335	3,980	4,470	4,595	4,445	4,350	4,735	4,835	4,735	4,435
전폭	mm	1,695	1,695	1,695	1,695	1,695	1,725	1,695	1,815	1,845	1,815	1,770
전고	mm	1,645	1,420	1,675	1,440	1,460	1,490	1,605	1,685	1,470	1,685	1,340
승차정원	人	5	5	5	4	5	5	5	5	4	5	4
빈차중량	kg	1,230	1,140	1,540	1,180	1,250	1,250	1,850	*1	1,625	1,880	1,460
총중량	kg	1,505	1,415	1,815	1,400	1,525	1,525	2,125	*1	*1	*1	*1
엔진 배기량	cc	1,998	1,686	–	1,668	1,998	1,496	–	–	–	–	0.654L×2
엔진 출력	PS	135	88	–	105	63kW	77	–	–	–	–	수소:80 가솔린:154
돌림힘	kg·m	18.5	17	–	13.8	167Nm	11.7	–	–	–	–	수소:14.3 가솔린:22.6
모터 출력	kW	–	–	50	–	–	50	65	80	100	90	–
돌림힘	Nm	–	–	190	–	–	400	*1	*1	256	260	–
연료 탑재량	리터	58	55	–	20Nm^3	96	45	*1	*1	171*4	*1 *5	수소:110*4 가솔린:61
전지 용량	kWh	–	–	27	–	–	1.3	*1	*1	*1	*1	–
FC출력	kW	–	–	–	–	–	–	*1	90	100	90	–
10·15모드 연비	km/리터	10.8	17~18	7.8 km/kWh	18.8	16.2	35.5	*1	*1	*1	*1	*1
운행거리	km	626	~960*2	210	376	*1	*1	*1	*1	*1	780	수소:100 가솔린:549
최고속도	km/h	170	165	125	180*2	*1	165*2	*1	*1	160	155	*1

*1: 미공표 *2: 추정치 *3: 목표치 *4: 350기압 고압수소탱크 *5: 700기압 고압수소탱크 *6: 수소와 가솔린의 바이퓨엘(로터리엔진 탑재)
(출처: 「수소이용 국제 클린에너지시스템기술(WE-NET) 서브태스크7 수소이용기술에 관한 조사 · 검토(1999년 3월) 및 각 자동차 메이커 홈페이지, 저공해차 가이드북 2003 등 최신 정보를 바탕으로 작성」)
(참고문헌: 2007년도 연료전지자동차에 관한 조사보고서, 2008년 3월, 재단법인 일본자동차연구소)

량되었다. 저온시동성에 대해서는 −10 ℃에서 8시간 방치 후, 약 10초에 시동할 수 있게 되었다. 운행거리는 혼다가 발표한 FCX 컨셉트가 35 MPa의 고압 수소탱크를 탑재하고, 570 km의 운행거리를 달성하였다. 도요타에서도 개량형 FCHV가 70 MPa의 고압수소탱크를 탑재하고, 780 km의 운행거리를 실증하였다. 따라서 당면한 문제는 내구성과 신뢰성 향상 및 원가 절감에 있다 생각된다. 연료전지자동차의 동력시스템은 그림 4에 나타낸 것처럼 고부하 영역에 들어가면 효율이 급격히 저하되는 성질이 있다. 따라서 2차 배터리를 설비하여, 부하를 평활화시킬 필요가 있다.

연료전지자동차의 현황

메이커에서 발표한 연료전지자동차의 제원을 표 1, 표 2에 나타내었다.

바이오연료자동차

바이오연료는 식물을 원료로 하는 것을 말하며, 목재나 곡물로부터 제조할 수 있는 에탄올이나 메탄올 그리고 식물유를 메틸에스테르화한 지방산메틸에스테르(FAME: Fatty Acid Methyl Ester)가 있다. 이들 바이오연료를 단독으로 또는 가솔린이나 경유에 혼합시킨 연료로 주행하는 자동차를 바이오연료자동차라 부른다. 미국의 포퓰러카는 메탄올연료자동차로 유명하다.

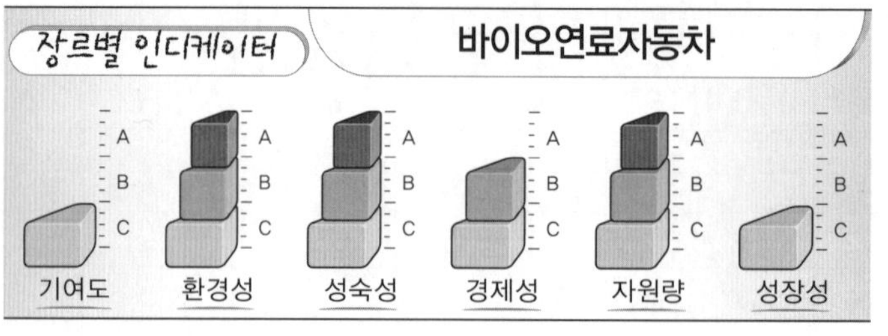

바이오연료의 종류

바이오연료에는 메탄올, 에탄올, 식물유로 만드는 지방산메틸에스테르가 있고, 메탄올을 주로 한 연료에는 M-100(메탄올 100%)과 일부 가솔린을 혼합한 M-85(메탄올 85%)가 있다. M-100은 독물 및 극물단속법에서 극물로 지정되어 있어서, M-100 판매소는 독물극물 취급 책임자의 배치가 의무화되어 있다. 에탄올을 혼합시킨 연료로는 에탄올 혼합 비율이 용적으로 3% 이하, 함산소량이 질량으로 1.3% 이하인 가솔린이 시판되고 있다. 2007년 4월 27일부터는 ETBE(에틸 · 터셜-부틸 에테르)를 7% 혼합한 가솔린도 수도권 50군데에서 판매되고 있다. ETBE는 식물원료 에탄올과 이소부틸렌으로부터 합성한다. 가솔린에 에탄올을 10% 혼합한 E10에 대해서도 기술적인 검토가 진행되어, 기계적으로는 문제가 없다고 되어 있다. 디젤엔진용으로는 식물유, 폐유를 메틸에스테르화한 지방산메틸에스테르를 중량 5%로 혼합한 경유를 사용할 수 있다. 또한, 알코올류를 포함하는 연료는 산소를 포함하기 때문에 금속부식이 일어나기 쉽고, 고무나 수지재료는 팽윤열화가 일어나므로 일정 농도 이하에서 사용한다. 과제로 배기 중의 포름알데히드 방산, 연료보급 때의 메탄올 누설, 바이오연료 생산용 농지확보, 날씨 불순시의 공급안정성, 공공용수역으로의 혼입 방지책 등이 논의되고 있다.

바이오연료자동차의 현재 상황

① 메탄올연료자동차

메탄올자동차는 엔진이 냉각되었을 때의 시동 직후에 눈을 자극하는 포름알데히드(formaldehyde) 냄새가 문제로 지적되고 있다. 그러나 엔진에 산화촉매를 취부함으로써 배출시간을 단축시키고 있다. 일부에서 메탄올은 상온에서 폭발혼합기를 형성하므로 위험하다는 의견도 있지만, 메탄올은 가솔린이나 경유와 달리 전기를 내보내는 도체이므로, 연료탱크는 대전(帶電)하지 않는다. 따라서 정전기에 의한 불꽃으로 폭발할 위험은 없다는 견해가 우세하다. 또, 탱크에 메탄올을 보급할 때 혼합가스가 외부로 새지만, 외부의 불씨로부터 인화하지 않도록 연료탱크부에 화재진입방지기(frame arrester)를 장착하여 만전을 기하고 있다.

차량은 소형부터 대형까지 대응 가능하다. 메탄올연료 공급인프라는, 기존연료 공급인프라를 이용할 가능성이 있다.

그러나 2003년 11월 현재, 메탄올의 공급충전소는 간토(關東)를 중심으로 전국에 10개소뿐이고(간이형은 불명), 차량도 대략 260대에 지나지 않는다. 1998년 8월에는 간토권과 간사이권을 중심으로 대형 충전소가 14개소, 간이 충전소가 35개소 있었으나 점점 줄어드는 상태이다. 저공해자동차 중에서 가장 완성도가 높고, 실용성이 뛰어난 것이 메탄올자동차라고 하지만, 2002년도부터 국가의 저공해자동차보급촉진 보조금제도의 보조 대상으로부터 벗어나 있다.

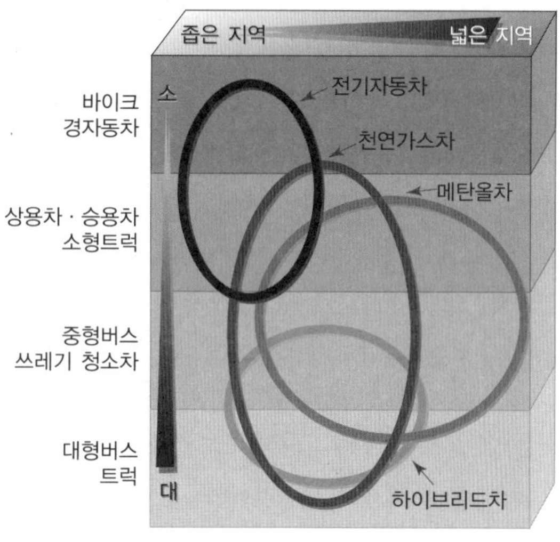

그림 1 메탄올자동차의 평가
(출처: (재)운수저공해자보급기구)

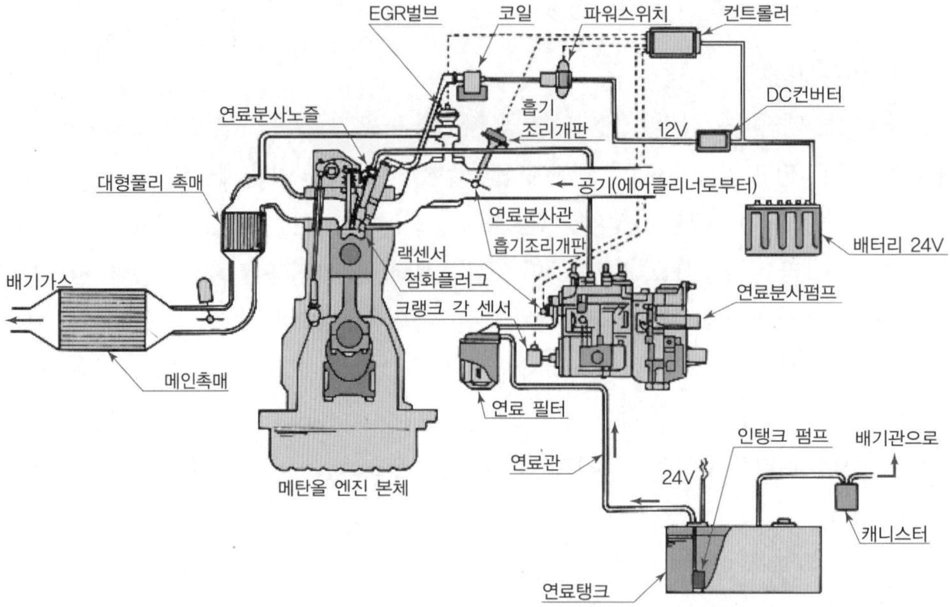

그림 2 메탄올연료 디젤자동차(이스즈(五十鈴), 엘프(elf))
(출처: (재)운수저공해차보급기구)

② 에탄올계 연료 자동차

에탄올연료의 경우, 고농도 에탄올을 사용한 자동차가 연료누출로 화재를 일으킨 사건이 있다. 통상의 석유연료를 전제로 만들어진 자동차라면 알코올계 연료는 알루미늄 소재를 부식시키고, 고무와 플라스틱을 팽윤시켜 열화시키기 때문이다. 에탄올의 농도가 5~10% 범위라면 기존 가솔린차로도 문제를 방지할 수 있으나, 문제의 연료는 거의 절반이 알코올계 성분으로 메탄올이나 에탄올보다도 고급 알코올이었다. 그 결과, 휘발유 등의 품질확보 등에 관한 법률이 개정되어, 가솔린의 에탄올 혼합률은 3%라는 상당히 엄격한 내용으로 규정되었다. 바이오에탄올자동차는 가솔린엔진을 기준으로 에탄올 또는 에탄올혼합연료로 주행 가능한 플렉시블 · 퓨얼자동차가 개발되고 있다.

③ 바이오디젤자동차

채종 · 해바라기 · 대두 · 팜유 등 식물계 유지를 화학처리하여, 디젤자동차 연료로 사용하는 것이 바이오디젤이다. 해외에서는 이 목적으로 유지식물이 대량으로 재배되고 있다. 일본에서는 장치가 콤팩트하고 저렴하기 때문에, 많은 도시가 식품공장이나 레스토랑에서 폐식용유를 회수하여 생산하고 있다. 공정으로는 폐식용유에 10~20%의 메탄올과 가성소다를 더하고 가열 정제하여, 지방산의 에스테르화반응을 일으킨다. 다음에 산을 더하여 중화시키고, 지방산메틸에스테르와 점도가 높은 글리세린으로 분리한다. 분리한 지방산메틸에스테르를 수세처리하고, 촉매와 메탄올을 제거한 것이 경

표 1 EU의 바이오연료 가맹국별 소비량 추계치(2007년)

(단위: 만 원유환산 kℓ)

국명	바이오에탄올	BDF	기타※	합계
독일	31.7	320.2	81.4	433.3
프랑스	29.6	125.7	0	155.3
오스트리아	2.4	39.7	0	42.1
스페인	12.2	28.2	0	40.4
영국	8.4	29.3	0	37.7
스웨덴	19.7	10.8	—	30.5
포르투갈	0	17.2	0	17.2
이탈리아	0	15.1	0	15.1
불가리아	7.2	5	0	12.2
폴란드	9.2	1.7	0	10.9
벨기에	0	9.9	0	9.9
그리스	0	8.8	0	8.8
리트아니아	1.3	4.4	0	5.7
룩셈부르크	0.1	3.7	0	3.8
체코	0	3.5	0	3.5
슬로베니아	0.1	1.4	—	1.5
슬로바키아	1.4	—	0	1.4
헝가리	1	0	0	1
네덜란드	0.9	—	0	0.9
아일랜드	0.3	0.5	0.2	1
덴마크	0.7	0	0	0.7
기타	0.2	0	0	0.2
합계	126.4	625.1	81.6	833.1

※ 순식물유: 독일 · 아일랜드 · 네덜란드, 바이오매스: 스웨덴
(출처: Biofuels Barometer 2008 (EurObserv' ER, 2008년 6월))

표 2 청정에너지자동차의 보급대수와 도입목표

자동차의 종류	보급대수(대)*1					2010년도 목표*2
	1999	2000	2001	2002	2003	
전기자동차	2,600	3,800	4,700	5,600	7,700	110,000
하이브리드자동차	37,400	50,400	74,600	91,000	132,500	2,110,000
메탄올자동차	222	157	135	114	62	200
천연가스자동차	5,252	7,811	12,012	16,561	20,638	1,000,000
디젤대체 LPG자동차	10,955	12,602	14,962	17,054	19,483	260,000
합계	56,429	74,770	106,409	130,329	180,383	3,480,000

주) 청정에너지자동차에는 전기자동차, 연료전지자동차, 하이브리드자동차, 천연가스자동차, 메탄올자동차, 그리고 디젤 대체 LP가스자동차도 포함
(출처: (사)일본자동차공업회 홈페이지 「청정에너지차의 보급대수」(*1), 신에너지 가이드북 입문편(*2), 종합자원에너지 조사회 수급부회, 「2030년의 에너지 수급전망」2005년 3월(*3))

유에 가까운 물성의 바이오디젤연료이다. 일본에서는 업무용과 가정용을 합쳐 약 60만 톤의 폐식용유가 발생하고 있으며, 이 중 업무용을 중심으로 약 5%가 디젤연료화되고 있다. 바이오디젤자동차에 대해서는 기존의 디젤엔진으로 사용하는 경우도 있기 때문에, 차량수를 지표로 하는 대신, 바이오에탄올과 바이오디젤오일 생산량을 표 1에 나타내었다. 참고로 각종 청정에너지 자동차 보급대수와 도입 목표를 표 2에 나타내었다.

DME 자동차

대형 트럭이나 버스에 쓰이는 대형 디젤엔진의 배기가스에 포함되는 질소산화물(NOx)과 입자상 물질(PM)이 문제시되고 있다. 현재의 경유연료를 그대로 엔진과 연료를 개선하는 방법에 더하여, 대체연료로 LPG(프로판, 부탄)와 매우 비슷한 디메틸에테르(DME)를 연료로 하는 연구가 진행되고 있다.

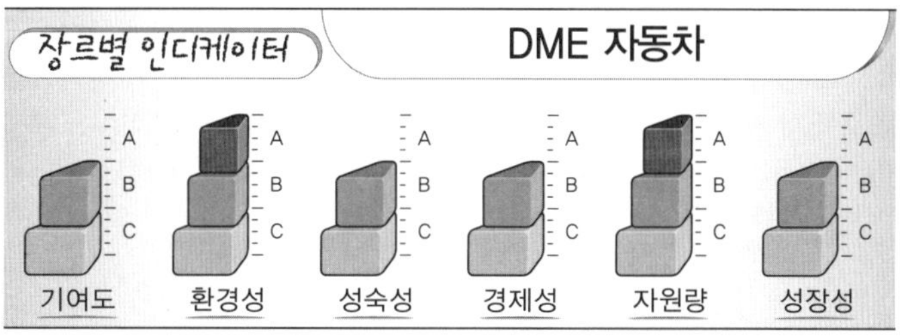

DME란 무엇인가

DME(화학식: CH_3OCH_3)는 상온에서는 가스이지만, 상압이라면 −25 ℃에서 액체가 된다. 칼로리나 끓는점은 LPG의 주성분인 프로판(화학식: C_3H_8)과 매우 비슷하다. 이 때문에 기존의 공급인프라 이용이 쉽고, 가정연료, 보일러연료, 발전연료, 연료전지용연료 등 몇 가지 용도가 검토되고 있다. DME를 디젤자동차용 연료로 쓸 경우의 장점은 유황분이나 질소분을 포함하고 있지 않기 때문에 환경부담이 작다는 것과, 유통이 쉽다는 점이다. 단점은 기화하기 쉽고 저윤활성으로, 부식성을 완화하는 첨가제가 필요하며, DME의 제품규격을 확립할 필요도 있다. 현재, 산업종합연구소, 일본 DME포럼, LP가스진흥센터, 고압가스보안협회 등이 DME의 제조부터 유통까지 고려하여, 표 1에 나타낸 품질 표준사양 원안을 작성 중이다. 품질표준사양 원안은 「TS K0011 연료용 디메틸에테르(DME)」로서 2005년 11월에 공표되어 2008년 10월 화학제품기술전문위원회에서 심의되었으며, 이후 계속하여 JIS화의 촉진을 꾀할 것이라 되어 있다.

DME연료 대응에의 개조

DME는 세탄가가 높아서 노킹(이상연소)이 발생하기 어렵고, 연소성이 좋아서 흑연이 발생하기 어렵다는 특성이 있다. 경유보다도 높은 출력을 얻을 수 있고, 소음이 대폭 경감되는데, 이유는 DME가

표 1 연료용 디메틸에테르(DME)의 품질

항목	규격치
DME 순도 [질량%]	99.0 이상
메탄올 [질량%]	1.0 이하
수분 [질량%]	1.0 이하
개미산메틸 [질량%]	0.01 이하
이산화탄소 [질량%]	0.1 이하
황산 [질량ppm]	검출이 없을 것
잔사분 [mg/kg]	–
증기압 [MPa] 40°C	1.05 이하

(출처: (독)산업종합연구소 TODAY 2006년 5월호 p.36)

표 2 각종 연료의 특성

항 목	단위	경유	가솔린	DME
상온상압하의 상태	—	액체	액체	기체
액밀도(20℃)	kg/m^3	831	750	667
자연발화온도	℃	250	—	235
가연범위	vol%	0.5~4.1	1.0~7.6	3.4~18.6
이론 공연비	kg/kg	14.6	14.7	9.0
비점	℃	180~370	30~190	−25
저발열량	MJ/kg	42.7	43.2	28.8
옥탄가(리서치법)	—	—	98	—
세탄가	—	40~55	—	>55

주) 경유, 가솔린은 대표적인 수치를 표시한다.

(출처: 네덜란드 TNO 연구소 LOVE 뉴스)

탄소결합이 없는 함산소연료이고 착화성이 좋다는 데 이유가 있다.

그러나 표 1과 표 2에서 보는 바와 같이 경유와 DME는 세탄가와 발화온도는 가깝지만 증기압이

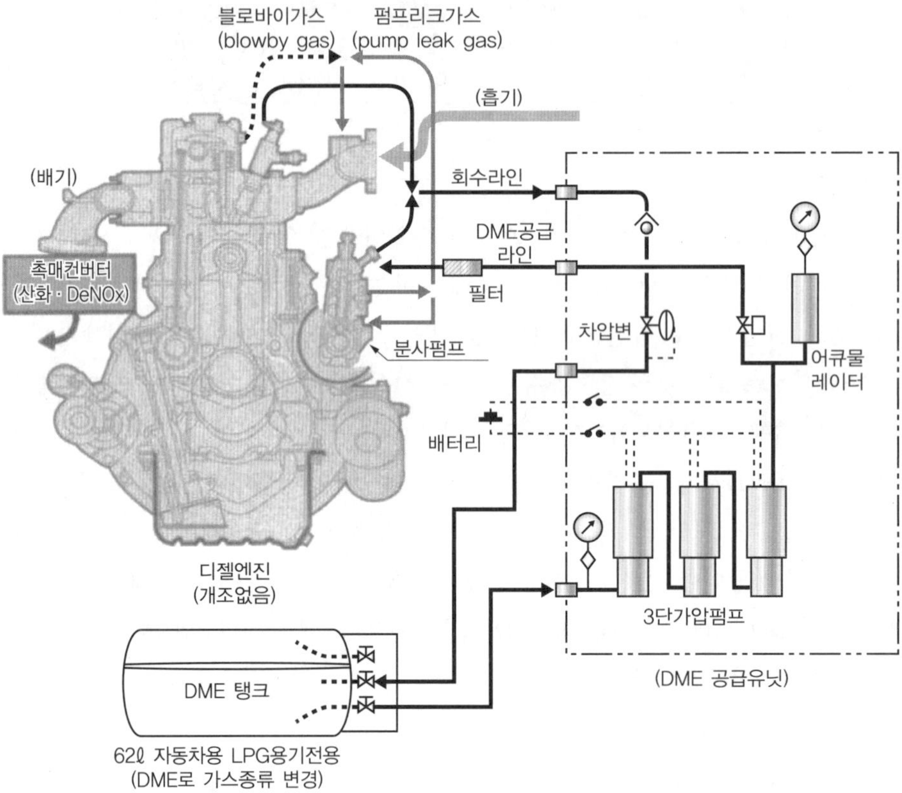

DME연료 공급시스템

그림 1 경유연료 디젤베이스 자동차의 개조 상황
(출처: NKK DME 자료)

크게 다르다. 이 때문에 디젤자동차를 DME연료로 주행시키려면 경유연료 사양 차량을 DME 사양으로 개조하는 것이 필요하다.

주요한 개장 장소는 그림 1에 나타내는 바와 같이 연료탱크와 연료가압펌프이다. 연료탱크는 가압을 필요로 하므로 상압의 경유탱크는 사용할 수가 없고, 프로판(LPG)용기의 전용은 가능하다. 경유연료의 연료가압펌프는 경유의 윤활성(점도가 높다)을 이용하여 내구성을 어느정도 확보할 수 있으나, DME에서는 연료 자체의 윤활성을 기대할 수 없으므로 구조가 다른 가압 펌프가 필요하다. DME 자동차의 실현은 기존기술의 응용으로 거의 가능하지만, 가압 펌프만은 독자적인 기술이 필요하다.

DME 자동차의 미래

최근 DME 자동차의 기술개발과 DME연료의 표준화로부터, DME연료 실용화를 향한 움직임이 활발해지고 있는 듯 보인다. 미쓰비시가스화학(주), 이토추상사(주), 석유자원개발(주), 태양석유(주), 토탈DME재팬(주), 도요타통상(주), 닉키(日揮)(주), 미쓰비시중공업(주), 미쓰비시화학(주)이 출자하는 연료 DME제조(주)가 2009년 6월에 연생산 80,000톤의 DME제조 플랜트를 니가타시에 건설하였다. 12월에는 출하용 탱크로리 차량 2대를 확보하여, 출하체제를 정비하였다. 닛산디젤공업(주)이 제작한 출하용 탱크로리 차량은 총중량이 약 16 톤, 배기량이 6,925 *l*이다.

칼럼

축전지 · 축전장치

가깝게는 휴대전화나 노트북컴퓨터부터 하늘을 날아다니는 우주선까지 축전지는 쓰이고 있다. 지붕에 빛나는 태양광발전이나 하이브리드자동차에서도 축전지나 축전장치가 활약하고 있다. 리모컨이나 회중전등에 쓰는 건전지와 태양광발전이나 전자계산기에 달려있는 태양전지는 발전기구가 다르다. 전자는 화학반응으로 발전하기 때문에 「화학전지」라 불리지만, 후자는 태양광을 반도체로 에너지변환하여 전기로 바꾸므로 「물리전지」라 불린다. 건전지나 손목시계에 쓰이는 수은전지와 같이 한 번 소비하면 교환해야 하는 전지는 「1차전지」라 한다. 카메라나 휴대용 컴퓨터에 사용하는 니켈카드뮴전지나 니켈수소전지와 같이 충전하면 몇 번이고 쓸 수 있는 전지는 「2차전지」라 불린다.

전지의 역사에는 흥미로운 에피소드가 있다. 이탈리아인이 개구리 발에 종류가 다른 금속을 접촉시키면 발이 경련하는 현상을 발견한 것이 전지 발견으로 이어졌다는 것은 유명한 이야기이다. 1800년에는 구리 · 주석 · 식염수를 사용한 전지가 볼타에 의해 만들어졌으며, 전압 단위가 그 이름을 따서 볼트(Volt)라 명명되었다. 건전지의 원형은 1868년에 프랑스인 르클랑셰에 의해 만들어졌으나, 액체가 새는 등 휴대하기에는 미완성이었다. 그 후, 일본의 야이 사키조가 액체 누출이 없도록 개량했으나, 특허는 독일인 가스너가 취득하였다. 건전지는 망간전지, 알칼리망간전지, 니켈전지로 개량되고, 긴 수명의 알칼리망간건전지는 일반적인 용도로 폭넓게 사용되고 있다.

2차전지에서는 기전력과 에너지밀도가 높은 리튬이온전지가 휴대전화와 휴대용 컴퓨터에 쓰이고 있다. 니켈수소전지는 디지털카메라나 하이브리드자동차 등에서 사용되고 있다. 니켈카드뮴전지는 기세를 잃었으며, 납축전지는 저렴해서 아직도 건재하다. 연료전지 자동차는 2차전지로 리튬이온폴리머전지를 사용한다. 현저하게 성능이 향상되어 214 Wh/kg로 소형화되고, 35엔/Wh로 가격도 내려갔다. 연료전지는 전지의 일종이지만, 축전하여 전기를 방전하는 것과 달리 수소와 산소를 반응시켜 전기를 발생시키는 전지이다. 대용량 연료전지로는 업무용으로 등장한 200 kW급 나트륨유황(NAS)전지를 축열기기와 조합시켜 심야전력의 이용을 촉진하는 시스템에 쓰고 있다. 축전장치로는 화학 변화가 없는 전기이중층 캐퍼시터나, 플라이휠식 축전장치도 주목받고 있다. 전자는 전기 그대로, 후자는 전기 에너지를 회전운동 에너지로 모아 축전지보다 빠르게 에너지를 내고 들일 수 있다. 이 외에도 압축공기에 의한 축전이나, 초전도 마그넷축전이 연구되고 있다.

신에너지 사회로의 전망
- 원유공급 불안, 세계적 에너지시장 경쟁시대를 향하여-

이 책이 처음 간행된 2004년 이후로 5년이 지난 현재 「신에너지」를 둘러싼 사회의 관심, 기술, 그리고 비즈니스 등은 크게 변화해오고 있다.

지구온난화 문제는 현재도 아직 해결되지 않고, 지금까지의 대량 소비사회에서 저탄소사회로의 이행은 여전히 진행 중에 있다. 그것이 신에너지에 기대하는 요인이 되고 있다는 것은 의심할 여지도 없으나, 그 이외에도 신에너지를 이후 중요한 흐름으로 자리잡게 하는 사건이 5년 사이에 있었다.

우선, 이제까지 그 가능성이 다양한 장면에서 이야기되면서도, 좀처럼 실감이 나지 않던 「화석연료 고갈」. 2008년 7월에 원유가격이 1배럴당 147달러로 값이 뛰어오르고, 가솔린 가격도 그때의 배가 되어버렸다. 이 사태에 시장은 혼란스러워지고, 정부는 취해야 할 수단을 명확히 하지 못하고, 물가가 순식간에 올라간 사태는 아직도 기억에 새롭다. 우리는 자신의 생활이 얼마나 석유연료에 의존하고 있으며, 그것이 고갈되면 어떠한 상황에 빠지게 될 것인가를 체험적으로 이해할 기회를 얻게 되었다.

에너지를 투자 대상으로 삼은 것의 잘잘못은 이후 전문가의 판단에 맡기고 싶지만, 결국 화석자원은 줄어들 뿐이라는 사실에 입각하여 우리는 에너지 안보라는 관점에서, 새로운 에너지로의 이행을 진지하게 생각할 필요를 누구나 강하게 느꼈다고 생각한다.

2008년 후반에 세계를 덮친 원유가격 급등은 가솔린 가격을 이전의 배로 끌어올렸으며, 시장은 혼란되어 물가를 순식간에 끌어올렸다.

다음으로, 미국의 서브프라임론 문제를 발단으로, 현재도 전 세계가 그 와중에 있는 「100년에 한 번」이라 말하는 불황 문제가 있다.

대기업에서 중소기업까지 규모에 관계없이 도산하는 회사가 잇따르고, 일본에서도 자동차를 중심으로 수요 감퇴, 도산, 실업 등의 문제가 경제에 심각한 영향을 주고 있다. 따라서 이 문제에 대하여, 재생에너지자원에 대한 적극적인 재정투자를 통해, 기후변화 대응과 고용 창출을 동시에 이루려는 「그린 뉴딜」 정책이 제안되었고, 세계 여러 국가에서 대응이 시작되고 있다. 또, 이러한 정책적인 지원을 받아, 이제까지는 시장 창출에 좀처럼 이르지 않던 신에너지 기술이 유망한 비즈니스로 단번에 개화할 가능성이 생겼다.

이 중 전자의 원유값 상승에서 야기된 신에너지가 이미 소규모 실증단계 시기를 넘어, 한 국가의 에너지를 조달하기 위한 구체적 수단이 되는 단계로 이행할 것이며, 또 후자의 「그린 뉴딜」건으로부터는 대규모 고용창출까지를 포함한 실체적인 비즈니스로 크게 성장할 것이라 생각된다. 또 그에 따라, 이후 신에너지 사업은 더욱 확대되고, 고도한 정치적 판단 또한 요구되리라 예상된다.

일본이 이제까지 세계를 리드하는 형태로 진행해온 태양광발전은 보조금이나 전력매수제도에 의해 세계적인 시장을 형성하고 있다.

여기에서는 이러한 상황에 입각하여, 이후 신에너지기술이 산업으로 어떻게 전개되어 갈 것인가를 생각해보려 한다.

「태양광발전」으로 보는, 신에너지 정착의 모델케이스

전술한 것과 같이, 환경대응기술로 적극적으로 고용을 창출해가는 「그린 뉴딜」을 향한 움직임이 본격화되어 감에 따라, 시장도 최근 수년 사이에 신에너지를 "새로운 비즈니스 찬스의 축"으로 파악해가는 움직임이 활발해졌다. 그 모델케이스라고도 할 수 있는 것이 「태양광발전」이다.

태양광발전은 에너지원 자체가 부족한 일본에서 현재 생각할 수 있는 것들 중 가장 제약이 없는 에너지원이다. NEDO를 중심으로 적극적으로 연구개발이 진행되어, 세계를 리드하는 기술을 가지는 단계까지 이르렀다. 2040년경에는 태양광발전이 신에너지의 중심으로서 전력소비의 상당 부분을 조달하는 것은 아닐까 기대하고 있다. 또 태양광발전은 굉장히 비즈니스상의 기초가 넓은 산업이다. 기기 자체도 화학적, 기계적, 전기적인 각각의 요소의 집적체이며, 또 그 시공에 있어서는 토목이나 건축에도 큰 시장이 생겨난다. 원료조달에서 가공, 설치, 보수까지를 포함하면 큰 산업이 되어, 개발기술자, 생산기능자, 공사업자까지 많은 고용을 창출할 것을 쉽게 상상할 수 있다.

이미 이 책 제1장에서도 기술한 것처럼, 태양광발전 보급 확대에 큰 역할을 하고 있는 것이 각국 정부에서 이루어지고 있는 보조금 정책이다. 현재는 아직 안정적인 공급도 어렵고, 가격적으로도 통상 전력에 뒤떨어지는 신에너지로 시장을 창출하기 위해서는 보조금 정책이 필수 불가결하다.

1990년대 후반부터 시작되어, 지금까지 태양전지 생산에서 일본이 절대적 우위를 선점한 태양광발전시스템 보급 시책은 독일의 「발전차액 지원제도(feed in tariff)」나 각종 세제, 보조금 제도, 잉여

표 1 앞으로의 에너지를 둘러싼 일본의 사정

태양광발전	• 「20년에 20배, 30년에 40배」의 설치량 증가는 결코 쉬운 목표는 아니나(20년에 3가구당 1가구, 30년에 3가구당 2가구에 설치), 이것으로 기세를 붙여, 이후 한층 더 높은 목표를 달성해야 한다. • 경제성면에서는 몇 년 이내에는 통상요금 정도의 비용은 달성할 수 있겠다. 확대를 저해하는 것은 비용과 설치장소이다. 설치 보조금(7만 엔/kW), 매취제도(50엔/kWh) 도입을 시작하나, 현재 상태에서 민간, 가정에서 받아들이기 쉽게 하는 거래가 중요하다. 비용은 박막화, 화합물계로의 전개로 저감 가능하다. 원료 조달에서 제조, 가공, 설치, 보수까지 포함하여 큰 산업이 되어, 많은 고용을 창출해 낼 가능성이 있다. • 태양전지는 자금이 있으면 쉽게 설비를 도입할 수 있고, 생산에 참가할 수 있으므로, 세계적으로 경쟁은 심해진다. 이 중에서 일본이 기술 우위성을 지켜가는 것이 포인트이다. 태양전지는 정책운영과 코스트 다운으로 크게 성장할 수 있다.
태양열이용	• 연 1% 정도의 성장으로 불안하다. 조금 더 커도 좋지 않은가, 초기투자 우위성을 이용하여 성장시키려는 움직임이 있다. • 현재로서는 가정용 단위설비비용이 싼 것이 장점이나, (온수기 $3m^2$/30만 엔, 회수 10년) 태양광발전설비가 싸지면 힘든 경쟁이 된다.
풍력발전	• 전력비용은 싸나(9–12엔/kWh), 일본은 태풍, 강풍이 많고, 풍향, 풍속도 안정되어 있지 않기에 설치 적합지가 적고, 게다가 풍차 등의 파손사고, 저주파음장애, 경관 우려 등에 더하여, 기간송전망으로의 배선도 필요하여 입지가 진행되지 않는다. 해상에의 설치도 기상조건, 수심 관계로 어렵다. • 이후, 대폭 성장은 기대할 수 없다. 현재의 5배인 10GW가 한계라 간주된다.
바이오매스	• 「2030년에 600만㎘ 도입」이라는 목표 달성에는 상당한 곤란이 있다. 폐기물 양은 되나, 집적에 어려움이 있다. 재배작물은 휴경전을 이용하여, 벼농사로 대응하는 것이 좋으나, 휴경전은 장소적으로 많지 않기에, 예정량이 얻어질까가 의문이다. 비용적, 양적으로 해외품과는 경쟁이 되지 않고, 식량생산과의 공존 문제도 있다. 비용은 15년에 40엔/L의 목표가 힘들다. 지산지소로 BDF를 소량생산하는 정도밖에 성장하지 않는 것은 아닐까. 해외로부터의 수입품에 의존한다면, 현재 화석연료 사정과 다름없다. • 바이오에탄올은 브라질, 미국 생산이 특히 뛰어나, 현재에도 일본 목표량의 3배 이상의 생산을 하고 있으며, 코스트도 일본 목표치를 밑돌고 있다. • BDF에 대해서는 유럽이 활발하고(650만kL/연), 일본은 근근한 것으로 비교가 되지 않는다. • 바이오매스 이용은 일본의 국토, 농업을 지키는 범위 내에서의 재배작물 육성과 활용, 폐기물 전면적 유효이용에 의한 바이오에탄올 생산, 폐기유 재활용에 의한 BDF 생산 등에 한정되며, 그 이상은 되지 않는다. 지산지소 범위 내에 머무리라 생각된다.
지열발전	• 일본은 자원이 풍부하나(20GW), 발전설비(550MW)는 적어, 0.3% 미만에 그친다. 그러나 가동율은 높다(32억kWh). • 원료비가 들지 않고, 자원은 반영구적이며, 설비 이용율은 높으나, 초기투자가 크고, 송전망 정비 문제도 있다. 게다가 온천지, 국립공원 내(자원의 82%를 차지한다) 입지 제약이 있어, 정부 원조, 경관과의 조화 등이 진행되지 않으면, 장래, 큰 지위를 차지하는 것은 어렵다.
흑액	• 현재로서는 신에너지의 주역이다(석유환산 472만kL/연). 발생량은 펄프 생산량에 좌우된다. 대폭적인 증가는 없고, 완만하게 감소해갈 것이다. 펄프공장은 어쨌건(100% 이용), 국내 중심이 될 것은 아니다.
연료전지	• 에너지 이용형태 중 하나로서 기대되고 있으나, 자동차용은 비용이 높은 것과 연료원이 문제이고(전지용량과 비용), 아직은 차세대 자동차(20년에 신차의 50%)의 하나에 지나지 않아, 현재는 하이브리드, 전기자동차가 우위이다. 가정용에는 고체고분자형으로 도시가스, 등유를 원료로 하는 것이, 정부원조 도입으로 가격도 내려가(200만 엔/kW, 목표 20년에 40만 엔/kw), 연 1,000기 이상의 도입으로 확대되고 있다. 고체산화물형도 가정용을 노리고 있다. 모바일용은 비용과 능력 증가로 2차전지와의 경쟁에 고전하고 있다. • 에너지원 개발이라기보다, 에너지효율 향상에 이점이 있으며, 연료 판매 증가의 이익이 있다. • 수소원을 어떻게 획득하는가가 문제로, 원자력, 태양광이용 수소제조도 검토되고 있다.
수력	• 일본 발전량의 10%를 차지하고 있다. 이후 늘어날 일은 없으나, 보수수리 등을 생각하면 점차 감소하는 경향일 것이다. • 에너지가 재생된다는 점에서는 좋으나, 댐이 물 생태를 바꾼다는 것은 고려해 두어야 한다. 중소수력은 지산지소형으로 활용할 수 있다. 장래는 물자원 관점에서 고려하는 것도 필요하다.
원자력발전	• 2017년까지 9기를 건설할 계획을 가지고 있다. 2030년경에 수명이 다하는 설비가 많아, 그때까지 차세대 경수로를 개발한다. 고속증식로사이클은 조기실현(2050년 상업화)을 목표하고 있다.
화석에너지	• 석유는 세계적인 수요 증가와 자원고갈 경향으로 값이 높아지는 경향이 있어, 에너지 절약으로 사용량을 줄이고, 천연가스, 석탄으로의 대체를 진행함과 동시에, 당분간은 원자력에 의존한다. • 장기적으로 석유는 감소한다. 운수용 에너지는 전기, 수소, 바이오매스에 의존한다. 석유의 주요용도는 화학원료로 하고, 그것도 순차, 바이오매스나 메탄하이드레이트, 석탄으로 바꾸어가게 된다. • 장기적으로 보아, 화석에너지로서는 메탄하이드레이트가 기대된다. 이후 10년에 걸쳐 일본 근해를 자세히 조사할 계획이 있어, 채굴기술 개발도 진행되고 있으므로, 2020년 이후에는 실용화가 시작될 것이라 생각된다. 일본 근해에는 6~7조m^3의 매장량(천연가스 사용량 100년분)이 있다고 간주된다. 실용화가 진행되면, 매장량 감소로 값이 높아지는 석유를 대신하여 갈 것이라 생각된다.

전력 사들이기 제도 등 전 세계에서 형태를 바꾸어 이루어지게 되었다. 한편으로는 이것이 이 분야에서 일본, 미국, 중국, 유럽에 신흥국까지가 뒤엉킨 대경쟁시대에 돌입하는 단서가 되기도 하였으나, 시장확대 또 태양전지에서 우려되는 요소인 가격 문제를 해결하는 데에 있어서는 경쟁시장 활성화는 오히려 기쁜 일이라 할 수 있을 것이다.

최근 일본 국내에서도 한 번 역할을 끝냈다하여 종료되어 버린 보조금제도가 태양광발전 기술의 국제적 경쟁력 회복 · 유지를 위해 부활하고, 설치 보조금(7만 엔/kW), 태양광발전에 의해 얻어진 전력매수제도(50엔/kWh) 도입도 시작되었다. 현재는 통상 전력이 22~23엔/kWh인 것을 세금으로 보조하여 50엔/kWh로 사들이는 제도를 유지해가려는 잠정적인 조치이기 때문에, 태양광발전 원가절감 문제는 되도록 조기에 생각해야 할 테마라 할 수 있다. 그를 위한 조치도 이미 시작되고 있으나, 지붕에 설치할 수밖에 없는 방법을 재점검하여 지금보다 더 효율적으로 설치 넓이를 늘리는 방법, 또 보다 발전효율을 향상시켜 비용 대 효과로 설치비용을 상대적으로 낮추어 가는 방책을 더욱 추구해가야만 한다.

2020년에는 현재의 20배, 2030년에는 40배의 설치량 증가라는 목표가 세워져 있어 용이한 목표라고는 할 수 없으나, 이를 달성함으로써 더욱 기세를 몰아 한층 더 높은 목표를 설정하여 시장 경쟁을 이겨낼 필요가 있다. 한편, 수년 이내에는 통상 요금 수준의 가격 달성이 실현될 것이라는 견해도 있다.

거국적으로 맞붙어야 할 기술과 로컬로 전개하는 기술

위와 같이, 하나의 선행 사례로 「태양광발전」이라는 신에너지가 보호 정책으로 시장을 형성하고, 또 국제적인 경쟁시대에 돌입한다는 일련의 흐름을 보아왔다.

여기에서 문득, 「다른 신에너지는 어떠한가?」하는 소박한 의문이 떠오른다. 예를 들어 풍력발전은 전력 단가적으로는 굉장히 우위성이 높다(9~12엔/kWh)고 전해지고 있으나, 요즈음 풍력발전 도입량이 정체되어 있기 때문에 보조금이나 매수제도 적용을 풍력발전까지 넓혀 도입을 지원하는 것이 자연스러운 흐름이라고도 생각된다.

이외에도, 한때 화제가 된 바이오연료나 본서에서 소개한 다양한 신에너지는, 태양광발전과 마찬가지로 시장 창출 가능할 것일까.

여기에서 하나 생각해야 하는 요건으로, 「일본에 맞는 기술인가」라는 것을 고려해봐야 한다. 그것을 가려내어, 유망한 것은 빨리 시장에 도입하여 성장시켜야 한다. 예산을 할애하여 육성하는 이상 전부를 일률적으로 할 수는 없으므로, 일본에서 그것을 했을 때 비용 대 효과 면에서 걸맞으리라 생각되는 것, 세계적 경쟁력이 있는 산업으로 성장할 것을 가려낼 필요가 있다.

또, 특히 에너지 문제에 대해서는 「국가 및 정부 주도로 진행해야 하는 것」과 「지방 영역에서 로컬로 진행시켜야 할 것」이 있어, 그것을 가려내는 것도 중요하다.

이전 화제에 나온 풍력발전에 대해서는 육성할 것이라면 국가가 주도적으로, 동시에 대규모로 해야 하는 것 중 하나라 할 수 있을 것이다. 또 바이오연료 등은 현재 국가 전체를 먹여 살릴 잠재력은 없기에 분산적으로 지방 영역에서 지산지소한다와 같은 방법이 적합하다 생각된다. 그러나 이 바이오연료에 보다 대규모 에너지원으로서의 역할을 기대한다면, 이제까지와는 또 다른 접근을 검토할 필요가 있을 것이다. 이러한 점으로부터 두 가지 기술을 예로 들어보려 한다.

거국적인 전개가 기대되는 풍력발전

풍력발전을 육성할 때 국가가 주도해야 하는 이유 중 하나는 그 성질상, 법개정을 포함하여 제도적으로 생각해야 하는 점이 많이 있다는 것, 또 하나는 인프라 정비까지를 포함한 대규모한 시스템 전개가 필요하기 때문이다.

말할 것도 없이, 일본에서도 다양한 곳에서 큰 풍차를 볼 수 있다. 그러나 우선 떠오르는 인상은 「하나밖에 안 서 있다」는 것이다.

그래서 설치 상황을 조사했을 때 일본 풍력발전 시설의 무려 40%까지가 「1대밖에 풍차가 세워져 있지 않다」는 사실을 깨닫게 된다. 실은 풍력발전은 발전량 2,000 kW를 경계로 전력계통적인 제약이 발생하기 때문에, "2,000 kW짜리를 1대 세운다." 혹은 "600 kW짜리를 3대 세운다."와 같은 일이 자주 일어나고 있다. 즉 "발전량 상한이 설정되어 버린" 것이다. 이래서는 환경보호 활동 PR에는 좋지만, 발전수단으로 생각한 경우 「현실적인 경제성은 어떠한가?」라는 의문을 느낄 수밖에 없다. 그러면, 왜 이러한 사태가 되어 버린 것일까.

일본에서는 2,000 kW를 넘는 발전을 할 때, 「발전을 하는 측이 고압전선 등의 송전설비까지 부담해야 한다」는 문제가 있다. 이 부담은 상당히 무겁기 때문에, 2,000 kW를 넘는 발전능력이 있음에도 불구하고 송전설비 문제가 걸림돌이 되어, 이와 같은 상황이 생긴다. 해외에서는, 예를 들어 독일에서 풍력발전을 할 경우, 전력계통은 전력회사가 맡도록 되어 있다. 그렇지만, 독일에서도 이러한 대처에는 과제를 안고 있어, 반드시 어느 쪽이 좋고 어느 쪽이 나쁘다는 단순한 논의는 불가능하다. 문제는 풍력발전이 전력회사가 송전설비를 설치하면서까지 추진하고 싶을 만한 비즈니스로서 매력적인 것이 되지 못했다는 것이라 생각한다. 실제로, 현재 소규모 풍력발전에 대해서 전력회사는 이익을 무시하고 자원봉사와 같은 상황에서 대응하고 있다고도 한다.

원래부터 국책회사라고 하는 전력회사는 그 역할에 과해지는 제약도 많아, 항상 안정공급이 지상명제이다. 그러나 한편으로, 전력자유화의 물결 속에서 가격도 낮추어 가야 한다. 이 딜레마 속에서, 변동 전력인 자연에너지를 편입하고, 게다가 매전이라는 장치까지를 포함해가는 것은 용이하지 못하다. 특히 「바람 부는 대로 맡긴다」는 성질이 있는 풍력발전은 다른 발전시스템에 비해 안정성 면에서 뒤떨어져, 어떠한 제도적 대책도 없는 채로 전력회사에 그것을 요구하는 것은 계속성을 생각하면 바람직하지 못하다.

따라서, 풍력발전의 변동 조절이나 송전선 증강 비용 등을 일부 전기요금으로 조달할 수 있게 하는 등, 전력회사에 대한 인센티브를 마련하는 방법을 검토할 필요가 있을지도 모른다. 혹은 설비 면에서 실현 가능성은 불명이지만, 전력스펙을 모두 균일하고 높게 설정하는 것이 아니라, 수도에 상수도나 하수도가 있는 것처럼 전력도 상황에 따라 품질을 가려 쓴다는 가능성도 있을지 모른다.

어쨌든, 전력회사에 과해진 제약이나 자유도를 재검토할 필요가 있으나, 규제완화나 법률개정 등을 동반하는 문제이기에 국가가 주체가 되어 명확한 방향성 · 비전을 가지고 진행하는 것이 전제가 된다.

또 풍력발전이 일본에서 효과적으로 활용되기 위해서는 이후 전력 계통까지를 포함한 보다 대규모의 구조를 생각할 필요가 있다.

예를 들면, 일본은 풍황 관계로부터 언제나 비슷하게 온화한 바람이 불고 있는 국가 등에 비하면 반드시 조건이 좋다고는 할 수 없으나, 유럽을 중심으로 활발히 이루어지고 있는「해상풍력발전」등은 유망한 기술인 듯 생각된다. 일본은 육지에 비해 임해부가 압도적으로 많고, 또 일본해 측은 파도가 거칠고 바람도 강하기 때문에, 해양에서의 신에너지 전개에는 아직도 높은 잠재력이 있다고 할 수 있다. 일본은 유럽에 비해 수심이 깊은 곳이 많아서, 해상풍력발전은 좀처럼 어렵지만, 지금은 유럽에서도 수심 45 m 정도의 장소에 5 MW의 거대한 풍력발전설비를 만드는 실험 등도 시작되고 있다. 일본이 보유한 해상 석유플랫폼을 만드는 기술을 이용하면, 수심 제약도 언젠가 없어질지 모른다. 태풍 등의 거친 날씨는 큰 문제이나, 국립환경연구소를 중심으로 생각할 수 있는 험한 기상조건에도 견딜 수 있는 부유체와 우천 시에는 긴급 피난을 할 수 있는 추진력을 겸비한 운항형 해상풍력발전설비의 시험 등도 이루어지고 있다.

또, 대규모 풍력발전을 유효하게 활용하는 인프라도 중요하다. 국내에서는 일본해 쪽이 홋카이도를 포함하여 풍황이 좋아 발전설비가 정비되면 상당한 잠재력이 있다고 보지만, 아쉽게도 그것을 운반하는 그리드(전력망)가 굉장히 약하다는 문제가 있다. 윈드팜이나 대규모 태양광발전장치 등에서 발전된 전력은 계통에 연계되어 송전되는데, 현재 상태의 인프라에서는 전력망 성능이 약하여 전력품질에 악영향을 미치기 때문에 양적 제한을 두거나, 야간에 발전한 전력을 사들이지 않거나, 또는 연계로의 접속에 축전기능기기를 부가하는 조건이 설정되어 있는 등 자연에너지 이용 확대에 방해가 되고 있다. 따라서「HVDC(High Voltage Direct Current: 초고압직류)」라 불리는 송전기술 등이 주목된다.

HVDC는 장거리 송전에 적합하고, 교류송전에 비하여 제어하기 쉽고, 교류계통으로의 연계효율도 좋은 자연에너지로 발전한 전력송전에 유효하다. HVDC는 해상 윈드팜이나 대규모 태양광발전기지 등에서 발전된 송전에 적합하다고 취급되고 있어, 중국에서는 2004년에 수력발전소에서 수요지까지 940 km의 거리, 3,000 MW의 송전에 부설 · 이용되고 있다. 또 HVDC는 사막지대나 해저의 송전을 위하여, 지하케이블이나 해저케이블로 이용하는 것도 가능하다.

앞으로는 자연에너지를 안정적으로 수송하고 이용하는 송전인프라 정비가 중요하다. 일본열도에서 자연에너지 자원이 풍부한 홋카이도의 해안선 노선, 태평양 측 노선, 일본해 측 노선 및 수군데에 태평양 측 노선과 일본해 측 노선을 잇는 횡단노선을 HVDC 전력망으로 정비함으로써, 자연에너지의 한층 많은 이용과 광역의 전력 평준화를 꾀할 수 있다.

【부체】
· 전장 : 1,880 m
· 폭 : 70 m
· 중량 : 약 150,000ton
· 범주속력 : 약 4노트 (약 8 km/h)
· 기범주속력 : 약 7노트 (약 13 km/h)

【풍차】
· 출력 : 5 MW/기
· 기수 : 11기

「항해형 해상풍력발전」 시스템 구성
에자키 히로시, "세일링형 풍력발전에 의한 수소제조에 관한 연구"
(독)국립환경연구소 제4회 양상풍력발전포럼(2009)
(출처사이트: http://www.nies.go.jp/event/kaigi/20071010.download.html)

바이오연료량의 새로운 전개를 생각한다

또 바이오연료에 대해서는 에너지안보 등의 관점에서 서양을 중심으로 적극적으로 바이오연료 도입 의무화, 이용목표 설정 등이 이루어졌다. 이러한 움직임은 시장원리로부터 바이오연료의 원료가 되는 곡물의 가격급등을 일으켜, 식량위기 또 「식료인가, 연료인가」와 같은 논의가 전개된 것은 기억에 새로운 바이다.

일본에서는 「휴경전을 이용하여 바이오연료로 하자」는 시험적인 대처가 이루어져, 정부로부터 보조금을 받아 식용이 되지 않는 저가격 쌀로부터 에탄올 생산 등이 실시되고 있다. 그러나 일본의 휴경전 상황을 보면 1단분 정도의 작은 휴경지가 이곳저곳에 흩어져 존재하고 있는 상황으로, 미국과 같이 광대한 농지가 펼쳐져 있는 농업 형태와는 전혀 다르다. 그러한 곳에 에탄올공장을 만들어도 사업으로 성립시켜 가는 것은 어렵다고 생각된다. 오히려 이러한 경우는 바이오연료를 만들어 지방에서 조달하는 로컬한 대처로 분산적으로 발전시켜야 하며, 국가가 중점단계로 전개해갈 것을 생각하면, 오히려 혼란이 발생할 것이라 생각된다.

바이오연료에 대해서는 이후의 새로운 전개를 기대할 수 있을 만한 기술로, 제2장에서 소개한 셀룰로오스계 외에, 예를 들어 "해조"의 이용을 들 수 있다.

바이오연료 생산에 있어 원료 종류별 면적수율을 비교하면, 연간 1헥타르당 바이오연료 생산량(kl)은 1 전후인 것이 많고, 그중에서는 「옥수수」가 2.1, 「사탕수수」가 5.2로 넓이수율이 높은 것이 주목된다(참고로, 쌀의 넓이수율 목표치는 니가타현의 「바이오연료 지역이용모델 실증사업」의 경우는 3.6이다).

표 2 바이오매스종으로서 조류에 기대가 모아지는 이유

- 특별한 경지를 필요로 하지 않고, 불모의 토지여도 상관없다.
- 소금물로도 담수로도 상관없어, 단물을 필요로 하지 않는다.
- 경지당 수확량이 종래 바이오원료에 비해 수십배로 높다.
- 생산과정에서 온난화가스 CO_2를 흡수하여, 탄소중립이다.
- 수소, 바이오디젤, 바이오에탄올, 합성가스 등 다양한 바이오연료가 된다.

그것과 비교하여 해조의 넓이수율은 굉장히 높아, 재래원료종의 수십 배에 해당하는 11~90에나 이른다는 것이 미국 NREL(국립 재생에너지 연구소)의 수많은 연구결과로부터 추정되고 있다.

바이오매스종으로 해조류에 기대가 모아지는 이유는 표 1과 같으나, 이외에 대량생산을 기대할 수 있다는 점도 있다. 미국에서는 이미 많은 벤처기업이 이 분야에 진출하고 있는 한편, 일본의 해조로부터의 바이오연료 생산연구는 아직도 실험실 단계에 있으며, 그 차는 점점 벌어지고 있다. 태양광발전 등의 기술개발에서는 선행하는 일본이 이 분야에서는 크게 뒤떨어져 있는 것은 굉장히 유감스러우며, 무엇인가의 육성 시책이 기대된다.

신에너지는 누가 이끄는가

이제까지 살펴본 것처럼 일본이라는 국가적 차원에서, 에너지안보 등의 관점에서 신에너지를 논할 경우, 상향적인 접근으로는 전체가 최적한 에너지시스템을 만들어내는 것은 곤란하다 할 수 있다. 그것은 역시 국가가 주체가 되어, 일본이 장래 신에너지시스템의 전체상을 어떻게 할까를 생각하고 이끌어 가야 한다.

그러나 현재의 일본을 생각해보면, 장기적인 구상을 바탕으로 잘 이끌어나가고 있는 것인지 조금 의문인 부분이 있다.

우선 예산부분은 예를 들어 미국은 신에너지 관련 보조금으로 10년간 1,500억 달러를 투자할 것을 정한 것에 비해, 일본은 수백 억엔 단위에 그치고 있다. 찔끔찔끔 자금을 투자하여, 시종일관 자잘한 대응을 할 것인가, 이미 말해온 대로「국가에서는 어느 기술이 필요하며, 국가에서 성장시켜 가는 것이 적절한가?」를 파악하여 투자할 때는 투자하고, 국가 전체로 최적화를 해갈 것인가 라는 정부의 방침을 명확히 내세울 필요가 있다. 신에너지 촉진에서 고용을 창출해간다는「그린 뉴딜」관점에서도 예산으로 뒷받침된 명확한 방침 결정은 중요한 포인트가 될 것이다.

다음으로 이 방침 결정에 대해서는 보조금 지급방법을 생각하여 장치를 만들고 그에 따르도록 법률을 바꾸어 가야 하는데, 이것도 적절하게 이루어지고 있다고는 말하기 어려운 부분이 있다.

큰 이유로, 일본에서는「성청(省廳) 합의 형성」이 정책결정의 저해요인이 되고 있다고 생각한다.

신에너지를 테마로 방침을 명확히 내세울 때, 6성 모두가 각각 비슷한 방침을 내고 따로따로 대처를 하기 때문에 좀처럼 앞으로 나아가지 않는다는 인상을 받는다.

해외로 눈을 돌리면 타국도 마찬가지 문제를 안고 있다는 것은 상상할 수 있지만, 그래도 일본과는 상당히 상황이 다른 듯하다.

예를 들어 미국의 신에너지 대책은 DOE(미국 에너지성)가 방침 등을 주도해가는데, 어느 테마에 따라 방침을 낼 때 DOE든 NREL이든 관계되는 기관이 각각 분야를 확실히 지킨 형태로 방침을 명확히 내세우기에 통제가 되고 있다고 생각된다. 또 미국의 경우는 주(州)가 어느 정도 한 국가에 가까운 권한을 가지고 신에너지에 관한 법개정, 자금적인 조성 등을 하는데, 국가에서 대통령 정책은 DOE와 같은 곳이 확실하게 추진하고 또 주도 스스로의 범위에서 열심히 에너지 정책에 맞붙어 간다는 구도가 있다.

일본도 수미일관한 정책이나 중앙과 지방이 각각 어떠한 역할 분담을 맡을까 하는 것, 또 그것이 구조적으로 어렵다면 어떠한 구조라면 가능할까 하는 것을 참고할 부분은 참고하여 체계화할 필요가 있다고 생각한다.

신에너지사업이 보다 대규모로, 보다 구체적으로 일본의 비즈니스와 에너지안보를 짊어지고 가는 변화 속에서, 이후 전망을 생각하는 것은 곧 국가의 의사결정을 명확하고 적절하게 해가는 것이기도 하다.

원유가 147달러까지 급등하는 이상사태 속에서의 혼란은 우리에게 굉장히 좋은 교훈을 주었다. 물가가 급등하고, 사회시스템이 기능부진에 빠지고, 「무엇을 해도 제때에 맞지 않는」 상황이 눈앞에 있었던 것이다. 그리고 언젠가 멀지 않은 미래에, 이보다 한층 더 심각한 사태가 닥치리라는 것, 또 그때를 위해서 경우에 따라서는 자유주의인 것을 다소 부정하는 형태가 된다 하더라도 지금부터 무엇인가 대처를 해나가지 않으면, 나중에는 손쓸 방법이 없다는 것을 국가나 정부를 중심으로 모두가 생각해야 할 때이다.

(집필자 좌담회를 바탕으로 편집자가 작성)

집필을 마치면서

화학공학회 SCE · Net은 2002년 9월에 멤버를 모집하여 「에너지연구회」를 7명이 발족시켰다. 발족취지는 다음과 같이 설정하였다. 『에너지분야는 앞으로 10년 간에 다양한 변혁이 예상되어, 20년 후에는 현재와 상당히 다른 상황이 전개될 것으로 생각된다. 그래서 예상되는 기술의 근본을 조사하고 지혜로운 의견들을 축적하여 객관성과 선견성이 뛰어난 견해나 제안을 발신한다.』

이 취지에 따라 에너지연구회에서는 에너지기술 평가, 분산형발전, 저에너지사회 분야를 테마로 정하고, 그중에서 멤버가 각자 관심이 있는 테마를 조사 분석하고 견해와 제안의 수준까지 깊이 연구해서 자료화한 후 그 내용을 연구회의에서 집중적으로 토의하였다. 토의된 검토 테마의 수는 50건 가까이나 되었지만, 그중 관심이 높은 검토 테마의 대부분이 신에너지에 관련하고 있어, 이 책을 집필하는 계기가 되었다.

본서의 집필 회원은 화학계 생산회사나 플랜트 엔지니어링회사에서 오랜 세월에 걸쳐서 생산이나 에너지 관계의 실무에 종사해왔지만, 이번에 새로이 신에너지 분야의 기술을 폭넓게 조사 · 분석하면서 에너지분야가 신에너지 확대를 포함한 다양화 시대로 급격히 바뀌려고 하는 것을 실감하고 있다. 이번 개정판은 2004년 초판 후의 급격한 변화를 담은 내용으로, 집필진을 증강시켜 대폭 수정 · 가필하였다.

에너지연구회는 동시에 『고령기술자의 새로운 활동모델의 개척』을 지향하고 있다. 일본의 2010년, 2020년의 고령자 인구는 20%에서 30%로 급증하여 일본이 세계에 앞서서 최초의 고령화 국가의 모델이 되지만, 총론 칼럼에서 『신에너지 기술입국』을 지향하여라라는 메시지를 주창하며, 이제부터 일본은 고령자의 경험과 지적에너지를 인적자본으로서 파악하고 조직화함으로써, 새로운 부가가치를 산출하는 『신고령의 활용입국』을 지향하는 동시에, 시니어 기술자의 자기실현 모델 만들기에 연결될 것을 기대하고 있다.

SCE · Net 에너지연구회 야마자키 히로시

역자

김봉석 · 오태선 · 이병호 · 이석구 · 장태익 · 정영관 · 채명석

(가나다순)

신 · 재생에너지공학

2012년 6월 30일 1판 1쇄 발행
2014년 1월 20일 1판 2쇄 발행

저 자 ● (社)日本化學工學會 SCE.Net 편
역 자 ● 정 영 관 外
발 행 자 ● 조 승 식
발 행 처 ● (주) 도서출판 **북 스 힐**
서울시 강북구 한천로 153길 17
등 록 ● 제 22-457호

(02) 994-0071(代)
(02) 994-0073
bookswin@unitel.co.kr
www.bookshill.com

값 22,000원

잘못된 책은 교환해 드립니다.

ISBN 978-89-5526-863-8